ENCYCLOPEDIA OF PHYSICS

EDITED BY

S. FLÜGGE

VOLUME XXXIV

CORPUSCLES AND RADIATION IN MATTER II

WITH 213 FIGURES

SPRINGER-VERLAG
BERLIN · GÖTTINGEN · HEIDELBERG
1958

HANDBUCH DER PHYSIK

HERAUSGEGEBEN VON

S. FLÜGGE

BAND XXXIV

KORPUSKELN UND STRAHLUNG IN MATERIE II

MIT 213 FIGUREN

SPRINGER-VERLAG
BERLIN · GÖTTINGEN · HEIDELBERG
1958

Printed in Germany

Druck der Universitätsdruckerei H. Stürtz AG., Würzburg

Inhaltsverzeichnis.

Durchgang langsamer Elektronen und Ionen durch Gase.

Von

R. Kollath.

Mit 59 Figuren.

1. Einführung und Abgrenzung. Der Bereich von Teilchenenergien, der für die Untersuchungen von Stoßvorgängen zur Verfügung steht, hat sich im Verlauf der letzten Jahrzehnte um mehrere Zehnerpotenzen nach oben erweitert. Es erscheint deshalb notwendig vorauszuschicken, was im vorliegenden Artikel unter *langsamen* Elektronen und Ionen verstanden werden soll, obgleich natürlich

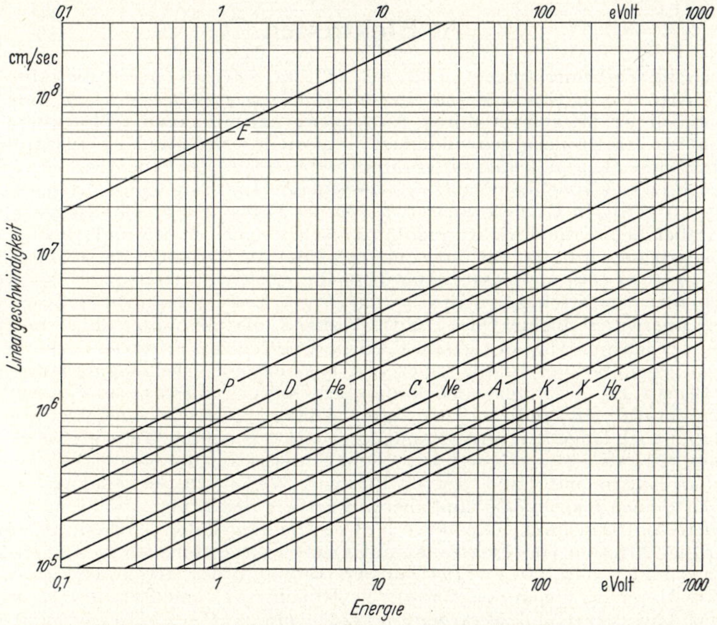

Fig. 1. Lineargeschwindigkeit von Elektronen und Ionen als Funktion der Energie.

einzelne Energie*bereiche* sich nicht scharf voneinander trennen lassen. Für *Elektronen* soll die obere Grenze des betrachteten Energiebereichs bei etwa 50 bis 100 eV, für *Ionen* bei einigen keV liegen[1]. Diese Abgrenzung läßt sich auch sachlich rechtfertigen, wie sich weiter unten zeigen wird. Die zugehörigen Lineargeschwindigkeiten der Elektronen und einfach geladenen Ionen ergeben sich dann aus der Energiebeziehung

$$\tfrac{1}{2} m v^2 = e U \qquad (1.1)$$

(e, m Ladung bzw. Masse, v Geschwindigkeit, U beschleunigende Spannung) zu

$$v = \sqrt{\frac{2 e U}{m}} \qquad (1.2)$$

(*nicht*relativistisches Gebiet!). In Fig. 1 ist die Lineargeschwindigkeit als Funktion der kinetischen Energie für Elektronen und einige einfach geladene Ionen aufgetragen.

[1] Für größere Energien vgl. die folgenden Artikel dieses Bandes.

Es sollen ferner nur Einzelstöße in feldfreien Räumen betrachtet werden. Stoßvorgänge in beschleunigenden elektrischen Feldern werden in Bd. XXI, Anregung, Ionisierung usw. in Bd. XXXVI besprochen; im Rahmen des vorliegenden Artikels werden sie nur dort erwähnt, wo es der Zusammenhang erfordert. Damit verbleiben für die ausführliche Behandlung an dieser Stelle neben der Messung des gesamten Wirkungsquerschnitts die elastische Streuung von langsamen Elektronen und Ionen sowie die Streuung und Umladung langsamer Ionen. Die gleichzeitige Behandlung von langsamen Elektronen und langsamen Ionen läßt sich damit rechtfertigen, daß — abgesehen von sachlichen Parallelen — zum Nachweis beider im wesentlichen nur die Ladungsmessung verwendet wird, wodurch sich eine ganze Reihe gemeinsamer experimenteller Gesichtspunkte ergeben. Eine ausführliche Gesamtdarstellung der eben umrissenen Gebiete gaben MASSEY und BURHOP [*73*].

A. Elektronen.

2. Historische Vorbemerkungen. LENARD [*68*] hat 1903 als erster die Absorption von langsamen Elektronen in Gasen bis zu einigen eV Elektronenenergie herab untersucht und die Ergebnisse dieser Messungen durch Auftragung „absorbierender Molekülquerschnitte" als Funktion der Elektronengeschwindigkeit dargestellt. Bei größeren Elektronenenergien sind die absorbierenden Molekülquerschnitte proportional den Dichten der untersuchten Gase und wachsen mit abnehmender Elektronenenergie an. Es schien zunächst so, als ob sie sich für $E_{\text{kin}} \to 0$ gewissen Grenzwerten etwa von der Größe der gaskinetischen Querschnitte näherten. Dabei bleibt die Proportionalität zwischen Querschnitt und Dichte nicht mehr erhalten, sondern sie wird offenbar durch ein individuelles Verhalten der verschiedenen Gase abgelöst. RAMSAUER [*86*] entdeckte dann 1920 die Querschnittsanomalie des Argons, d.h. die damals äußerst überraschende Tatsache, daß Argonatome gegenüber Elektronen von etwa 1 eV Energie unerwartet kleine Querschnitte besitzen, die mit weiter abnehmender Energie noch kleiner werden (etwa $\frac{1}{40}$ des gaskinetischen Querschnitts!). RAMSAUERs Befund hatte nur deswegen gegenüber der Kritik seiner Zeit ausreichende Überzeugungskraft, weil RAMSAUER den Begriff des (gesamten) „Wirkungsquerschnitts" einführte und diesen Begriff mit seiner Meßapparatur einwandfrei verifizierte. Dieser „RAMSAUER-Effekt" war der erste direkte — wenn auch lange Zeit unverstandene — Hinweis auf die Wellennatur des Elektrons, was ELSASSER [*29*] als erster erkannt hat. Sein Hinweis auf die Möglichkeit einer Deutung des RAMSAUER-Effekts mit Hilfe von DE BROGLIE Wellen [*20*] in Analogie zur Streuung des Lichtes an kleinen Kugeln [*78*] fand aber nur geringe Beachtung. Während RAMSAUER die Wirkungsquerschnitte in ihrem Gesamtverlauf bestimmte, schloß TOWNSEND [*121*] aus Versuchen über die Diffusion von Elektronen auf Querschnittsanomalien in einigen Nicht-Edelgasen und zusammen mit BAILEY [*124*] auf ein Minimum des Argonquerschnitts unterhalb 1 eV. Direkte Untersuchungen von BRODE [*8*], RUSCH [*107*] und BRÜCHE [*11*] sicherten das Resultat von TOWNSEND und Mitarbeitern [*123*], [*115*], [*116*], daß Querschnittsanomalien allgemein auch bei Nichtedelgasen auftreten. Die experimentelle Bearbeitung des Gebiets vervollständigten RAMSAUER und KOLLATH [*91*] durch Ausdehnung der Querschnittsmessungen auf Elektronenenergien unterhalb 1 eV, BRÜCHE [*13*] durch Untersuchung der Zusammenhänge zwischen Wirkungsquerschnitt und Molekelbau sowie NORMAND [*83*], SCHMIEDER [*108*] und HOLST und HOLTSMARK [*44*] durch Untersuchung einer größeren Zahl von Elementen und Verbindungen. Erst ab 1927 hat HOLTSMARK diese Erscheinung — wenigstens für die Edelgase — befriedigend theoretisch mit Hilfe der Wellenmechanik behandeln können (vgl. Ziff. 14). Dabei stellte sich heraus, daß im Gebiet sehr kleiner Energien ($\lesssim 5$ eV) auch zusätzliche Annahmen (Polarisation, Austausch) nicht zu einer quantitativen Übereinstimmung mit den Meßresultaten führten.

Die verschiedenen Einzelwirkungen (elastische Streuung, Energieverluste, Anlagerung), die in ihrer Gesamtheit den von RAMSAUER definierten „Wirkungsquerschnitt" ergeben, waren bis dahin nur in Einzelarbeiten behandelt. In der Folgezeit (etwa ab 1931) setzte auch bezüglich der Einzelwirkungen eine systematische Forschung ein: Untersuchung der Winkelverteilung elastisch und unelastisch gestreuter Elektronen, Messung von Teil-Querschnitten für elastische und unelastische Streuung sowie für Anlagerung. Diese Arbeiten im Zusammenhang mit eingehender theoretischer Behandlung des Gebiets besonders durch MASSEY und seine Mitarbeiter führten dann zu einem befriedigenden Verständnis des Verhaltens von langsamen Elektronen und Ionen beim Elementarprozeß des Zusammenstoßes mit Gasmolekülen (vgl. MOTT und MASSEY [*82*]).

I. Summarische Erfassung aller Stoßvorgänge.

3. Zum Begriff des Stoß- bzw. Wirkungsquerschnitts. CLAUSIUS [*18*] hat in die klassische Gastheorie den Begriff der Wirkungssphäre eingeführt. Die Gasmoleküle werden dabei als starre Kugeln aufgefaßt, die irgendwelche Kräfte erst dann aufeinander ausüben, wenn die Wirkungssphären einander berühren. Da die Kräfte zwischen zwei Atomen bzw. zwischen Elektronen und Atomen mit wachsender Annäherung beider Partner sicher nicht sprunghaft, sondern stetig zunehmen, können wir nur insoweit einen Stoßquerschnitt überhaupt definieren bzw. experimentell verifizieren, als sich ein solcher Stoß durch verändertes Verhalten der Stoßpartner *nachweisen* läßt, im allgemeinen durch Veränderung des Geschwindigkeitsvektors. Die experimentelle Feststellung, ob ein „Stoß" stattgefunden hat oder nicht, wird also in gewissem Maße von der Genauigkeit der Nachweismethode abhängen. Wir können also auf Grund der Meßergebnisse nicht mit Sicherheit sagen, ob der Stoßquerschnitt bei hinreichender Verfeinerung der Meßmethode nicht doch über alle Grenzen wächst.

Begrifflich einfacher ist die Frage nach der Intensität, die in einen bestimmten kleinen Winkelbereich $\Delta\omega$ gestreut wird und damit die Definition des „*differentiellen Stoßquerschnitts*": Es möge ein hinreichend schwacher[1] Parallelstrahl von N Elektronen pro Einheitsfläche und Sekunde auf eine Gruppe von n Streuzentren auffallen; dann ist die Zahl der sekundlich in den Raumwinkel $\Delta\omega$ gestreuten Elektronen gegeben durch $nN\Delta\omega Q(\vartheta, \varphi)$; der Proportionalitätsfaktor $Q(\vartheta, \varphi)$, der von den Streuwinkeln ϑ und φ abhängt, ist der differentielle Stoßquerschnitt (vgl. Ziff. 14). Man setzt voraus, daß $Q(\vartheta, \varphi)$ eine stetige Funktion von ϑ und φ ist. Den Stoßquerschnitt Q erhält man durch Summation über die differentiellen Stoßquerschnitte. Wegen der vorausgesetzten Stetigkeit hat Q für atomare Felder einen endlichen Wert in Übereinstimmung mit der Wellenmechanik. Wir werden daher von der Festlegung eines Stoßquerschnitts dann sprechen, wenn eine Verfeinerung der Meßmethodik zu keiner merkbaren Veränderung der gemessenen Querschnittsgröße mehr führt.

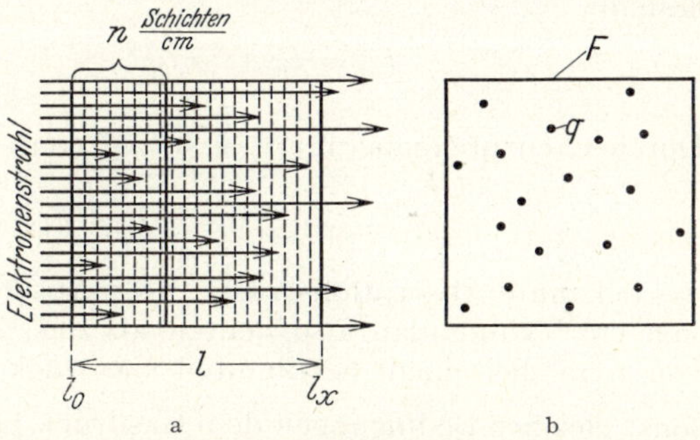

Fig. 2a u. b. Zur Ableitung des Absorptionsgesetzes (vgl. Text).

4. Absorptionsgesetz in Gasen und Deutung des Absorptionskoeffizienten. Ein Strahl von Elektronen einheitlicher Richtung und Energie trete in einen Raum ein, der mit Gas unter bestimmtem Druck p gefüllt ist; die Strahlintensität I_0 an der Eintrittsstelle[2] sei bekannt (Fig. 2a). Dann wird ein Teil der Elektronen mit den Molekülen des Gases früher oder später auf der Meßstrecke l zusammenstoßen, während ein anderer Teil die Meßstrecke unbeeinflußt durchläuft. Wenn wir nun eine Vorrichtung besitzen, die jedes Elektron aus dem Strahl ausscheidet, das einen Zusammenstoß erlitten hat, so wird die Zahl der unbeeinflußten Elektronen in Fig. 2a von links nach rechts abnehmen.

Wir denken uns nun den Raum zwischen l_0 und l_x in eine große Anzahl von Schichten senkrecht zur Strahlrichtung eingeteilt, und zwar in n Schichten pro cm. Die Schichten sollen noch dick genug sein, damit die Zahl k der in jeder

[1] Die Elektronen sollen sich nicht gegenseitig stören, die Streuzentren sollen durch den Vorgang nicht beeinflußt werden, und es sollen nur Einzelstöße auftreten.

[2] Intensität = Elektronenzahl pro cm² und sec (= Stromdichte).

einzelnen Schicht befindlichen Moleküle praktisch die gleiche ist, andererseits sollen die Schichten so dünn sein, daß $n \gg 1$ ist. Greifen wir eine dieser Schichten heraus und betrachten sie in Richtung der Elektronenstrahls (Fig. 2b), so sehen wir innerhalb der umrandeten Fläche F (F sei der Querschnitt des Elektronenstrahls) die in dieser Schicht enthaltenen Moleküle statistisch verteilt. Der Querschnitt des einzelnen Moleküls sei q; dann ist die Summe der Stoßquerschnitte der Moleküle in einer Schicht kq. Trifft jetzt der Elektronenstrahl auf die herausgegriffene Einzelschicht mit der Intensität I auf, so wird I in der Schicht um einen Bruchteil ΔI abnehmen, wobei $|\Delta I| = I \cdot \frac{k \cdot q}{F}$ ist. Wenden wir diese Betrachtung nun systematisch auf die 1., 2., 3., ... Schicht an, so ergibt sich mit der Eintrittsintensität I_0 folgendes Bild:

Intensität nach Durchlaufen der ersten Schicht: $I_1 = I_0 - \Delta I_0 = I_0\left(1 - \frac{kq}{F}\right)$,

Intensität nach Durchlaufen der zweiten Schicht: $I_2 = I_1 - \Delta I_1 = I_0\left(1 - \frac{kq}{F}\right)^2$,

. . . .

Intensität nach Durchlaufen von 1 cm: $I_n = I_{n-1} - \Delta I_{n-1} = I_0\left(1 - \frac{kq}{F}\right)^n$,

Intensität nach Durchlaufen von l cm: $I_{nl} = I_{nl-1} - \Delta I_{nl-1} = I_0\left(1 - \frac{kq}{F}\right)^{nl}$.

Verfeinert man die Unterteilung in Schichten immer mehr, so geht $n \to \infty$ und $k \to 0$; das Produkt $n\frac{kq}{F}$ dagegen behält einen festen Wert α, der nichts anderes als die Summe der Stoßquerschnitte aller Moleküle in 1 cm³ ist. Wir schreiben deshalb

$$I_{nl} = I_0\left[1 - \frac{nkq}{F} \cdot \frac{1}{n}\right]^{nl} = I_0\left[\left(1 - \frac{\alpha}{n}\right)^n\right]^l.$$

Durch Grenzübergang für $n \to \infty$ folgt daraus mit $I_l = \lim\limits_{n\to\infty} I_{nl}$:

$$I_l = I_0\,\mathrm{e}^{-\alpha l} \tag{4.1}$$

das bekannte Absorptionsgesetz. Den Absorptionskoeffizienten α mit der Dimension cm^{-1} kann man also deuten als die Querschnittssumme Q aller Moleküle von 1 cm³ bei einem bestimmten Gasdruck p. Da die Zahl der Moleküle unter sonst gleichen Bedingungen dem Gasdruck proportional ist, können wir $Q = \frac{p}{p_0} Q_0$ setzen, wobei Q_0 die Summe der Querschnittsflächen der Moleküle von 1 cm³ für ein bestimmtes p_0 bedeutet; es ist in dem Gebiet langsamer Elektronen üblich, p_0 zu 1 mm Hg bei 0° C festzulegen. Man kann aber auch zum Querschnitt q des Einzelmoleküls übergehen durch $Q = q \cdot L_p$, wobei L_p die Zahl der Moleküle pro cm³ beim Druck p und 0° C ist. Damit können wir (4.1) in drei gleichwertigen Formen schreiben, wie es auch in der Literatur vorkommt:

$$I_l = I_0\,\mathrm{e}^{-\alpha l} \tag{4.2}$$

(α = Absorptionskoeffizient; bei großen Energien ist α der Dichte des Gases proportional);

$$I_l = I_0\,\mathrm{e}^{-Q_0 p l} \tag{4.3}$$

(Q_0 = Stoßquerschnitts-Summe aller Moleküle von 1 cm³ bei 1 mm Hg und 0° C);

$$I_l = I_0\,\mathrm{e}^{-L_p q p l} \tag{4.4}$$

(q = Stoßquerschnitt des Einzelmoleküls, L_p = Zahl der Moleküle pro cm³ beim Druck p und 0° C). Mit dem Zahlenwert $L_p = 3{,}56 \times 10^{16}/\mathrm{cm}^3 \cdot \mathrm{mm\,Hg}$, wird $q = 0{,}28 \cdot 10^{-16} \cdot Q_0\,\mathrm{cm}^2 = 28 \cdot Q_0$ Megabarn[1].

Über die Gültigkeitsgrenzen des Absorptionsgesetzes läßt sich folgendes sagen: Wenn tatsächlich, wie vorausgesetzt, die Meßanordnung jedes Elektron aus dem Strahl ausschaltet, das irgendeinen „Zusammenstoß" mit einem Gasmolekül erlitten hat, so ist das Exponentialgesetz (4.2) bis (4.4) sicher gültig. Diese Voraussetzung läßt sich für den Bereich langsamer Elektronen und speziell bei Verwendung der von RAMSAUER angegebenen Meßmethode gut erfüllen [*61*]; daher ist es in diesem Energiegebiet experimentell stets bestätigt worden. Bei größeren Elektronenenergien dagegen (und besonders auch bei Stößen zwischen Ionen und Gasmolekülen) ergeben sich wegen starker Streuung unter kleinen Winkeln bei der Messung des Gesamtquerschnitts Schwierigkeiten (vgl. Ziff. 17). Es ist deshalb oft zweckmäßiger und begrifflich einfacher, *Teil*querschnitte Q_0', Q_0'', ... für Streuung ohne Energieverlust, Streuung mit einem Energieverlust bestimmter Größe für einen bestimmten Streuwinkelbereich usw. zu definieren und zu messen. Diese Methode wird auch bei langsamen Elektronen angewandt und führt zu weiteren Aufschlüssen über die Wechselwirkung zwischen Elektronen und Molekülen. Bei der Messung von Teilquerschnitten gilt mit (4.3) im Fall kleiner Streuintensitäten für die *beeinflußten* Elektronen:

$$I_0 - I_l = I_0 (1 - e^{-Q_0 p l})$$

also für $I_0 - I_l \ll I_0$ die lineare Beziehung:

$$\frac{(I_0 - I_l)}{I_0} \approx Q_0 p l. \tag{4.5}$$

5. Experimentieren mit langsamen Elektronen. Zur Herstellung von Strahlen langsamer Elektronen wird der glühelektrische und lichtelektrische Effekt verwendet. Beim Übergang zu kleinsten Elektronenenergien (einige eV und darunter) muß man folgendes beachten:

a) Die Elektronen besitzen vom Erzeugungsprozeß her eine relativ breite *Energieverteilung*. Um einen Strahl mit gut definierter Energie zu erhalten, benutzt man meistens elektrische oder magnetische Felder. Für diese spektrale Zerlegung haben sich elektrische und magnetische Transversalfelder sowie das longitudinale Magnetfeld bewährt.

b) Mit abnehmender Energie nimmt auch die *Intensität* der Elektronenstrahlen stark ab; das liegt — jedenfalls zum Teil — daran, daß diese ganz langsamen Elektronen durch Störfelder stark beeinflußt werden (Raumladung, Kontaktpotentiale, Magnetfeld des Heizstroms bei Glühemission, erdmagnetisches Feld). Das Erdfeld bzw. sonstige magnetische Streufelder müssen deshalb kompensiert werden. Zur Überwindung von Raumladungen in der Nähe der Elektronenquelle kann man eine Zwischenbeschleunigung verwenden.

c) Eine oft nicht genügend beachtete Fehlerquelle ist dadurch gegeben, daß sich nicht nur die Intensität, sondern auch die ursprüngliche Energieverteilung der emittierten Elektronen unter Umständen beim Einlaß von Gasen merklich verändern kann; diese Erscheinung tritt besonders bei Verwendung von Glühelektronen auf, wo sie zuverlässige Messungen bei 1 eV und darunter unmöglich macht, während sie beim lichtelektrischen Effekt in den meisten untersuchten Gasen fehlt [*91*].

[1] 1 Megabarn (Mb) = 10^{-18} cm².

Es ist im allgemeinen notwendig, mit geringen Intensitäten zu arbeiten, um den störenden Einfluß von Raumladungen im Meßraum klein zu halten. Daher werden in diesem Energiegebiet vorwiegend empfindliche Elektrometer zur Intensitätsmessung benutzt. Neben dem erdmagnetischen Feld (s. oben) stören auch Kontaktpotentiale mit abnehmender Elektronenenergie in steigendem Maße. Sie lassen sich dadurch vermeiden, daß man die Apparatur aus gleichartigem Material baut und die Oberflächen mit einem Sandstrahlgebläse (*un*benutzter Sand!) oder durch Abschaben mit einem harten Stahl, nicht aber mit Schmirgelpapier[1] säubert; Hg-Dampfreste, die trotz Kühlung mit flüssiger Luft auftreten, können durch Alkalischichten oder Goldblattfolien der Apparatur ferngehalten werden. Schließlich sei noch darauf hingewiesen, daß langsame Elektronen an blanken Metallflächen in starkem Maße reflektiert werden. Dieser Tatsache kann entweder durch geeignete Form der Blenden und Auffangkäfige Rechnung getragen werden oder durch Verwendung von porösen Oberflächen (Platinmoor, Nickelschwarz. Ruß). Das Vorhandensein von Restgasen und -dämpfen in der Apparatur ist bei Wirkungsquerschnittsmessungen übrigens nicht von so entscheidender Bedeutung wie z.B. bei der Elektronendiffusion durch Gase von höherem Druck; Restgase und -dämpfe wirken in erster Linie intensitätsmindernd, ihr sonstiger Einfluß läßt sich bei den Messungen von Stoßquerschnitten eliminieren (vgl. Ziff. 6).

6. Grundsätzliches zur quantitativen Messung des Wirkungsquerschnitts. Sämtliche Meßmethoden, die irgendwie zur Angabe von Stoßquerschnitten führen, sind bis in die Einzelheiten ausführlich und kritisch in früheren Berichten diskutiert worden [*60*], [*98*]. Es mag daher hier genügen, das Prinzip derjenigen Methoden zu erläutern, die wesentlich zur Festlegung der in Fig. 7 wiedergegebenen Querschnittskurven verschiedener Gase beigetragen haben. Zum besseren Verständnis sollen einige Gesichtspunkte, die für alle quantitativen Methoden gelten, vorausgeschickt werden. In Fig. 3 ist das Prinzip einer Anordnung zur Querschnittsmessung dargestellt. Aus den an F glühelektrisch oder lichtelektrisch ausgelösten Elektronen sondert Blende 1 einen Elektronenstrahl aus, der durch die Blende 2 in einen Durchgangskäfig V und durch die Blende 3 in den Meßkäfig H eintritt. Meßtechnisch gesehen ist dabei Blende 2 die eigentliche „Elektronenquelle“. Im Vakuum sollte die überwiegende Mehrzahl der durch Blende 2 hindurchtretenden Elektronen auch durch Blende 3 nach H gelangen: Diese im Vakuum in den Meßkäfig H eintretenden Elektronen bilden den eigentlichen „Elektronenstrahl“, dessen Wechselwirkung mit den Gasmolekülen innerhalb des Durchgangskäfigs V gemessen werden soll. Füllen wir Gas unter bestimmtem Druck p in die Apparatur ein, so werden innerhalb des Käfigs V einige Strahlelektronen mit Gasmolekülen Zusammenstöße erleiden und dadurch nicht mehr nach H gelangen. Wenn sicher wäre, daß nach dem Einlassen von Gas in die Apparatur der „Elektronenstrahl“ beim Durchtritt durch die Blende 2 die gleiche Intensität hat wie im Vakuum, so würde man mit zwei Intensitätsmessungen auskommen. Da man aber mit Intensitätsverlusten auf dem Wege bis zur Blende 2 rechnen muß und außerdem mit einer Änderung der Gesamtemission von F bei Gaseinlaß, so ist es sicherer, die nach H gelangende Intensität sowohl im Vakuum als auch im Gas immer auf die durch Blende 2 hindurchtretende Intensität zu beziehen. Bezeichnen wir die durch Blende 2 eintretende Intensität bei zwei verschiedenen Gasdrucken p' bzw. p'' mit I'_0 bzw. I''_0, die durch Blende 3 hindurchtretende Intensität entsprechend mit I' bzw. I'', so erhalten wir das Absorptionsgesetz (4.3) in der Form

$$I' = I'_0\, e^{-Q_0 p' l}, \quad (6.1) \qquad I'' = I''_0\, e^{-Q_0 p'' l}. \quad (6.2)$$

[1] Über Einzelheiten zu dieser Frage vgl. Ende [*30*].

Dividieren wir (6.1) durch (6.2) und logarithmieren, so wird

$$\ln\frac{I'}{I_0'} - \ln\frac{I''}{I_0''} = Q_0 l(p'' - p'),$$

wobei l die (konstante) Weglänge des Elektronenstrahls im Durchgangskäfig V ist. Damit wird der gesamte Querschnitt:

$$Q_0 = \frac{1}{l(p''-p')}\left[\ln\frac{I'}{I_0'} - \ln\frac{I''}{I_0''}\right]. \qquad (6.3)$$

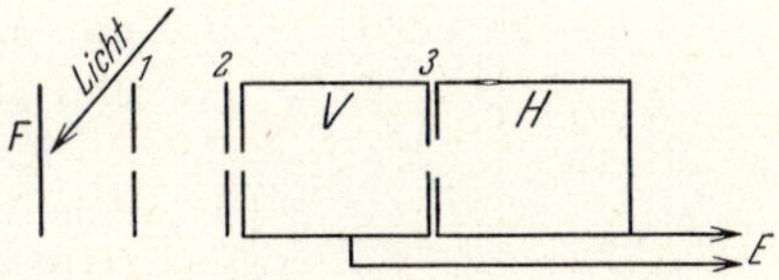

Fig. 3. Anordnung zur Querschnittsmessung (schematisch).

Mißt man bei mehreren Drucken p', p'', p''' usw. und trägt man die zugehörigen Intensitätsverhältnisse I'/I_0', I''/I_0'', I'''/I_0''' usw. logarithmisch über dem Druck auf, so müssen sich offenbar gerade Linien ergeben, deren Neigung proportional Q_0 ist. (Entsprechend kann man auch bei konstantem Gasdruck die Laufstrecke l der Elektronen variieren.) Wesentlich ist daher, daß zur quantitativen Messung eines Querschnitts stets *vier* Intensitätswerte gehören. In vielen Fällen hat sich — durch nachträglichen Vergleich mit quantitativen Messungen — gezeigt, daß man mit der Messung von zwei Intensitätswerten auskommt[1], doch haben solche „qualitativen" Versuche für sich allein keine genügende Beweiskraft.

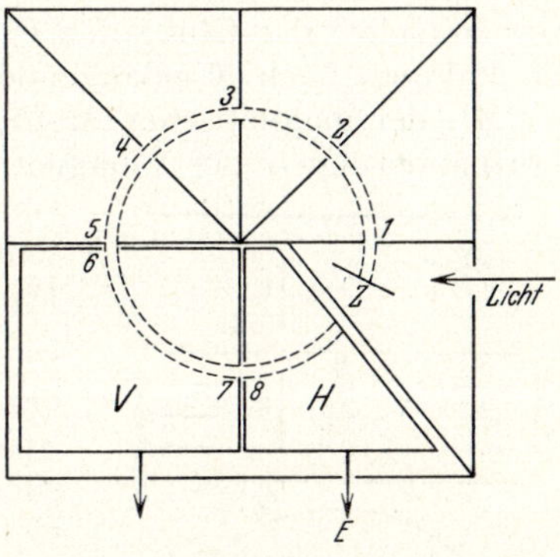

Fig. 4. Magnetische Kreismethode zur Wirkungsquerschnitt-Messung nach RAMSAUER.

7. Die magnetische Kreisführung nach RAMSAUER. Bei der in Fig. 3 dargestellten Meßanordnung (geradlinige Strahlführung) können Energieverluste der Elektronen ohne wesentliche Richtungsänderung dadurch meßtechnisch erfaßt werden, daß man an den Auffänger H eine *Gegenspannung* legt, die nur Elektronen oberhalb einer bestimmten Energie nach H gelangen läßt[2]. Die Erfassung *aller* Stoßvorgänge ist aber am sichersten gewährleistet bei der magnetischen Kreisführung, die von C. RAMSAUER [*88*] eingeführt wurde. Bei der magnetischen Kreisführung ist die Geschwindigkeit der Elektronen nach Größe und Richtung einwandfrei definiert, außerdem werden alle irgendwie beeinflußten Elektronen (Richtung *und* Energie!) durch die Feldwirkung aus dem Elektronenstrahl ausgeschieden. Abgesehen von der Kreisführung des Elektronenstrahls unterscheidet sich die in Fig. 4 dargestellte RAMSAUER-Apparatur nicht wesentlich von der Meßanordnung nach Fig. 3: An der Zinkplatte Z werden Elektronen lichtelektrisch ausgelöst und auf dem Wege zur Blende 1 beschleunigt. Die Blenden 2, 3, 4 homogenisieren den Strahl und halten vagabundierende Elektronen zurück. Blende 5 bildet die „Elektronenquelle", die durch Blende 7 im Vakuum nach H gelangenden Elektronen den „Elektronenstrahl" im Sinne des vorigen Abschnitts. H kann für sich allein oder zusammen mit V an das Elektrometer geschaltet werden. Der Viertelkreis zwischen den Blenden 6 und 7 bildet den Strahlweg l. Bei Gaseinlaß

[1] Aus diesem Grunde ist auch eine einfache Demonstration einer Querschnittsmessung in Argon („RAMSAUER-Effekt") möglich [*64*].

[2] Vgl. z.B. BRÜCHE [*11*].

(verschiedene Drucke p', p'', ...) ergibt sich dann das gesuchte Q_0 auch für diese Anordnung nach Gl. (6.3).

Da bei dieser Anordnung *alle* Stoßvorgänge erfaßt werden, konnte RAMSAUER den Begriff des (gesamten) *Wirkungsquerschnitts* einführen, das ist „der gesamte Querschnitt des Moleküls, welcher in *irgendeiner* Weise, sei es absorbierend oder geschwindigkeitsvermindernd oder ablenkend oder reflektierend, auf das Elektron wirkt, sozusagen die Gesamtgröße, welche das Molekül den Elektronen der betreffenden Geschwindigkeit gegenüber besitzt" [*89*].

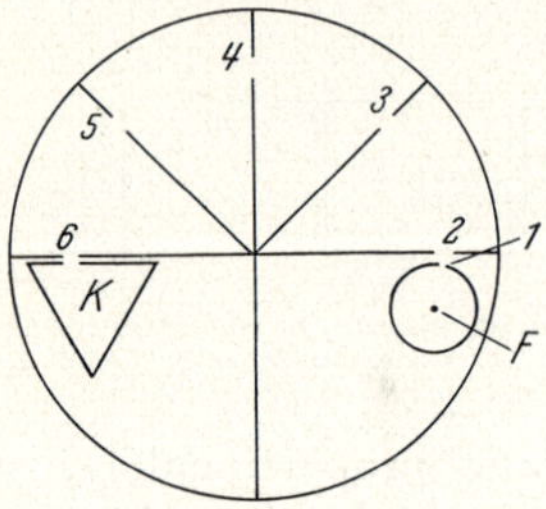

Fig. 5. Magnetische Kreismethode nach BRODE.

RAMSAUER selbst hat für seine ersten Messungen eine Versuchsanordnung benutzt, bei der nicht der Druck, sondern die Weglänge l variiert wurde. Diese Anordnung gestattete keine wesentliche Variation der Energie der lichtelektrisch ausgelösten Elektronen und hat heute nur noch historisches Interesse.

Eine vereinfachte Form der RAMSAUER-Methode wurde von BRODE [*9*] bei zahlreichen Querschnittsmessungen benutzt (Fig. 5). Bei BRODE ist die „Elektronenquelle" der Glühfaden F mit Blende 1, den „Elektronenstrahl" bilden die im Vakuum nach K gelangenden Elektronen.

Mit der magnetischen Methode können außerdem durch Betrachtungen von Formänderungen der „magnetischen Verteilungskurven" im Vakuum und im Gas qualitative Aussagen über den Verlauf der Querschnittskurve gewonnen werden; eine ausführliche Darstellung findet man in [*98*] (vgl. auch Ziff. 17).

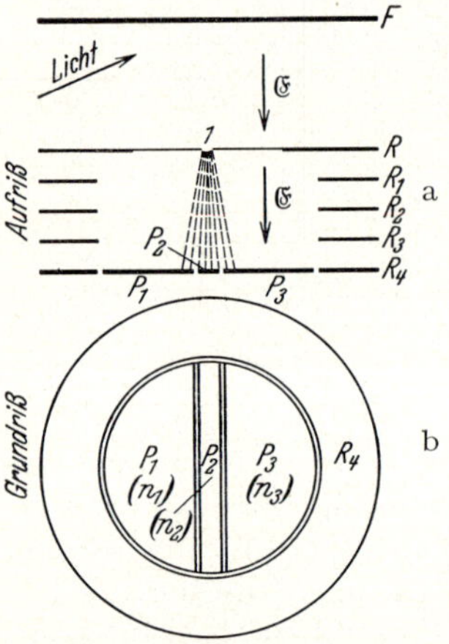

Fig. 6a u. b. Anordnung zur Messung des Diffusionsquerschnitts nach TOWNSEND (schematisch).

8. Querschnittsmessungen nach Diffusionsmethoden. Eine andere Möglichkeit auf die Größe eines Stoßquerschnitts zu schließen, besteht in der Untersuchung der Diffusion von Elektronen in schwachen elektrischen Feldern bei relativ großen Drucken. Hierher gehören die Arbeiten von TOWNSEND und seinen Mitarbeitern[1], die Untersuchungen von LOEB [*70*], WAHLIN [*126*] u. a. sowie MINKOWSKI und SPONER [*79*]. Der Vorteil dieser Methoden besteht in der Möglichkeit, über Vorgänge etwas auszusagen, deren Wahrscheinlichkeit zu klein ist, um bei Querschnittsmessungen erfaßt zu werden (vgl. Ziff. 9e); außerdem sind Messungen an Elektronen bis zu sehr kleiner Energie (gaskinetische Größenordnung) möglich, während mit den beschriebenen direkten Methoden Querschnittsmessungen an definierten Elektronenstrahlen nur bis 0,16 eV durchgeführt werden konnten. Der Nachteil der Diffusionsmethoden besteht darin, daß die Elektronen keine einheitliche Energie besitzen, sondern eine Energieverteilung; dadurch erhält man Querschnitts-Mittelwerte und Feinheiten des Kurvenverlaufs gehen verloren; außerdem wird ein Stoßquerschnitt gemessen, der erst nach Kenntnis der Winkelverteilung gestreuter Elektronen einen quantitativen Schluß auf die Größe der Gesamteinwirkung und einen Vergleich mit Q_0 zuläßt [*61*].

Diese Diffusionsmethoden werden von LOEB in Bd. XXI dieses Handbuches beschrieben, es mag deshalb genügen, die Methode von TOWNSEND zu betrachten,

[1] Zusammenfassend dargestellt von BRÖSE-SAAYMAN [*10*].

nach der an einer großen Anzahl von Gasen Messungen durchgeführt worden sind. Die Versuchsanordnung ist schematisch in Fig. 6a, b dargestellt: Von F emittierte Elektronen werden im Feld zwischen F und R beschleunigt und diffundieren unter vielfachen Zusammenstößen mit Gasmolekülen in Richtung des Feldes $\mathfrak{E}$. Ein Teil von ihnen tritt durch die Öffnung 1 in den Meßraum ein; dort herrschen genau die gleichen Druck- und Feldverhältnisse wie zwischen F und R, wobei durch ringförmige Scheiben R_1, R_2, R_3 das Feld möglichst homogen gehalten wird. Die Auffängerplatte ist in drei Abschnitte P_1, P_2, P_3 unterteilt (vgl. Fig. 6b), die zugehörigen Elektronenströme seien n_1, n_2, n_3. Gemessen wird erstens das Verhältnis $\frac{n_2}{n_1+n_2+n_3}$ und zweitens die Größe eines magnetischen Feldes (senkrecht zu Zeichenebene in Fig. 6a), das erforderlich ist, um die Bedingung $n_1+n_2=n_3$ zu erfüllen. Aus diesen beiden Messungen lassen sich die mittlere „Temperaturgeschwindigkeit" U (velocity of agitation) und die Wanderungsgeschwindigkeit ζ der Elektronen bestimmen. ζ und U hängen im einfachsten Fall einer MAXWELLschen Energieverteilung der diffundierenden Elektronen[1] mit der Einzelgeschwindigkeit der Elektronen v, dem Wirkungsquerschnitt Q_0, dem Streuwinkel ϑ beim Einzelstoß und der Winkelverteilung $w(v,\vartheta)$ der gestreuten Elektronen in folgender Weise zusammen:

$$\frac{2}{9}\sqrt{\frac{3\pi}{8}}\,\frac{U\zeta}{\frac{e}{m}\cdot\frac{|\mathfrak{E}|}{p}} = \frac{1}{U^4}\int\limits_0^\infty \frac{v^3\,e^{-\frac{3v^2}{2U^2}}\,dv}{2\pi\,Q_0(v)\int\limits_0^{2\pi} w(v,\vartheta)\,[1-\cos\vartheta]\sin\vartheta\,d\vartheta}. \tag{8.1}$$

Macht man die Annahme $w(v,\vartheta)=\text{const}$ und setzt man voraus, daß $Q_0(v)$ im Energiebereich der diffundierenden Elektronen ebenfalls als konstant angesehen werden kann, so erhält man aus (8.1) mit TOWNSEND [*122*]:

$$\frac{1}{0.92}\,\frac{U\zeta}{\frac{e}{m}\cdot\frac{|\mathfrak{E}|}{p}} = \frac{1}{Q_T}, \tag{8.2}$$

wenn mit Q_T der Stoßquerschnitt nach TOWNSEND bezeichnet wird.

9. Ergebnisse der Querschnittsmessungen. In Fig. 7 sind die Querschnitte einiger wichtiger Gase und Dämpfe als Funktion der Elektronengeschwindigkeit (v proportional $\sqrt{\text{Volt}}$) dargestellt. Im allgemeinen weichen die quantitativen Werte verschiedener Autoren bei gleichem qualitativem Kurvenverlauf um etwa 10 bis 20% voneinander ab, ohne daß sich eine spezielle Begründung für diese Abweichungen angeben läßt; sie sind vermutlich in der Schwierigkeit quantitativer Messungen mit so langsamen Elektronen überhaupt zu suchen. Der vorliegende Bericht schließt sich den Resultaten eines ausführlichen kritischen Vergleichs der Messungen verschiedener Autoren an, der schon früher zur Festlegung eines wahrscheinlichsten Kurvenverlaufs geführt hat [*60*]. Die Kurven für Zn und Cd wurden nur von BRODE [*8*], [*9*] gemessen, daher ist wegen besserer relativer Vergleichbarkeit auch die Hg-Kurve nach BRODE wiedergegeben. Zur Erläuterung sei auf einige interessante Punkte besonders hingewiesen:

a) Offensichtlich besitzen Atome, die zur gleichen Kolonne im Periodischen System gehören, ähnliche Querschnittskurven, so z. B. die (schweren) Edelgase, die Hg-Gruppe, die Alkalien.

---

[1] Die MAXWELL-Verteilung stellt sich bei diesem Vorgang sicher *nicht* ein, sondern eine kompliziertere Verteilung, über deren Berechnung eine umfangreiche Literatur existiert (vgl. z. B. DRUYVESTEYN [*25*] und DIDLAUKIS [*24*]). Der oben angegebene Zusammenhang zwischen den Meßwerten der TOWNSEND-Methode und dem Wirkungsquerschnitt wird dann etwas komplizierter, ohne daß sich die Resultate dabei wesentlich ändern.

b) Moleküle mit gleichem Aufbau der äußeren Elektronenschale haben ähnliche Querschnittskurven, so z. B. die Paraffine, ferner N_2 und CO, N_2O und CO_2. Diese Beziehungen zwischen Wirkungsquerschnitt und Molekülbau hat

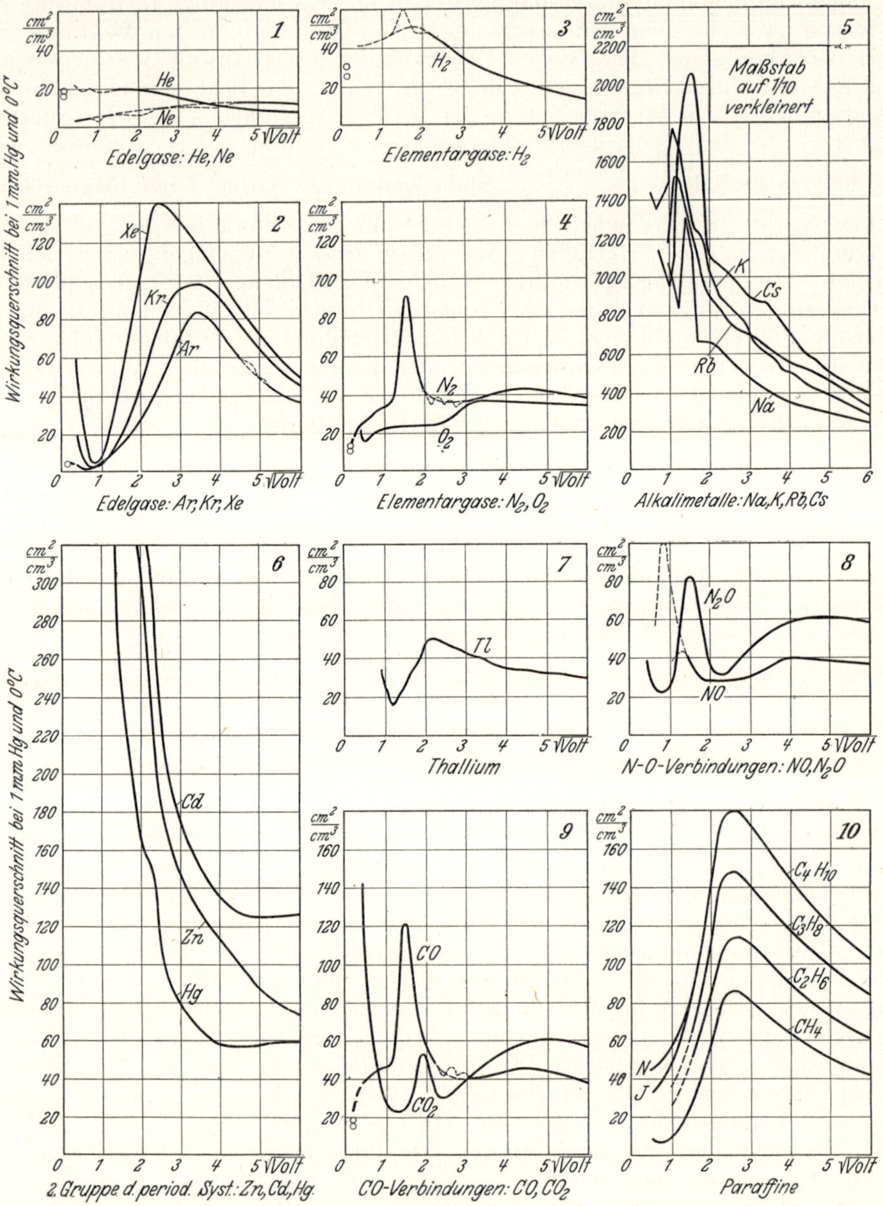

Fig. 7. Der Wirkungsquerschnitt in Abhängigkeit von der Elektronengeschwindigkeit in verschiedenen Gasen und Dämpfen.

besonders BRÜCHE [*13*] eingehend studiert; seine Untersuchungen wurden später auf verschiedene Reihen von organischen Verbindungen ausgedehnt [*44*], [*108*].

c) Der minimale Wirkungsquerschnitt des Argonatoms beträgt nach RAMSAUER und KOLLATH [*91*] nur noch $0{,}6\ \mathrm{cm^2/cm^3 \cdot mm\ Hg}$, also etwa $\frac{1}{40}$ des gaskinetischen Querschnitts des Argonatoms. Bemerkenswert ist an den Edelgasen ferner, daß die Kryptonkurve bei 1 eV nach den Originalmessungen einwandfrei tiefer liegt als die Argonkurve. Das wird in Fig. 8 durch die Originalmessungen des Intensitätsverhältnisses (als Funktion des Drucks) bei gleicher Elektronenenergie belegt. Die „Druckgeraden" zeigen gleichzeitig die Gültigkeit des oben abgeleiteten Absorptionsgesetzes im Gebiet langsamer Elektronen.

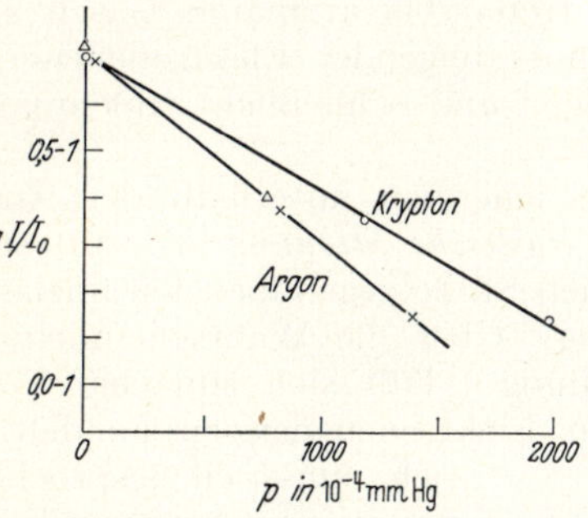

Fig. 8. „Druckgeraden" für A und Kr bei gleicher Elektronenenergie (1 eV).

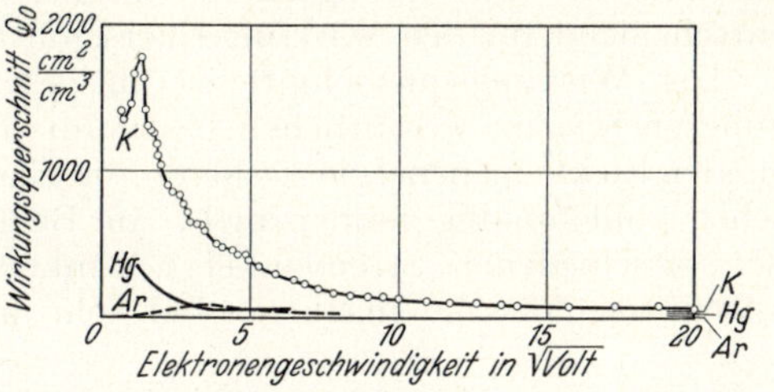

Fig. 9. Wirkungsquerschnitt von A, Hg und K im gleichen Maßstab.

d) Besonders hingewiesen sei auf die großen Querschnitte der Quecksilber- und besonders der Alkaligruppe (Maßstab!): Zum Vergleich der Größenverhältnisse sind in Fig. 9 die Querschnitte von Argon, Quecksilber und Kalium im gleichen Maßstab wiedergegeben (man beachte die gaskinetischen Querschnitte: Ordinatenabschnitte rechts!).

e) In der Querschnittskurve des Hg tritt eine ausgeprägte Abweichung vom allgemeinen Kurvenverlauf nach oben zwischen 2,0 und 2,5 $\sqrt{\text{Volt}}$ auf, die vermutlich mit der großen Anregungs-Wahrscheinlichkeit des Hg-Atoms durch Elektronenstoß bei Energien $\geqq 4{,}9$ eV zusammenhängt.

II. Untersuchung einzelner Stoßvorgänge.

10. Gesamtwirkung und Einzelvorgänge. Bisher wurde nur die Frage nach der *Gesamtzahl* der beeinflußten Elektronen gestellt und durch die Messung des Wirkungsquerschnitts beantwortet. Man wird nun folgerichtig weiter untersuchen, welcher Art die Beeinflussung im einzelnen ist. Das ist zwar in vielen Fällen experimentell schwieriger als eine Wirkungsquerschnittsmessung, die daran gewendete Mühe wird aber durch eine vertiefte Kenntnis über die Wechselwirkung zwischen Elektronen und Molekülen belohnt.

Elektronen können in dreierlei Weise beim Zusammenstoß mit einem Gasmolekül beeinflußt werden[1]:

a) Sie können aus ihrer ursprünglichen Richtung abgelenkt werden, ohne dabei kinetische Energie zu verlieren: *Elastische Streuung*.

b) Sie können Energie an das gestoßene Molekül abgeben: *Unelastische Streuung*.

c) Sie können sich an Moleküle anlagern und mit ihnen zusammen negative Ionen bilden: *Anlagerung*[2].

Die *Anlagerung* (c) wird von den unelastischen Stößen unterschieden, weil mit der Bildung eines negativen Ions begrifflich etwas Neues geschieht und weil

[1] Von dem reinen Impulsverlust (Stoß zwischen völlig elastischen Kugeln verschiedener Masse) soll wegen der sehr viel kleineren Masse des Elektrons abgesehen werden.

[2] Es hat sich gezeigt, daß die „echte Absorption" nach LENARD [*69*], nämlich die „Reduktion der Strahlengeschwindigkeit nach Größe und Richtung zu gaskinetischer Größenordnung" praktisch nur in der Form der Anlagerung existiert.

sich dieser Vorgang experimentell von den anderen trennen läßt. Selbst unter günstigen äußeren Bedingungen (elektronegative Gase wie Cl_2 und kleine Elektronenenergien) tritt die Anlagerung zahlenmäßig gegenüber den anderen Einwirkungsarten stark zurück [*71*].

Energieverluste von Elektronen (b) beim Zusammenstoß mit Gasmolekülen sind wegen der Erhaltung des Impulses im allgemeinen mit Ablenkungen aus der ursprünglichen Richtung verbunden. Sie treten bei atomaren Gasen erst oberhalb der Anregungsenergie auf[1], werden mit steigender Elektronenenergie oberhalb der Ionisierungsenergie immer häufiger und schließlich zahlenmäßig entscheidend für den Wirkungsquerschnitt[2].

Der Wirkungsquerschnitt ist für Elektronenenergien unterhalb der Anregungsenergie im wesentlichen bestimmt durch *elastische Streuung* (a). Mit steigender Elektronenenergie verlieren die elastischen Stöße gegenüber den unelastischen zahlenmäßig immer mehr an Bedeutung. Über die Wahrscheinlichkeit der verschiedenen Streuwinkel („Winkelverteilung") läßt sich zunächst keine allgemeine Aussage machen. Bei sehr kleinen Elektronenenergien handelt es sich, klassisch gesprochen, um die Streuung von Elektronen an der Elektronenhülle des Atoms. Die dabei auftretenden Erscheinungen, speziell der Ramsauer-Effekt, lassen sich aber selbst mit komplizierten klassischen Überlegungen nicht mehr verstehen, sie können nur wellenmechanisch gedeutet werden (vgl. Ziff. 14).

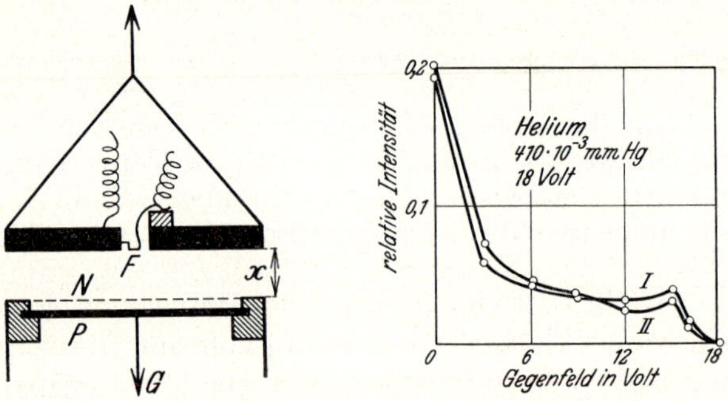

a b

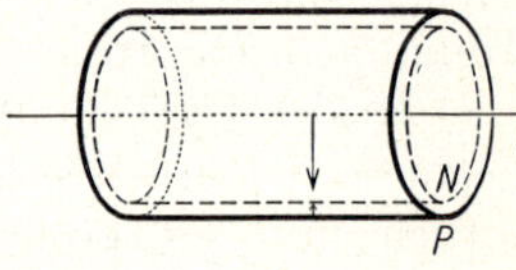

c

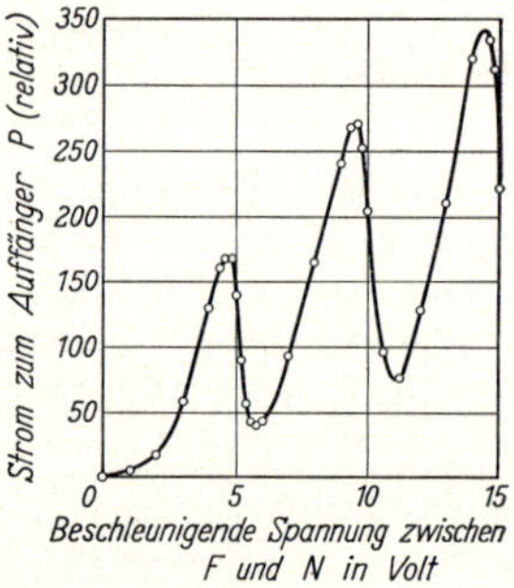

d

Fig. 10a—d. a Anordnung zum Nachweis der elastischen Streuung von Elektronen in Helium nach Franck und Hertz. b Gegenspannungskurven in Helium mit der Anordnung a (nach Franck und Hertz), Entfernung Glühdraht-Auffangplatte bei (I: 4 mm, II: 18 mm). c Anordnung zur Untersuchung von Energieverlusten nach Franck und Hertz. d Stromspannungskurve, aufgenommen mit der Anordnung nach c in Hg-Dampf von 1 mm Druck (nach Franck und Hertz).

11. Erste Arbeiten über einzelne Stoßvorgänge. Franck und Hertz leisteten die Pionierarbeit bezüglich der Frage nach der Art der Wechselwirkungen zwischen langsamen Elektronen und Atomen. In einer ersten Arbeit [*32*] hatten sie festgestellt, daß es Elektronen gibt, die nach vielen Zusammenstößen mit Heliumatomen ihre Anfangsenergie immer noch beibehalten. Später erweiterten und präzisierten Franck und Hertz [*33*] ihr erstes Resultat: Elektronen mit einer Anfangsenergie von 18 eV erleiden auch bei vielen Zusammenstößen mit Heliumatomen keinen merkbaren Energieverlust. Ihre Versuchsanordnung ist in Fig. 10a dargestellt: Elektronen werden vom Glühdraht F emittiert und durch eine feste Spannung (18 V) zwischen F und dem Netz N beschleunigt. Die Apparatur ist

[1] In Molekülgasen können Energieverluste der Elektronen auch unterhalb der Anregungsenergie auftreten, z.B. in Folge von Dissoziationen.

[2] Genaueres hierüber vgl. Massey, Bd. XXXVI dieses Handbuches.

mit Helium von vorgegebenem Druck (0,41 mm Hg) gefüllt, die Entfernung x zwischen F und N kann von Versuch zu Versuch geändert werden. Die Energieverteilung der durch N hindurchtretenden Elektronen wird mit Hilfe von Gegenfeldern zwischen N und der Meßplatte P bestimmt. Zwei Gegenfeldkurven (i_p als Funktion der Spannung zwischen P und N) bei verschiedenem Abstand x stimmen unter sonst gleichen Bedingungen überein, die Zahl der Zusammenstöße ändert also nicht die Energieverteilung der diffundierenden Elektronen (Fig. 10b). Das läßt sich nur so erklären: *Mit* Energieverlust verbundene Stöße kommen überhaupt nicht vor, elastische Zusammenstöße bilden bei dieser Elektronenenergie die einzig vorkommende Wechselwirkung zwischen Elektronen und He-Atomen.

In einer weiteren berühmt gewordenen Arbeit [*34*] wurden Untersuchungen ähnlicher Art in Hg-Dampf angestellt. Von einem Glühdraht F emittierte Elektronen diffundieren im beschleunigenden Feld zwischen F und N (Spannung U) zum Auffänger P hin (Fig. 10c). Zwischen P und N liegt ein kleines Gegenfeld von z. B. 1 V. Dadurch wird jedes Elektron zurückgehalten, das kurz vor dem Netz seine kinetische Energie bei einem Zusammenstoß mit einem Hg-Atom verloren hat. In Fig. 10d ist der „Elektronenstrom" i_P zum Auffänger als Funktion der beschleunigenden Spannung U aufgetragen. FRANCK und HERTZ konnten daraus schließen:

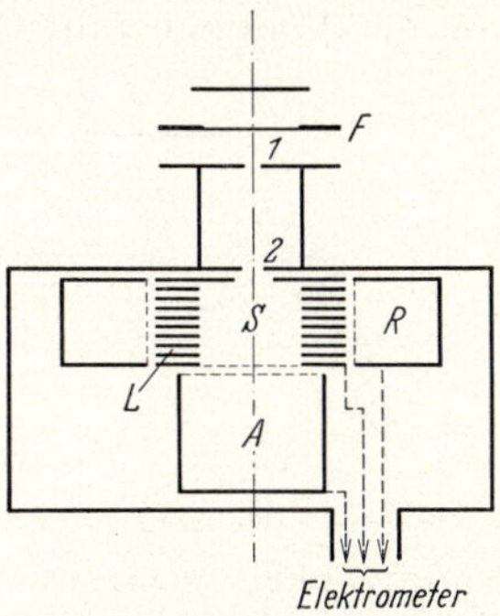

Fig. 11. Anordnung zur Untersuchung der elastischen Streuung unter 90° (nach KOLLATH).

a) Unterhalb etwa 4,9 eV Elektronenenergie gibt es nur elastische Zusammenstöße zwischen Elektronen und Hg-Atomen.

b) Wenn die Elektronen 4,9 eV Energie erreicht haben, geben sie bald danach (große Stoßwahrscheinlichkeit) in einem einzelnen Stoß 4,9 eV an ein Hg-Atom ab; sie lagern sich hierbei aber offenbar nicht an, sondern diffundieren als freie Elektronen im Feld weiter und akkumulieren wieder kinetische Energie bis ihre Energie zum zweiten Mal 4,9 eV erreicht hat, worauf das Spiel sich wiederholt.

FRANCK und HERTZ untersuchten ferner das von dem Hg-Dampf ausgesandte Licht und konnten nachweisen, daß jedes Hg-Atom die gesamte vom Elektron übernommene Energie in einem Elementarakt als Strahlung der entsprechenden Wellenlänge wieder aussendet. (Das sei hier nur der Vollständigkeit halber erwähnt, da uns in diesem Zusammenhang die *Elektronen* interessieren.)

Nach der Entdeckung des RAMSAUER-Effekts wurden die Untersuchungen der Einzelwirkungen in verstärktem Maße wieder aufgenommen und zwar in zweierlei Richtung:

a) Inwieweit sind zahlenmäßig die elastischen und unelastischen Stöße an der Gesamtzahl der Stöße beteiligt? (Zerlegung des Wirkungsquerschnitts [*12*].)

b) Untersuchung der Winkelverteilung der elastisch und unelastisch gestreuten Elektronen.

Charakteristisch für diese Untersuchungen ist es, daß man sich zunächst nur an die Untersuchung bestimmter kleiner Streuwinkelbereiche heranwagte[1]. Als Beispiel sei hier die Arbeit von KOLLATH angeführt, die einen Beitrag zu a) lieferte. Fig. 11 zeigt die Meßanordnung, mit der untersucht wurde, wieviel Elektronen in verschiedenen Gasen in den Winkelbereich von $90 \pm 2{,}87°$ als Funktion der Elektronenenergie elastisch gestreut werden. Es zeigte sich, daß

[1] Untersuchung der Streuung unter kleinen Winkeln: BAUMANN [*7*], HOLTZMANN [*47*], ZACHMANN [*138*]. — Untersuchung der 90°-Streuung: KOLLATH [*59*], WERNER [*128*]. — Untersuchung der 180°-Streuung: GAGGE [*35*].

nicht nur in den Edelgasen, sondern auch in allen untersuchten Molekülgasen langsame Elektronen elastisch gestreut werden, z.B. in N_2, CO_2, CH_4. Ferner ließ sich in den Querschnittskurven der Gase N_2, CO, CO_2, N_2O (vgl. Fig. 7) das bei kleinerer Elektronenenergie gelegene Maximum zwanglos durch elastische Streuung deuten, während das zweite Maximum bei höherer Energie mit elastischer Streuung offenbar nichts zu tun hatte.

In den nächsten beiden Abschnitten werden Arbeiten von DYMOND und HARNWELL genauer besprochen, die zu Versuchsanordnungen überleiten, mit denen die Winkelverteilung elastisch und unelastisch gestreuter Elektronen im ganzen festgelegt werden konnte.

12. Die Winkelverteilung gestreuter Elektronen (Meßmethoden). Die hier besprochenen Meßmethoden sollen folgende Frage beantworten: Wieviel Elektronen eines Elektronenstrahls bestimmter Intensität werden bei bestimmtem Druck von der Volumeneinheit eines Gases unter dem Streuwinkel ϑ in die Einheit des

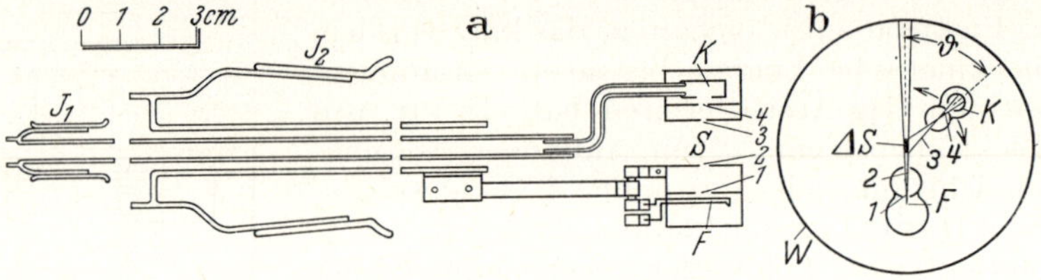

Fig. 12a u. b. Apparatur zur Messung der Winkelverteilung gestreuter Elektronen nach BULLARD und MASSEY (relative Bewegung von Elektronenquelle und Auffänger).

Raumwinkels gestreut? Die benutzten Methoden lassen sich in zwei Gruppen einteilen: α) Elektronenquelle und Auffänger werden relativ zueinander bewegt. β) Die Apparaturteile nehmen eine feste Lage gegeneinander ein. Als Beispiel für die erste Gruppe wird im folgenden die Anordnung von BULLARD und MASSEY [*14*] bzw. ARNOT [*3*] ausführlich besprochen, als Beispiel für die zweite Gruppe die Anordnung von RAMSAUER und KOLLATH [*96*]. Mit diesen Anordnungen wurde ein großer Teil der zur Zeit bekannten Winkelverteilungen gestreuter Elektronen bei kleinen Elektronenenergien gemessen.

α) Relative Bewegung von Elektronenquelle und Auffänger. In Fig. 12a, b ist die Anordnung von BULLARD und MASSEY im Längs- und Querschnitt schematisch dargestellt. Sie besteht aus einer Elektronenkanone und einer Auffangvorrichtung für die gestreuten Elektronen. Durch die Blenden 1 und 2 wird ein Elektronenstrahl aus den von F emittierten Elektronen gebildet, die Blenden 3 und 4 definieren den Streustrahl (Streuwinkel ϑ). Mit Hilfe des Schliffs J_1 kann der Auffänger um einen festen Raumpunkt herumgeschwenkt werden[1], mit Hilfe des Schliffs J_2 kann die gesamte Anordnung herausgenommen werden. Der Elektronenstrahl und der Streustrahl besitzen Öffnungswinkel, die durch die Geometrie der Blenden vorgegeben sind; der von beiden Strahlenbündeln gemeinsam überstrichene räumliche Bereich ΔS bildet das Streuvolumen. Die Größe des Streuvolumens ist eine Funktion von ϑ, was bei der Auswertung der Meßdaten zu berücksichtigen ist[2]. Gemessen wird der Elektronenstrom zum Auffänger K als Funktion des Streuwinkels ϑ; die Streuintensität wird bezogen auf konstante Stromstärke des primären Elektronenstrahls, auf einen festen Raumwinkel unter Berücksichtigung des Streuvolumens und auf einen bestimmten Gasdruck.

[1] Bei ARNOT wird die Elektronenquelle geschwenkt, ebenso bei CHILDS und MASSEY [*15*], [*16*].

[2] Das gleiche gilt auch für alle weiteren hier beschriebenen Methoden.

Bei dieser Methode gelangen zunächst alle in der Richtung ϑ gestreuten Elektronen in den Meßkäfig, also sowohl die elastisch als auch die unelastisch gestreuten. Man kann aber durch eine Gegenspannung an *K* dafür sorgen, daß nur die elastisch gestreuten erfaßt werden. Ferner kann die Zahl der unelastisch gestreuten Elektronen als Differenz der Ströme zum Meßkäfig ohne und mit Gegenspannung bestimmt werden. Die beschriebene Anordnung ist daher sowohl zur Messung der Winkelverteilung der elastisch als auch der unelastisch gestreuten Elektronen verwendbar. Der Verlauf der Gegenspannungskurve erlaubt dabei Aussagen über die Zahl der unelastisch gestreuten Elektronen, die einen Energieverlust bestimmter Größe erlitten haben. Will man hierüber Genaueres wissen, so sollte man den gestreuten Strahl in transversalen magnetischen oder elektrischen Feldern analysieren. Anordnungen dieser Art wurden von DYMOND [*26*]

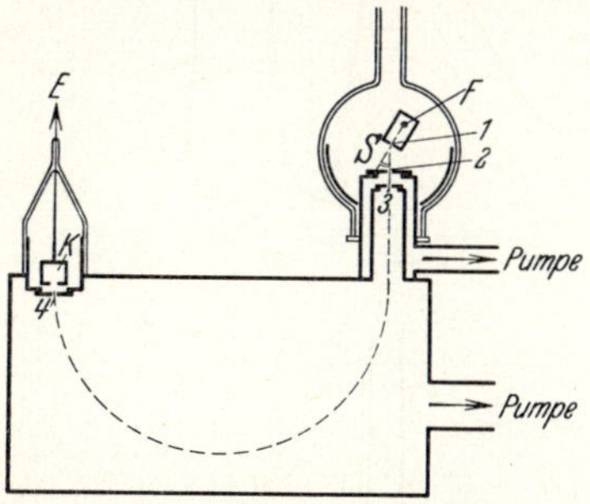

Fig. 13. Apparatur zur Messung der Winkelverteilung gestreuter Elektronen nach DYMOND.

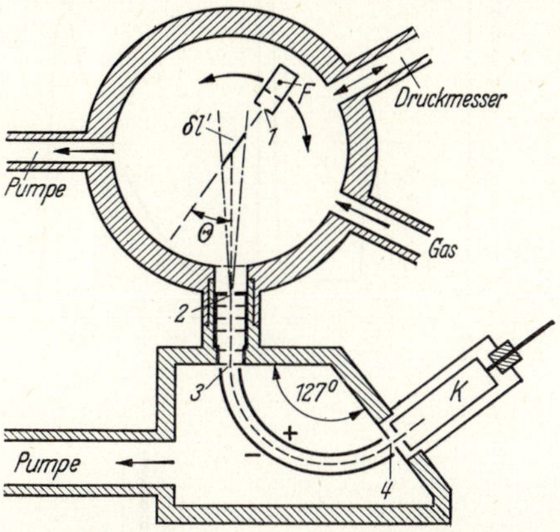

Fig. 14. Apparatur zur Messung der Winkelverteilung gestreuter Elektronen nach HUGHES und MCMILLEN [*51*].

und von HARNWELL [*38*] zuerst angegeben. Wie bei ARNOT ist der Meßkäfig *K* mit dem zugehörigen Analysator fest montiert und die Elektronenkanone wird herumgeschwenkt (Fig. 13). Der Elektronenstrahl ist durch *F* und 1 definiert, die Streurichtung durch die Blenden 2 und 3. DYMOND begrenzte das analysierende Magnetfeld (das in Fig. 13 senkrecht zur Zeichenebene zu denken ist) dadurch, daß er in eine große Magnetspule eine kleinere, gegengeschaltete hineinstellte, die das Feld im Streuraum kompensiert. Die Anordnung von HARNWELL ist ganz analog aufgebaut, nur wird hier die Strahlanalyse mit Hilfe eines elektrischen Zylinderkondensators durchgeführt (Sektorwinkel 90°). Seit HUGHES und ROJANSKY [*53a*] die elektronenoptischen Eigenschaften des Zylinderkondensators genauer untersucht hatten, wurde zur Energieanalyse in der Regel ein elektrisches Sektorfeld von 127,5° verwendet, z.B. von HUGHES und MCMILLEN (Fig. 14). Eine im Prinzip gleiche Anordnung benutzten später MOHR und NICOLL [*80*] bei ihren ausgedehnten Untersuchungen über die Streuung von Elektronen mit bestimmtem Energieverlust. Fig. 15a und b zeigen Beispiele für magnetische bzw. elektrische Analyse des Streustrahls.

β) Apparatur mit feststehenden Teilen. Man kann auch von vornherein für die verschiedenen Streurichtungen verschiedene feststehende Auffänger vorsehen. Eine derartige Methode[1] wurde von RAMSAUER und KOLLATH [*96*] entwickelt (Fig. 16). Die Blenden 1 bis 4 definieren den Elektronenstrahl, dessen Intensität im Auffänger *K* gemessen wird. Die gestreuten Elektronen werden

[1] Vorläufer dieser Zonenmethode waren eine Apparatur mit nur drei Zonen, mit der ein Vergleich der „Vorwärts"- und „Rückwärts"-Streuung durchgeführt werden konnte [*94*], und die in Ziff. 11 beschriebene Apparatur für senkrechte Streuung [*59*].

von den zonenförmigen Ringauffängern R_1 bis R_{11} erfaßt. Der (feste) Streuwinkel ϑ für jede Zone ist im wesentlichen gegeben durch die Verbindungslinie der Mitte des Streuraumes S mit der Mitte der betreffenden Zonenfläche. Das

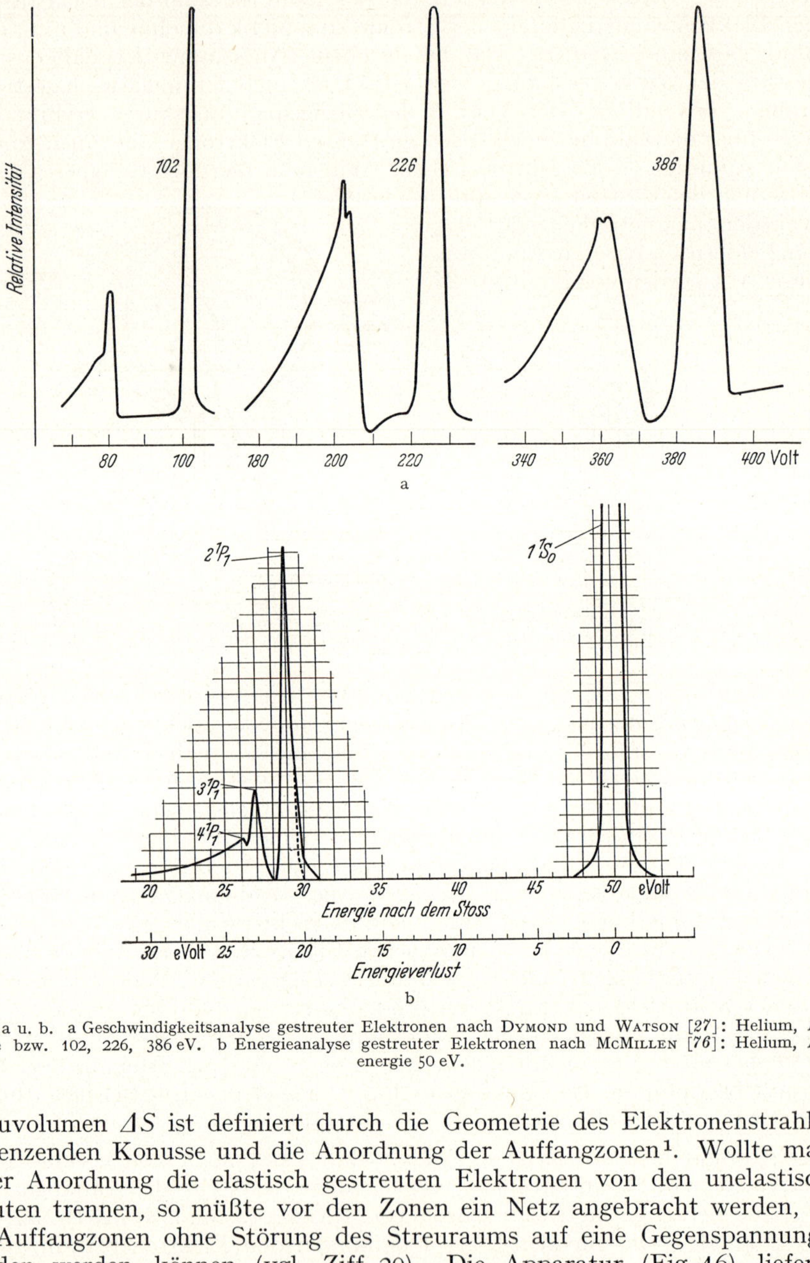

Fig. 15a u. b. a Geschwindigkeitsanalyse gestreuter Elektronen nach Dymond und Watson [27]: Helium, Anfangsenergie bzw. 102, 226, 386 eV. b Energieanalyse gestreuter Elektronen nach McMillen [76]: Helium, Anfangsenergie 50 eV.

Streuvolumen ΔS ist definiert durch die Geometrie des Elektronenstrahls, die begrenzenden Konusse und die Anordnung der Auffangzonen[1]. Wollte man bei dieser Anordnung die elastisch gestreuten Elektronen von den unelastisch gestreuten trennen, so müßte vor den Zonen ein Netz angebracht werden, damit die Auffangzonen ohne Störung des Streuraums auf eine Gegenspannung aufgeladen werden können (vgl. Ziff. 20). Die Apparatur (Fig. 16) liefert die Winkelverteilung elastisch gestreuter Elektronen nur für Energien, bei denen

[1] Das Streuvolumen wurde für jede Zone graphisch ermittelt. Genaueres vgl. in der Originalarbeit.

unelastische Stöße zahlenmäßig noch keine Rolle spielen (in atomaren Gasen bis zu der Anregungsenergie). Die Zonenanordnung kann wegen ihrer „Lichtstärke" gerade im Bereich sehr langsamer Elektronen (bis zu 0,6 eV herunter) verwendet werden und bildet eine gute Ergänzung der vorher beschriebenen Methoden nach kleinsten Energien hin.

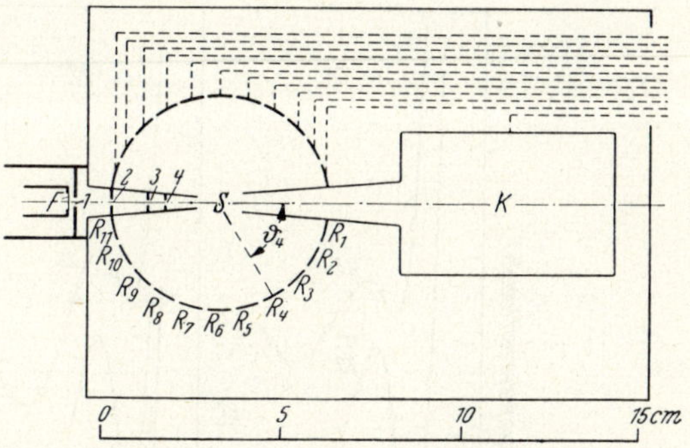

Fig. 16. Apparatur zur Messung der Winkelverteilung nach RAMSAUER und KOLLATH (feststehende Auffangszonen, schematisch).

13. Die Winkelverteilung elastisch gestreuter Elektronen (Meßergebnisse). Über die Winkelverteilung bei der elastischen Streuung langsamer Elektronen an Gasmolekülen liegt ein ziemlich umfangreiches Material vor[1].

Ausführliche Messungen wurden an den Edelgasen und an Hg durchgeführt, ferner an Zn, Cd und K; schließlich an einer großen Anzahl von Molekülgasen wie H_2, N_2, CO, CO_2, CH_4, C_2H_2, C_2H_4, C_2H_6, PH_3, HS und Br-Dampf. Es sei hier gleich vorweg bemerkt, daß die Winkelverteilungsmessungen verschiedener Autoren in den

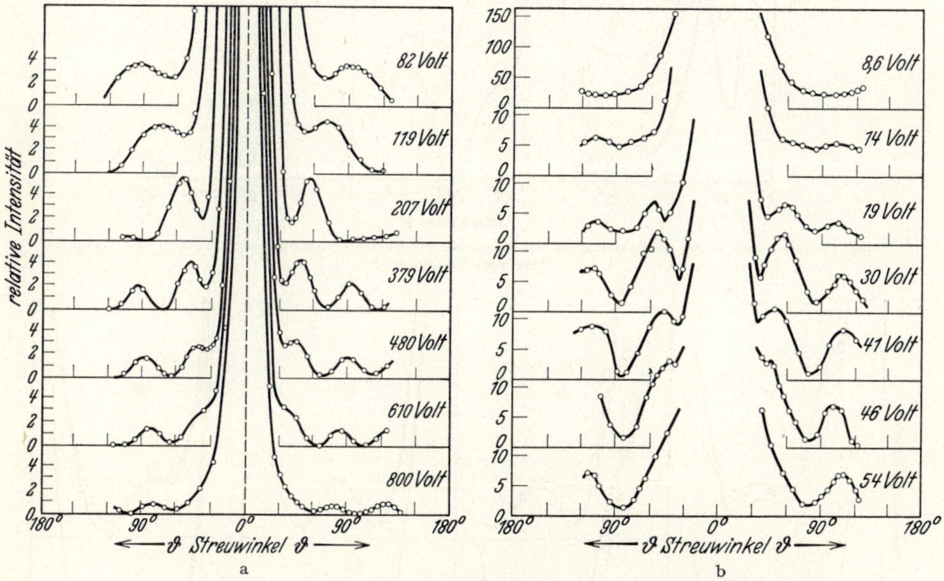

Fig. 17 a u. b. Streuung in Hg-Dampf bei verschiedener Elektronenenergie nach ARNOT.

vergleichbaren Fällen innerhalb der Meßgenauigkeiten befriedigend übereinstimmen, ernste Widersprüche wurden jedenfalls nicht festgestellt.

Die Winkelverteilung gestreuter Elektronen ist naturgemäß eine viel empfindlichere Sonde für das Verständnis der Wechselwirkung zwischen Elektronen und Atomen als der Verlauf der Querschnittskurve. Speziell im Gebiet langsamer Elektronen haben Messungen der Winkelverteilung zu interessanten

---

1 [*2*], [*3*], [*4*], [*6*], [*14*], [*15*], [*16*], [*17*], [*26*], [*27*], [*38*], [*49*], [*50*], [*51*], [*52*], [*53*], [*76*], [*77*], [*80*], [*85*], [*96*], [*97*], [*102*], [*119*].

Schlußfolgerungen über die Wechselwirkung geführt. Im Energiebereich zwischen 0,5 und 1000 eV treten — wie schon ELSASSER [29] bei seinem Deutungsversuch des RAMSAUER-Effekts vermutet hatte — ausgesprochene Interferenzerscheinungen

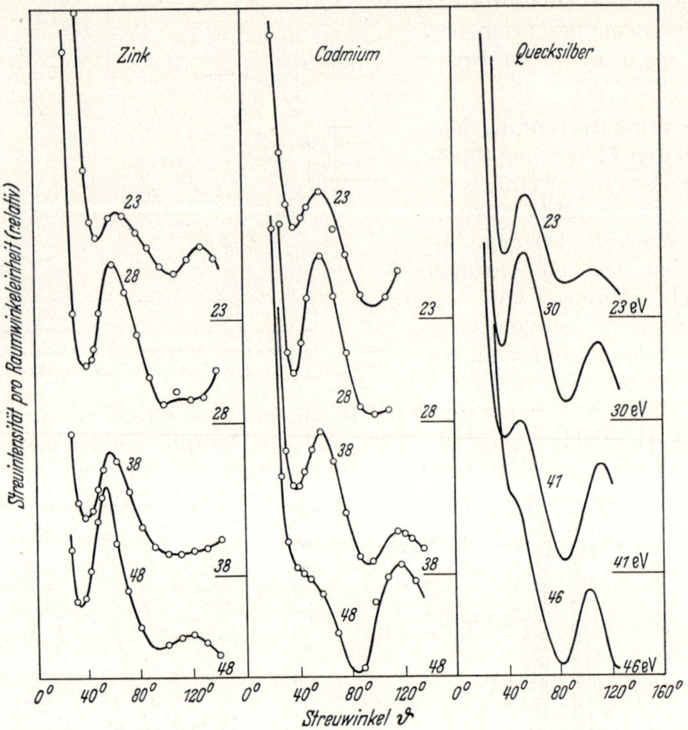

Fig. 18. Streuung in Zn- und Cd-Dampf bei verschiedener Elektronenenergie nach CHILDS und MASSEY (Hg zum Vergleich).

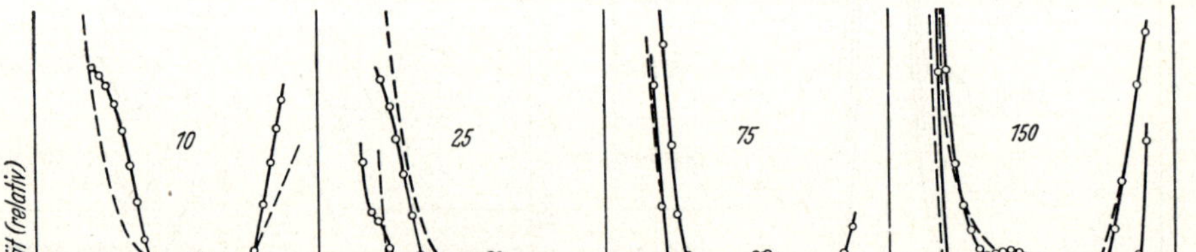

Fig. 19. Elektronenstreuung an K-Atomen (–o–o–) nach McMILLEN bei verschiedener Elektronenenergie; zum Vergleich: Streuung in Argon (——).

auf, eine Erscheinung, die zuerst von BULLARD und MASSEY [14] bei Elektronenenergien zwischen 4 und 40 eV in Hg-Dampf beobachtet wurde. Als Beispiel geben wir hier die Messungen von ARNOT [3] an Hg-Dampf wieder (Fig. 17),

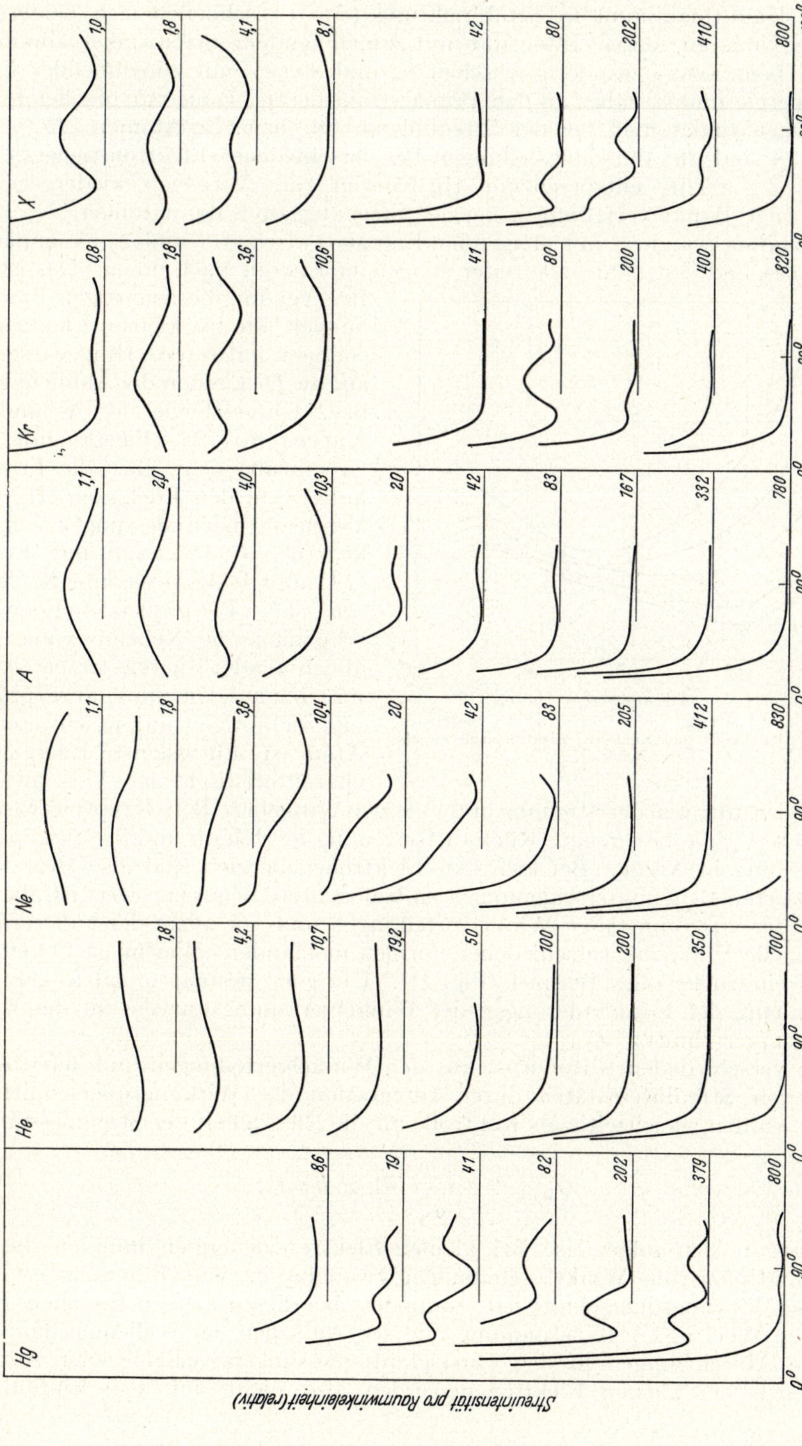

Fig. 20. Übersicht über die Winkelverteilungen bei der Streuung von Elektronen in den Edelgasen (Elektronenenergie als Parameter) nach Messungen verschiedener Autoren (Hg zum Vergleich).

die die Analogie zur Beugung des Lichtes besonders schön hervortreten lassen: An das Hauptmaximum in Strahlrichtung ($\vartheta = 0°$) schließen sich beiderseits Nebenmaxima an, deren Intensität mit zunehmendem Streuwinkel abnimmt. Diese Nebenmaxima wandern zwischen 82 und 800 eV mit zunehmender Elektronenenergie immer näher an den Primärstrahl heran. Ganz entsprechende Erscheinungen findet man bei der Streuung an Cd- bzw. Zn-Atomen [*15*], [*16*]: In Fig. 18 sind die Winkelverteilungen bei verschiedener Elektronenenergie für Cd und Zn, rechts entsprechende Hg-Kurven zum Vergleich wiedergegeben. Fig. 19 zeigt Winkelverteilungen bei der Streuung an Kaliumatomen [*77*]: Die Nebenmaxima wandern mit steigender Energie zwischen 5 und 25 eV zunächst nach *außen* und erst dann mit weiter steigender Energie nach innen. Das ist ein Beispiel für die neuartigen Erscheinungen, die bei kleinen Elektronenenergien auftreten. Hingewiesen sei auf die Diskussion der Ähnlichkeiten bzw. Unterschiede der A- und K-Kurven in [*77*]. Fig. 20 gibt eine Gesamtübersicht über die Erscheinungen in den Edelgasen (Hg zum Vergleich) nach Messungen von ARNOT [*3*], [*4*], BULLARD und MASSEY [*14*] und RAMSAUER und KOLLATH [*96*], [*97*]: Bei großen Energien verschwinden die Nebenmaxima; mit abnehmender Energie treten Nebenmaxima auf, die um so ausgeprägter und vielfältiger sind, je schwerer das Atom ist. Für kleinste Energien ist charakteristisch das Verschwinden und Wiederauftreten der Streuung unter kleinen Winkeln (z. B. in Krypton zwischen 3 und 0,8 eV), die bevorzugte Rückwärtsstreuung in Helium und die ausgeprägte 90°-Streuung in Argon. Bei kleinsten Elektronenenergien sind also zwar keine komplizierten Beugungserscheinungen zu beobachten, bemerkenswert ist aber die Vielfalt der vorkommenden Winkelverteilungen und vor allem der außerordentlich schnelle Übergang verschiedener Formen ineinander. Hierfür ist CO ein besonders eindrucksvolles Beispiel (Fig. 21). Übrigens besteht offenbar kein Zusammenhang der Formänderungen der Winkelverteilungskurven mit der Größe des Streuquerschnitts [*95*].

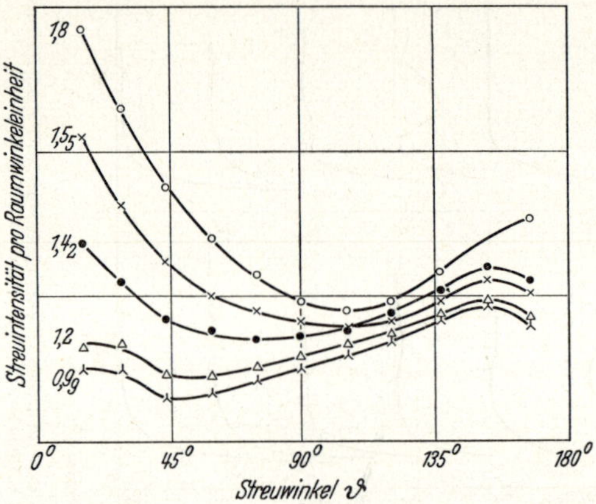

Fig. 21. Winkelverteilung bei der Streuung von Elektronen in CO nach RAMSAUER und KOLLATH; Elektronenenergie als Parameter.

Von verschiedenen Autoren ist aus den Winkelverteilungen und den absolut gemessenen Streuintensitäten durch Integration der Wirkungsquerschnitt berechnet worden, gleichzeitig als Kontrolle für die Richtigkeit der Streumessungen:

$$Q_{\text{Wirk}} = 2\pi \int_0^\pi I(\vartheta) \sin\vartheta \, d\vartheta^1. \tag{13.1}$$

Dabei ergab sich folgendes: Bei kleinen Elektronenenergien münden die mit $\sin\vartheta$ multiplizierten Winkelverteilungen zwanglos in den Ordinatenwert Null ein. Der Wirkungsquerschnitt hat, zumindest bei diesen kleinen Energien, einen endlichen Wert in Übereinstimmung mit den Aussagen der Wellenmechanik. — Größere Abweichungen in den Querschnittsmessungen verschiedener Autoren lassen sich bei kleinen Elektronenenergien also nicht mit dem Einfluß der

[1] Vgl. Ziff. 19.

Blendengröße erklären, ganz besonders dann nicht, wenn Messungen mit zwei hintereinander geschalteten Käfigen durchgeführt werden. — Gewisse Abweichungen zwischen Querschnittswerten, die einerseits nach Diffusionsmethoden, andererseits nach direkten Methoden gemessen wurden, lassen sich in wesentlichen Zügen auf die Form der Winkelverteilungskurven zurückführen [*61*]. Unterhalb der Anregungsspannungen wird der Wirkungsquerschnitt innerhalb der vorhandenen Fehlergrenzen quantitativ durch den Ausdruck (13.1) wiedergegeben: Energieverluste und Anlagerungen sind also zu vernachlässigen gegenüber der elastischen Streuung.

14. Theoretische Beschreibung[1]. *α) Der totale Wirkungsquerschnitt für elastische Streuung.* Stöße zwischen Atomen und Elektronen bilden, wenn sie in vollständiger Allgemeinheit behandelt werden sollen, schwierige Probleme für die theoretische Physik. Denn das Elektron wird nicht nur am statischen Feld des Atoms elastisch gestreut, sondern ruft selbst Veränderungen im Streufeld hervor (Polarisation); darüber hinaus kann es einen Teil seiner Energie an das Atom abgeben und dadurch das Atom anregen oder ionisieren. Ferner besteht die Möglichkeit, daß — abgesehen von der Anlagerung — das einfallende Elektron den Platz eines Atomelektrons einnimmt, das seinerseits die Atomhülle verläßt (Austausch). Schließlich muß auch der Elektronenspin berücksichtigt werden. Schwierigkeiten bei der Berechnung treten für kleine Elektronenenergien u. a. dadurch auf, daß die BORNsche Näherung nicht mehr benutzt werden darf.

Im folgenden wird lediglich die Streuung eines Elektrons an einem statischen Feld genauer betrachtet; Polarisation und Austausch werden (als „Störeffekte") nur kurz gestreift. Ausführliche Untersuchungen findet man z.B. in der Monographie von MOTT und MASSEY [*82*], die auch weitgehende Angaben bezüglich der Originalliteratur enthält.

Das stoßende Elektron besitze die Masse m und die Geschwindigkeit v, und seine Bahn möge, wenn man von der Ablenkung im Streufeld absieht, die Entfernung p vom Atommittelpunkt haben (p heißt Stoßparameter). Bei Benutzung des klassischen Kugelmodells würde immer dann ein Stoß erfolgen, wenn p kleiner ist als $p_0 = r_a + r_e$ (r_a Atomradius, r_e Elektronenradius), d.h. der totale Wirkungsquerschnitt Q für Streuung wäre $2\pi \int_0^{p_0} p\,dp$. Quantentheoretisch gibt es zu jedem Stoßparameter zwischen p und $p + dp$ eine Wahrscheinlichkeit $\alpha(p)$ dafür, daß eine beobachtbare Änderung der Flugbahn des Elektrons hervorgerufen wird. Q hat dann die Form $Q = 2\pi \int_0^\infty \alpha(p)\, p\, dp$. Der Übergang zur Drehimpulsdarstellung ($J = mvp$) liefert

$$Q = \frac{2\pi}{m^2 v^2} \int_0^\infty \beta(J)\, J\, dJ,$$

wobei $\beta(J)$ die Streuwahrscheinlichkeit für ein Elektron ist, dessen Drehimpuls zwischen J und $J + dJ$ liegt. Nach der Quantentheorie ist der Drehimpuls bezüglich eines Zentralfeldes

$$J = [l(l+1)]^{\frac{1}{2}} \hbar;$$

daher läßt sich Q in der Form

$$Q = \frac{\pi}{k^2} \sum_{l=0}^\infty (2l+1)\, \gamma(l)$$

[1] Hier sei auf die eingehende Darstellung der theoretischen Methoden durch H. S. W. MASSEY in Bd. XXXVI hingewiesen.

darstellen, wobei

$$\gamma(l) = \beta\{[l(l+1)]^{\frac{1}{2}}\hbar\}, \qquad k = \frac{2\pi}{\lambda}$$

und λ die DE BROGLIE Wellenlänge des einfallenden Elektrons ist. Es geht jetzt um die Bestimmung von $\gamma(l)$.

β) Methode der Partialwellen. Setzt man ein kugelsymmetrisches Potential voraus, dann läßt sich die Wellengleichung

$$-\frac{\hbar^2}{2m}\Delta u + (V - E)\,u = 0 \tag{14.1}$$

in Kugelkoordinaten separieren. Es ergibt sich als allgemeine Lösung

$$u(r,\vartheta) = \sum_{l=0}^{\infty} R_l(r)\,P_l(\cos\vartheta) = \sum_{l=0}^{\infty} \frac{1}{r}\,\chi_l(r)\,P_l(\cos\vartheta) \tag{14.2}$$

wobei P_l die l-te (zonale) Kugelfunktion ist und χ_l der Differentialgleichung

$$\frac{d^2\chi_l}{dr^2} + \left(k^2 - U(r) - \frac{l(l+1)}{r^2}\right)\chi_l = 0 \tag{14.3}$$

genügt mit

$$k = \left(\frac{2mE}{\hbar^2}\right)^{\frac{1}{2}}, \qquad U(r) = \frac{2m\,V(r)}{\hbar^2} \xrightarrow[r\to\infty]{} 0\,. \tag{14.4}$$

Dabei soll R_l endlich bleiben für $r=0$, d.h. χ_l muß dort verschwinden (Randbedingung). Für hinreichend große r können wir $U(r)$ und $\frac{l(l+1)}{r^2}$ gegen k^2 vernachlässigen, d.h. asymptotisch verhält sich χ_l wie $e^{\pm ikr}$:

$$\chi_l \xrightarrow[r\to\infty]{} e^{\pm ikr}.$$

dies rechtfertigt den Ansatz

$$\chi_l = w(r)\,e^{\pm ikr}, \tag{14.5}$$

wobei $w(r)$ schwach veränderlich sein soll für große r. Aus Gl. (14.3) folgt dann

$$w'' \pm ikw' - \left[U(r) + \frac{l(l+1)}{r^2}\right]w = 0\,.$$

Bei Vernachlässigung von w'' kann man diese Differentialgleichung integrieren und erhält

$$\pm 2ik\log w = \int^{r}\left[U(r) + \frac{l(l+1)}{r^2}\right]dr + \text{const.}$$

Das Integral konvergiert falls $U(r)$ stärker abnimmt als $1/r$, und w nähert sich für $r\to\infty$ einem konstanten Wert. Daher gilt

$$\chi_l(r) \xrightarrow[r\to\infty]{} A_l'\sin(kr + \delta_l')\,, \tag{14.5 a}$$

wobei A_l' und δ_l' komplex sein können, oder mit $A_l = A_l'k$, $\delta_l = \delta_l' + \frac{1}{2}l\pi$

$$R_l(r) \xrightarrow[r\to\infty]{} (kr)^{-1}A_l\sin(kr - \tfrac{1}{2}l\pi + \delta_l)\,. \tag{14.5 b}$$

Für reelles δ_l ist das die asymptotische Form von $R_l(r)$, die reell ist, (höchstens multipliziert mit einer komplexen Konstanten). Nun muß aber die Lösung u für $r\to\infty$ die Überlagerung einer ebenen Welle und einer auslaufenden Streuwelle darstellen, d.h.

$$u \xrightarrow[r\to\infty]{} e^{ikz} + f(\vartheta)\,\frac{e^{ikr}}{r}\,. \tag{14.6}$$

Wir verlangen daher, daß Gl. (14.6) mit der asymptotischen Form von Gl. (14.2) übereinstimmt. Bei Berücksichtigung der Entwicklung von e^{ikz} nach Kugelfunktionen[1] und deren Orthogonalitätsrelationen erhält man durch Koeffizientenvergleich

$$A_l = (2l+1)\, i^l e^{i\delta_l} \quad \text{und} \quad f(\vartheta) = (2ik)^{-1} \sum_{l=0}^{\infty} (2l+1)\,(e^{2i\delta_l} - 1)\, P_l(\cos\vartheta). \qquad (14.7)$$

Das bedeutet im Sinne der Optik, daß die l-te Partialwelle nicht streut, wenn $\delta_l = n_l \pi$, und daß sie maximal streut, wenn $\delta_l = (n_l + \frac{1}{2})\pi$ (n_l ganz). Die Zahl der Elektronen, die nach dem Flächenelement dS im Punkt (r, ϑ, φ) je Zeiteinheit gestreut werden, ist wegen Gl. (14.6) $v r^{-2} dS\, |f(\vartheta)|^2$, ($v$ Elektronengeschwindigkeit), und wenn der einfallende Elektronenstrom so beschaffen ist, daß ein Elektron in der Zeiteinheit auf die Einheitsfläche auftrifft, ist die Zahl der in den Raumwinkel $d\omega$ je Zeiteinheit gestreuten Elektronen $Q(\vartheta)\, d\omega = |f(\vartheta)|^2\, d\omega$. Damit ergibt sich wegen Gl. (14.7) für den differentiellen Streuquerschnitt

$$Q(\vartheta) = |f(\vartheta)|^2 = \frac{1}{k^2} \left| \sum_{l=0}^{\infty} (2l+1)\, e^{i\delta_l} \sin\delta_l\, P_l(\cos\vartheta) \right|^2. \qquad (14.8)$$

Der totale Streuquerschnitt ist wegen der Orthogonalitätsrelationen der Kugelfunktionen

$$Q = 2\pi \int_0^{\pi} Q(\vartheta) \sin\vartheta\, d\vartheta = \frac{4\pi}{k^2} \sum_{l=0}^{\infty} (2l+1) \sin^2\delta_l = \sum_{l=0}^{\infty} Q_l. \qquad (14.9)$$

Damit ist der Faktor $\gamma(l)$ bestimmt.

γ) Diskussion von δ_l. Der Winkel δ_l heißt Phasenverschiebung der l-ten Partialwellen, da er nach Gl. (14.5b) die Phasendifferenz ist zwischen den asymptotischen Formen der Funktion $R_l(r)$ (gestörte radiale Eigenfunktion) und der Kugel-Bessel-Funktion (ungestörte radiale Eigenfunktion, Fig. 22a)

$$j_l(r) = \left(\frac{\pi}{2kr}\right)^{\frac{1}{2}} J_{l+\frac{1}{2}}(kr); \qquad j_l(r) \xrightarrow[r\to\infty]{} (kr)^{-1} \sin\left(kr - \frac{1}{2}\pi l\right) \qquad (14.10)$$

($J_{l+\frac{1}{2}}$ ist die gewöhnliche Bessel-Funktion mit halbzahligem Index) bei Abwesenheit eines Streupotentials ($U = 0$). Denn $R_l(r)$ genügt nach Gl. (14.1) und (14.2) der Differentialgleichung

$$\frac{d^2 R_l}{dr^2} + \frac{2}{r}\frac{dR_l}{dr} + \left(k^2 - U(r) - \frac{l(l+1)}{r^2}\right) R_l = 0 \qquad (14.11)$$

und $j_l(r)$ der Differentialgleichung

$$\frac{d^2 j_l}{dr^2} + \frac{2}{r}\frac{dj_l}{dr} + \left(k^2 - \frac{l(l+1)}{r^2}\right) j_l = 0. \qquad (14.12)$$

δ_l bestimmt die Streuung und ist bei konstantem k seinerseits durch $U(r)$ vollständig bestimmt. Das sieht man folgendermaßen: Der Ansatz $R_l(r) = j_l(r)\,[1 + \eta_l(r)]$ mit $|\eta_l(r)| \ll 1$ führt auf die Differentialgleichung

$$r^2 j_l^2(r) \frac{d\eta_l}{dr} = \int_0^r r^2 j_l^2(r)\, U(r)\, dr + C \qquad (14.13)$$

mit $C = 0$, da $d\eta_l/dr$ für $r = 0$ endlich ist. Wegen Gl. (14.10) gilt

$$\frac{d\eta_l}{dr} \xrightarrow[r\to\infty]{} \frac{k^2}{\cos^2(kr - \frac{1}{2}(l+1)\pi)} \int_0^{\infty} r^2 j_l^2(r)\, U(r)\, dr.$$

[1] Vgl. z. B. Flügge u. Marschall: Rechenmethoden der Quantentheorie, Aufgabe 39. Berlin: Springer 1952.

Daraus folgt

$$\eta_l \xrightarrow[r\to\infty]{} k \tan\left[kr - \tfrac{1}{2}(l+1)\,\pi\right] \int\limits_0^\infty r^2 j_l^2(r)\, U(r)\, dr + C'$$

und

$$\left.\begin{aligned} &R_l(r) \xrightarrow[r\to\infty]{} (kr)^{-1} \times \\ &\times \left[(1+C')\cos\left(kr - \tfrac{1}{2}(l+1)\,\pi\right) + \sin\left(kr - \tfrac{1}{2}(l+1)\,\pi\right) \int\limits_0^\infty k r^2 j_l^2(r)\, U(r)\, dr\right]. \end{aligned}\right\} \quad (14.14)$$

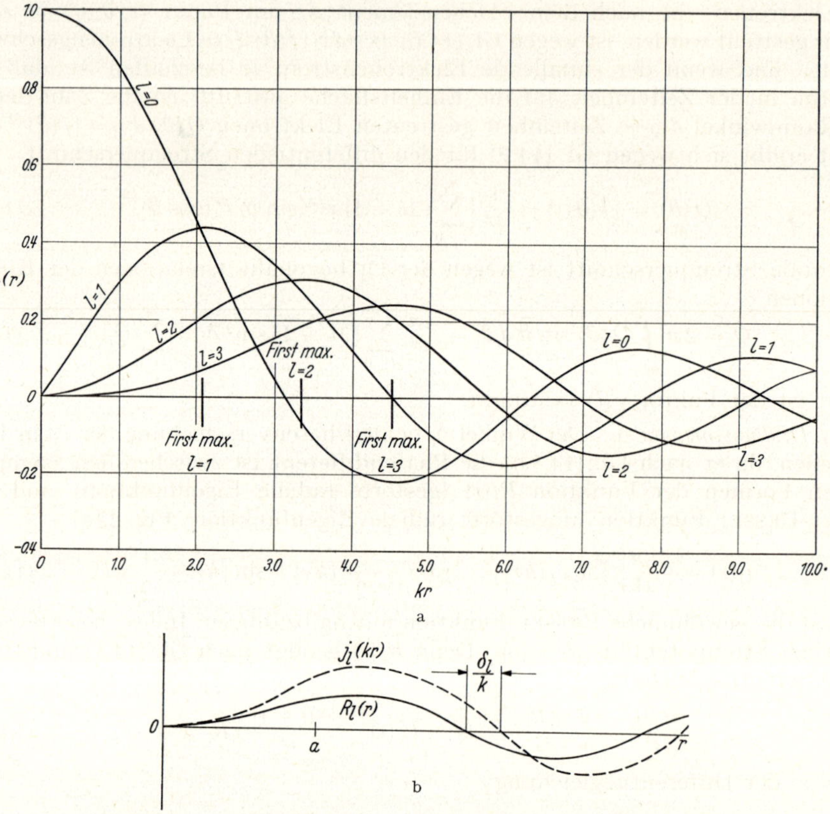

Fig. 22a u. b. a Verlauf der ersten radialen Eigenfunktionen. b Einfluß eines anziehenden Feldes (U) auf die radiale Eigenfunktion ($j_l(kr)$), wobei die gestörte radiale Eigenfunktion ($R_l(r)$) entsteht (vgl. Text).

Es ist $|C'| \ll 1$ weil $|\eta_l(r)| \ll 1$ ist, und für kleine δ_l folgt aus den Gln. (14.14), (14.5b) und (14.10)

$$\delta_l \approx -\frac{\pi}{2} \int\limits_0^\infty U(r)\,[J_{l+\frac{1}{2}}(kr)]^2\, r\, dr. \quad (14.15)$$

Für alle δ_l, die vergleichbar sind mit $\pi/2$ (oder größer), haben JEFFREY und LANGER eine Näherungslösung entwickelt (vgl. LANGER [*66*]). Die Berechnung von δ_l ist mühselig und erfordert eine genaue Kenntnis von $U(r)$. Sie wurde zuerst von HOLTSMARK [*45*] für Argon durchgeführt. δ_l wächst (bei konstantem k) mit wachsendem (anziehendem) Potential U. Fig. 22b zeigt schematisch den Einfluß von U auf die (kräftefreie) radiale Wellenfunktion $j_l(r)$. Der Streuquerschnitt verschwindet, wenn δ_l gleich 0° oder gleich 180° ist für alle l. Die Methode der Partialwellen ist dann zur Berechnung des Streuquerschnitts gut geeignet, wenn es eine Länge a gibt (insbesondere, wenn $ka \lesssim 1$ ist), so daß $U(r)$ für $r > a$ vernachlässigbar klein wird[1]. Denn das erste Maximum von $j_l(r)$ liegt in grober Näherung bei $r_0 = l/k$. Für $r \ll r_0$ wird $j_l(r)$ klein und nimmt etwa wie r^l zu. Wenn daher $a \ll l/k$ ist, wird $j_l(r)$ sehr klein im Gebiet, in dem U wesentliche Werte annimmt. Dort wird also die l-te Partialwelle vom Potential kaum beeinflußt, δ_l wird sehr klein und der Beitrag von Q_l zum totalen Wirkungsquerschnitt kann vernachlässigt werden. Daher ist in guter Näherung

$$Q = \sum_{l=0}^{ka} Q_l. \tag{14.16}$$

Das läßt sich auch folgendermaßen deuten: Eine Kugelfunktionsentwicklung entspricht einer Entwicklung nach wachsenden Drehimpulsen des Elektrons (Atomkern als Drehpunkt). Wegen $J = mvp$ ist großes l gleichbedeutend mit großem p. Ein Elektron mit hinreichend großem l kann durch das Atomfeld nicht beeinflußt werden; es ist dann $j_l = R_l$ d.h. $\delta_l = 0$; Q_l liefert keinen Beitrag.

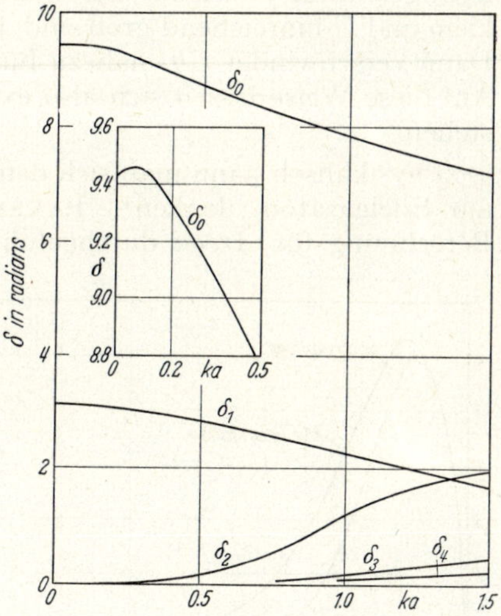

a

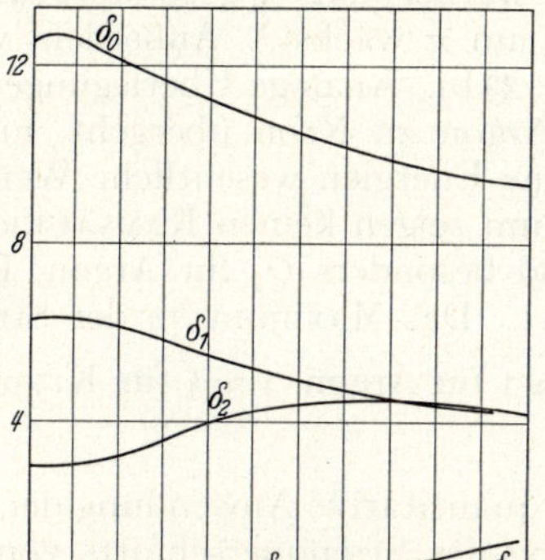

b

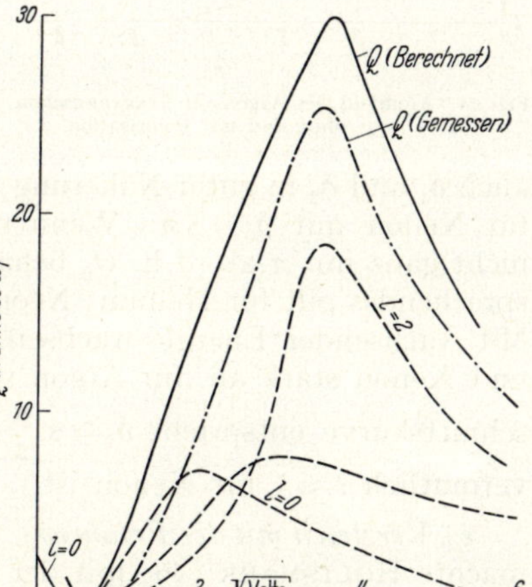

c

Fig. 23a–c. a Phasenverschiebungen für Argon, berechnet unter Verwendung des HARTREE-Feldes mit Polarisation nach Fig. 24. b Phasenverschiebungen für Krypton mit Polarisation (3,68 ka entspricht 1 eV). c Partialquerschnitte ($l = 0, 1, 2, 3$) und Gesamtquerschnitt Q für Argon (Q_{gemessen} zum Vergleich). $a = \hbar^2/m e^2$ ist der Radius der ersten BOHRschen Bahn für H.

Nach Gl. (14.16) ist die Methode der Partialwellen zur Berechnung des Wirkungsquerschnitts besonders brauchbar, wenn es sich um kleine Elektronenenergien und leichte Atome handelt, weil dann praktisch nur die nullte Partialwelle einen Beitrag liefert.

[1] Dabei ist vorausgesetzt, daß $U(r)$ stärker abnimmt als $1/r$, was in praxi stets der Fall ist (vgl. W. Voss [*125*]).

δ) Deutung des Ramsauer-*Effekts.* Wenn das anziehende Potential U so groß ist, daß die zweite Nullstelle von R_l mit der ersten Nullstelle von j_l zusammenfällt (vgl. Fig. 22b), $(\delta_l = \pi)$, dann liefert Q_l keinen Beitrag zur Streuung. Die Überlegungen unter γ) zeigen, daß δ_l am größten wird für $l = 0$. Falls ka hinreichend klein und U hinreichend groß sind, kann demnach $\delta_0 = \pi$ und $\delta_l \ll 1$ $(l \neq 0)$ werden. Dann verschwindet $f(\vartheta)$ nahezu für alle ϑ, und es gibt praktisch keine Streuung. Auf diese Weise lassen sich also extrem kleine Werte des Streuquerschnitts verstehen.

Physikalisch kann man sich den Ramsauer-Effekt als Beugung des Elektrons am Edelgasatom denken[1]. Faxén und Holtsmark [*31*] haben als erste die Berechnung für *Argon* durchgeführt. Die Edelgasatome sind relativ klein und das Atomfeld, das auf das Elektron wirkt, ist stark und bezüglich seiner Ausdehnung scharf definiert. Bei Energien $\lesssim 1$ eV tragen die Q_l für $l > 1$ zur Streuung fast nichts mehr bei. Nun ist das Feld des Argonatoms[2] aber gerade so geartet, daß $\delta_0 = 3\pi$ *und* außerdem $\delta_1 \approx \pi$ für $\approx 0{,}4$ eV ist, (Fig. 23a). Der Streuquerschnitt hat also dort ein Minimum. Ausführliche Diskussionen findet man in der Arbeit von Voss [*125*]. Für Krypton wird das Atomfeld gerade um so viel stärker, daß δ_0 gegenüber δ_0 (Argon) um π wächst[3]. Außerdem wachsen auch δ_1 und δ_2 in guter Näherung um π (Fig. 23b). Analoge Überlegungen gelten für Xenon mit $\delta_0 = 5\pi$. Wenn man von Argon zu Neon übergeht, nimmt δ_0 nicht ganz um π ab, d.h. Q_0 behält für kleine Energien wesentliche Werte; entsprechendes gilt für Helium: Neon und Helium zeigen keinen Ramsauer-Effekt. Mit wachsender Energie wachsen Q_0, Q_1 und besonders Q_2 für Argon, Krypton und Xenon stark an, für Argon vgl. Fig. 23c. Das Maximum in der Streuquerschnittskurve entspricht $\delta_2 = s\frac{\pi}{2}$, wobei $s \approx 1$ für Argon, $s \approx 3$ für Krypton und vermutlich $s \approx 5$ für Xenon ist.

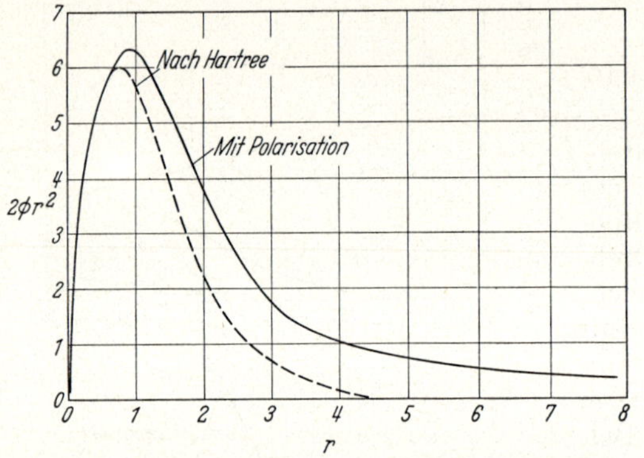

Fig. 24. Atomfeld des Argons in Hartreeschen Einheiten ohne und mit Polarisation.

ε) Vergleich mit der Erfahrung. Die erste quantitative Anwendung der Theorie machte Holtsmark [*46*] mit der Berechnung des Streuquerschnitts von Argon. Er benutzte dabei das Hartree-Feld mit einer (empirischen) Korrektor für die vom stoßenden Elektron bewirkte Polarisation (Fig. 24). Das unkorrigierte Hartree-Feld führt nicht zum Ramsauer-Effekt. Holtsmarks Kurve stimmte mit den Messungen befriedigend überein (Q berechnet bzw. Q gemessen in Fig. 23c) Holtsmark hielt damals eine bessere Angleichung der berechneten Kurve (durch Änderung der Feldkorrektur) an die Meßwerte für verfrüht.

Eine viel schärfere Prüfung der Theorie ist der Vergleich mit der Winkelverteilung der Streuintensität; denn diese entspricht einer Differentialkurve der

[1] Einige organische Verbindungen, z.B. Methan, zeigen auch den Ramsauer-Effekt (vgl. Ziff. 9).

[2] Vgl. ε) in dieser Ziffer.

[3] Das entspricht der Hinzufügung einer *ganzen* Wellenlänge innerhalb des Feldbereiches (vgl. Fig. 22b), denn auf dem Wege des Elektrons vom Unendlichen bis ins Atom wird der Phasengewinn *einmal* erzielt und auf dem Wege zurück ins Unendliche ein zweites Mal.

Gesamtstreuquerschnittskurve und bekanntlich ist die Differentialkurve sehr empfindlich gegen Änderungen der ursprünglichen Funktion. Fig. 25 zeigt für A, Kr, K gemessene Winkelverteilungskurven (BULLARD und MASSEY [*14*], RAMSAUER und KOLLATH [*97*], McMILLEN [*77*]) und berechnete Winkelverteilungskurven (MOTT und MASSEY [*82*] nach der Methode von HOLTSMARK, VOSS [*125*], McMILLEN [*77*] nach der Methode von HENNEBERG [*43*])[1]. Die Kurven stimmen bis etwa 5 eV gut überein, wenn man den merkwürdigen Verlauf der Meßkurven berücksichtigt. Unterhalb von etwa 2 eV kann jedoch nicht einmal

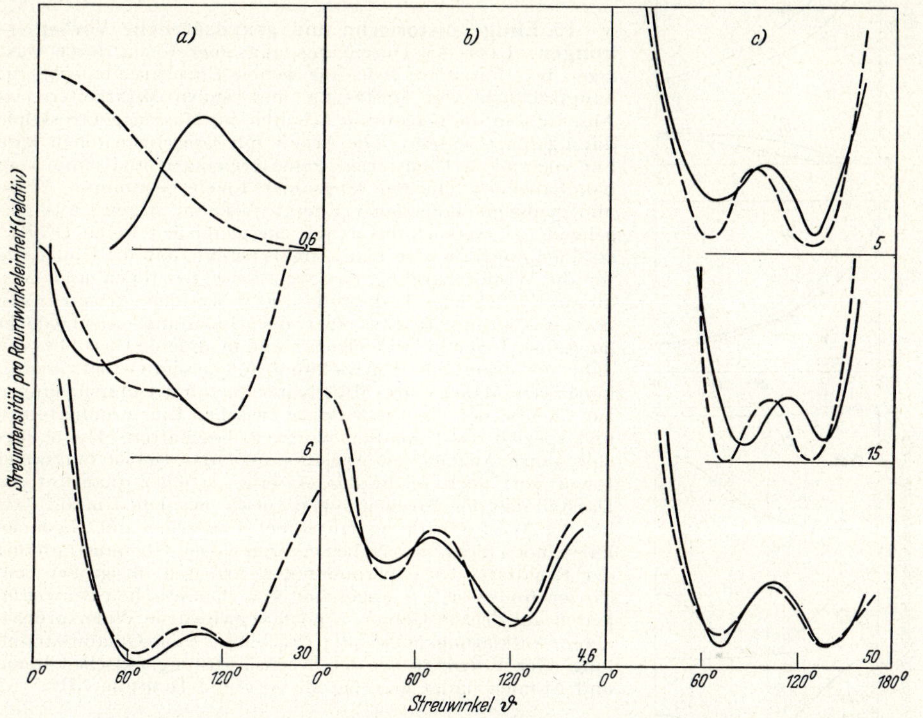

Fig. 25a—c. Vergleich gemessener (——) und berechneter (– – –) Winkelverteilungskurven: a Argon [gemessen von BULLARD und MASSEY, RAMSAUER und KOLLATH; berechnet von MOTT und MASSEY (Methode HOLTSMARK)]. b Krypton (nach RAMSAUER und KOLLATH und nach VOSS). c Kalium [von McMILLEN gemessen und berechnet (Methode HENNEBERG)].

von einer Ähnlichkeit gesprochen werden. Das ist auch nicht verwunderlich, denn in dem Energiebereich, in dem der RAMSAUER-Effekt auftritt, hängt die Verteilung von dem Verhalten dreier (sehr kleiner) Terme ab, die von den Phasen δ_0, δ_1, δ_2 herrühren [vgl. Fig. 23a und Gl. (14.8)]. Die Vernachlässigungen (Elektronenaustausch) und die Näherungsansätze scheinen für diesen Energiebereich eben zu grob zu sein. Insbesondere führt erst die Berücksichtigung des Elektronenaustauschs[2] bei Helium [*74*], [*81*] zu befriedigender Übereinstimmung mit den Meßergebnissen auch bei größeren Energien, und zwar sowohl für den Gesamtstreuquerschnitt als auch für die Winkelverteilung. Nach der Methode der Partialwellen sollte z.B. die Winkelverteilung bei He unabhängig vom Streuwinkel sein. Tatsächlich zeigt die Kurve aber ein ausgeprägtes Minimum, wenn die

[1] Vgl. auch P. GOMBÁS, dieses Handbuch, Bd. XXXVI, S. 194f.

[2] OPPENHEIMER [*84*] hat als erster auf den Einfluß des Elektronenaustausches hingewiesen.

Elektronenenergie kleiner ist als 15 eV. MORSE und ALLIS [81] berechneten die Phasenverschiebungen unter Berücksichtigung des Austausches (Fig. 26a). Die Ergebnisse, die man bei Benutzung dieser Phasenverschiebungen erhält, sind in Fig. 26b und c dargestellt. Die Abweichungen bei sehr kleinen Energien sind allerdings auch hier beträchtlich.

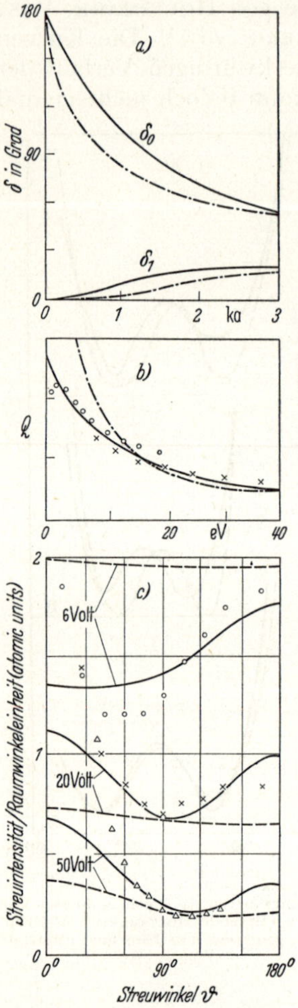

Fig. 26a—c. a Phasenverschiebungen für Helium (—·— mit, —— ohne) Berücksichtigung des Austauschs. b Gesamtquerschnitt Q für Helium, berechnet (mit ——, ohne – – –) Berücksichtigung des Austauschs; Meßpunkte (RAMSAUER und KOLLATH sowie NORMAND). c Winkelverteilungen für Helium, berechnet (mit ——, ohne – – –) Berücksichtigung des Austauschs. Meßpunkte [BULLARD und MASSEY (50 eV); RAMSAUER und KOLLATH (20 eV und 6 eV); (entnommen aus MASSEY und BURHOP [73])].

B. Ionen.

15. Einige historische und grundsätzliche Vorbemerkungen. Über den Durchgang langsamer Ionen durch Gase lagen bis zum Jahre 1930 nur wenige Einzelarbeiten vor, die hauptsächlich von DEMPSTER und seinen Mitarbeitern im Anschluß an die bekannten Arbeiten zur Massenspektroskopie durchgeführt wurden. Die Arbeit mit langsamen Ionen kam nur zögernd in Gang, weil keine ergiebigen und einfach zu handhabenden Quellen langsamer Ionen bestimmter Masse und genügend homogener Energie bekannt waren. Aus eingehenden Untersuchungen mit energiereichen Ionen (Kanalstrahlenphysik) wußte man damals bereits, daß die Umladung für die Wechselwirkung zwischen bewegten Ionen und Gasatomen erhebliche Bedeutung hat. Mit den Arbeiten von KALLMANN und ROSEN über die Umladung verschiedener langsamer Ionen in ihren eigenen und in anderen Gasen begann dann die eigentliche Entwicklung auf diesem Gebiet. Später haben sich MASSEY und Mitarbeiter auch mit Untersuchungen zur Theorie der Wechselwirkung zwischen Ionen und Atomen und speziell des Umladungsvorgangs beschäftigt. Heute liegt eine ganze Anzahl von Arbeiten über das Gebiet langsamer Ionen vor, doch reicht das Material zu einer quantitativen Darstellung der Erscheinungen, etwa in dem Umfang wie bei der Wechselwirkung langsamer *Elektronen* mit Gasmolekülen, noch nicht aus. Neben einer gewissen Übereinstimmung der Resultate der experimentellen Arbeiten im großen und ganzen finden sich — abgesehen von theoretischen Schwierigkeiten auf diesem Gebiet — noch verschiedene Widersprüche, deren Aufklärung notwendig erscheint. Eine Gesamtdarstellung aller Vorgänge bei der Wechselwirkung zwischen Ionen und Atomen findet man bei MASSEY und BURHOP [73].

Schon am Anfang dieses Artikels, Ziff. 1, wurde die gemeinsame Behandlung langsamer Elektronen und langsamer Ionen damit begründet, daß in experimenteller Hinsicht viele Analogien bestehen. Man kann dementsprechend auch für Ionen von der Messung eines Gesamtquerschnitts ausgehen und dann die Einzelwirkungen untersuchen.

Als Einzelwirkungen kommen dabei in Betracht:

α) Elastische Streuung. Aus Impulserhaltungsgründen wird ein merklicher Anteil der kinetischen Energie an die gestoßenen Moleküle übertragen. Im allgemeinen sind dabei kleine Streuwinkel so stark bevorzugt, daß der Gesamtquerschnitt von der verwendeten Blendengröße stark abhängen kann.

β) Umladung. Sie ist für Stöße zwischen langsamen Ionen und Molekülen in vielen Fällen von ausschlaggebender Bedeutung. Beim Stoß zwischen Elektronen und Molekülen gibt es keine der Umladung analoge Wechselwirkung.

γ) „Unelastische" Stöße[1]. Sie können z.B. zu einer Anregung oder Ionisierung des gestoßenen Moleküls führen. Die Ionisierungswahrscheinlichkeit wird mit abnehmender Ionenenergie rasch klein.

Im folgenden werden nur die Messungen des Gesamtquerschnitts, die Untersuchungen der Streuung von Ionen und die Umladungsmessungen ausführlich behandelt.

Stöße zwischen *Ionen* und Molekülen unterscheiden sich wesentlich von Stößen zwischen *Elektronen* und Molekülen. Denn beim Ionenstoß sind im allgemeinen beiderseits mit Elektronen umhüllte Kerne vergleichbarer Masse am Stoß beteiligt. Daraus folgt wegen der Erhaltung von Energie und Impuls, daß auch beim „elastischen" Stoß ein merkbarer Anteil der kinetischen Energie des stoßenden Teilchens an das gestoßene abgegeben wird. Für innere Umwandlungen, z.B. Anregung oder Ionisierung, steht nur ein gewisser von den beiden Massen abhängiger Bruchteil der kinetischen Energie zur Verfügung, und zwar maximal beim völlig unelastischen zentralen Stoß der Bruchteil $m_2/(m_1+m_2)$, im Mittel ein kleinerer Bruchteil, wenn m_1 die Masse des Ions, m_2 die Masse des getroffenen Moleküls bedeuten. Aus diesen Gründen kann beispielsweise ein Cs^+-Ion ein He-Atom erst dann ionisieren, wenn es eine kinetische Energie von 850 eV besitzt, ein Proton aber schon mit einer Energie von 31 eV[2]. Auch für den Umladungsvorgang kann diese Betrachtung in extremen Fällen von Bedeutung sein. Ist die Ionisierungsspannung des stoßenden Ions klein, die des gestoßenen Atoms groß[3], so ist eine Mindestenergie des stoßenden Ions notwendig, um eine Umladung überhaupt zu ermöglichen: für den Fall des Cs^+-Ions gegen das Heliumatom werden mindestens 710 eV benötigt (Differenz der Ionisierungsenergien etwa 20,7 eV), für Protonenumladung in Helium immerhin noch 25 eV. Unabhängig von diesen Energiebetrachtungen ist natürlich die Frage, wie groß die *Wahrscheinlichkeit* für das Eintreten des betrachteten Vorgangs ist, also der Umladungsquerschnitt.

Da beim Stoß zwischen Ionen und Atomen bzw. Molekülen beide Stoßpartner vergleichbare Massen haben (bei Elektronen konnten wir die Masse des Elektrons vernachlässigen, vgl. Ziff. 10) können wir nicht mehr das Laborsystem mit dem Schwerpunktsystem gleichsetzen. Es ist oft besser, unter Benutzung der reduzierten Masse $\mu = m_1 \cdot m_2/(m_1+m_2)$ zum Schwerpunktsystem überzugehen, etwa bei der Betrachtung der Streuung. Im Schwerpunktsystem sind bei der Streuung elastischer Kugeln aneinander alle Streuwinkel gleich wahrscheinlich und die Abweichungen gegen diese klassische Gleichverteilung beim tatsächlichen Stoß von Atomen lassen sich im Schwerpunktsystem leichter übersehen (vgl. Ziff. 12). Übrigens sind Beugungserscheinungen analog dem RAMSAUER -Effekt für *Ionen* erst bei Energien von gaskinetischer Größenordnung zu erwarten; vgl. z.B. FRISCH u. STERN: Beugung von Materiestrahlen; in GEIGER-SCHEEL, Hdb. Physik XXII/2, Kap. 5.

16. Herstellung und Nachweis von Ionenstrahlen. Wir betrachten hier nur einige spezielle Herstellungs- und Nachweisverfahren für langsame Ionen genauer, da Ionenquellen in Bd. XXXIII dieses Handbuches von D. KAMKE ausführlich beschrieben werden.

Bei der Erzeugung von Ionen durch Elektronenstoß in Gasen bzw. durch Gasentladungen entstehen im allgemeinen verschiedene Arten von Ionen (einfach und mehrfach geladene bzw. Atom- und Molekülionen). Vor dem Meßraum

[1] Die Einteilung ist insofern nicht ganz logisch, als die Umladung im allgemeinen zu den unelastischen Stößen gehört (vgl. hierzu auch die Ausnahmestellung der „Anlagerung" in Ziff. 10).
[2] Von der Ionisierungs*wahrscheinlichkeit* ganz abgesehen.
[3] Das Ion und das Atom sollen sich im Grundzustand befinden.

müssen daher diejenigen Ionen, mit denen man arbeiten will, z. B. mit Hilfe eines Magnetfeldes aussortiert werden. Der Meßraum muß durch einen möglichst gut evakuierten Raum von der Ionenquelle getrennt werden, damit das Gas aus der Ionenquelle nicht durch Diffusion in den Meßraum gelangt. Ionenquellen dieser Art wurden im Gebiet langsamer Ionen, z. B. von KALLMANN und ROSEN [*55*], WOLF [*129*], GOLDMANN [*36*], HASTED [*39*] benutzt.

Die *Herstellung* von *Alkali- und Erdalkaliionen und von Protonen* soll hier etwas genauer beschrieben werden. Die in Fig. 27 wiedergegebene Anordnung stammt von DEMPSTER [*23*]: Im Raum A, der durch eine Wendel erhitzt werden kann, befinde sich z. B. ein Erdalkalimetall, davor auf 120 V negativem Potential eine Glühkathode C. An der

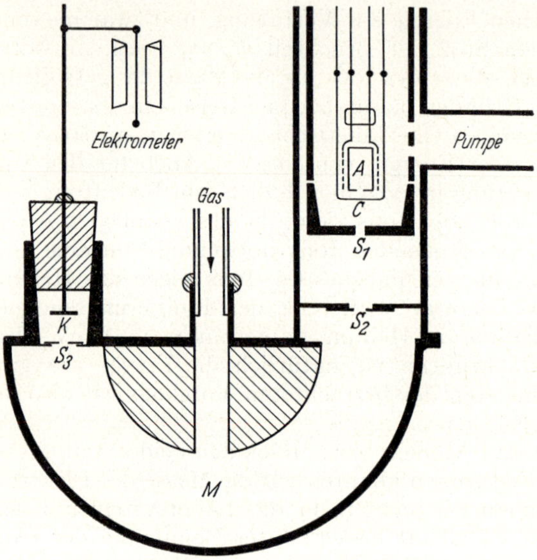

a

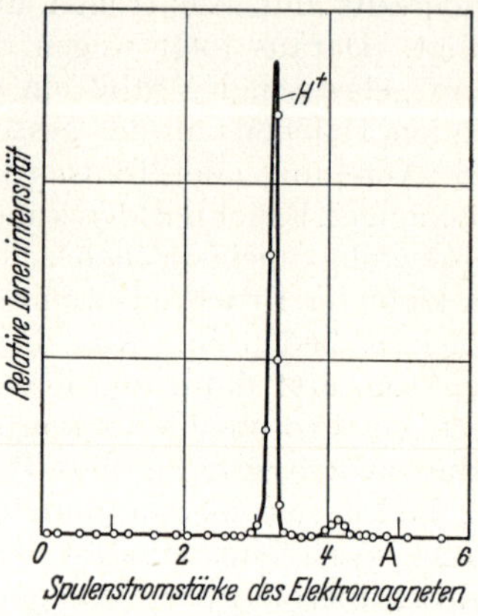

b

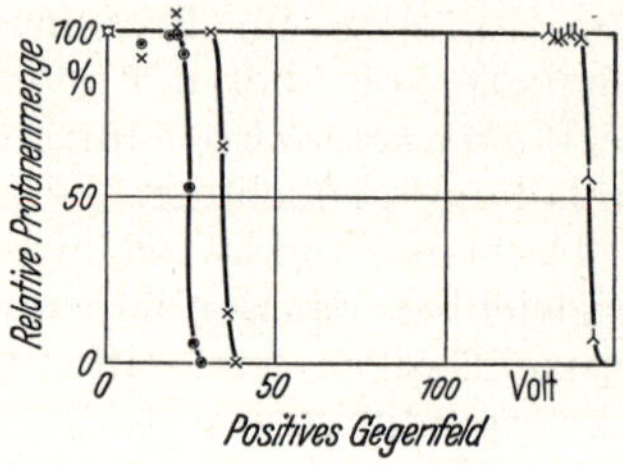

c

Fig. 27a—c. a Versuchsanordnung nach DEMPSTER (vgl. Text). b Massenspektrum der „Lithium-Ionenquelle". c Gegenspannungskurven bei 20, 30, 145 eV Protonenenergie (nach RAMSAUER und KOLLATH).

Austrittsstelle von A entstehen durch Elektronenstoß Ionen, die durch das negative Potential von C beschleunigt werden. Sie durchlaufen die Blende S_1 und werden zwischen S_1 und S_2 nach Wunsch nachbeschleunigt. Sie beschreiben im Meßraum M eine halbkreisförmige Bahn in einem Magnetfeld und gelangen dann durch die Blende S_3 zum Auffänger K. Gaseinlaß nach M ermöglicht die Untersuchung von Wechselwirkungen mit Gasmolekülen.

Bemerkenswert ist, daß eine ähnliche Anordnung speziell mit Lithium[1] bei Einhaltung bestimmter Bedingungen *Protonen* sehr einheitlicher Energie liefert. Allerdings ist die Intensität dieser „Protonenquelle" nicht sehr groß und erschöpft sich im Verlauf einiger Stunden; wahrscheinlich werden die Protonen durch die aufprallenden Elektronen aus oberflächlich gebildetem Lithiumhydroxyd abgespalten. Diese Anordnung wurde als „Protonenquelle" später von RAMSAUER, KOLLATH und LILIENTHAL [*92*] bezüglich ihrer Eigenschaften untersucht und

[1] Der Ofen wird durch ein kompaktes Stück Lithium ersetzt, das in einen Metalltopf hineingedrückt ist; die Elektronen vom Glühdraht treffen direkt auf die Li-Oberfläche; vgl. DEMPSTER [*21*], [*22*].

dann von RAMSAUER und KOLLATH [*99*], [*100*], [*101*] in ausgedehnten Versuchsreihen verwendet. Fig. 27a zeigt ein „Massenspektrum" der entstehenden Ionen, Fig. 27b die scharf definierte Energie der entstehenden Protonen.

Eine andere Protonenquelle wurde von SUGIURA [*118*] und unabhängig davon von GOLDMANN [*36*] angegeben und später von KOLLATH [*62*] in ihren Eigenschaften genauer untersucht. Fig. 28a zeigt die Anordnung von SUGIURA: Ein Palladiumröhrchen ist in üblicher Weise an einem Ende verschlossen (P) und am anderen Ende in ein Glasrohr eingeschmolzen; ihm steht im Abstand von einigen Millimetern ein Glühdraht F gegenüber. P wird durch die auftreffenden Elektronen erhitzt, gleichzeitig ionisieren die Elektronen den durch das erwärmte Pd hindurchtretenden Wasserstoff. Die dabei entstehenden

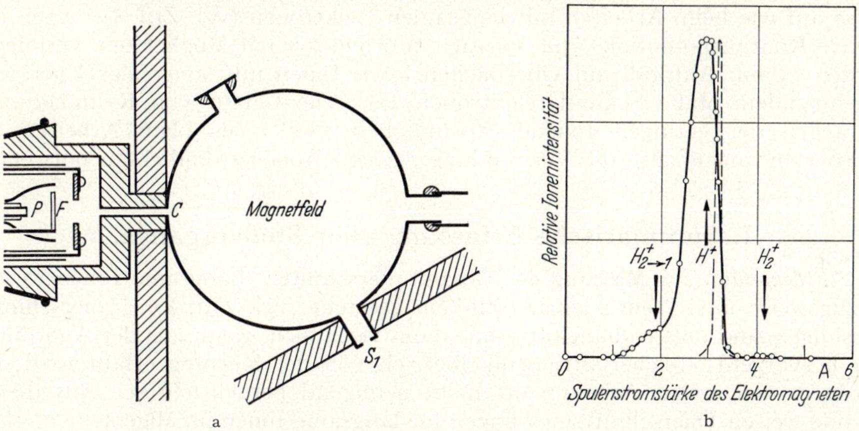

Fig. 28a u. b. a Protonenquelle mit Palladiumröhrchen nach SUGIURA („Palladium-Methode"). b Magnetische Verteilungskurve der Ionen bei Verwendung der „Palladium-Methode"; Verteilungskurve für die „Lithium-Ionenquelle" (---) zum Vergleich (nach KOLLATH).

Ionen werden in Richtung $P \to F$ beschleunigt, treten durch einen Kanal C als Ionenstrahl in ein Magnetfeld und durch S_1 in den Versuchsraum ein. Die genauere Untersuchung des Vorgangs ergab folgendes:

a) Die Protonen entstehen zum größten Teil nicht an der Oberfläche des Pd, sondern im Raum unmittelbar davor; es handelt sich also um eine spezielle Art von „Elektronenstoßmethode".

b) Die relative Protonenintensität hängt — im Vergleich zur Intensität der H_2^+-Ionen — z.B. von der Elektronenenergie und der Ionenbeschleunigung stark ab, dagegen nicht so sehr von der Temperatur des Pd und dem H_2-Druck innerhalb des Pd-Röhrchens. Unter Bedingungen, die speziell für die Entstehung von Protonen günstig waren, wurde bei magnetischer Analyse Fig. 28b erhalten: Es tritt ein breites H^+-Maximum, rechts davon eine schwache Andeutung eines H_2^+-Maximums auf[1]. Zum Vergleich ist das Protonenmaximum nach der „Lithiummethode" (s. oben) gestrichelt eingezeichnet (auf gleiche Maximalhöhe normiert!).

Zur Erzeugung intensiver *Alkali*ionenstrahlen homogener Energie haben RAMSAUER und BEECK [*90*] einen in Alkaliamalgam getränkten Platinstreifen verwendet, ferner hat KUNSMAN [*65*] eine bequem zu handhabende Alkaliionenquelle konstanter Intensität entwickelt („KUNSMAN-Anode"), die von KOCH [*58*], WALCHER [*127*] u. a. noch verbessert wurde. Man kann Ionen von

[1] Das $H^+_{2\to 1}$ Maximum entspricht H_2^+-Ionen, die auf dem Weg bis S_1 dissoziieren (vgl. [*23*]).

Metallen mit kleiner Ionisierungsarbeit (Alkali, Erdalkali) auch dadurch herstellen, daß man einen Atomstrahl des betreffenden Metalls auf eine hocherhitzte Pt- oder W-Folie fallen läßt; die auftreffenden Atome verlassen dann die Oberfläche infolge des LANGMUIR-Effekts wieder als Ionen [*67*].

Für den *Nachweis von langsamen Ionen* wurde praktisch nur die Ionenladung verwendet (FARADAY-Käfig). Grundsätzlich könnte man die Ionen auch nachbeschleunigen, um sie z.B. mit einer Ionisationskammer oder einem Teilchenzähler nachzuweisen. In diesem Zusammenhang ist auch die photographische Wirksamkeit langsamer Protonen von Interesse: Protonen und Elektronen gleicher Energie erzeugen annähernd gleiche Schwärzung von Photoplatten [*63*].

Beim Arbeiten mit langsamen Ionen treten ähnliche *experimentelle Schwierigkeiten* auf wie beim Arbeiten mit langsamen Elektronen (vgl. Ziff. 5). Auch hier sollten Kontaktpotentiale und sonstige Störfelder nach Möglichkeit vermieden werden. Beim Aufprall auf Oberflächen lösen Ionen mit steigender Energie in zunehmendem Maße Sekundärelektronen aus. Die Gefahr von Raumladungen ist wegen der geringen Ionengeschwindigkeit größer als beim Arbeiten mit Elektronen, macht also die Verwendung geringer Ionenstromdichten notwendig.

I. Summarische Erfassung aller Stoßvorgänge.

17. Methoden zur Messung des Gesamtquerschnitts. Langsame Ionen werden vorzugsweise unter sehr kleinen Winkeln gestreut (vgl. Ziff. 20). Querschnittsmessungen sind daher quantitativ nur dann verläßlich, wenn aus der Anordnung klar hervorgeht, welcher Streuwinkelbereich von der Messung erfaßt wird; das wurde in den ersten Arbeiten oft nicht genügend berücksichtigt. Aus diesem Grunde weisen Querschnittsmessungen für langsame Ionen im allgemeinen erheblich größere Differenzen untereinander auf als Querschnittsmessungen für langsame Elektronen. Auch bei Berücksichtigung dieser Überlegung stimmen Messungen der absoluten Größe des Querschnitts und seiner Abhängigkeit von der Ionenenergie nicht in allen Fällen überein; das gilt auch für die Untersuchung der Einzelwirkungen. Bei Ionen wurden im wesentlichen die gleichen Methoden zur Querschnittsmessung verwendet wie bei Elektronen (vgl. Ziff. 6 und 7) und zwar die magnetische Kreisführung in der von RAMSAUER (Fig. 4) bzw. von DEMPSTER benutzten Form (Fig. 27) und die geradlinige Strahlführung in Verbindung mit einem davorgeschalteten Analysatorfeld, das die gewünschte Ionenart herausfiltert. Als Analysatorfeld dient dabei im allgemeinen ein transversales Magnetfeld; ZIEGLER [*139*] hat ein Hochfrequenzfeld verwendet (Laufzeitmethode).

Die Kreisführung nach RAMSAUER wurde von RAMSAUER und BEECK [*90*] und von WOLF [*130*], [*131*] benutzt, der magnetische Halbkreis entsprechend Fig. 26 von COX [*19*], DEMPSTER [*23*], HARNWELL [*37*], HOLZER [*48*], KENNARD [*57*], THOMPSON [*120*]. In den Arbeiten von KENNARD, COX und THOMPSON wurde auch die Formänderung von magnetischen Verteilungskurven zur qualitativen Übersicht über den Querschnittsverlauf herangezogen. Da in Ziff. 7 diese qualitative Methode nur kurz erwähnt wurde, ist hier in den Fig. 29a bis c dargestellt, wie sich Formänderungen der magnetischen Verteilungskurven bei Gaseinlaß deuten lassen: a) Streuung unter kleinen Winkeln ohne Energieverlust bewirkt eine beiderseitige Verbreiterung der Verteilungskurve; b) Geschwindigkeitsverluste äußern sich in einer Verschiebung der Verteilungskurve im ganzen nach kleineren Magnetfeldern hin; c) Absorption, die im Gebiet langsamer Ionen durch Umladung zu deuten ist, da eine merkliche Streuung unter großen Streuwinkeln fehlt, führt zu einer prozentualen Verminderung aller Ordinatenwerte. Im allgemeinen treten Überlagerungen dieser Extremfälle auf.

Querschnittsmessungen am geradlinigen Strahl mit vorgeschaltetem Analysatorfeld wurden durchgeführt von JORDAN [*54*], RAMSAUER und KOLLATH [*101*], RAMSAUER, KOLLATH und LILIENTHAL [*93*], SIMONS und Mitarbeitern [*110*], [*112*] sowie ZIEGLER [*139*]. Der nicht erfaßte Streuwinkelbereich ist bei der Anordnung von SIMONS[1] kleiner als 4° (Fig. 30a), bei der Anordnung von RAMSAUER, KOLLATH und LILIENTHAL (Fig. 30b) ist er wesentlich größer. SIMONS und Mitarbeiter konnten durch Einbau der Platte P (auf negativem Potential) die langsamen Umladungsionen aus dem Raum innerhalb S herausziehen und dadurch einen Schluß auf den Anteil der Umladung am Gesamtquerschnitt ziehen.

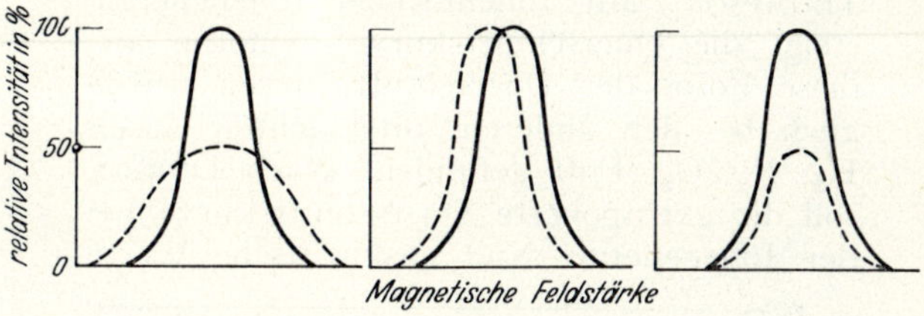

Fig. 29a—c. Formänderung von Verteilungskurven bei Gaseinlaß; Vakuum: ——, Gas: — — —; schematisch, vgl. Text.

ZIEGLER verwendete eine Sonderanordnung, bei der nicht wie üblich der Druck, sondern die Weglänge im Stoßraum variiert wurde; die Energieaussortierung der Ionen wurde mit Hilfe einer Laufzeitmethode durchgeführt. Über Einzelheiten vgl. man die Originalarbeit.

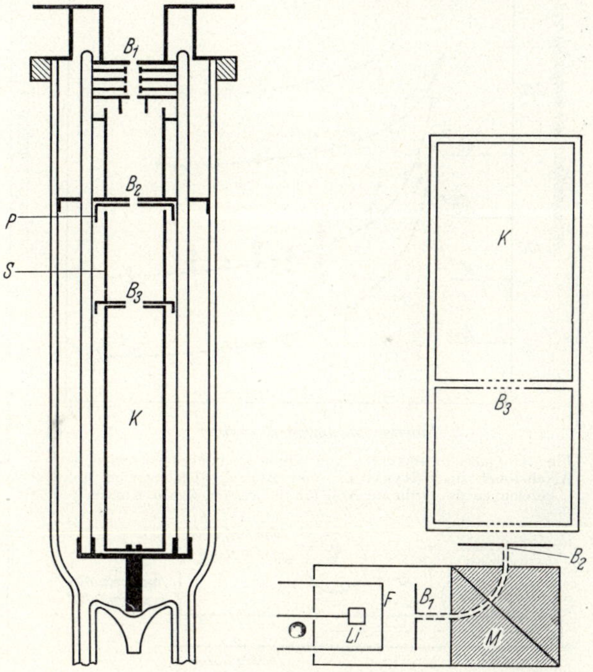

Fig. 30a u. b. a Anordnung zur Querschnittsmessung (nach SIMONS und Mitarbeitern). b Anordnung zur Querschnittsmessung (nach RAMSAUER und Mitarbeitern).

18. Ergebnisse der Messungen des Gesamtquerschnitts. Hauptsächlich untersucht wurden die Querschnitte der Edelgase und einiger anderer Gase gegenüber Alkali- und Wasserstoffionen (H^+, H_2^+, H_3^+) und die Querschnitte einiger Gase gegenüber den eigenen Ionen; es erscheint daher am übersichtlichsten, die Meßergebnisse in dieser Reihenfolge zu behandeln.

α) Alkaliionen. Querschnitte wurden gemessen zwischen 8 und 350 eV von DURBIN [*28*], zwischen 25 und 250 eV von COX [*19*], zwischen 1 und 30 eV von RAMSAUER und BEECK [*90*], zwischen 5 und 500 eV von THOMPSON [*120*]; qualitative Aussagen über das Verhalten von Alkaliionen in Edelgasen machen

[1] Unter Berücksichtigung der etwa gleich langen Laufstrecken in der ersten Kammer bis B_2 und in der zweiten Kammer bis B_3; vgl. hierzu [*61*].

HARNWELL [37] und KENNARD [57] im Bereich von 5 bis 500 eV. Charakteristisch für den Querschnittsverlauf als Funktion der Ionengeschwindigkeit (in $\sqrt{\text{Volt}}$) sind die in Fig. 31 wiedergegebenen Kurven von RAMSAUER und BEECK. Einen analogen Verlauf der Querschnittskurven fanden auch DURBIN, COX und THOMPSON: Mit abnehmender Ionenenergie steigt die Querschnittskurve monoton an; diese Form der Querschnittskurven wurde auch bei den anderen untersuchten Gasen H_2, N_2, O_2, Luft gefunden. Nach DURBIN soll die extrapolierte Querschnittskurve bei der Ionenenergie Null gaskinetische Werte erreichen. RAMSAUER und BEECK vergleichen die Wirkungsquerschnitte verschiedener Gasmoleküle gegenüber einem bestimmten Alkaliion, z.B. dem K^+-Ion, bei einer Ionenenergie, für die (vgl. Fig. 31) der Querschnitt schon einen annähernd konstanten Wert erreicht hat: Sie gelangen zu folgendem Ergebnis (Fig. 32): Wird die experimentell gefundene Radiensumme um den

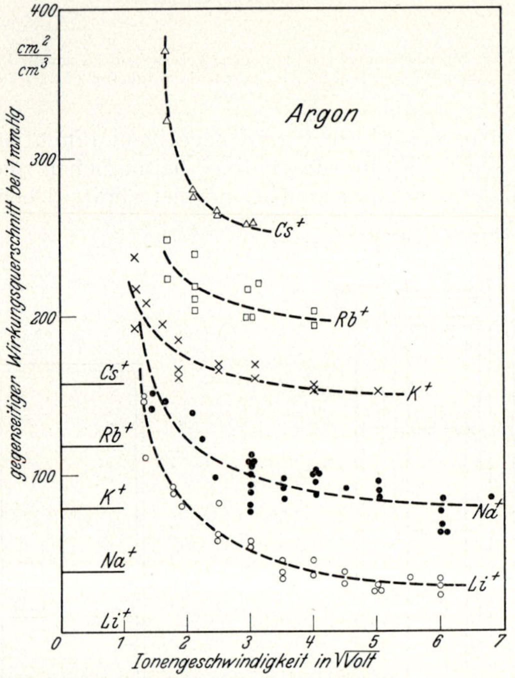

Fig. 31. Querschnittskurven von Argon gegenüber verschiedenen Alkali-Ionen nach RAMSAUER und BEECK. (Die Striche links bezeichnen die Ordinate Null für die verschiedenen Kurven!)

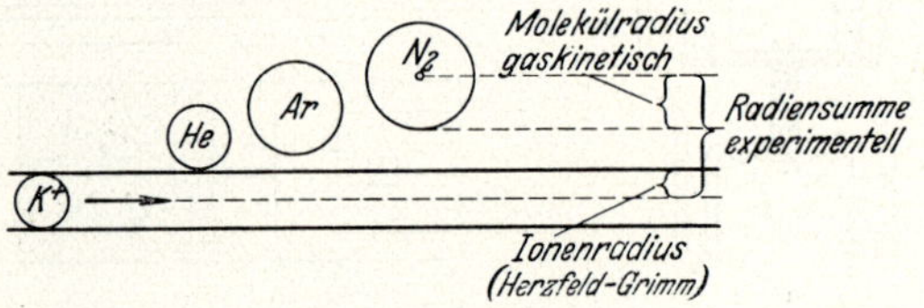

Fig. 32. Darstellung der Stoßquerschnitte nach RAMSAUER und BEECK (vgl. Text).

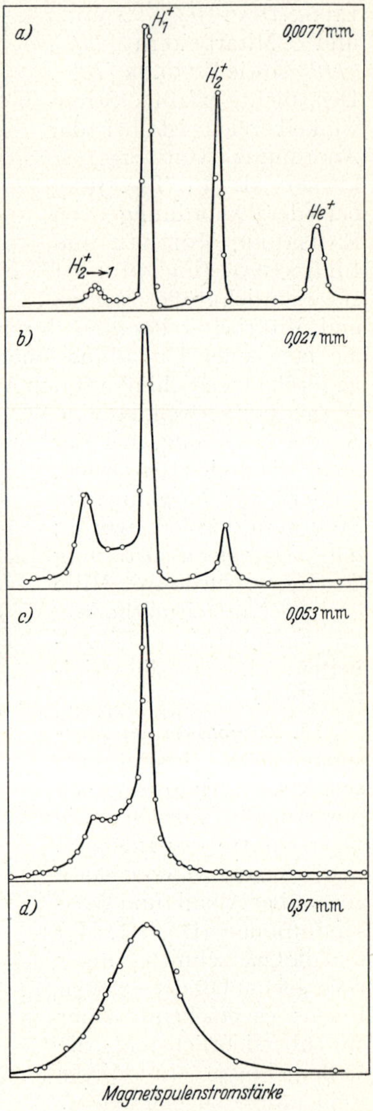

Fig. 33 a—d. Durchgang von H^+, H_2^+, He^+ durch Helium bei steigendem Druck: Magnetische Verteilungskurven nach DEMPSTER.

theoretischen Radius[1] des K^+-Ions vermindert, so bleibt für das Gasmolekül ein Radius übrig, der den gaskinetischen Radius um so stärker übertrifft, je größer das getroffene Molekül selbst ist.

Cox, Kennard und Thompson untersuchten und diskutierten die Formänderung der magnetischen Verteilungskurven, um Aussagen über die Art der Wechselwirkung zu gewinnen. Sie kamen dabei im wesentlichen zu folgendem Resultat: Die Art der Einwirkung hängt stark vom Atomgewicht der Stoßpartner ab. Leichte Ionen zeigen in leichten und in schweren Gasen nur Streuung, aber keine Energieverluste (z.B. Li^+ in He und in Hg-Dampf); schwere Ionen werden in schweren Gasen vorzugsweise umgeladen, in leichten Gasen, z.B. Cs^+ in A bzw. Cs^+ in He erleiden sie hauptsächlich Energieverluste[2].

β) Wasserstoffionen. Als erster hat Aich [*1*] den Stoßquerschnitt von Wasserstoff gegenüber Wasserstoffionen gemessen. Da er aber keine Massentrennung der Ionen durchgeführt hat, läßt sich nicht sagen, in welchem Maße H^+-, H_2^+-, H_3^+-Ionen an dem Zustandekommen des gemessenen Querschnitts beteiligt sind. Später hat Dempster [*23*] mit der in Fig. 27 dargestellten Anordnung durch Elektronenstoß in einem H_2-He-Gemisch gleichzeitig H^+-, H_2^+- und He^+-Ionen erzeugt und ihr Verhalten in Helium bei wachsendem Druck untersucht (Fig. 33a bis d). Das He^+-Maximum verschwindet schon bei kleinen He-Drucken (großer Stoßquerschnitt); bei etwas größerem Druck verschwindet auch das H_2^+-Maximum, während das Protonenmaximum noch bis zu relativ großen Drucken nachweisbar bleibt. Helium besitzt demnach gegenüber Protonen von etwa 800 bis 900 eV Energie einen sehr kleinen Stoßquerschnitt, und die Verbreiterung des Protonenmaximums bei großem Druck zeigt, daß Protonen im Helium in wesentlichen elastisch gestreut werden.

Ramsauer, Kollath und Lilienthal [*93*] haben Messungen des Gesamtquerschnitts verschiedener Gase gegenüber Protonen für einen größeren Energiebereich durchgeführt. Diese Messungen wurden später von Ramsauer und Kollath [*101*] mit der gleichen Versuchsanordnung ergänzt. Das gesamte Material ist in Fig. 34 zusammengestellt. Das Minimum z.B. in der Querschnittskurve für Argon hat mit Beugungserscheinungen nichts zu tun, da die de Broglie-Wellenlänge der Protonen zu klein ist. Der Querschnittsanstieg nach größeren Energien hin ist im wesentlichen durch Umladung bedingt, nach kleineren Energien hin durch Streuung[3]. Das haben direkte Messungen der Protonenstreuung (vgl. Ziff. 21) und verschiedene Kontrollmessungen ergeben (Formänderung magnetischer Verteilungskurven, kleine positive und negative Spannungen an den Meßkäfigen, Variation der Blendengröße). Ionisation durch Protonen ist am Zustandekommen des gemessenen Querschnitts in diesem Energiebereich nicht wesentlich beteiligt.

Holzer [*48*] verwendete zur Messung des Querschnitts von Wasserstoff für H^+-, H_2^+- und H_3^+-Ionen eine ähnliche Anordnung wie Dempster. Nach seinen Messungen ist der Querschnitt von Wasserstoff für H_2^+-Ionen merklich größer als für H^+- und H_3^+-Ionen; das läßt sich verstehen, wenn die Querschnittskurve im wesentlichen durch Umladung bedingt ist (vgl. Ziff. 25). Ferner soll der Querschnitt von Wasserstoff gegenüber Protonen zwischen 50 und 900 eV praktisch konstant sein; das ist schlecht vereinbar mit anderen Querschnittsmessungen.

---

[1] Nach Fajans, Herzfeld, Grimm, vgl. Landolt-Börnstein, Erg.-Bd. I, S. 70. 1927.

[2] In dieser allgemeinen Form sind die Schlußfolgerungen wohl nicht haltbar; denn die Umladungswahrscheinlichkeit wird auch durch die Ionisierungsenergien der Stoßpartner wesentlich beeinflußt (vgl. Ziff. 25).

[3] Nur bei CH_4 und Xenon soll nach Ramsauer und Kollath [*101*] der starke Anstieg nach kleinen Ionenenergien hin *nicht* durch Streuung bedingt sein!

Auf die ausgedehnten Untersuchungen von SIMONS und Mitarbeitern [*110*] bis [*114*] werden wir noch bei der Behandlung der Streuung und Umladung genauer eingehen; als Beispiel sei hier nur in Fig. 35 die von diesen Autoren gemessene Gesamtquerschnittskurve (Q) für Wasserstoff gegenüber H_2^+-Ionen zwischen 2 und 70 eV wiedergegeben; sie setzt sich additiv aus den Teilquerschnittskurven für Streuung (Q_s) und für Umladung (Q_u) zusammen.

γ) Sonstige Ionen. Weitere Gesamtquerschnittsmessungen für einige andere Ionenarten wurden von WOLF [*130*], [*132*], [*134*] und ZIEGLER [*139*] durchgeführt. WOLF untersuchte H^+, D^+, H_2^+, He^+, Ne^+, $A^+ \rightarrow$ He, Ne, A im Energiebereich zwischen 20 und 900 eV, ZIEGLER den Querschnitt von Neon, Argon, Xenon gegenüber Ne^+-, Ar^+-, Xe^+-Ionen bei einer Ionenenergie von etwa 1 eV. In neuerer Zeit ging man immer mehr zur getrennten Untersuchung der Einzelwirkungen (Streuung oder Umladung) über. Da WOLF in späteren Arbeiten und ZIEGLER in der angegebenen Arbeit die Aufspaltung des Gesamtquerschnitts in Einzelquerschnitte durchgeführt haben, soll hier von einer Wiedergabe ihrer Ergebnisse über den Gesamtquerschnitt abgesehen werden; wir kommen auf diese Messungen in den beiden nächsten Abschnitten noch zurück.

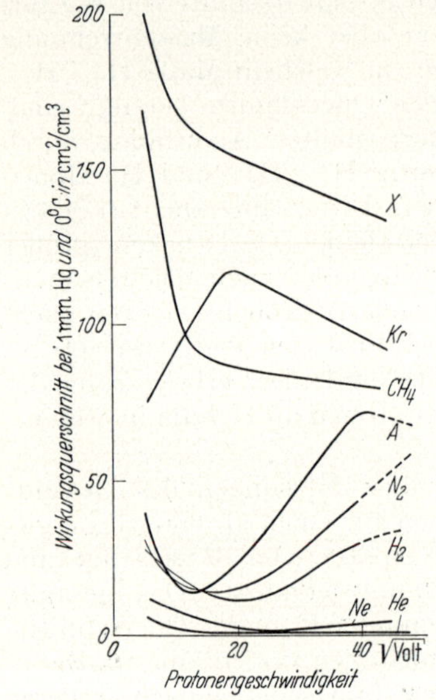

Fig. 34. Stoßquerschnitte verschiedener Gase gegenüber Protonen nach RAMSAUER und KOLLATH.

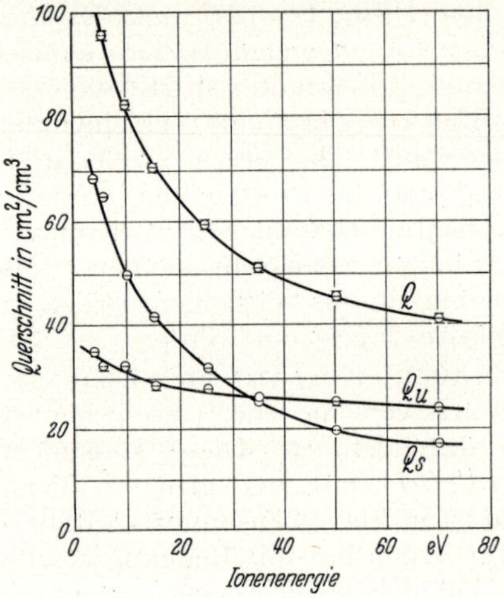

Fig. 35. Gesamtquerschnitt Q, Streuquerschnitt Q_s und Umladungsquerschnitt Q_u des Wasserstoffs gegenüber H_2^+-Ionen als Funktion der Ionenenergie (nach SIMONS und Mitarbeitern).

II. Untersuchung einzelner Stoßvorgänge.

a) Elastische Streuung.

19. Meßmethoden. Man kann wie bei Elektronen entweder den Streuquerschnitt oder die Winkelverteilung der gestreuten Ionen messen (vgl. Ziff. 3). Wird die Messung der Winkelverteilung quantitativ durchgeführt, und auf die primäre Ionenmenge bezogen, so erhält man einen „differentiellen" Streuquerschnitt für die betreffende Streurichtung; durch Summation über alle Streuwinkel erhält man aus dem differentiellen den gesamten Streuquerschnitt. Die Untersuchungen zeigen, daß der größte Teil der Ionen unter sehr kleinen Streuwinkeln ϑ

(gemessen gegen die Strahlrichtung) abgelenkt wird. Die Messung eines Streuquerschnitts Q_g ergibt deshalb nur dann quantitativ brauchbare Werte, wenn genau bekannt ist, welcher kleinste Streuwinkel $\vartheta_{\min}$ bei der Messung noch erfaßt wird. Zwischen dem Streuquerschnitt Q_g und der pro Flächeneinheit und Zeiteinheit unter dem Streuwinkel ϑ gestreuten Ionenmenge $I(\vartheta)$ besteht dann die Beziehung

$$Q_g = 2\pi \int\limits_{\vartheta_{\min}}^{\pi} I(\vartheta) \sin(\vartheta)\, d\vartheta .$$

Der gesamte Streuquerschnitt Q ist gegeben durch

$$Q = 2\pi \int\limits_{0}^{\pi} I(\vartheta) \sin\vartheta\, d\vartheta . \tag{19.1}$$

Allgemein ist Q definiert durch $Q = \int\limits_0^{2\pi} \int\limits_0^{\pi} I(\vartheta, \varphi) \sin\vartheta\, d\vartheta\, d\varphi$, wobei $\sin\vartheta\, d\vartheta\, d\varphi = d\omega$ ist (Raumwinkelelement). Bei der Streuung an Gasmolekülen ist $I(\vartheta, \varphi)$ von φ nicht abhängig und daher ergibt sich durch Integration über φ Gl. (19.1). Gemessen wird bei der Methode mit beweglichem Käfig $I(\vartheta)\, \Delta\omega$, wobei $\Delta\omega$ durch die Größe der Käfigöffnung bestimmt ist (im Zusammenhang mit dem Abstand der Käfigöffnung vom Streuzentrum). Gemessen wird bei der Zonenapparatur

$$I(\vartheta) \sin\vartheta\, \Delta\vartheta ,$$

wobei $\Delta\vartheta$ durch die Zonenbreite bestimmt ist (im Zusammenhang mit dem Radius der Zonenkugel). Bezüglich der Umrechnung der mit beiden Apparaturen gemessenen Winkelverteilungen ineinander vgl. [*96*], S. 534. Bei der Darstellung von Winkelverteilungskurven ist in diesem Artikel grundsätzlich $I(\vartheta)$ über ϑ aufgetragen.

Zur Messung der *Winkelverteilung* gestreuter Ionen wurden im Prinzip die gleichen Methoden verwendet wie für Elektronen (vgl. Ziff. 12, Fig. 12 und 16). Ramsauer und Kollath [*100*] brachten in der Apparatur Fig. 16 zusätzlich ein feinmaschiges Netz unmittelbar vor den Zonenflächen an und nahmen Gegenspannungskurven für die einzelnen Zonen auf. Dadurch konnten sie gewisse Aufschlüsse über die Energie der auftreffenden Ionen erhalten und den Anteil von Umladung und elastischer Streuung am Wirkungsquerschnitt abschätzen. Simons und Mitarbeiter [*112*] verwendeten zur Messung des gesamten *Streuquerschnitts* die in Fig. 30a wiedergegebene Anordnung. Dabei konnte die Zahl der durch Umladung aus dem Strahl ausgeschiedenen Ionen getrennt gemessen und von der Gesamtzahl der ausgeschiedenen Ionen subtrahiert werden.

20. Energie- und Winkelverteilung elastisch gestreuter Ionen. Es liegen nur wenige Untersuchungen vor. Gemessen wurde die Streuung von Protonen zwischen 30 und 150 eV in Edelgasen und in CH_4 für einen Streuwinkelbereich von etwa 15 bis 140° [*100*] und die Streuung von K^+-Ionen zwischen 90 und 360 eV in Argon, Krypton, Xenon und Hg-Dampf im Winkelbereich von etwa 20 bis 75° [*106*].

α) Energie. In Fig. 36 sind Gegenspannungskurven bei verschiedenen (mittleren) Streuwinkeln für die Streuung von Protonen an He-Atomen wiedergegeben[1]. Es treten im wesentlichen zwei Ionengruppen auf: Ionen mit sehr kleiner Energie (I) und Ionen mit einer Energie, die vergleichbar mit der Primärenergie ist (II). Fig. 37a und b zeigt die mittlere Energie von Ionen der Gruppe II (Primär-

[1] Die Ordinatenmaßstäbe sind willkürlich so gewählt, daß ein bequemer Vergleich der Kurven*formen* möglich ist; die Absoluthöhen unterscheiden sich in Wirklichkeit um außerordentlich große Beträge (vgl. [*100*], S. 578).

energie als Einheit) in Abhängigkeit vom Streuwinkel für He und A: Die Energie nimmt mit wachsendem Streuwinkel ab und zwar in Helium sehr viel stärker als in Argon. Die ausgezogenen Kurven in Fig. 37 sind unter der Annahme eines elastischen Stoßes zwischen Kugeln vom Massenverhältnis 1:4, bzw. 1:40 berechnet. Die Ionen der Gruppe II sind also elastisch gestreute Protonen. Die Energie der Ionen von Gruppe I ist sehr klein (vermutlich von gaskinetischer Größenordnung), unabhängig vom Streuwinkel und von der Gasart. Man wird also die Ionen dieser Gruppe als durch Umladung entstandene Gasionen deuten dürfen.

Bemerkenswert ist nun, daß sich der allgemeine Charakter der Gegenspannungskurven nach Fig. 36 mit zwei ausgeprägten Stufen in allen übrigen untersuchten Fällen wiederholt. Lediglich die Höhe der beiden „Stufen" hängt vom Streuwinkel und von der Gasart ab; z.B. konnte bei einem Streuwinkel von 28° und einer Protonenenergie von 65 eV in Xenon und in CH_4 keine Andeutung für elastisch gestreute Protonen gefunden werden (Fig. 38).

β) Winkelverteilung. In Fig. 39 sind Winkelverteilungskurven elastisch gestreuter Protonen für He und A bei einer Protonenenergie von 65 eV wiedergegeben.

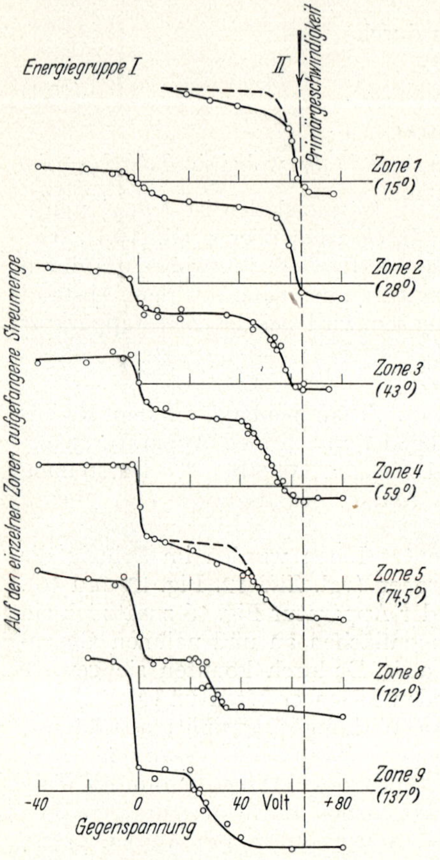

Fig. 36. Gegenspannungskurven für verschiedene Zonen (Streuwinkel) nach Ramsauer und Kollath; Helium, 64,5 eV primär.

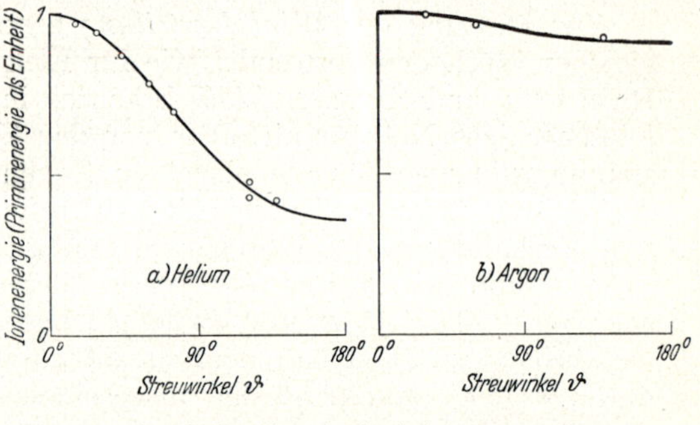

Fig. 37a u. b. Mittlere Energie elastisch gestreuter Protonen als Funktion des Streuwinkels; gemessen: o o, berechnet: —— ; vgl. Text.

Sie zeigen die außerordentlich starke Streuung unter kleinen Winkeln, auf die schon mehrfach hingewiesen wurde. Ganz entsprechende Winkelverteilungen findet Rouse [*106*] bei der Streuung von K^+-Ionen in Argon (Fig. 40). Die Kurven der Fig. 39 und 40 beziehen sich auf das Laborsystem (ruhendes Gas); will man sie mit theoretisch berechneten Kurven vergleichen, so rechnet man sie auf ruhenden Schwerpunkt um. Die Reduktion auf ruhenden Schwerpunkt wird mit Hilfe folgender Gleichungen durchgeführt[1]:

$$\tan\vartheta_S = \frac{\sin\vartheta_L}{\frac{m_1}{m_2} + \cos\vartheta_L} \quad \text{(Umrechnung der Abszissen)},$$

[1] Vgl. z.B. L. I. Schiff: Quantum Mechanics. New York: Mc Graw Hill 1949.

$$I_S(\vartheta_S) = \frac{\left[1 + \left(\frac{m_1}{m_2}\right)^2 + 2\,\frac{m_1}{m_2}\cos\vartheta_L\right]^{\frac{3}{2}}}{\left|1 + \frac{m_1}{m_2}\cos\vartheta_L\right|}\, I_L(\vartheta_L) \quad \text{(Umrechnung der Ordinaten)}$$

dabei bedeutet m_1 bzw. m_2 die Masse des Ions bzw. des Gasatoms, die Indices S bzw. L kennzeichnen das Schwerpunkts- bzw. das Laborsystem. In Fig. 41 ist die „reduzierte" Winkelverteilung für Helium als stark ausgezogene Kurve wiedergegeben, zusammen mit der Kurve für reine Kernstreuung (schwach ausgezogen). Die einzelnen Punkte geben die von MASSEY und SMITH [75] für diesen Fall berechnete Winkelverteilung[1]. Die Übereinstimmung zwischen den theoretischen Werten und den experimentell gefundenen ist überraschend gut. Auch der Verlauf der Winkelverteilungskurven bei der Streuung von K^+-Ionen in Argon (Fig. 40) entspricht der Erwartung. Es soll aber nicht verschwiegen werden, daß noch eine ganze Anzahl von Unstimmigkeiten zwischen den Experimenten und den bisherigen theoretischen Überlegungen bestehen. Sie betreffen speziell die Winkelverteilungskurven nach ROUSE [106] für die Streuung

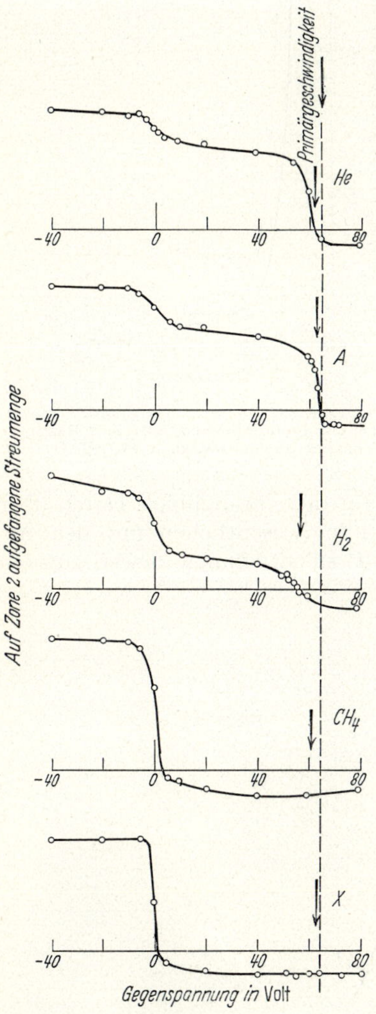

Fig. 38.

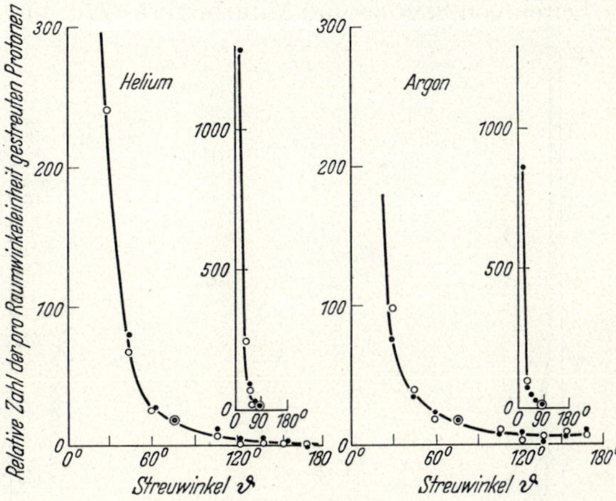

Fig. 39.

Fig. 38. Gegenspannungskurven an Zone 2 (Streuwinkel 28°) beim Durchgang von Protonen (65 eV) durch verschiedene Gase nach RAMSAUER und KOLLATH. (Die Pfeile geben an, wo der mittlere Kurvenabfall für elastisch gestreute Protonen in den verschiedenen Gasen zu suchen ist.)

Fig. 39. Winkelverteilungskurven elastisch gestreuter Protonen (Protonenenergie 65 eV) nach RAMSAUER und KOLLATH

von K^+-Ionen in Kr, X und Hg-Dampf und den Durchgang von Protonen durch Xenon [101].

[1] Unter Benutzung des HARTREE-Feldes des He-Atoms.

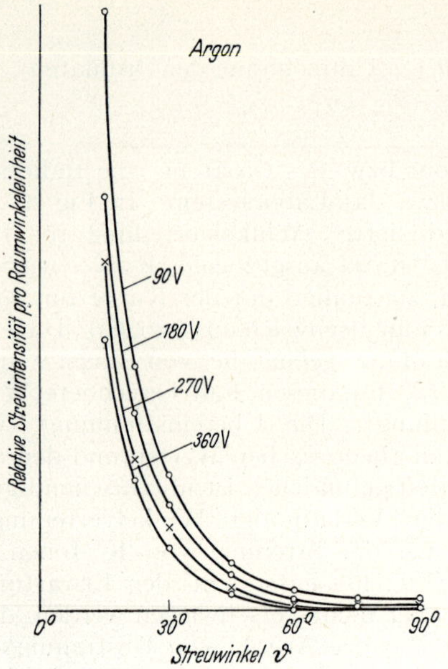

Fig. 40. Winkelverteilungskurven bei der Streuung von K+-Ionen in Argon nach ROUSE (Ionenenergie als Parameter).

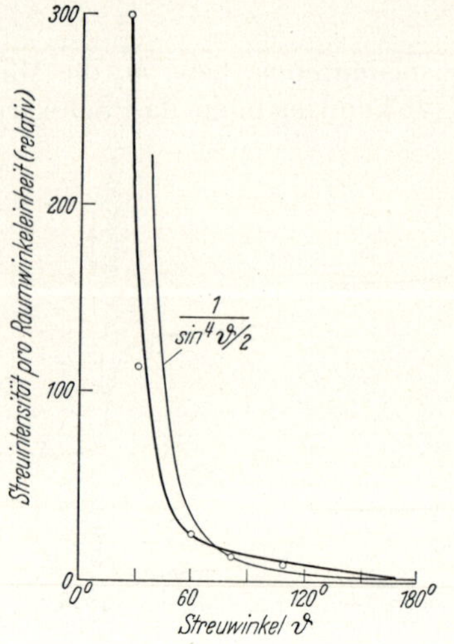

Fig. 41. Reduzierte Winkelverteilungskurve (Schwerpunktsystem) für Protonenstreuung in He nach RAMSAUER und KOLLATH; Protonenenergie 65 eV, vgl. Text.

21. Querschnitte für elastische Streuung. Quantitativ brauchbare Daten über die Größe des gesamten Streuquerschnitts sind im wesentlichen nur den Arbeiten von SIMONS und Mitarbeitern [*110*] bis [*114*] zu entnehmen. Diese Autoren

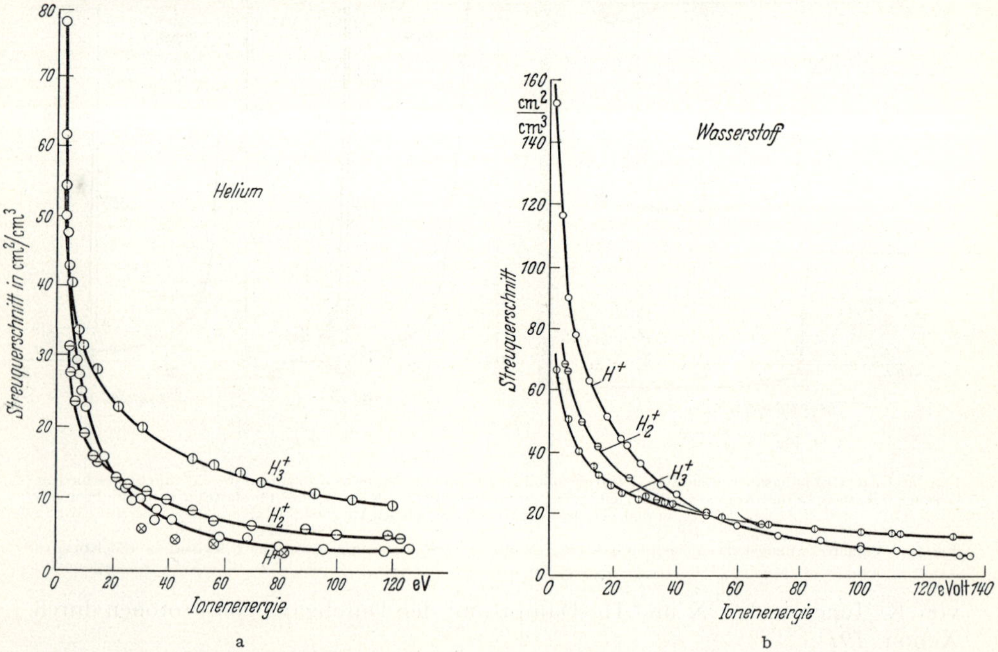

a b

Fig. 42a u. b. Streuquerschnitte von Helium und Wasserstoff gegenüber Wasserstoff-Ionen nach SIMONS und Mitarbeitern (Meßpunkte für Protonen in He nach RAMSAUER und KOLLATH: ⊗ ⊗).

untersuchten mit der Anordnung nach Fig. 30a den Streuquerschnitt von H_2, He und H_2O gegenüber H^+-, H_2^+-, H_3^+-Ionen zwischen 5 und 120 eV. Sie fanden in allen Fällen einen starken Anstieg des Streuquerschnitts mit abnehmender Ionenenergie. Als Beispiel sind in Fig. 42a und b ihre Meßergebnisse für He und H_2 wiedergegeben. Streuquerschnittsmessungen anderer Autoren liegen nicht vor. Ein Vergleich der Meßergebnisse ist höchstens mit dem Wirkungsquerschnitt von He nach RAMSAUER und Mitarbeitern [*93*] möglich und auch hier nur innerhalb eines kleinen Energiebereichs (30 bis 130 eV). Der Wirkungsquerschnitt des Heliums soll nämlich in diesem Energiegebiet zu mehr als 80% aus Streuung bestehen [*101*]. Die Meßpunkte von RAMSAUER und Mitarbeitern *müssen* merklich tiefer liegen, weil der kleinste dort erfaßte Streuwinkel sicher größer ist als bei SIMONS und Mitarbeitern; die Meßergebnisse stimmen also befriedigend überein.

b) Umladung.

22. Meßmethoden. Umladungsionen unterscheiden sich von den Primärionen durch ihre geringe Energie[1]; bei Umladungsmessungen werden daher im allgemeinen die Umladungsionen durch schwache elektrische Felder, die den Primärstrahl nicht stören, aus dem Meßraum herausgezogen. Wesentlich ist, daß *alle* auf der Umladungsstrecke entstehenden Umladungsionen gemessen werden (Sättigung), und daß keine gestreuten Ionen auf die Meßelektrode gelangen. Im Gegensatz zur Streuung liegen über die Umladung langsamer Ionen zahlreiche Untersuchungen vor. Alle Versuchsanordnungen enthalten notwendigerweise eine Ionenquelle (vgl. Ziff. 16) und ein analysierendes Magnetfeld (vgl. z.B. Fig. 27). Im eigentlichen Meßraum werden dagegen von Fall zu Fall abweichende Anordnungen verwendet, deren wichtigste Typen in Fig. 43 bis 47 zusammengestellt sind.

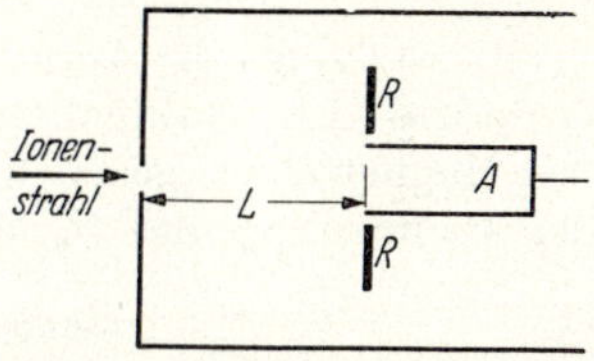

Fig. 43. Anordnung von KALLMANN und ROSEN für Umladungsmessungen.

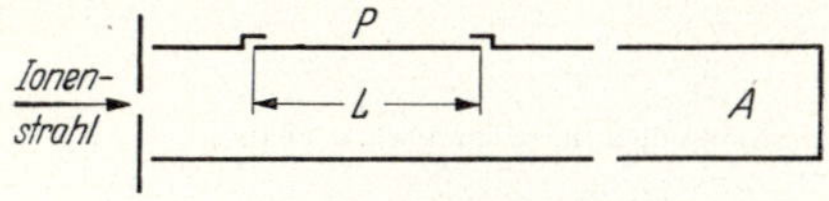

Fig. 44. Anordnung von GOLDMANN (KEENE, STEDEFORD) für Umladungsmessungen.

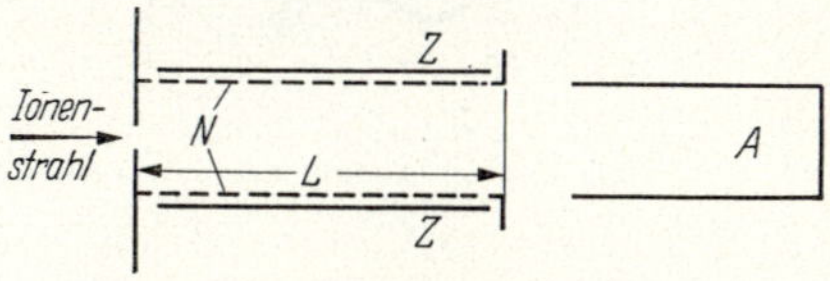

Fig. 45. Anordnung von ROSTAGNI für Umladungsmessungen.

KALLMANN und ROSEN [*55*] verwendeten einen Ringauffänger *R*, der den Auffangkäfig *A* für die unbeeinflußten Ionen konzentrisch umgibt und alle Ionen der Umladungsstrecke *L* erfassen soll (Fig. 43). GOLDMANN [*36*] benutzte eine ebene Platte *P* als Auffänger für die Umladungsionen (Fig. 44). Der Meßplatte *P* sind nach dem „Schutzringprinzip" Platten auf gleichem Potential wie *P* vor- und nachgeschaltet, um sicherzustellen, daß nur Umladungsionen von der Umladungsstrecke *L* am Auffänger *P* nachgewiesen werden. Die gleiche Anordnung benutzten später KEENE [*56*] und STEDEFORD [*117*]. Bei der Apparatur von ROSTAGNI [*105*] lief der Ionenstrahl innerhalb eines zylindrischen Kupferdrahtnetzes *N*, das von dem Zylinder *Z* umschlossen war. *Z* diente als Auffänger für die Umladungsionen und konnte bei Kontrollversuchen in mehrere Einzelzylinder unterteilt werden (Fig. 45).

Während bei den bisher beschriebenen Anordnungen die Umladungsmessungen mit geradlinigem Strahl durchgeführt wurden, haben WOLF [*131*], [*133*]

[1] Die Massen der Umladungsionen wurden nur in Ausnahmefällen bestimmt, vgl. z.B. [*56*].

und HASTED [39], [117] die Umladung im Magnetfeld gemessen. Das Magnetfeld, das zur Analyse des Ionenstrahls dient, führt gleichzeitig die Umladungsionen dem Auffänger zu, der in Richtung des Magnetfeldes seitlich vom Strahl angeordnet ist. Die Anordnung von WOLF ist in Fig. 46 im Grund- und Aufriß wiedergegeben. Im Grundriß (a) sieht man den Verlauf des Ionenstrahls im Magnetfeld, im Aufriß (b) unterhalb des (bandförmigen) Ionenstrahls in Feldrichtung den Auffangdraht D („Schutzringprinzip"); der positiv aufgeladene Draht D' verbessert die Sättigungsbedingungen. Die hier schematisch wiedergegebene Meßanordnung war in einen FARADAY-Käfig eingebaut, so daß gleichzeitig die Intensität des Ionenstrahls gemessen werden konnte.

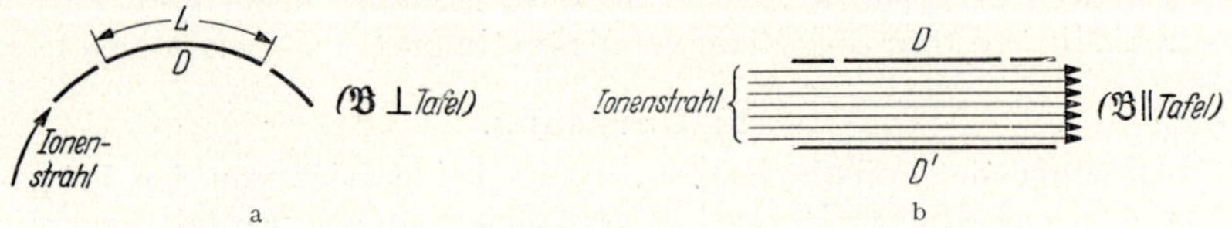

Fig. 46 a u. b. Anordnung von WOLF für Umladungsmessungen im magnetischen Feld.

Fig. 47 zeigt die Anordnung von HASTED und zwar (a) perspektivisch, (b) im Grundriß, d.h. senkrecht zur Grundplatte, (c) im Aufriß, d.h. gegen die Richtung des Magnetfeldes gesehen. Die Ionen werden durch eine Spannung zwischen den Blenden S_5 und S_6 auf die gewünschte Energie gebracht. Sie treten dann

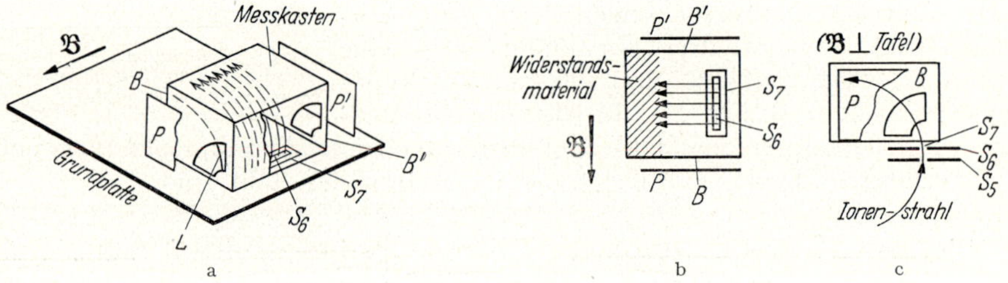

Fig. 47 a—c. Anordnung von HASTED für Umladungsmessungen in magnetischen Feld.

durch die Blende S_7 als Flächenstrahl in den Meßkasten ein und durchlaufen dort im Magnetfeld Kreisbahnen entsprechend ihrer Geschwindigkeit und ihrer Masse. Das Magnetfeld wird für eine bestimmte Ionenart konstant gehalten, unabhängig von der Ionenenergie im Meßraum. Damit läuft aber der Ionenstrahl im Meßraum bei kleinerer Energie auf einem Kreis mit kleinerem Radius, bei größerer Energie auf einem Kreis mit größerem Radius. Die Länge L der Umladungsstrecke ist gegeben durch die Projektion des Flächenstrahls in Feldrichtung auf den Ausschnitt in B. Der Ausschnitt hat die Form eines Ringsektors, damit die Umladungsstrecke L — unabhängig von der Bahnkrümmung im Meßraum — stets den gleichen Wert besitzt. Zwischen den Platten B und B' liegt ein dem Magnetfeld gleichgerichtetes elektrisches Feld[1]. Die Umladungsionen wandern aus dem Flächenstrahl auf Schraubenlinien[2] in Feldrichtung heraus und werden auf P gemessen, soweit sie den Ausschnitt in B passieren können.

[1] Die Verbindungsplatten zwischen B und B' bestehen aus geeignetem Widerstandsmaterial, um das Ziehfeld möglichst homogen zu machen.

[2] Der Radius der Schraube hängt von Masse der Umladungsionen und der Geschwindigkeitskomponente senkrecht zur Feldrichtung ab.

Schließlich sei noch auf eine Methode hingewiesen, die von ARNOT und Mitarbeitern [5] speziell für Umladungsmessungen an mehrfach geladenen Ionen benutzt wurde.

Bei kritischem Vergleich der Methoden ist (nach Ansicht des Referenten) denjenigen der Vorzug zu geben, bei denen die Umladungsionen auf möglichst kurzem Wege den Auffänger erreichen; bei Verwendung eines ,,Flächenstrahls" sollten die Umladungsionen also senkrecht zur Strahlfläche herausgezogen werden wie bei GOLDMANN, KEENE und STEDEFORD. Zwar ändert sich die Gesamtzahl der Umladungsionen nicht, wenn diese auf ihrem Wege zum Auffänger (im eigenen Gas!) selbst wieder umladen, der Meßvorgang wird aber durch solche sekundären Umladungen unnötig kompliziert und die Länge der Umladungsstrecke L verwaschen. — Beim Übergang zu kleinsten Energien sollte man lieber die Intensitätsschwierigkeiten in Kauf nehmen, die mit der Herstellung von Ionenstrahlen geringer Energie verbunden sind; denn wenn man die Ionen beim Eintritt in den Meßraum stark abbremst, treten notwendigerweise Änderungen der Strahlgeometrie durch ionenoptische Linsenwirkungen auf.

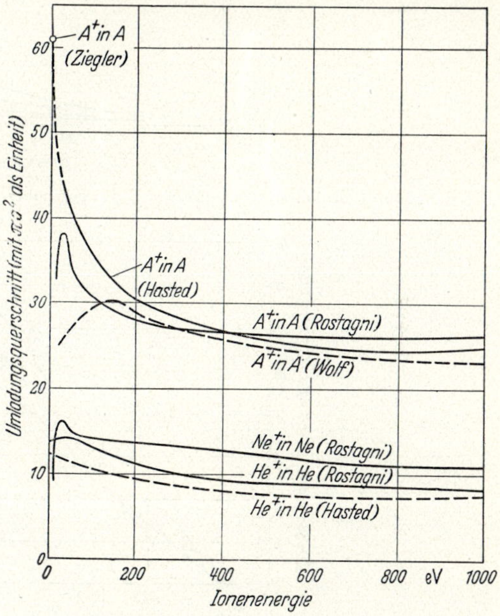

Fig. 48. Umladungsquerschnitte von Edelgasen gegenüber den eigenen Ionen nach Messungen verschiedener Autoren. ($\pi a^2 \approx 88$ Mb; vgl. Fig. 23c)

23. Übersicht über das gesamte Versuchsmaterial zum Umladungsquerschnitt. Im folgenden wird ein Überblick über das experimentelle Material zur Umladung einfach geladener positiver Atom- und Molekülionen in verschiedenen Gasen gegeben. Die große Zahl der Arbeiten verbietet eine vollständige Wiedergabe der Resultate an dieser Stelle. Es sollen nur einige typische Beispiele für bestimmte Gruppen von Erscheinungen angeführt werden:

a) Es lassen sich gewisse Typen der Q_u-Kurven unterscheiden (hierin stimmen die Resultate verschiedener Autoren im großen und ganzen überein); vgl. Ziff. 24.

b) Es gibt bereits grundsätzliche theoretische Überlegungen, die eine gewisse Ordnung des Materials ermöglichen; vgl. Ziff. 25.

c) Einige Ergebnisse konnten bisher theoretisch nicht befriedigend gedeutet werden, zumal sich auch die experimentellen Ergebnisse verschiedener Autoren in manchen Fällen noch widersprechen; vgl. Ziff. 26.

Die Umladung negativer Ionen und mehrfach geladener Ionen wird in Ziff. 27 diskutiert.

24. Der Verlauf der Q_u-Kurven. Fig. 48 zeigt eine Zusammenstellung verschiedener Messungen des Umladungsquerschnitts für $He^+ \rightarrow He$, $Ne^+ \rightarrow Ne$ und $A^+ \rightarrow A$. Mit abnehmender Ionenenergie steigt der Umladungsquerschnitt stetig an; für $A^+ \rightarrow A$ sollte er den Wert 195 cm^2/cm^3 bei 1 eV erreichen (ZIEGLER [139]). Der gaskinetische Stoßquerschnitt für $A \rightarrow A$ ist wesentlich kleiner. Dieser Kurventyp, nämlich langsamer Anstieg mit abnehmender Ionenenergie, ist charakteristisch für die Umladung von Ionen in ihren eigenen Gasen; über die Diskrepanzen bei kleinsten Ionenenergien vgl. Ziff. 26.

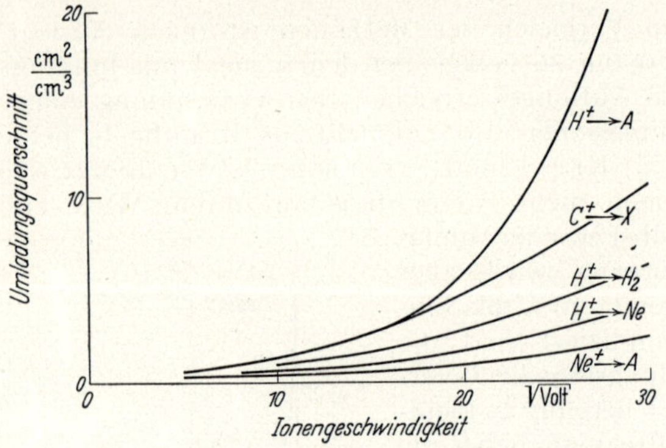

Fig. 49. Umladungsquerschnitte von Gasen gegenüber Ionen anderer Gase nach Messungen von HASTED.

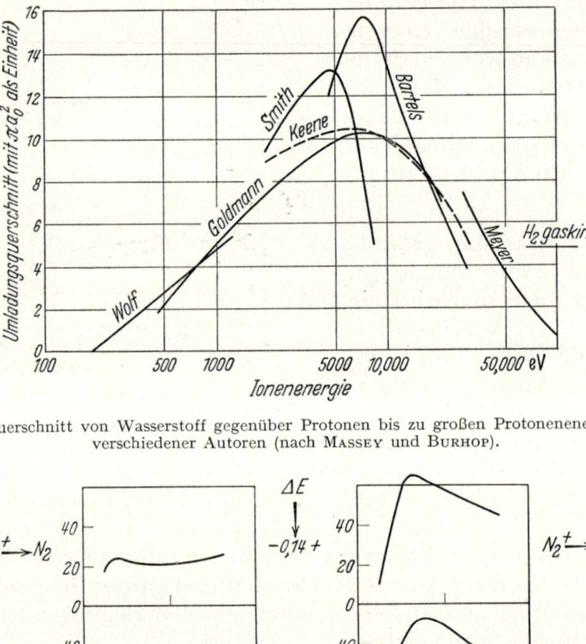

Fig. 50. Umladungsquerschnitt von Wasserstoff gegenüber Protonen bis zu großen Protonenenergien nach Messungen verschiedener Autoren (nach MASSEY und BURHOP).

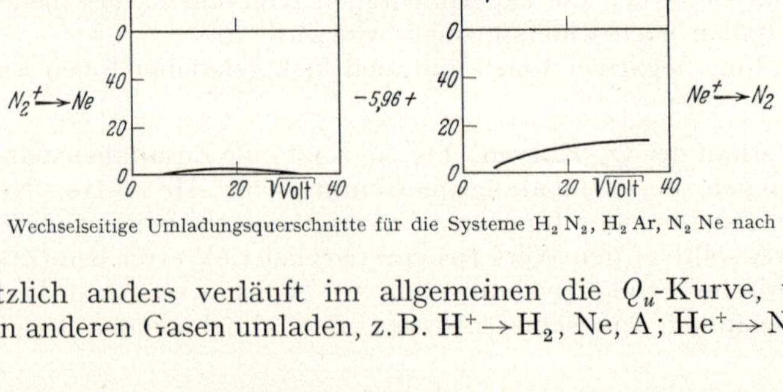

Fig. 51. Wechselseitige Umladungsquerschnitte für die Systeme H_2 N_2, H_2 Ar, N_2 Ne nach WOLF.

Grundsätzlich anders verläuft im allgemeinen die Q_u-Kurve, wenn Ionen eines Gases in anderen Gasen umladen, z. B. $H^+ \to H_2$, Ne, A; $He^+ \to$ Ne; $Ne^+ \to$ A;

$C^+ \to X$ (Fig. 49). In allen diesen Fällen strebt bei kleiner Ionenenergie der Umladungsquerschnitt gegen den Wert Null [*40*].

Fig. 50 zeigt verschiedene Messungen des Umladungsquerschnitts für $H^+ \to H_2$ bis zu großen Ionenenergien hin, als Beispiel für den Gesamtverlauf einer Q_u-Kurve. Wenn auch keine Übereinstimmung in den quantitativen Werten besteht, so zeigt die Zusammenstellung doch, daß ein zwangloser Übergang vom Gebiet langsamer Ionen in das Gebiet der Kanalstrahlen erfolgt.

Schließlich sind in Fig. 51 noch eine Anzahl von Messungen [*136*] zusammengestellt, in denen wechselseitig Ionen eines Gases in ihrem Verhalten gegenüber einem anderen Gas untersucht werden; z.B. wird die Umladung von H_2^+-Ionen in N_2 verglichen mit der Umladung von N_2^+-Ionen in H_2, die Umladung von H_2^+-Ionen in A mit der Umladung von A^+-Ionen in H_2 und die Umladung von N_2^+-Ionen in Ne mit der Umladung von Ne^+-Ionen in N_2. Entsprechende Umladungsquerschnitte unterscheiden sich merklich, und zwar hat der Umladungsquerschnitt dann eine Tendenz zu größeren Werten, wenn die Ionisationsenergie des Neutralatoms kleiner ist als die Neutralisationsenergie des Ions.

25. Der Einfluß der Resonanzverstimmung. Bereits Kallmann und Rosen [*55*] hatten in ihren Untersuchungen an verschiedenen Ionen- und Gaskombinationen festgestellt, daß besonders große Umladungsquerschnitte immer dann auftreten, wenn Ionen im eigenen Gas umladen oder allgemeiner dann, wenn Resonanz vorliegt, d.h., wenn die Neutralisierungsenergie des Ions gleich oder nahezu gleich der Ionisierungsenergie der neutralen Gasatome bzw. Gasmoleküle ist. Je größer der Unterschied zwischen der Neutralisierungsenergie des Ions und der Ionisierungsenergie des Moleküls, d.h. je größer die „Resonanzverstimmung" ist, um so kleiner wird der Umladungsquerschnitt. Derartige Resonanzeffekte treten auch bei unelastischen Stößen zwischen Ionen und Molekülen überhaupt auf, z.B. bei Anregungs- und Ionisierungsvorgängen, worauf besonders Massey und Burhop [*73*] hingewiesen haben. Massey [*72*] hat für diesen Tatbestand auf Grund theoretischer Überlegungen folgende Erklärung gegeben[1]: Bei gaskinetischen Geschwindigkeiten ist die Translationsgeschwindigkeit der Stoßpartner sehr klein gegenüber der Geschwindigkeit der Atomelektronen, d.h., die Atomelektronen haben genügend Zeit, sich dem nur langsam veränderlichen Zustand während des Stoßes anzupassen: Die Atome werden nicht angeregt, der Stoßvorgang ist nahezu adiabatisch und läßt sich klassisch als Störung eines Oszillators von der Eigenfrequenz ν darstellen (Anregung erzwungener Schwingungen). Die Amplitude der erzwungenen Schwingung erreicht nur in der Nähe der Eigenfrequenz größere Werte, d.h. für Stoßzeiten τ, die mit der Schwingungsdauer des Oszillators $1/\nu$ praktisch übereinstimmen. Für

$$\tau \nu \gg 1 \tag{25.1}$$

wird die Wechselwirkung jedenfalls schwach sein. Da τ von der Größenordnung a/v ist, wenn mit a die Reichweite der Wechselwirkung zwischen den Stoßpartnern und mit v die Relativgeschwindigkeit der Stoßpartner bezeichnet wird, ergibt sich schwache Wechselwirkung, solange $\frac{a\nu}{v} \gg 1$ ist. Geht man korrespondenzmäßig von diesem klassischen Bild zur Quantentheorie über, so hat man die Frequenz ν durch $|\Delta E|/h$ zu ersetzen, wobei $|\Delta E|$ die Energieänderung bedeutet, die mit einem Elektronenübergang verbunden ist. Gl. (25.1) geht dann über in

$$\frac{a\,|\Delta E|}{v\,h} \gg 1\,. \tag{25.2}$$

[1] Wir schließen uns hier weitgehend den Ausführungen von Massey und Burhop [*73*] an.

Diese Überlegungen lassen sich auf Stöße zwischen Ionen und Atomen auch für Ionen größerer Geschwindigkeit anwenden, solange die Relativgeschwindigkeit der Stoßpartner klein ist gegen die Umlaufgeschwindigkeit der Elektronen im

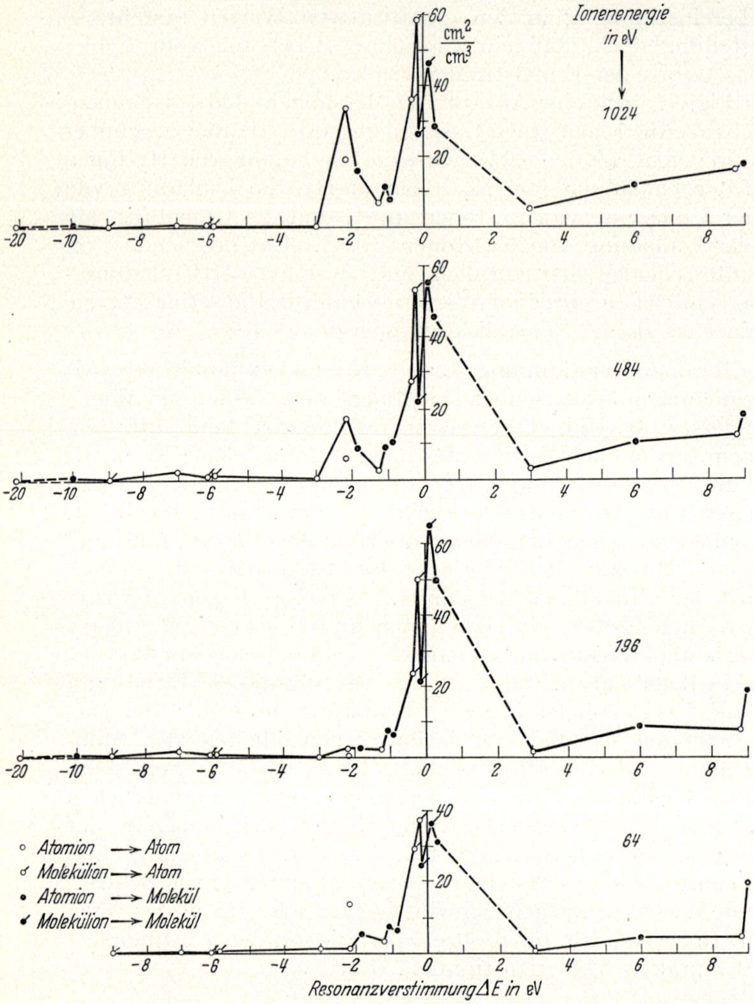

Fig. 52.

	ΔE in eV	
$H_2^+ \to N_2$	$-$ 0,14 +	$N_2^+ \to H_2$
$N_2^+ \to Ar$	$-$ 0,18	
$H_2^+ \to Ar$	$-$ 0,32 +	$Ar^+ \to H_2$
$N^+ \to H_2$	$-$ 0,91	
$N^+ \to N_2$	$-$ 1,05	
$N^+ \to Ar$	$-$ 1,23	
$H^+ \to H_2$	$-$ 1,84	
$H^+ \to Ar$	$-$ 2,16	
$Ne_2^+ \to He$	$-$ 3,00 +	$He^+ \to Ne$
$N_2^+ \to Ne$	$-$ 5,96 +	$Ne^+ \to N_2$
$H_2^+ \to Ne$	$-$ 6,10	
$N^+ \to Ne$	$-$ 7,01	
	8,78 +	$He^+ \to Ar$
$N_2^+ \to He$	$-$ 8,96 +	$He^+ \to N_2$
$Li^+ \to H_2$	$-$ 10,01	
$K^+ \to He$	$-$ 20,15	

Fig. 53.

Fig. 52. Umladungsquerschnitt in Abhängigkeit von der Resonanzverstimmung ΔE (Ionenenergie als Parameter) nach WOLF (vgl. Text).

Fig. 53. Die Stoßvorgänge, die zu den verschiedenen Resonanzverstimmungen in Fig. 52 gehören (nach WOLF).

Atom. Die Relativgeschwindigkeit v wird dann praktisch gleich der Ionengeschwindigkeit v_{ion}. Speziell im Fall der Umladung wird ΔE die oben definierte „Resonanzverstimmung" der beiden Stoßpartner.

Die wellenmechanische Durchrechnung[1] liefert in befriedigender Übereinstimmung mit der Erfahrung folgende Aussagen:

[1] Vgl. z.B. MOTT u. MASSEY [82].

1. Der Umladungsquerschnitt wird klein, verglichen mit dem gaskinetischen Querschnitt, solange $\frac{a\,|\Delta E|}{v\,h} \gg 1$ ist (a ist von der Größenordnung des gaskinetischen Radius).

2. Für ähnliche Systeme erreichen die Umladungsquerschnitte als Funktion von ΔE bei fester Ionengeschwindigkeit im Fall exakter oder nahezu exakter Resonanz ein Maximum, und werden mit wachsenden $|\Delta E|$ schnell klein.

3. Die maximalen Querschnitte sollten im allgemeinen die gaskinetischen Querschnitte nicht wesentlich übersteigen.

4. Bei festen Werten von $|\Delta E|$ und a wächst der Umladungsquerschnitt mit der Ionengeschwindigkeit bis zu einem Maximum an, das dann erreicht wird, wenn $\frac{a\,|\Delta E|}{h\,v}$ von der Größenordnung 1 ist.

5. Für $\Delta E = 0$ nimmt der Umladungsquerschnitt mit wachsendem v langsam ab.

Wir vergleichen nun dieses aus theoretischen Überlegungen gewonnene Gesamtbild mit dem experimentellen Material.

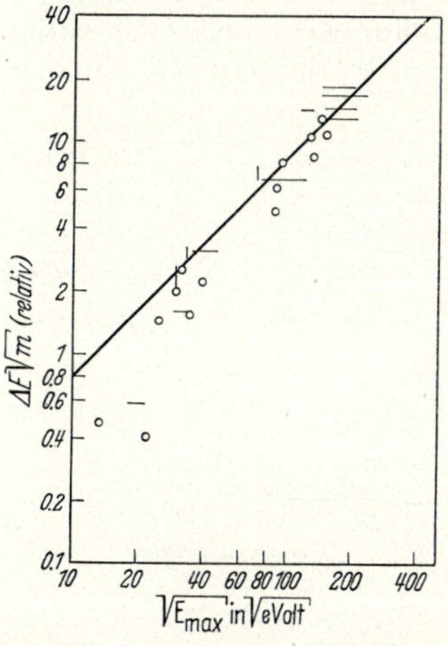

Fig. 54. Zusammenhang zwischen der Resonanzverstimmung ΔE und der Ionenenergie $E_{\max}$, bei der die Q_u-Kurve ein Maximum durchläuft (nach HASTED).

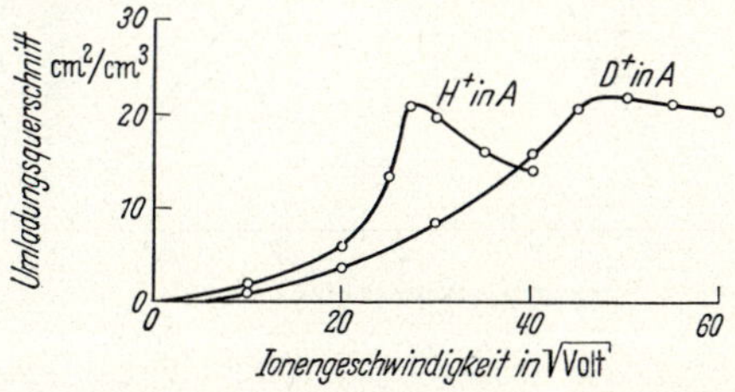

Fig. 55. Einfluss der Ionenmasse auf den Verlauf der Q_u-Kurve (Beispiel H^+ und D^+ in Argon) nach HASTED.

WOLF [*136*] hat die Gültigkeitsgrenzen des „Resonanzprinzips" eingehend an Systemen mit mehr oder weniger großer Resonanzverstimmung ΔE untersucht und gibt eine Zusammenstellung eigener Messungen von Umladungsquerschnitten bei verschiedenen Ionenenergien (Fig. 52). Zweifellos treten die größten Werte des Umladungsquerschnittes bei kleinen Resonanzverstimmungen auf und zwar unabhängig von der Art der Stoßpartner (Atome, Moleküle, Atom- oder Molekülionen). Die Stoßpartner, die zu bestimmten ΔE-Werten gehören, kann man der Zusammenstellung in Fig. 53 entnehmen. Betrachtet man in Fig. 52 speziell die Abweichungen von der Form einer Resonanzkurve, so zeigt sich, daß bei $\Delta E = -2{,}16$ eV am Stoß Protonen beteiligt sind und daß bei großem positiven ΔE durchweg relativ große Umladungsquerschnitte auftreten, verglichen mit dem ensprechenden negativen ΔE.

Ein Beispiel dafür, daß der maximale Umladungsquerschnitt von der Größenordnung des gaskinetischen Querschnitts ist, bietet Fig. 50, die zugleich den Anstieg zum Maximum des Umladungsquerschnitts und den Wiederabfall nach größeren Ionenenergien hin zeigt.

HASTED [*117*] trägt $\Delta E \sqrt{m}$ über $\sqrt{E_{\max}}$ auf (Fig. 54); m ist die Masse des Ions, $E_{\max}$ die Ionenenergie für den Maximalwert des Umladungsquerschnitts. Er erhält im Energiebereich $30 < \sqrt{E_{\max}} < 250\,\sqrt{\mathrm{eV}}$ eine lineare Beziehung zwischen ΔE und $v_{\max}$: Für kleinere $E_{\max}$ bzw. kleine $\Delta E\sqrt{m}$-Werte sind die Abweichungen allerdings beträchtlich; kleine $\Delta E\sqrt{m}$-Werte können dabei durch kleine ΔE-Werte oder kleine Ionenmasse bedingt sein.

Den Einfluß der Ionenmasse unter sonst gleichen Bedingungen (Ionenisotope) untersuchte ebenfalls Hasted für H^+ bzw. D^+ in Argon (Fig. 55). Das Umladungsmaximum verlagert sich beim Übergang von H^+ zu D^+ deutlich nach größeren Energien hin, wie es nach der Theorie sein muß, wenn auch die Größe der Verlagerung nicht ganz der Erwartung ($\sqrt{2}:1$) entspricht. (Man vergleiche hierzu auch die Messungen von Wolf in Fig. 57.)

Typische Beispiele für den Kurvenverlauf im Fall exakter Resonanz (Ionen im eigenen Gas) haben wir bereits in Fig. 48 kennengelernt. Es sei hier noch auf die umfangreichen Zusammenstellungen von Q_u-Messungen in der Arbeit von Stedeford [*117*] hingewiesen.

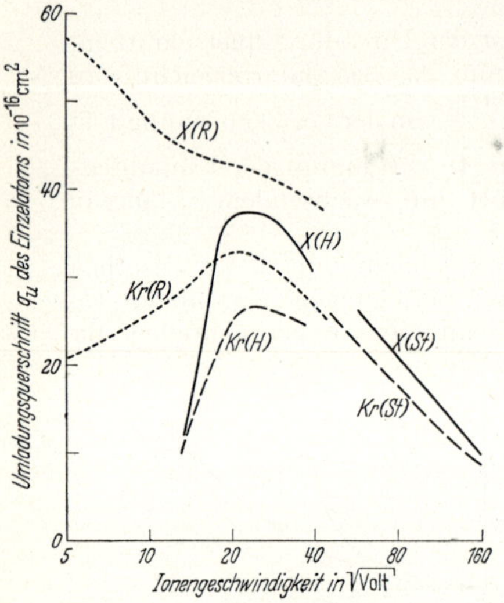

Fig. 56.

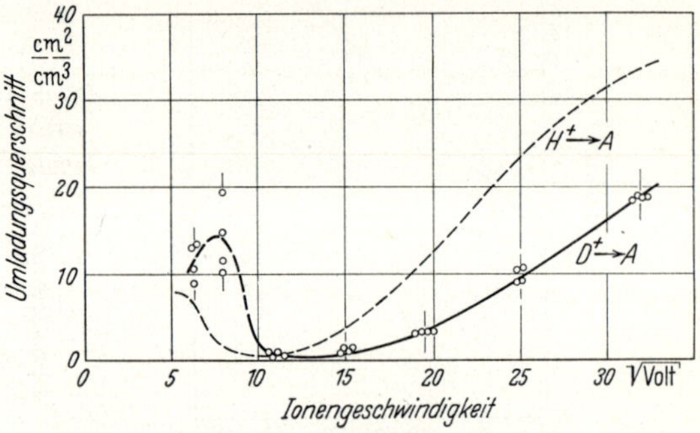

Fig. 57.

Fig. 56. Q_u-Kurven von Kr und X gegenüber Protonen nach Hasted (H), Stedeford (St) im Vergleich zu den entsprechenden Wirkungsquerschnittskurven nach Ramsauer und Kollath (R), vgl. Text.

Fig. 57. Umladungsquerschnitt von Argon gegenüber H^+ und D^+ bei kleinen Ionenenergien nach Wolf.

26. Diskrepanzen bei kleiner Ionenenergie. Für die weitere Forschung auf diesem Gebiet ist es vielleicht nützlich, wenn zum Schluß noch auf einige ungeklärte Fragen hingewiesen wird. Es ist bemerkenswert, daß es sich in allen Fällen um Erscheinungen handelt, die bei Ionenenergien unterhalb von einigen 100 eV auftreten. Das ist sicher kein Zufall, da sich die experimentellen Schwierigkeiten und Fehlermöglichkeiten in diesem Gebiet besonders häufen und da die Theorie bisher keine eindeutige Entscheidung zugunsten des einen oder anderen Experiments gestattete.

Über den Verlauf der Q_u-Kurve bei exakter Resonanz besteht experimentell noch keine Übereinstimmung (vgl. Fig. 48): Rostagni [*104*] und Wolf [*135*] stellen für $A^+ \to A$ ein Umladungsmaximum bei etwa 25 bzw. 100 eV Ionenenergie und einen Wiederabfall der Q_u-Kurve mit abnehmender Ionenenergie fest. Das ist nicht nur schlecht vereinbar mit der Theorie, sondern auch mit der Meßkurve von Hasted [*39*] und dem Meßpunkt von Ziegler [*139*].

Die Wirkungsquerschnitte von Kr und X gegenüber Protonen (vgl. Fig. 34) sollen nach den Untersuchungen von Ramsauer und Kollath [*101*] bei *kleinen* Protonenenergien praktisch nur auf Umladung beruhen; sie müßten daher mit den Umladungsquerschnitten nach Stedeford und Hasted [*117*] in diesem Energiebereich zusammenfallen. Die Zusammenstellung in Fig. 56 zeigt aber einen wesentlich verschiedenen Verlauf der Querschnittskurven für Xenon, während für Krypton noch einigermaßen befriedigende Übereinstimmung besteht. Der Verlauf der Q_u-Kurve, entsprechend der Querschnittsmessung von RAMSAUER und KOLLATH, wäre nach den derzeitigen theoretischen Vorstellungen (s. oben) allerdings schwer verständlich; für die Umladung von Protonen in CH_4 treten übrigens die gleichen Schwierigkeiten auf.

Schließlich findet WOLF [*133*], [*134*] nach dem theoretisch zu erwartenden Abfall der Q_u-Kurve nach kleinen Ionenenergien hin für H^+ und D^+ in Argon je ein kleines, aber ausgeprägtes Umladungsmaximum zwischen 5 und $10\sqrt{\text{eV}}$ (Fig. 57). Die Lage der Maxima relativ zueinander spricht für die Richtigkeit der Messungen von WOLF (vgl. Fig. 55), obgleich die Existenz dieser Maxima zur Zeit theoretisch nicht zu verstehen ist.

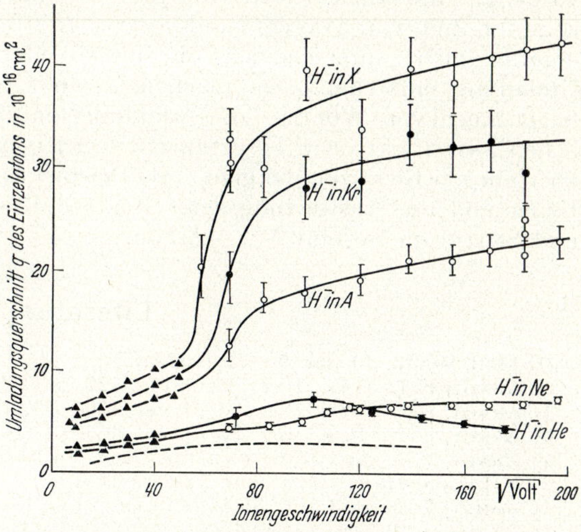

Fig. 58. Umladung negativer Ionen: Q_u-Kurven für H^- in den Edelgasen nach Messungen von HASTED (▲▲), STEDEFORD (○,●), SIDA (— — —).

27. Untersuchungen an negativen und mehrfach geladenen Ionen. Während die Anlagerung von Elektronen, die zur Entstehung *negativer* Ionen führt („attachment"), bereits seit längerer Zeit untersucht wird[1], stehen die Messungen zur Umladung negativer Ionen („detachment") noch in den Anfängen. HASTED [*40*], [*117*] hat den Umladungsquerschnitt verschiedener Gase gegenüber H^-, C^-, O^-, S^- und gegenüber den negativen Halogenionen zwischen 100 und 3600 eV untersucht; STEDEFORD [*117*] hat den Umladungsquerschnitt der Edelgase gegenüber H^--Ionen im Anschluß an die Arbeiten von HASTED noch bis zu 40 keV Ionenenergie gemessen. Die Resultate von HASTED [*40*], STEDEFORD [*117*] und SIDA [*109*] für $H^- \rightarrow$ He, Ne, A, Kr, X sind in Fig. 58 wiedergegeben, um auch aus diesem Gebiet ein Beispiel zu bringen.

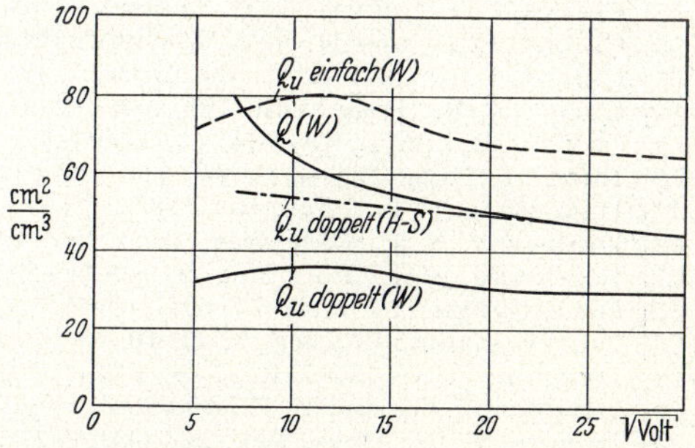

Fig. 59. Umladung doppelt positiv geladener Ionen (Beispiel A^{++} in Argon) nach Messungen von WOLF (W), HASTED und SMITH (H-S), vgl. Text.

KALLMANN und ROSEN [*55*] haben sich schon 1930 in ihren Arbeiten mit *doppelt geladenen* positiven Ionen beschäftigt. Abgesehen von den Intensitätsschwierigkeiten bei der Herstellung solcher Ionen tritt bei Q_u-Messungen noch störend in Erscheinung, daß eine Umladung mit der Abgabe eines Elektrons oder zweier Elektronen verbunden sein kann. Die übliche Form der Q_u-Messung führt deshalb zu mehrdeutigen Resultaten, was WOLF [*137*] ausführlich diskutiert hat. Man müßte noch den e/m-Wert der entstehenden Ionen analysieren, um eindeutige Ergebnisse zu erhalten; derartige Messungen wurden bisher nicht

[1] Vgl. Bd. XXI dieses Handbuches, besonders L. B. LOEB: Formation of negative ions.

durchgeführt (vermutlich aus Intensitätsgründen). Wolf [137] hat die Umladung von A^{++} in Argon und Wasserstoff untersucht und schließt durch Vergleich mit dem Wirkungsquerschnitt, daß A^{++}-Ionen in Argon im wesentlichen zwei Elektronen, in anderen Gasen vorwiegend nur ein Elektron beim Umladungsvorgang aufnehmen. Weitere Untersuchungen auf diesem Gebiet wurden in neuester Zeit von Hasted und Smith [42] durchgeführt. Auch diese Autoren konnten nicht unterscheiden, ob einfach oder doppelt geladene Ionen bei der Umladung entstehen. Sie machen — in Übereinstimmung mit den Schlußfolgerungen von Wolf — die Annahme, daß bei exakter Resonanz im wesentlichen zwei Elektronen ausgetauscht werden, bei starker Resonanzverstimmung aber nur ein Elektron übergeht. Als Beispiel für die Umladung doppelt geladener Ionen und die Auswertung zeigt Fig. 59 Messungen von Wolf sowie Hasted und Smith am System $A^{++} \rightarrow$ Argon.

Literatur.

[1] Aich, W.: Z. Physik **9**, 372 (1922).
[2] Arnot, F. L.: Proc. Roy. Soc. Lond. **125**, 660 (1929).
[3] Arnot, F. L.: Proc. Roy. Soc. Lond. **130**, 655 (1931).
[4] Arnot, F. L.: Proc. Roy. Soc. Lond. **133**, 615 (1931).
[5] Arnot, F. L., and McEwen: Proc. Roy. Soc. Lond., Ser. A **169**, 437 (1939). — Arnot, F. L., and Hart: Proc. Roy. Soc. Lond., Ser. A **171**, 383 (1939).
[6] Arnot, F. L., and J. C. McLauchlan: Proc. Roy. Soc. Lond. **146**, 662 (1934).
[7] Baumann, P.: Diss. Heidelberg 1923.
[8] Brode, R. B.: Proc. Roy. Soc. Lond. **109**, 397 (1925); **125**, 134 (1929).
[9] Brode, R. B.: Phys. Rev. **35**, 504 (1930).
[10] Bröse, H. L., u. E. H. Saayman: Ann. Physik **5**, 797 (1930).
[11] Brüche, E.: Ann. Physik **81**, 537 (1926); **82**, 25, 912 (1927); **83**, 1065 (1927).
[12] Brüche, E.: Z. Physik **47**, 114 (1928).
[13] Brüche: Ergebn. exakt. Naturw. **8**, 185 (1929).
[14] Bullard, E. C., and H. S. W. Massey: Proc. Roy. Soc. Lond. **130**, 579 (1931); **133**, 637 (1931).
[15] Childs, E. C., and H. S. W. Massey: Proc. Roy. Soc. Lond., Ser. A **141**, 473 (1933).
[16] Childs, E. C., and H. S. W. Massey: Proc. Roy. Soc. Lond., Ser. A **142**, 509 (1933).
[17] Childs, E. C., and A. H. Woodcock: Proc. Roy. Soc. Lond., Ser. A **146**, 199 (1934).
[18] Clausius, R.: Pogg. Ann. **105**, 239 (1858).
[19] Cox, J. W.: Phys. Rev. **34**, 1426 (1929).
[20] Broglie, L. de: Thèse Paris 1924. Ann. Physique **3**, 22 (1925).
[21] Dempster, A. J.: Phys. Rev. **18** (1921).
[22] Dempster, A. J.: Proc. Nat. Acad. Sci. U.S.A. **11**, 552 (1925); **12**, 96 (1926).
[23] Dempster, A. J.: Phil. Mag. **3**, 115 (1927).
[24] Didlaukies: Z. Physik **74**, 624 (1932).
[25] Druyvesteyn: Physica, Haag **10**, 61 (1930).
[26] Dymond, J. G.: Phys. Rev. **29**, 433 (1927).
[27] Dymond, J. G., and E. E. Watson: Proc. Roy. Soc. Lond., Ser. A **122**, 571 (1929).
[28] Durbin, F. M.: Phys. Rev. **30**, 844 (1927).
[29] Elsasser, W.: Naturwiss. **13**, 711 (1925).
[30] Ende, W.: Phys. Z. **30**, 477 (1929).
[31] Faxén, H., u. J. Holtsmark: Z. Physik **45**, 307 (1927).
[32] Franck, J., u. G. Hertz: Verh. dtsch. phys. Ges. **15**, 373 (1913).
[33] Franck, J., u. G. Hertz: Verh. dtsch. phys. Ges. **15**, 613 (1913).
[34] Franck, J., u. G. Hertz: Verh. dtsch. phys. Ges. **16**, 457 (1914).
[35] Gagge: Phys. Rev. **44**, 808 (1933).
[36] Goldmann, F.: Ann. Phys. **10**, 460 (1931).
[37] Harnwell, G. P.: Phys. Rev. **31**, 634 (1928).
[38] Harnwell, G. P.: Phys. Rev. **35**, 285 (1930).
[39] Hasted, J. B.: Proc. Roy. Soc. Lond., Ser. A **205**, 421 (1951).
[40] Hasted, J. B.: Proc. Roy. Soc. Lond. **212**, 235 (1952).
[41] Hasted, J. B.: Proc. Roy. Soc. Lond. **222**, 74 (1954).
[42] Hasted, J. B., and R. A. Smith: Proc. Roy. Soc. Lond. **235**, 349, 354 (1956).
[43] Henneberg, W.: Z. Physik **83**, 555 (1933).

[44] Holst, W., u. J. Holtsmark: Kgl. danske Norsk. Vid. Selsk. **4**, Nr. 25, 89 (1931).
[45] Holtsmark, J.: Z. Physik **48**, 231 (1928).
[46] Holtsmark, J.: Z. Physik **55**, 437 (1929).
[47] Holtzmann, O.: Ann. Physik **86**, 214 (1928).
[48] Holzer, R.: Phys. Rev. **36**, 1204 (1930).
[49] Hughes, A. L., and S. Bilinsky: Phys. Rev. **48**, 155 (1935).
[50] Hughes, A. L., and R. C. Hergenrother: Phys. Rev. **46**, 180 (1934).
[51] Hughes, A. L., and J. H. McMillen: Phys. Rev. **39**, 585 (1932).
[52] Hughes, A. L., and J. H. McMillen: Phys. Rev. **41**, 39 (1932); **43**, 875 (1933); **44**, 876 (1933).
[53] Hughes, A. L., J. H. McMillen and G. M. Webb: Phys. Rev. **41**, 154 (1932).
[53a] Hughes, A. L., and V. Rojansky: Phys. Rev. **34**, 284 (1929).
[54] Jordan, E. B.: Phys. Rev. **47**, 467 (1935).
[55] Kallmann, H., u. B. Rosen: Z. Physik **61**, 61 (1930); **64**, 806 (1930).
[56] Keene, J. P.: Phil. Mag. **40**, 369 (1949).
[57] Kennard, R. B.: Phys. Rev. **31**, 423 (1928).
[58] Koch, J.: Z. Physik **100**, 679 (1936).
[59] Kollath, R.: Ann. Physik **87**, 259 (1928).
[60] Kollath, R.: Phys. Z. **31**, 985 (1930).
[61] Kollath, R.: Ann. Physik **15**, 485 (1932).
[62] Kollath, R.: Z. Physik **94**, 397 (1935).
[63] Kollath, R.: Ann. Physik **26**, 705 (1936).
[64] Kollath, R., u. E. Steudel: Z. techn. Phys. **12**, 36 (1939).
[65] Kunsman, C. H.: Phys. Rev. **27**, 249 (1926).
[66] Langer, R. E.: Phys. Rev. **51**, 669 (1937).
[67] Langmuir, I., and K. H. Kingdon: Proc. Roy. Soc. Lond., Ser. A **107**, 61 (1925).
[68] Lenard, P.: Ann. Physik **12**, 714 (1903).
[69] Lenard, P.: Quantitatives über Kathodenstrahlen. Heidelberg 1915.
[70] Loeb, L. B.: Phys. Rev. **19**, 24 (1922); **20**, 397 (1922); **23**, 157 (1924).
[71] Loeb, L.B.: Formation of negative Ions. Handbuch der Physik (Flügge), Bd. XXI. 1955.
[72] Massey, H. S. W.: Rep. Progr. Phys. **12**, 248 (1949).
[73] Massey, H. S. W., and E. H. S. Burhop: Electronic and Ionic Impact Phenomena. Oxford: Clarendon Press 1952.
[74] Massey, H. S. W., u. C. B. O. Mohr: Proc. Roy. Soc. Lond., Ser. A **132**, 605 (1931).
[75] Massey, H. S. W., and R. Smith: Proc. Roy. Soc. Lond., Ser. A **142**, 142 (1933).
[76] McMillen, J. H.: Phys. Rev. **36**, 1034 (1930).
[77] McMillen, J. H.: Phys. Rev. **46**, 983 (1934).
[78] Mie, G.: Ann. Physik **25**, 377 (1908).
[79] Minkowski, R., u. H. Sponer: Z. Physik **15**, 399 (1923); **18**, 258 (1923).
[80] Mohr, C. B. O., and F. H. Nicoll: Proc. Roy. Soc. Lond., Ser. A **138**, 229, 469 (1932).
[81] Morse, P. M., and W. P. Allis: Phys. Rev. **44**, 269 (1933).
[82] Mott, N. F., and H. S. W. Massey: The Theory of Atomic Collisions. Oxford 1949.
[83] Normand, C. E.: Phys. Rev. **35**, 1217 (1930).
[84] Oppenheimer, I. R.: Phys. Rev. **32**, 361 (1928).
[85] Pearson, J. M., and W. N. Arnquist: Phys. Rev. **37**, 970 (1931).
[86] Ramsauer, C.: Phys. Z. **21**, 576 (1920).
[87] Ramsauer, C.: Phys. Z. **22**, 613 (1921).
[88] Ramsauer, C.: Ann. Physik **64**, 513 (1921); **66**, 546 (1921).
[89] Ramsauer, C.: Jb. Rad. u. Elektronik **19**, 345 (1923).
[90] Ramsauer, C., u. O. Beeck: Phys. Z. **28**, 858 (1927). — Ann. Physik **87**, 1 (1928).
[91] Ramsauer, C., u. R. Kollath: Ann. Physik **3**, 536 (1929); **4**, 91 (1930); **7**, 176 (1930).
[92] Ramsauer, C., R. Kollath u. Do. Lilienthal: Ann. Physik **8**, 702 (1931).
[93] Ramsauer, C., R. Kollath u. Do. Lilienthal: Ann. Physik **8**, 709 (1931).
[94] Ramsauer, C., u. R. Kollath: Ann. Physik **9**, 756 (1931).
[95] Ramsauer, C., u. R. Kollath: Phys. Z. **32**, 867 (1931).
[96] Ramsauer, C., u. R. Kollath: Ann. Physik **12**, 529 (1932).
[97] Ramsauer, C., u. R. Kollath: Ann. Physik **12**, 837 (1932).
[98] Ramsauer, C., u. R. Kollath: Handbuch der Physik (Geiger-Scheel), Bd. XXII/2, S. 243. 1933.
[99] Ramsauer, C., u. R. Kollath: Ann. Physik **16**, 560 (1933).
[100] Ramsauer, C., u. R. Kollath: Ann. Physik **16**, 570 (1933).
[101] Ramsauer, C., u. R. Kollath: Ann. Physik **17**, 755 (1933).
[102] Rose, D. C.: Canad. J. Res. **3**, 174 (1930).
[103] Rostagni, A.: Z. Physik **88**, 55 (1934).
[104] Rostagni, A.: Nuovo Cime. **12**, 134 (1935).

[*105*] Rostagni, A.: Nuovo Cim. **13**, Nr. 9 (1936).
[*106*] Rouse, A. G.: Phys. Rev. **52**, 1238 (1937).
[*107*] Rusch, M.: Phys. Z. **26**, 748 (1925).
[*108*] Schmieder, F.: Z. Elektrochem. **36**, 700 (1930).
[*109*] Sida, D.: Proc. Phys. Soc. Lond. **1954**.
[*110*] Simons, J. H., C. M. Fontana, H. T. Francis and L. G. Unger: J. Chem. Phys. **11**, 312 (1943).
[*111*] Simons, J. H., C. M. Fontana, E. E. Muschlitz and S. R. Jackson: J. Chem. Phys. **11**, 307 (1943).
[*112*] Simons, J. H., H. T. Francis, C. M. Fontana and S. R. Jackson: Rev. Sci. Instrum. **13**, 419, (1942).
[*113*] Simons J. H., H. T. Francis, E. E. Muschlitz and G. C. Fryburg: J. Chem. Phys. **11**, 316 (1943).
[*114*] Simons, J. H., E. E. Muschlitz and L. G. Unger: J. Chem. Phys. **11**, 322 (1943).
[*115*] Skinker, M. F.: Phil. Mag. **44**, 994 (1922).
[*116*] Skinker, M. F., and J. V. White: Phil. Mag. **46**, 630 (1923).
[*117*] Stedeford, I. B. H., u. J. B. Hasted: Proc. Roy. Soc. Lond., Ser. A **227**, 466 (1955).
[*118*] Sugiura, Y.: Sci. Pap. Inst. Phys. Chem. Res. Japan **16**, 29 (1931).
[*119*] Tate, J. T., and R. R. Palmer: Phys. Rev. **40**, 731 (1932).
[*120*] Thompson, J. S.: Phys. Rev. **35**, 1196 (1930).
[*121*] Townsend, J. S.: Phil. Mag. **42**, 873 (1921).
[*122*] Townsend, J. S.: Motion of Electrons in Gases. Oxford 1925.
[*123*] Townsend, J. S., and V. A. Bailey: Phil. Mag. **43**, 593 (1922).
[*124*] Townsend, J. S., and V. A. Bailey: Phil. Mag. **44**, 1033 (1923).
[*125*] Voss, W.: Z. Physik **83**, 587 (1933).
[*126*] Wahlin, H. B.: Phys. Rev. **37**, 260 (1931).
[*127*] Walcher, W.: Z. Physik **121**, 604 (1943).
[*128*] Werner, S.: Proc. Roy. Soc. Lond. **134**, 202 (1931).
[*129*] Wolf, F.: Z. Physik **72**, 42 (1931); **74**, 574 (1932).
[*130*] Wolf, F.: Ann. Physik **23**, 285 (1935).
[*131*] Wolf, F.: Ann. Physik **23**, 627 (1935).
[*132*] Wolf, F.: Ann. Physik **25**, 527 (1936).
[*133*] Wolf, F.: Ann. Physik **27**, 543 (1936).
[*134*] Wolf, F.: Ann. Physik **28**, 361 (1937).
[*135*] Wolf, F.: Ann. Physik **29**, 33 (1937).
[*136*] Wolf, F.: Ann. Physik **30**, 313 (1937).
[*137*] Wolf, F.: Ann. Physik **34**, 341 (1939).
[*138*] Zachmann, E.: Ann. Physik **84**, 20 (1927).
[*139*] Ziegler, B.: Z. Physik **136**, 108 (1953).

The Passage of Fast Electrons Through Matter.

By

R. D. BIRKHOFF.

With 65 Figures.

A. Introduction.

1. When an electron passes through a medium it is observed to lose energy and to change its direction of motion due to interaction with the atomic electrons and nuclei of the medium. In the case that the electron energy is considerably greater than the binding energies of the electrons encountered, the details of atomic structure may be neglected and theories predicting the magnitude of scattering and energy loss may be derived on the basis of averages over various atomic characteristics. Such a division of the field of the interaction of electrons and matter is logical and useful in that it describes adequately the processes occurring in the slowing down of beta rays and high energy electrons from accelerators, with consequent application to problems in atomic physics and biophysics.

In a collision with an atomic electron, the incident electron both loses energy and changes direction, and such processes provide the subject matter for Chap. B through E. In particular, if the energy imparted to the struck electron is considerably larger than the binding energy of the latter, the interaction is said to take place with a *free* electron. The theoretical and experimental considerations pertaining to this type of collision for both electrons and positrons are given in Chap. B.

The form of the cross section found in B indicates that most such collisions will involve only a small amount of energy transfer, thereby permitting a statistical calculation of an average spatial rate of energy loss from the primary electron which will apply to the behavior of most such electrons. In Chap. C, the theory of the average rate of energy loss or stopping power is reviewed. In the calculation it is necessary to take into account the effect of electron binding forces in the medium as they effect collisions in which only a small transfer of energy is involved. A mean excitation potential is defined which adequately represents the effect of atomic binding of struck electrons in the stopping power calculation. A brief discussion of the Cerenkov effect as well as a discussion of the decrease in rate of energy loss due to polarization of the medium by the field of the incident electron are also included in Chap. C.

Recent experimental and theoretical developments have pointed to the likelihood that energy losses from the primary electron may occur in metals to conduction electrons which interact with each other. The electron plasma thus existing in the medium is found to have a characteristic frequency of oscillation and hence to absorb energy from the primary electrons in discrete amounts. The stopping power due to interaction of this type is calculated and the phenomenon is discussed with reference to the screening effects in the plasma and the angular distribution of electrons scattered by the plasma. A survey of existing experimental evidence for the plasma effect is given also in Chap. D.

Although the average rate of energy loss discussed in Chap. C gives useful information about the slowing down process, a more complete description involves a specification of the variation from the average of the amount of loss to be anticipated. The theory and experiments concerning the so-called straggling distribution are contained in Chap. E along with a discussion of the effect nuclear scattering has on the shape of the distribution.

Whereas, the electron-electron collisions discussed above cause both an angular deflection and an energy loss, the *electron-nuclear collisions* are responsible only for a change in direction of the incident electron. In Chap. F the deflection caused by a single scattering event is taken up, and the theory is extended to include the effects of repeated or multiple scatterings. Consideration is given to the transition region between single and multiple scattering, and the experimental angular distributions are compared with the appropriate theories.

The last Chap. G, describes the behavior of electrons which are absorbed in layers of matter of thickness comparable to the total range. Here all the preceding processes are involved repeatedly, and the problem is best considered from the standpoint of a diffusion phenomenon. For an infinitely thick absorber it is found possible to calculate the energy distribution of electron flux, where the spatial dependence may be neglected. Also, the energy dissipation at various distances from several source geometries is described and comparison with presently available experimental data is made. When an absorbing material of finite extent is employed, the problem becomes so difficult theoretically that recourse only to experimental data can be made at present. The spectral distribution of electrons scattered back from a slab is mentioned, and the attenuation of an electron beam when various absorbing thickness are interposed is described. In particular a method for determining the maximum electron energy from such an attenuation curve is given.

The general form of presentation in each section consists in first attacking the problem from the simplest classical considerations and only later proceeding to the exact quantum mechanical result which in general is merely stated without proof. The advantage of this procedure lies in that it provides a brief derivation which establishes the general form of the solution and provides the reader with an insight into the physical significance of the result. The inclusion of a complete quantum mechanical treatment is considered to be impractical in a review of this type.

Every attempt has been made to render the article complete in itself in the sense that calculations can be made without reference to the literature. The emphasis has been on the subject matter which is currently of the most interest as evidenced by the number of pertinent papers appearing recently. Thus more emphasis is given to plasma effects, straggling, and electron diffusion at the expense perhaps of other topics which, although covered briefly, are adequately discussed in other recent review papers. Material appearing in the literature through 1955 has been included although a few references are made to papers published in early 1956.

An effort has been made throughout the paper to keep the notation of the original references rather than to employ a new notation which would be consistent throughout the entire manuscript. Whereas this procedure increases slightly the difficulty of reading the entire review as a unit, it does facilitate a comparison with the various theoretical papers upon which the review is based.

In addition to the references cited in the text, the reader is referred to several recent review articles covering portions of the same material, often in a more detailed manner. These are listed below.

N. F. MOTT and H. S. W. MASSEY: The Theory of Atomic Collisions. Oxford University Press 1950.

H. S. W. MASSEY and E. H. S. BURHOP: Electronic and Ionic Impact Phenomena. Oxford University Press 1952.

Experimental Nuclear Physics, Vol. I, edited by E. SEGRE. New York: John Wiley & Sons, Inc. 1953.

Kosmische Strahlung, edited by W. HEISENBERG. 2nd ed. Berlin: Springer 1953.

W. HEITLER: The Quantum Theory of Radiation. Oxford University Press 1954.

Beta and Gamma Ray Spectroscopy, edited by K. SIEGBAHN. Amsterdam: North-Holland Publishing Co 1955.

R. D. EVANS: The Atomic Nucleus. New York: McGraw Hill Book Co. 1955.

Annual Review of Nuclear Science. Stanford, California: Annual Reviews, Inc.

Three recent review articles on the plasma interaction are:

D. PINES: Advances in Solid State Physics, Vol. I., p. 368, Academic Press 1955.

D. PINES: Rev. Mod. Phys. **28**, 184 (1956).

L. MARTON: Rev. Mod. Phys. **28**, 172 (1956).

B. Collisions with free electrons.

2. Simple classical theory. The essential features of the interaction between a high energy incident electron and an electron which may be considered free of binding forces in a medium are contained in the classical treatment given by THOMSON[1] and BOHR[2]. Such an approach is valid provided only a relatively small fraction of the incident energy is transferred in a single collision. In this case the incident electron may be assumed to undergo no important change in direction and the calculation is simplified considerably.

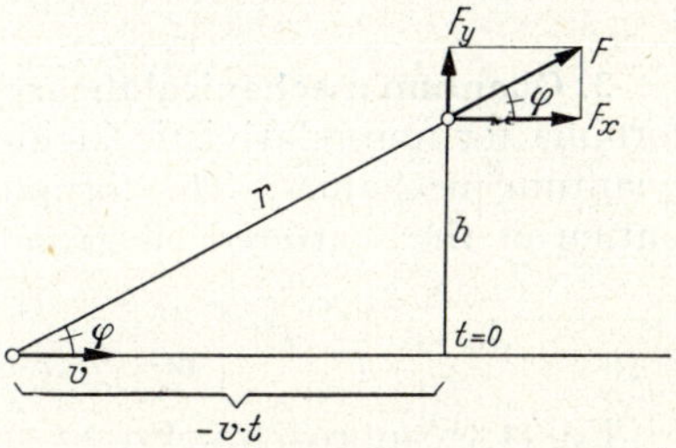

Fig. 1. Collision between an electron moving with velocity v and a free electron at rest.

Fig. 1 shows an electron moving at a velocity v along the positive x direction. The free electron is assumed to be at rest at a distance r from the incident electron and at a distance b from the path of the incident electron, b being called the "impact parameter". It is assumed that the free particle does not move appreciably during the collision, i.e., that the distance of this electron from the track changes only slightly. The Coulomb repulsion between the two charges will then be

$$F = \frac{e^2}{r^2} \tag{2.1}$$

with components

$$\left.\begin{aligned} F_x &= \frac{e^2}{r^2}\cos\varphi\,,\\ F_y &= \frac{e^2}{r^2}\sin\varphi\,. \end{aligned}\right\} \tag{2.2}$$

The components of momentum transferred to the free electron are then

$$\left.\begin{aligned} P_x &= \int\limits_{-\infty}^{\infty} F_x\,dt = \int\limits_{0}^{\pi} \frac{e^2}{r^2}\cos\varphi\,\frac{dt}{d\varphi}\,d\varphi = \frac{e^2}{b\,v}\int\limits_{0}^{\pi}\cos\varphi\,d\varphi = 0\,,\\ P_y &= \int\limits_{-\infty}^{\infty} F_y\,dt = \int\limits_{-\infty}^{\infty} \frac{e^2}{r^2}\sin\varphi\,\frac{dt}{d\varphi}\,d\varphi = \frac{e^2}{b\,v}\int\limits_{0}^{\pi}\sin\varphi\,d\varphi = \frac{2e^2}{b\,v} \end{aligned}\right\} \tag{2.3}$$

---

[1] J. J. THOMSON: Phil. Mag. **6**, 23, 449 (1912).

[2] N. BOHR: Kgl. danske Vid. Selsk., mat.-fys. Medd. **18**, No. 8 (1948).

where use has been made of the relations

$$\left.\begin{aligned} r\sin\varphi &= b\,,\\ \cot\varphi &= \frac{-v\,t}{b}\,,\\ \frac{dt}{d\varphi} &= \frac{b}{v\sin^2\varphi}\,. \end{aligned}\right\} \tag{2.4}$$

One may then calculate the energy transferred in terms of the impact parameter:

$$W = \frac{P_y^2}{2m_0} = \frac{2e^4}{b^2 m_0 v^2} = \frac{e^4}{E\,b^2} \tag{2.5}$$

where the non-relativistic kinetic energy $E = \frac{1}{2} m_0 v^2$. The cross section per electron may be defined in terms of b as

$$d\sigma = 2\pi\, b\, d b \tag{2.6}$$

and substituting from Eq. (2.5), one finds

$$d\sigma = \frac{\pi e^4}{E}\,\frac{dW}{W^2}\,. \tag{2.7}$$

3. Quantum mechanical theory for electron-electron collisions. A more accurate formula for non-relativistic incident electrons has been obtained by MOTT using quantum mechanics. The formula may be transformed from an angular distribution of the scattered electrons to an energy distribution and becomes[1]

$$d\sigma = \frac{\pi e^4}{E}\,dW\left[\frac{1}{W^2} + \frac{1}{(E-W)^2} - \frac{1}{W(E-W)}\cos\left(\frac{e^2}{\hbar v}\ln\frac{E-W}{W}\right)\right]. \tag{3.1}$$

Eq. (3.1) approaches Eq. (2.7) both for small energy transfers and collisions in which half the energy is lost by the incident electron. The small difference between the values of the two expressions leads to the use of Eq. (2.7) in calculations concerning straggling.

A relativistic theory has been developed by MÖLLER[2] which includes the spin interaction. In this case another expression for the cross section is obtained which constitutes the best estimate with which to compare experimental data

$$d\sigma = \frac{2\pi e^4}{m_0 v^2}\,dW\left[\frac{1}{W^2} + \frac{1}{(E-W)^2} - \frac{1}{W(E-W)}\cdot\frac{m_0 c^2\,(2E+m_0 c^2)}{(E+m_0 c^2)^2} + \frac{1}{(E+m_0 c^2)^2}\right]. \tag{3.2}$$

4. Measurements of electron-electron collisions. First attempts to measure the electron-electron cross section were made in 1922 by BOTHE[3] using a cloud chamber without magnetic field for energy analysis. Order of magnitude agreement was found with the classical cross section. Later experiments by WILLIAMS and TERROUX[4] utilized a cloud chamber with a magnetic field for energy determination of the primary electron energy from the continuous distribution of energies entering the chamber. Energy analysis of secondary electrons was performed by measurement of ranges, a procedure liable to large error at low energies. Definite departure from classical theoretical cross sections was found. With the introduction of the Möller formula, CHAMPION[5] made extensive cloud chamber

---

[1] H. A. BETHE and J. ASHKIN: Experimental Nuclear Physics, p. 276. New York: John Wiley & Sons 1953.

[2] C. MÖLLER: Ann. d. Physik **14**, 531 (1932).

[3] W. BOTHE: Z. Physik **12**, 117 (1922).

[4] E. J. WILLIAMS and F. R. TERROUX: Proc. Roy. Soc. Lond., Ser. A **126**, 289 (1929/30).

[5] F. C. CHAMPION: Proc. Roy. Soc. Lond., Ser. A **137**, 688 (1932).

measurements in nitrogen for primary energies in the range from 0.4 to 0.8 Mev determined by curvature measurements. The quantity measured was the angle between the electrons after collision, and satisfactory agreement with the new theory was found. Extension of the range of incident electron energy to 2.6 Mev was made by HORNBECK and HOWELL[1], and SHEARIN and PARDUE[2] and again experimental data were found to verify the Möller formula.

More recent studies of electron-electron scattering have been made by GROETZINGER, LEDER, RIBE, and BERGER[3] over an energy range from 0.05 to 1.7 Mev using a cloud chamber and magnet, but the results were not precise enough to establish the validity of the various terms for quantum mechanical exchange and retardation and spin in the interaction effects in the Möller formula. At higher energies in an experiment by SCOTT, HANSON, and LYMAN[4], a beam of electrons at 15.7 Mev was directed at a thin nylon scatterer, the secondary electrons being analyzed magnetically and counted with a Geiger counter. Here the experimental cross section was found to be 7% lower than the theoretical value. Essential agreement with theory has been found at 200 Mev by BARKAR, DEUTSCH, GILBERT, and VIOLET[5], the measurements being made in nuclear emulsions bombarded by high energy electrons ejected from a tantalum target by the X-ray beam from a synchrotron although, again, data were not sufficiently precise to verify the existence experimentally of the terms in the Möller equation.

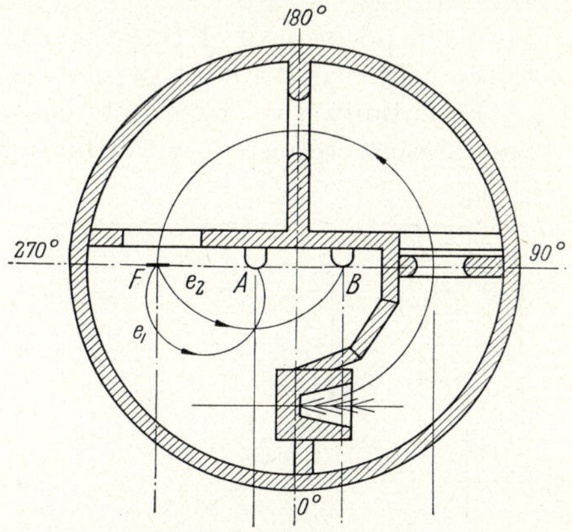

Fig. 2. Apparatus used by ASHKIN, PAGE, and WOODWARD to measure the absolute cross section for electron-electron scattering.

Coincidence methods were applied for the first time in the study at 6.1 Mev by BARBER, BECKER, and CHU[6]. Counters placed at the appropriate angles for the deflected and ejected electrons from a beryllium foil counted coincidences for collisions with center of mass scattering angles of either 90° or 109°. An additional coincidence counter out of the plane of the scattering event aided in evaluating accidental coincidences. For the angle of 90° the experimental cross section was $8 \pm 2\%$ below the theoretical value and at 109° the experimental value lay $4.4\% \pm 6\%$ lower than the theoretical. An experimental cross section slightly below ($4\% \pm 6\%$) the theoretical value was found also at 247 Mev by FISHER[7] in a cloud chamber investigation using a gold scatterer and analyzing the energy of the lowest energy electron emerging after collision.

A recent absolute measurement of the scattering cross section at moderate energies has been made by ASHKIN, PAGE, and WOODWARD[8] using the experimental arrangement show in Fig. 2. Electrons from a radioactive source at 0°

[1] G. HORNBECK and J. HOWELL: Proc. Amer. Phil. Soc. **84**, 33 (1941).

[2] P. E. SHEARIN and T. E. PARDUE: Proc. Amer. Phil. Soc. **85**, 243 (1942).

[3] G. GROETZINGER, L. B. LEDER, F. L. RIBE and M. J. BERGER: Phys. Rev. **79**, 454 (1950).

[4] M. B. SCOTT, A. O. HANSON and E. M. LYMAN: Phys. Rev. **84**, 638 (1951).

[5] W. H. BARKAR, R. W. DEUTSCH, F. C. GILBERT and C. E. VIOLET: Phys. Rev. **86**, 59 (1952).

[6] W. C. BARBER, G. E. BECKER and E. L. CHU: Phys. Rev. **89**, 950 (1953).

[7] P. C. FISHER: Phys. Rev. **92**, 420 (1953).

[8] A. ASHKIN, L. A. PAGE and W. M. WOODWARD: Phys. Rev. **94**, 357 (1954).

are bent by a magnetic field perpendicular to the paper. Slits at 90 and 180° select a narrow band of energies, these electrons then being permitted to strike a foil at the 270° position. The two scattered electrons which result from the electron-electron collision leave the foil and are bent again, striking ultimately Geiger counters A and B, respectively, which in turn then give rise to a coincidence pulse in an external circuit. It may be readily proved in the basis of energy and momentum conservation that the fraction f of the incident energy transferred to the electron striking A is given by the ratio of the displacement y of counter A from the foil to the diameter d of the incident trace:

$$f = y/d. \tag{4.1}$$

For each position of A there is, of course, a corresponding position of counter B for coincidences to be observed.

Essentially two types of measurements were reported with this apparatus.

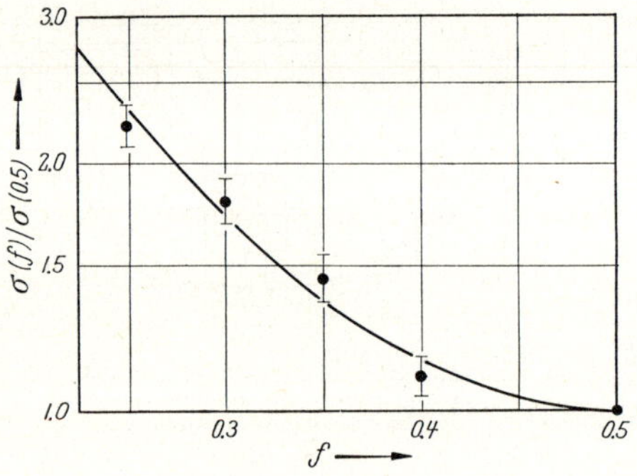

Fig. 3. Ratio of the cross section for a fractional energy transfer f to the cross section for a transfer with $f = \frac{1}{2}$ for an initial energy of 1.76 Mev. Points represent the data of Ashkin, Page, and Woodward and the solid line is the theory of Möller.

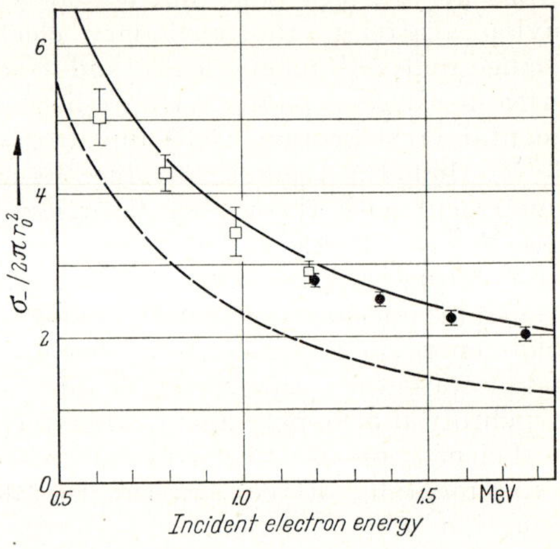

Fig. 4. Cross section for electron-electron scattering as a function of the energy of the incident electron for a fractional energy transfer $f = \frac{1}{2}$. Solid curve is the theory of Möller and dashed curve is the same minus the spin terms. Experimental points: □ with 0.5 mg/cm² collodion foil, ● with 4.5 mg/cm² Be foil.

In the first experiment the distance y was varied, the position of counter B being changed accordingly to pick up the other member of the scattered pair. The ratio of the cross section for various values of f to the cross section at $f = \frac{1}{2}$ for an incident energy of 1.76 Mev is shown in Fig. 3. Plotted also is the corresponding theoretical value for this ratio as found from Eq. (3.2). Excellent agreement is seen between theory and experiment, and similar agreement was found at an incident energy of 1.15 Mev.

In another experiment the fraction f was fixed at the value $\frac{1}{2}$, such a value representing the most desirable case for determining absolute cross section values for comparison with the Möller formula because of the importance of the nonclassical terms at this energy exchange. Fig. 4 shows the agreement found with the Möller formula over an energy range from 0.6 to 1.8 Mev using thin foils of collodion and Be. The cross section is here expressed in units of 2π times the square of the classical electron radius. It is seen that excellent agreement with theory is obtained; furthermore, it is apparent that neglection of the spin terms in the Möller formula yields a cross section curve which is everywhere significantly below the experimental points.

It appears then that the Möller cross section equation has been tested over an energy range from 50 kev to 247 Mev using a variety of experimental techniques and has been found to agree with experimental data within a few percent in all cases.

5. Quantum mechanical theory for positron-electron collisions. The interaction of a high energy positron with a free electron at rest has been treated theoretically by BHABHA[1]. In his calculation he uses the Dirac theory of the positron and assumes in addition that the incident positron may be annihilated in the collision, the particles appearing after the collision being the result of the creation of a new pair. If γ denotes the total initial energy of the positron (kinetic plus rest mass) in units of $m_0 c^2$, the differential cross section for electrons may be written,

$$d\sigma = \frac{2\pi e^4}{m_0^2 c^4} \frac{\gamma}{(\gamma-1)^2 f^2} F(\gamma, f)\, df \tag{5.1}$$

where

$$\left.\begin{aligned} F(\gamma, f) = \frac{1}{\gamma(\gamma+1)} \Bigg[& \left\{1 + 2(\gamma-1)(1-f) + (\gamma-1)^2(1-f) + \frac{f^2}{2}\right\} + \\ & + \frac{(\gamma-1)^2 f^2}{(\gamma+1)^2}\left\{3 + 2(\gamma-1) + (\gamma-1)^2\left(\frac{1}{2} - f + f^2\right)\right\} - \\ & - \frac{\gamma-1}{\gamma+1} f \left\{3 + 4(\gamma-1)(1-f) + (\gamma-1)^2(1-f)^2\right\}\Bigg]. \end{aligned}\right\} \tag{5.2}$$

Here f is as before the fraction of the initial positron energy transferred to the struck electron. The factor F is seen to be the sum of three terms, the first (F_0) being the normal scattering term in the absence of exchange effects, the second due to the processes of annihilation and pair recreation, and the third due to the interference between the first two.

As an illustration of the relative importance of the normal scattering as compared with the exchange scattering, BHABHA has plotted the functions $F_0(\gamma, f)$ and $F(\gamma, f)$ against fraction energy transfer f for various values of incident energy, Fig. 5. It can be seen that at high energies the most important differences appear for the relatively rare collisions in which most of the initial positron energy is given to the electron.

6. Measurements of positron-electron collisions. The first experiments directed at measuring the positron-electron cross section were performed by HO ZAH-WEI[2], using a cloud chamber with a magnetic field for energy analysis. Selecting positrons from Mn^{52} and F^{18} with energies between 25 and 950 kev, HO ZAH-WEI established order of magnitude agreement with the Bhabha cross section although she found experimental values to be slightly higher than theoretical for interactions with $f > 0.6$ and slightly lower for $f < 0.6$.

In another cloud chamber experiment using positrons from Cu^{64}, an attempt was made to establish the validity of the annihilation terms in the Bhabha formula by RITTER, *et al.*[3]. No definite conclusion was reached in experiments which covered the energy range from 100 to 400 kev although data seemed to agree slightly better with the theory if the terms were included. A similar experiment carried out by HOKE[4] using a cloud chamber filled with helium, a magnet, and positrons of energy between 20 and 600 kev was again unable to decide on the correctness of the theory with or without the exchange terms.

---

[1] H. J. BHABHA: Proc. Roy. Soc. Lond., Ser. A **154**, 195 (1936).

[2] HO ZAH-WEI: C. R. Acad. Sci., Paris **222**, 1168 (1946); **226**, 1083 (1948).

[3] V. O. RITTER, C. LEISEBERG, H. MAIER-LEIBNITZ, A. POPKOW, K. SCHMEISER and W. BOTHE: Z. Naturforsch. **6a**, 243 (1951).

[4] G. R. HOKE: Phys. Rev. **87**, 285 (1952).

A thick lens beta ray spectrometer was used by HOWE and MACKENZIE[1] to select positrons of energy 1.3 Mev from a source of Ga^{66} which were allowed to impinge on a thin nylon foil. Scintillation counters in coincidence were placed at appropriate angles for the detection of positrons and scattered electrons. Events were chosen for which half of the initial energy was taken by the electron and data were compared with electron-electron scattering taken with the same apparatus with a source of Sr^{90}. A measured ratio of electron to positron scattering cross section of 1.82 ± 0.11 was obtained compared to a theoretical ratio, using the Möller and Bhabha equations, of 1.83. A theoretical ratio excluding the exchange effects came to 1.36, well outside experimental value, thus establishing the validity of the Bhabha formula.

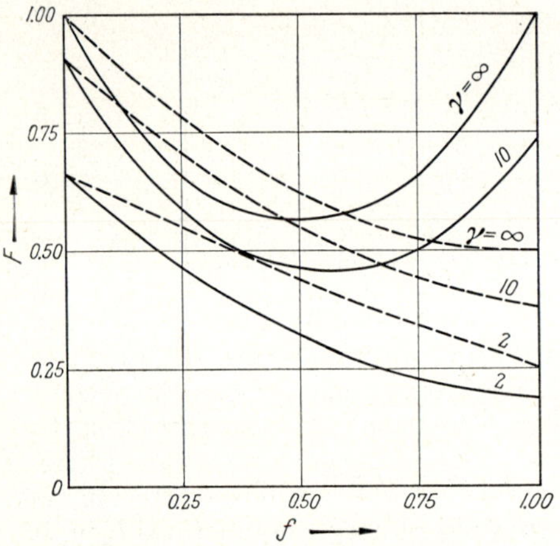

Fig. 5. The function $F(\gamma, f)$ of the Bhabha theory of positron-electron scattering (solid lines) as a function of fractional energy transfer. The first term of $F(\gamma, f)$, representing the scattering in the absence of exchange effects, is plotted as a dotted line for each initial energy γ.

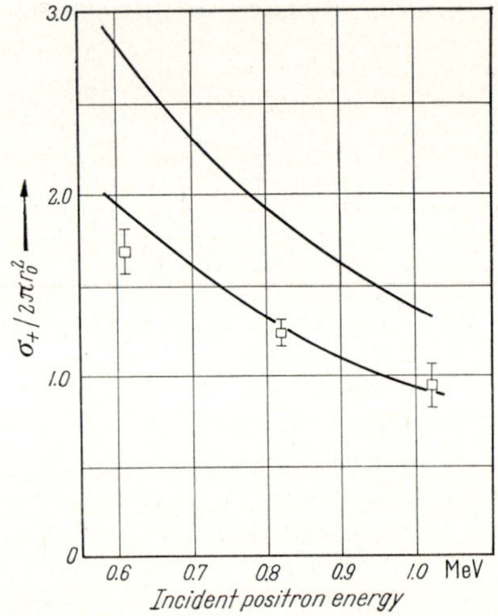

Fig. 6. Cross section for positron-electron scattering as a function of the energy of the incident positron for a fractional energy transfer $f = \frac{1}{2}$. Lower curve is the Bhabha theory and upper curve is the same without the annihilation terms.

At very high positron energies of 247 Mev additional cloud chamber experiments have been made by P. C. FISHER[2]. Magnetic analysis of energies was made and corrections to the energies after collision were required because of bremsstrahlung and ionization losses incurred by scattered particles. For scattered electrons with energies between 20 and 130 Mev the ratio of experimental to theoretical cross sections was found to be 1.06 ± 0.08 while the ratio of electron-electron to positron-electron cross sections was found to be 1.31 ± 0.13 compared to a theoretical ratio of 1.46.

In an experimental arrangement similar to one used to measure electron-electron scattering, ASHKIN, PAGE, and WOODWARD[3] have employed magnetic analysis to both incident and scattered particles using coincidences to discriminate against multiple scattering. Positrons from Cu^{56} in the energy range 0.6 to 1.0 Mev were used for fractional energy transfers of 0.5. Fig. 6 shows the cross section in terms of 2π times the classical electron radius squared as a function of incident energy. Comparison with the theory and the theory less the annihilation terms is shown with clear preference for the former evident. In addition the ratio of

[1] H. H. HOWE and H. MACKENZIE: Phys. Rev. **90**, 678 (1953).
[2] P. C. FISHER: Phys. Rev. **92**, 420 (1953).
[3] A. ASHKIN, L. A. PAGE and W. M. WOODWARD: Phys. Rev. **94**, 357 (1954).

the Möller to the Bhabha formula was verified within about 8% experimental error.

It would seem then that over the energy range from 25 kev to 247 Mev the Bhabha cross section has been checked within an accuracy of a few percent, enough to establish the correctness of the annihilation terms.

C. Stopping power of matter for electrons.

7. Semi-classical theory. It has been shown in Sect. 2 that the energy transfer to an electron in a stopping medium is given classically in first approximation by

$$W = \frac{e^4}{E\,b^2}. \tag{7.1}$$

One may calculate the energy lost to all electrons of a medium lying between impact distances from b to $b + db$ when the electron traverses a distance dx, by multiplying Eq. (7.1) by the number of electrons in the volume $2\pi\, b\, db\, dx$. This energy is

$$\frac{e^4}{E\,b^2}\, 2\pi\, b\, db\, dx\, \frac{N_A\, \varrho\, Z}{A}$$

where N_A is AVOGADRO's number and ϱ, Z, and A are the density, atomic number, and atomic weight of the material. For a range of impact parameters between $b_{\min}$ and $b_{\max}$, the energy lost per unit length, or the stopping power is

$$-\frac{dE}{dx} = \frac{4\pi\, N_A\, e^4\, \varrho\, Z}{m_0\, v^2\, A} \int\limits_{b_{\min}}^{b_{\max}} \frac{db}{b}. \tag{7.2}$$

Clearly a determination of maximum and minimum impact parameters will result in an expression for stopping power.

It is apparent in the distant collisions corresponding to $b_{\max}$ and the smallest energy transfer, the time of collision is of the order of $b_{\max}/v$. In a classical orbital picture of atomic structure in which an electron is bound with an energy of order $\hbar\omega$, the period of its motion is of the order of $1/\omega$. An energy transfer in which the collision time is larger than the atomic period is clearly unlikely. Thus the maximum value of the impact parameter is given by

$$\frac{b_{\max}}{v} = \frac{1}{\omega}; \qquad b_{\max} = \frac{v}{\omega}. \tag{7.3}$$

More accurately, the electromagnetic pulse received by the bound electron may be Fourier analyzed into frequency components, the inverse of the lowest frequency component being of the order of the collision time above. Resonance transfer of energy between incident and bound electrons will occur when the Fourier frequency is equal to the frequency of the atomic electron.

Two possible approaches may be employed for the determination of $b_{\min}$. In the classical theory of BOHR[1], the maximum energy which could be transferred in a single collision was assumed to be equal to the energy of the incident electron

$$\frac{m_0}{2} v^2 = \frac{2e^4}{m_0\, v^2\, b_{\min}^2}; \qquad b_{\min} = \frac{2e^2}{m_0\, v^2}. \tag{7.4}$$

Using this value and Eq. (7.2), the integral may be evaluated

$$-\frac{dE}{dx} = \frac{4\pi\, N_A\, e^4\, \varrho}{m_0\, v^2}\, \frac{Z}{A} \log \frac{m_0\, v^3}{2e^2\, \omega}. \tag{7.5}$$

[1] See for instance, N. BOHR: Kgl. danske Vid. Sels., mat.-fys. Medd. **18**, 8 (1948) with references.

In the quantum mechanical treatment of BETHE[1], the single frequency ω is replaced by an assembly of oscillators with frequencies ω_i and oscillator strengths f_i such that $\sum_i f_i = Z$. Eq. (7.2) then becomes

$$-\frac{dE}{dx} = \frac{4\pi N_A e^4 \varrho}{m_0 v^2 A} \sum_i \int_{b_{\min}}^{b^i_{\max}} f_i \frac{db}{b} \tag{7.6}$$

where

$$b^i_{\max} = \frac{v}{\omega_i}.$$

Collisions in which the impact parameter is smaller than the de Broglie wavelength will be meaningless in a quantum mechanical sense. Therefore,

$$b_{\min} = \frac{\hbar}{m_0 v}. \tag{7.7}$$

It is seen that this is a larger distance than the classical $b_{\min}$ for most electron energies and hence must be used in preference to Eq. (7.4). Substituting in Eq. (7.6) one obtains

$$-\frac{dE}{dx} = \frac{4\pi N_A e^4 \varrho}{m_0 v^2 A} \sum_i f_i \ln \frac{m_0 v^2}{\hbar \omega_i}. \tag{7.8}$$

The lack of either experimental or theoretical information about either values f_i or ω_i for most substances makes necessary the definition of the average ionization potential I of an atom such that

$$\prod_i (\hbar \omega_i)^{f_i} = I^Z. \tag{7.9}$$

Thus Eq. (7.8) becomes

$$-\frac{dE}{dx} = \frac{4\pi N_A e^4 Z \varrho}{m_0 v^2 A} \log \frac{m_0 v^2}{I}. \tag{7.10}$$

8. Relativistic theory. Eq. (7.10) is substantially correct for non-relativistic incident energies. A correct quantum mechanical treatment given by BETHE[2] uses the Mott electron-electron scattering formula, and assumes that the more energetic electron after scattering will be called the primary electron. Thus the maximum energy transfer will be $\frac{1}{4} m_0 v^2$, instead of $\frac{1}{2} m_0 v^2$. In this case the non-relativistic stopping power is

$$-\frac{dE}{dx} = \frac{4\pi N_A e^4 Z \varrho}{m_0 v^2 A} \log \left(\frac{m_0 v^2}{2I} \sqrt{\frac{\mathrm{e}}{2}} \right) \tag{8.1}$$

where e is the base of the natural logarithms.

A first approximation to a relativistic stopping formula has been discussed by BLOCH[3] who notes that although the time during which the field of the incident particle acts is shortened by the Lorentz factor $\sqrt{1 - \frac{v^2}{c^2}}$, the field strength is increased by the reciprocal of the same factor leaving momentum (and energy) transferred for a given impact parameter the same as in the non-relativistic case. The maximum and minimum values of the impact parameter must be changed, however, the maximum increasing by the reciprocal of the Lorentz factor due to the possibility of going to larger distances from the atomic electron

[1] H. A. BETHE: Ann. Physik **5**, 325 (1930).

[2] H. A. BETHE: Handbuch der Physik, Bd. 24, S. 273. Berlin: Springer 1933. — Cf. H. A. BETHE and E. E. SALPETER: This Encyclopedia, Vol. XXXV.

[3] F. BLOCH: Lecture Series in Nuclear Physics, MDDC 1175. U.S. Government Printing Office, December 1947.

before collision time exceeds period of that electron, the lower limit decreasing by the LORENTZ factor itself because of the relativistic form of the momentum. Thus the argument of the logarithm of Eq. (8.1) will be increased by the reciprocal of the Lorentz factor squared, and the stopping power becomes

$$-\frac{dE}{dx} = \frac{4\pi N_A e^4 Z \varrho}{m_0 v^2 A} \log\left[\frac{m_0 v^2}{2I(1-\beta^2)} \sqrt{\frac{e}{2}}\right]. \tag{8.2}$$

BETHE[1] has made an exact solution for the relativistic stopping power using the Möller formula for the electron-electron scattering cross section and finds

$$\left.\begin{aligned} -\frac{dE}{dx} &= \frac{2\pi N_A e^4 \varrho Z}{m_0 v^2 A} \times \\ &\times \left[\log \frac{m_0 v^2 E}{2I^2(1-\beta^2)} - \left(2\sqrt{1-\beta^2} - 1 + \beta^2\right) \log 2 + 1 - \beta^2 + \frac{1}{8}\left(1 - \sqrt{1-\beta^2}\right)^2\right] \end{aligned}\right\} \tag{8.3}$$

where E is the kinetic energy (total energy—rest mass energy). The above expression may be expected to be correct for the average rate of energy loss along the electron track providing,

1. the electron energy is large compared to the binding energies of the atomic electrons,
2. the energy is low enough so that no correction due to density effect is required, and
3. the energy lost by radiation is small. An estimate of the relative importance of the radiation and collision losses has been given by BETHE and HEITLER[2]. The ratio of the radiative loss to the collision loss is

$$\frac{(dE)/(dx)_{\rm rad}}{(dE)/(dx)_{\rm coll}} = \frac{EZ}{800} \tag{8.4}$$

where E is the incident electron energy in Mev. At high energies and atomic numbers when this ratio is no longer small, the radiative losses must be considered. An excellent review of bremsstrahlung losses has been given by BETHE and ASHKIN[3].

The stopping power for positrons differs slightly in magnitude from the above expression for electrons because of the possibility of distinguishing between the particles after collisions and because of differences between the electron-electron and positron-electron collision cross sections. ROHRLICH and CARLSON[4] have calculated the rate of energy loss assuming that the entire energy may be transferred in a single collision instead of one half the energy as assumed with electrons, and using the Bhabha cross section. If γ represents the total energy in $m_0 c^2$ units, then the stopping power for electrons may be written,

$$-\frac{dE^{(-)}}{dx} = \frac{2\pi N_A e^4 \varrho Z}{m_0 v^2 A}\left[\log\left(\frac{E^2}{I^2}\frac{\gamma+1}{2}\right) + f^-(\gamma)\right] \tag{8.5}$$

where

$$f^-(\gamma) = 1 - \beta^2 - \frac{2\gamma - 1}{\gamma^2}\log 2 + \frac{1}{8}\left(\frac{\gamma-1}{\gamma}\right)^2 \tag{8.6}$$

and the stopping power for positrons as

$$-\frac{dE^{(+)}}{dx} = \frac{2\pi N_A e^4 \varrho Z}{m_0 v^2 A}\left[\log\left(\frac{E^2}{I^2}\frac{\gamma+1}{2}\right) + f^+(\gamma)\right] \tag{8.7}$$

---

[1] See footnote 2, p. 62.

[2] H. A. BETHE and W. HEITLER: Proc. Roy. Soc. Lond., Ser. A **146**, 83 (1934).

[3] H. A. BETHE and J. ASHKIN in Experimental Nuclear Physics, edited by E. SEGRÈ. New York: John Wiley & Sons, Inc. 1953.

[4] F. ROHRLICH and B. C. CARLSON: Phys. Rev. **93**, 38 (1954).

where

$$f^{+}(\gamma) = 2 \log 2 - \frac{\beta^2}{12}\left[23 + \frac{14}{\gamma+1} + \frac{10}{(\gamma+1)^2} + \frac{4}{(\gamma+1)^3}\right]. \tag{8.8}$$

The functions $f^{-}(\gamma)$ and $f^{+}(\gamma)$ are shown in Fig. 7, and the differences in stopping power expressed in percent of the electron stopping power are shown in Fig. 8 for elements Pb, Sn, and Al. The abscissa is the kinetic energy in $m_0 c^2$ units, and the differences are small in most cases.

For a gaseous absorber the amount of energy lost to the medium can be expressed in terms of the number of ion pairs produced. Experimentally, it is found that the amount of energy absorbed from a high energy electron divided by the number of ion pairs is a constant characteristic of the gas and almost independent of the energy of the electron for energies above a few hundred ev. The constant is the same for heavier particles as well, at energies above those at which charge exchange effects are important. Representative "W" values

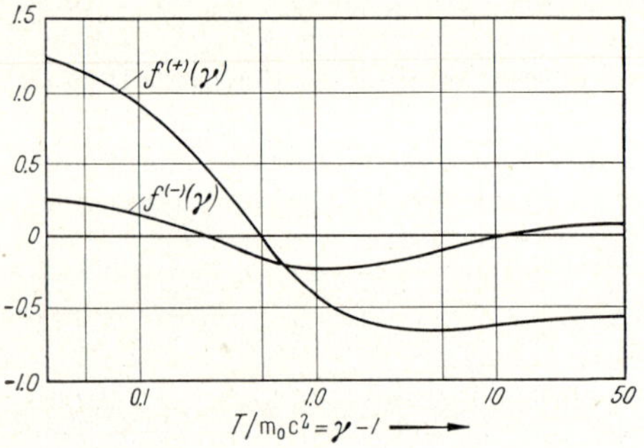

Fig. 7. The functions $f^{-}(\gamma)$ and $f^{+}(\gamma)$ given by ROHRLICH and CARLSON for the slowing down of electrons and positrons, respectively.

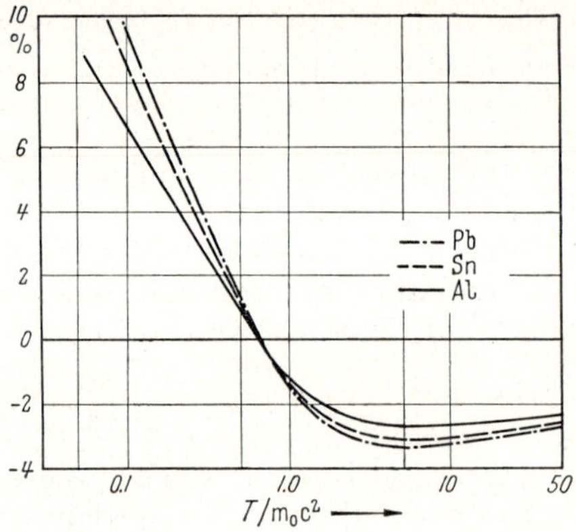

Fig. 8. Difference between stopping power of positrons and electrons in percent of electron stopping power.

have been given recently as 26.4 ev per ion for A, 34 ev per ion pair for air[1] and 46 ev ion pair for He[2]. The lack of dependence of such values on primary energy has been explained by FANO[3] on a semiquantitative basis. More recent calculations on the *W* value for He have been reported by MILLER[4] and ERSKINE[5] and additional work will be published soon by PLATZMAN[6] on *W* for gases and mixtures of gases. Early experimental results for electrons have been discussed by BOTHE[7] who summarized existing data in the form of a curve of the number of ion pairs per centimeter of air as a function of electron energy. Such a curve relates readily to the "*W*" values and the stopping power formula of BETHE. More recent experimental work has been reported by VALENTINE and CURRAN[8] and LAUGHLIN *et al.*[9]. However, there is a need for many additional experiments

[1] W. P. JESSE and J. SADAUSKIS: Phys. Rev. **97**, 1668 (1955).
[2] T. E. BORTNER and G. S. HURST: Phys. Rev. **93**, 1236 (1954).
[3] U. FANO: Phys. Rev. **70**, 44 (1946).
[4] W. F. MILLER: Radiation Res. **1**, 554 (1954).
[5] G. A. ERSKINE: Proc. Roy. Soc. Lond., Ser. A **224**, 362 (1954).
[6] R. L. PLATZMAN: Ref. 4 in Radiation Res. **2**, 7 (1955).
[7] W. BOTHE: Handbuch der Physik, Bd. 22/2, S. 1—74. Berlin: Springer 1933.
[8] J. M. VALENTINE and S. C. CURRAN: Phil. Mag. **43**, 964 (1952).
[9] J. S. LAUGHLIN, J. OVADIA, J. W. BEATTIE, W. J. HENDERSON, R. A. HARVEY and L. L. HOSS: Radiology **60**, 165 (1953).

with electrons of various energies and with gases of exceedingly high purity, preferably with measurement being made simultaneously of the differential energy loss and differential ionization per unit path.

9. The average excitation potential. The value of I for the average excitation potential which appears in stopping power equations is a quantity difficult to obtain theoretically and recours eto experimental data is generally made. BLOCH[1] has shown on the basis of a statistical model of the atom that the value of I should be proportional to the atomic number of material, the proportionality constant being of the order of the Rydberg energy 13.5 ev.

$$I \approx 13.5 Z. \tag{9.1}$$

While the exact value of the constant may in principle be evaluated from measurements of stopping power of matter for electrons, in practice the straggling and scattering of the electrons make such a determination unreliable. The position of the excitation potential inside the logarithm in the stopping power formula indicates that any slight error in the experimental evaluation of dE/dx will magnify considerably the error in the subsequent calculation of I. By the same argument it may be seen that the stopping power will be insensitive to small variations in the value chosen for I.

Best estimates of the value of the average excitation potential come from work involving the stopping of heavy charged particles where straggling and scattering are less pronounced. Other complications arise here, however, in that the velocities of all but the most energetic heavy ions are comparable to the velocities of the atomic electrons in the deeper shells. As a consequence, various correction terms must be subtracted from the theoretical stopping power formula for heavy particles before an experimental evaluation of I is made. Such correction terms have been calculated accurately for the K and L shells by WALSKE[2] and others.

The experiments of BAKKER and SEGRÈ[3] for 340 Mev protons constitute perhaps the best basis for calculation of I because of the relatively minor role played by the K shell corrections at this high energy. Such experiments compare the range of the particles in a standard substance with the range in a "sandwich" of a smaller thickness of the standard plus another material, the thickness of the latter being increased until absorption is complete. Thus the relative stopping power may be obtained. Having once established a correct set of values of dE/dx and I for the standard material, values of I may be obtained for other substances.

Using a value of I for aluminum of 150 ev BETHE and ASHKIN[4] have evaluated BAKKER and SEGRÈ's results as shown in Table 1. It can be seen that the ratio of I/Z while being of the order of 13.5 ev is generally larger for light elements with considerable variation being noted, while being about constant for heavy elements at about 8.8 ev. The constancy of the value for heavy elements is in accord with the increased accuracy of the statistical atomic model for high atomic numbers.

In a recent survey of the existing experimental information on the stopping of heavy particles, CALDWELL[5] has found that the BAKKER-SEGRÈ data are in

[1] F. BLOCH: Z. Physik **81**, 363 (1933).

[2] M. C. WALSKE: Phys. Rev. **88**, 1283 (1952). For the K-shell. A preprint of the L-shell calculations has been privately circulated by WALSKE.

[3] C. J. BAKKER and E. SEGRÈ: Phys. Rev. **81**, 489 (1951).

[4] H. A. BETHE and J. ASHKIN: Experimental Nuclear Physics, Vol. I, p. 203. New York: John Wiley & Sons 1953.

[5] D. O. CALDWELL: Phys. Rev. **100**, 291 (1955).

apparent disagreement with the other measurements, giving values of I/Z which are too low in all cases for $Z \geqq 13$. In particular the stopping power data of Sachs and Richardson[1] for 18 Mev protons have been corrected for binding effects, and the corresponding I/Z values are given in Table 1. It would seem difficult to choose between the two sets of values on the basis of present empirical information.

Table 1. *Average excitation potentials.*

Z	Element	I/Z Bakker and Segrè eV	I/Z Sachs and Richardson	Z	Element	I/Z Bakker and Segrè eV	I/Z Sachs and Richardson
1	H	15.6		47	Ag	8.9	14.0
3	Li	11.3		48	Cd		13.6
4	Be	15.1		50	Sn	9.2	14.2
6	C	12.7		73	Ta		13.2
13	Al	11.5	12.6	74	W	9.2	
26	Fe	9.3		79	Au		14.4
28	Ni		13.0	82	Pb	8.6	
29	Cu	9.5	13.0	92	U	8.8	
45	Rh		14.6				

10. The Cerenkov effect. In studying the luminescence of solutions of uranyl salts in 1934, Cerenkov[2] noted a blue light emitted from the solution bombarded with gamma rays, the solution having none of the usual properties of fluorescing materials. Furthermore, the radiation appeared to be localized in a cone about the direction of the gamma radiation. The explanation for the phenomenon was first given by Frank and Tamm[3] who attributed the light emission to the existence of high energy photoelectrons in the solution whose velocity exceeded that of light in the medium. The electromagnetic pulse delivered to the atoms comprising the dielectric medium in the vicinity of the track by the passing electron is radiated and such radiation may interfere constructively for a rapidly enough moving particle. The effect may be readily understood with reference to the Huygens construction of Fig. 9.

In moving from A to B the particle gives rise to radiations which may reinforce each other along the line $\overline{BC}$ if the time τ required by the particle equals the time necessary for the wavefronts to travel from point of origin in the track to the line $\overline{BC}$. Thus if $AB = \beta c \tau$ and $\overline{AC} = c/n\tau$, the half angle of the cone of radiation is given by

$$\cos\vartheta = \frac{1}{\beta n} \tag{10.1}$$

where n is the index of refraction of the medium.

Frank and Tamm were able to calculate, in addition, the rate of energy loss to Cerenkov radiation. They found for the stopping power

$$-\frac{dE}{dx} = \frac{e^2}{c^2} \int\limits_{\beta n > 1} \omega\, d\omega \left[1 - \frac{1}{\beta^2 n^2}\right] \tag{10.2}$$

where the integration is to extend over all dielectric frequencies in the medium for which the index of refraction is such that $\beta n > 1$. In a recent review of the

[1] D. C. Sachs and J. R. Richardson: Phys. Rev. **83**, 834 (1951); **89**, 1163 (1953).
[2] P. A. Cerenkov: C. R. Acad. Sci. URSS. **2**, 451 (1934).
[3] I. Frank and I. Tamm: C. R. Acad. Sci. URSS. **14**, 109 (1937).

theory and experimental verifications of the Cerenkov effect, JELLEY[1] has estimated the order of magnitude of the above expression for ordinary optical materials. Using a one frequency model of the medium, the index of refraction may be represented by

$$n^2(\omega) = 1 + \frac{B}{\omega_0^2 - \omega^2} \tag{10.3}$$

where ω_0 is chosen to be about 6×10^{15} sec^{-1} and B is a constant which fits Eq. (10.3) to the known index of refraction at lower frequencies. After performing the integration for $\beta \approx 1$, a rate of energy loss of about 2 kev/cm is obtained which must be compared with about 2 Mev/cm for the total loss including ionization and excitation.

The spectral distribution of the emitted light may be obtained by calculating the stopping power due to frequencies between ω and $\omega + d\omega$. The inverse cube dependence on wavelength thus found indicates that the light is emitted primarily in the violet end of the spectrum.

The review articles of JELLEY[1] and MARSHALL[2] summarize well the theory of the Cerenkov effect and the application to the construction of practical counters. The relationship between the Cerenkov radiation and the density effect has been treated by BUDINI[3] (see Sect. 11).

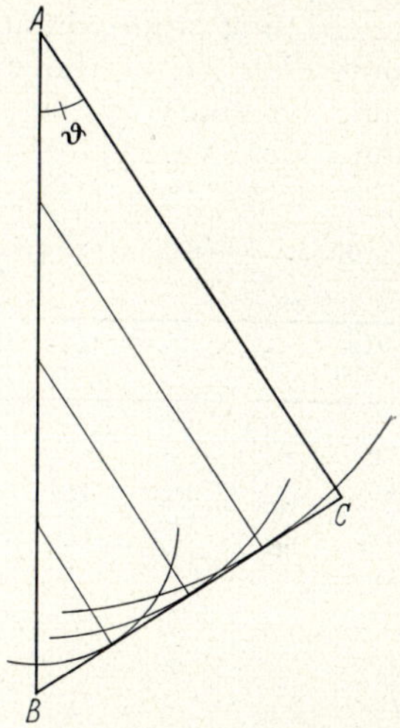

Fig. 9. Huygens construction for particle emitting Cerenkov radiation in moving from A to B. Constructive interference may occur along the line $\overline{BC}$ for photons emitted at various places along the track.

11. The density effect. The reduction of the rate of energy loss for a charged particle moving through matter at high velocity due to the polarization of the medium by the particle was first calculated by FERMI[4] assuming a one dispersion frequency model. Subsequent calculations by HALPERN and HALL[5], WICK[6], and STERNHEIMER[7] employed more complicated dielectric models, and the latter in particular has evaluated the reduction in loss to be expected in a variety of materials and for a wide range of particles and energies. If the reduction in stopping power is written as $\Delta(dE/dx)$ then,

$$\left.\begin{aligned} \Delta\left(\frac{dE}{dx}\right) &= \frac{2\pi N_A e^4 \varrho Z}{m_0 v^2 A}\left\{\frac{1}{Z}\sum_i f_i \log\left[\frac{\bar{\nu}_i^2 + l^2}{\bar{\nu}_i^2}\right] - l^2(1-\beta^2)\right\} \\ &= \frac{2\pi N_A \varrho Z}{m_0 v^2 A}\,\delta. \end{aligned}\right\} \tag{11.1}$$

Here f_i is the oscillator strength for the i-th transition whose frequency is ν_i. The frequencies $\bar{\nu}_i$ are expressed in terms of the "plasma" frequency of the medium ν_p where

$$\nu_p = \left(\frac{n e^2}{\pi m}\right)^{\frac{1}{2}} \tag{11.2}$$

[1] J. V. JELLEY: Prog. in Nuclear Physics, Vol. 3, Chap. 4. London: The Pergamon Press 1953.

[2] J. MARSHALL: Ann. Rev. Nucl. Sci. **4**, 141 (1954). Published by Annual Reviews, Inc., Stanford, California, U.S.A.

[3] P. BUDINI: Nuovo Cim. **10**, 236 (1953).

[4] E. FERMI: Phys. Rev. **56**, 1242 (1939); **57**, 485 (1940).

[5] O. HALPERN and H. HALL: Phys. Rev. **57**, 459 (1940); **73**, 477 (1948).

[6] G. C. WICK: Nuovo Cim. (9) **1**, 302 (1943).

[7] R. M. STERNHEIMER: Phys. Rev. **88**, 851 (1952).

with n the total number of electrons per cm³. Thus

$$\bar{\nu}_i = \frac{\nu_i}{\nu_p}. \tag{11.3}$$

The frequency l is the solution of the equation

$$\frac{1}{\beta^2} - 1 = \frac{1}{Z} \sum_i \frac{f_i}{\bar{\nu}_i^2 + l^2}. \tag{11.4}$$

In first approximation the frequencies may be obtained from the ionization potentials $h\nu_i$ of the various electronic shells. Also, the oscillator strengths f_i may be taken as the corresponding occupation numbers for each shell. Such data for a variety of substances has been given by Sternheimer and is repro-

Table 2. *Ionization potentials and occupation numbers used in calculating the density correction. Energies are in* Rydberg *units (13.5 eV).*

Material	Li	Be	Graphite	Al	Fe	Cu
$h\nu_1$	5.3	10.9	23.0	115	524	662
$h\nu_2$	0.4	1.0	4.1	6.7	55.3	72.1
$h\nu_3$			1.3	2.4	5.0	5.4
$h\nu_4$					0.9	0.6
f_1/z	$\frac{2}{3}$	$\frac{2}{4}$	$\frac{2}{6}$	$\frac{2}{13}$	$\frac{2}{26}$	$\frac{2}{29}$
f_2/z	$\frac{1}{3}$	$\frac{2}{4}$	$\frac{2}{6}$	$\frac{8}{13}$	$\frac{8}{26}$	$\frac{8}{29}$
f_3/z			$\frac{2}{6}$	$\frac{3}{13}$	$\frac{14}{26}$	$\frac{18}{29}$
f_4/z					$\frac{2}{26}$	$\frac{1}{29}$
$h\nu_m$	2.22	3.31	5.00	8.18	13.1	14.2
$h\nu'_m$	2.50	4.44	5.67	11.0	17.9	20.5
ν'_m/ν_m	1.13	1.34	1.13	1.34	1.37	1.44
$h\nu_p$	1.01	1.90	2.26	2.43	4.05	4.29

Material	Anthracene	Toluene	H_2O	AgCl	Emulsion	NaI
$h\nu_1$	23	23	42.3	1878	993	2448
$h\nu_2$	4.1	4.1	4.0	260	120	356
$h\nu_3$	1.3	1.3	2.9	36.3	16	56.6
$h\nu_4$	1.0	1.0	1.0	4.8	2	10.8
$h\nu_5$				0.6		1.4
$h\nu_6$				208		96
$h\nu_7$				14.8		5
$h\nu_8$				4.0		0.4
f_1/z	$\frac{28}{94}$	$\frac{14}{50}$	$\frac{2}{10}$	$\frac{2}{64}$	$\frac{2}{35}$	$\frac{2}{64}$
f_2/z	$\frac{28}{94}$	$\frac{14}{50}$	$\frac{2}{10}$	$\frac{8}{64}$	$\frac{8}{35}$	$\frac{8}{64}$
f_3/z	$\frac{28}{94}$	$\frac{14}{50}$	$\frac{4}{10}$	$\frac{18}{64}$	$\frac{18}{35}$	$\frac{18}{64}$
f_4/z	$\frac{10}{94}$	$\frac{8}{50}$	$\frac{2}{10}$	$\frac{18}{64}$	$\frac{7}{35}$	$\frac{18}{64}$
f_5/z				$\frac{1}{64}$		$\frac{7}{64}$
f_6/z				$\frac{2}{64}$		$\frac{2}{64}$
f_7/z				$\frac{8}{64}$		$\frac{8}{64}$
f_8/z				$\frac{7}{64}$		$\frac{1}{64}$
$h\nu'_m$	4.75	4.39	5.00	25.6	21.0	28.8
$h\nu_p$	1.72	1.46	1.58	3.33	2.82	2.65

Material	Ag	Sn	W	Au	Pb	U
$h\nu_1$	1878	2150	5114	5940	6463	8477
$h\nu_2$	260	304	812	975	1053	1419
$h\nu_3$	36.3	46.4	157	193	214	335
$h\nu_4$	4.8	6.4	22.8	24	28.1	51.6
$h\nu_5$	0.6	1.3	3.6	4.1	5.8	11.3
$h\nu_6$					2.8	2.9
f_1/z	$\frac{2}{47}$	$\frac{2}{50}$	$\frac{2}{74}$	$\frac{2}{79}$	$\frac{2}{82}$	$\frac{2}{92}$
f_2/z	$\frac{8}{47}$	$\frac{8}{50}$	$\frac{8}{74}$	$\frac{8}{79}$	$\frac{8}{82}$	$\frac{8}{92}$
f_3/z	$\frac{18}{47}$	$\frac{18}{50}$	$\frac{18}{74}$	$\frac{18}{79}$	$\frac{18}{82}$	$\frac{18}{92}$
f_4/z	$\frac{18}{47}$	$\frac{18}{50}$	$\frac{32}{74}$	$\frac{32}{79}$	$\frac{32}{82}$	$\frac{32}{92}$
f_5/z	$\frac{1}{47}$	$\frac{4}{50}$	$\frac{14}{74}$	$\frac{19}{79}$	$\frac{18}{82}$	$\frac{18}{92}$
f_6/z					$\frac{4}{82}$	$\frac{14}{92}$
$h\nu_m$	25.2	26.8	43.8	42.6	45.4	51.9
$h\nu'_m$	31.5	35.2	51.3	54.6	55.6	64.8
ν'_m/ν_m	1.25	1.31	1.17	1.28	1.22	1.25
$h\nu_p$	4.53	3.72	5.90	5.89	4.49	5.69

Material	H_2	He	N_2	Ne	A	Kr	X
$h\nu_1$	1.0	1.8	30.3	64	235	1050	2545
$h\nu_2$			3.5	4.0	21.6	129	373
$h\nu_3$			2.3		2.9	11.2	61.1
$h\nu_4$						2.9	12.4
$h\nu_5$							1.9
f_1/z	1	1	$\frac{2}{7}$	$\frac{2}{10}$	$\frac{2}{18}$	$\frac{2}{36}$	$\frac{2}{54}$
f_2/z			$\frac{2}{7}$	$\frac{8}{10}$	$\frac{8}{18}$	$\frac{8}{36}$	$\frac{8}{54}$
f_3/z			$\frac{3}{7}$		$\frac{8}{18}$	$\frac{18}{36}$	$\frac{18}{54}$
f_4/z						$\frac{8}{36}$	$\frac{18}{54}$
f_5/z							$\frac{8}{54}$
$h\nu_m$	1.00	1.80	5.38	7.02	11.5	18.3	32.1
$h\nu'_m$	1.15	1.98	6.45	8.85	14.1	25.0	37.4
ν'_m/ν_m	1.15	1.10	1.20	1.26	1.23	1.37	1.17
$h\nu_p$	0.020	0.020	0.053	0.046	0.060	0.085	0.104

duced in Table 2. Similar data on Mg, polystyrene, CH_4, $(CH)_2$, CO_2, and O_2 have been given in a later paper by the same author[1].

As a check on the above data, STERNHEIMER has calculated the geometric mean frequency ν_m, where

$$\log \nu_m = \frac{1}{Z} \sum_i f_i \log \nu_i \tag{11.5}$$

in order to compare $h\nu_m$ with the average ionization potential I obtained experimentally by BAKKER and SEGRÈ[2] using 340 Mev protons. The value

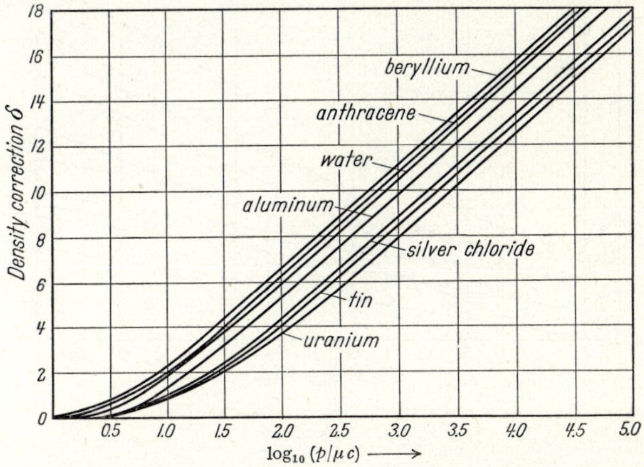

Fig. 10. Density correction δ for various solids and water as a function of momentum.

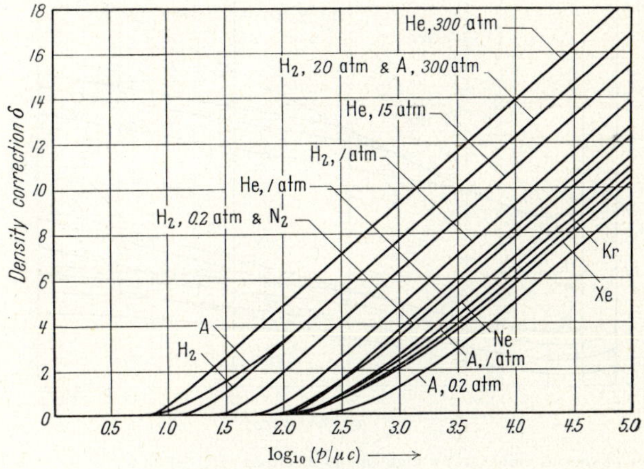

Fig. 11. Density correction δ for various gases.

$I = h\nu'_m$ appears to be about 25% higher than $h\nu_m$, and hence all frequencies ν_i in Table 2 are multiplied with the correction factor appropriate to the particular substance before being used in Eq. (11.1). Thus if the corrected frequencies are denoted by primes,

$$\bar{\nu}'_i = \left(\frac{\nu'_m}{\nu_m}\right) \frac{\nu_i}{\nu_p}. \tag{11.6}$$

[1] R. M. STERNHEIMER: Phys. Rev. **91**, 256 (1953).
[2] C. J. BAKKER and E. SEGRÈ: Phys. Rev. **81**, 489 (1951).

The density corrections δ calculated as above are shown in Figs. 10 and 11 as functions of $p/\mu c$ where p is the momentum and μ the mass of the passing particle. STERNHEIMER has given simple analytic expressions for above curves which simplify calculation considerably.

The effect of the density correction as stopping power is demonstrated graphically in Figs. 12 and 13. The broken curves give the uncorrected stopping

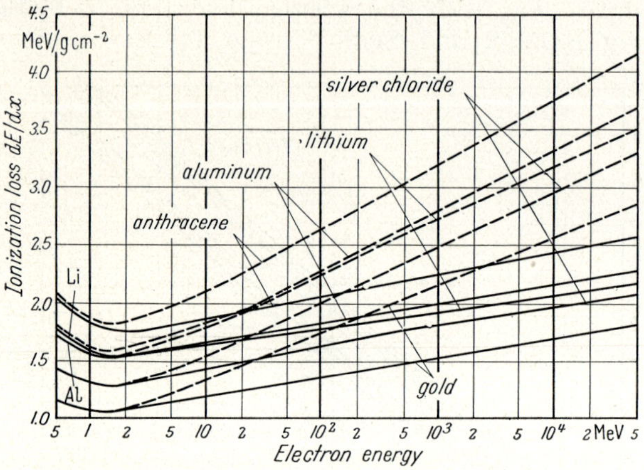

Fig. 12. Stopping power of various materials for high energy electrons. Dotted lines give the stopping power neglecting the density effect.

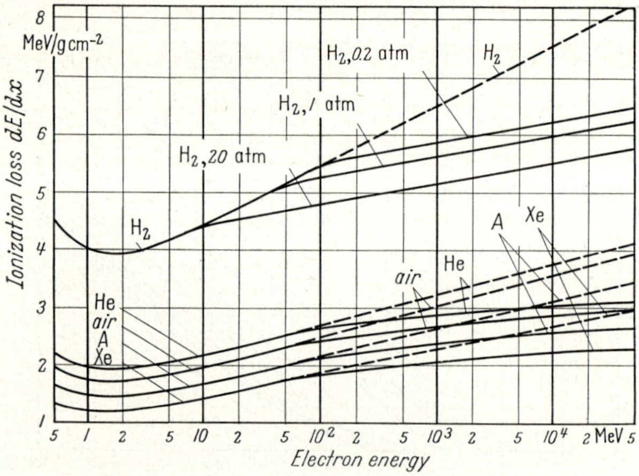

Fig. 13. Stopping power of various materials for high energy electrons. Dotted lines give the stopping power neglecting the reduction due to density effect.

power calculated from the usual stopping formula and the solid curves indicate the rate of energy loss including the reduction due to the density effect. It should be noted that the correction for gases has been the subject of further discussion[1] but that the values given by the above table and graphs appear to be adequate for most experiments. Increased accuracy must await the appearance of more information on the dielectric behavior of matter.

[1] R. M. STERNHEIMER: Phys. Rev. **93**, 351 (1954).

A considerable volume of literature has appeared recently on the density effect and the relation between the density effect and the production of Cerenkov radiation. Summaries and discussions have been given by SAUTER[1] and UEHLING[2].

D. Collisions with the conduction electron plasma.

12. The frequency of the conduction electron plasma. The absorption frequencies ω_i and the corresponding energies $\hbar\omega_i$ which play an important role in the stopping process (see Chap. C) will in general be determined by the excitation and ionization energies of the medium through which the particle passes provided the medium is gaseous in nature. For condensed materials, however, although the larger values of ω_i corresponding to the inner electronic shells will be unaltered as compared with their values for the material in the gaseous state, the smaller values will be determined in addition by the structure of the absorber. In particular, the existence of conduction electrons in metallic materials establishes absorption frequencies which play a role in the stopping process.

A discussion of the characteristic frequency associated with the excitation of the conduction electron plasma has been given by BOHR[3]. The electric field of the incident electron may be represented by

$$\boldsymbol{E} = \boldsymbol{D} - 4\pi\boldsymbol{P}. \tag{12.1}$$

In this case the force experienced by the conduction electron is simply $e\boldsymbol{E}$ and may be considered to arise from the term $e\boldsymbol{D}$ which would exist in the absence of any polarization effects in the medium diminished by a term $4\pi e\boldsymbol{P}$ which represents the force on the electron due to the polarization produced by the incident particle. In effect the electric field is screened by the setting up of a dipole moment per unit volume $\boldsymbol{P}$. If there are n electrons per unit volume and each experiences a displacement ξ due to the polarization force, then $\boldsymbol{P} = -ne\xi$, and the force on each electron may be equated to $m\ddot{\xi}$.

$$4\pi e(-ne\xi) = m\ddot{\xi}. \tag{12.2}$$

The frequency of this oscillation of the electron plasma is then given by

$$\omega_p^2 = \frac{4\pi n e^2}{m}. \tag{12.3}$$

13. The stopping power due to conduction electrons. In an early attempt at a determination of the effect of the conduction electrons on the stopping process, v. WEIZSÄCKER[4] considered the electronic motion caused by the passage of the incident particle to be damped by a force proportional to the velocity of the electrons with a proportionality factor ω_σ inversely proportional to the electrical conductivity of the medium as given by KRONIG.

$$\omega_\sigma \sigma = \frac{n e^2}{m_0}. \tag{13.1}$$

[1] F. SAUTER in Kosmische Strahlung, edited by W. HEISENBERG. Berlin: Springer 1953.
[2] E. A. UEHLING: Ann. Rev. Nucl. Sci. **4**, 315 (1954). Published by Annual Reviews, Inc., Stanford, California.
[3] A. BOHR: Atomic Interaction in Penetration Phenomena. Kgl. danske Vid. Selsk., mat.-fys. Medd. **24**, 1 (1948).
[4] C. F. v. WEIZSÄCKER: Ann. d. Physik **17**, 869 (1933).

The stopping power due to the conductivity electrons only is then

$$-\frac{dE}{dx} = \frac{4\pi N_A e^4 z \varrho}{m_0 v^2 A} \log \frac{m_0 v^2}{\hbar \omega_\sigma} \tag{13.2}$$

where z is the number of conductivity electrons per atom. Inasmuch as ω_σ depends on the conductivity which is a function of temperature, the stopping power should also change with the temperature of the bombarded medium.

In a subsequent treatment of the problem Kramers[1] considered both the polarizability of the medium and the damping effect of the collisions of the conduction electrons. Using the quantum mechanical limit for the minimum impact parameter as did v. Weizsäcker, Kramers obtained

$$-\frac{dE}{dx} = \frac{4\pi N_A e^4 z \varrho}{m_0 v^2 A} \log \frac{1.123\, m_0 v^2}{\hbar\left(\omega_p + \frac{\pi}{4}\omega_\sigma\right)}. \tag{13.3}$$

The relative sizes of $\hbar\omega_p$ and $\hbar\omega_\sigma$ may be obtained for a representative metal such as aluminum. If one assumes that there are three conduction electrons per atom in aluminum, then

$$\hbar\omega_p = 15.8 \text{ ev}, \quad \hbar\omega_\sigma = 0.09 \text{ ev}$$

and the term in ω_σ may be neglected.

Between the theoretical treatments of v. Weizsäcker and Kramers a paper by Kronig and Korringa[2,3] appeared in which the conduction electrons were considered to constitute a negatively charged fluid flowing with respect to the fixed metallic ions which in turn exerted a frictional force on the fluid. An additional internal frictional force within the fluid was also assumed. Unfortunately, although the hydrodynamic approach constituted an interesting independent treatment, it does not appear to relate easily to other recent theoretical developments and its principal value seems to have been in casting doubt on the temperature dependent stopping power formula of v. Weizsäcker, for in itself it predicted no such dependence.

As a result of conflict noted above, Gerritsen[4] was led to measure the stopping power of aluminum and tin for alpha particles over a temperature range down to liquid helium temperatures. No difference in the range of the alpha particles was found within an experimental accuracy of 0.5%.

In an extensive treatment of the interactions in a collection of electrons, Pines and Bohm[5] have included in their calculations the effect of the velocity of the conduction electrons on the stopping power. For bombarding electrons of energies above a few hundred volts the stopping power formula simplifies considerably, however, and one of the principal consequences of the Pines and Bohm work seems to be in the introduction of a screening distance of $\sqrt{\frac{3}{2}}$ times the Debye length λ_D (see following section) for the minimum impact parameter. With the maximum impact parameter set at v/ω_p the stopping power due to conduction electrons in which only the plasma oscillations are excited is found to be

$$\frac{dE}{dx} = \frac{4\pi N_A e^4 z \varrho}{m_0 v^2 A} \log \frac{v}{\omega_p \lambda_D \sqrt{\frac{3}{2}}}. \tag{13.4}$$

[1] H. A. Kramers: Physica, Haag **13**, 401 (1947).
[2] R. Kronig and J. Korringa: Physica, Haag **10**, 406, 800 (1943).
[3] See Discussion in R. Kronig: Physica, Haag **15**, 667 (1949).
[4] A. N. Gerritsen: Physica, Haag **12**, 311 (1946).
[5] D. Bohm and D. Pines: Phys. Rev. **82**, 625 (1951); **92**, 609 (1953). — D. Pines and D. Bohm: Phys. Rev. **85**, 338 (1952). — D. Pines: Phys. Rev. **92**, 626 (1953).

14. Screening effects in the plasma. The Debye length[1] was originally introduced as a screening distance in electrolytes. A similar treatment of screening holds for a conduction plasma and the positive charges in a medium are assumed to be at rest and spread out to a uniform density. An electron brought into the medium to a position where the electrostatic potential is ψ would require an amount of work $-e\psi$. Considering then a volume element dV and a Maxwell-Boltzmann distribution of electron energies, the number of electrons in dV is

$$n \exp \frac{e\psi}{\mathrm{k}T} dV$$

and the number of positive ions in dV is $n\,dV$ where

$$n = \frac{N_A \varrho z}{A}.$$

The density of charge will then be

$$\varrho_c = n e \left(1 - \exp \frac{e\psi}{\mathrm{k}T}\right), \tag{14.1}$$

which becomes for low electron energies ($e\psi \ll \mathrm{k}T$)

$$\varrho_c = -\frac{n e^2}{\mathrm{k}T} \psi. \tag{14.2}$$

But Poisson's equation for the medium may be written

$$\Delta \psi = -4\pi \varrho_c, \tag{14.3}$$

and substituting (14.2)

$$\Delta \psi = \frac{4\pi n e^2}{\mathrm{k}T} \psi. \tag{14.4}$$

Eq. (14.4) has a solution of the form

$$\psi = A \frac{\exp(-r/\lambda_D)}{r} \tag{14.5}$$

where

$$\lambda_D^2 = \frac{\mathrm{k}T}{4\pi n e^2}. \tag{14.6}$$

For a Boltzmann distribution Eq. (14.6) may be written

$$\lambda_D^2 = \frac{1}{3} \frac{\overline{v_i^2}}{\omega_p^2} \tag{14.7}$$

with $\overline{v_i^2}$ the mean square electron velocity in the medium. Eq. (14.7) may be substitued in Eq. (13.4) and an alternate equation for the stopping power may be obtained:

$$\frac{dE}{dx} = \frac{4\pi N_A e^4 z \varrho}{m_0 v^2 A} \log \left(\sqrt{2} \frac{v}{\sqrt{\overline{v_i^2}}}\right). \tag{14.8}$$

A later treatment of the electrical resistance of solid solutions by Mott[2] has given an alternative expression for the screening parameter λ_D. With the positive charge uniformly distributed as before and with ψ equal to the electrostatic potential of the metal and $\psi_0 = E_{\max}/e$ equal to the maximum kinetic energy of the Fermi gas per unit charge, the electron density may be expressed by the Thomas-Fermi method as

$$\frac{8\pi}{3h^3} [2m_0 e(\psi + \psi_0)]^{\frac{3}{2}} \tag{14.9}$$

[1] P. Debye and E. Hückel: Phys. Z. **24**, 185 (1923).
[2] N. F. Mott: Proc. Cambridge Phil. Soc. **32**, 281 (1936).

with

$$E_{\max} = \frac{h^2}{2m_0}\left(\frac{3n}{8\pi}\right)^{\frac{2}{3}} \tag{14.10}$$

POISSON's equation then gives

$$\left.\begin{aligned} \Delta\psi &= -4\pi\left\{n e - \frac{8\pi e}{3h^3}\left[2m e(\psi + \psi_0)\right]^{\frac{3}{2}}\right\} \\ &= \alpha\left[(\psi + \psi_0)^{\frac{3}{2}} - \psi_0^{\frac{3}{2}}\right] \end{aligned}\right\} \tag{14.11}$$

with

$$\alpha = 2^{\frac{13}{2}} \pi^2 m_0^{\frac{3}{2}} e^{\frac{5}{2}}/3h^3.$$

A simple solution is obtained if $\psi \ll \psi_0$:

$$\Delta\psi = \frac{3}{2}\alpha\psi_0^{\frac{1}{2}}\psi = \frac{1}{\lambda^2}\psi$$

where the screening parameter λ is

$$\lambda^2 = \frac{\hbar^2}{4m_0 e^2}\left(\frac{\pi}{3n}\right)^{\frac{1}{3}}. \tag{14.12}$$

The corresponding expression for the stopping power may be obtained by using Eq. (14.12) in Eq. (13.4).

$$\frac{dE}{dx} = \frac{4\pi N_A e^4 z\varrho}{m_0 v^2 A}\log\left(\sqrt{8}\,\frac{m_0 v}{h(3n/\pi)^{\frac{1}{3}}}\right). \tag{14.13}$$

The mean free path for the loss of a quantum of energy $\hbar\omega_p$ to the plasma is then

$$\lambda = \frac{\hbar\omega_p}{\frac{dE}{dx}} = \frac{\hbar\omega_p m_0 v^2 A}{4\pi N_A e^4 z\varrho\log\left(\sqrt{8}\,\frac{m_0 v}{h(3n/\pi)^{\frac{1}{3}}}\right)}. \tag{14.14}$$

NEUFELD and RITCHIE[1] have pointed out that agreement between the two values of screening parameter may be obtained if the $\overline{v_i^2}$ in Eq. (14.7) is replaced by the square of the electron velocity at the maximum Fermi energy.

It is interesting to note over what range of impact parameters Eq. (14.14) is to hold. The screening parameter λ of Eq. (14.12) may be calculated for Al assuming about three free electrons per atom. One finds that the lower limit on impact parameters for the excitation of the plasma is about 0.5 Å for this case. That is, closer collisions are better described in terms of individual electron-electron collisions involving large transfers of energy than in terms of a plasma excitation.

NEUFELD and RITCHIE[1] have proposed a somewhat larger value of minimum impact parameters. They reason that the impact distance between an incident electron and a particular free electron should not be much different from the impact distance between the incident electron and another free electron immediately adjacent to the first. But the average distance between free electrons is $n^{-\frac{1}{3}}$ which for Al is about 2 Å.

Another estimate of the minimum impact parameter for plasma excitation may be made by assuming that the momentum transferred to a conduction electron by the incident electron must be small compared to the average momentum it already has in the Fermi distribution. That is,

$$p = \frac{2e^2}{\lambda_{\min} v} \ll m(\overline{v_i^2})^{\frac{1}{2}} \tag{14.15}$$

[1] J. NEUFELD and R. H. RITCHIE: Phys. Rev. 98, 1632 (1955).

where $(\overline{v_i^2})^{\frac{1}{2}}$ is to be interpreted as the root mean square Fermi velocity. This may be written

$$\lambda_{\min} \gg \frac{5}{18\pi} \frac{(\overline{v_i^2})^{\frac{1}{2}}}{\lambda^2 n v}. \tag{14.16}$$

and the right side has the value 0.025 Å for Al and 100 kev incident electrons. Evidently this requirement poses a less serious restriction than the one mentioned above.

The above limits may be represented graphically on a logarithmic plot as shown in Fig. 14. Because the stopping power depends on the logarithm of the ratio of $b_{\max}$ to $b_{\min}$, the contribution to the stopping power of a certain range of impact parameters will be proportional to the linear separation of extremes of this range. Plotted also in Fig. 14 are the de Broglie wavelength for 100 kev electrons of 0.0059 Å and the classical lower limit of impact parameter assuming half the incident energy is transferred (0.0002 Å). Impact parameters below the latter value are forbidden classically, while those below the former limit are forbidden quantum mechanically. The distance on the graph from the de Broglie length to the screening distance corresponding to the minimum distance for plasma excitation is about the same as the distance from the latter to the maximum impact parameter corresponding to a collision time of the order of the period of the plasma oscillation ($v/\omega_p = 73$ Å). This indicates that the contribution to the stopping power due to plasma oscillations is about the same as the contribution due to electron-electron interactions. If one considers in addition the contribution due to bound electrons, however, it can be seen that the plasma contribution will be much smaller percentagewise, especially for the heavier elements.

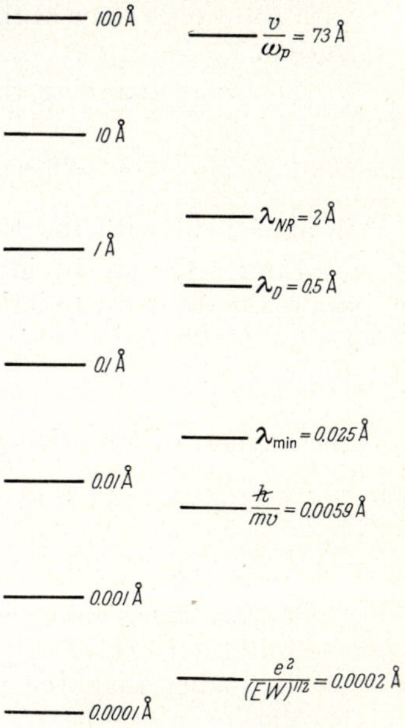

Fig. 14. Impact parameters involved in the calculation of the rate of energy loss due to the excitation of plasma oscillations in the medium.

It is important to realize that the formula of Kramers for the stopping power, Eq. (13.3), includes not only collisions in which the plasma oscillations are excited but also much closer collisions, in distance down to the de Broglie wavelength of the incident electrons. In the Pines and Bohm expression for stopping power, Eq. (14.13), the minimum impact parameters are cut off at a much larger value, the Debye length in the plasma. Thus the Pines and Bohm stopping power formula should have a smaller value than the Kramers formula.

In the experimental work which will be described, large losses were not observed in general; hence comparison will be made to the Pines and Bohm theory.

15. The angular distribution of electrons scattered by the plasma. The interaction of a high energy electron with the electrons in a metal has been treated most recently by Ritchie[1]. The metal is considered to be a dielectric with a dielectric constant which is a function of both the frequency and wave vector of the electromagnetic disturbance in the metal. Following the methods of Lindhard[2] and Hubbard[3], Ritchie has found an expression for the probability

[1] R. H. Ritchie: Phys. Rev. **106**, 874 (1957).
[2] J. Lindhard: Kgl. danske Vid. Selsk., mat-fys. Medd. **28**, No. 8 (1954).
[3] J. Hubbard: Proc. Phys. Soc. Lond. **68**, 976 (1955).

per unit solid angle of an energy loss $\hbar\omega$ at an angle of deflection ϑ.

$$P(\vartheta,\omega) = \frac{\omega_P^2 e^2 \omega}{\pi^2 \hbar v^2} 2\gamma \left[\{\omega^2 - \omega_P^2(1+\delta)\}^2 + 4\gamma^2\omega^2\right]^{-1} \frac{1}{\left[\vartheta^2 + \left(\frac{\hbar\omega}{m v^2}\right)^2\right]}. \tag{15.1}$$

Here γ is the damping constant of the excited states, v the velocity of the incident electron and

$$\delta = \frac{1}{\omega^2}\frac{\hbar^2}{m^2}\left(\frac{k^4}{4} + \frac{3k^2k_0^2}{5}\right), \tag{15.2}$$

with k a wave vector of the plasma and k_0 the same at the top of the Fermi distribution.

For small damping the resonance in the square brackets occurs at

$$\omega^2 = \omega_P^2(1+\delta) = \omega_P^2 + \frac{\hbar^2}{m^2}\left(\frac{k^4}{4} + \frac{3k_0^2k^2}{5}\right) \tag{15.3}$$

in agreement with the Bohm-Pines dispersion relation [1].

Eq. (15.1) may be integrated readily over all energy losses by utilizing the approximate delta function behavior of the bracketed factor. With

$$k^2 = \frac{\omega_P^2}{v^2} + \left(\frac{m v \vartheta}{\hbar}\right)^2 \tag{15.4}$$

the angular distribution which results is

$$P(\vartheta) = \frac{e^2\omega_P^2}{2\pi\hbar v^2}\left[\omega_P^2 + \frac{\hbar^2}{m^2}\left(\frac{k^4}{4} + \frac{3k_0^2k^2}{5}\right)\right]^{-\frac{1}{2}} \frac{1}{\vartheta^2 + \frac{\hbar^2}{(2E)^2}\left[\omega_P^2 + \frac{\hbar^2}{m^2}\left(\frac{k^4}{4} + \frac{3k_0^2k^2}{5}\right)\right]}. \tag{15.5}$$

Under conditions found in most experimental work on plasma oscillations where the initial energy is at the same time much larger than the Fermi energy and much smaller than the plasma energy divided by ϑ^2, the angular distribution becomes

$$P(\vartheta) = \frac{1}{2\pi a_0} \frac{\left(\frac{\hbar\omega_P}{2E}\right)}{\vartheta^2 + \left(\frac{\hbar\omega_P}{2E}\right)^2} \tag{15.6}$$

(where a_0 is the Bohr radius) in agreement with the expression found earlier by FERRELL [2] and HUBBARD [3].

When the electron density is very small, Eq. (15.5) approaches the Rutherford electron scattering formula.

$$P(\vartheta) \to \frac{4 n e^4}{m^2 v^4}\frac{1}{\vartheta^4}. \tag{15.7}$$

Thus the wave vector dielectric treatment includes both the collective and individual aspects of the electron interaction in solids.

RITCHIE has considered also the effect of the finite boundaries of the foil on the plasma interaction. For foils of thickness of the order of v/ω_P, two effects are noted. The first is a decrease in the cross section for the loss of a quantum of energy $\hbar\omega_P$ to the plasma. In addition a new loss appears at an energy $\hbar\omega_P/\sqrt{2}$.

---

[1] D. BOHM and D. PINES: Phys. Rev. **92**, 609, Eq. 66 (1953).

[2] R. A. FERRELL: Bull. Amer. Phys. Soc. **30**, No. 3, 47, Paper R 10 (1955). — Phys. Dept., Univ. of Maryland, Technical Report No. 21, Sept. 1955. — Phys. Rev. **101**, 554 (1956).

[3] See footnote 2, p. 75.

16. Discrete energy losses in a reflected electron beam. Many attempts have been made in the past to measure the discrete energy losses suffered by a beam of electrons in penetrating matter, even though no correlation with theory has been possible until recently. In the discussion of the experiments which follows, all losses which have been found will be mentioned even though many are yet unexplained. A resume of losses identifiable as losses to the conduction electron plasma will follow and conclusions will be drawn regarding the value of n/m for each element; that is the ratio of the number of conduction electrons per unit volume to the effective electron mass.

One of the earliest observations of discrete energy losses was made by RUDBERG[1] in an experiment in which the energy spectrum of electrons reflected from various solids was measured. A peak in the distribution corresponding to scattering with no energy loss was found and several smaller maxima at lower energies differing by discrete amounts from the incident energy were also observed. The positions of the maxima appeared to depend on the element or compound bombarded, but their separation from peak representing scattering with no loss was found to be independent of the incident energy over a range of bombarding voltages used from 90 to 540 volts. Maxima were investigated to a total loss of 50 ev, and the position of the maxima relative to the incident energy appeared to be independent of the scattering angle. Energy analysis was made magnetically, and the energy losses found are given in Table 3 for several metals and oxides.

Table 3. *Energy losses in* ev *in a reflected electron beam found by Rudberg.*

Copper	3.4 ± 0.11	6.9 ± 0.10	12.3 ± 0.15	25.5 ± 0.31	34.5 ± 0.31
Silver	4.6 ± 0.06	7.4 ± 0.08	24.8 ± 0.26		
Gold	7.3 ± 0.07	10.1 ± 0.29	25.9 ± 0.21	35.2 ± 0.19	
Platinum	6.5 ± 0.09	9.4 ± 0.08	24.8 ± 0.16	33.7 ± 0.14	
Magnesium oxide	6.9 ± 0.10	11.7 ± 0.11	17.5 ± 0.11	22.7 ± 0.05	33.8 ± 0.13
Calcium oxide	9.4 ± 0.07	13.8 ± 0.07	20.0 ± 0.17	29.4 ± 0.10	36.7 ± 0.13
Strontium oxide	7.3 ± 0.13	9.6 ± 0.08	13.2 ± 0.11	24.9 ± 0.17	31.6 ± 0.12
Barium oxide	10.6 ± 0.14	16.8 ± 0.19	25.3 ± 0.20	32.7 ± 0.14	

The spectrum of discrete losses was observed in Mo by SOLLER[2] and HAWORTH[3] using a magnetic analysis of the reflected electrons. Losses at 4.7, 11.2, and 23.2 volt were found for bombarding energies from 20 to 100 volt. The peaks appeared only after extensive outgassing of the target, and seemed to be more prominent for the lower incident energies.

Additional measurements on Mo were carried out by HAWORTH[4] using bombarding energies up to 150 ev. Results obtained were similar to those of RUDBERG in that an elastically reflected peak was found with subsidiary maxima at somewhat lower energies, these peaks appearing at 10.6, 22, and 48 volt below the bombarding energy. A broad low energy maximum corresponding to true secondary electrons was also observed. Magnetic analysis was employed for energy determinations using a 180° type magnetic spectrometer.

Additional experimental work was done by RUDBERG[5] using a better vacuum to insure cleaner surfaces. The energy range covered was about the same as before and the results are given in Table 4.

[1] E. RUDBERG: Proc. Roy. Soc. Lond., Ser. A **127**, 111 (1930).
[2] J. SOLLER: Phys. Rev. **36**, 1212 (1930).
[3] L. J. HAWORTH: Phys. Rev. **37**, 93 (1931).
[4] L. J. HAWORTH: Phys. Rev. **48**, 88 (1935).
[5] E. RUDBERG: Phys. Rev. **50**, 138 (1936).

Table 4. *Energy losses in a reflected electron beam obtained by* RUDBERG.

Cu . .	4.2	7.2	9.2	18	26	
Ag . .	3.9	7.8			24	
Au . .	3.05	6.0			24	
Ca . .	3.5	(8)	(13)	(18)	(28)	36
CaO . .	3.6	10	13	18	28	36
Ba . .	3.4	(8)		(16)	(25)	
BaO . .	3.3	10		16	25	

The Ca and Ba and their oxides were deposited in various thicknesses on an Ag backing, in general, in an attempt to estimate the depth of penetration of the primaries. The values in parenthesis were more characteristic of the oxide than the metal and were thought to be caused by oxidation of the fresh metallic deposit during an experimental run. It is possible that the peaks at 8 to 10 volts were caused by the Ag backing and not by metal or metallic oxide.

An attempt was made by SLATER[1] to account for the losses in Cu. Assuming that the peaks represented transitions from a band corresponding to the $3d$ subshell of the free atom to the $4s$ or higher states, SLATER showed that the peaks at 7 and 9 volts could be explained. However, the theory predicted strong peaks at 15 and 18 volts whereas the experimental curves gave only a suggestion of structure at these energy losses. Slater points out that the peaks at higher energy losses arise from the energy distribution in the d band combined with the "pecularities" in the excited electron bands about which there is little experimental information. The peak at 26 volts is characteristic of the excitation of the conduction electron plasma.

TURNBULL and FARNSWORTH[2] reported experiments in which the energy distribution of electron beams diffracted off of the (111) face of an Ag single crystal were measured magnetically. The energy of the primary beam was adjusted at values of 7.7, 23.2, and 83.2 ev in order to obtain a reflected beam for 45° incident radiation. Peaks at 3.9 and 7.3 ev were found agreeing with the results of RUDBERG. The relative intensities of the two peaks were found to depend on the primary voltage and target angle in contrast to RUDBERG'S results for polycrystalline materials wherein no such dependence was found.

An investigation of the energy distributions of the electrons reflected from a single crystal of Cu were reported in 1949 by REICHERTZ and FARNSWORTH[3]. An electron gun provided a beam which was normally incident on the crystal, with diffraction peaks being observed from the (100) plane at 59.5 ev and 114.5 ev primary energies at colatitude angles of 60 and 40.5°, respectively. Energy losses at 3.0, 6.0, 12.3, and 20.0 ev were observed with a cylindrical electrostatic analyzer and Faraday cage. The intensities of the peaks were found to depend on incident energy and colatitude angle, but the positions on an energy loss graph were independent of these factors.

17. Discrete energy losses in a *transmitted* electron beam. The first measurements of the energy distribution of a beam of electrons after passage through absorbers were made in 1941 by RUTHEMANN[4]. Such experiments were less dependent on the condition of the surface of the material than the reflection experiments described above. Incident energies up to 8 kev were employed thus minimizing scattering effects. A specially designed low energy shaped

[1] J. C. SLATER: Phys. Rev. **50**, 150 (1936).
[2] J. C. TURNBULL and H. E. FARNSWORTH: Phys. Rev. **54**, 509 (1938).
[3] P. P. REICHERTZ and H. E. FARNSWORTH: Phys. Rev. **75**, 1902 (1949).
[4] G. RUTHEMANN: Naturwiss. **29**, 648 (1941).

field electron spectrometer was utilized which contained no iron and greatly simplified energy calibration as well as combining high resolution (0.05%) with high transmission. Foils of collodion, Al_2O_3, Be, Al, and Ag were investigated

Table 5. *Energy loss peaks found by Ruthemann.*

Ag . .	22.56	45.31			
Al_2O_3 . .	22.31	45.52			
Be . .	18.97	38.11	57.31	75.98	
Al . .	14.72	29.59	44.34	59.34	73.84

in thicknesses of less than 100 Å. Losses were most pronounced in Al and Be with five losses in Al being observed at multiples of (15.1 ± 0.2) ev. The positions of the loss peaks were found to be independent of primary energy and foil thickness. Although densitometer scans of the film used as detectors were made, no quantitative measurements of relative line intensities were possible, and no cross section calculations were carried out.

In a subsequent investigation RUTHEMANN[1] made additional measurements on the same materials in thicknesses from 100 to 500 Å. Table 5 indicates the positions of the maxima found for these materials.

In general the peaks were much sharper for Be and Al than for collodion, Al_2O_3, and Ag. Multiple losses were found for all materials except collodion where a single peak at 21.4 ev was seen. The positions of the peaks appeared to be independent of incident energy as before, and to be only slightly if at all dependent on foil thickness. The number of maxima in a particular material was definitely a function of foil thickness, however.

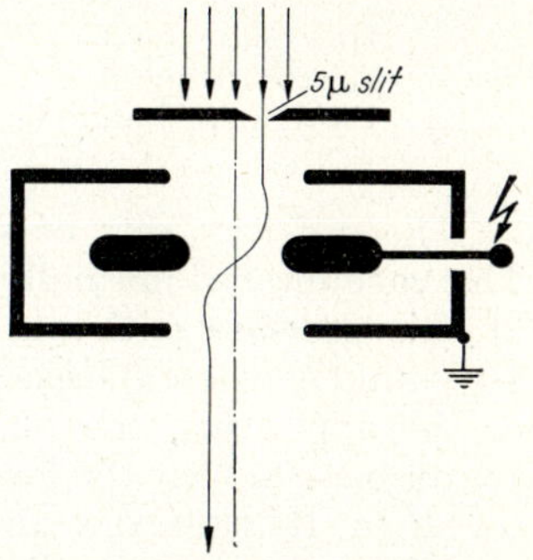

Fig. 15. Cross-sectional view of electrostatic cylindrical lens used by MÖLLENSTEDT as a high resolution energy analyzer.

The average values of the difference between loss peaks were found to be 22.6, 22.3, 19.0, and 14.7 ev for the above foils, respectively.

Using RUTHEMANN'S spectrometer, LANG[2] made similar measurements on Cu and Ni on collodion and reported single losses of 19.1 and 24.2 ev, respectively, in these metals. A somewhat higher value of 22.9 ev was found for Cu supported on collodion. Additional measurements on Al checked RUTHEMANN'S previous results closely.

A new technique for examining small losses was employed by MÖLLENSTEDT[3] in 1949. An electron beam from an electron microscope was passed through a thin absorbing foil, the beam then entering a 5-micron slit which was placed off the center line of an electrostatic cylindrical lens specially constructed to exhibit high chromatic aberration for off-axis rays. The direction of the rays after leaving the lens was a function of their velocity, and the displacement of the position at which they struck the photographic plate used as detector from the position for a beam which had not suffered energy loss, was shown to be a linear function of the energy loss. Fig. 15 shows a schematic representation of the analyzing portion of the experimental arrangement. With this technique MÖLLENSTEDT was able to obtain an energy resolution of less than a volt at 35000 volt incident energy.

[1] G. RUTHEMANN: Ann. d. Physik **62**, 113 (1948).
[2] W. LANG: Optik **3**, 233 (1948).
[3] G. MÖLLENSTEDT: Optik **5**, 8–9, 499 (1949).

Using much higher incident energies than had been used previously, MÖLLENSTEDT measured the losses experienced by electrons in the energy range from 25 to 40 kev. Table 6 gives the results for various substances tested.

Table 6. *Energy losses found by Möllenstedt with the electrostatic cylindrical lens* (*in* ev).

Collodion	6	21			
Al	7	15	22		
Al	9	18	36	54	
Al_2O_3	22.5			6	
Ni	22.6	65			
Au	15	30	45	60	
Te	8	20			
Cd	9	21.5			
Sb	15	20	31		
Pt on collodion	14	22.4	46	61.4	
Cu	20.4				
Muscovite 400 Å	25				
Muscovite 700 Å	25	50			
Vacuum 10^{-3} mm Hg	3.5	7	12	66	130

The different sets of values for Al represent data taken on different foils. The vacuum was normally maintained at 10^{-4} mm Hg, and no losses were found at this pressure with no foil. However, if the vacuum was allowed to go to 10^{-3} mm Hg where the electronic mean free path was of the order of the dimensions of the apparatus, the photographic plate showed discrete losses as indicated. It can be seen that the losses found by MÖLLENSTEDT agree in general with those found by RUTHEMANN and LANG at lower incident energies. However, several new losses appear as well which were not previously observed.

A modification of this apparatus permitted MÖLLENSTEDT[1] to examine energy losses in a variety of gases and vapors. The peaks found agree rather well in their displacement from the initial energy with the resonance and ionization potentials determined at low bombarding energies. Table 7 gives the discrete

Table 7. *Energy losses in* ev *in gases and vapors obtained by Möllenstedt.*

N_2	13.1 ± 0.3	
O_2	8.0 ± 0.3	13.6 ± 0.5
H_2	13.1 ± 0.3	
He	12.9 ± 0.3	19.8 to 20.9
Benzene C_6H_6	6.9 ± 0.2	11.8 ± 0.3
CO_2	11.9 ± 0.3	
H_2O	13.8 ± 1.0	
Xylene $C_6H_4(CH_3)_2$	7.0 ± 0.5	14.0 ± 1.0
Ethyl Ether $C_2H_5OC_2H_5$	11.5 to 13.0	

losses observed at an incident energy of 35 kev. The explanation for such losses is found in the theory of atomic and molecular excitation and ionization levels and will not be discussed here. The reader is referred to a recent review on this subject for further information[2].

The most complete investigation of discrete losses was performed by MARTON and LEDER[3] with 30 kev electrons using a modified electrostatic electron

[1] G. MÖLLENSTEDT: Z. Naturforsch. **7a**, 465 (1952).

[2] H. S. W. MASSEY and E. H. S. BURHOP: Electronic and Ionic Impact Phenomena. Oxford: Clarendon Press 1952.

[3] L. MARTON and L. B. LEDER: Phys. Rev. **94**, 203 (1954).

microscope and the cylindrical lens with its high chromatic aberration for off-axis rays for energy measurement.

Similar to apparatus used by MÖLLENSTEDT the instrument exhibited a line profile 1.2 volt wide at half height. Films between 50 and 100 Å thick were vacuum evaporated onto salt crystal faces, then floated off in water and mounted on 200 mesh screens. Readily oxidized films were prepared by evaporation onto a thin substrate in the vacuum of the analyzer itself. A densitometer trace of the film used as detector gave the results shown in Table 8.

Table 8. *Energy losses in various substances in* ev *obtained by Marton and Leder.*

Beryllium . . .	6.5	18.9				
Na on Quartz .	5.4	10.7	13.3	17.5		
Na on Collodion	5.1	10.8	17.5	18.6		
Magnesium . .	9.7	20.3				
Aluminum . .	6.2	13.9	19.2	27.8	35.0	
Silicon	5.2	16.9				
K on Silicon. .	7.8	11.3	15.0	18.7	22.6	27.8
K on Collodion	8.0	11.0	14.9	19.5	22.7	25.8
Titanium . . .	11.4	21.4	42.9			
Chromium . .	9.7	21.8	45.0			
Manganese . .	9.9	22.1				
Iron	15.8	19.4	56.1			
Cobalt	5.7	18.3				
Nickel	5.8	9.4	13.2	17.6	23.4	
Copper	6.9	11.3	19.6			
Germanium . .	16.0	30.1				
Palladium. . .	15.7	21.5				
Silver	16.0					
Cadmium . . .	14.5					
Tin.	4.5	12.4	18.0	23.9		
Antimony. . .	14.2	24.3				
Gold	16.5	21.5				
Bismuth . . .	13.0	25.2				
Collodion . . .	4.5	19.3				
Quartz	5.5	19.4				
Air (Nitrogen) .	12.9					

Approximate agreement with the Pines and Bohm plasma oscillation theory was found as regards the magnitude of the energy loss for Al, Be, Mg, and Na.

A new technique for measuring small losses was reported by BLACKSTOCK, BIRKHOFF, and SLATER in 1954[1]. A pair of accelerating tubes of the Cockcroft-Walton type were placed in series and a high potential was applied which made one tube an accelerator and the other a decelerator. With no absorber in place electrons were accelerated, then lost most of their energy again in the decelerator, and emerged from the latter with 100 ev due to a 100 volt biasing battery used in the lead to the decelerator. The remaining energy was analyzed with a low energy cylindrical electrostatic spectrometer, and a Faraday cage of conventional design. This two-state energy measurement eliminated the serious defocussing which occurred if deceleration to zero energy was attempted. Foils placed between accelerator and decelerator caused some electrons to lose energy, but these electrons could still be collected if an additional small biasing potential was added to the accelerator equal to the energy lost. In practice this latter potential was scanned by a motor driven rheostat and the resultant current to the Faraday cage was plotted on an automatic recorder. The line profile with no foil in place

[1] A. W. BLACKSTOCK, R. D. BIRKHOFF and M. SLATER: Phys. Rev. **95**, 303 (1954). See also: A. W. BLACKSTOCK, R. D. BIRKHOFF and M. SLATER: Rev. Sci. Instrum. **26**, 274 (1955).

was 2 volts wide at half height, this width being constant, independent of the accelerating voltage (15 to 125 kev). For high incident energies this indicates a resolution of about 20 parts in 10^6. Fluctuations in the high voltage while varying the incident energy slightly, did not affect the energy resolution inasmuch as the same power supply was used for both accelerator and decelerator. The use of the cylindrical electrostatic analyzer provided a true energy distribution as opposed to the integral energy distribution obtained in most stopping potential analyzers, and hence avoided the errors inherent in the conversion of the latter to a true distribution.

Table 9. *Energy losses in* ev *in various elements and in either the oxide or sulfide of the same elements.*

Si . . .	4.8	16.9	
SiO_2 . .	5.4	19.4	
Te . . .	4.6	16.0	
TeO_2 . .	9.5	17.5	
Pb . . .	5.1	12.1	21.8
PbS . .	6.8	14.7	21.9
Sb . . .	4.3	14.9	30.6
Sb_2S_3 .	6.3	18.0	35.4
Mg . .	9.7	20.3	
MgO[2] . .	11.4	25.0	

Preliminary data reported in this paper indicated multiple losses of about 16 volt in Al in approximate agreement with LEDER and MARTON.

In a later paper LEDER and MARTON[1] have reported measurements on several materials and the oxides or sulfides of the same materials. Taken under conditions identical to those of the previous work, this data provide an interesting study of the effect of chemical combination on the positions of the discrete loss peaks. Table 9 shows the results obtained. LEDER and MARTON remark that at least some of the losses observed are not due to plasma interaction.

In another application of the Möllenstedt chromatic lens method, WATANABE[3] has examined the losses in MgO in a range from 15 to 25 kev. Losses were found at 5.3, 11.4, and 25.0 volts from the primary energy and their positions were shown to be independent of bombarding energy. The first peak is very weak and is presumed to represent a transition from the valence band to a localized level in the first allowed band. The peak at 11.4 volts is strong and considered to represent electrons which reach the first allowed band from the va-

Table 10. *Energy losses in* ev *for various materials found by Watanabe.*

Al.	6.5	14.8	23.0	29.5	
Al_2O_3 . . .	22.5	46.0			
Ag	22.0				
Au	6.5	17.5	25.0	34.0	49.0
Be	19.0	38.0	56.0		
BeO	5.7	16.5	28.0	57.0	
$Ca(OH)_2$ . .	7.5	12.0	15.0	22.0	37.0
Cr.	26.0	54.0			
Cu	7.0	19.5			
Ge	17.0	34.0			
MgO. . . .	4.5	5.5	11.4	25.0	
NaCl . . .	14.5	20.0	24.0	29.0	32.0
Ni.	6.5	12.0	22.5	45.0	
Sb	6.5	18.0	24.5	46.0	
Sn	6.3	13.0	19.5		
SnO_2 . . .	5.5	12.5	19.5	35.0	63.0
Collodion. .	7.0	13.0	18.0	21.2	
Residual Gas in Vacuum	6.0	9.0	13.5		

[1] L. B. LEDER and L. MARTON: Phys. Rev. **95**, 1345 (1954).
[2] H. WATANABE (private communication).
[3] H. WATANABE: Phys. Rev. **95**, 1684 (1954).

lence band with the width of the former being taken as about 1.9 volts from the data. The value of 11.4 volt appears to check x-ray absorption measurements which place the level between 10 and 15 volts. The third peak is assumed to indicate transitions from the valence band to the second empty band and its distance from the second peak of 13.6 volts is said to check a value of 12 volts obtained from fine structure studies on the L absorption edge of MgO.

Additional work by WATANABE[1] has been reported on a number of different target materials. Results for a bombarding energy of 22 kev are shown in Table 10.

Further work with the stopping potential analyzer has been reported by BLACKSTOCK, RITCHIE, and BIRKHOFF[2] on Al, Mg, and Cu. Typical data found

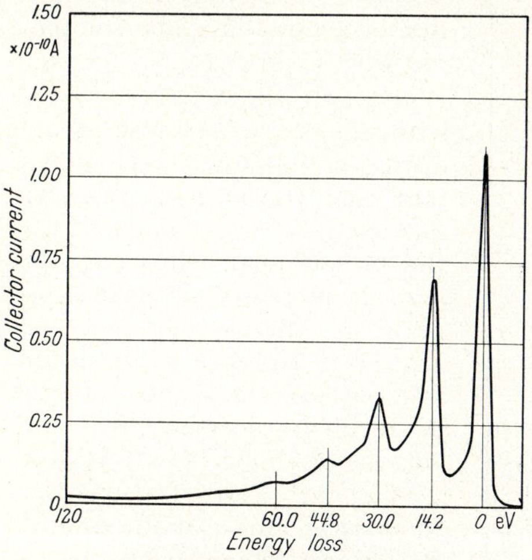

Fig. 16. Energy loss spectrum for 45 kev electrons after passage through a 15 μg/cm² Al foil.

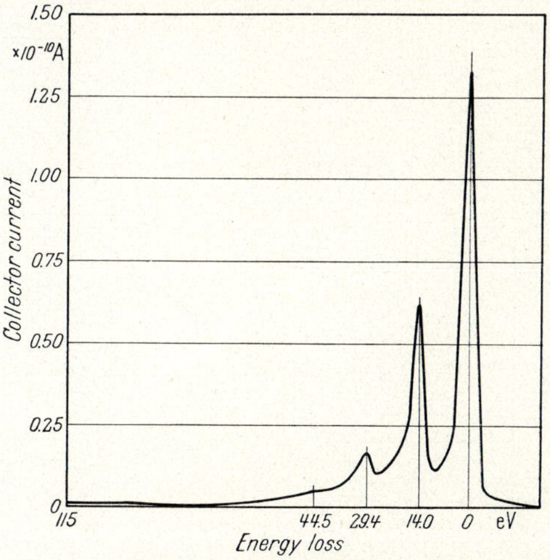

Fig. 17. Energy loss spectrum for 100 kev electrons after passage through a 15 μg/cm² Al foil.

with a 15 μg/cm² Al foil at an incident energy of 45 kev are shown in Fig. 16. The line to the right represents electrons which have lost essentially no energy in passing through the foils. Additional peaks to the left are separated by 15 volt intervals and represent losses from the incident electron to the plasma of one or more 15 ev quanta. Missing from the energy distribution is a peak corresponding to a ~ 7 ev loss found by MÖLLENSTEDT, and LEDER and MARTON. The reason for the disappearance of this loss may lie in the relatively small angular aperture of the electron microscope chromatic lens method (10^{-3} rad in LEDER and MARTON's apparatus) as compared with the larger value of 30×10^{-3} rad in the apparatus of BLACKSTOCK, RITCHIE, and BIRKHOFF. According to FERRELL and for 30 kev incident electrons, the angular distribution of those which have lost 15 ev should be reduced to half height at an angle $\vartheta_E = 0.25 \times 10^{-3}$ rad and should extend out to a cut-off angle $\vartheta_C = 22 \times 10^{-3}$ rad. On the other hand, the angular distribution for those which have lost only 7 ev should be more narrow with $\vartheta_E = 0.12 \times 10^{-3}$ rad with ϑ_C as before. That is, an instrument of aperture 10^{-3} rad will "see" about twice as many electrons which have lost 7 ev as have lost 15 ev, thus making the cross sections for the excitations of the two processes appear to be more nearly comparable.

In addition to the plasma energy, the ratio of foil thickness to mean free path for the loss of a quantum may be determined from Fig. 16. If the average

[1] H. WATANABE: J. Phys. Soc. Japan 9, **6**, 920 (1954).

[2] A. W. BLACKSTOCK, R. H. RITCHIE and R. D. BIRKHOFF: Phys. Rev. **100**, 1078 (1955).

number of quanta lost in a path length x is x/λ, then the probability that n quanta will be lost is given by the Poisson distribution formula

$$P_n(x) = \frac{1}{n!}\left(\frac{x}{\lambda}\right)^n e^{-x/\lambda}. \qquad (17.1)$$

Thus by taking the ratios of the areas under any two peaks, viz. P_1/P_2, it is possible to obtain the ratio of x/λ for this particular foil and incident energy. By taking the ratios of each of the areas with each of the other areas, several values of x/λ may be determined and these may then be averaged to give a more accurate value. A knowledge of foil thickness x then enables a calculation of λ which may be compared with Eq. (14.14).

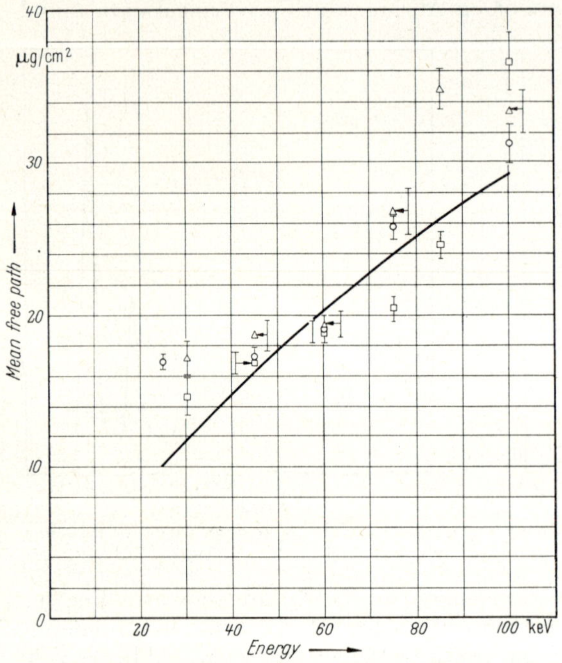

Fig. 18. Mean free path for the loss of a quantum to the electron plasma. Triangles and squares were taken with a 14.3 μg/cm² Al foil while circles resulted from measurements with a foil of thickness 15.3 μg/cm². Solid line is the theory of Pines and Bohm.

Fig. 17 shows data taken with the same foil but at an energy of 100 kev. It is apparent that the no-loss peak has increased in size compared to the 15 volt peak, thus indicating an increase in mean free path at this higher energy. Fig. 18 is a graph of the mean free path versus kinetic energy of incident electrons for two Al foils of thicknesses 14.3 and 15.3 μg/cm². Plotted also is the theoretical curve of Pines and Bohm. Agreement with theory is seen within experimental error over an energy range from 25 to 100 kev.

Similar data on Mg are shown in Fig. 19. Here losses were found at about 10 volt intervals for an incident energy of 115 kev. Estimates of mean free path were more difficult in this case due to the experimental uncertainties in the determination of foil thickness. Apparently the value of λ lies in the range (165 ± 55) μg/cm² on the basis of foil weight. Chemical analysis of the foil after use yielded thickness values which checked the weighed values. However, the value stated above is approximately 5 times the theoretical estimate. Better agreement with theory is obtained if the calculated thickness is used assuming and isotropic distribution of magnesium leaving the filament in the evaporation process and using the loss of weight of filament and Mg during the evaporation. A better measurement of mean free path for readily oxidized materials would involve preparing, weighing, and using the foils without ever removing them from the vacuum.

The broad single peak characteristic of losses in heavy materials is shown in Fig. 20. Data were taken on a Cu foil at an energy of 115 kev. The loss appears at 21.5 volts and has a width comparable to this energy. The mean free path lies in the range (90 ± 30) μg/cm². Such a loss requires that the number of free electrons per atom be equal to 4.4 in order for agreement with the plasma theory to be obtained, this number being unrealistic when compared to other estimates of the same quantity from other experiments. In a recent paper, WOLFF[1] has made an approximate calculation of the effect of the electrons in the $3d$ shell on the plasma frequency[2] and the width of the plasma resonance. The rapid transfer of plasma energy to a single d electron has the effect of broadening the width of the resonance in accordance with the uncertainty principle. The ratio of width to plasma energy is of the order of one to two in Cu on the basis of optical absorption data. Thus the width of the lines in Sc through Ni should

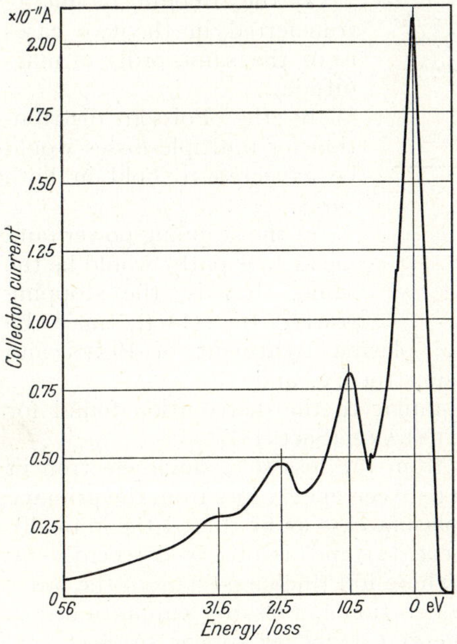

Fig. 19. Energy loss spectrum for 115 kev electrons after passage through a 72 μg/cm² Mg foil.

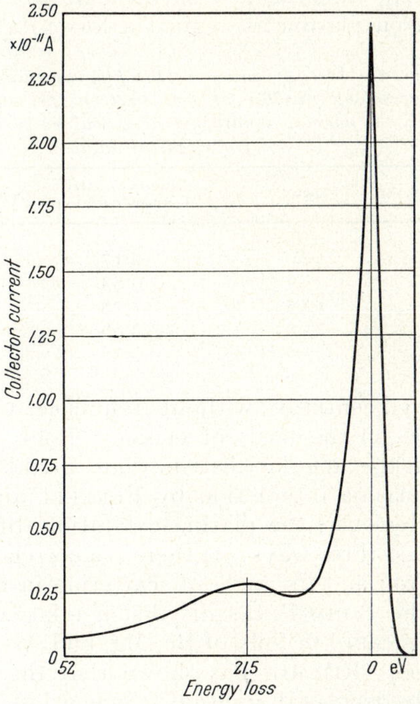

Fig. 20. Energy loss spectrum for 115 kev electrons after passage through a 66 μg/cm² Cu foil.

increase as the $3d$ shell is filled. LEDER and MARTON in their work on Ti, Cr, Mn, Fe, Co, and Ni indicate that "this may not be the case" however.

A shift in the plasma energy of about 10 volts toward higher energy due to the interaction with the $3d$ electrons is also to be anticipated according to WOLFF. Subtracting this energy from the observed energy would give a plasma frequency which would in turn lead to a more resonable value for the number of free electrons per atom.

18. Comparison of discrete energy losses with the plasma theory. Although there may well be peaks corresponding to plasma absorption in all of the metals investigated, in only five cases are the losses such that sharp, multiple peaks are observed. Restricting the discussion to these metals and averaging the results of the many experiments previously mentioned, the data of Table 11 may be assembled. The second column gives the average experimental value for the plasma energy. The third column gives the corresponding number of free electrons

[1] P. A. WOLFF: Phys. Rev. **92**, 18 (1953).
[2] See also E. N. ADAMS: Phys. Rev. **98**, 947 (1955).

per atom which must be assumed in order that Eq. (12.3) will give the plasma energy of column two. The mass used is the free electron mass in all cases. Column four gives the normal valence of the various elements. It can be seen that close agreement is found between columns three and four indicating that the valence electrons may be considered as free. Agreement is particularly striking when one considers that the number of free electrons per atom depends upon the square of the plasma energy. Thus any small experimental error will be magnified considerably in the corresponding error in the number of free electrons per atom.

Experimentally it is difficult to distinguish between an excitation of the electron plasma as against a loss to a single bound electron because:

Table 11. *Average values of the plasma energy and the corresponding number of free electrons per atom. Given also is the normal atomic valence. Values in parenthesis are from optical data.*

Element	Plasma energy	Number of free electrons per atom	Normal valence
Be . . .	19.0	2.17	2
Na . . .	5.4 (5.9)	0.83	1
Mg . . .	10.3	1.78	2
Al . . .	14.9	2.66	3
K . . .	3.8 (3.9)	0.78	1

a) the amount of energy transferred in the two cases is of the same order of magnitude,

b) the Poisson distribution for multiple losses would be expected to hold in both cases,

c) the stopping power (and mean free path) would be the same, that is, the stopping power, Eq. (13.4), may be derived entirely without reference to the plasma treatment of PINES and BOHM on the basis of classical Bohr collision theory, and

d) the angular distributions would be similar to the distribution found for the plasma interaction by FERRELL and HUBBARD (Sect. 15).

However, the plasma excitation differs from the loss to a single electron in at least three ways: (1) there is a correlation between energy loss from the primary electron and its angle of scattering in the plasma case as predicted theoretically by the BOHM-PINES dispersion relation (Sect. 15) and as observed recently by WATANABE[1] in foils of Be, Mg, and Al; (2) where foil thicknesses are of the order or v/ω_P, RITCHIE has shown that the cross section for loss of a quantum $\hbar\omega_P$ will be decreased and that (3) a new loss of energy $\hbar\omega_P/\sqrt{2}$ will appear (see Sect. 15).

It is possible that a distinction may be made on the basis of the processes involved in the transitions back to the ground states. Possibly the emission of a 15 ev quantum would be less likely from the plasma than from a single electron returning to the ground state although no theoretical arguments exist to this effect.

The losses shown in the preceding tables not attributable to plasma excitation are in general subject to no simple universal interpretation. It is assumed that they represent transitions to unoccupied levels in the bombarded materials and a description of such levels belongs more properly in the field of solid state physics. Large losses may be attributed to ionizations from inner atomic shells and cross section measurements for such processes have been reported in the literature[2].

It is interesting to note that the energy levels in condensed materials may be investigated by at least four other experimental methods. The intensities of the K and L x-ray emission lines as a function of bombarding energy show, under high resolution, additional peaks which are separated from the principal

---

[1] H. WATANABE: J. of Electronmicrosc. **4**, Annual Edit. p. 24 — J. Phys. Soc. Japan **10**, 321 (1955); **11**, 112 (1956).

[2] See for instance, L. T. POCKMAN, D. L. WEBSTER, P. KIRKPATRICK and K. HARWORTH: Phys. Rev. **71**, 330 (1947).

lines by amounts which are comparable to the energies lost by the primary electron beam in the transmission and reflection experiments described above. Presumably such maxima are caused by bombarding electrons which lose a discrete amount of energy to an electron in the target before they interact with K and L shell electrons. Some of the more recent work in this field has been done by SKINNER[1] using targets of Li, Be, Na, Mg, Al, C, P, and S; NILSSON[2] with targets of Cr, Ti, Fe, Co, Ni, and Cu; and SCHWARZ and ROGOSA[3] using Ta, W, and Pt.

Additional evidence for discrete energy levels in solids comes from measurements on the x-ray absorption edges of such materials. Experiments with absorbers of Fe, Co, Ni, Zn, Ga, and Ge by BEEMAN and FRIEDMAN[4] showed fine structure on the absorption edges which are related to energy states in the medium. Similar data on the K edge in Al obtained by CAUCHOIS[5] showed approximate agreement with the losses found in the electron transmission experiments. Polarized x-rays were used in a similar investigation of Cl by KROGSTAD, NELSON, and STEPHENSON[6]. In the soft x-ray region, JOHNSTON and TOMBOULIAN[7] have examined the structure of the K edge of Be and have found peaks separated by amounts roughly comparable to the discrete losses found in the electron transmission experiments. A review of the fine structure energies and the plasma losses has been given by LEDER, MENDLOWITZ, and MARTON[8].

In another type of experiment, the intensity distribution of x-rays near the short wavelength limit of the continuum is observed. NIJBOER[9] has discussed the significance of the structure found in this region of the x-ray spectrum and its relation to energy levels in the solid state.

More direct determination of the energy levels in solids has been made by measuring the transmission and reflection of thin metallic foils for ultraviolet light. WOOD and LUKENS[10] have reported the wavelengths at which foils of the alkali metals changed from the transmitting to the reflecting state. For Na and K these were measured to be 2100 and 3150 Å corresponding to quantum energies of 5.9 and 3.9 ev which agree well with plasma energies listed in Table 11. Similar ultraviolet work has been done by SIMANS[11] who measured the absorption of Au and Ag in the range 1800 to 1100 Å.

E. Distribution of energy losses—straggling.

19. General theory. It is well known that although the average stopping power of matter for electrons is given adequately by Eq. (8.3), a more complete description of the passage of electrons through matter involves the consideration of the variation from the average of the amount of energy lost. Such a detailed description is particularly necessary for electrons as compared to heavy particles because of the possibility that an electron may lose a large fraction of its energy in a single collision with an electron of the medium, a situation which does not exist for heavier particles because of the large mass difference between incident particle and the stopping electrons.

---

[1] H. W. B. SKINNER: Phil. Trans. Roy. Soc. **239**, 95 (1946).
[2] A. NILSSON: Ark. Fysik **6**, 49, 513 (1953).
[3] G. SCHWARZ and G. L. ROGOSA: Phys. Rev. **92**, 88 (1953).
[4] W. W. BEEMAN and H. FRIEDMAN: Phys. Rev. **56**, 392 (1939).
[5] Y. CAUCHOIS: Acta crystallogr. **5**, 351 (1952).
[6] R. KROGSTAD, W. NELSON and S. T. STEPHENSON: Phys. Rev. **92**, 1394 (1953).
[7] R. W. JOHNSTON and D. H. TOMBOULIAN: Phys. Rev. **94**, 1585 (1954).
[8] L. B. LEDER, H. MENDLOWITZ and L. MARTON: Phys. Rev. **101**, 1460 (1956).
[9] B. R. A. NIJBOER: Physica, Haag 12 **7**, 461 (1946).
[10] R. W. WOOD and C. LUKENS: Phys. Rev. **54**, 332 (1938).
[11] C. F. E. SIMANS: Physica, Haag 10 **3**, 141 (1943).

The variation in the amount of energy lost by successive particles in passing through a medium is known as *straggling* and was first treated theoretically by WILLIAMS[1]. A more recent calculation by LANDAU[2] leads to a similar distribution for the energy losses for a given foil thickness. A correction to the shape of the distribution due to losses to bound electrons has been given by BLUNCK and LEISEGANG[3] whose treatment will be given here.

Let $f(W)\,dW$ be the normalized probability that an electron in traversing a foil of thickness x has lost an energy between W and $W+dW$. Let $\Phi(K)\,dK$ represent the probability per unit path of an energy loss between K and $K+dK$. One then may calculate the change in $f(W)$ as the particle proceeds from a depth x to a depth $x+dx$. An electron arriving at x having lost an energy $W-K$ may make an additional collision losing an amount K in the distance dx and thus increasing the probability for arrival at $x+dx$ with an energy loss W. The probability for this process is the product of the above independent probability distributions, $\Phi(K)\,f(W-K)\,dK$. Similarly, an electron may arrive at x having suffered a total energy loss W and may subsequently lose an amount K thus decreasing the probability of arriving at $x+dx$ with a total loss W, by an amount $\Phi(K)\,f(W)$. Clearly the exact value of K is unimportant and the total change in the function f on the interval dx will be obtained by integration over all values of K,

$$\frac{df}{dx} = \int_0^\infty \Phi(K)\,[f(W-K) - f(W)]\,dK. \tag{19.1}$$

The solution of this integral equation may be obtained by taking the Fourier transform of f with respect to W so that

$$f(W) = \frac{1}{2\pi}\int_{-\infty}^{\infty} [e^{isW} - x\,g(s)]\,ds \tag{19.2}$$

with

$$g(s) = \int_0^\infty [1 - e^{-isK}]\,\Phi(K)\,dK.$$

It is assumed throughout that the probability Φ does not change as the average energy of the particle decreases on its way through the absorber, or in other words, that the average energy loss is small compared with initial energy[4]. In addition it is assumed that the function Φ may be separated into a part Φ_r wherein the amount of energy transferred is small and of the order of the binding energies of the various atomic shells, and into a part Φ_f due to larger losses to essentially free electrons

$$g(s) = \int_0^\infty [1 - e^{-isK}]\,[\Phi_r(K) + \Phi_f(K)]\,dK. \tag{19.3}$$

The latter function is given for losses which are not too large by the classical expression for the differential cross section per unit path, Eq. (2.7), for an energy loss between K and $K+dK$

$$\frac{N_A\,\varrho Z}{A}\,d\sigma = \Phi_f(K)\,dK = \frac{2\pi N_A e^4 \varrho Z}{m_0 v^2 A}\,\frac{dK}{K^2} \tag{19.4}$$

---

[1] E. J. WILLIAMS: Proc. Roy. Soc. Lond. **125**, 420 (1929).
[2] L. LANDAU: J. Phys. USSR. **8**, 201 (1944).
[3] I. BLUNCK and S. LEISEGANG: Z. Physik **128**, 500 (1950).
[4] See also V. V. CHAVCHANIDZE: Zhur. Eksper. i Teor. Fiz. **26**, 179, 185 (1954), for a treatment of straggling valid when the average loss is comparable to the initial energy.

or

$$\Phi_f = \frac{a}{K^2}, \qquad a = \frac{2\pi N_A e^4 \varrho Z}{m_0 v^2 A}. \tag{19.5}$$

Eq. (19.3) may be separated into two integrals according to the range of values of energy transfers which are assumed for the resonance and free probabilities Φ_r and Φ_f. In the former case the exponential may be expanded because of the small values of K being considered and its contribution to $g(s)$ may be given in terms of the various moments of the Φ_r distribution

$$g_r(s) = -\sum_{n=1} \overline{K_r^n} \frac{(-i s)^n}{n!}, \tag{19.6}$$

$$\overline{K_r^n} = \int_0^{K_1} K^n \Phi_r(K)\, dK. \tag{19.7}$$

LANDAU takes into account only the first moment $\overline{K_r^1}$ evaluated for small losses between Φ and K_1 an arbitrary energy which divides the free from the resonance energy exchanges,

$$\overline{K_r^1} = \frac{2\pi N_A e^4 \varrho Z}{m_0 v^2 A}\left[\log \frac{K_1\, 2 m_0 v^2}{(1-\beta^2)\, I^2} - \beta^2\right]. \tag{19.8}$$

BLUNCK and LEISEGANG introduce the second moment $\overline{K_r^2}$ as well where

$$\overline{K_r^2} = 1.5 \sum_i I_i \overline{K_{ri}} \tag{19.9}$$

with[1]

$$K_{ri} = a \frac{n\, i}{Z} \log \frac{2E}{I_i(1-\beta^2)}. \tag{19.10}$$

Here the summation extends over all atomic shells having a number of electrons n with binding energy I_i. Eq. (19.1) is obtained on the assumption that the resonance probability may be written as

$$\Phi_r(K) = \sum_i \overline{K_{ri}} \frac{\delta(K - 1.5 I_i)}{1.5 I_i}. \tag{19.11}$$

That is, if the probability for resonance collisions is written in this form, the moment $\overline{K_r^1}$ calculated from this equation agrees with Eq. (19.8) except for the term β^2.

When the probabilities Φ_r and Φ_f are substituted in Eq. (19.3), a straggling distribution[2] is obtained as a function of a dimensionless parameter

$$f(W)\, dW = \sum_{v=1}^{4} \frac{C_v \gamma_v}{(\gamma_v^2 + b^2)^{\frac{1}{2}}} \exp\left[-\frac{(\lambda - \lambda_v)^2}{\gamma_v^2 + b^2}\right] d\lambda \tag{19.12}$$

where

$$\lambda = \left\{\frac{W}{a x} - \left[\log \frac{a x\, 2 m_0 v^2}{(1-\beta^2)\, I^2} + 1 - \beta^2 - C\right]\right\} \tag{19.13}$$

---

[1] L. V. SPENCER and U. FANO [Phys. Rev. **93**, 1172 (1954)] have suggested that a factor $\frac{4}{3}$ should replace the 1.5.

[2] See also treatment by K. SYMON in Harvard University Thesis, 1948, and reviewed by B. ROSSI, High Energy Particles, Prentice-Hall, Inc. 1952.

with $C = 0.577$ the Euler constant, the constants C_ν, γ_ν, and λ_ν are given in Table 12 and b^2 is a dimensionless parameter given by

$$b^2 = \frac{\overline{2K_r^2}}{a^2 x}. \tag{19.14}$$

Table 12. *Constants occurring in the straggling distribution calculated by Blunck and Leisegang.*

	1	2	3	4
C_ν	0.174	0.058	0.019	0.007
λ_ν	0.0	3.0	6.5	11.0
γ_ν	1.8	2.0	3.0	5.0

The calculations of b^2 from the above considerations is somewhat tedious for heavy atoms. Hence BLUNCK and WESTPHAL[1] give in a later paper an alternative representation based on a Fermi-Thomas model of the atom

$$b^2 = \frac{q\,\overline{W}\,Z^{\frac{4}{3}}}{(a\,x)^2} \tag{19.15}$$

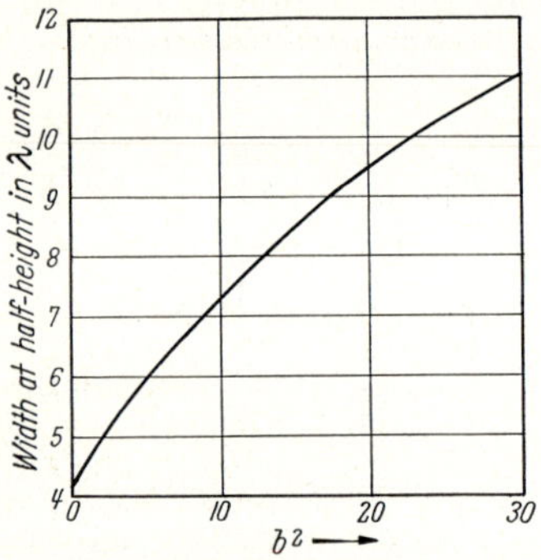

Fig. 21. Width at half-height for a straggling distribution as a function of parameter b^2 as calculated from Blunck Leisegang theory.

where $\overline{W}$ is the average energy lost in passing through the medium and q is an energy of the order of 20 ev. Values of b^2 calculated from Eqs. (19.14) and (19.15) agree well and the effect of any slight differences on the width of the straggling distribution is of the order of $0.1\,\lambda$. The dependence of the width of the straggling distribution at half heigth on b^2 may be seen from Fig. 21. For $b^2 \ll 3$ the function on the right side of Eq. (19.12) becomes the Landau distribution with a width of about 4λ.

The most probable energy loss is found by LANDAU to appear at $\lambda = -0.05$. The most probable rate of energy loss is then given by

$$-\left(\frac{dE}{dx}\right)_{\text{prob}} = \frac{2\pi N_A e^4 \varrho Z}{m_0 v^2 A}\left\{\log\left[\frac{4\pi N_A e^4 \varrho\, x\, Z}{I^2(1-\beta^2)\,A}\right] - \beta^2 + 0.37\right\} \tag{19.16}$$

which differs functionally from the average stopping power in that the foil thickness, density, atomic weight, and atomic number appear under the logarithm. For $b^2 > 3$ the most probable loss is shifted only by the order of λ.

The straggling distributions have been calculated for positrons, also, by ROHRLICH and CARLSON[2]. The deviations from the above theory are small and within the limits of error of most experiments.

20. Path length distribution due to scattering. The calculations of Sect. 19 refer to the energy loss along the track of the particle. Actually, however, multiple scattering of the incident electrons will result in path lengths which are longer then the foil thickness, an effect which will not only increase the average and most probable energy loss of the incident electrons but will also broaden the straggling distributions obtained experimentally.

An estimate of the average increase in path and the path length distribution has been obtained by YANG[3] who bases his calculations on a previous theoretical

[1] O. BLUNCK and K. WESTPHAL: Z. Physik **130**, 641 (1951).
[2] F. ROHRLICH and B. C. CARLSON: Phys. Rev. **93**, 38 (1954).
[3] C. N. YANG: Phys. Rev. **84**, 599 (1951).

treatment by ROSSI and GREISEN[1] of the lateral displacement and net angular deflection of a narrow beam of charged particles after passage through an absorber.

Assuming a simplified single nuclear scattering law valid for small deflections, the probability distribution for an angular deflection Θ into a solid angle $d\Omega$ is given by

$$\xi(\Theta)\, d\Omega = 4 N_A \frac{Z^2}{A} r_0^2 \frac{\mu_e^2}{(p')^2} \beta^2 \frac{d\Omega}{\Theta^4} \tag{20.1}$$

where $\mu_e = m_0 c^2$ = electron rest energy, $r_0 = \frac{e^2}{m_0 c^2}$ = classical electron radius = 2.82×10^{-13} cm, $p' = pc$ where p = momentum of the incident electron.

The above expression may be expected to hold between a minimum scattering angle $\Theta_{\min}$ where

$$\Theta_{\min} = \frac{\lambdabar Z^{\frac{1}{3}}}{(137)^2 r_0} \tag{20.2}$$

and represents a lower limit imposed by the screening of the nuclear field by the atomic electrons, and an upper limit $\Theta_{\max}$ with

$$\Theta_{\max} = \frac{\lambdabar}{0.57\, r_0 Z^{\frac{1}{3}}} \tag{20.3}$$

which is set by the finite size of the nucleus. Here $\lambdabar$ is the de Broglie wavelength of the incident electron divided by 2π.

With these limits the mean square scattering angle may be found from the equation

$$\overline{\Theta^2(dx)} = dx \int_{\Theta_{\min}}^{\Theta_{\max}} \Theta^2 \xi(\Theta)\, 2\pi \Theta\, d\Theta \tag{20.4}$$

for an infinitestimal thickness dx. After integration one finds

$$\overline{\Theta^2(dx)} = dx\, 16\pi N_A \frac{Z^2}{A} r_0^2 \frac{\mu_e^2}{(p')^2 \beta^2} \log\left(\frac{181}{Z^{\frac{1}{3}}}\right). \tag{20.5}$$

The similarity between this expression and the expression for the stopping power due to radiation for high energy electrons suggests the introduction of a characteristic unit of length used in the latter at this point in the calculation. The radiation length X_0 is defined such that it represents the inverse of the slope of the stopping power due to radiation versus incident electron energy curve at high energies and is given by

$$X_0^{-1} = 4\alpha \frac{N_A}{A} Z^2 r_0^2 \log \frac{183}{Z^{\frac{1}{3}}} \tag{20.6}$$

where $\alpha = \frac{1}{137}$.

Table 13. *Radiation lengths in various media in g/cm².*

H_2	138	Fe	14.4
C	52	Cu	13.3
N_2	45	Au	6.0
O_2	39.7	Pb	5.9
Al	26.3	Air	43
A	20.8	Water	43

Table 13 contains representative values for this length in various media.

If the thickness dx and all subsequent thicknesses are to be measured in units of X_0, Eq. (20.5) may be written

$$\overline{\Theta^2(dt)} = \frac{4\pi\, 137\, \mu_e^2\, dt}{(p')^2 \beta^2} \tag{20.7}$$

with $dt = dx/X_0$.

[1] B. ROSSI and K. GREISEN: Rev. Mod. Phys. **13**, 262 (1941).

Eq. (20.7) may be simplified still further if a constant E_s with the dimension of an energy is introduced:

$$E_s = \mu_e (4\pi\, 137)^{\frac{1}{2}} = 21 \text{ Mev}; \qquad w = 2p'\beta/E_s.$$

Eq. (20.7) then becomes

$$\overline{\Theta^2(dt)} = \frac{E_s^2}{(p')^2\beta^2}\, dt = \frac{4\,dt}{w^2}. \tag{20.8}$$

Because of the additivity of small independent angular deviations, Eq. (20.8) may be written for a finite thickness t

$$\overline{\Theta^2(t)} = \frac{4}{w^2}\int\limits_0^t dt' = \frac{4t}{w^2}. \tag{20.9}$$

Neglecting the energy loss and considering the projection ϑ of the deflection on a plane containing the incident path, the mean square angle is one half the total mean square scattering angle, or

$$\overline{\vartheta^2(t)} = \frac{2t}{w^2}. \tag{20.10}$$

Using this relation and the symmetry of the scattering distribution about $\vartheta = 0$, a probability F for a scattering angle ϑ for an electron passing through a thickness t with a path length $t + \Delta$ and a lateral displacement y in a plane containing the initial trajectory may be found, where F satisfies the differential equation

$$\frac{\partial F}{\partial t} = -\vartheta\frac{\partial F}{\partial y} + \frac{1}{w^2}\frac{\partial^2 F}{\partial\vartheta^2} - \frac{1}{2}\vartheta^2\frac{\partial F}{\partial\Delta}. \tag{20.11}$$

The last term was introduced by YANG in order to obtain the path length distribution. The solution of Eq. (20.11) is found for two cases. Case I gives the path length distribution for all particles detected irrespective of their position y and angle of emergence ϑ. The probability for observing a path-length increase between Δ and $\Delta + d\Delta$ is given in terms of a dimensionless parameter v

$$A(\Delta)\, d\Delta = B_{\text{I}}(v)\, dv \tag{20.12}$$

where $v = 2w^2\Delta/t^2$.

$$B_{\text{I}}(v) = 2\pi^{-\frac{1}{2}} v^{-\frac{3}{2}} (\mu - 3\mu^9 + 5\mu^{25} - 7\mu^{49} + \cdots), \tag{20.13}$$

$$\mu = e^{-1/v}. \tag{20.14}$$

Asymptotic approximations for B_{I} are given which are valid within 1% in the ranges indicated:

$$B_{\text{I}}(v) = 2\pi^{-\frac{1}{2}} v^{-\frac{3}{2}} (e^{-1/v} - 3e^{-9/v}), \quad v \leqq 2.0, \tag{20.15}$$

$$B_{\text{I}}(v) = 1/4\pi \exp(-\pi^2 v/16), \quad v \geqq 2.0. \tag{20.16}$$

For the case that particles are detected which emerge only at $\Theta = 0$, the probability distribution determined from Eq. (20.11) is

$$B_{\text{II}}(v) = 4\pi^{-\frac{1}{2}} v^{-\frac{5}{2}} \left[(\mu + 9\mu^6 + 25\mu^{25} + \cdots) - \frac{v}{2}(\mu + \mu^9 + \mu^{25} + \cdots)\right]. \tag{20.17}$$

Asymptotic expressions for B_{II} may be given as follows

$$B_{\text{II}}(v) = 4\pi^{-\frac{1}{2}} v^{-\frac{5}{2}} (1 - v/2)\, e^{-1/v}, \quad v \leqq 1.0, \tag{20.18}$$

$$B_{\text{II}}(v) = \frac{\pi^2}{2}\exp(-\pi^2 v/4), \quad v \geqq 1.0. \tag{20.19}$$

The distributions B_{I} and B_{II} are given in Fig. 22 plotted against v and $2v$, respectively.

An estimate of the increase in path length may be obtained without actually calculating the distributions of Fig. 22. If ϑ_y and ϑ_z represent the deflections in perpendicular planes, each containing the incident direction, then the average increase in path is

$$\overline{\Delta} = \tfrac{1}{2} \int\limits_0^{t'} \overline{(\vartheta_y^2 + \vartheta_z^2)}\, dt'. \tag{20.20}$$

Substituting the value of $\overline{\vartheta^2}$ from Eq. (20.10) into this expression, the average increase for case I is found to be

$$\overline{\Delta_{\mathrm{I}}} = t^2/w^2. \tag{20.21}$$

Restricting the particles leaving the foil to those which leave normally, the increase for case II is obtained

$$\overline{\Delta_{\mathrm{II}}} = \tfrac{1}{3}\, t^2/w^2. \tag{20.22}$$

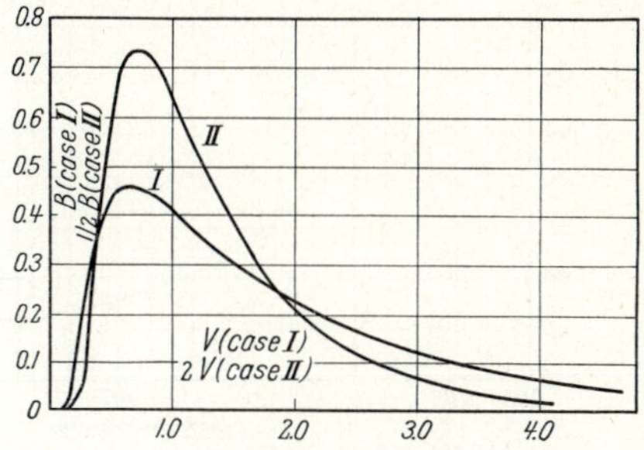

Fig. 22. Path length distribution as a function of the dimensionless parameter v.

In general the distribution of path lengths may not be observed directly but must be obtained from an examination of its effect on the straggling distribution. That is, the theoretical straggling distribution must be integrated over the theoretical path length distribution before comparison with experiment is made. Agreement between this new theoretical energy distribution and experiment is a strong indication of the validity of the path distribution.

The path length distribution found by YANG has been compared recently by HEBBARD and WILSON[1] with the result of a Monte Carlo calculation based on the Molière scattering theory. For an incident energy of 1 Mev and Al absorbers, agreement between the two distributions is found only if the Yang path increases are multiplied everywhere by $\frac{1}{2}$. Comparison is also made between the straggling distributions obtained by the Monte Carlo method and those found by integrating the "modified" Yang theory over the Landau distribution. For Al foils in which the most probable energy loss is as much as 20% of the original energy, the energy loss distributions are in substantial agreement.

21. Measurement of the most probable energy loss. That high energy electrons lose energy in penetrating matter was first observed by LEITHÄUSER[2] using cathode rays incident on very thin layers of matter. Other early experimenters, employing either cathode rays or internal conversion electrons from radioactive sources, investigated the loss of energy in many substances including air, Al, Au, Ag, Sn, Cu, and Pt and over an energy range from 1 kev to 1 Mev in an attempt to verify an empirical relationship proposed by WHIDDINGTON[3]. Such investigators[4] found a range of values of a constant a dependent on the material and to a lesser extent on the velocity to satisfy the equation

$$v_0^4 - v_x^4 = a\,x \tag{21.1}$$

[1] D. F. HEBBARD and P. R. WILSON: Austral. J. Phys. **8**, 90 (1955).

[2] E. LEITHÄUSER: Ann. d. Phys. **15**, 299 (1904).

[3] R. WHIDDINGTON: Proc. Roy. Soc. Lond., Ser. A **86**, 360 (1912).

[4] For a discussion of and references to these early experiments, see, for instance, W. BOTHE: Handbuch der Physik, Bd. 22/2, 1. 1933.

where v_0 is the velocity of the incident electron and v_x the velocity after passing through a thickness x. Although the velocity v_x referred to the peak of the energy loss distribution, excessive scattering and straggling, poor resolution in the apparatus, and the distortion of the intensity distributions by the photographic films used often as detectors generally shifted the peak observed experimentally toward the average energy loss, a larger quantity, so that these early experiments served principally to establish only the order of magnitude of the effect and the experimental method.

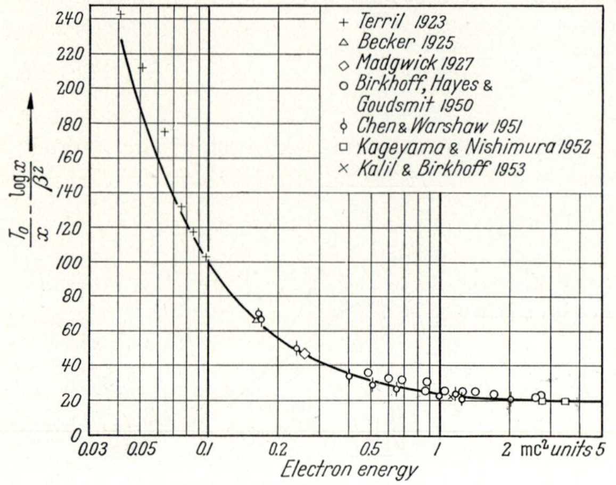

Fig. 23. Most probable energy loss in Al graphed as suggested by CHEN and WARSHAW. Solid line is theory of LANDAU.

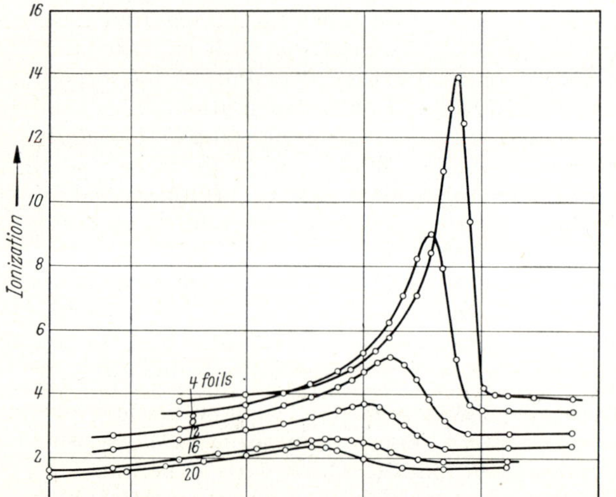

Fig. 24. Electron straggling distribution at 135 kev incident energy for various thicknesses of Cu foil. From 4 to 20 foils were used, each of 0.62 mg/cm².

One of the earliest quantitative measurements of energy loss in the low energy region between 24 and 51 kev was made by TERRILL[1] in 1923. Electrons from a Coolidge cathode were accelerated to a certain initial energy with the energy spread kept very small. After passing through a thin foil (~ 1 mg/cm²), the beam entered a magnetic field which could be adjusted to bend the beam into a Faraday cup, with the current being determined by an electroscope as a function a magnetic field. Foils of Al, Ag, Au, Cu, and Be were used although the excessive thickness of the latter material made interpretation difficult. The summary of experimental results for Al in Fig. 23 indicates essential agreement with the Landau theory as regards the most probable energy loss for the TERRILL data. Similar agreement was found for the other elements by TERRILL. No correction for increased path length due to multiple scattering has been made for TERRILL's foils, for the Yang theory does not appear to be valid in this energy range for foils of such thickneses.

The results for the thinnest foils of Al employed by BECKER[2] in a similar experiment are shown also. In this work, the displacement of a line formed in

[1] H. M. TERRILL: Phys. Rev. **22**, 101 (1923).
[2] A. BECKER: Ann. d. Physik **78**, 209 (1925).

a magnetic spectrometer by electrons with and without a foil present was noted on photographic film.

Other experiments were performed in 1927 by MADGWICK[1] using the strong internal conversion line from ThB at 135 kev as a source of monoenergetic electrons and a 180° type magnetic beta spectrometer to bend the beam into a slit opening onto a collecting plate. Currents were read with a Wilson electroscope for thin foils of Al, Cu, Ag, and Au placed in front of the source. A characteristic set of straggling distributions was obtained for the first time for various thicknesses of Cu as shown in Fig. 24. Momentum losses were found to vary linearly with foil thicknesses for all foils of a given metal whereas according to the YANG theory a stronger dependence on thickness should be anticipated. Thus no correction for path length increase can be made for these data.

A careful investigation of energy loss in mica foils was made by WHITE and MILLINGTON[2] who used a semicircular magnetic spectrometer and conversion lines from RaB and C (0.152, 0.261, 0.516, and 1.33 Mev). Photographic film was used to detect the electrons after passage through foils ranging in thickness from 2 to 14 mg/cm². Densitometer measurements of the film were made in an effort to obtain not only the most probable energy loss but also the entire straggling distribution. By not covering the radioactive source completely, a trace of the unstraggled line was obtained simultaneously with the straggling distribution, thus increasing the accuracy of the line displacement measurement. The subsequent theoretical treatment of straggling by WILLIAMS[3] indicated that the observed distribution widths were about twice the expected values. The inaccuracies associated with photographic intensity measurements make it difficult to determine whether the disagreement was real or a result of techniques employed.

Artificially radioactive souces of Re^{186}, Re^{188}, and P^{32} produced by (n, γ) reactions in an atomic reactor were used by BIRKHOFF, HAYS, and GOUDSMIT[4] in stopping measurements in Be, Al, Ag, and Ta. A 180° magnetic spectrometer was used to select a monoenergetic group of electrons which were then incident on the absorbing foil at the 180° position. After passage through the foil the electrons circled another 180° in the same magnetic field, striking a film or a movable slit in front of a Geiger counter. By allowing the electrons to have a slight velocity in the direction of the magnetic field, the trajectories spiraled enough to permit placement of the detecting assembly in the plane below the source and well shielded from it. Scattering in the foils resulted in no important shift in the intensity peak although the shapes of the energy loss distributions were altered somewhat by this effect. Electrons in an energy range from 0.25 to 1.5 Mev were used and agreement within a few percent was found in all cases.

Similar experiments were carried out using foils of various thicknesses of Be, Al, Cu, Ag, Sn, mica and organic materials by CHEN and WARSHAW[5]. K conversion electrons from Cs^{137}, Se^{75}, and Ta^{182}, and photoelectrons ejected from a Pb radiation by the gamma rays from Rn were used as monoenergetic sources. The displacement and broadening of the monoenergetic line, when a foil was placed in front of the source, was noted with a beta spectrometer. CHEN and WARSHAW suggested a convenient form in which to place the Landau formula for the most probable energy loss, Eq. (19.16), so that the nonlinear dependence of energy loss on foil thickness would not make difficult a comparison of most

[1] E. MADGWICK: Proc. Cambridge Phil. Soc. **23**, 970 (1927).
[2] P. WHITE and G. MILLINGTON: Proc. Roy. Soc. Lond., Ser. A **120**, 701 (1928).
[3] E. J. WILLIAMS: Proc. Roy. Soc. Lond., Ser. A **125**, 420 (1929).
[4] R. D. BIRKHOFF, E. E. HAYS and S. A. GOUDSMIT: Phys. Rev. **79**, 199 (1950).
[5] J. J. L. CHEN and S. D. WARSHAW: Phys. Rev. **80**, 97 (1950); **84**, 355 (1951).

probable stopping power as a function of incident energy for foils of various thicknesses. If all energies are measured in $m_0 c^2 = 0.511$ Mev and foil thicknesses are measured in units of $t = (2\pi r_0^2 n)^{-1}$ with $r_0 = \frac{e^2}{m_0 c^2} = 2.82 \times 10^{-13}$ cm and $n = \frac{N_A \varrho Z}{A}$, the most probable energy loss T_0 may be written as

$$T_0 = \frac{x}{\beta^2} \log \frac{2x}{(1-\beta^2)\, I^2 \exp(\beta^2 - 0.37)}. \tag{21.2}$$

It can be seen that the quantity

$$\frac{T_0}{x} - \frac{\log x}{\beta^2} = \frac{1}{\beta^2} \log \frac{2}{(1-\beta^2)\, I^2 \exp(\beta^2 - 0.37)} \tag{21.3}$$

will be independent of foil thicknesses.

22. Experimental distribution of energy losses for primary energy less than 2 Mev. The distribution of energy losses suffered by a beam of initially monoenergetic electrons in passing through a foil whose thickness is small compared to the range of the electrons has been extensively investigated since 1950. The energy range below about 2 Mev forms a particularly useful region of measurement because of the direct applicability of the theories of LANDAU, BLUNCK and LEISEGANG, and YANG without the necessity of correction of the theory due to polarization and Bremsstrahlung effects. In addition this energy range includes most naturally and artifically radioactive beta emitters; thus a detailed study of energy loss processes presents much useful information to beta spectroscopists in regard to distortions of spectra due to source thickness and counter window absorption.

To make comparisons with the above theory possible, the experiment should satisfy the following conditions:

1. Energy distribution in the incident beam as seen by the beta spectrometer should not exceed about 1% of the initial energy in order that the straggling curve will not be broadened appreciably.

2. Radiation must be collimated before and after leaving the foil so that electrons which have scattered through large angles and hence have traversed paths significantly longer than the foil thickness will not be observed.

3. The finite energy width of the incident distribution must be accounted for in its effect on the width of the straggling distribution. That is, if the incident distribution is represented by $g(E)$ at an average energy E_0 and the theoretical distribution by $f(E-E')$ for an energy loss $E-E'$, then the experimental distribution should be compared with the integral of these functions $h(E_0-E')$ where

$$h(E_0 - E') = \int g(E)\, f(E-E')\, dE. \tag{22.1}$$

The fission product Cs^{137} has proved particularly useful as a radioactive source for making straggling measurements because of its high specific activity, long half-life, and internal conversion line at 626 kev which is separated from the continuous spectrum with an end point of 550 kev. Using the conversion line from this isotope BIRKHOFF[1] obtained a straggling distribution for a 13.4 mg per cm² Al foil at a momentum resolution of about 0.5%. A solenoidal beta-ray spectrometer was employed which accepted all electrons which left a source of 0.4 mm in diameter and made an angle of about 45° with the magnetic field. A foil placed so as to intercept this diverging hollow cone of radiation produced a widening of the K and L conversion lines and a displacement toward lower energies. Agreement with the Landau and Blunck and Leisegang theories

[1] R. D. BIRKHOFF: Phys. Rev. **82**, 448 (1951).

for the line displacement (most probable energy loss) was found but the experimental distribution appeared to be somewhat wider than the theoretical. The reasons for this appear in the light of subsequent experimental work to be due to scattering in the foil which produced path lengths both greater than and less than $\sqrt{2}x$ where x is the foil thickness. Another effect due to scattering may have been an apparent broadening of the source disk beyond the value calculated from spectrometer theory. That is, the small but finite displacement of the foil from the source along the axis of the spectrometer may have caused scattered electrons to appear to come from a larger source disk and may have reduced the resolution of the spectrometer and thus broadened the energy loss distribution (the "virtual source" effect).

An alternative experimental method was proposed by BIRKHOFF[1] which would permit measurement of straggling of electrons and positrons at any energy selected from the continuum of energies from radioactive sources. Two identical slit systems of the ring focus type used in the previous work would be placed in a homogeneous field solenoid in series. Electrons from a continuum would be selected by the first slit system and would impinge on a baffle with a 0.4 mm hole to form an object for the second slit system set for the same energy. With no foil placed at the baffle, the electrons would go through the second slit system and be counted. Energy lost in a foil placed at the baffle could be replaced by accelerating the electrons back to their original energy with a double hemispheric electrostatic accelerating chamber concentric with the hole in the baffle, thus enabling the electrons to pass through the second slit system as before. The energy supplied by the chamber would be then equal to the energy lost in the foil and the entire energy loss distribution could be investigated at a constant magnetic field simply by changing the voltage applied to the chamber. As a preliminary check on the feasibility of the above arrangement, a source of Cs^{137} was placed at the baffle and the voltage applied to the chamber was varied so as to sweep out the conversion spectrum for various magnetic fields. That is, the magnetic field of the spectrometer was set above the value corresponding to 626 kev and the electrons were accelerated to this new energy whereupon they could pass through the slits and be counted. The energy supplied was found to be equal to the energy required as calculated from the solenoid current and slit dimensions over a range from 0 to 40 kev. Furthermore, the conversion line shape and area were independent of the particular magnetic field at which the voltage scan was made. Unfortunately, when continuous beta sources were used, the large attenuation of the beam from the first slit system when striking the baffle, and the difficulty of lining up two slit systems with the axis of the solenoid made this method impractical for energy loss measurements with this type of spectrometer. Neither difficulty would appear to limit the application of this principle to a two-dimensional spectrometer, however, such as the convenitonal 180° magnetic type.

An interesting experiment in which the energy lost by the high energy electrons has been measured directly has been reported by ROTHWELL[2] and WEST. Electrons of energies between 1 and 2 Mev were selected by a beta spectrometer and sent through a Kr, Ne, A, or CH_4 filled proportional counter. Coincidences between a Geiger counter measuring transmitted electrons and pulses from the proportional counter with pulse heights lying within a narrow range were measured, thus excluding counts due to excessively scattered electrons and cosmic rays.

---

[1] R. D. BIRKHOFF: Phys. Rev. **83**, 484 (1951).

[2] P. ROTHWELL: Proc. Phys. Soc. Lond. **64**, 911 (1951). See also D. WEST: Proc. Phys. Soc. Lond. **66**, 306 (1953).

Small corrections were made to the experimental pulse height distributions due to the fluctuations in the multiplication process in the counter and the average increase in path length due to scattering. Absorption in the proportional counter window of about 100 kev limited the investigation to primary energies above 1 Mev where the specific ionization is practically constant. In this energy region, then, fluctuations in energy lost in the counter window would not change the resulting pulse height spectrum.

Calibration of the counter was carried out by measuring pulse heights due to low energy x-rays from K-capture isotopes. When electrons were used, excellent agreement with the Landau distribution was found as regards both width at half height and shape with the only disagreement being a slight increase in the number of electrons suffering losses smaller than the most probable loss.

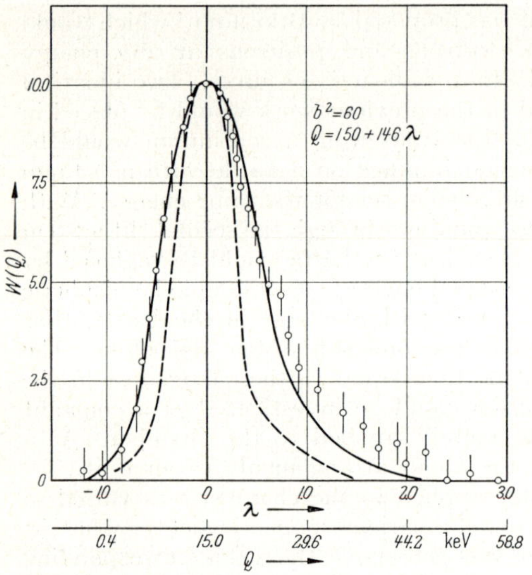

Fig. 25. Straggling distribution for 1.414 Mev electrons after passage through a 12.0 mg/cm² Al foil. Landau theory is shown by dotted line, and the same with the Blunck-Leisegang correction is given by the solid line.

An investigation of straggling at low energies has been reported by V. C. Shpinel[1]. Using the F and I internal conversion lines of ThB at 148 and 222 kev and a very high resolution beta spectrometer (0.16%), losses in Al foils from 1.65 to 3.96 mg/cm² in thickness were determined. An integration of the Landau curve over the incident distribution was performed before comparison with experiment was made. Experimental distributions were found to be slightly wider than theoretical although the most probable loss agreed well in all cases.

Another investigation of straggling at moderate energies has been made by Kageyama and Nishimura[2]. A source of RaC′ supplied internal conversion electrons of 606, 1414, and 1761 kev. A 180° magnetic beta spectrometer with 0.7% resolution examined losses in Al, Cu, In, and Pb. Agreement with the Landau theory was found on the high energy side of the distribution, whereas there were many more low energy electrons than the theory predicted. A subsequent comparison[3] with the Landau theory as corrected by Blunck and Leisegang showed much better agreement as shown in Fig. 25. In addition to obtaining the most probable energy loss as a function of foil thickness, Kageyama and Nishimura integrated the experimental distributions to determine the average loss. The Landau prediction, that the average loss should lie one λ-unit beyond the most probable, was found to underestimate the average loss considerably, whereas the value calculated from the Bethe-Bloch stopping power formula was checked closely. Figs. 26 and 27 give the most probable and average energy losses in various materials for 1414 kev incident electrons.

---

[1] V. C. Shpinel: Zhur. Eksper. i Theor. Fiz. **22**, 421 (1952).

[2] S. Kageyama and K. Nishimura: J. Phys. Soc. Japan **73**, 292 (1952).

[3] S. Kageyama and K. Nishimura: J. Phys. Soc. Japan **8**, 682 (1953).

Another investigation of straggling has been reported by KALIL and BIRKHOFF[1] using the method described previously[2]. Foils of Be, Al, Cu, Sn, Ta, and Pb were used with an electron source of Cs^{137}. The width of the incident distribution was taken into account by assuming it to be adequately represented by a LANDAU distribution due to an additional foil thickness which could be found by extrapolating a graph of observed straggling curve widths versus foil thickness

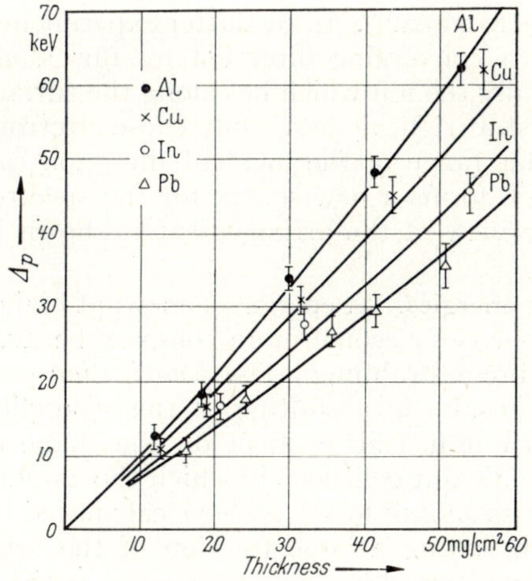

Fig. 26. Most probable energy loss as a function of foil thickness at an incident energy of 1.414 Mev. Solid lines represent theory according to LANDAU.

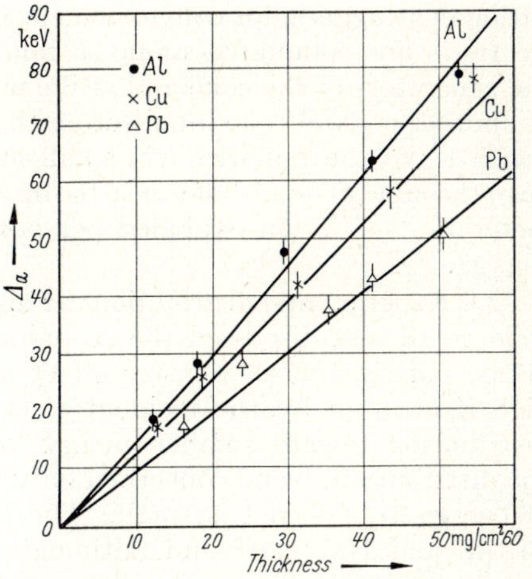

Fig. 27. Average energy loss as a function of foil thickness at an incident energy of 1.414 Mev. Solid lines are theoretical loss calculated from average stopping power, Eq. (8.3).

to zero width. This extra thickness was then added to the actual thickness and the sum was used to calculate a Blunck-Leisegang distribution. The above correction method has some significance experimentally for much of the line width is due to straggling in the source itself, and this method has been justified in

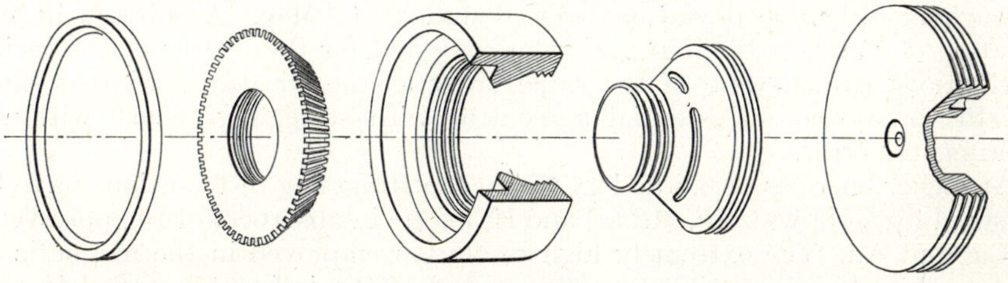

Fig. 28. Source-foil geometry used in electron straggling experiments. Internal conversion electrons leave ring source at left and pass through converging collimating slots to strike normally a foil wrapped around cone. Electrons which pass through foil and slots in cone, and which are undeviated from their original direction, enter spectrometer through axial hole at right.

detail by SCHULTZ[3]. Actually the integration of the theoretical distribution over the incident distribution appears to be more accurate. No correction for increased path length due to scattering could be made because of the source-foil geometry employed. Agreement with theory was obtained for heavy elements, but light elements gave distributions which were too wide due probably to the correction method employed and the reasons discussed previously.

[1] F. KALIL and R. D. BIRKHOFF: Phys. Rev. **91**, 505 (1953).

[2] See footnote 1, p. 96.

[3] W. SCHULTZ: Z. Physik **129**, 530 (1951).

An attempt to improve the geometry was made subsequently[1] using ring sources of activity with the electrons being collimated along a cone and striking the foil at an angle of 45°. Integration of the Blunck-Leisegang theory over the incident distribution was performed to take into account the finite energy spread and agreement with the theory was found in Al, Cu, Ag, and Au. Another geometry which permits correction of data according to the Yang theory of path increase has been employed in the author's laboratory recently in an investigation of straggling for conversion electrons from Au^{198}. In the latter experiments, electrons are collimated along a cone in a converging direction by fins along the generators of the cone and strike normally the foil which lies along the surface of another coaxial cone intersecting the first at right angles. Only those electrons which leave the foil within a small angular range of the incident direction can pass through a small hole in a baffle which forms a new source for the spectrometer to "see". An exploded perspective view of the arrangement is shown in Fig. 28.

23. Experimental distributions at higher energies. At energies somewhat higher than those just discussed the stopping processes become more complex because of the polarization or density effect and bremsstrahlung. The *polarization* of a high Z medium by the incident electron results in a shifting of the straggling distribution toward smaller energy losses but has little effect on the shape of the distribution, being concerned only with distant collisions in which the amount of energy transferred is small. The *bremsstrahlung* loss has been calculated by BETHE and HEITLER[2] and, although representing a large fraction of the total energy loss at high energies, has only a small effect[3] on the shape and position of the straggling distribution as it represents the effect of only a few collisions in which a large amount of energy is transferred.

Somewhat less experimental information is available on electron straggling at the higher energies. PAUL and REICH[4] using electrons of energies 2.8 and 4.7 Mev from an electron accelerator, bombarded foils of Be, C, H_2O, Fe, and Pb. Comparison of the average energy loss with the Bethe-Bloch formula corrected for polarization was made and good agreement was obtained at the lower energy although considerable deviations were found at 4.7 Mev. A subsequent interpretation of the data by SCHULTZ[5] who corrected for the widths of the incident distributions (which were of the same order as the straggling widths) showed that the data were in essential agreement with straggling theory within the experimental error.

At higher energies of 9.6 and 15.7 Mev the straggling distributions have been measured by GOLDWASSER, MILLS, and HANSON[6] in absorbers of Be, polystyrene, Al, Cu, and Au. The extremely high resolution employed in the magnetic analyzer combined with a narrow energy spread of the incident beam of less than 0.1% made possible very precise measurements of the distributions curves. Excellent agreement with the Landau-Blunck-Leisegang theories corrected for polarization, bremsstrahlung, and path increase due to multiple nuclear scattering was obtained except in the case of Au where the distribution, although having the correct shape, was found to be displaced in energy less than the theory predicted. A subsequent calculation by WARNER and ROHRLICH[7] showed that

[1] E. T. HUNGERFORD and R. D. BIRKHOFF: Phys. Rev. **95**, 6 (1954).
[2] H. A. BETHE and W. HEITLER: Proc. Roy. Soc. Lond., Ser. A **146**, 83 (1934).
[3] O. BLUNCK and K. WESTPHAL: Z. Physik **130**, 641 (1951).
[4] W. PAUL and H. REICH: Z. Physik **127**, 429 (1950).
[5] W. SCHULTZ: Z. Physik **129**, 530 (1951).
[6] E. L. GOLDWASSER, F. E. MILLS and A. O. HANSON: Phys. Rev. **88**, 1137 (1952).
[7] C. WARNER and F. ROHRLICH: Phys. Rev. **93**, 406 (1954).

most of the discrepancy could be removed if the polarization effect calculated by STERNHEIMER were used instead of the approximate value obtained by FERMI.

Electron straggling has been measured at 150 Mev by HUDSON[1] in foils of Li, Be, C, and Al. Distributions between 7 and 15% wider than the Landau theory were found, in agreement with calculations made by HINES[2].

F. Nuclear scattering.

24. The theory of single nuclear scattering. The first theoretical treatment of scattering of an incident charged particle by a nucleus was given by RUTHERFORD[3] in 1911. Considering the nucleus to be a stationary point charge Ze and unscreened by the atomic electrons, the path of an electron of charge e, mass m_0, and initial velocity v when at an infinite distance from the nucleus may be calculated. In polar coordinates with the attracting nucleus at the origin, the dynamical equation is

$$-\boldsymbol{r}_0 \frac{Z e^2}{r^2} = m_0[(\ddot{r} - r\dot{\varphi}^2)\,\boldsymbol{r}_0 + (2\dot{r}\dot{\varphi} + r\ddot{\varphi})\,\boldsymbol{\varphi}_0]. \quad (24.1)$$

The angular component of acceleration is zero and thus the angular momentum per unit mass is a constant J where

$$J = r^2\dot{\varphi} = v b \quad (24.2)$$

with b the impact parameter. The conservation of energy may be written as

$$\frac{m}{2}(\dot{r}^2 + r^2\dot{\varphi}^2) + \frac{Z e^2}{r} = E = \frac{1}{2} m_0 v^2. \quad (24.3)$$

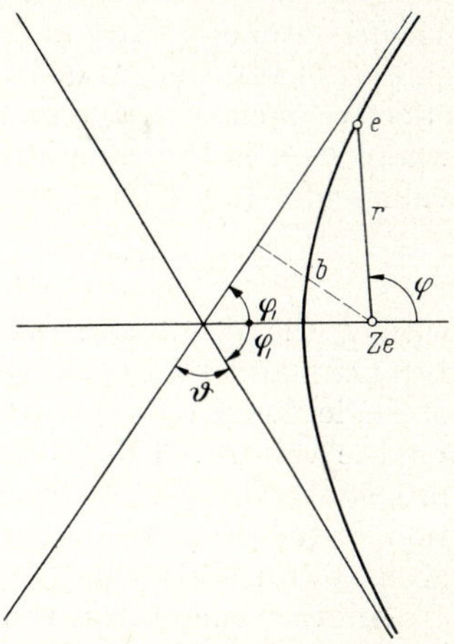

Fig. 29. Hyperbolic trajectory for charged particle moving in field of stationary point charge.

The above equations may be readily solved and yield the well known hyperbolic trajectory shown in Fig. 29.

$$r = \frac{m J^2/Z e^2}{\varepsilon \cos\varphi - 1} \quad (24.4)$$

with

$$\varepsilon = \sqrt{1 + \frac{2 m_0 E J^2}{Z^2 e^4}} = \frac{1}{\cos\varphi_1}. \quad (24.5)$$

The asymptotes make angles of $\pm\varphi_1$ with the axis, and an equation may be found giving the angle of deflection ϑ in terms of the constants of the system

$$\tan\frac{\vartheta}{2} = \frac{Z e^2}{m_0 v^2 b}. \quad (24.6)$$

The differential cross section per atom for scattering through an angle between ϑ and $\vartheta + d\vartheta$ into a solid angle $2\pi \sin\vartheta\, d\vartheta$ is

$$d\Phi(\vartheta) = 2\pi b\, d b = \frac{\pi Z^2 e^4}{2 m_0^2 v^4} \frac{\sin\vartheta\, d\vartheta}{\sin^4\left(\frac{\vartheta}{2}\right)}. \quad (24.7)$$

[1] A. M. HUDSON: Bull. Amer. Phys. Soc. **1**, No. 8, 389 (1956).
[2] K. C. HINES: Phys. Rev. **97**, 1725 (1955).
[3] E. RUTHERFORD: Phil. Mag. **21**, 669 (1911).

Table 14. *Screening correction in Born approximation single scattering theory.*

ξ	$f(\xi)$	ξ	$f(\xi)$	ξ	$f(\xi)$
0	1	0.10	0.610	0.30	0.277
0.02	0.947	0.12	0.550	0.40	0.207
0.04	0.853	0.15	0.485	0.50	0.156
0.06	0.758	0.20	0.395		
0.08	0.677	0.25	0.322		

The neglecting of the shielding of the nucleus by the atomic electrons causes Eq. (24.7) to overestimate the scattering, particularly for small angles of deflection. More accurate treatments of the nonrelativistic scattering using the Fermi-Thomas atomic model and the Born approximation have been given by BETHE[1] and BULLARD and MASSEY[2]. The essential effect of shielding is to reduce the effective nuclear charge so that the Z^2 in Eq. (24.7) must be replaced by $[Z-F(\xi)]^2$ where $F(\xi)$ is the atomic form factor from x-ray scattering theory. A table of values of $f(\xi)=F(\xi)/Z$ given by BETHE is reproduced in Table 14 where

$$\xi = \frac{\sin(\vartheta/2)}{\lambda} Z^{-\frac{1}{3}} \tag{24.8}$$

with λ the de Broglie wavelength of the incident electron measured in Å. BULLARD and MASSEY have tabulated the values of the cross section as a function of angle, energy, and atomic number, and have evaluated the MOTT[3] criterion for the validity of the Born approximation as it applies to the electron scattering problem. The use of the Fermi-Thomas statistical atomic model in the calculation of the cross section implies that the theoretical cross section will be more accurate for scattering by heavy than by light atoms.

Another theoretical treatment of single scattering at nonrelativistic velocities has been given by MOLIÈRE[4] who used a Fermi-Thomas screening but employed the W.K.B. method rather than the Born approximation in the calculation. Valid for a scattering angle χ up to about $\pi/2$ and for incident energies $> zZ^{\frac{4}{3}} \times 100$ ev where ze is the charge of the incident particle and Z is the atomic number of the scatterer, the theory is given in terms of the ratio $q(\chi)$ of the calculated cross section to the Rutherford cross section.

$$q(\chi) = \frac{Q(\chi)}{Q_{\mathrm{Ruth}}(\chi)} \tag{24.9}$$

For a given ratio q, the angle χ_q at which this ratio will be found may be calculated from

$$\chi_q = \chi_0 (A_q + B_q \alpha^2)^{\frac{1}{2}} \tag{24.10}$$

where

$$\chi_0 = Z^{\frac{1}{3}} \cdot 2.44 \cdot 10^5/pc, \quad p = \text{momentum of incident electron}, \quad \alpha = \frac{zZ}{137\beta}$$

and the coefficients A_q and B_q are given in Table 15.

Table 15. *Coefficients appearing in single scattering theory of Molière.*

q	A_q	B_q	q	A_q	B_q
0.05	0.102	0.059	0.5	2.75	10.85
0.1	0.209	0.214	0.6	4.68	22.8
0.2	0.525	0.891	0.7	8.71	50.8
0.3	0.977	2.31	0.8	19.5	128.8
0.4	1.675	5.20	0.9	61.7	421.0

[1] H. BETHE: Ann. d. Physik **5**, 325 (1930).
[2] E. C. BULLARD and H. S. W. MASSEY: Proc. Cambridge Phil. Soc. **26**, 556 (1930).
[3] N. F. MOTT: Proc. Cambridge Phil. Soc. **25**, 304 (1929).
[4] G. MOLIÈRE: Z. Naturforsch. **2a**, 133 (1947).

Fig. 30 shows the dependence of $q(\chi)$ on the ratio of χ/χ_0 as calculated from Eq. (24.10).

For higher electron energies screening may be neglected and the Rutherford differential cross section per atom for scattering into a solid angle $d\Omega$ becomes

$$d\Phi(\vartheta) = \frac{\pi Z^2 e^4 (1-\beta^2)}{2 m_0^2 v^4} \frac{\sin\vartheta \, d\vartheta}{\sin^4(\vartheta/2)} \tag{24.11}$$

where the rest mass of the electron has been replaced by the relativistic mass.

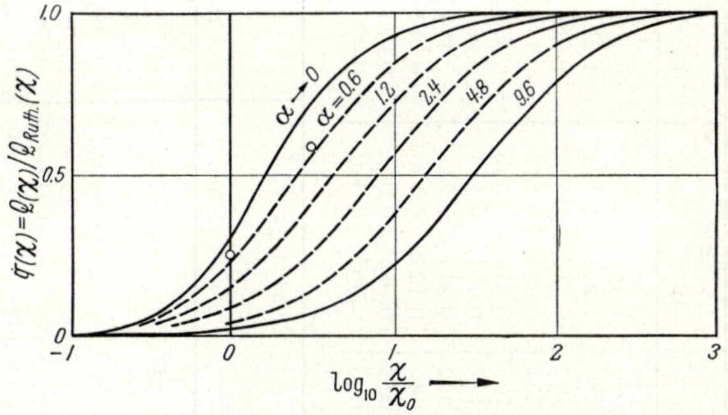

Fig. 30. Ratio of calculated to Rutherford single scattering cross section as a function of scattering angle χ for various values of $\alpha = zZ/137\beta$.

The cross section for scattering of a DIRAC electron by an unscreened COULOMB field has been calculated by MOTT[1], but his results are given in the form of an infinite series. Subsequently a number if calculations have been made to evaluate this series either by various analytic approximations or numerically. MCKINLEY and FESHBACH[2] have given simplified results for the ratio R of the true cross section to the Rutherford value, to the approximation that terms of order α^3 are neglected with $\alpha = Z/137$

$$R = 1 - \beta^2 \sin^2\left(\frac{\vartheta}{2}\right) + \pi\alpha\beta \sin\left(\frac{\vartheta}{2}\right)\left[1 - \sin\left(\frac{\vartheta}{2}\right)\right]. \tag{24.12}$$

The form of the last term in Eq. (24.12) appears to have been uncertain previously as MOTT found a factor $\cos^2\left(\frac{\vartheta}{2}\right)$ replacing the factor $\left[1 - \sin\left(\frac{\vartheta}{2}\right)\right]$ and URBAN[3] found a factor of unity.

For heavy elements, terms in α^3 and α^4 can no longer be neglected. Omitting terms in α^5, MCKINLEY and FESHBACH found for the differential scattering cross section

$$d\Phi(\vartheta) = q^2 (1-\beta^2) F^* F \operatorname{cosec}^2\left(\frac{\vartheta}{2}\right) + G^* G \sec^2\left(\frac{\vartheta}{2}\right) \tag{24.13}$$

with

$$F = F_0 + A(\vartheta)\,\alpha^2 + B(\vartheta)\,\alpha^3/\beta + C(\vartheta)\,\alpha^4/\beta^2 + D(\vartheta)\,\alpha^4,$$

$$G = G_0 + E(\vartheta)\,\alpha^2 + H(\vartheta)\,\alpha^3/\beta + I(\vartheta)\,\alpha^4/\beta^2 + J(\vartheta)\,\alpha^4,$$

$$q = \alpha/\beta.$$

The functions A, B, C, D, E, H, I, and J given by MCKINLEY and FESHBACH are reproduced in Table 16. The function F_0 is given by BARTLETT and WATSON[4] for various values of q and is included in the table. G_0 may be obtained from the relation

$$G_0 = -iq \cot^2\left(\frac{\vartheta}{2}\right) F_0. \tag{24.14}$$

---

[1] N. F. MOTT: Proc. Roy. Soc. Lond., Ser. A **124**, 425 (1929); A **135**, 429 (1932).
[2] W. A. MCKINLEY and H. FESHBACH: Phys. Rev. **74**, 1759 (1948).
[3] P. URBAN: Z. Physik **119**, 67 (1942).
[4] J. H. BARTLETT and R. E. WATSON: Proc. Amer. Acad. Arts a. Sci. **74**, 53 (1940); Phys. Rev. **56**, 612 (1939).

Table 16. *Functions appearing in the single scattering theory of Mott, Bartlett, Watson, McKinley, and Feshbach.*

ϑ	$A(\vartheta)$		$B(\vartheta)$		$C(\vartheta)$		$D(\vartheta)$		$E(\vartheta)$		$H(\vartheta)$		$I(\vartheta)$		$J(\vartheta)$	
°	Re	Im	Re	Im	Re	Im	Re	Im	Re	Im	Re	Im	Re	Im	Re	Im
30	−0.362	0.064	−0.086	0.498	0.580	−0.010	−0.107	−0.129	2.249	−0.676	1.483	1.044	3.105	0.471	0	1.711
45	−0.510	0.114	−0.201	0.375	0.404	−0.069	−0.217	−0.221	1.267	−0.480	1.221	1.371	1.261	0.733	0	1.199
60	−0.637	0.167	−0.339	0.209	0.313	−0.167	−0.344	−0.310	0.785	−0.347	0.953	1.174	0.354	0.781	0	0.851
80	−0.780	0.235	−0.537	−0.033	0.289	−0.351	−0.525	−0.417	0.437	−0.221	0.643	0.817	−0.110	0.678	0	0.532
90	−0.840	0.266	−0.636	−0.150	0.305	−0.448	−0.614	−0.464	0.325	−0.173	0.514	0.658	−0.200	0.591	0	0.413
100	−0.893	0.295	−0.729	−0.263	0.332	−0.553	−0.699	−0.505	0.240	−0.133	0.401	0.514	−0.206	0.495	0	0.315
120	−0.980	0.344	−0.897	−0.455	0.408	−0.750	−0.849	−0.574	0.122	−0.072	0.219	0.281	−0.174	0.305	0	0.167
135	−1.028	0.373	−0.995	−0.568	0.464	−0.876	−0.940	−0.612	0.065	−0.040	0.123	0.158	−0.085	0.173	0	0.091
150	−1.062	0.394	−1.072	−0.650	0.511	−0.971	−1.007	−0.638	0.028	−0.017	0.051	0.065	−0.071	0.085	0	0.040
180	−1.089	0.411	−1.133	−0.720	0.551	−1.052	−1.062	−0.657	0.000	0.000	0.000	0.000	0.000	0.000	0	0.000

ϑ	$2F_0/i$ $q=0.6$		$2F_0/i$ $q=0.65$		$2F_0/i$ $q=0.73$		$2F_0/i$ $q=0.8$		$2F_0/i$ $q=0.9$	
°	Re	Im	Re	Im	Re	Im	Re	Im	Re	Im
15	−0.321329	−0.946968	−0.486870	−0.873474	−0.722709	−0.691143	−0.881317	−0.472525	−0.995897	−0.090491
30	0.474445	−0.880285	0.372237	−0.928138	0.190563	−0.981675	0.016645	−0.999861	−0.245448	−0.969410
45	0.821267	−0.570544	0.776959	−0.629551	0.690884	−0.722965	0.599097	−0.800677	0.440325	−0.897839
60	0.959299	−0.282394	0.944950	−0.327215	0.914032	−0.405642	0.877302	−0.479939	0.805951	−0.591983
90	0.991614	0.129237	0.993141	0.116923	0.996103	0.088201	0.998546	0.053907	0.999953	−0.009684
120	0.931282	0.364298	0.928389	0.371610	0.927059	0.374916	0.929292	0.369346	0.937565	0.347810
150	0.875713	0.482832	0.866491	0.499193	0.855803	0.517302	0.850962	0.525227	0.851611	0.524175
180	0.854874	0.518836	0.843119	0.537726	0.828533	0.559940	0.820535	0.571597	0.817265	0.576261

ϑ	$2F_0/i$ $q=1.0$		$2F_0/i$ $q=1.2$		$2F_0/i$ $q=1.5$		$2F_0/i$ $q=2.0$	
°	Re	Im	Re	Im	Re	Im	Re	Im
15	−0.946854	0.321664	−0.352457	0.935828				
30	−0.504820	−0.863225	−0.907992	−0.418988				
45	0.250295	−0.968170	−0.198547	−0.980091				
60	0.708793	−0.705417	0.427643	−0.903948				
90	0.995965	−0.089744	0.956179	−0.292782	0.755852	−0.654762	−0.074722	−0.997204
120	0.950610	0.310388	0.982113	0.188292	0.994425	−0.105448	0.671431	−0.741067
150	0.860805	0.508935	0.899821	0.436260	0.975487	0.220059	0.921851	−0.387545
180	0.823478	0.567349	0.860452	0.509531	0.947370	0.320142	0.966571	−0.256398

Table 17. *The functions F and G of the single scattering theory calculated for electrons and positrons when $\beta \approx 1$.*

Z	Re F	Im F	$\|F\|^2 \operatorname{cosec}^2 \frac{1}{2}\vartheta$
	$\vartheta = 30°$		
−80	−0.4841	0.1889	4.031
−62	−0.3939	0.3290	3.932
−47	−0.2989	0.4108	3.853
−29	−0.1789	0.4703	3.780
−13	−0.0767	0.4947	3.741
13	0.0703	0.4956	3.740
29	0.1484	0.4792	3.757
47	0.2266	0.4468	3.747
62	0.2844	0.4051	3.657
80	0.3436	0.3298	3.386
	$\vartheta = 45°$		
−80	−0.3825	0.3661	1.914
−62	−0.2778	0.4392	1.844
−47	−0.1936	0.4741	1.791
−29	−0.1050	0.4939	1.741
−13	−0.0411	0.4994	1.715
13	0.0320	0.5000	1.714
29	0.0602	0.5008	1.737
47	0.0795	0.5020	1.764
62	0.0878	0.4988	1.752
80	0.0932	0.4780	1.619
	$\vartheta = 60°$		
−80	−0.2821	0.4585	1.1592
−62	−0.1849	0.4920	1.1050
−47	−0.1164	0.5027	1.0650
−29	−0.0536	0.5038	1.0267
−13	−0.0167	0.5012	1.0059
13	0.0053	0.5015	1.0061
29	−0.0036	0.5076	1.0307
47	−0.0336	0.5171	1.0741
62	−0.0740	0.5202	1.1043
80	−0.1353	0.5007	1.0760
	$\vartheta = 80°$		
−80	−0.1737	0.5208	0.7295
−62	−0.0924	0.5248	0.6873
−47	−0.0424	0.5190	0.6563
−29	−0.0055	0.5088	0.6266
−13	0.0059	0.5019	0.6098
13	−0.0200	0.5018	0.6104
29	−0.0653	0.5078	0.6344
47	−0.1466	0.5124	0.6875
62	−0.2403	0.5022	0.7502
80	−0.3773	0.4446	0.8230
	$\vartheta = 90°$		
−80	−0.1303	0.5382	0.6133
−62	−0.0565	0.5331	0.5748
−47	−0.0142	0.5227	0.5468
−29	0.0127	0.5097	0.5199
−13	0.0145	0.5020	0.5044

Z	Re F	Im F	$\|F\|^2 \operatorname{cosec}^2 \frac{1}{2}\vartheta$
	$\vartheta = 90°$ (Cont.)		
13	−0.0296	0.5017	0.5052
29	−0.0892	0.5064	0.5288
47	−0.1908	0.5056	0.5841
62	−0.3059	0.4848	0.6572
80	−0.4726	0.4005	0.7675
	$\vartheta = 100°$		
−80	−0.0932	0.5503	0.5309
−62	−0.0264	0.5384	0.4952
−47	0.0094	0.5247	0.4693
−29	0.0280	0.5100	0.4446
−13	0.0216	0.5020	0.4303
13	−0.0378	0.5015	0.4310
29	−0.1094	0.5045	0.4541
47	−0.2283	0.4978	0.5111
62	−0.3615	0.4654	0.5918
80	−0.5531	0.3530	0.7337
	$\vartheta = 120°$		
−80	−0.0358	0.5643	0.4263
−62	0.0198	0.5437	0.3947
−47	0.0454	0.5261	0.3718
−29	0.0512	0.5097	0.3499
−13	0.0326	0.5017	0.3370
13	−0.0503	0.5009	0.3379
29	−0.1407	0.5004	0.3603
47	−0.2865	0.4816	0.4187
81	−0.4474	0.4269	0.5099
80	−0.675(3)	0.2608	0.6987
	$\vartheta = 135°$		
−80	−0.0052	0.5696	0.3801
−62	0.0441	0.5452	0.3505
−47	0.0643	0.5261	0.3291
−29	0.0633	0.5092	0.3085
−13	0.0384	0.5015	0.2964
13	−0.0570	0.5005	0.2973
29	−0.1572	0.4976	0.3190
47	−0.3174	0.4712	0.3781
62	−0.4928	0.4023	0.4741
80	−0.7385	0.2022	0.6869
	$\vartheta = 150°$		
−80	0.0160	0.5724	0.3514
−62	0.0608	0.5457	0.3231
−47	0.0773	0.5257	0.3026
−29	0.0616	0.5087	0.2828
−13	0.0424	0.5014	0.2714
13	−0.0616	0.5003	0.2723
29	−0.1687	0.4955	0.2936
47	−0.3387	0.4631	0.3528
62	−0.5240	0.3835	0.4519
80	−0.7812	0.1578	0.6808

Table 17. (Continued.)

Z	Re G	Im G	$\|G\|^2 \sec^2 \frac{1}{2}\vartheta$
	$\vartheta = 30°$		
−80	−1.222	−3.512	14.82
−62	−1.785	−2.281	8.99
−47	−1.759	−1.352	5.27(5)
−29	−1.296	−0.521	2.091
−13	−0.634	−0.104	0.442
13	0.675	−0.102	0.499
29	1.514	−0.504	2.729
47	2.395	−1.303	7.97
62	2.996	−2.223	14.92
80	3.405	−3.537	25.83
	$\vartheta = 45°$		
−80	−0.980	−1.146	2.664
−62	−0.965	−0.678	1.628
−47	−0.824	−0.376	0.961
−29	−0.558	−0.136	0.386
−13	−0.265	−0.026	0.0831
13	0.288	−0.023	0.0978
29	0.680	−0.110	0.556
47	1.183	−0.270	1.725
62	1.656	−0.439	3.439
80	2.270	−0.649	6.530
	$\vartheta = 60°$		
−80	−0.614	−0.444	0.765
−62	−0.541	−0.244	0.470
−47	−0.439	−0.127	0.278
−29	−0.288	−0.042	0.113
−13	−0.136	−0.007	0.0247
13	0.150	−0.005	0.0303
29	0.364	−0.019	0.177
47	0.657	−0.028	0.576
62	0.957	−0.008	1.221
80	1.382	0.095	2.559
	$\vartheta = 80°$		
−80	−0.320	−0.142	0.209
−62	−0.266	−0.070	0.129
−47	−0.210	−0.032	0.0769
−29	−0.136	−0.007	0.0316
−13	−0.064	−0.001	0.0070
13	0.072	0.000(5)	−0.0088
29	0.177	0.008	0.0535
47	0.327	0.040	0.185
62	0.484	0.107	0.419
80	0.706	0.279(5)	0.982
	$\vartheta = 90°$		
−80	−0.230	−0.082(5)	0.119
−62	−0.188	−0.038	0.0736
−47	−0.148	−0.016	0.0443
−29	−0.095	−0.002	0.0181
−13	−0.045	0.000	0.0040
	$\vartheta = 90°$ (Cont.)		
13	0.051	0.001	0.0052
29	0.126	0.010	0.0320
47	0.233	0.043	0.112
62	0.346	0.107	0.262
80	0.502	0.266	0.646
	$\vartheta = 100°$		
−80	−0.164	−0.048	0.0707
−62	−0.133	−0.020	0.0438
−47	−0.104	−0.007	0.0263
−29	−0.067	0.001	0.0109
−13	−0.031	0.000(4)	0.0023
13	0.036	0.001	0.0031
29	0.089	0.010	0.0194
47	0.166	0.039	0.0704
62	0.246	0.095	0.168
80	0.354	0.230	0.431
	$\vartheta = 120°$		
−80	−0.078	−0.015	0.025
−62	−0.063	−0.005	0.016
−47	−0.049	−0.001	0.0096
−29	−0.031	0.001	0.0038
−13	−0.015	0.000(4)	0.0009
13	0.017	0.001	0.0012
29	0.043	0.007	0.0076
47	0.080	0.025	0.0281
62	0.117	0.060	0.0692
80	0.164	0.142	0.188
	$\vartheta = 135°$		
−80	−0.040	−0.006	0.011
−62	−0.032	−0.001	0.0070
−47	−0.025	0.000	0.0043
−29	−0.016	0.000	0.0017
−13	−0.008	0.000	0.0004
13	0.009	0.001	0.0006
29	0.022	0.004	0.0034
47	0.041	0.015	0.0130
62	0.060	0.035−	0.0329
80	0.083	0.082(5)	0.0935
	$\vartheta = 150°$		
−80	−0.017	−0.0023	0.0044
−62	−0.013(5)	−0.000	0.0026
−47	−0.010(3)	0.000	0.0015
−29	−0.007	−0.001	0.0007
−13	−0.003	0.0001	0.0001
13	0.004	0.0003	0.0002
29	0.009	0.002	0.0013
47	0.017	0.007	0.0050
62	0.025	0.016	0.0132
80	0.034	0.037	0.0377

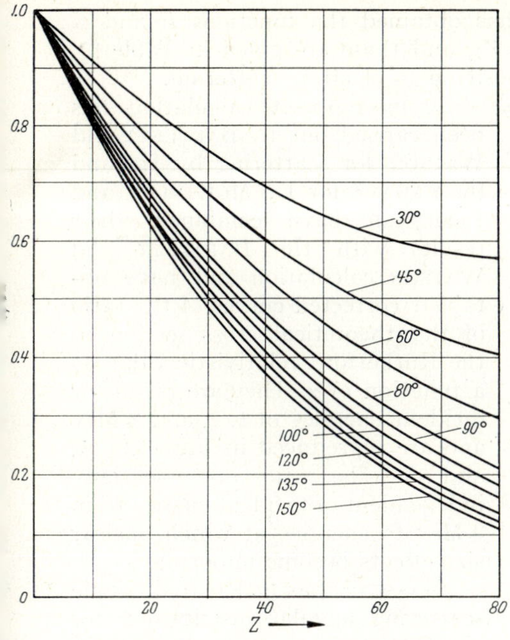

Fig. 31.

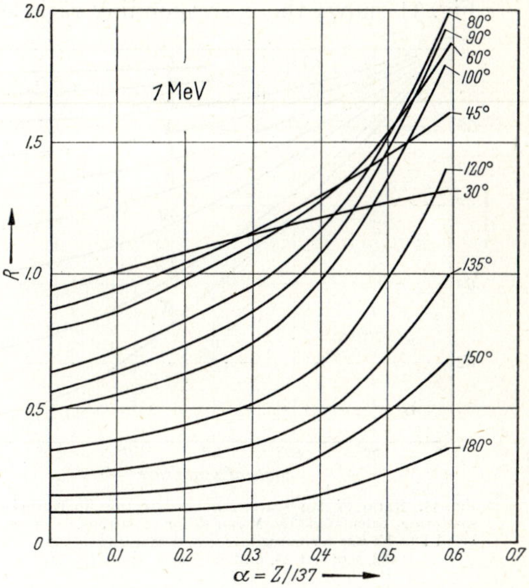

Fig. 32.

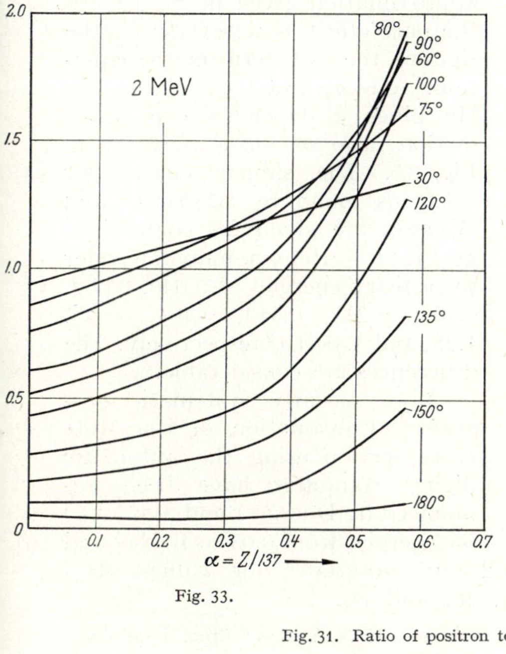

Fig. 33.

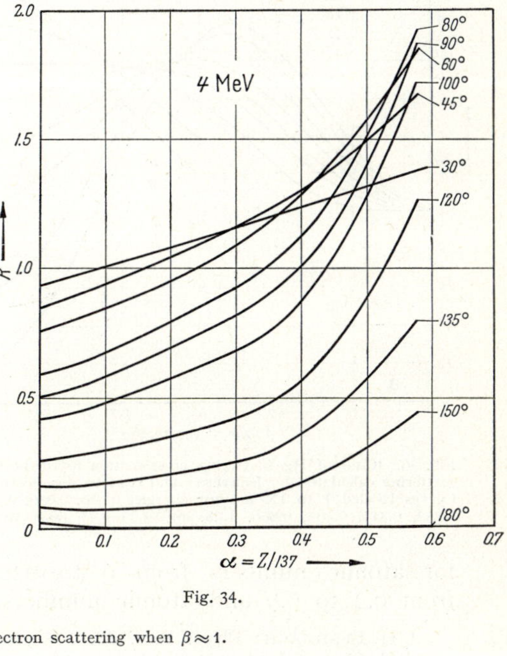

Fig. 34.

Fig. 31. Ratio of positron to electron scattering when $\beta \approx 1$.

Fig. 32. Ratio of scattering cross section to Rutherford scattering as a function of $Z/137$ at 1 Mev. Calculations are by McKinley and Feshbach corrected to agree with the Bartlett and Watson results for Hg.

Fig. 33. Ratio of scattering cross section to Rutherford scattering as a function of $Z/137$ at 2 Mev. Calculations are by McKinley and Feshbach corrected to agree with the Bartlett and Watson results for Hg.

Fig. 34. Ratio of scattering cross section to Rutherford scattering as a function of $Z/137$ at 4 Mev. Calculations are by McKinley and Feshbach corrected to agree with the Bartlett and Watson results for Hg.

In addition, when $\beta \approx 1$, FESHBACH[1] has obtained the functions F and G for both positrons $(-Z)$ and electrons $(+Z)$, and these are given in Table 17. Fig. 31 shows the corresponding ratio of positron to electron scattering.

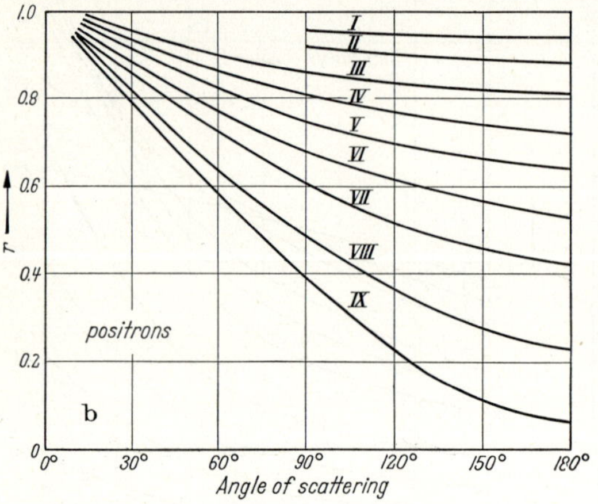

Fig. 35. Ratio of Hg scattering cross section to Rutherford scattering calculated by MASSEY for positrons. Curves labeled I to IX are for energies 0.046, 0.086, 0.145, 0.232, 0.314, 0.463, 0.666, 1.28, and 3.35 $m_0 c^2$, respectively.

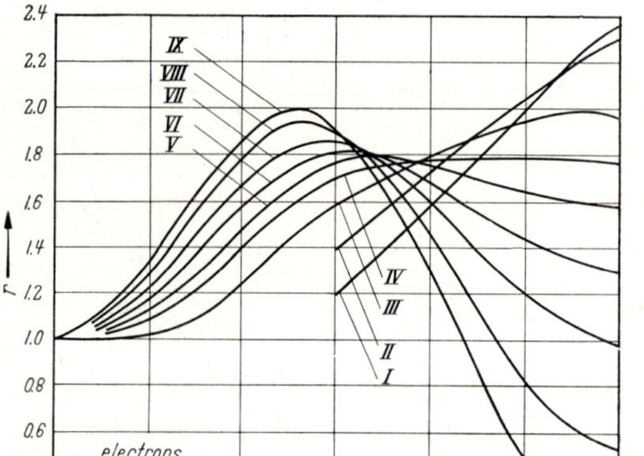

Fig. 36. Ratio of Hg scattering cross section to Rutherford scattering calculated by BARTLETT and WATSON for electrons. Curves labeled I to IX are for energies 0.046, 0.086, 0.145, 0.232, 0.314, 0.463, 0.666, 1.28, and 3.35 $m_0 c^2$, respectively.

A more exact calculation has been carried out by BARTLETT and WATSON for scattering by Hg and by YADAV[2] for U. MCKINLEY and FESHBACH have combined their results with the BARTLETT and WATSON calculation and have obtained corrected curves of the ratio of the theoretical cross section to the Rutherford relativistic value as a function of α. They are given for incident energies of 1, 2, and 4 Mev and are reproduced in Figs. 32, 33, and 34. The ratios are essentially independent of incident energy from 4 Mev to energies at which nuclear size effects become important.

MASSEY[3] has calculated single scattering angular distribution for positrons using the procedures given by BARTLETT and WATSON. To the α^2 approximation given in Eq. (24.12) the only effect is a reversal of the sign of the last term in the equation. A more exact calculation for Hg gives a dependence of cross section ratio on angle as shown in Fig. 35. The similar curves for electrons found by BARTLETT and WATSON are given for comparison in Fig. 36. Roman numerals refer to primary energies of 0.046, 0.086, 0.145, 0.232, 0.314, 0.463, 0.666, 1.28, and 3.35 $m_0 c^2$ respectively. The differences are considerable.

More recently systematic programs of evaluation of the Mott cross section using the automatic digital computer have been announced by DOGGETT and SPENCER[4] for energies from 0.05 to 10 Mev and for atomic numbers from 6 to 92, and by SHERMAN[5] for values of β from 0.2 to 0.9 and atomic numbers 13, 48, and 80.

[1] H. FESHBACH: Phys. Rev. **88**, 295 (1952). See also, H. N. YADAV: Proc. Phys. Soc. Lond. A **65**, 672 (1952).

[2] H. N. YADAV: Proc. Phys. Soc. Lond. A **68**, 348 (1955).

[3] Taken from N. F. MOTT and H. S. W. MASSEY: The theory of atomic collisions, p. 81, 2nd ed. 1950.

[4] J. A. DOGGETT and L. V. SPENCER: Phys. Rev. **103**, 1597 (1956).

[5] N. SHERMAN: Phys. Rev. **103**, 1601 (1956).

The results of the Doggett and Spencer calculation are expressed as the ratio of the Mott to the Rutherford cross section and are given in Table 18.

The polarization of the electron beam by scattering has been treated by MOTT, and BARTLETT and WATSON and is discussed by MOTT and MASSEY[1]. The percentage polarization is not large and the effect was not detected until the experimental work of SHULL, CHASE, and MYERS[2].

At higher energies the de Broglie wavelength of the incident electron becomes comparable with nuclear dimensions. Scattering from various elements of the nucleus will be out of phase in general and the intensity, particularly at large angles, will be reduced. In a classical sense, the electron dives inside the nucleus and thus is deflected by a smaller nuclear charge resulting in a decrease in the cross section for large angles.

The first calculation of the effect on scattering of finite nuclear size was made by ROSE[3] using the Born approximation and thus valid for light elements. Another calculation by PARZEN[4] assumed a uniform charge distribution and used the phase shift method and a nucleus of atomic number 82.2. A definite reduction in intensity was found at large angles for the primary energy used of 100 Mev although a numerical error in the calculation makes the scattering curve unreliable[5].

Table 18a. *The ratio σ/σ_R of the Mott to the Rutherford cross section: electron scattering.*

ϑ	E(Mev)								
	10	4	2	1	0.7	0.4	0.2	0.1	0.05
					$Z=6$				
0°	1.000	1.000	1.000	1.000	1.000	1.000	1.000	1.000	1.000
15	0.999	0.999	1.000	1.000	1.001	1.002	1.003	1.004	1.004
30	0.961	0.962	0.963	0.967	0.970	0.977	0.987	0.996	1.001
45	0.888	0.890	0.894	0.903	0.911	0.929	0.954	0.976	0.990
60	0.788	0.790	0.797	0.814	0.828	0.860	0.906	0.946	0.974
75	0.666	0.669	0.680	0.705	0.728	0.776	0.846	0.909	0.953
90	0.532	0.537	0.551	0.586	0.617	0.683	0.781	0.868	0.930
105	0.397	0.403	0.421	0.466	0.505	0.590	0.714	0.826	0.905
120	0.269	0.277	0.298	0.352	0.400	0.501	0.651	0.786	0.882
135	0.1591	0.1680	0.1923	0.254	0.308	0.425	0.596	0.751	0.862
150	0.0742	0.0839	0.1106	0.1787	0.238	0.366	0.554	0.725	0.846
165	0.0206	0.0310	0.0591	0.1310	0.1938	0.328	0.527	0.708	0.836
180	0.0024	0.0129	0.0416	0.1148	0.1786	0.316	0.518	0.702	0.833
					$Z=13$				
0°	1.000	1.000	1.000	1.000	1.000	1.000	1.000	1.000	1.000
15	1.020	1.020	1.020	1.020	1.019	1.019	1.018	1.015	1.013
30	0.997	0.998	0.999	1.001	1.003	1.008	1.013	1.017	1.017
45	0.935	0.936	0.939	0.947	0.954	0.968	0.988	1.004	1.013
60	0.838	0.840	0.846	0.861	0.874	0.903	0.943	0.977	0.999
75	0.714	0.718	0.727	0.752	0.773	0.818	0.883	0.941	0.979
90	0.575	0.580	0.594	0.628	0.658	0.722	0.815	0.898	0.955
105	0.431	0.438	0.455	0.499	0.538	0.621	0.743	0.852	0.928
120	0.294	0.302	0.323	0.377	0.424	0.525	0.674	0.808	0.902
135	0.1742	0.1831	0.207	0.270	0.324	0.441	0.613	0.769	0.879
150	0.0813	0.0912	0.1179	0.1868	0.247	0.376	0.566	0.738	0.861
165	0.0226	0.0329	0.0614	0.1342	0.1980	0.334	0.536	0.719	0.850
180	0.0024	0.0131	0.0419	0.1163	0.1811	0.320	0.526	0.712	0.846

[1] See footnote 3, p. 108.
[2] C. G. SHULL, C. J. CHASE and F. E. MYERS: Phys. Rev. **63**, 29 (1943).
[3] M. E. ROSE: Phys. Rev. **73**, 279 (1948).
[4] G. PARZEN: Phys. Rev. **80**, 355 (1950).
[5] R. HOFSTADTER, H. R. FECHTER and J. A. MCINTYRE: Phys. Rev. **92**, 978 (1953).

Table 18a. (Continued.)

ϑ	E(Mev)								
	10	4	2	1	0.7	0.4	0.2	0.1	0.05
					$Z=29$				
0°	1.000	1.000	1.000	1.000	1.000	1.000	1.000	1.000	1.000
15	1.069	1.068	1.068	1.066	1.064	1.059	1.050	1.038	1.026
30	1.094	1.093	1.093	1.092	1.091	1.089	1.082	1.070	1.054
45	1.066	1.066	1.068	1.072	1.074	1.080	1.085	1.082	1.072
60	0.987	0.988	0.993	1.004	1.013	1.032	1.057	1.073	1.076
75	0.865	0.868	0.876	0.896	0.914	0.952	1.004	1.045	1.067
90	0.712	0.716	0.729	0.761	9.788	0.847	0.931	1.003	1.047
105	0.543	0.549	0.566	0.610	0.648	0.729	0.848	0.952	1.022
120	0.375	0.383	0.405	0.460	0.508	0.611	0.763	0.900	0.995
135	0.224	0.234	0.259	0.325	0.382	0.505	0.687	0.852	0.970
150	0.1052	0.1157	0.1446	0.218	0.282	0.420	0.626	0.813	0.950
165	0.0289	0.0402	0.0710	0.1497	0.218	0.366	0.587	0.789	0.937
180	0.0026	0.0141	0.0456	0.1261	0.1964	0.348	0.573	0.780	0.932
					$Z=50$				
0°	1.000	1.000	1.000	1.000	1.000	1.000	1.000	1.000	1.000
15	1.124	1.123	1.121	1.115	1.109	1.096	1.072	1.043	1.018
30	1.235	1.234	1.231	1.223	1.216	1.197	1.161	1.113	1.060
45	1.292	1.292	1.290	1.284	1.279	1.264	1.232	1.183	1.120
60	1.274	1.274	1.275	1.277	1.277	1.276	1.262	1.228	1.173
75	1.177	1.179	1.184	1.197	1.208	1.227	1.246	1.242	1.207
90	1.013	1.017	1.028	1.055	1.078	1.126	1.188	1.226	1.225
105	0.801	0.807	0.825	0.869	0.907	0.988	1.101	1.190	1.230
120	0.569	0.578	0.602	0.664	0.718	0.832	0.999	1.142	1.229
135	0.348	0.359	0.390	0.467	0.535	0.682	0.899	1.093	1.225
150	0.1651	0.1781	0.214	0.305	0.385	0.557	0.815	1.053	1.221
165	0.0452	0.0594	0.0983	0.1980	0.285	0.475	0.760	1.026	1.219
180	0.0033	0.0180	0.0581	0.1608	0.251	0.446	0.741	1.017	1.219
					$Z=82$				
0°	1.000	1.000	1.000	1.000	1.000	1.000	1.000	1.000	1.000
15	1.127	1.125	1.120	1.108	1.098	1.074	1.042	1.024	1.024
30	1.358	1.354	1.344	1.315	1.290	1.230	1.133	1.040	0.998
45	1.658	1.653	1.638	1.599	1.564	1.479	1.328	1.157	1.023
60	1.918	1.912	1.897	1.857	1.819	1.728	1.555	1.336	1.122
75	2.044	2.040	2.029	2.000	1.971	1.896	1.741	1.518	1.267
90	1.981	1.980	1.979	1.974	1.966	1.936	1.844	1.672	1.435
105	1.726	1.731	1.745	1.777	1.801	1.842	1.859	1.786	1.614
120	1.324	1.335	1.366	1.444	1.510	1.640	1.799	1.866	1.799
135	0.855	0.874	0.924	1.050	1.159	1.385	1.698	1.920	1.978
150	0.422	0.446	0.513	0.683	0.830	1.143	1.592	1.955	2.130
165	0.1158	0.1444	0.222	0.422	0.595	0.969	1.514	1.974	2.233
180	0.0068	0.0368	0.1187	0.328	0.511	0.908	1.486	1.978	2.267
					$Z=92$				
0°	1.000	1.000	1.000	1.000	1.000	1.000	1.000	1.000	1.000
15	1.103	1.102	1.097	1.086	1.076	1.058	1.038	1.034	1.029
30	1.321	1.316	1.304	1.270	1.240	1.174	1.075	1.005	1.007
45	1.702	1.694	1.674	1.619	1.569	1.456	1.267	1.080	0.978
60	2.119	2.110	2.085	2.019	1.958	1.815	1.561	1.272	1.038
75	2.418	2.410	2.388	2.326	2.268	2.127	1.859	1.521	1.193
90	2.482	2.477	2.465	2.429	2.393	2.295	2.083	1.770	1.413
105	2.264	2.266	2.272	2.284	2.290	2.280	2.198	1.991	1.679
120	1.797	1.809	1.840	1.918	1.981	2.096	2.206	2.177	1.979
135	1.191	1.213	1.273	1.423	1.551	1.809	2.141	2.226	2.287
150	0.598	0.629	0.715	0.932	1.120	1.510	2.048	2.436	2.561
165	0.1652	0.203	0.307	0.572	0.801	1.287	1.970	2.505	2.753
180	0.0091	0.0496	0.1600	0.441	0.685	1.206	1.940	2.523	2.826

Table 18*b*. *The ratio σ/σ_R of the Mott to the Rutherford cross section: positron scattering.*

ϑ	*E* (Mev)								
	10	4	2	1	0.7	0.4	0.2	0.1	0.05
					$Z = -6$				
0°	1.000	1.000	1.000	1.000	1.000	1.000	1.000	1.000	1.000
15	0.941	0.942	0.943	0.946	0.948	0.954	0.963	0.972	0.980
30	0.896	0.897	0.899	0.905	0.911	0.923	0.942	0.960	0.974
45	0.818	0.819	0.824	0.836	0.847	0.870	0.904	0.937	0.961
60	0.715	0.717	0.725	0.745	0.762	0.799	0.855	0.906	0.944
75	0.596	0.601	0.611	0.640	0.665	0.718	0.798	0.871	0.924
90	0.472	0.478	0.493	0.530	0.563	0.634	0.739	0.835	0.905
105	0.350	0.357	0.375	0.422	0.463	0.511	0.682	0.800	0.885
120	0.237	0.245	0.266	0.322	0.370	0.474	0.628	0.768	0.868
135	0.1388	0.1478	0.1724	0.235	0.290	0.408	0.582	0.740	0.853
150	0.0645	0.0743	0.1011	0.1696	0.229	0.357	0.547	0.719	0.841
165	0.0188	0.0291	0.0573	0.1292	0.1920	0.327	0.526	0.706	0.834
180	0.0024	0.0129	0.0415	0.1147	0.1786	0.315	0.518	0.701	0.832
					$Z = -13$				
0°	1.000	1.000	1.000	1.000	1.000	1.000	1.000	1.000	1.000
15	0.940	0.941	0.942	0.943	0.948	0.953	0.963	0.973	0.982
30	0.877	0.878	0.881	0.886	0.895	0.909	0.930	0.952	0.968
45	0.790	0.792	0.797	0.807	0.822	0.848	0.887	0.924	0.953
60	0.685	0.688	0.696	0.714	0.736	0.776	0.836	0.893	0.935
75	0.568	0.573	0.584	0.612	0.640	0.697	0.781	0.860	0.918
90	0.448	0.454	0.469	0.506	0.542	0.616	0.725	0.826	0.900
105	0.331	0.338	0.356	0.402	0.446	0.537	0.671	0.794	0.883
120	0.223	0.231	0.253	0.308	0.359	0.465	0.622	0.765	0.868
135	0.1309	0.1398	0.1649	0.227	0.284	0.404	0.582	0.741	0.856
150	0.0609	0.0707	0.0979	0.1654	0.228	0.357	0.549	0.723	0.846
165	0.0174	0.0280	0.0561	0.1270	0.1924	0.328	0.530	0.711	0.840
180	0.0024	0.0130	0.0417	0.1139	0.1803	0.319	0.523	0.707	0.838
					$Z = -29$				
0°	1.000	1.000	1.000	1.000	1.000	1.000	1.000	1.000	1.000
15	0.919	0.920	0.921	0.926	0.931	0.938	0.952	0.967	0.979
30	0.835	0.837	0.840	0.850	0.858	0.878	0.908	0.938	0.963
45	0.738	0.740	0.746	0.763	0.777	0.810	0.859	0.908	0.946
60	0.631	0.635	0.644	0.669	0.690	0.737	0.809	0.877	0.929
75	0.519	0.524	0.537	0.570	0.599	0.663	0.758	0.848	0.914
90	0.406	0.412	0.429	0.471	0.508	0.589	0.709	0.820	0.900
105	0.298	0.305	0.325	0.376	0.422	0.518	0.663	0.794	0.887
120	0.200	0.208	0.213	0.291	0.344	0.456	0.622	0.772	0.877
135	0.1172	0.1268	0.1531	0.220	0.278	0.404	0.588	0.753	0.868
150	0.0547	0.0652	0.0936	0.1660	0.229	0.364	0.563	0.740	0.862
165	0.0156	0.0265	0.0562	0.1312	0.1981	0.339	0.547	0.732	0.859
180	0.0025	0.0136	0.0438	0.1208	0.1880	0.331	0.542	0.729	0.857
					$Z = -50$				
0°	1.000	1.000	1.000	1.000	1.000	1.000	1.000	1.000	1.000
15	0.899	0.900	0.902	0.908	0.914	0.926	0.945	0.964	0.978
30	0.800	0.802	0.807	0.820	0.831	0.856	0.895	0.934	0.962
45	0.696	0.698	0.706	0.727	0.745	0.784	0.845	0.904	0.947
60	0.588	0.592	0.603	0.632	0.658	0.713	0.797	0.875	0.931
75	0.479	0.485	0.500	0.537	0.571	0.643	0.750	0.849	0.918
90	0.372	0.379	0.398	0.445	0.486	0.575	0.707	0.825	0.906
105	0.272	0.280	0.302	0.359	0.408	0.514	0.668	0.805	0.896
120	0.1817	0.191	0.217	0.282	0.339	0.459	0.635	0.787	0.888
135	0.1066	0.1171	0.1456	0.218	0.281	0.415	0.608	0.774	0.882
150	0.0500	0.0613	0.0921	0.1704	0.238	0.382	0.588	0.764	0.877
165	0.0146	0.0264	0.0586	0.1406	0.212	0.362	0.576	0.758	0.874
180	0.0027	0.0147	0.0475	0.1306	0.203	0.355	0.572	0.756	0.873

Table 18b. (Continued.)

ϑ	E(Mev)								
	10	4	2	1	0.7	0.4	0.2	0.1	0.05
					$Z=-82$				
0°	1.000	1.000	1.000	1.000	1.000	1.000	1.000	1.000	1.000
15	0.888	0.889	0.892	0.900	0.907	0.922	0.945	0.964	0.977
30	0.779	0.781	0.788	0.804	0.818	0.848	0.894	0.934	0.963
45	0.669	0.673	0.683	0.707	0.729	0.776	0.846	0.907	0.948
60	0.561	0.565	0.579	0.613	0.643	0.706	0.780	0.880	0.933
75	0.453	0.460	0.477	0.521	0.559	0.640	0.756	0.856	0.922
90	0.350	0.358	0.380	0.434	0.480	0.579	0.719	0.836	0.911
105	0.255	0.264	0.290	0.354	0.410	0.526	0.687	0.818	0.901
120	0.1702	0.1811	0.211	0.285	0.348	0.480	0.660	0.804	0.894
135	0.0997	0.1118	0.1446	0.227	0.297	0.442	0.638	0.793	0.888
150	0.0469	0.0599	0.0955	0.1844	0.260	0.415	0.623	0.785	0.885
165	0.0144	0.0282	0.0654	0.1586	0.237	0.399	0.614	0.780	0.882
180	0.0032	0.0171	0.0549	0.1496	0.229	0.394	0.612	0.778	0.882
					$Z=-92$				
0°	1.000	1.000	1.000	1.000	1.000	1.000	1.000	1.000	1.000
15	0.888	0.889	0.892	0.900	0.907	0.923	0.945	0.963	0.976
30	0.778	0.780	0.786	0.803	0.818	0.849	0.894	0.935	0.963
45	0.667	0.671	0.681	0.707	0.729	0.777	0.848	0.908	0.948
60	0.558	0.563	0.577	0.612	0.643	0.708	0.802	0.881	0.934
75	0.450	0.457	0.475	0.520	0.559	0.642	0.759	0.858	0.922
90	0.348	0.356	0.378	0.434	0.482	0.583	0.723	0.838	0.911
105	0.253	0.263	0.289	0.356	0.413	0.531	0.691	0.820	0.902
120	0.1690	0.1803	0.211	0.288	0.353	0.487	0.666	0.806	0.895
135	0.0989	0.1116	0.1458	0.232	0.304	0.451	0.646	0.796	0.889
150	0.0465	0.0602	0.0973	0.1897	0.268	0.425	0.631	0.789	0.885
165	0.0146	0.0290	0.0680	0.1649	0.246	0.410	0.623	0.783	0.883
180	0.0033	0.0180	0.0576	0.1560	0.239	0.405	0.620	0.781	0.883

A uniform spherical charge distribution and a uniform spherical shell charge distribution were assumed by ELTON[1] an an effort to determine the possibility of obtaining information about nuclear charge distribution from electron scattering experiments. For 20 Mev electrons scattered by Au, a phase analysis showed that the former assumption yielded a cross section smaller by a factor of 4 at an angle of 180° than the point charge value, while the latter assumption resulted in a cross section smaller than the point charge value by a factor of 7 at the same angle. A later phase shift calculation by ACHESON[2] for energies from 15 to 35 Mev and atomic numbers of 13, 29, 50, and 79 for the same nuclear models used by ELTON indicated a similar reduction in cross section for high Z nuclei with only a small departure from the point nucleus value for light nuclei. Other phase shift calculations have been reported recently by YENNIE, *et al.*[3].

25. Experimental measurements of single nuclear scattering. Early measurements of the angular distribution of high energy electrons which had been scattered only once in passing through a foil differ so widely in the agreement found with scattering theory that the recent tendency has been to disregard data obtained prior to the work of VAN DE GRAAFF, BUECHNER, and FESHBACH[4]. The

[1] L. R. B. ELTON: Phys. Rev. **79**, 412 (1950). — Proc. Phys. Soc. AG **3**, 1115 (1950).

[2] L. K. ACHESON: Phys. Rev. **82**, 488 (1951).

[3] D. R. YENNIE, D. G. RAVENHALL and E. BARANGER: Phys. Rev. **93**, 1128 (1954) and references.

[4] R. J. VAN DE GRAAFF, W. W. BUECHNER and H. FESHBACH: Phys. Rev. **69**, 452 (1946). W. W. BUECHNER, R. J. VAN DE GRAAFF, A. SPERDUTO, E. A. BURRILL and H. FESHBACH: Phys. Rev. **72**, 678 (1947).

high intensity, monoenergetic, well collimated electron beam from the accelerator used by the latter group makes possible a considerable increase in experimental accuracy over that obtainable from relatively weak beta ray sources in experiments in which the scattering intensity may be down three or more orders of magnitude from the incident beam intensity. The data prior to 1942 have been discussed by URBAN[1] and will not be considered here.

Much of the success of the work by VAN DE GRAAFF *et al.* can be attributed to the design of the ionization chamber detector employed, as shown in Fig. 37. In this design, ion currents detected by the ion collector plate come from two sources; ions created in an ion chamber formed by the plate and a thin diaphragm to the right of the plate, which were due to the scattered electron beam and the x-ray background; and ions created in an ion chamber formed by the plate and another thin diaphragm to the left of the plate which were due to the x-ray

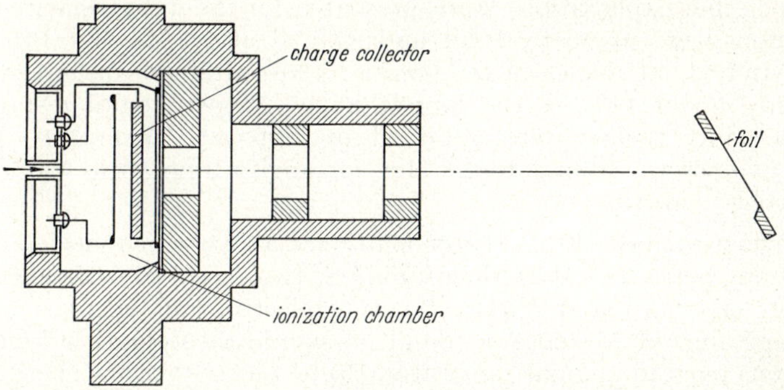

Fig. 37. Ionization chamber used by VAN DE GRAAFF *et al.* in making measurements of electron scattering. Currents from cavities on either side of charge collector due to x-rays may be balanced to yield no collector current when shutter blocks off beam.

background alone. Potentials on the diaphragms could be adjusted to give no net current to the plate when a movable shutter blocked the electron beam. Thus electron current measurements were made with essentially no background current. An absorber in the slit nearest the chamber was made slightly thinner than the range of the electron beam at the energy being investigated and was thus able to eliminate spurious currents due to electron-electron or inelastic nuclear scattering. Foils of Be, Al, Cu, Ag, Pt, and Au were used at energies from 1.27 to 2.3 Mev. Agreement with the Mott theory calculations of MCKINLEY and FESHBACH was found for the lighter elements and with the Bartlett and Watson calculation for Au and Pt. Scattering angles from 20 to 60° were investigated and experimental data checked theoretical values within one percent.

Relatively good agreement with the Mott cross section was found by CHAMPION and ROY[2] using a nitrogen filled cloud chamber and a Geiger counter arrangement which registered only scattering events in which the angular deviation exceeded 85°. Beta particles with energies of about one Mev were employed.

At a somewhat larger scattering angle of 106° and at low incident energies of 210 and 370 kev, BOTHE[3] using thin foils of polystyrol, collodion, Al, Ni, Ag, and Au found agreement within about 10% with the theory of MCKINLEY and FESHBACH for the lighter substances but experimental scattering cross sections were 18 and 28% below the Bartlett and Watson theory for Au at the two

[1] P. URBAN: Z. Physik **119**, 67 (1942).
[2] F. C. CHAMPION and R. R. ROY: Proc. Phys. Soc. Lond. **61**, 532 (1948).
[3] W. BOTHE: Z. Naturforsch. **4**a, 88 (1949); **5**a, 8 (1950).

energies, respectively. Two magnetic beta spectrometers were used, the first selecting an approximately monoenergetic bundle of electrons from a RaD and E source, and the second measuring the energy distribution of the electrons scattered by the foil.

At higher energies from 1 to 2.5 Mev SCHULZE-PILLOT and BOTHE[1] found agreement within about 4% with the above theories using the same scattering material as before for small scattering angles between 13 and 25°. A thin lens beta spectrometer was used and corrections for multiple scattering were made.

For large scattering angles up to 150° KINZINGER and BOTHE[2] and KINZINGER[3] using electrons from 150 to 400 kev got agreement with theory for all angles only for foils of Al. Elements of higher atomic number gave cross sections significantly below theoretical expectations for scattering angles exceeding 70° with a maximum deviation in the case of Au of 37% at 150°. Various possible explanations were presented for the disagreement found. Similar deviations were found by PAUL and REICH[4] at 2.2 Mev for Pt, the heaviest element studied, at angles of 60, 90, and 120°, although disagreement amounted to only about 15% at the largest angle. Experimental results 5 to 10% below the Mott theory were obtained by SPIEGEL, WALDMAN, RUANE, and MILLER[5] at energies from 1 to 2.5 Mev for angles from 30 to 150°, and for foils of Al, Ni, Ag, and Au.

In contrast to most of the results mentioned above which yielded experimental cross sections below the Mott theory values, two recent experiments found close agreement. BAYARD and YNTEMA[6] using electrons of energies 0.6, 1.0, and 1.7 Mev and foils of Al and Au, found no significant deviation from theoretical expectations over an angular range from 30 to 150°. At a low energy of 200 kev, the data of PETTUS, BLOSSER, and HEREFORD[7] showed no discrepancy with theory over an angular range from 70 to 150° using Au scatterers.

The ratio of positron to electron scattering has been measured at about 1 Mev by LIPKIN[8]. For foils of Cu and Pt observed ratios of 0.52 and 0.31 were found as compared to theoretical values of 0.67 and 0.33 for a scattering angle of 60°. For Cu the McKinley-Feshbach approximate expression was used and for Pt the calculations of BARTLETT-WATSON and MASSEY.

At higher energies the scattering process becomes more complicated due to the finite size of the nucleus and radiation effects. LYMAN, HANSON, and SCOTT[9] using 15.7 Mev electrons from a betatron have measured scattering from a variety of elements at angles up to 150°. After several corrections were made to the data, they were compared to theoretical estimates of scattering from uniform and shell distributions of nuclear charge, with preference being found for the former. More recent experiments[10] at higher energy (150 Mev), however, seem to indicate a peaked charge distribution.

---

[1] G. SCHULZE-PILLOT and W. BOTHE: Z. Naturforsch. **5**a, 440 (1950).
[2] E. KINZINGER and W. BOTHE: Z. Naturforsch. **7**a, 390 (1952).
[3] E. KINZINGER: Z. Naturforsch. **8**a, 312 (1953).
[4] W. PAUL and H. REICH: Z. Physik **131**, 326 (1951).
[5] T. F. RUANE, B. WALDMAN and W. C. MILLER: Phys. Rev. **98**, 1166 (1955). — B. WALDMAN, V. SPIEGEL jr. and W. C. MILLER: Phys. Rev. **100**, 1244 (1955).
[6] R. T. BAYARD and J. L. YNTEMA: Phys. Rev. **97**, 372 (1955).
[7] W. G. PETTUS, H. G. BLOSSER and F. L. HEREFORD: Phys. Rev. **101**, 17 (1956).
[8] H. J. LIPKIN: Phys. Rev. **85**, 517 (1952).
[9] E. M. LYMAN, A. O. HANSON and M. B. SCOTT: Phys. Rev. **84**, 626 (1951).
[10] R. HOFSTADTER, H. R. FECHTER and J. A. MCINTYRE: Phys. Rev. **92**, 978 (1953). — L. I. SCHIFF: Phys. Rev. **92**, 988 (1953).

It would appear then that the Mott theory has been experimentally verified to within a few percent for an energy range of 200 kev to 2.5 Mev for angles of scattering up to 150°, with deviations being noted only at the largest scattering angles for heavy elements.

26. The simple theory of multiple nuclear scattering. When foil thicknesses are increased considerably beyond these for which the single scattering theory of Sect. 24 may be expected to hold, the probability of multiple deflections becomes very large compared to the probability for only a single deflection for an electron passing through the foil, throughout the angular range where high intensities are found. This multiple scattering has been considered by many authors, and both theory and experiment have been reviewed recently by Bethe and Ashkin[1] whose treatment is followed here. The importance of an adequate multiple scattering theory well verified by experiment can be seen to arise from its use in interpreting the curvature of cloud chamber tracks where energy measurements are involved[2], its application in the correction of stopping power data as in Sect. 20, and its relevance to the problem of obtaining significant single scattering data.

For foils and incident energies where multiple scatterings take place but energy losses can be neglected, a simplified scattering theory has been developed by Williams[3]. From the theory of errors, the statistical distribution of angular deflections after many scatterings will be given by the Gaussian distribution

$$P_I(\alpha_1)\,d\alpha_1' = \frac{1}{\sqrt{2\pi\overline{\alpha_1^2}}}\exp\left(-\frac{\alpha_1^2}{2\overline{\alpha_1^2}}\right)d\alpha_1 \tag{26.1}$$

where α_1 is measured in a plane normal to the incident direction, and a similar distribution may be expected to hold for α_2, the deflection in the same plane but perpendicular to the deflection α_1. Clearly the distributions are symmetric about the incident direction, and the total angular deviation ϑ for angles which are not too large will be given by $\vartheta^2 = \alpha_1^2 + \alpha_2^2$ with a mean squared value $\overline{\vartheta^2} = 2\overline{\alpha_1^2}$. Multiplying the distributions for α_1 and α_2 the distribution for ϑ may be obtained,

$$P(\vartheta)\,d\vartheta = \frac{2}{\overline{\vartheta^2}}\,\vartheta\exp\left(-\frac{\vartheta^2}{\overline{\vartheta^2}}\right)d\vartheta \tag{26.2}$$

and upon evaluation of $\overline{\vartheta^2}$ from the single scattering formulae in Sect. 24 the expression for $P(\vartheta)$ will be complete. For small angles, Eq. (24.11) may be written as the probability for a single scattering between ϑ and $\vartheta + d\vartheta$ in a thickness dx

$$f(\vartheta, dx)\,d\vartheta = \frac{8\pi NZ(Z+1)\,e^4(1-\beta^2)}{m_0^2\,v^4}\,\frac{d\vartheta}{\vartheta^3}\,dx \tag{26.3}$$

where the factor Z^2 has been replaced by $Z(Z+1)$ in an effort to account for the scattering by the atomic electrons, and N is the number of atoms per cm³.

Clearly the expression for $f(\vartheta, dx)$ becomes extremely large for small scattering angles. Whereas physically it is the screening of the nuclear charge by the atomic electrons which reduces the small angle scattering (as discussed in Sect. 24 where a theoretical evaluation is presented) it becomes more convenient in the present

[1] H. A. Bethe and J. Ashkin, in: Experimental nuclear physics (editor E. Segrè), Vol. I. New York: Wiley 1953.

[2] H. A. Bethe: Phys. Rev. **70**, 821 (1946). — W. T. Scott: Phys. Rev. **76**, 212 (1949). — W. T. Scott and H. S. Snyder: Phys. Rev. **78**, 223 (1950).

[3] E. J. Williams: Proc. Roy. Soc. Lond., Ser. A **169**, 531 (1939). — Phys. Rev. **58**, 292 (1940).

case merely to cut off the contributions to multiple scattering at a minimum angle $\vartheta_{\min}$, leaving the form of Eq. (26.3) unaltered. A reasonable estimate of $\vartheta_{\min}$ may be obtained in agreement with Born approximation methods such that

$$\vartheta_{\min} = \frac{\lambda\!\!\!^{-}}{a} \quad \text{where} \quad \lambda\!\!\!^{-} = \frac{\hbar}{p} \quad \text{and} \quad a = a_0 Z^{-\frac{1}{3}}. \tag{26.4}$$

Here p is the momentum of the incident electron and a is an effective shielding radius such as appears in the approximate expression for the shielded nuclear potential,

$$V = \frac{Z e^2}{r} e^{-r/a}. \tag{26.5}$$

The Bohr radius $a_0 = \hbar^2/m e^2$ has the value 5.29×10^{-9} cm. The above expression for $\vartheta_{\min}$ may be expected to be valid only insofar as the quantity

$$\gamma = \frac{Z e^2}{\hbar v} = \frac{Z}{137 \beta} \tag{26.6}$$

is small compared to one. When the latter condition is not satisfied the classical approach is more nearly correct and the minimum value of ϑ is given by

$$\vartheta_{\min} = \gamma \frac{\lambda\!\!\!^{-}}{a} \tag{26.7}$$

in agreement with Eq. (24.6) approximated for small angles and with a maximum impact parameter equal to the shielding distance a.

An estimate of the maximum single scattering angle which can contribute to the multiple scattering distribution is also necessary before $\overline{\vartheta^2}$ may be obtained from $f(\vartheta, dx)$. A somewhat arbitrary value of $\vartheta_{\max}$ may be chosen such that on the average the incident electron will make only one collision in passing through the foil of thickness t for which ϑ exceeds $\vartheta_{\max}$. Integrating $f(\vartheta)$ from $\vartheta_{\max}$ to some larger angle ϑ' which is large enough so that $\vartheta_{\max}^2 \ll (\vartheta'^2)$ and setting the result equal to one, an expression for $\vartheta_{\max}$ may be obtained,

$$\vartheta_{\max} = \left[t \, \frac{4\pi N Z(Z+1) e^4 (1-\beta^2)}{m_0^2 v^4}\right]^{\frac{1}{2}} \tag{26.8}$$

where t is the foil thickness in centimeters. The single scattering distribution for a thickness dx, $f(\vartheta, dx)$ may then be written

$$f(\vartheta, dx)\, d\vartheta = 2 \frac{\vartheta_{\max}^2}{t} \frac{d\vartheta}{\vartheta^3} dx \tag{26.9}$$

and the mean squared scattering angle for a foil of thickness t centimeters is

$$\left.\begin{aligned} \overline{\vartheta^2} &= 2\vartheta_{\max}^2 \log \frac{\vartheta_{\max}}{\vartheta_{\min}} \\ &= t \, \frac{4\pi N Z(Z+1) e^4 (1-\beta^2)}{m_0^2 v^4} \log\left[4\pi Z^{\frac{1}{3}} (Z+1) N t \left(\frac{\hbar}{m v}\right)^2\right] \end{aligned}\right\} \tag{26.10}$$

where the mean squared scattering angles have been added for each thickness dx up to a total thickness t in accordance with the well known additivity of mean squared fluctuations for independent events. It is apparent that the mean squared fluctuation is proportional to the foil thickness neglecting the variation in the logarithm with t, and that the average deflection is proportional to $\sqrt{t}$.

At energies of several Mev or more, the finite size of the nucleus places an upper limit on the scattering angle. The scattering distribution obtained in this case has been discussed in Sect. 20 in connection with the effect of scattering on path length traversed by an electron in penetrating a foil.

27. The transition from single to multiple scattering—theory of plural scattering. The simplified theory given in Sect. 26 is incomplete in that it says nothing about scattering in which more than one deflection takes place while not enough are involved to give the characteristic Gaussian distribution. This region of plural scattering has proven to be a difficult one to attack theoretically and only recently have essentially complete theories become available despite the urgent need for a better understanding of the transition region as an aid in interpreting single scattering data. A discussion of the early theoretical[1] and experimental work has been given by BOTHE[2].

The basic theory of multiple scattering has been given by GOUDSMIT and SAUNDERSON[3] in a form valid for any angle. More recently MOLIÈRE[4] has treated the multiple scattering problem using a Thomas-Fermi shielded single scattering distribution and the Fourier transform method. The relationship between the two theories has been pointed out by LEWIS[5] and discussed by BETHE[6]. In the Molière theory for angles which are not too large, the scattering includes contributions from both singly, plurally, and multiply scattered electrons and is shown to be given by the distribution in angle Θ for scattering into a solid angle $d\Theta/2\pi = \Theta\, d\Theta$

$$f(\Theta)\,\Theta\, d\Theta = [2e^{-\vartheta^2} + f^{(1)}(\vartheta)/B + f^{(2)}(\vartheta)/B^2]\,\vartheta\, d\vartheta \tag{27.1}$$

where ϑ is given by

$$\vartheta = \Theta/\left(\vartheta_{\max}\sqrt{B}\right) \tag{27.2}$$

and the values of B are given in Table 19 for various values of $\log_{10}\frac{\vartheta^2_{\max}}{\vartheta^2_{\min}}$.

Table 19. *Parameter B appearing in the Molière scattering distribution*

$\log_{10}\frac{\vartheta^2_{\max}}{\vartheta^2_{\min}}$	1	2	3	4	5	6	7	8	9
B	3.36	6.29	8.93	11.49	13.99	16.46	18.90	21.32	23.71

The expression for $\vartheta^2_{\max}$ is similar to that given in Sect. 26 except that the factor $Z(Z+1)$ is replaced by Z^2

$$\vartheta^2_{\max} = t\,\frac{4\pi N Z^2 e^4\,(1-\beta^2)}{m_0^2\, v^4}\,. \tag{27.3}$$

The screening angle $\vartheta_{\min}$ is given by

$$\vartheta^2_{\min} = \left(\frac{\lambda\!\!\!^-}{0.885\,a}\right)^2 (1.13 + 3.76\alpha^2) \tag{27.4}$$

again similar to Sect. 26 except for a slight correction in the Fermi-Thomas radius and a factor accounting for deviations from the Born approximation for values of $\alpha = Z/137\beta$ which are not small compared to unity.

The functions $f^{(1)}(\vartheta)$ and $f^{(2)}(\vartheta)$ are tabulated in Table 20 for various values of ϑ, and the relative importance of the three terms comprising Eq. (27.1) may

---

[1] G. WENTZEL: Ann. Physik **69**, 335 (1922).
[2] W. BOTHE: Handbuch der Physik, Bd. 22, Teil 2. Berlin: Springer 1933.
[3] S. GOUDSMIT and J. L. SAUNDERSON: Phys. Rev. **57**, 24; **58**, 36 (1940).
[4] G. MOLIÈRE: Z. Naturforsch. **3**a, 78 (1948).
[5] H. W. LEWIS: Phys. Rev. **78**, 526 (1950).
[6] H. A. BETHE: Phys. Rev. **89**, 1256 (1953).

Table 20. *The functions $f^{(1)}(\vartheta)$, $f^{(2)}(\vartheta)$, $f^{(1)}(\varphi)$, and $f^{(2)}(\varphi)$ of the Molière theory.*

$f^{(1)}(\vartheta)$	$f^{(2)}(\vartheta)$	ϑ or φ	$f^{(1)}(\varphi)$	$f^{(2)}(\varphi)$
+0.8456	+2.49	0	+0.0206	+0.416
+0.700	+2.07	0.2	−0.0246	+0.299
+0.343	+1.05	0.4	−0.1336	+0.019
−0.073	−0.003	0.6	−0.2440	−0.229
−0.396	−0.606	0.8	−0.2953	−0.292
−0.528	−0.636	1.0	−0.2630	−0.174
−0.477	−0.305	1.2	−0.1622	+0.010
−0.318	+0.052	1.4	−0.0423	+0.138
−0.147	+0.243	1.6	+0.0609	+0.146
0.000	+0.238	1.8	+0.1274	+0.094
+0.080	+0.131	2.0	+0.147	+0.045
+0.106	+0.020	2.2	+0.142	−0.049
+0.101	−0.046	2.4	+0.1225	−0.071
+0.082	−0.064	2.6	+0.100	−0.064
+0.062	−0.055	2.8	+0.078	−0.043
+0.045	−0.036	3.0	+0.059	−0.024
+0.033	−0.019	3.2	+0.045	−0.010
+0.0206	+0.0052[1]	3.5	+0.0316	+0.001
+0.0105	+0.0011	4.0	+0.0194	+0.006

be seen in Fig. 38. The functions $\vartheta f^{(1)}(\vartheta)$ and $\vartheta f^{(2)}(\vartheta)$ are divided by B and B^2 before being added to $2\vartheta e^{-\vartheta^2}$ so that the departure from the Gaussian is less than a casual inspection of Fig. 38 would indicate.

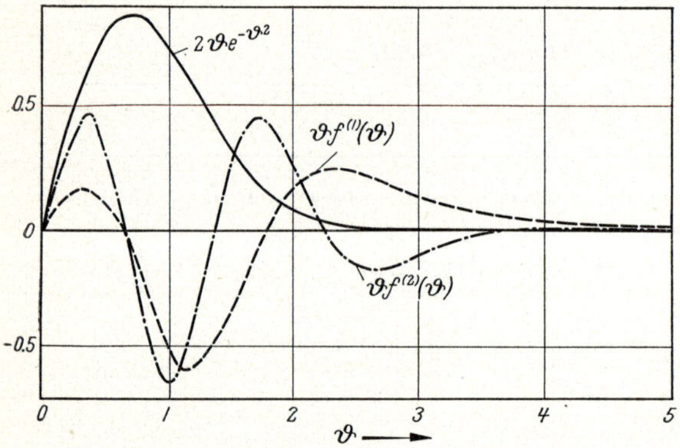

Fig. 38.

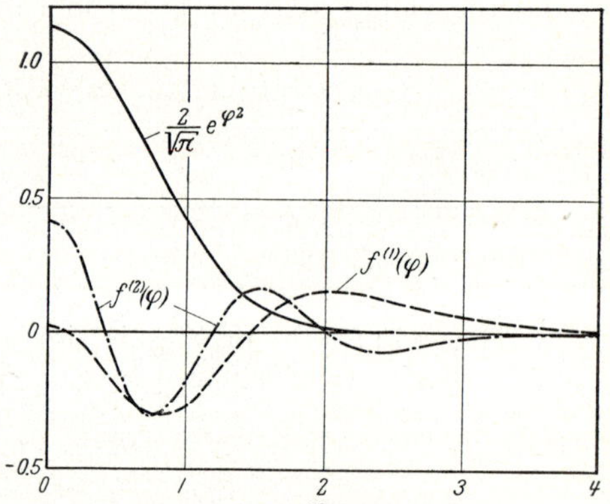

Fig. 39.

Fig. 38. Graph of the scattering functions in the Molière theory of multiple scattering, with the angle ϑ as parameter.

Fig. 39. Graph of the scattering functions for the projected angle in the Moliére theory.

MOLIÈRE also gives the distribution in the projected angle Φ where

$$\varphi = \Phi/(\vartheta_{\max}\sqrt{B}), \tag{27.5}$$

$$f(\Phi)\,d\Phi = [(2/\sqrt{\pi})\,e^{-\varphi^2} + f^{(1)}(\varphi)/B + f^{(2)}(\varphi)/B^2]\,d\varphi. \tag{27.6}$$

The functions $f^{(1)}(\varphi)$ and $f^{(2)}(\varphi)$ are given in Table 20 and shown graphically in Fig. 39.

[1] This value has been questioned by BETHE [Phys. Rev. **89**, 1256 (1953)] who finds −0.0051.

For somewhat larger angles the function $f(\Theta)$ and $f(\Phi)$ take on the asymptotic forms

$$f(\Theta)\,\Theta\,d\Theta = 2\vartheta_{\max}^2 \frac{d\Theta}{\Theta^3}\left\{1 + \frac{4\vartheta_{\max}^2}{\Theta^2}\left[\log\left(\frac{\Theta^2}{\vartheta_{\min}^2}\right) - 2\right]\right\}, \tag{27.7}$$

$$f(\Phi)\,d\Phi = \frac{\vartheta_{\max}^2}{\Phi^3}\,d\Phi\left\{1 + \frac{3\vartheta_{\max}^2}{\Phi^2}\left[\ln\left(\frac{\Phi^2}{\vartheta_{\min}^2}\right) - 1.780\right]\right\}. \tag{27.8}$$

Alternatively, power series expansions for the functions $f^{(1)}(\vartheta)$, $f^{(2)}(\vartheta)$, $f^{(1)}(\varphi)$, and $f^{(2)}(\varphi)$ have been given which describe the asymptotic behavior somewhat more accurately[1]. Both of the above equations are of the form of the Rutherford single scattering cross section times one plus a correction factor, which is generally appreciable. That is multiply scattered electrons can contribute to the scattering distribution even out to rather large angles, in agreement with earlier calculations by WENTZEL[2] and CHASE and COX[3]. The deflections observed in so-called single scattering experiments are generally the result of many small angle scatterings plus a single large angle deflection.

Other recent theoretical treatments of the problem using the small angle approximation, by BUTLER[4], SNYDER and SCOTT[5], and SCOTT[6] yield results which are in reasonable agreement with the Molière calculations. The relationships between the various theories have been discussed by BETHE[7] who in addition has suggested a correction to be applied to the Molière theory at large angles.

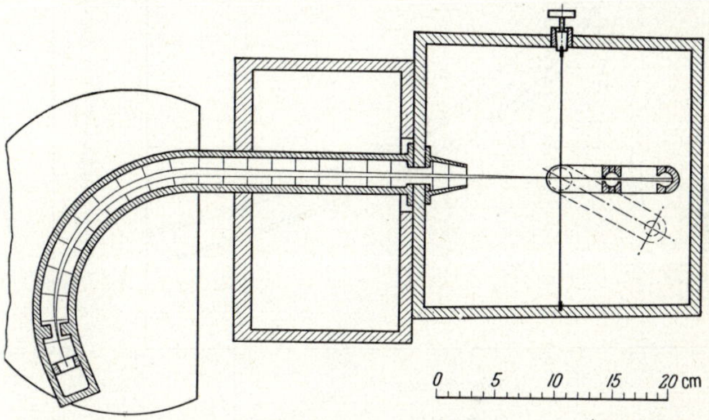

Fig. 40. Apparatus used by KULCHITSKY and LATYSHEV in making multiple scattering measurements.

28. Measurements of plural and multiple scattering. Although a considerable amount of experimental information exists on multiple electron scattering, the bulk of it is based on cloud chamber data. Here the difficulty of obtaining adequate statistics makes only a semi-quantitative comparison with theory possible. More recently, however, electron beams of increased intensity and small angular spread have been used with magnetic energy analyzers to the extent that a comparison with the various scattering theories is able to discriminate easily among them. In particular, KULCHITSKY, LATYSHEV, and ANDRIEVSKY[8], using magnetically separated electrons from a radioactive source at 2.25 Mev, have bombarded foils of Al, Fe, Cu, Mo, Ag, Sn, Ta, Au, and Pb in thickness from 8 to 27 mg/cm². With the apparatus shown in Fig. 40, and with a half angular spread

[1] See discussion by L. V. SPENCER and C. H. BLANCHARD: Phys. Rev. **93**, 114 (1954).
[2] G. WENTZEL: Ann. Physik **69**, 335 (1922).
[3] C. J. CHASE and R. J. COX: Phys. Rev. **58**, 243 (1940).
[4] S. J. BUTLER: Proc. Phys. Soc. Lond., Ser. A **63**, 599 (1950).
[5] H. S. SNYDER and W. T. SCOTT: Phys. Rev. **76**, 220 (1949).
[6] W. T. SCOTT: Phys. Rev. **85**, 245 (1952).
[7] H. A. BETHE: Phys. Rev. **89**, 1256 (1953).
[8] L. A. KULCHITSKY and G. D. LATYSHEV: Phys. Rev. **61**, 254 (1942). — A. I. ANDRIEVSKY, L. A. KULCHITSKY and G. D. LATYSHEV: J. Phys. USSR. **6**, 278 (1943).

in the incident beam of 0.4°, scattering was investigated at angles out to 35°. Comparisons of the observed distribution widths at half maximum were made with the theories of Williams, and Goudsmit and Saunderson. Agreements within about 3 and 1% were found with the two theories, respectively, for elements ranging in atomic number up to and including Sn ($Z=50$). For the heavier ($Z>72$) elements, however, the experimental distributions were about 10% narrower than either theory predicted.

Similar disagreement with the Williams, and Goudsmit and Saunderson theories for heavy elements was found by Hanson, Lanzl, Lyman, and Scott[1]. At a bombarding energy of 15.7 Mev, Au foils of 18.66 and 37.28 mg/cm² gave

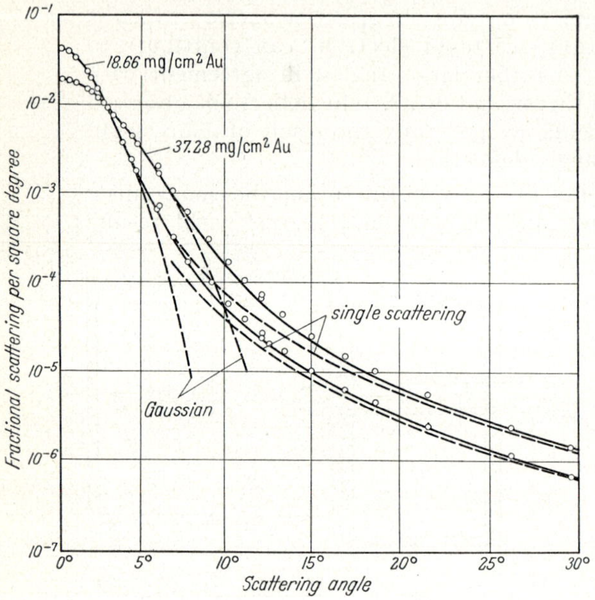

Fig. 41.

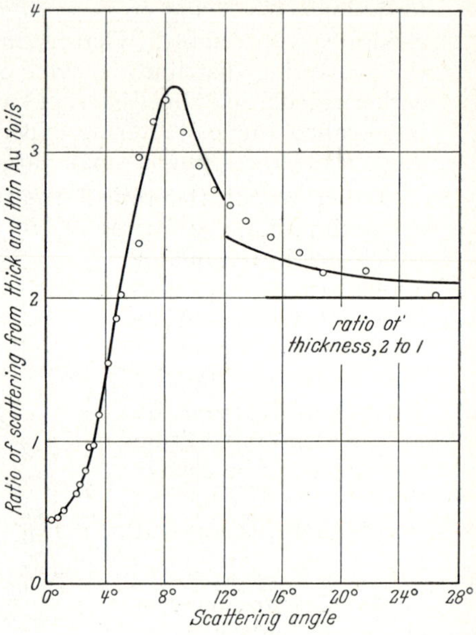

Fig. 42.

Fig. 41. Angular distributions for scattering from Au at 15.7 Mev. Solid lines are Molière theory for small and large angle multiple scattering with an extrapolation in the transition region (see text). Shown also are the Gaussian and single scattering theories (dotted lines).

Fig. 42. Ratio of scattering from Au foils which differ in thickness by a factor of two. Solid lines are the theory of Molière in the small and large angle approximations (see text).

angular distributions were which 10% more narrow than predicted. However, such widths were in excellent agreement with the theory of Molière for small angle multiple scattering. Measurements were extended in angle through the plural to the modified single scattering region and agreement was found in the latter region with the large angle calculation of Molière as shown in Fig. 41. Because of normalization procedures used, the small and large angle theories did not agree well in the transition region and the theory was represented as shown by an extrapolation in the region of disagreement. Spencer and Blanchard[2] have shown that the series representation of Molière for the large angle behavior fits smoothly with the small angle curve if the former is multiplied by the ratio of the exact single scattering cross section to that employed by Mo-

[1] A. O. Hanson, L. H. Lanzl, E. M. Lyman and M. B. Scott: Phys. Rev. **84**, 634 (1951).

[2] L. V. Spencer and C. H. Blanchard: Phys. Rev. **93**, 114 (1954).

LIÈRE, as suggested by BETHE[1]. Shown also is the Gaussian approximation of the older theories and the single scattering distribution. The data may also be presented in terms of the ratio of scattering from thick and thin foils as a function of angle as in Fig. 42. The large and small angle approximations are shown as calculated by HANSON *et al.*[2] and it can be seen that the experimental ratio approaches the ratio of foil thicknesses at large angles as is expected from single scattering theory. Such an observation constitutes perhaps the best test for single scattering.

Data was also obtained by HANSON *et al.* on scattering from Be. Here agreement with the Molière theory for the curve widths was less exact, the experimental distributions being about 5% narrower than predicted. Presumably the failure of the Thomas-Fermi screening used in the calculation when applied to Be accounts for the slight discrepancy.

G. Electron penetration through thick layers.

29. Spectral distribution of electron flux in a medium. An important problem occurring in the calculation of radiation dosage to biological materials has been the amount of energy deposited in the absorbing tissue per unit mass. Such a calculation has been performed recently by SPENCER (Sect. 30) for parallel electron beams, and for point and plane sources of beta rays, all energy dissipation being assumed to take place in uniform media of infinite extent. The energy dissipation distributions thus obtained are found to be strongly spatially dependent; that is, the product of the flux of electrons and the average rate of energy dissipation, integrated over all energies present in the flux spectrum, is a function of the distance between the source of electrons and the point of observation. An alternative, related problem may be visualized in which the electron sources are distributed throughout the media, such a supposition bringing about a simplification of the calculation because of the removal of the spatial dependence. Such a problem relates to the biological situation wherein radioactive sources are lodged in body organs or where tissues are bombarded with x-rays.

A theoretical treatment of this problem has been given by SPENCER and FANO[3] who have obtained the actual flux spectrum to be anticipated at any point in the medium due to the slowing down and secondary electron production of the primary electrons. Whereas in the past, calculations of dose delivered to a body organ by various radiations have been based only on the amount of energy delivered to the organ per unit mass, it is anticipated that the theoretical and experimental determination of electron flux will permit a greater insight into problems of radiation damage.

In the Spencer-Fano theory the usual continuous slowing down approximation to the electron spectrum (in which the flux is given at any energy by the reciprocal stopping power) is modified by the inclusion of secondary electrons generated by the few violent collisions experienced by the primary electrons, and by the inclusion of the energy losses due to bremsstrahlung. The statistical balance of electrons of energy T is given by

$$y(T)\int_0^T k(T,\tau)\,d\tau = \int_0^\infty y(T+\tau)\,k(T+\tau,\tau)\,d\tau + S(T) \tag{29.1}$$

[1] H. A. BETHE: Phys. Rev. **89**, 1256 (1953).

[2] See footnote 1, p. 120.

[3] L. V. SPENCER and U. FANO: Phys. Rev. **93**, 1172 (1954).

where $y(T)$ has the dimensions cm energy^{-1} and represents the distance covered by electrons of energy T per unit energy interval. [The function $y(T)$ may also be considered to represent the flux of electrons with dimensions of number of electrons per cm^2 per sec per unit energy.] The symbol $k(T, \tau)$ indicates the probability per unit path of an energy loss τ from an electron of energy T, and the $S(T)$ indicates the number of electrons being born at energy T both from

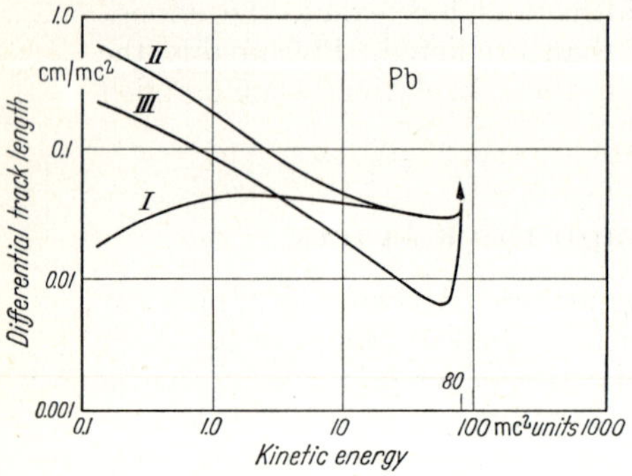

Fig. 43. Electron flux spectrum for an 80 m_0c^2 electron source absorbed in Pb.

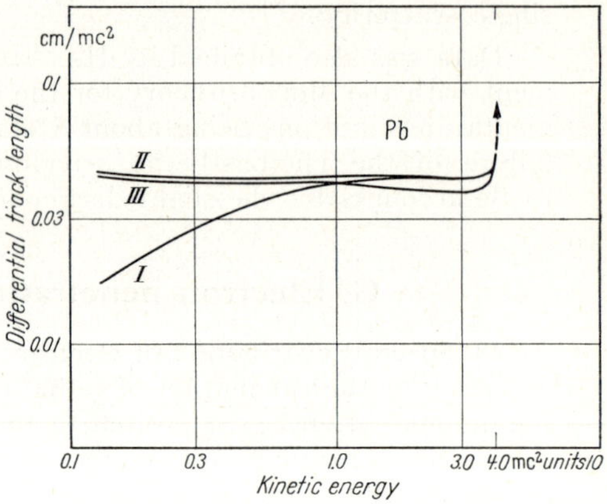

Fig. 44. Electron flux spectrum for a 4 m_0c^2 electron source absorbed in Pb.

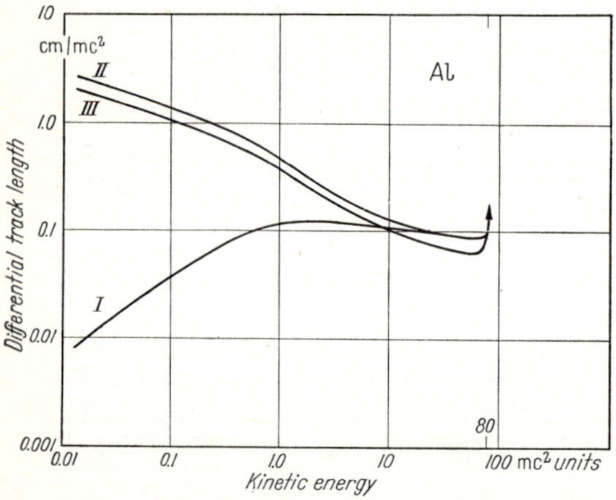

Fig. 45. Electron flux spectrum for an 80 m_0c^2 electron source absorbed in Al.

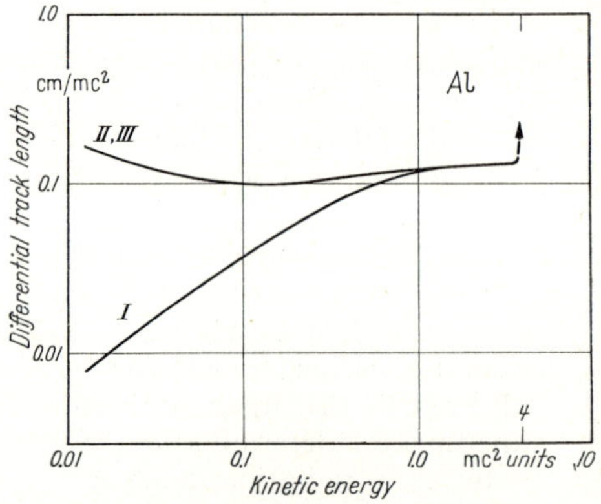

Fig. 46. Electron flux spectrum for a 4 m_0c^2 electron source absorbed in Al.

the source material such as a beta ray continuous spectrum and from secondary electrons as a result of hard collisions of the primary beam at energies greater than $2T$. The latter restriction is a result of the arbitrary division of losses such that the more energetic electron after collision is thought of as the primary. In principle the problem may now be solved as the function $k(T, \tau)$ is just the Möller cross section [Eq. (3.2)]. Stepwise numerical methods may be used, starting at the higher energy T_0 and working downward in energy. However, the unfortunate large increase in $k(T, \tau)$ as τ becomes very small renders such an approach unworkable. Recasting the problem in integral form, the equivalent of the above equation may be written

$$\int_T^\infty d\,T'\,y(T')\,K(T',T) = \int_T^\infty S(T')\,d\,T', \tag{29.2}$$

where

$$K(T',T) = \int_{T'-T}^\infty k(T',\tau)\,d\tau \tag{29.3}$$

is the probability per unit path that an electron of energy T' drops below an energy T. The left side of the equation now states that all electrons of energy T' or greater will drop below T somewhere, and the right side gives the number of such electrons. The integral cross section $K(T',T)$ contributes excessively to the integral only for T' very near T. In order to simplify still further the integration over T' in this critical range, SPENCER and FANO introduce a new function $\overline{K}(T',T)$, which is defined so as to be everywhere close to $K(T',T)$. This method of attack allows the problem to be reformulated in terms of the function $[y(T')\,K(T',T) - y(T)\,\overline{K}(T',T)]$ and the solution then becomes

$$\left.\begin{aligned} y(T) &= [F(T_0,T)]^{-1} \times \\ &\times \left\{\int_T^{T_0} S(T')\,d\,T' - \int_T^{T_0} d\,T'\,[y(T')\,K(T',T) - y(T)\,\overline{K}(T',T)]\right\}\end{aligned}\right\} \tag{29.4}$$

with the first integral representing the first approximation to the flux spectrum, and the second integral the effect on the flux of bremsstrahlung and secondary electron production. The function $F(T_0,T)$ is given by

$$F(T_0,T) = \int_T^{T_0} d\,T'\,\overline{K}(T',T). \tag{29.5}$$

In obtaining a solution to the above equation the electron-electron collisions are considered as being responsible for both a loss of energy from the primary flux and as a source of secondary electrons which contribute to the flux at lower energies. The bremsstrahlung losses are divided in such a way that the smaller losses are considered as dissipating energy from the primary radiation while the larger losses are treated as a negative source of electrons. The final integral equation, although somewhat involved algebraically, permits a straightforward numerical evaluation. SPENCER and FANO have calculated the flux spectra in Pb and Al for sources of monoenergetic electrons at 80 m_0c^2 and 4 m_0c^2, and these are reproduced in Figs. 43 to 46. In all cases Curve I yields the flux neglecting bremsstrahlung and secondary electrons; Curve II the flux neglecting only bremsstrahlung; and Curve III including both secondary electrons and bremsstrahlung. At an energy of 4 m_0c^2, the flux due to secondary electrons adds to the primary flux to the extent that the total flux is an insensitive function of the energy.

For moderate initial electron energies the bremsstrahlung may be neglected if absorption takes place in a light material. Under these conditions the theory may be approximated[1] by the simple expression

$$y(T) = [S_Z(T)]^{-1}\left\{\int_T^{T_0} S(T')\,d\,T' + \int_{2T}^{T_0} K_s(T',T)\,y(T')\,d\,T'\right\} \tag{29.6}$$

where $S_Z(T)$ is just the average stopping power at energy T, $S(T')$ is the sources spectrum, and $K_s(T',T)$ may be taken as

$$K_s(T',T) = \frac{2\pi N_e r_0^2}{(\beta')^2}\{T^{-1} - (T'-T)^{-1}\} \tag{29.7}$$

[1] L. V. SPENCER and F. H. ATTIX: Radiation Res. 3, 239 (1955).

with N_e the electronic density in the medium and $r_0 = e^2/m_0 c^2$. The first integral represents the contribution from the primary electrons, and the second integral is the build-up of secondaries. Calculations with the above simplification have been carried out in the author's laboratory[1] for sources of S^{35}, Tl^{204}, and P^{32} distributed in water and bakelite and the results are shown in Fig. 47. Although the stopping power and electron-electron scattering cross section (contained in K_s) are not well known at low energy, calculations were carried down to 1 kev. The results indicate a large build-up of electrons at low energy which may well be important biologically.

The electron spectra resulting from x-ray bombardment of a media have been determined theoretically by BRYSK[2], and DANSKER and LAUGHLIN[3]. In principle, at least, electron spectra in a solid may be measured, in accordance with a suggestion by SPENCER and FANO, by placing a cavity in the medium with a small hole leading to the outside. Thus electron flux measurements may be likened to measurements of electromagnetic flux from a black body cavity.

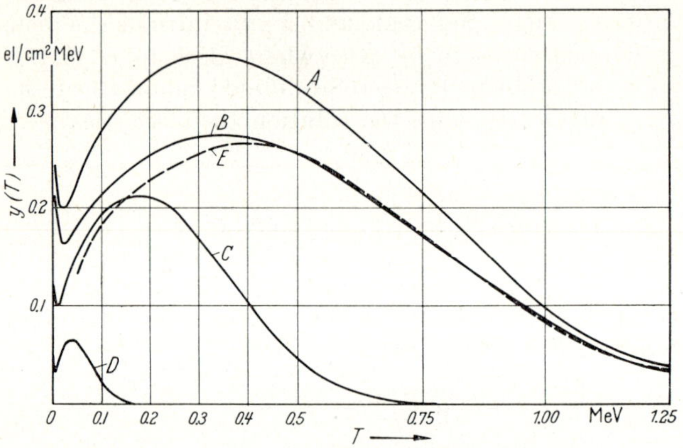

Fig. 47. Electron flux spectra for various beta emitting isotopes. Curves A, C, and D are theoretical flux spectra for P^{32}, Tl^{204}, and S^{35} absorbed in water. Curves B and E are theoretical and experimental spectra for P^{32} absorbed in a phosphorus-bakelite medium.

30. Electron diffusion theory. In the treatments of electron penetration in thin foils given previously, it has been assumed in general that the scattering takes place without energy loss or that the energy loss occurs with little or no dependence on scattering. While such approximations may be adequate for absorbers, thin compared to the range of the electrons, theories based on such approximations fail to yield even qualitative results when applied to deeper penetrations. The diffusion of electrons through thick absorbers was first treated by BOTHE[4], and BETHE, ROSE, and SMITH[5], and yielded results in qualitative agreement with experiment despite the simplifying assumptions used. More recently the problem has been studied by LEWIS[6] and FANO[7], and a solution has been obtained by SPENCER[8] for the energy dissipation distribution in an infinite absorbing medium for various electron source geometries. The method employed for a plane monodirectional monoenergetic source in an infinite medium is typical of the methods used with other sources such as point isotropic and plane isotropic sources, and the former will be discussed here.

[1] R. D. BIRKHOFF, J. S. CHEKA, H. H. HUBBELL jr., R. M. JOHNSON and R. H. RITCHIE: Bull. Amer. Phys. Soc., Ser. II **1**, 184 (1956).

[2] H. BRYSK: Phys. Rev. **96**, 419 (1954).

[3] M. DANSKER and J. S. LAUGHLIN: Program of the Radiological Society of North America, p. 104, December, 1955.

[4] W. BOTHE: Handbuch der Physik, Bd. 22, Teil 2, S. 23. Berlin: Springer 1933.

[5] H. A. BETHE, M. E. ROSE and L. P. SMITH: Proc. Amer. Phil. Soc. **78**, 573 (1938).

[6] H. W. LEWIS: Phys. Rev. **78**, 526 (1950).

[7] U. FANO: Phys. Rev. **92**, 328 (1953).

[8] L. V. SPENCER: Phys. Rev. **98**, 1597 (1955).

If $I(r, \vartheta, z)\, dr\, d\Omega$ is the flux of electrons making angles between ϑ and $\vartheta + d\vartheta$ with the normal to the source plane, having residual ranges between r and $r + dr$, and crossing a unit spherical probe at a distance z from the source plane, then the flux change in going from a distance z to $z + dz$ is given by

$$\left.\begin{aligned} &[I(z+dz, \vartheta, r-dr) - I(z, \vartheta, r)]\, d\Omega\, dz \\ &\quad = dz\, d\Omega\, dr \int d\Omega'\, N\sigma(r, \Theta)\, \{I(r, \vartheta', z) - I(r, \vartheta, z)\} + \\ &\quad + (2\pi)^{-1}\, \delta(z)\, dz\, \delta(r - r_0)\, dr\, \delta(\cos\vartheta - 1)\, d\Omega. \end{aligned}\right\} \tag{30.1}$$

Expanding the left side, the equation describing the penetration becomes

$$\left.\begin{aligned} -\frac{\partial I}{\partial r} + \cos\vartheta \frac{\partial I}{\partial z} = \int d\Omega'\, N\sigma(r, \Theta)\, \{I(r, \vartheta', z) - I(r, \vartheta, z)\} + \\ + (2\pi)^{-1}\, \delta(z)\, \delta(r - r_0)\, \delta(\cos\vartheta - 1). \end{aligned}\right\} \tag{30.2}$$

Here $2\pi\sigma(r, \Theta) \sin\Theta\, d\Theta$ is the cross section per atom for scattering through an angle between Θ and $\Theta + d\Theta$, N is the number of atoms per gram, and distances and residual ranges are measured in g/cm². The latter are to be calculated from an integration of the stopping power, Eq. (8.3),

$$r(T) = \int_0^T dT \left(\frac{dT}{dr}\right)^{-1}. \tag{30.3}$$

For convenience the distances may be measured as fractions of the total range, r_0, so that $x = z/r_0$ with limits -1 to $+1$; and the residual range becomes $t = r/r_0$ with t varying from 1 to 0. Also, the scattering cross section may be written as $S(t, \Theta) = r_0 N \sigma(r, \Theta)$. Both S and I are then integrated over spherical harmonics and Eq. (30.2) is rewritten in terms of $S_l(t)$ and $I_l(t, x)$. The equation is then multiplied by x^n and integrated from -1 to $+1$. Defining $I_{ln}(t)$ by

$$I_{ln}(t) = \int_{-1}^{1} x^n I_l(t, x)\, dx \tag{30.4}$$

the diffusion equation becomes

$$\left.\begin{aligned} &-\frac{\partial I_{ln}}{\partial t} + S_l(t)\, I_{ln}(t) \\ &\quad = n(2l+1)^{-1}\{(l+1)\, I_{l+1, n-1}(t) + l\, I_{l-1, n-1}(t)\} + \delta_{n0}\, \delta(t-1). \end{aligned}\right\} \tag{30.5}$$

For the actual integration of the scattering function $S(t, \Theta)$, either a screened Rutherford cross section or, for low Z, the McKinley-Feshbach expression, or for high Z a cross section which agrees with the Bartlett-Watson tabulation may be used. SPENCER gives the corresponding form of S_l for all three cases. In particular, for the McKinley-Feshbach cross section,

$$\left.\begin{aligned} S_l[t(T)] = (Z+1)\, (3 N_A \varphi_0 Z/4A)\, (1+\varepsilon)\, T^{-1} (T+2)^{-1} \beta^{-2} \times \\ \times \left\{C_l + 2\pi\alpha\beta l - (\beta^2 + \pi\alpha\beta) \sum_{i=1}^{l} i^{-1}\right\} r_0. \end{aligned}\right\} \tag{30.6}$$

Here N_A is AVOGADRO's number, T is the kinetic energy in $m_0 c^2$ units, $\alpha = Z/137$, $\beta = v/c$, and $\varphi_0 = 8\pi e^4/3 m_0^2 c^4$. The number ε represents a correction due to inelastic deflections and is given by FANO[1] as

$$\varepsilon = (Z+1)^{-1} (\log(4\eta))^{-1} \{5 - \log[0.16\, Z^{-\frac{2}{3}} (1 + 3.33\, \alpha/\beta)]\} \tag{30.7}$$

[1] U. FANO: Phys. Rev. **93**, 117 (1954).

where η is the screening constant calculated by MOLIÈRE[1].

$$\eta = \frac{1}{4}\left[\frac{Z^{\frac{1}{3}}}{0.885\,(137)}\right]^2 T^{-1}(T+2)^{-1} \times [1.13 + 3.76\,\alpha^2\,(T+1)^2\,T^{-1}\,(T+2)^{-1}]. \quad (30.8)$$

The numbers C_l are functions of η and are found to be

$$\left.\begin{aligned} C_0 &= 0,\\ C_1 &= \log(1+\eta^{-1}) - (1+\eta)^{-1},\\ C_{l+1} &= (2+l^{-1})\,(1+2\eta)\,C_l - (1+l^{-1})\,C_{l-1} - (2+l^{-1})\,(1+\eta)^{-1}. \end{aligned}\right\} \quad (30.9)$$

The energy dependence of the S_l functions is sufficiently involved that further calculations must use a simplified expression. For energies less than about $1\,m_0c^2$, the S_l may be represented by

$$S_l = d_l/t \quad (30.10)$$

with the constants d_l being determined from the values of the S_l at $t=1$.

The solution to Eq. (30.5) is obtained by multiplying each term by t^{p+1} and integrating over the range $0 \leq t \leq 1$. Defining I_{ln}^p as

$$I_{ln}^p = \int_0^1 dt\, t^p\, I_{ln}(t)\,, \quad (30.11)$$

the solution is given by the system of equations

$$I_{ln}^p = \frac{n}{(d l + p + 1)}\left\{\frac{l+1}{2l+1}\, I_{l+1,n-1}^{p+1} + \frac{l}{2l+1}\, I_{l-1,n-1}^{p+1}\right\} \quad (30.12)$$

for $n>0$, with

$$I_{l0}^p = (d_l + p + 1)^{-1}. \quad (30.13)$$

The numbers I_{l0}^p now constitute the knowns and it is apparent that the I_{ln}^p may be calculated from them. The calculation is simplified if made in tabular form with $n+p=m\frac{1}{2}$ heading the rows and l the columns. For reasons which appear later in the calculation, m takes on all odd integer values from -1 to n, and a table is calculated for each value of m.

The energy dissipation distribution is given by

$$J(x) = \int_0^1 dt\left(\frac{dT}{dt}\right) I_0(t,x) \quad (30.14)$$

and has spatial moments

$$J_n = \int_0^1 dt\left(\frac{dT}{dt}\right) I_{0n}(t)\,. \quad (30.15)$$

It should be noted that the stopping power used here should be that of the detecting material (i.e., ion chamber gas).

If the stopping power dT/dt is fitted with the expression

$$\frac{dT}{dt} = A_0 t^{-\frac{1}{2}} + A_1 t^{\frac{1}{2}} + A_2 t^{\frac{3}{2}} \quad (30.16)$$

the moments become

$$J_n = A_0 I_{0n}^{-\frac{1}{2}} + A_1 I_{0n}^{\frac{1}{2}} + A_2 I_{0n}^{\frac{3}{2}}\,. \quad (30.17)$$

[1] G. MOLIÈRE: Z. Naturforsch. 2a, 113 (1947).

In practice only a finite number of moments may be calculated and the construction of the distribution from a relatively small number of moments may be carried out only if the moments employed can be shown to possess the correct asymptotic behavior near $x=1$. Using a method developed for neutron diffusion problems by WICK[1], SPENCER has shown that the energy dissipation distribution should be of the form

$$f(x) = (1-x)^{-\frac{3}{2}} \exp\left[\frac{-A}{1-x}\right] \tag{30.18}$$

near $x=1$, and hence that the logarithms of numbers $I_{0n}^{-\frac{1}{2}}$, $I_{0n}^{\frac{1}{2}}$, and $I_{0n}^{\frac{3}{2}}$ should plot as straight lines gainst $\sqrt{n+1}$.

The construction of the distribution from a knowledge of its moments has been discussed by SPENCER who has found that a "function fitting" method can be used to advantage in problems of x ray and electron penetration. The required distribution is represented by a sum of functions

$$J(x) = \sum_i a_1 F(\beta_i, x) \tag{30.19}$$

where the $F(\beta_i, x)$ is given for the parallel beam case by

$$F^{(\gamma)}(\beta_i, x) = \begin{cases} \beta_i^{-1}(1-x/\beta_i)^{\gamma} \exp\left[\frac{-A x}{\beta_i - x}\right] & 0 \le x \le \beta_i, \\ 0 & x > \beta_i. \end{cases} \tag{30.20}$$

Moments may be taken of both sides of Eq. (30.19) and one obtains

$$J_n = \sum_i a_i F_n^{(\gamma)}(\beta_i) = \sum_i a_i \beta_i^n \omega_n^{(\gamma)} \tag{30.21}$$

where

$$\omega_n^{(\gamma)} = \int_0^1 (1-y)^{\gamma} \exp\left[\frac{-A y}{1-y}\right] y^n \, dy. \tag{30.22}$$

The best asymptotic trend is found for $\gamma = -\frac{3}{2}$, and with this value SPENCER has found that $\omega_n^{-\frac{3}{2}}$ has an asymptotic value

$$\omega_n^{-\frac{3}{2}} = \left(\frac{\pi}{A}\right)^{\frac{1}{2}} e^{A/2} \exp\{-[4A(n+\tfrac{1}{4}+A/12)]^{\frac{1}{2}}\}. \tag{30.23}$$

The constant A may then be found from the calculated moments of the distribution, i.e.,

$$\log(J_8/J_{10}) = (4A)^{\frac{1}{2}}\{(10.25+A/12)^{\frac{1}{2}} - (8.25+A/12)^{\frac{1}{2}}\}. \tag{30.24}$$

Although $\gamma = -\frac{3}{2}$ gives the best asymptotic fit, SPENCER has used $\gamma=0$ for absorption in Au and Al and $\gamma=1$ for Be in an effort to obtain "smoother" distributions which in turn superpose without "bumps". The integral for $\omega_n^{(0)}$ has been evaluated as a result and yields a recursion relation

$$\omega_n^{(0)} = A^{-1}\{n\omega_{n-1}^{(0)} - 2(n+1)\,\omega_n^{(0)} + (n+2)\,\omega_{n+1}^{(0)}\}, \quad n>0 \tag{30.25}$$

and

$$\omega_0^{(0)} = 1 - A\,e^A\,\mathrm{Ei}(-A), \tag{30.26}$$

For large n, the asymptotic value of $\omega_n^{(0)}$ is

$$\omega_n^{(0)} = (n+1+A/12)^{-1} e^{A/2} [4A(n+1+A/12)]^{\frac{1}{2}} K_1 [4A(n+1+A/12)]^{\frac{1}{2}}. \tag{30.27}$$

[1] G. C. WICK: Phys. Rev. **75**, 738 (1949).

In solving for the $\omega_n^{(0)}$ for use in Eq. (30.21), the asymptotic equation for $\omega_n^{(0)}$ is solved for two successive large moments (i.e., 21 and 20) and the recursion relation is solved backwards to find $\omega_0^{(0)}$. All $\omega_0^{(0)}$ are then adjusted slightly if necessary by multiplying by a number such that the $\omega_0^{(0)}$ calculated above agrees with the value obtained from Eq. (30.26).

In practice Eq. (30.19) is divided into two sets, one for even n and and the other for odd n. The $\overset{\text{even } n}{J}(x)$ and $\overset{\text{odd } n}{J}(x)$ so obtained are combined so that

$$J(x) = \frac{\overset{\text{even } n}{J}(|x|) + \operatorname{Sgn} x \overset{\text{odd } n}{J}(|x|)}{2} \qquad -1 < x < 1. \tag{30.28}$$

The advantages of this procedure lie in the division of the equations into two smaller sets resulting in an algebraic system easier to solve, and in the estimate of the accuracy thus obtained, inasmuch as the two component distributions should become asymptotically the same.

To the even set of equations is added the relation

$$\sum a_i \beta_i^{-2} = A^{-1} \left.\frac{d^2 T}{d t^2}\right|_{t=1} \tag{30.29}$$

which takes care of the known slope change at $x=0$. To the odd set is added

$$\sum a_i \beta_i^{-1} = \left.\frac{dT}{dt}\right|_{t=1} \tag{30.30}$$

which assures the known discontinuity. From asymptotic considerations, one of the constants, β_0, may be set equal to unity. The equations may then be solved for a_i and β_i in a straightforward manner. If moments from 0 to 7 are employed, for instance, the equations in either set yield a quadratic in β_i^2. For a larger number of moments a method of solution has been suggested by SPENCER[1]. In general, it is necessary to carry all calculations to six or preferably seven significant figures. An example of the above calculation has been given by HUFFMAN[2], and by HUFFMAN, CHEKA, SAUNDERS, RITCHIE, and BIRKHOFF[3].

Although the calculation method described above is strictly applicable only to absorption in light materials at energies less than $1\, m_0 c^2$ and for a parallel beam, heavier materials and higher energies are also treated by SPENCER. In addition, plane isotropic sources and point sources are discussed and methods of solution have been obtained. Also, the electron spectrum for monoenergetic electron sources dispersed throughout an infinite homogeneous medium has been calculated by SPENCER and FANO (see Sect. 29).

31. Measurement of ionization at various depths. The rate at which a monoenergetic beam of electrons dissipates energy when normally incident on a slab of material has been the object of several experimental investigations, originally because of the importance of such information to biologists and radiologists who found it necessary to estimate dosages in electron beam therapy, and later to physicists who were interested in comparing their findings with the Spencer theory[4] (see Sect. 30). For the former purpose the general shapes of the energy

---

[1] L. V. SPENCER: Phys. Rev. **88**, 793 (1952).

[2] F. N. HUFFMAN: Oak Ridge Nat'l Lab. Report 2137, Available from: Office of Technical Services, U.S. Dept. of commerce Washington D.C. USA.

[3] F. N. HUFFMAN, J. S. CHEKA, B. G. SAUNDERS, R. H. RITCHIE, and R. D. BIRKHOFF: Phys. Rev. **106**, 435 (1957).

[4] L. V. SPENCER: Phys. Rev. **98**, 1597 (1955).

dissipation distributions were determined by TRUMP, VAN DE GRAAFF, and CLOUD[1] at incident energies of 300 to 1500 kev for absorbers of water, Al, Cu, and Pb. The procedure involved the introduction of a parallel plate ionization chamber behind various absorbing foils, with the resulting ion current then being a measure of the amount of energy being left behind in the medium at that depth provided that the value of W, the average energy required to form an ion pair, could be considered to be a constant independent of the electron energy. Several experimental problems became apparent as a result of this early work. Ideally both the absorbing material and the back of the ion chamber should be of the same material, with the latter of thickness greater than the range of the primary beam. The filling gas should be of the same or nearly the same atomic number as the absorbing material and the chamber should have lateral dimensions as large as the range of the electrons in the gas. Furthermore, the electrons backscattered from the surface of the foil should be considered where absolute measurements

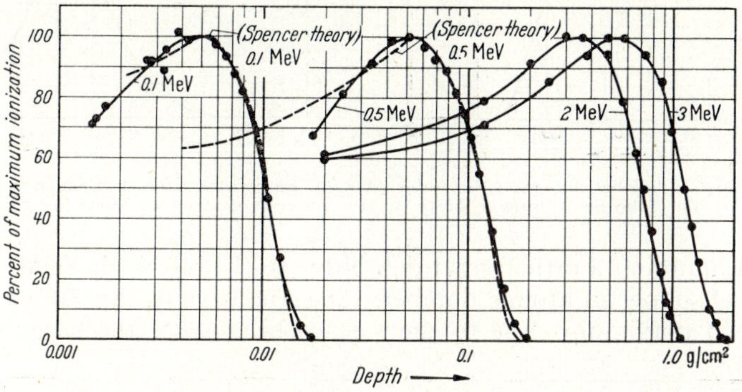

Fig. 48. Energy dissipation distributions in Al for parallel incident electron beams. Points and solid lines represent experimental data while dotted curve is Spencer theory.

of energy dissipation were involved. For use in electron beam therapy calculations, for instance, no backscattering material should be placed on the beam side of the foils, whereas for a significant comparison with the Spencer theory, an infinite thickness should be somehow interposed.

In the experiments of TRUMP, VAN DE GRAAFF, and CLOUD a steel plate was used at the exit face of the ion chamber regardless of the nature of the absorbing foils. The backscattering into the chamber could be expected to be different from that arising in an infinite homogeneous slab and the data must be considered to be of orientation value only. Additional experiments reported by TRUMP and VAN DE GRAAFF[2] using water as an absorber apparently used no backscattering material at all and must be viewed in a similar manner. However, the introduction of an aluminum plate behind the ion chamber in subsequent experiments[3] yielded curves of energy dissipation in that metal which have quantitative significance. These are reproduced in Fig. 48 for energies of 2 and 3 Mev, with similar data taken by FRANTZ[4] at 500 kev and by HUFFMAN, CHEKA, SAUNDERS, RITCHIE and BIRKHOFF[5] at 100 kev. Plotted also is the SPENCER theory for 0.1 and 0.5 Mev electron beams incident on aluminum. The fit can be seen to be excellent

[1] J. G. TRUMP, R. J. VAN DE GRAAFF and R. W. CLOUD: Amer. J. Roentgenol. **43**, 728 (1940).
[2] J. G. TRUMP and R. J. VAN DE GRAAFF: J. Appl. Phys. **19**, 599 (1948).
[3] J. G. TRUMP, K. A. WRIGHT and A. M. CLARK: J. Appl. Phys. **21**, 345 (1950).
[4] F. FRANTZ quoted in L. V. SPENCER: Phys. Rev. **98**, 1597 (1955).
[5] See footnotes 2 and 3, p. 128.

except at low penetrations where the experimental points lie below the theory. This disagreement is explained by Spencer as arising from the lack of backscattering layer on the side of the slab where the beam is incident. All of the distributions are normalized to the same maximum ordinate although the ionization at the peak of the distribution is greater, the lower the incident energy.

Absorption in Be and Au has also been treated theoretically by SPENCER and experimentally by FRANTZ at 500 kev. The Be distribution shown in Fig. 49

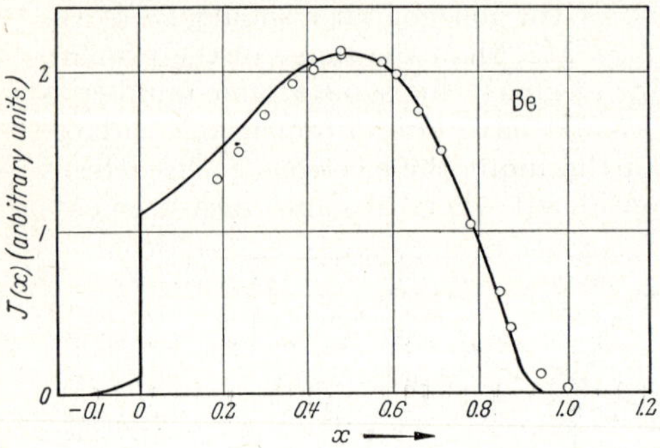

Fig. 49. Energy dissipation distribution for a 0.5 Mev electron beam incident on Be. Solid line is Spencer theory.

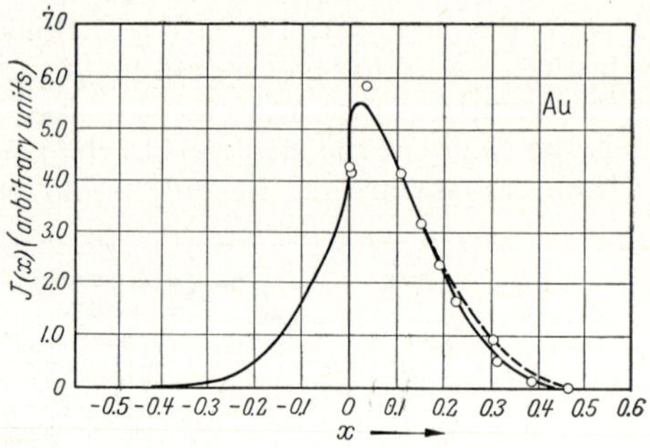

Fig. 50. Energy dissipation distribution for a 0.5 Mev electron beam incident on Au. Solid line is Spencer theory.

attains its maximum at a rather great depth due to the relatively small scattering in a material of so low an atomic number. The Au curve in Fig. 50, on the other hand, reaches a maximum close to the surface because of the large scattering.

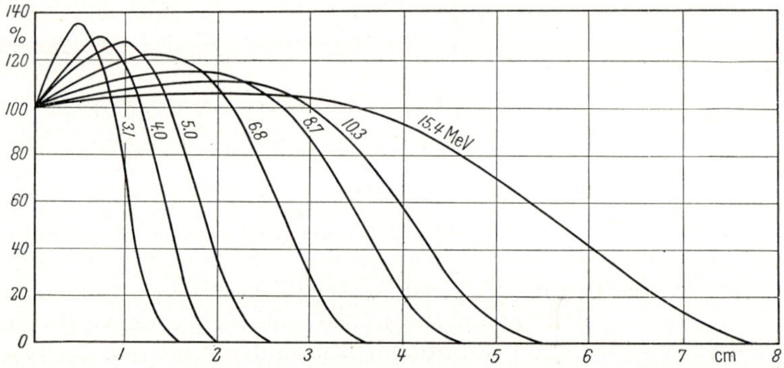

Fig. 51. Energy dissipation distributions in water at high incident energies. Curves represent experimental values found by MARKUS.

Both experimental distributions lie below the theory near the surface because of the lack of a backscattering material on the side of the slab where the beam strikes. Similar data has been obtained in light materials by LAUGHLIN, OVADIA, BEATTIE, HENDERSON, HARVEY, and HAAS[1] and by MARKUS[2]. In particular, the energy dissipation distributions in water have been given by the latter at energies up to 15.4 Mev and are reproduced in Fig. 51.

SPENCER has also calculated the energy dissipation around a point source. For a source of P^{32}, the calculation is compared with data by CLARK, BRAR, and

[1] J. S. LAUGHLIN, J. OVADIA, J. W. BEATTIE, W. J. HENDERSON, R. A. HARVEY and L. L. HAAS: Radiology **60**, 165 (1953).

[2] B. MARKUS: Strahlentherapie **97**, 376 (1955), and references.

Marinelli[1] as regards the distribution in spherical shells around the source in air, and the results in absolute units are shown in Fig. 52. A similar comparison for absorption in polystyrene is shown in Fig. 53 with the theory in absolute units and the experiment adjusted to fit the data at 106 mg/cm². The latter data was taken by Loevinger[2] for energy dissipated in plane layers near the source.

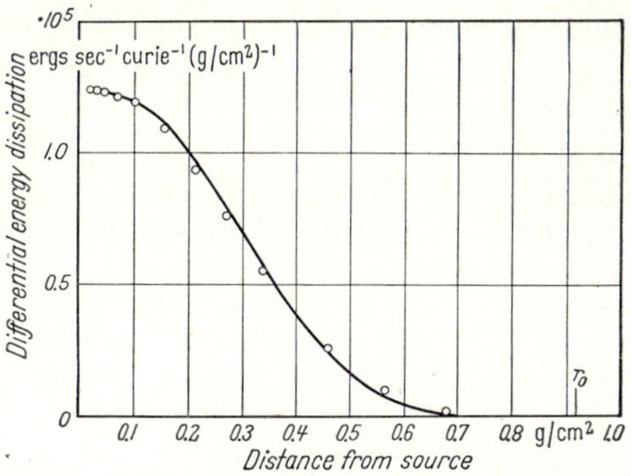

Fig. 52. Energy dissipated in spherical shells around a point source of P^{32} in air. Both Spencer theory (solid line) and data of Clarke, Brar, and Marinelli are in absolute units.

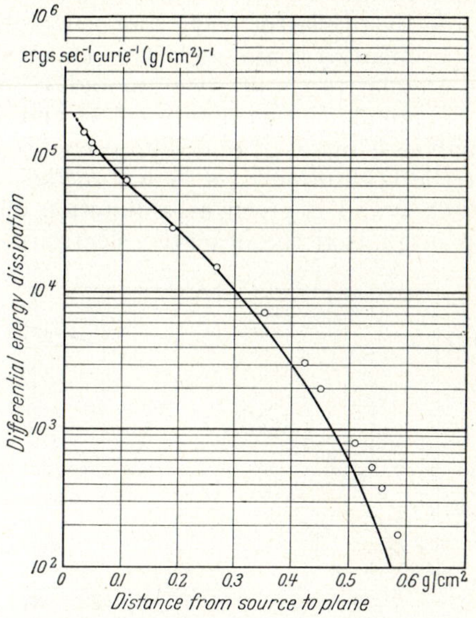

Fig. 53. Energy dissipated in plane layers near a point source of P^{32} in polystyrene. Spencer theory (solid line) is in absolute units and data of Loevinger is normalized to agree with theory at 106 mg/cm².

32. Backscattering. The problem of the backscattering of electrons incident on a plane in an effectively infinite medium has been treated by Spencer (see Sect. 30). When the plane of incidence constitutes a boundary between two

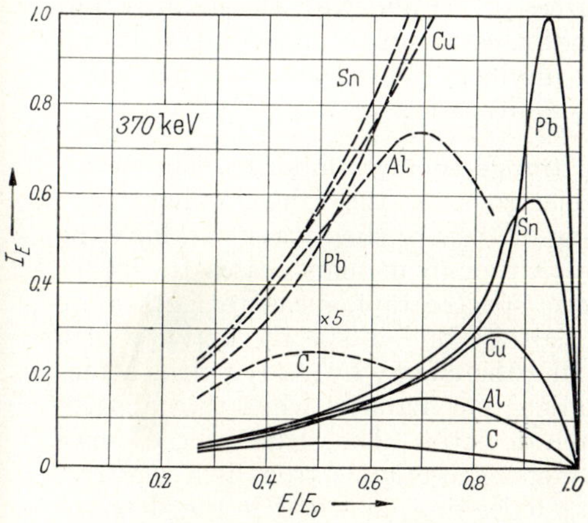

Fig. 54. Energy spectrum of 370 kev electrons after being backscattered from various materials.

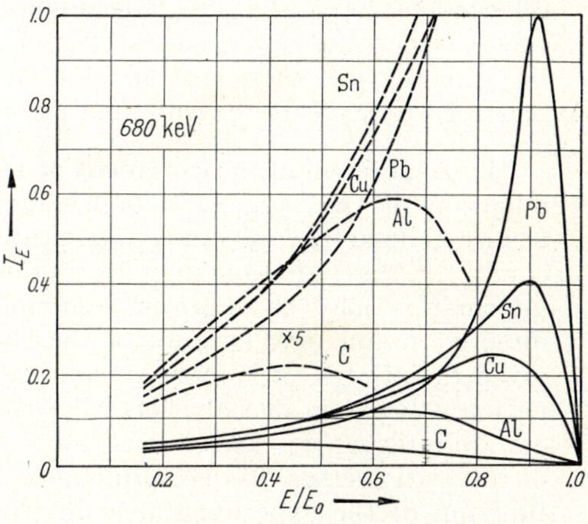

Fig. 55. Energy spectrum of 680 kev electrons after being backscattered from various materials.

different homogeneous media, however, no adequate theory exists. In the words of Spencer, "The extension of the theory to the treatment of boundary effects—

[1] R. K. Clark, S. S. Brar and L. D. Marinelli: Radiology **64**, 94 (1955).
[2] R. Loevinger quoted in L. V. Spencer: Phys. Rev. **98**, 1597 (1955).

still represents a major obstacle". A considerable amount of experimental information exists, however, and has been discussed by BOTHE[1] in 1933. The pertinent experimental results have been well illustrated in a more recent investigation[2] made by the latter using monoenergetic electrons of moderate energy. In these experiments a beam of electrons is incident on the face of a thick absorber within an angular range between 20 and 35° with the normal. Electrons scattered back in an angular interval between 35 and 65° then enter a spectrometer where energy analysis is made. The resultant energy spectrum corrected for the finite resolution of the spectrometer is shown in Figs. 54 and 55 for primary energies of 370 and 680 kev and is given as a function of the fraction of the original energy. It is apparent that the observed electrons originate in layers close to the surface for high Z materials whereas those arising from deeper layers as well are noted for the light elements.

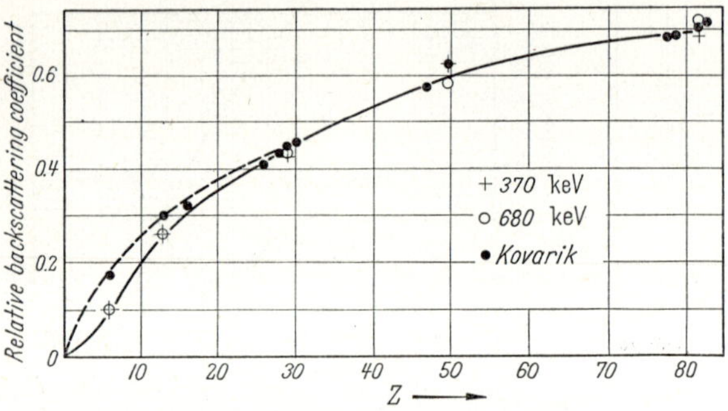

Fig. 56. Relative number of backscattered electrons as a function of atomic number of backscatterer for various energies.

BOTHE has integrated the energy distributions to obtain the total number of electrons emerging within the angular aperture of his spectrometer. These are then plotted on a relative scale as a function of atomic number as in Fig. 56. Included also are some experimental points taken by KOVARIK for the continuous energy distribution from RaE. Evidently the number of back diffusing electrons depends only slightly on the incident energy.

Other experiments comparing electron and positron backscattering have been reported by SELIGER[3]. For continuous sources of P^{32} and Na^{22} the number and energy spectrum of the backscattered radiation is found to depend strongly on the direction of emergence and on atomic number, with electrons being backscattered to a greater extent than positrons in all cases.

33. Experimental measurement of range (range energy relations). The determination of the range of monoenergetic electrons, or the range of beta rays from a radioactive substance constitutes one of the principal ways in which the energy of the radiation may by obtained. Although in many cases the latter information may be obtained from magnetic spectrograph measurements more directly, frequently, because of the short half-life or low specific activity of a given radioisotpe, it is more convenient to find the energy by studying the attenuation of a beam of radiation from the radioactive material when thin absorbers are interposed between it and a radiation detector. The shape of the curve of intensity versus absorber thickness for monoenergetic electrons is a sensitive function of the experimental arrangement, depending on whether the detector is a Geiger counter, ion chamber, or scintillation counter; on the spacing between counter, absorber, and detector; on the presence of various other radiations from the source (i.e., x-radiation or γ-radiation); and on the type of absorbing

[1] W. BOTHE: Handbuch der Physik, Bd. 22, Teil 2, S. 1. Berlin: Springer 1933.
[2] W. BOTHE: Z. Naturforsch. **4**a, 542 (1949).
[3] H. H. SELIGER: Phys. Rev. **88**, 408 (1952).

material used[1]. Because of the complicated nature of the multiple processes of scattering and energy absorption which take place as the electron penetrates the absorber, a complete theoretical treatment of the problem is extremely difficult, although some work in this direction for heavy particles has been reported[2]. The absorption curves are thus generally analyzed by empirical methods such as those of FEATHER[3] or BLEULER and ZÜNTI[4] to obtain information about electron energies in the incident beam. The geometrical conditions which are suitable for an investigation of electron diffusion are seldom appropriate for measuring the maximum electron energy present in the incident electron beam, and the diffusion theory is thus inapplicable to the usual range experiment.

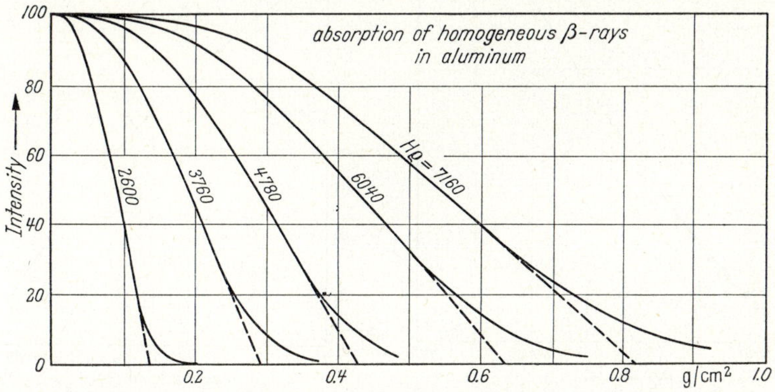

Fig. 57. Absorption curves for homogeneous β rays in Al obtained by MARSHALL and WARD.

The measurements of the absorption of monoenergetic electrons in aluminum have been reviewed recently by MARSHALL and WARD[5] in connection with new data which they present. Their methods are typical of those employed by earlier investigators in that they allowed magnetically analyzed beta rays from a radioactive source to impinge on a foil, with the transmitted current being read by an ionization chamber. A graph of current (plotted linearly) against foil thickness displays a straight portion which may by extrapolated to zero intensity as shown in Fig. 57. This extrapolated range is obviously less than the true range but constitutes a useful quantity from which to compute the incident energy. The electron energy may be obtained from the range by using the experimental data shown in Fig. 58. Above 0.6 Mev the data are well represented by the equation[6]

$$R = 0.526\,E - 0.094 \tag{33.1}$$

where R is in gm/cm^2 and E is in Mev. The extrapolation method is not applicable to measurement of the end point energy of a continuous energydistribution from a beta active source because of the shape of the absorption curve obtained, which lacks a linear region. Although an approximate value of energy may be obtained by inspection of the absorption curve and the use of a relation such as

[1] For beta rays having a distribution of energies, the shape of the absorption curve will depend in addition on the type of nuclear transition giving rise to the spectrum (i.e., allowed, first forbidden, etc.).

[2] U. FANO: Phys. Rev. **92**, 328 (1953).

[3] N. FEATHER: Proc. Cambridge Phil. Soc. **34**, 599 (1938).

[4] E. BLEULER and W. ZÜNTI: Helv. phys. Acta **19**, 375 (1946).

[5] J. S. MARSHALL and A. G. WARD: Canad. J. Res. A **15**, 39 (1937).

[6] B. W. SARGENT: Canad. J. Res. A **17**, 82 (1939).

Eq. (33.1), a more accurate method has been suggested by Feather. By running carefully an absorption curve for RaE, the end point energy of 1.17 Mev can be obtained by inspection at 476 mg/cm² of Al. For this method the logarithm of the counts per minute should be plotted against foil thickness. The abscissa is then divided into ten equal increments of 47.6 mg/cm² each and these are projected back on the ordinate scale

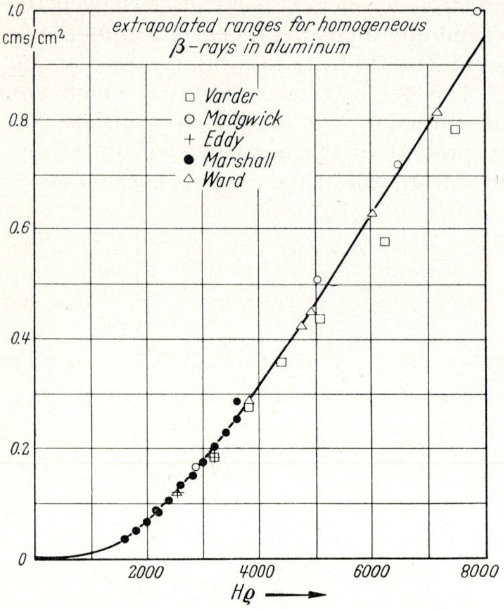

Fig. 58. Extrapolated range versus energy for homogeneous β rays in Al. Data have been compiled by Marshall and Ward from the various observers listed.

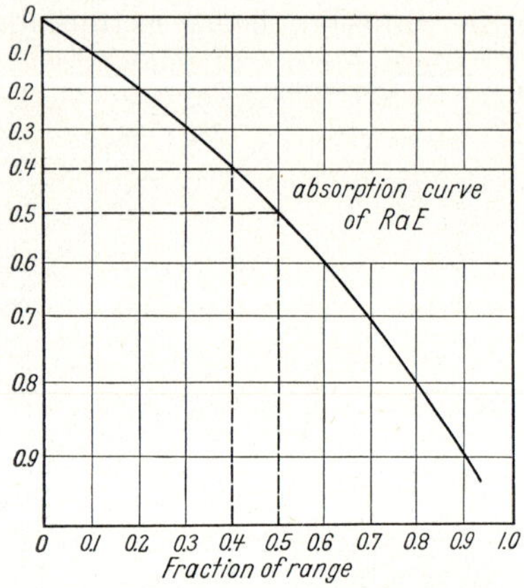

Fig. 59. Absorption curve for RaE used in making Feather analyzer. Range of 476 mg/cm² is divided into tenths and these are projected back to the vertical axis.

using the observed absorption curve as in Fig. 59. The ordinate scale thus marked off in tenths may be cut from the graph and now constitutes a "Feather analyzer", Fig. 60. The range of any other beta energy may then be found by taking an absorption curve and using the Feather analyzer in the reverse of the process just described. The values of absorber thickness thus obtained are

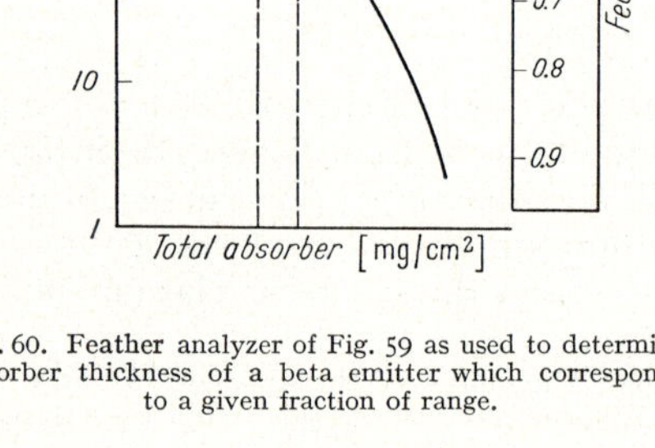

Fig. 60. Feather analyzer of Fig. 59 as used to determine absorber thickness of a beta emitter which corresponds to a given fraction of range.

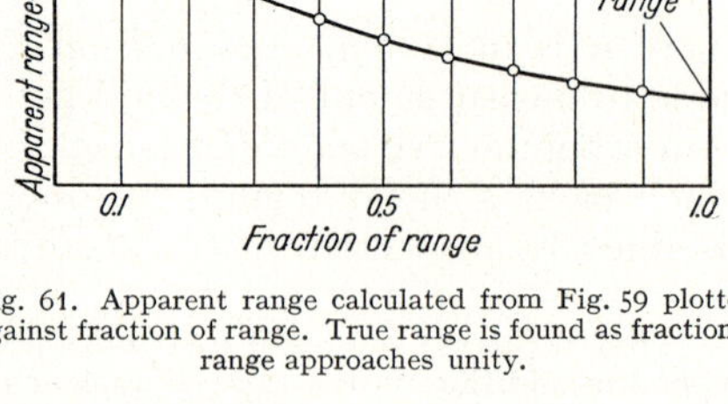

Fig. 61. Apparent range calculated from Fig. 59 plotted against fraction of range. True range is found as fractional range approaches unity.

divided by the fraction of the range each represents and these "apparent" ranges may be graphed as a function of the particular fraction as in Fig. 61. The asymptotic value of apparent range found as the fractional range approaches unity is the true range. The end point energy of the beta spectrum may then be found from FEATHER's equation

$$R = 0.543\,E - 0.160 \tag{33.2}$$

which differs only slightly from the equation for the range of monoenergetic electrons and is valid for $E > 0.7$ Mev.

Since the Feather relation was proposed, many other authors have estimates the values of the constants which appear in the equation on the basis of the many new beta active isotopes which have been discovered. A partial lists is given in Table 21 and the equation is approximately correct over an energy interval from 0.8 to 3 Mev.

The last named reference of Table 21 contains an extensive review of the literature on range-energy analysis. The equation given in Table 21 is valid for either monoenergetic electrons of energy E wherein R is the range extrapolated from an absorption curve plotted linearly; or for beta spectrum of end point E wherein R is the range obtained by calculation from the absorption curve by the FEATHER or some other procedure.

Table 21. *Constants in the range-energy equation* $R = A\,E - B$, $0.8 < E < 3$ Mev.

Reference	A	B
FEATHER	0.543	0.160
WIDDOWSON and CHAMPION[1]	0.536	0.165
BLEULER and ZÜNTI[2] . . .	0.571	0.161
Science and Eng. of N.P.[3] .	0.540	0.150
GLENDENIN and CORYELL[4].	0.542	0.133
SARGENT[5]	0.526	0.094
KATZ and PENFOLD[6] . . .	0.527	0.112

Another form for the range-energy equation has been suggested by FLAMMERSFELD[7] as being correct over an energy interval from 0.09 to 3.0 Mev. If the range R_0 is considered to be that thickness which reduces the count to the background rate, then

$$E = 1.92\,(R_0^2 + 0.22\,R_0)^{\frac{1}{2}}. \tag{33.3}$$

For the extrapolated range GLOCKER[8] has found the constants in the above equation to be 2.1 and 0.13, respectively.

In the low energy region several attempts have been made to fit a still different equation to the observed range values. Table 22 lists the constants over which the relation

$$R = a\,E^n. \tag{33.4}$$

is to hold.

Table 22. *Constants in the range-energy equation* $R = a E^n$.

Reference	a	n	Energy interval
GLOCKER[8]	0.710	1.72	$0.001 \to 0.3$ Mev
GLENDENIN and CORYELL[4]	0.407	1.38	$0.15 \to 0.8$ Mev
LIBBY[9]	0.667	1.66	$0.05 \to 0.15$ Mev
LANE and ZAFFARANO[10] .	0.572	1.67	$0.0015 \to 0.025$ Mev

[1] E. E. W. WIDDOWSON and F. C. CHAMPION: Proc. Phil. Soc. Lond. **50**, 185 (1938).
[2] E. BLEULER and W. ZÜNTI: Helv. phys. Acta **19**, 375 (1946).
[3] The Science and Engineering of Nuclear Power VI. Cambridge, Mass.: Addison Wesley Press 1947.
[4] L. E. GLENDENIN and C. D. CORYELL: Reviewed in Nucleonics **2**, No. 1, 12 (1948).
[5] B. W. SARGENT: Canad. J. Res. A **17**, 82 (1939).
[6] L. KATZ and A. S. PENFOLD: Rev. Mod. Phys. **24**, 28 (1952).
[7] A. FLAMMERSFELD: Z. Naturforsch. A **2**, 370 (1947).
[8] R. GLOCKER: Z. Naturforsch. A **3**, 147 (1948).
[9] W. E. LIBBY: Anal. Chemie **19**, 2 (1947).
[10] R. O. LANE and D. J. ZAFFARANO, ISC-439. Available from Technical Information Service, Oak Ridge, Tennessee, U.S.A.

An extensive list of ranges and energies has been compiled by KATZ and PENFOLD[1] and is shown in Fig. 62. The solid line is a plot of the equation

$$R = 0.412\,E^{1.265-0.0954\log E} \tag{33.5}$$

and represents the data well from about 0.01 to 2.5 Mev. At energies from 2.5 to 16 Mev the authors propose a Feather type relation (Fig. 63).

$$R = 0.530\,E - 0.106. \tag{33.6}$$

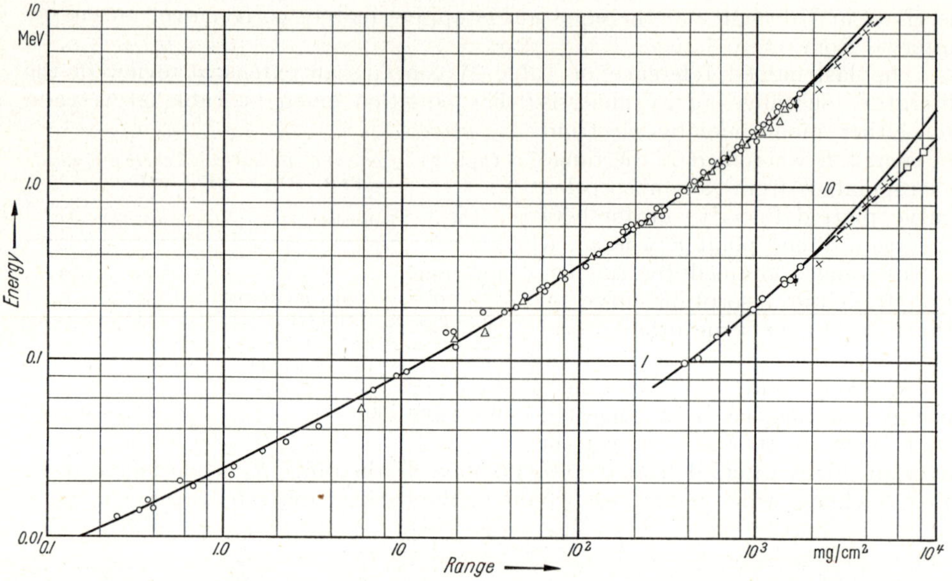

Fig. 62. Range energy curve for mono-energetic electrons and beta rays in Al. Points are the results of investigations by various observers as summarized by KATZ and PENFOLD. Solid curve is a plot of the equation $R = 0.412\,E^{1.265-0.0954\log E}$ and is a good fit below 2.5 Mev. Dashed curve is a plot of the equation $R = 0.530\,E - 0.106$ and is a good fit above 2.5 Mev.

With the availability of more accurate range data, more precise methods of absorption curve analysis have been found necessary. Other procedures have been suggested by SARGENT[2], BLEULER and ZÜNTI[3], WIDDOWSON and CHAMPION[4], and KATZ, PENFOLD, MOODY, HASLAM and JOHNS[5]. The method of BLEULER and ZÜNTI appears to posses certain advantages because of its simplicity and completeness in that it treats both positrons and electrons. Also, it is based on theoretically significant assumptions regarding electron diffusion theory and the shape of Fermi allowed spectra. Starting with an equation due to BOTHE[6] for the intensity of an initially homogeneous beam of electrons of energy E_0 after traversal of a thickness of absorber of thickness X of aluminum,

$$N = N_0 \exp\left[-\int_0^X \alpha(X)\,dX\right], \tag{33.7}$$

$$\alpha(X) = 14.2\left[\frac{E+0.511}{E(E+1.022)}\right]^2 \mathrm{cm}^{-1}, \tag{33.8}$$

[1] L. KATZ and A. S. PENFOLD: Rev. Mod. Phys. **24**, 28 (1952).
[2] B. W. SARGENT: Canad. J. Res. A **17**, 82 (1939).
[3] E. BLEULER and W. ZÜNTI: Helv. phys. Acta **19**, 375 (1946).
[4] E. E. W. WIDDOWSON and F. C. CHAMPION: Proc. Phil. Soc. Lond. **50**, 185 (1938).
[5] L. KATZ, A. S. PENFOLD, H. J. MOODY, R. N. H. HASLAM and H. E. JOHNS: Phys. Rev. **77**, 289 (1950).
[6] W. BOTHE: Handbuch der Physik, Bd. 22, Teil 2, S. 1. Berlin: Springer 1933.

the authors solve the equation by use of a range energy curve for the dependence of E on X. The process is repeated for several values of incident energy, and a

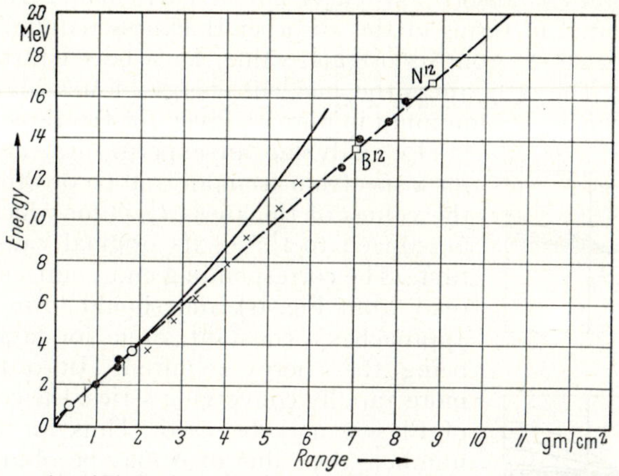

Fig. 63. High energy portion of Fig. 62 drawn with linear ordinate scale. Solid and dashed curves are as in Fig. 62.

characteristic Fermi energy distribution is plotted, modified by multiplying each ordinate by the ratio N/N_0, all for a particular foil thickness X_i. The area

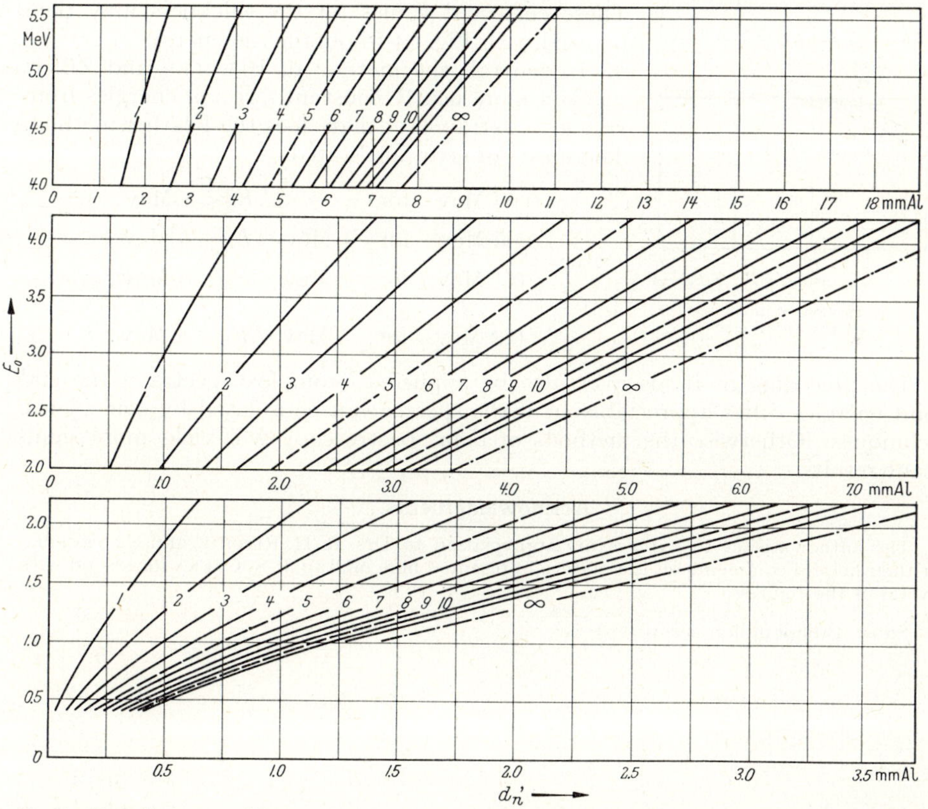

Fig. 64. Absorption curves of BLEULER and ZÜNTI for the determination of beta energies. Ordinate is the energy and abscissa is the absorber thickness required to reduce the intensity to 2^{-n} of its original value. Curves are shown for various values of n, and are valid for beta emitters with $Z = 20$.

under this modified spectrum is then proportional to the number of electrons which have penetrated to a depth X_i. Repetition of the above process for various X_i yields a theoretical absorption curve for a particular Fermi distribution. Results are presented in terms of the absorber thickness required to reduce the intensity by a factor $1/2^n$ from its original value, for a beta emitter of $Z=20$ as shown in Fig. 64. The ordinate is the incident energy in Mev and three abscissa scales for the thickness of aluminum in mm are given for the three sets of curves.

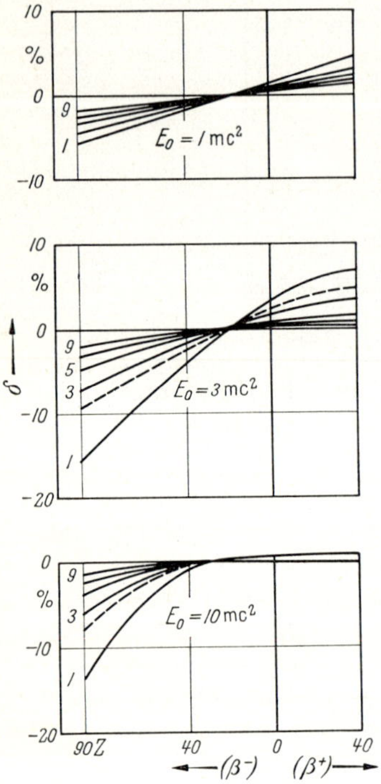

Fig. 65. Corrections δ to be applied for isotopes with $Z \neq 20$.

In analyzing an experimental absorption curve for a spectrum from an isotope of atomic number Z, the values of thickness $d_n(Z)$ for which the intensity is reduced to $1/2^n$ of its original value are obtained first. The corresponding end point energies are then read from Fig. 64 and should form a series which approaches a constant value for large n, this value being the energy required. In order to secure a more rapidly converging series, the correction curves of Fig. 65 may be used. Thus for a given atomic number, the value of δ may be obtained, and from it the values of $d_n(20)$ by solving the equation

$$\delta = \frac{d_n(Z) - d_n(20)}{d_n(20)}. \tag{33.9}$$

These corrected values for the thickness may then be used with Fig. 64 to obtain the energy.

In general, the method of BLEULER and ZÜNTI yields a more nearly constant series of energies from which to extrapolate than does the Feather method. The limits of error are stated as

0.04 Mev for $E_0 < 1$ Mev,

0.06 Mev for $1\ \text{Mev} < E_0 < 3$ Mev,

0.1 Mev for $2\ \text{Mev} < E_0 < 3$ Mev,

and

0.2 Mev for $3\ \text{Mev} < E_0 < 5$ Mev.

The preceding methods may also be applied to complex spectra if the end point energies differ appreciably or if the spectra can be isolated by coincidence techniques. Otherwise the methods of beta spectroscopy will yield more significant results.

Acknowledgments.

The author wishes to express his appreciation to Drs. R. H. RITCHIE and J. NEUFELD for their helpful comments on the material presented here, and to J. S. CHEKA for his aid with several of the figures.

Short Bibliography, see p. 55.

Positronium[1].

Von

LENNART SIMONS.

Mit 13 Figuren.

Einleitung.

Wenn ein Positron und ein Elektron in freiem Raum zusammenstoßen, können sie eine kurzlebige Struktur, $e^+ e^-$, ähnlich dem Wasserstoffatom, bilden. RUARK [1] hat diesem „Atom" den Namen Positronium gegeben. Der Triplett- oder Singulettzustand des Positroniumatoms wird gebildet, je nachdem die Spins des Positrons und Elektrons parallel oder antiparallel sind. Diese Zustände werden *Ortho-* bzw. *Parapositronium* genannt. Spontane Übergänge zwischen ihnen sind vollständig verboten.

Der Singulettzustand wird durch Emission von zwei Quanten vernichtet, während die Vernichtung des Triplettzustandes von Dreiquantenstrahlung begleitet wird. Infolge der hohen Ordnung des letztgenannten Strahlungsprozesses hat das Orthopositronium eine mittlere Lebensdauer $1{,}4 \times 10^{-7}$ sec, die 1120mal größer als diejenige des Parapositroniums von $1{,}25 \times 10^{-10}$ sec ist.

In einem Gas bei normaler Temperatur und normalem Druck erfährt ein Positroniumatom etwa 10^{12} Stöße pro sec. Dieses kann zu einem Triplett-Singulett-Übergang führen mit resultierender Zwei- statt Dreiquantenvernichtung in solchen Gasen (wie z.B. NO), wo ein Elektronenaustausch leicht geschieht. Die Zahl der verzögerten Koinzidenzen ($\approx 10^{-7}$ sec) zwischen der von Na^{22} emittierten Kern-γ-Strahlung und den Vernichtungsquanten der Positronen ist in verschiedenen Gasen beobachtet worden. In Stickstoff z.B. verringert eine kleine Beimischung von NO die Zahl der verzögerten Koinzidenzen von Orthopositronium. Die Elektronen von Positroniumatomen werden in den Stößen leicht ausgetauscht gegen ein unpaariges Elektron von NO mit entgegengesetztem Spin. Die mittlere Lebensdauer des Orthopositroniums ist durch Messung der verzögerten Koinzidenzen in solchen Gasen, wo keine oder nur kleine Wechselwirkung vorkommt, z.B. Freon, bestimmt und in guter Übereinstimmung mit dem berechneten Wert gefunden.

Das Energiespektrum von Positronium ist in großen Zügen ähnlich demjenigen des Wasserstoffatoms. Die Ähnlichkeit gilt jedoch nicht für die feineren Einzelheiten. Theoretisch kann erwartet werden, daß Positroniumatome gebildet werden können, wenn kosmische Strahlung durch stellare Nebelmaterie passiert. Das optische Spektrum von Positronium ist noch nicht beobachtet worden. Dagegen ist eine befriedigende Übereinstimmung zwischen der berechneten und der gemessenen Feinstruktur des Grundzustandes gefunden worden.

Polyelektronen sind Positronenverbindungen, welche nur aus positiven und negativen Elektronen aufgebaut sind. Das einfachste, das Bielektron, ist identisch mit dem Positroniumatom. Positive und negative Tripelelektronen, $e_2^+ e^-$

[1] Zur theoretischen Seite dieses vorwiegend vom experimentellen Standpunkt aus geschriebenen Beitrages vgl. den Artikel von G. KÄLLÉN über Quantenelektrodynamik in Bd. V dieses Handbuches.

bzw. $e^+e_2^-$ haben nach WHEELER [2] und HYLLERAAS [3] eine Stabilität von mindestens 0,19 eV gegen Dissoziation. HYLLERAAS und ORE [4] berechneten die Bindungsenergie für ein Quadrupelelektron, d.h. ein neutrales Positronium-Molekül, zu 0,11 eV. Eine spätere Verfeinerung der Rechnung [5] gab den Wert 0,135 eV. Die Tripel- und Quadrupelelektronen haben eine kleine Bildungswahrscheinlichkeit und zerbrechen leicht bei Stößen infolge der kleinen Bindungsenergie.

Eine andere Art von Positronenverbindungen sind die dynamisch stabilen oder wenigstens metastabilen Systeme aus einem Positron und einem Atom oder einem Ion. Diese Positronenverbindungen würden besser für spektroskopische Untersuchungen geeignet sein als die Polyelektronen es sind, weil die Schwierigkeiten der Linienverbreitung durch den DOPPLER-Effekt infolge der Masse wegfallen würden. Für eine Verbindung aus einem Positron und einem Chlorion, $e^+ Cl^-$, hat SIMONS eine dynamische Stabilität von etwa 3,8 eV gefunden [6]. ORE [7] hat die dynamische Stabilität verschiedener Verbindungen diskutiert. Er hat gezeigt, daß das Wasserstoff-Positronium-Molekül eine Bindungsenergie von mindestens 0,07 eV hat [7], [8]. Solche Verbindungen mögen eine Rolle in den Positronenvernichtungsprozessen in Gasen spielen (vgl. Ziff. 12).

Die Grobstruktur der Energiezustände des Positroniumatoms kann in derselben Weise wie diejenige des Wasserstoffatoms berechnet werden, wenn man beachtet, daß die reduzierte Masse die Hälfte eines Wasserstoffatoms mit unendlicher Kernmasse ist. Die Energie des n-ten Zustandes des Positroniumatoms ist demnach

$$E_n = -\frac{m}{4}\left(\frac{e^2}{n\hbar}\right)^2.$$

Alle Energien müssen mit einem Faktor $\frac{1}{2}$ in bezug auf diejenigen des Wasserstoffatoms multipliziert werden. Die Ionisierungsspannung ist 6,8 V und die Energie des ersten angeregten Zustandes 5,1 eV. Die erste Linie der LYMAN-Serie hat die Wellenlänge 2430 Å und die Linien der BALMER-Serie 13126 Å, 9722 Å, 8680 Å usw. bis zur Grenze 7290 Å. Im Grundzustand ist der Positron-Elektron-Abstand zweimal so groß wie der Radius des ersten BOHRschen Kreises beim Wasserstoffatom.

Aus der Analogie zu Wasserstoffatomen folgt weiter, daß die Wahrscheinlichkeit für die optischen Dipolübergänge zwischen zwei Zuständen beim Positronium halb so groß wie für die entsprechenden Wasserstofflinien ist. Das elektrische Übergangs-Dipolmoment beim Positronium ist nämlich zweimal und die emittierte Frequenz halb so groß wie beim Wasserstoff. Weil die Wahrscheinlichkeit für die optischen Übergänge proportional der dritten Potenz der emittierten Strahlungsfrequenz und der zweiten Potenz des Übergangsmomentes ist, so ist das Verhältnis zwischen den entsprechenden optischen Übergangswahrscheinlichkeiten in Positronium und Wasserstoff $(\frac{1}{2})^3 \cdot 2^2 = \frac{1}{2}$.

A. Theorie der Vernichtung von Positronium.

1. Auswahlregeln. Allgemeine Auswahlregeln für die Vernichtung in verschiedenen Zuständen sind 1948 von LANDAU [9] und 1950 von YANG [10] gegeben worden. Die Zweiquantenvernichtung ist nur für einen Zustand des Positron-Elektron-Paares von vollkommen sphärischer Symmetrie erlaubt, d.h. für einen Zustand $^1S_0$, mit $J=0$ und $m=0$. In der Sprache der klassischen Mechanik bedeutet dies, daß das Positron und Elektron zentral mit antiparallelem Spin zusammenstoßen. Die Zweiquantenvernichtung ist ganz verboten für alle Zustände mit $J=1$ und $m=0, \pm 1$, d.h. für die ^3S-Zustände.

2. Mittlere Lebensdauer des Parapositroniums. Die Rate der Zweiquantenvernichtung wurde zuerst von DIRAC [11] berechnet. Der Wirkungsquerschnitt σ eines ruhenden Elektrons in bezug auf Vernichtung mit einem Positron der Gesamtenergie $\gamma m c^2$ kann so ausgedrückt werden

$$\sigma = \frac{\pi r_0^2}{\gamma + 1}\left[\frac{\gamma^2 + 4\gamma + 1}{\gamma^2 - 1}\ln\left(\gamma + \sqrt{\gamma^2 - 1}\right) - \frac{\gamma + 3}{\sqrt{\gamma^2 - 1}}\right], \tag{2.1}$$

wo

$$r_0 = \frac{e^2}{m c^2} = 2{,}8 \times 10^{-13}\,\text{cm}$$

ist.

Für nichtrelativistische Geschwindigkeiten $\gamma \approx 1$ $(v \ll c)$ reduziert sich Gl. (2.1) auf

$$\sigma = \frac{\pi r_0^2 c}{v}. \tag{2.2}$$

Die Wahrscheinlichkeit der Vernichtung oder der Reziprokwert der mittleren Lebensdauer τ ist proportional der Elektronendichte um das Positron herum und ist in einem Medium, das k Elektronen pro cm³ enthält,

$$\frac{1}{\tau} = \sigma k v = \pi r_0^2 c k = 7{,}50 \times 10^{-15} k\,\text{sec}^{-1} = 4{,}52 \times 10^{9}\,\frac{\varrho Z}{A}\,\text{sec}^{-1}, \tag{2.3}$$

wo ϱ, Z und A bzw. die Dichte, die Ordnungszahl und das Atomgewicht des Mediums bezeichnen. Diese Formel (2.3) ist unter der Voraussetzung erhalten worden, daß die Elektronen vollständig frei sind; d.h. die elektrostatische Anziehung zwischen ihnen und den Positronen wird vernachlässigt. Ebenso ist die Abstoßung von den Kernen für die Positronen im Falle von in Atomen gebundenen Elektronen nicht berücksichtigt worden. Diese Effekte hängen von der Energie der Positronen ab, aber sie verändern im allgemeinen nicht die Größenordnung der Resultate [2], [8], [12] bis [19].

Die Gl. (2.3) führt zu mittleren Lebensdauern von der Größenordnung 10^{-9} bis 10^{-10} sec in festen Körpern, mit Unterschieden je nach den in Frage kommenden COULOMB-Effekten. In Gasen bei atmosphärischem Druck ist die Lebensdauer von der Größenordnung 10^{-7} sec. Auch dieser Wert wird durch COULOMB-Korrektionen modifiziert. Was die Korrektion auch sein mag, so muß bei der Vernichtung der Positronen in freien Stößen gemäß Gl. (2.3) die Zerfallsrate der Elektronendichte und folglich dem Gasdruck proportional sein.

Die Situation ist eine andere, wenn eine Vernichtung in Positronium geschieht. Die Elektronendichte k in Gl. (2.3) ist in diesem Fall nicht die mittlere Dichte im Gas, sondern die Dichte in dem Positronium-Atom. Diese Dichte ist natürlich unabhängig von dem Gasdruck und von derselben Größenordnung wie in festen Körpern.

Der Wirkungsquerschnitt der Zweiquantenvernichtung $\sigma_{2\gamma}$ für Parapositronium muß mit einem Faktor $|\psi(0)|^2$ multipliziert werden, wo ψ die richtig normierte COULOMB-Wellenfunktion ist. Für einen $^1S_0$-Zustand des Positronium mit der totalen Quantenzahl n ist

$$|\psi(0)|^2 = \frac{1}{\pi}\left(\frac{1}{2 n a_0}\right)^3,$$

wo

$$a_0 = \frac{r_0}{\alpha^2} \quad \text{und} \quad \alpha = \frac{e^2}{\hbar c}$$

gleich dem ersten BOHRschen Radius bzw. der Feinstrukturkonstante sind und der Faktor 2 von der Korrektion für die reduzierte Masse herrührt. Die Rate der

Zweiquantenvernichtung ist demnach

$$\frac{1}{\tau_{2\gamma}} = \sigma_{2\gamma} v\,|\psi(0)|^2 = \frac{\alpha^5 m c^2}{2 n^3 \hbar}, \tag{2.4}$$

weil der Wirkungsquerschnitt für Singulettkollisionen $\sigma_{2\gamma}$ viermal so groß wie der in Gl. (2.1) angeführte, über die Anfangsspinzustände gemittelte Wirkungsquerschnitt σ, also gleich $4\pi r_0^2 c/v$ ist. Beim Einsetzen der numerischen Werte erhält man die mittlere Lebensdauer des Parapositroniums zu

$$\tau_{2\gamma} = 1{,}25 \times 10^{-10} n^3 \,\text{sec}. \tag{2.5}$$

Im Grundzustand ist $n = 1$ und daher

$$\tau_{2\gamma} = 1{,}25 \times 10^{-10} \,\text{sec}. \tag{2.6}$$

Die mittleren Lebensdauern für die Emission optischer Strahlung von Positronium sind zweimal so groß wie die entsprechenden Größen beim Wasserstoffatom. Demnach sind die mittleren Lebensdauern für die Emission optischer Strahlung von den S-Zuständen für $2S$ 0.25 sec (metastabil) [*20*], für $3S$ $3{,}2\times 10^{-7}$ sec, für $4S$ $4{,}6\times 10^{-7}$ sec, usw. Wenn das Positroniumatom im angeregten ${}^1S$-Zustand gebildet wird, so ist die Wahrscheinlichkeit für Vernichtung viel größer als für Emission optischer Strahlung. Wenn es in einem angeregten Zustand mit $L \neq 0$ gebildet wird, so existiert es hinreichend lange um das charakteristische Spektrum zu emittieren, ehe es in einen S-Zustand kommt, in welchem es vernichtet wird.

3. Mittlere Lebensdauer des Orthopositroniums. Wenn ein Positron-Elektron-Paar in einem ${}^3S$-Zustand ist, so ist der wahrscheinlichste Zerfallsvorgang ein Strahlungsprozeß dritter Ordnung, bei welchem drei Quanten emittiert werden. Die Dreiquantenvernichtung ist gekennzeichnet durch eine kleinere Zerfallsrate als die Zweiquantenvernichtung. Für das Verhältnis der Raten der Drei- und Zweiquantenvernichtung sind mehrere Berechnungen gemacht worden [*15*], [*21*] bis [*23*]. ORE und POWELL berechneten 1949 dieses Verhältnis zu

$$\frac{\tau_{2\gamma}}{\tau_{3\gamma}} = \frac{4}{9\pi}(\pi^2 - 9)\,\alpha = \frac{1}{1115} \tag{3.1}$$

oder numerisch

$$\tau_{3\gamma} = 1{,}4 \times 10^{-7} n^3 \,\text{sec}. \tag{3.2}$$

Die mittlere Lebensdauer des $1\,{}^3S$-Zustandes ist

$$\tau_{3\gamma} = 1{,}4 \cdot 10^{-7} \,\text{sec}, \tag{3.3}$$

diejenige des $2S$-Zustandes $1{,}12 \cdot 10^{-6}$ sec und des $3S$-Zustandes $3{,}78 \cdot 10^{-6}$ sec. Die letztere ist viel länger als die Zeit für Emission optischer Strahlung. Dieselbe Situation gilt auch für die angeregten Zustände mit $L \neq 0$.

Somit werden alle Positronium-Atome mit Ausnahme derjenigen in ${}^1S_0$-Zuständen, und wahrscheinlich [*20*] im $2\,{}^3S_1$-Zustand, in den Grundzustand übergehen, ehe sie vernichtet werden. Da die Experimente über Positronium meistens bei kleinen Gasdrucken von höchstens einigen Atmosphären ausgeführt worden sind, so ist leicht einzusehen [*16*], daß die Vernichtung des gebildeten Parapositroniums in so kurzer Zeit im Verhältnis zu der Bremszeit der Positronen geschieht, daß sie praktisch als augenblicklich angesehen werden kann. Andererseits geht Orthopositronium im allgemeinen schnell in den Grundzustand über, wo es unter günstigen Bedingungen mit einer mittleren Lebensdauer von $1{,}4 \cdot 10^{-7}$ sec existiert, ehe es unter Emission von drei Quanten vernichtet wird.

4. Verhältnis zwischen den Wirkungsquerschnitten der Drei- und Zweiquantenvernichtungen. Wie wir gesehen haben, wird ein ^1S-Zustand 1115mal schneller als der entsprechende ^3S-Zustand vernichtet. Die ^3S-Zustände umfassen $\frac{3}{4}$ aller Stöße bei kleiner Energie. Das Verhältnis zwischen den Wirkungsquerschnitten der Drei- und Zweiquantenvernichtungen ist deshalb

$$\frac{\sigma_{3\gamma}}{\sigma_{2\gamma}} = 3 \cdot \frac{\tau_{2\gamma}}{\tau_{3\gamma}} = \frac{1}{372}. \tag{4.1}$$

5. Spektrum der Vernichtungsstrahlung. Das Resultat der Zweiquantenvernichtung ist das Verschwinden des Positrons und Elektrons und die Emission von elektromagnetischer Strahlung mit der Gesamtenergie $E_\gamma = 2mc^2 + E_+ + E_-$. Dabei sind E_+ und E_- die Energien des Positrons und des Elektrons, und zwar jeweils die Summe aus kinetischer und potentieller Energie unter Auslassung der Ruhenergie. Die elektromagnetische Energie kann nur in einem einzigen Quant emittiert werden, wenn ein hinreichend starkes äußeres elektromagnetisches Feld vorhanden ist, um einen hinreichend großen Teil des Impulses aufzunehmen. Wegen der Erhaltung des Impulses müssen im allgemeinen mindestens zwei Quanten ausgesandt werden. Wenn es keine speziellen Beschränkungen gibt, wie sie im folgenden diskutiert werden, so ist die Zweiquantenvernichtung die wahrscheinlichste. Die zwei Quanten werden in entgegengesetzte Richtungen (im Schwerpunktssystem, wo der Schwerpunkt des Positron-Elektron-Paares in Ruhe ist) mit gleich großen Energien emittiert. Die kinetische Energie der beiden Elektronen ist jedoch gewöhnlich im Vernichtungsaugenblick klein im Verhältnis zu mc^2. Die zwei Quanten haben dann Energien ganz nahe mc^2 pro Quant und werden auch in dem Laboratoriumssystem in entgegengesetzte Richtungen emittiert.

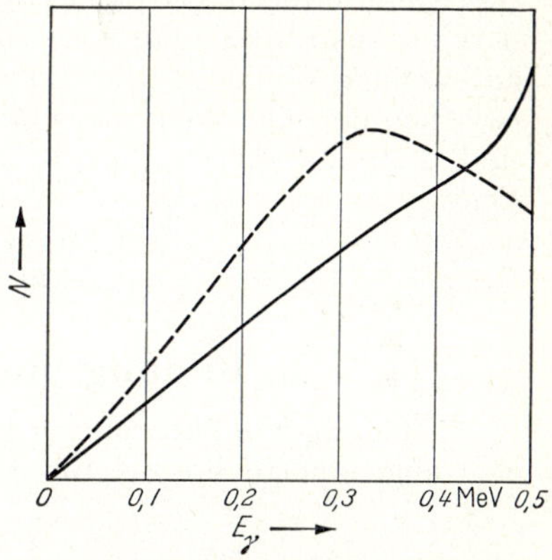

Fig. 1. Berechnetes γ-Strahlspektrum vom Dreiquantenprozeß. Ausgezogene Kurve: vollständige Theorie. Gestrichelte Kurve: statistische Theorie. Nach ORE und POWELL [*15*].

Wegen des Erhaltungsgesetzes für Impulse müssen die drei Quanten in derselben Ebene, und zwar nicht alle in derselben Halbebene emittiert werden. Das Energiespektrum ist kontinuierlich und breitet sich von Null bis zur Maximalenergie mc^2 aus. Dieses Energiespektrum ist von ORE und POWELL [*15*] berechnet worden. Fig. 1 zeigt das Resultat, die gestrichelte Kurve nach einer approximativen statistischen Berechnung und die ausgezogene Kurve nach der vollständigen Theorie.

6. Winkel- und Polarisationskorrelationen der Dreiquantenstrahlung. DRISKO [*24*] hat die quantenelektrodynamische Berechnung des Energiespektrums der Dreiquantenstrahlung von ORE und POWELL wiederholt, ohne jedoch über den Spin zu mitteln, und Formeln für die relative Zahl der Quanten von den magnetischen Unterzuständen $m = 0, \pm 1$ des Orthopositroniums pro Raumwinkel- und Energieeinheit erhalten. Die Winkelverteilung der Quanten ist nach DRISKOs Berechnungen unabhängig von dem Azimutwinkel um die Quantisierungsachse (Richtung des magnetischen Feldes). Wenn alle drei Quanten, die vom ^3S-Zustand emittiert sind, in einer Ebene senkrecht zur Quantisierungsachse beobachtet werden, so rührt der Bruchteil $f = \frac{1}{2}$ der erhaltenen Dreifachkoinzidenzen, statt entsprechend dem statistischen Gewicht $\frac{1}{3}$, von dem Unterzustand $m = 0$ her. Wenn nur eines von den Quanten beobachtet ist, so folgt, daß von der Gesamtzahl von Quanten in der Richtung, die den Winkel ϑ mit der Quantisierungsrichtung bildet, der Bruchteil

$$f(\vartheta) = \frac{(\pi^2 - \frac{19}{2}) \sin^2 \vartheta + \frac{1}{3}}{2(\pi^2 - 9)} \tag{6.1}$$

von dem Unterzustand $m = 0$ kommt. Folglich ist der Beitrag von Quanten bei 90° aus dem Zustand $m = 0$

$$\frac{\pi^2 - \frac{55}{6}}{2(\pi^2 - 9)} = 40\% \tag{6.2}$$

merklich größer als der statistische Wert $\frac{1}{3}$.

Für die Unterzustände $m = \pm 1$ ist folgende Polarisationsregel gültig: Wenn zwei Quanten rechts zirkular polarisiert sind, so ist das dritte links zirkular polarisiert. In dem Spezialfall von symmetrischem Zerfall in drei gleich große Quanten unter einem Winkel von je 120° ist für die Unterzustände $m = \pm 1$ das Verhältnis zwischen den Quanten, die senkrecht zur bzw. in der Emissionsebene polarisiert sind, 2:1 und für $m = 0$ 5:1. Somit ist für unpolarisiertes Positronium dieses Verhältnis

$$\frac{n_{\text{senkrecht}}}{n_{\text{parallel}}} = \frac{1}{3} \cdot \frac{5}{1} + \frac{2}{3} \cdot \frac{2}{1} = \frac{3}{1}. \tag{6.3}$$

B. Bildung und Stabilität von Positronium.

7. Bildung von Positronium in Gasen. ORE und DEUTSCH [*16*], [*17*], [*20*] haben eine angenäherte Formel für die Wahrscheinlichkeit p der Positroniumbildung

$$\frac{V_1 + 6{,}8 - V_i}{V_1} < p < \frac{6{,}8}{V_i}$$

angegeben, wo V_1 die Energie des ersten Anregungszustandes und V_i die Ionisierungsenergie der Gasmoleküle ist.

Diese Formel läßt sich etwa folgendermaßen anschaulich verstehen: Da die Ionisierungsenergie 6,8 eV des Positroniums niedriger als diejenige der Gase ist, so kann Positronium nicht von Positronen mit einer kinetischen Energie kleiner als $V_i - 6{,}8$ eV gebildet werden. Andererseits soll einfache Ionisierung durch Stöße wahrscheinlicher sein als Bildung von Positronium in dem Fall, daß die kinetische Energie viel größer als V_i ist. Wenn Positronium gebildet worden ist, so werden die schnell bewegten Positronium-Atome wahrscheinlich in den nachfolgenden Stößen zerstört. Wenn wir annehmen, daß es gleich wahrscheinlich ist, daß das Positron nach dem letzten ionisierenden Stoß irgendeine Energie zwischen 0 und V_i hat, so kann der Bruchteil $\frac{6{,}8}{V_i}$ dieser Positronen Positronium bilden. Der ganze Bruchteil steht offenbar nicht zur Verfügung, da ein Teil dieser Positronen nicht zur Bildung von Positronium sondern zu weiteren Energieverlusten führt. Dies gilt insbesondere für Energien über dem ersten Anregungsniveau V_1 der Gasmoleküle, da dann unelastische Stöße die Energie der Positronen vermindern werden. Wenn $V_1 > V_i - 6{,}8$ ist, so gibt es einen schmalen Energiebereich der Positronen, $V_1 - (V_i - 6{,}8)$, die sog. „ORE gap", wo Bildung von Positronium wahrscheinlich ist. Der Bruchteil $\frac{V_1 + 6{,}8 - V_i}{V_1}$ wird die untere Grenze der Wahrscheinlichkeit für die Bildung von Positronium, da eine große Zahl von elastischen Stößen nötig ist, um die Energie der Positronen bemerkbar zu verändern.

Die Bildung und Stabilität ist auch später behandelt worden [25] bis [27]. Mohr hat Berechnungen für die Wahrscheinlichkeit p, welche die verschiedenen Einfangprozesse und Energieverluste berücksichtigen, ausgeführt. p hängt von den Wirkungsquerschnitten dieser Vorgänge ab, nicht nur von V_1 und V_i.

Bei der Bildung von Positronium ist zu erwarten, daß die Ortho-Niveaus in $\frac{3}{4}$ und die Para-Niveaus in $\frac{1}{4}$ aller Fälle gebildet werden. Bildung von Positronium für angeregte Zustände ist bei gewöhnlichen experimentellen Bedingungen unwahrscheinlich, da die Bindungsenergie schon in dem ersten angeregten Zustand nur 1,7 eV ist. Das Minimum der zum Einfang eines Elektrons erforderlichen kinetischen Energie $V_i - 1{,}7$ eV, ist so groß, daß unelastische Stöße wahrscheinlich überwiegen.

8. Stabilität von Positronium in Gasen. Sobald Positronium gebildet worden ist, verhält es sich wie ein gewöhnliches Gasmolekül, bis Vernichtung eintritt. Es kann in molekularen Stößen wieder in ein Positron und Elektron zerfallen oder aus Ortho- in Parapositronium umgewandelt werden. Die Stabilität des Orthopositroniums gegen Stöße in Gasen ist theoretisch von Ore [20] behandelt worden. Der wichtigste Vorgang für die Löschung dieses Zustandes ist die Umwandlung in Para-Niveaus. Ortho-Para-Umwandlung kann durch die magnetischen molekularen Felder, die bei den Stößen wirksam werden, verursacht werden, aber nicht durch elektrische Felder. Für thermische Geschwindigkeiten des Orthopositroniums in einem paramagnetischen Gas bei atmosphärischem Druck erhält man nach Ore [20] eine Umwandlungsrate von $10^5\,\sec^{-1}$, welches nur etwa ein Hundertstel der spontanen Zerfallsrate durch Dreiquantenvernichtung ist.

Ein anderer möglicher Mechanismus für die Ortho-Para-Umwandlung ist der Elektronenaustausch mit einem Gasmolekül, bei welchem ein Elektron in Triplett-Orientierung gegen ein Elektron in Singulett-Orientierung ausgetauscht wird. Die meisten stabilen Gasmoleküle im Grundzustand befinden sich in der Singulett-Orientierung. Der in diesem Fall vorausgesetzte Elektronenaustausch würde Anregung der Moleküle zu einem Triplett-Zustand fordern, der im allgemeinen viel zu hoch liegt, um von den thermischen Energien erreicht zu werden. Der Wirkungsquerschnitt für direkte Spinumkehr durch Stoß eines Ortho-Paares gegen ein Gasatom ist zu vernachlässigen. In einer kleinen Zahl von Gasen, z.B. NO, NO_2, welche eine ungerade Zahl von Elektronen enthalten, bedeutet der Elektronenaustausch nur eine Veränderung der Elektronenspinrichtung, was nur eine Spin-Bahn-Koppelung von der Größenordnung der thermischen kinetischen Energie umfaßt. Ein Atom mit unvollständiger Elektronenschale wie das H-Atom, ein ungesättigtes Molekül wie NO, in welchem eine ungerade Zahl von Elektronen ist, ein Molekül wie O_2, dessen Grundzustand ein Triplett-Zustand ist, sind alle wirksame Löscher des Ortho-Zustandes.

Ein häufiger Vorgang soll die Vernichtung des Positrons in Positronium mit einem Elektron des Gasmoleküles während eines Stoßes sein [17]. Diese Vernichtungsrate sei vergleichbar mit derjenigen von freien Positronen in demselben Gas. Jedenfalls gibt es aber einen Unterschied zwischen den Effekten in den beiden Fällen: Das freie Positron polarisiert durch seine elektrische Ladung das Molekül und gelangt in ein Gebiet, in welchem die Elektronendichte mindestens ebensogroß wie die mittlere Dichte in dem Ion, also von der Größenordnung 10^{23} Elektronen/cm^3, ist. Bei dem zusammenstoßenden Positronium-Atom ist das Positron durch sein eigenes Elektron abgeschirmt, so daß die Dichte der Elektronen mit ihren Spins in der Singulett-Orientierung erheblich kleiner erscheint.

In einigen Fällen geben die VAN DER WAALS- oder Austauschkräfte eine beträchtliche Anziehung zwischen den Positronium- und den Gas-Molekülen und lassen sogar Bildung von stabilen oder metastabilen Molekül-Assoziationen zu. Dieser Vorgang kann eine sehr schnelle Löschung des Ortho-Zustandes verursachen, da das Positron ohne Zweifel mit einem von den Elektronen der assoziierten Moleküle vernichtet werden kann.

C. Nachweis von Positronium in Gasen.

9. Entdeckung von Positronium. Um die Zahl der Stöße zu reduzieren, die Zerfall von Positronium in Positronen und Elektronen oder Ortho-Para-Umwandlung veranlassen, ist es günstig in einem verdünnten Medium wie in einem Gas zu arbeiten. Bei kleinen Dichten ist die Zerfallsrate der freien Positronen

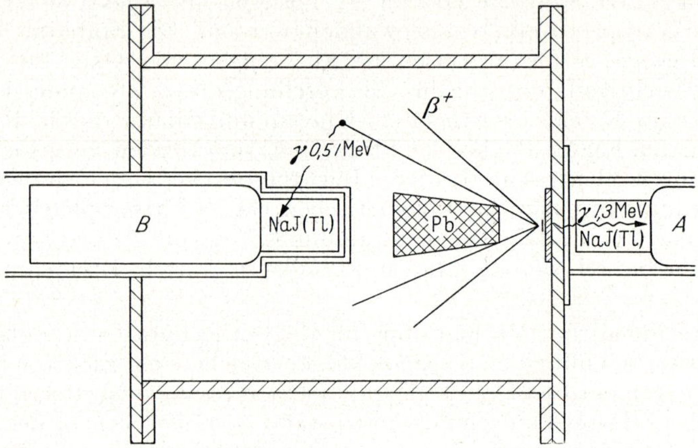

Fig. 2. Apparat für Messung der mittleren Lebensdauer von Positronen in Gasen. Nach DEUTSCH [17].

auch reduziert, was zu einer längeren mittleren Lebensdauer führt, unabhängig von der Bildung von Positronium. Die Vernichtungsrate der freien Positronen ist jedenfalls dem Gasdruck proportional, während diejenige von Orthopositronium unabhängig vom Gasdruck sein soll.

Die ersten Arbeiten, die zeigten, daß die mittlere Lebensdauer der Positronen in einigen Gasen nicht umgekehrt proportional dem Gasdruck ist, wurden von SHEARER und DEUTSCH 1949 [28] gemacht. Diese Arbeit wurde von DEUTSCH fortgesetzt und führte 1951 [18] zur Entdeckung des Positroniums, wie es in [17] ausführlich dargestellt ist.

Die Messung der mittleren Lebensdauer wurde mit Hilfe der Methode verzögerter Koinzidenzen gemacht. Die in diesen Messungen verwendete Apparatur wird in Fig. 2 gezeigt. Eine Quelle von Na^{22} ist auf einen γ-Szintillationszähler A montiert, auf welchen die 1,3 MeV Kern-γ-Strahlung auftrifft. Die Positronen werden praktisch genommen gleichzeitig mit dieser γ-Strahlung emittiert und in dem Gas oder an den Wänden vernichtet. Die Vernichtungs-γ-Strahlung wird mit dem Zähler B registriert. Die Verteilung der Zeitunterschiede zwischen den Zählern A und B wird mit einem Vielkanal-Koinzidenz-Zeitanalysator bestimmt.

Die Positronen sind durch unelastische Stöße mit den Gasmolekülen zu Energien unterhalb des ersten angeregten Zustandes in einer sehr kurzen Zeit im Vergleich zu der von Gl. (2.3) erwarteten Vernichtungszeit verlangsamt worden. Die Zeit für Erreichung des thermischen Gleichgewichts mit dem Gas ist jedoch länger als die Vernichtungszeit. Wie früher (Ziff. 2) betont worden ist, kann durch die COULOMB-Wechselwirkung zwischen Positronen, Elektronen und Kernen die Zerfallsrate beträchtlich modifiziert werden. Unabhängig von diesem Wert muß die Zerfallsrate proportional der Elektronendichte und folglich dem Gasdruck sein, wenn die Vernichtung in freien Stößen geschieht. Wenn andererseits die Positronen, wenigstens für kurze Zeit, von Atomen oder Elektronen in Gebieten gebunden sind, wo die Dichte der Elektronen mit statistisch richtiger Spinrichtung von der mittleren Dichte im Gas abweicht, ist die Zerfallsrate nicht proportional dem Druck und kann nicht einem einfachen Exponentialgesetze folgen.

Die experimentellen Resultate von SHEARER und DEUTSCH [*28*] und insbesondere von DEUTSCH [*18*] zeigen, daß die Positronen mit drei wesentlich verschiedenen Zeiten zerfallen: Eine Lebensdauer ist sehr kurz — von der Größenordnung der Bremsungszeit — und ist noch nicht mit größerer Genauigkeit gemessen worden. Die zweite Lebensdauer ist von der nach Gl. (2.3) erwarteten Größenordnung und ist umgekehrt dem Gasdruck proportional, hängt also von der Vernichtung in freien Stößen ab. Die dritte Lebensdauer ist praktisch unabhängig von dem Druck in den meisten Gasen und entspricht einer Lebensdauer von etwa 10^{-7} sec. Die relative Häufigkeit der drei Komponenten und die mittlere Lebensdauer der druckabhängigen Komponente hängen von der Natur der Gase ab.

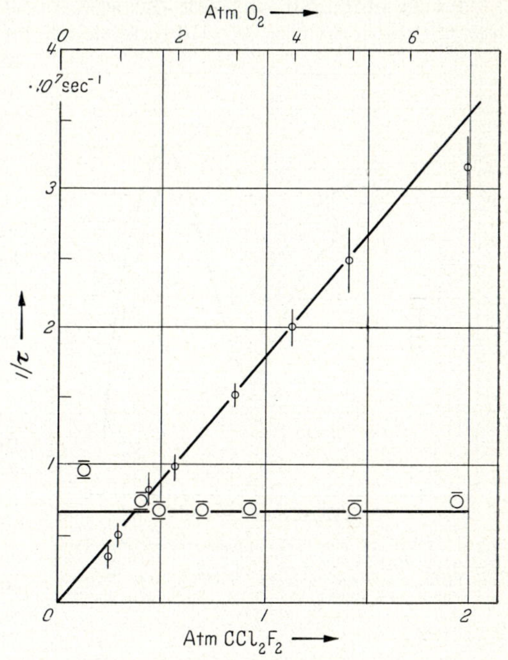

Fig. 3. Vernichtungsrate als Funktion des Druckes in O_2 (kleine Kreise) und CCl_2F_2 (große Kreise). Nach M. DEUTSCH, Phys. Rev. **83**, 866 (1951).

Die Zuordnung der druckunabhängigen langen Zerfallsperiode zu Orthopositronium wurde erstens durch die Existenz der theoretischen Voraussage über die Lebensdauer von Orthopositronium [*15*], und zweitens durch die schon mehrmals erwähnte Tatsache ermöglicht, daß die Zusetzung einer geringen Menge von NO oder NO_2 zu dem Gas diese druckunabhängige Zerfallsperiode verringert und dafür eine entsprechende Zahl von Vernichtungen mit sehr kurzen Perioden auftritt. Dies steht in Übereinstimmung mit der erwarteten Löschungswirkung der Gase mit ungerader Elektronenzahl. Die sehr kurzen Vernichtungszeiten die in allen Gasen, auch in Anwesenheit von Löschungsgasen, auftreten, sind wenigstens zu einem Bruchteil dem Zerfall des Parapositroniums zugeschrieben worden.

Nach den Untersuchungen von DEUTSCH ist die Zahl der verzögerten Koinzidenzen in Stickstoffgas um etwa einen Faktor 3 bei einer Beimischung von 3% NO verringert. Die übrigen um etwa 10^{-7} sec verzögerten Koinzidenzen rühren vermutlich vom Zerfall freier Positronen her. In Dichlorodifluoromethangas (Freon 12) CCl_2F_2 aber rühren die langen verzögerten Koinzidenzen nur vom

Zerfall des Orthopositronium her; denn sie werden durch einen geringen Zusatz von NO gelöscht. Die Zerfallszeit zeigt nur eine geringe Abhängigkeit vom Gasdruck. Durch Extrapolation auf den Druck Null (Fig. 3) ergibt sich die Zerfallsrate vom Orthopositronium zu $6{,}8 \times 10^6\,\mathrm{sec}^{-1}$ entsprechend einer mittleren Lebensdauer von $1{,}5 \times 10^{-7}$ sec welche in guter Übereinstimmung mit dem berechneten Wert von Ore und Powell [*15*] steht.

Das Diagramm in Fig. 3 stellt die Vernichtungsraten der Positronen in O_2 und CCl_2F_2 als Funktion des Gasdruckes dar. In O_2 müssen bei Drucken über $^1/_2$ Atm alle Vernichtungen dem Zerfall der freien Positronen zugeordnet werden.

Es ist einleuchtend, daß die sehr kurze Zerfallsperiode und die druckunabhängige Periode von der Bildung des Positroniums herrühren. Die Druckunabhängigkeit der Vernichtungsrate und der NO-Effekt müssen als sehr schlüssige Beweise für die Existenz von Positronium angesehen werden. Außerdem ist die erhaltene numerische Übereinstimmung zwischen dem berechneten und experimentellen Wert der mittleren Lebensdauer der erste Beweis für die Existenz eines Strahlungsprozesses dritter Ordnung in der Koppelung von Dirac-Partikeln mit dem Strahlungsfeld.

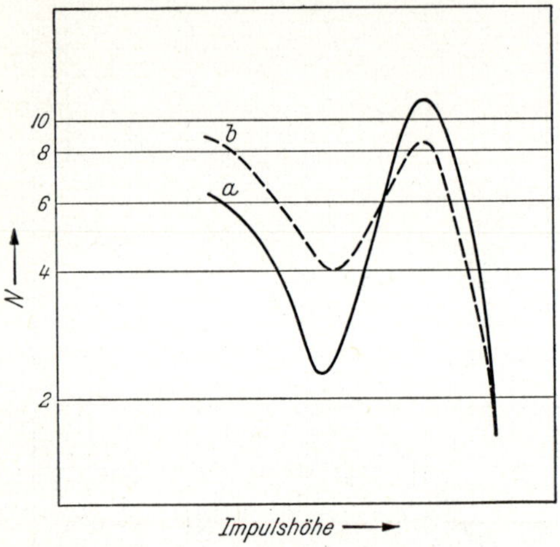

Fig. 4. Spektrum der Vernichtungsstrahlung der Positronen in CCl_2F_2 mit (a) und ohne (b) Zusatz von NO. Die Figur zeigt, wie man die Singulett- und Triplett-Vernichtungen unterscheiden kann. Nach Deutsch und Dulit [*60*].

10. Nachweismethoden für Positronium. Der Nachweis des Positroniums nach der Methode der verzögerten Koinzidenzen ist durch andere Untersuchungsmethoden komplettiert worden. Eine Nachweismethode gründet sich auf die Messung des Energiespektrums der Vernichtungsstrahlung [*18*]. Die Zweiquantenvernichtung führt, wie wir gesehen haben, zur Emission eines Linienspektrums von 510 keV Strahlung, während die Dreiquantenvernichtung ein kontinuierliches γ-Strahlenspektrum ergibt. Eine Messung der relativen Intensität des Kontinuums und der 510 keV-Linie gibt die Vernichtungsrate im Triplettzustand.

Solche Messungen sind verhältnismäßig einfach auszuführen, indem man das Spektrum der sekundären Elektronen mit einem Szintillationsspektrometer [*29*], [*30*] untersucht. Als Szintillationsleuchtstoff wird ein Kristall aus NaJ verwendet, welches mit einer kleinen Beimischung von Thallium aktiviert ist. Man hat eine beinahe lineare Abhängigkeit zwischen Energie und Impulshöhe in den verschiedenen Energiebereichen bei diesem Kristall.

Fig. 4 zeigt typische Impulshöhenspektren; die ausgezogene Linie stellt das Spektrum von reiner Zweiquantenstrahlung, d.h. von einem Gas mit Beimischung von NO dar. Die scharfe Gruppe von Elektronen mit der Energie 510 keV rührt von den Photoelektronen im Kristall her, während die sekundären Elektronen mit niedrigerer Energie hauptsächlich von Compton-Streuung verursacht sind. Die punktierte Linie zeigt das Spektrum der Mischung von Zweiquanten- und Dreiquantenvernichtung des Positroniums. Die Zahl der Impulse, die den Elektronen im Tal zuzuschreiben sind, ist deshalb ein empfindliches Maß für den Betrag von Orthopositronium.

Eine andere Methode zum Nachweis von Positronium basiert auf der Reduktion der Zweiquantenvernichtung, wenn Orthopositronium gebildet wird. Die Zweiquantenvernichtung wird mit Hilfe von zwei Szintillationszählern in Koinzidenzschaltung gemessen, wobei sich die Zähler auf einer geraden Linie mit der Quelle der Vernichtungsstrahlung befinden. POND hat 1952 [*31*] diese Methode verwendet. An Positronen von Na^{22}, deren Bahnen in einem inhomogenen Magnetfeld im Gas um die Quelle konzentriert wurden, wurde die Häufigkeit der Dreiquantenvernichtung dadurch gemessen, daß der Fehlbetrag an Zweifachkoinzidenzen in verschiedenen Gasen festgestellt wurde. Für eine Bezugsmessung, bei der keine Dreiquantenvernichtung auftritt, hat er wenig NO zugesetzt. Der Quotient der Dreiquantenvernichtung zu allen Vernichtungen, das ist der

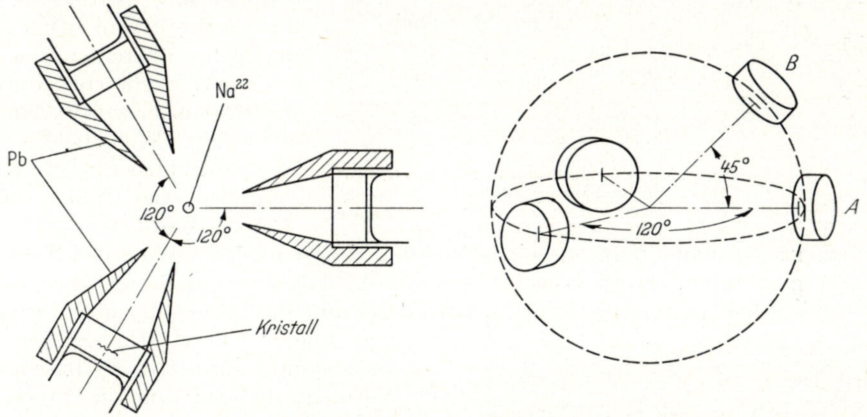

Fig. 5. Anordnung für Messung der Dreifachkoinzidenzen. DEBENEDETTI und SIEGEL [*33*].

Anteil von Orthopositronium an den vernichteten Positronen, ergab sich für H_2, He, A, N_2 zu 0,11 bis 0,19.

Noch eine Methode zum Nachweis von Orthopositronium ist die Messung der Dreifachkoinzidenzen zwischen den drei Vernichtungsquanten. Diese Methode ist von RICH [*32*] eingeführt worden und wurde von DEBENEDETTI und SIEGEL [*33*], [*34*] angewandt. Sie beobachteten die Koinzidenzen zwischen drei NaJ(Tl)-Szintillationszählern, die koplanar bei 0°, 120° und 240° um eine Na^{22}-Quelle standen (Fig. 5). Die verstärkten Impulse aus den drei Multipliern wurden einerseits auf einen schnellen Dreifachkoinzidenzkreis, andererseits zusammen mit dem Ausgangsimpuls des Dreifachkoinzidenzkreises nach Selektion in einem Einkanal-Diskriminator auf einen Vierfachkoinzidenzkreis gegeben. Die Methode der Dreifachkoinzidenzen hat den Vorteil, daß sie die Dreiquantenvernichtung praktisch ohne störenden Untergrund nachweist. Sie hat den allen Koinzidenzmessungen gemeinsamen Nachteil, daß die Stärke der Strahlungsquelle begrenzt werden muß, um nicht eine zu große Zahl der zufälligen Koinzidenzen zu bekommen. Diese Begrenzung zusammen mit den kleinen Öffnungswinkeln der Koinzidenzspektrometer macht es schwierig, eine gute Statistik zu bekommen.

11. Spektrale Verteilung der Dreiquantenvernichtung des Orthopositroniums. Die oben beschriebene Methode mit Dreifachkoinzidenzen ist von DEBENEDETTI und SIEGEL [*33*] bis [*36*] für Untersuchungen über Dreiquantenvernichtung von Positronen und Elektronen benutzt worden. Drei Szintillationszähler liegen koplanar um eine Positroniumquelle, die durch Bremsen schneller Positronen aus Na^{22} in einer dichten Atmosphäre von SF_6 gebildet wird. Die Zähler sind für schnelle

Koinzidenzen ($\approx 10^{-7}$ sec) zusammengeschaltet, und es wird eine differentielle Impulsanalyse der Energien der Koinzidenzen vorgenommen. Nach dem Beweis für die Bildung von Orthopositronium durch die Beobachtung, daß die Rate der Dreifachkoinzidenzen mit steigender Gasdichte in dem SF_6-Behälter (Fig. 6) erhöht wird, wurden die Energien der koinzidierenden γ-Strahlen bei verschiedenen Winkeln zwischen den Zählern gemessen. Die Experimente zeigen, daß diese Energien mit den aus Impuls- und Energiesatz für Dreiquantenvernichtung berechneten übereinstimmen.

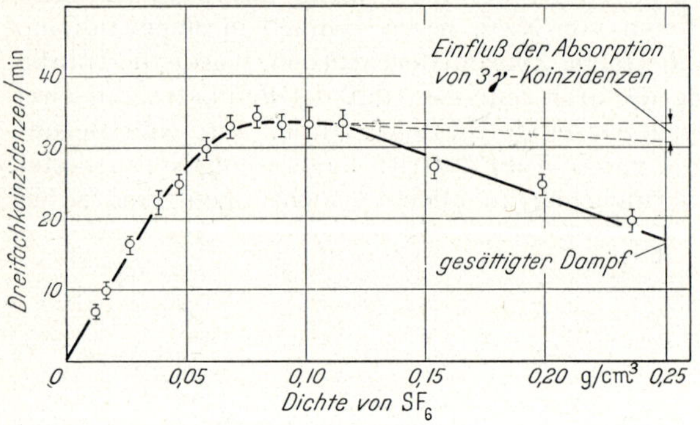

Fig. 6. Dreifachkonzidenzen von SF_6 als Funktion des Druckes. Nach DEBENEDETTI und SIEGEL [34].

Die Winkelkorrelation der Koinzidenzen wurde danach gemessen. Weil die Energie der γ-Strahlen für jede Konfiguration der Zähler durch Impuls- und Energiesatz bestimmt ist, so kann man aus einer Messung der Winkelverteilung das Energiespektrum erhalten. DEBENEDETTI und SIEGEL konnten mit diesen Messungen der spektralen Verteilung zeigen, daß diese mit der von ORE und POWELL berechneten übereinstimmt (Fig. 1). LEWIS und FERGUSON [37] haben das Vernichtungsspektrum in Freon in Einzelheiten bestimmt und eine gute Übereinstimmung gefunden.

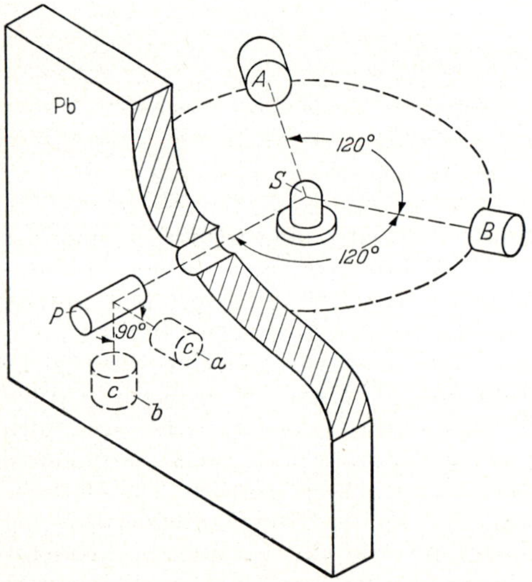

Fig. 7. Anordnung für Messung der Polarisation von Dreiquantenstrahlung. Nach LEIPUNER, SIEGEL und DEBENEDETTI [38].

Die Polarisationsrichtung der γ-Strahlen, die bei Dreiquantenvernichtung von Elektronen und Positronen auftritt, ist auch mit einer dreifachen Koinzidenzanordnung untersucht worden [38]. Als Positroniumquelle diente Na^{22} in einer dichten Atmosphäre von SF_6. In einer Ebene mit der Quelle S waren drei NaJ(Tl)-Szintillationszähler wie in Fig. 7 aufgestellt. Die Zähler A und B registrieren direkt zwei von den γ-Quanten, während der Zähler C das dritte γ-Quant registriert, nachdem es von einem Zylinder aus Polystyrol P gestreut ist. Die Dreifachkoinzidenzen wurden mit dem Zähler C alternierend in den Lagen a und b bestimmt. In diesen Lagen registriert C Strahlen, die parallel mit oder senkrecht zur Emissionsebene ABP sind. Das Experiment ergab eine Vorzugsrichtung des elektrischen Vektors senkrecht zur Ebene der drei Quanten, und zwar wurden in dieser Polarisationsrichtung um einen Faktor $(1.87 \pm 0{,}23)$ mehr Quanten gemessen, als senkrecht dazu. Unter Berücksichtigung der Geometrie der Anordnung befindet sich das Ergebnis in Übereinstimmung mit dem in Gl. (6.3) gegebenen Wert.

12. Experimente über Bildung und Stabilität des Positroniums. Der Bruchteil von Positronen, die Positronium bilden, ist übereinstimmend zu etwa 25% in verschiedenen Gasen [*17*], [*31*], [*33*], [*34*], [*36*], zunächst in H_2, He, N_2, A, CO_2, CCl_2F_2 und SF_6 gefunden. Wenn diese Gase kleine Beimischungen von NO oder O_2 enthalten, wird kein Orthopositronium beobachtet.

Nach Untersuchungen von Dulit, Gittelman and Deutsch [*27*] ist der Bruchteil von Positronen, die Positronium bilden, in technischem Argon etwa 33% und in Freon etwa 40%. Eine Zusetzung einer geringen Menge bis zu 0,01% von einem polyatomaren Gas zu Argon steigert die Positroniumbildung. Für höhere Konzentrationen wird die Bildung wieder kleiner und erreicht schließlich den Wert für reine polyatomare Gase.

Die Bildung von Positronium wird gesteigert durch Anlegen von elektrischen Feldern, entweder statischen oder Hochfrequenzfeldern [*39*], [*40*]. Marder, Hughes, Wu und Bennett [*41*] untersuchten den Einfluß eines statischen elektrischen Feldes auf die Bildung des Positroniums u. a. in He, Na, A, H_2, D_2 und N_2. Die experimentelle Anordnung bestand aus einer Positronenquelle von Cu^{64} in einem Hohlraum, der mit Gas eines Druckes von 2 Atmosphären gefüllt war. Die Positroniumquelle befand sich in einem elektrischen Feld. Das Energiespektrum der Vernichtungsstrahlung wurde mit einem NaJ(Tl)-Szintillationsspektrometer gemessen. Eine Analyse dieses Spektrums gibt den Bruchteil der Positronen, welche Positronium bilden. In He und A beginnt dieser Bruchteil bei Feldern von etwa 60 und 250 V/cm zu wachsen, und Sättigung wird bei Feldern von etwa 150 und 500 V/cm erreicht. Der Steigerungsfaktor ist 1,5 in He, 1,4 in Ne und 2,1 in A. Es ist beobachtet worden, daß bei starken elektrischen Feldern 50 bis 80% der Positronen in den Edelgasen, sowie in H_2 und N_2 Positronium bilden. Zusetzen einer geringen Menge von CO_2 verringert den Effekt des elektrischen Feldes. In CO_2 sowie in den polyatomaren Gasen CH_4, C_2H_6 und CCl_2F_2 ist kein Einfluß des elektrischen Feldes gefunden worden, in SF_6 ist sogar eine anomale kleine Verminderung beobachtet worden.

Diese Effekte können mit Hilfe der Theorie (Ziff. 7) verstanden werden. Positronen, die nicht Positronium bilden, ehe ihre Energie unter den Wert $V_i - 6{,}8$ eV, d.h. etwa 9 eV bei Argon, abgesunken ist, werden normalerweise durch Stöße vernichtet. In Argon können diese Positronen leicht genügende Energie von dem angelegten elektrischen Feld wiedergewinnen, weil der erste angeregte Zustand der Gasatome bei 11,6 eV liegt, welches zu hoch ist um unelastische Stöße zu geben. Die Zusetzung einer kleinen Menge eines polyatomaren Gases mit niedrig liegenden Anregungszuständen verhindert diesen Energiegewinn und vermindert den steigernden Effekt des elektrischen Feldes auf Positroniumbildung.

Teutsch und Hughes [*42*] haben kürzlich eine detaillierte Theorie für den Effekt des elektrischen Feldes auf die Bildung des Positroniums in Gasen ausgearbeitet. Die Abhängigkeit der Steigerung der Positroniumbildung in einem Gas kann als Funktion des angelegten elektrischen Feldes und der Gasdichte durch den Wirkungsquerschnitt für die elastische Streuung und die mittlere Lebensdauer der freien Positronen quantitativ beschrieben werden. Man kann nach dieser Theorie den Wirkungsquerschnitt für die elastische Streuung der Positronen an Gasen berechnen und mit den Experimenten [*41*] vergleichen. Zum Beispiel ergibt die Theorie für den Streuquerschnitt an He 0,023, an Ne 0,12 und an A 1,5 in Einheiten von πa_0^2 (a_0 = der erste Bohrsche Radius).

Mit wachsendem elektrischem Felde setzt sich die Steigerung fort, so lange die Zeit für die Beschleunigung zu der notwendigen Energie kurz im Vergleich zu der mittleren Vernichtungszeit durch Stöße ist. In Feldern dieser Größe bilden alle Positronen Positronium, so daß keine weitere Steigerung möglich ist.

Die Bildung von Positronium wird also erhöht durch das elektrische Feld, das die Positronen wieder in den günstigen Energiebereich bringt. Die Zusetzung von CO_2 verhindert wegen unelastischer Stöße mit diesem Molekül die Beschleunigung der Positronen und verringert daher den elektrischen Effekt.

Das gebildete Positronium ist instabil gegen Dissoziation in Positronen und Elektronen und gegen Ortho-Para-Umwandlung. Typisch in dieser Hinsicht ist die Ortho-Para-Umwandlung in Stößen mit NO-Molekülen. Der Wirkungsquerschnitt für die Löschung des Orthopositroniums — wahrscheinlich von der Ortho-Para-Umwandlung durch Spinumklappung durch Austausch herrührend — ist für NO zu etwa $10^{-16}\,\text{cm}^2$ [*17*], [*43*] aus der Tatsache geschätzt, daß ein Partialdruck von 0,3 mm die Intensität der Dreiquantenvernichtung um einen Faktor 2 reduziert [*17*]. NO_2 ist auch ein wirksamer Löscher, aber nicht N_2O, welches eine gerade Anzahl von Elektronen hat.

Der Querschnitt für die Löschung des Orthopositroniums ist für die Halogene Cl_2, Br_2 und wahrscheinlich auch für J_2 nach Deutsch [*17*], [*43*] etwa $10^{-16}\,\text{cm}^2$. Die Halogene haben keinen freien Elektronenspin. Daher muß ein anderer Mechanismus die Ursache der Löschung sein, möglicherweise die Bildung von Positroniumverbindungen, z.B. $Cl^- e^+$ durch die Reaktion

$$Cl_2 + e^+ e^- \rightarrow Cl + Cl^- e^+ .$$

Auch die Gase, die wirksam für die Bildung von Positronium sind, können Löschung verursachen. Die kleine Verminderung der mittleren Lebensdauer mit steigendem Druck bei Freon (Fig. 3) und die Reduktion der Zahl von Dreiquantenvernichtungen bei SF_6 zeigen diesen Effekt. Der Wirkungsquerschnitt für die Dreiquantenvernichtung in diesen Molekülen ist von der Größenordnung $10^{-21}\,\text{cm}^2$ [*17*], [*33*], [*34*], [*44*]. Ähnlich große Stabilität des Positroniums gilt vermutlich in anderen Gasen, für welche die Positroniumbildung untersucht worden ist. Für CO_2, NO_2, SO_2, H_2O, CH_3OH, CH_3J, $CHCl_3$ und CCl_4 ist eine obere Grenze von $10^{-19}\,\text{cm}^2$ für den Wirkungsquerschnitt der Löschung von Orthopositronium gefunden. In O_2 ist ein recht großer Wert von $4 \times 10^{-19}\,\text{cm}^2$ beobachtet worden. Kürzlich haben Gittelman, Dulit und Deutsch [*45*] bei Versuchen mit Argon gefunden, daß Orthopositronium zu etwa 50% bei einem partiellen Sauerstoffdruck von nur 1 mm gelöscht ist. Ein weiterer Zusatz von Sauerstoff hat keinen nennenswerten Einfluß.

D. Feinstruktur und Zeeman-Effekt des Positroniums.

13. Feinstruktur. Ein auffälliger Unterschied zwischen den Anordnungen der Niveaus in Positronium und Wasserstoff ist, daß die Hyperfeinstrukturterme in Positronium von derselben Größenordnung wie die Feinstrukturterme in Wasserstoff sind, da das magnetische Moment des Positrons viel größer als dasjenige des Protons ist. Die Feinstruktur der Niveaus für Positronium sind theoretisch von Pirenne [*46*], Berestetski und Landau [*47*], Berestetski [*48*], Ferrell [*49*], [*50*], Karplus und Klein [*51*] und Fulton und Karplus [*52*] berechnet worden. Von besonderer Bedeutung ist die Aufspaltung der Triplett- und Singulettkomponenten im $1\,S$-Grundzustand. Diese Aufspaltung rührt hauptsächlich von zwei Termen her:

1. Die magnetische Spin-Spin-Wechselwirkung, die den Fermi-Segrè-Term in der Hyperfeinstruktur von Wasserstoff verursacht, liefert den Energiebeitrag

$-8\pi\mu^2|\psi(0)|^2$ zu dem Singulettzustand und den Beitrag $+\frac{8\pi}{3}\mu^2|\psi(0)|^2$ zu dem Triplettzustand, welches eine totale magnetische Aufspaltung von $\frac{32\pi}{3}\mu^2|\psi(0)|^2$ bedeutet. Hier ist μ das magnetische Moment des Positrons und $\psi(0)$ die Größe der Wellenfunktion des Elektrons um das Positron.

2. Es gibt im Positroniumatom noch eine spinabhängige Wechselwirkung von derselben Größenordnung, die in gewöhnlichen Atomen nicht vorhanden ist, nämlich die „Vernichtungskraft", welche von der Austauschwechselwirkung von Positron und Elektron (virtuelle Vernichtung und Paarbildung) herrührt und einen Beitrag von $+8\pi\mu^2|\psi(0)|^2$ zu dem Triplettzustand gibt. Die ganze Aufspaltung des Grundzustandes ist somit $\frac{56\pi}{3}\mu^2|\psi(0)|^2$. Bei Einsetzung von

$$|\psi(0)|^2 = \frac{1}{\pi}\left(\frac{me^2}{2\hbar^2}\right)^3$$

und

$$\mu = \frac{e\hbar}{2mc}, \qquad \alpha = \frac{e^2}{\hbar c}$$

erhält man für die Aufspaltung ${}^3W - {}^1W$ der $1\,{}^3S$-, $1\,{}^1S$-Niveaus von Positronium den Wert

$$\Delta W = \tfrac{7}{12}\alpha^4 mc^2 = 8.45\times 10^{-4}\ \text{eV} = 2.044\times 10^5\ \text{MHz}. \tag{13.1}$$

Diese Gleichung ist korrekt bis zu Termen von der Ordnung α^4. Für $L \neq 0$ ist die Aufspaltung der Niveaus viel kleiner [*49*], [*50*].

KARPLUS und KLEIN, FULTON und KARPLUS [*51*], [*52*] haben elektrodynamische Korrektionen mit Hilfe der SCHWINGERschen Zwei-Elektronen-Wellenfunktion [*53*] zu dem in Gl. (13.1) erhaltenen Wert bis zu Termen von der Ordnung α^5 bestimmt.

Die Gl. (13.1) wird dabei ersetzt durch den Ausdruck

$$\Delta W = \frac{\alpha^4 mc^2}{4}\left[\frac{7}{3} - \frac{\alpha}{\pi}\left(\frac{32}{9} + 2\ln 2\right)\right] = 2{,}0337\times 10^5\ \text{MHz}. \tag{13.2}$$

Die Aufspaltung der Niveaus des Zustandes $n=2$ ist auch bis zu den Termen von der Ordnung α^5 berechnet worden [*54*], [*55*]. Experimentelle Verifizierung s. S. 158.

14. ZEEMAN-Effekt. Wenn sich Positronium in einem konstanten magnetischen Feld H befindet, so werden die ${}^1S_0$- und ${}^3S_0$-Niveaus weiter aufgespalten ([*48*] bis [*50*]). Fig. 8 illustriert diese ZEEMAN-Aufspaltung der Feinstruktur des Grundzustandes von Positronium. Die Teilniveaus mit $m = \pm 1$ des Triplettzustandes sind vollständig unbeeinflußt von dem konstanten Magnetfeld [*17*], [*56*], weil es keine ${}^1S_0$-Komponente des gleichen m-Wertes gibt, mit welcher sie kombinieren können. Andererseits kann durch das magnetische Feld eine Mischung des Unterzustandes $J=1$, $m=0$ mit dem Singulettzustand hervorgerufen werden. Die Energien der aufgespaltenen Niveaus sind [*57*]

$$\left.\begin{aligned} {}^3E &= \frac{{}^1W + {}^3W}{2} + \frac{\Delta W}{2}(1+x^2)^{\frac{1}{2}} \\ &\text{und} \\ {}^1E &= \frac{{}^1W + {}^3W}{2} - \frac{\Delta W}{2}(1+x^2)^{\frac{1}{2}}, \end{aligned}\right\} \tag{14.1}$$

wo ${}^1W$, ${}^3W$ die ungestörten ${}^1S$- und ${}^3S$-Energien sind, $\Delta W = {}^3W - {}^1W$ und

$$x = \frac{2e\hbar H}{mc\,\Delta W}.$$

In Gl. (14.1) tritt x nicht in erster Potenz auf. Es gibt folglich keinen linearen Zeeman-Effekt in dieser Approximation. Die Positroniumzustände zeigen überhaupt keinen linearen Zeeman-Effekt; d.h. sie besitzen kein permanentes magnetisches Moment. Dies ist von einem halbklassischen Gesichtspunkt aus verständlich [*17*]: Weil jede Bahn in gleicher Weise von einem Elektron und einem Positron durchlaufen wird, so gibt es keinen mit der Bahnbewegung verbundenen Nettostrom, d.h. kein von der Bahnbewegung herrührendes permanentes magnetisches Moment. Die Summe der magnetischen Momente in den Triplettzuständen ist gleich Null, weil die magnetischen Momente der beiden Partikeln gleich und entgegengesetzt sind. Im Singulettzustand gibt es keine bevorzugte Spinrichtung, so daß der Wert des magnetischen Momentes auch Null wird.

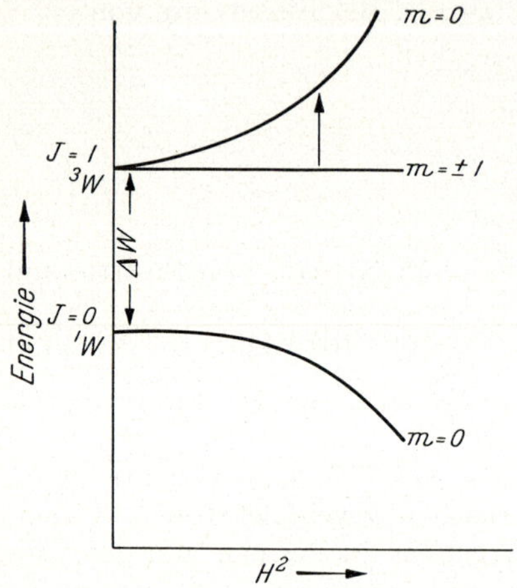

Fig. 8. Zeeman-Effekt des Grundzustandes in Positronium. Nach DeBenedetti und Corben [*57*].

Die Berechnung des Zeeman-Effektes für die Zustände mit $L \neq 0$ gibt nach Ferrel [*49*], [*50*] ganz analoge Ausdrücke wie die Formel (14.1).

15. Löschung im Magnetfeld. Wie oben betont worden ist, verursacht ein magnetisches Feld eine Mischung der Zustände $^3S_0$ und $^1S_0$. Weil die mittlere Lebensdauer des letztgenannten Zustandes etwa 10^{-3}mal derjenigen des erstgenannten Zustandes ist, so folgt daraus, daß der $^3S_0$-Zustand von einem solchen Magnetfeld gelöscht werden muß. Das Verhältnis zwischen der Zahl von Zweiquantenzerfällen (von dem $^1S_0$-Anteil der Mischung) und der Zahl von Dreiquantenzerfällen (von dem $^3S_0$-Anteil) ist $\frac{x^2}{4}\cdot\frac{^3\tau}{^1\tau}$, wo $\frac{x^2}{4}$ das Mischungsverhältnis ist [*17*], [*57*]. Somit ist der Bruchteil von Dreiquantenvernichtungen der gemischten Zustände $\left(1+\frac{x^2}{4}\cdot\frac{^3\tau}{^1\tau}\right)^{-1}$. Der Bruchteil von allen Dreiquantenvernichtungen von den ursprünglichen ^3S-Zuständen aus ist folglich

$$n = \frac{2}{3} + \frac{1}{3}\left[1 + \left(\frac{e\hbar H}{m c \Delta W}\right)^2 \frac{^3\tau}{^1\tau}\right]^{-1}, \tag{15.1}$$

weil die Zustände $m = \pm 1$ immer durch Dreiquantenvernichtungen zerfallen.

Bei Messung der Zahl der Dreiquantenvernichtungen als Funktion von H ist es deshalb möglich, ΔW zu bestimmen. Diese Zahl hängt etwas von der Beobachtungsweise ab, da der Beitrag des Unterzustandes $m = 0$, wie wir gesehen haben (Ziff. 6), nicht isotrop ist [*24*]. Keine Löschung des Dreiquantenvorgangs durch ein Magnetfeld kann beobachtet werden, wenn die Photonen in der Feldrichtung gemessen sind, weil nur die Zustände $m = \pm 1$ in diese Richtung emittieren. Wenn alle drei Photonen in der Ebene senkrecht zum Magnetfelde beobachtet werden, wie in den Versuchen von Wheatley und Halliday [*58*], so gehört genau die halbe Zahl der Dreifachkoinzidenzen zu dem Zustand $m = 0$. Wenn man die Löschung durch die Zunahme der Zweifachvernichtungen mißt, wie in den Versuchen von Pond und Dicke [*59*], so findet man, daß ein Drittel der Orthopositroniumatome beeinflußt ist, und beinahe dasselbe ist der Fall, wenn das ganze Spektrum senkrecht zum Felde beobachtet wird [*60*].

Die Gl. (15.1) ist anwendbar nur, wenn die Beobachtungsweise so ist, daß die Dreiquantenstrahlung in allen Richtungen gegen das Magnetfeld mit gleicher

Empfindlichkeit gemessen werden kann. Andernfalls muß die Empfindlichkeit f für Nachweis der Dreiquantenvernichtung beachtet werden, und an Stelle von (15.1) tritt die Gleichung

$$n = 1 - f + f\left[1 + \left(\frac{e\hbar H}{mc\,\Delta W}\right)^2 \cdot \frac{{}^3\tau}{{}^1\tau}\right]^{-1}. \tag{15.2}$$

Später hat HALPERN [61] die Theorie für die Löschung des Orthopositroniums in einem Magnetfeld vervollständigt und eine neue Formel für n angegeben. Der Bruchteil f ist von der Geometrie der Zähler abhängig. Insbesondere ist der Wert von f verschieden, wenn die Beobachtung in einer Messung von drei Quanten

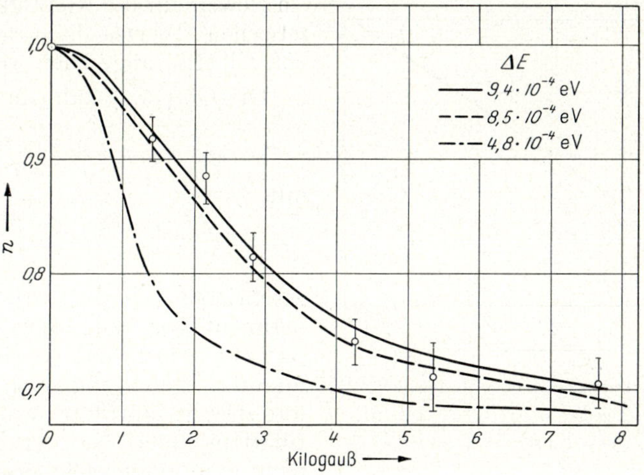

Fig. 9. Relative Wahrscheinlichkeit der Dreiquantenvernichtung als Funktion des Magnetfeldes. DEUTSCH und DULIT [60].

bei Dreifachkoinzidenz oder in einer Messung des totalen Strahlungsspektrums der Vernichtung besteht.

Die letztgenannte Methode wurde von DEUTSCH und DULIT verwendet [60], indem sie das Spektrum der Vernichtungsstrahlung senkrecht zum Magnetfeld mit Hilfe eines Szintillationsspektrometers beobachteten. Sie setzten voraus, daß entsprechend Gl. (3.1) ${}^1\tau/{}^3\tau = 1/1115$ ist, und interpretierten dann ihr Resultat (Fig. 9) als eine rohe Messung der Feinstruktur-Aufspaltung des Grundzustandes. Es ergab sich

$$\Delta W = 9{,}4 \times 10^{-4}\,\text{eV} \pm 15\,\%\,.$$

Nach der Theorie rührt ein Anteil dieser Aufspaltung von $3{,}7 \times 10^{-4}$ eV von der Austauschwechselwirkung von Positron und Elektron (virtuelle Vernichtung und Paarbildung) her. Der Rest ist analog der Hyperfeinstruktur von Wasserstoff (Ziff. 13). Die Existenz dieses Austauschgliedes ist durch diesen Versuch sichergestellt, denn ohne das Austauschglied erhält man die strich-punktierte Kurve in Fig. 9, die ganz außerhalb der Grenzen der Versuchsfehler der erhaltenen Kurve liegt.

Dieses Resultat und andere sind mit ähnlichen Methoden bestätigt worden [44], [59], [62], [63]. Die Messungen geben einen Wert für $\frac{{}^3\tau}{{}^1\tau}\,(\Delta W)^{-2}$, und wenn der gut verifizierte theoretische Wert (vgl. Ziff. 16) von ΔW, Gl. (13.2), als richtig angenommen wird, so kann das Verhältnis zwischen der mittleren Lebensdauer der Dreiquanten- und Zweiquantenstrahlung ${}^3\tau/{}^1\tau$ bestimmt werden. POND und

Dicke [59] erhielten

$$\frac{{}^3\tau}{{}^1\tau} = 1050 \pm 14\%$$

und Marder, Hughes und Wu [62], [63]

$$\frac{{}^3\tau}{{}^1\tau} = 1302 \pm 15\%.$$

Beide Werte stehen in guter Übereinstimmung mit dem theoretischen Wert 1115 von Gl. (3.1) [15]. Zusammen mit dem experimentellen Wert von ${}^3\tau$, den Deutsch (S. 148) erhielt, können die Messungen der Wirkung der magnetischen Löschung als ein Beweis für die Richtigkeit des theoretischen Wertes ${}^1\tau = 1{,}25 \cdot 10^{-10}$ sec von Gl. (2.6) angesehen werden.

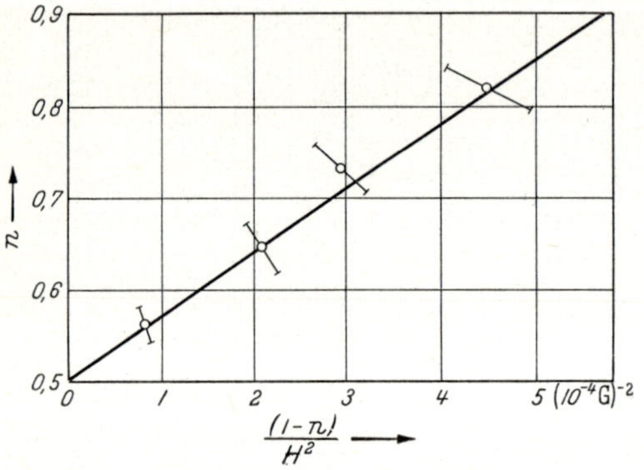

Fig. 10. Graphische Darstellung von n als Funktion von $\frac{1-n}{H^2}$ gemäß Gl. (15.3). Nach Wheatley und Halliday [44].

Die Gl. (15.2) kann in der Form

$$\left.\begin{aligned} n &= 1 - f + \frac{1-n}{a H^2} \\ \text{mit} \quad a &= \left(\frac{e\hbar}{mc\,\Delta W}\right)^2 \cdot \frac{{}^3\tau}{{}^1\tau} \end{aligned}\right\} \tag{15.3}$$

geschrieben werden. In einem Experiment von Wheatley und Halliday [44] wurde das Löschen der Dreiquantenvernichtung von Positronium mit drei je um 120° versetzten Szintillationszählern in der Ebene senkrecht zum Magnetfeld beobachtet. Die Messungen der vom Magnetfeld H abhängigen Dreifachkoinzidenzrate n zeigen die zu erwartende lineare Abhängigkeit von $\frac{1-n}{H^2}$. Wie oben betont worden ist (S. 143) ist in diesem Falle $f = 0{,}5$ zu setzen, was auch durch Extrapolation aus der experimentellen Kurve (Fig. 10) auf große H-Werte bestätigt wurde. Die Gl. (15.3) wurde von Wheatley und Halliday auch modifiziert durch Korrektionen für die Triplett-Singulett-Übergänge wegen der Stöße mit SF_6-Molekülen im Gas. Weil diese Übergänge druckabhängig sind, müssen Messungen bei verschiedenen Drucken ausgeführt werden um durch Extrapolation auf den Druck Null den Wert von $\frac{{}^3\tau}{{}^1\tau}(\Delta W)^{-2}$ zu erhalten.

16. Messungen am Zeeman-Effekt. Die in der vorhergehenden Ziffer beschriebenen Messungen waren hinreichend, um die Theorie für die Aufspaltung der $1\,{}^3S$- und $1\,{}^1S$-Niveaus des Positroniums bis zu Termen von der Ordnung α^4 zu verifizieren. Genauere Messungen wurden von Deutsch und Brown [39] mit Hilfe einer Resonanzmethode gemacht. Die Dreiquantenvernichtung vom Niveau $m=0$ wird durch ein statisches Magnetfeld von einigen Kilogauß beinahe vollständig gelöscht, während die Niveaus $m = \pm 1$ unbeeinflußt vom Felde bleiben. Eine weitere Löschung des Dreiquantenspektrums tritt auf, wenn sich die Positroniumquelle in einem Radiofrequenzfeld von Resonanzfrequenz befindet, welches Übergänge $m = \pm 1 \rightarrow m = 0$ anregt. Ein solcher Übergang ist in Fig. 8 durch einem Pfeil angegeben. Die Resonanzfrequenz erhält man aus Gl. (14.1) zu

$$\nu_r = \frac{\Delta W}{2\hbar}\left[\sqrt{1+x^2} - 1\right]. \tag{16.1}$$

In den Versuchen von DEUTSCH und BROWN wurde eine Radiofrequenz von etwa 3000 MHz benutzt, welche ein statisches Feld H von etwa 9000 Gauß fordert. Die experimentelle Anordnung ist in Fig. 11 schematisch gezeigt. Das Positronium wurde in einem Hohlraum mit Argon- oder Freonfüllung durch ein Cu^{64}-Präparat erzeugt. Der Resonanzhohlraum wird von einem Magnetron-Oszillator so angeregt, daß das Wechselfeld H' senkrecht zu H ist. Das Dreiquantenspektrum wird mit Hilfe eines Szintillationsspektrometers gemessen. Sorgfältige Bleiblenden unterdrücken alle Strahlung, die nicht aus dem Gas im Hohlraum kommt. Die Radiofrequenz ist während der Messung konstant. Die Intensität des Dreiquantenspektrums wird als Funktion von H gemessen.

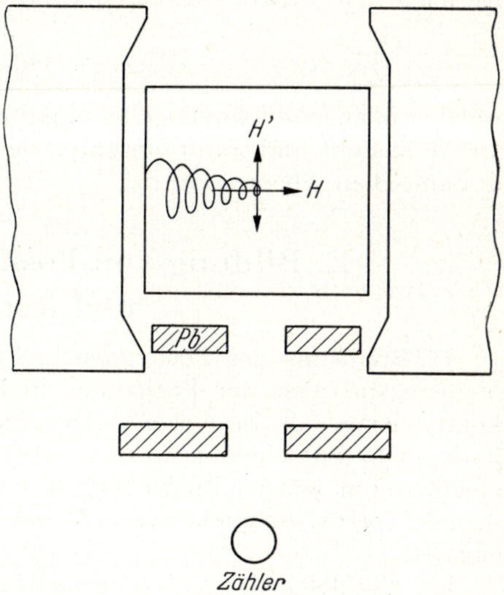

Fig. 11. Anordnung zur Messung des ZEEMAN-Effektes in Positronium mit Hilfe von Resonanzlöschung. Nach DEUTSCH [17].

Da die Resonanzfrequenz ν_r mit grosser Genauigkeit gemessen werden kann, so ist diese Resonanzmethode für die Bestimmung von ΔW sehr genau. Die wichtigste Begrenzung der Meßgenauigkeit von ν_r ist die natürliche Breite γ des Niveaus $m=0$. Diese Breite ist für große H-Werte $\hbar/{}^1\tau$, was zu einem relativen Fehler von ν_r von $\frac{\hbar}{{}^1\tau\,\Delta W}=6{,}2\times 10^{-3}$ führt.

Die aus der Lage der Resonanzlinie berechnete Hyperfeinstrukturaufspaltung des Positroniums ist nach DEUTSCH und BROWN, wenn die Korrektion für das anomale magnetische Moment des Elektrons $\left[\text{so daß } x\to\frac{2e\hbar H}{mc}\left(1+\frac{\alpha}{2\pi}\right)\right]$ eingeführt worden ist,

$$\Delta W=(2{,}035\pm 0{,}003)\times 10^5\,\text{MHz}.$$

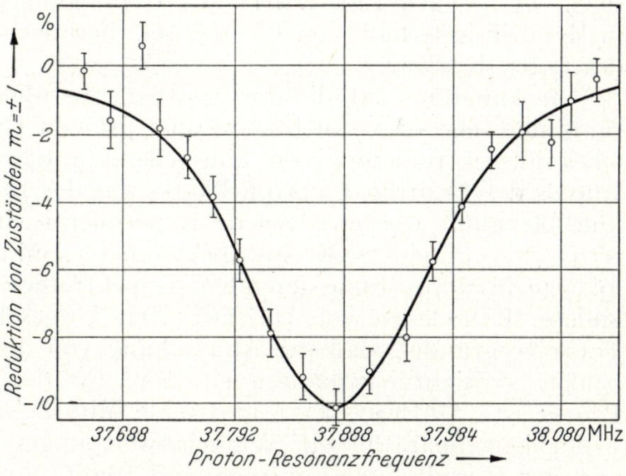

Fig. 12. Resonanzlöschung im magnetischen Feld, das mit Hilfe von Proton-Resonanz gemessen wird. Frequenz im Positronium-Hohlraum 3012,9 MHz. Nach DEBENEDETTI und CORBEN [57].

Verfeinerte Messungen sind von WEINSTEIN, DEUTSCH und BROWN [64] ausgeführt worden. Fig. 12 zeigt die Resonanzkurve von WEINSTEIN, DEUTSCH und BROWN [64], welche die Experimente von DEUTSCH und BROWN über ZEEMAN-Aufspaltung des $1\,^3S$-Zustandes von Positronium erweitert haben. In Fig. 12 ist die Resonanzfrequenz $\nu_r=3012{,}9$ MHz für das magnetische Feld, was einer Protonresonanz von 37,8875 MHz entspricht. WEINSTEIN *et. al.* verwendeten Resonanzfrequenzen bis zu 3360 MHz und außerdem genauere Methoden für die Messung des Magnetfeldes. Die Lage der Resonanz erwies sich unabhängig von der Natur und vom Druck des Gases im

Hohlraum (He, A, Kr und CCl_2F_2 bei $\frac{1}{3}$ Atm bis $\frac{4}{3}$ Atm) und vom Magnetfeld. Der beste beobachtete Wert der Singulett-Triplett-Aufspaltung des Grundzustandes ist nach WEINSTEIN, DEUTSCH und BROWN [64]

$$\Delta W = (2{,}0338 \pm 0{,}0004) \times 10^5 \text{ MHz},$$

welcher in ausgezeichneter Übereinstimmung mit dem theoretischen Wert $2{,}0337 \times 10^5$ MHz steht und somit ein guter Beweis für die Richtigkeit der quantenelektrodynamischen Theorie ist.

E. Bildung von Positronium in Flüssigkeiten und festen Körpern.

17. Bremsung der Positronen in Flüssigkeiten und festen Körpern. Die Vernichtungsprozesse der Positronen in Flüssigkeiten und festen Körpern sind viel komplizierter als in Gasen. Aus den bisherigen Theorien und Experimenten kann nicht entschieden werden, ob die langsamen Positronen bei Diffusion in einem festen Körper ihr Leben als freie Partikel beschließen oder ob ein gebundenes System, möglicherweise Positronium, gebildet wird, ehe die Vernichtung eintritt.

Ein Vergleich der Vernichtungswahrscheinlichkeit mit der Rate der Energieverluste durch Ionisation zeigt, daß sowohl in festen Körpern als in Gasen die meisten Positronen das Ende ihrer ionisierenden Bahn erreichen, ehe sie vernichtet werden. Die Vernichtung von schnellen Positronen, ehe sie verlangsamt worden sind, ist zwar beobachtet worden ([65] bis [67]), ist aber ein seltenes Ereignis. Die Bremsungszeit der Positronen in kondensiertem Material ist allgemein als kurz im Verhältnis zur mittleren Lebensdauer der Positronen anzusetzen [14], [68], [69]. Nach LEE-WHITTINGs Überlegungen [69] erreichen die Positronen in Metallen innerhalb von 3×10^{-12} sec thermisches Gleichgewicht mit dem Gitter des festen Körpers.

Die Annahme, daß die Positronen zu thermischen Geschwindigkeiten verlangsamt sind, ehe sie vernichtet werden, ist von Experimenten gestützt. Mit Hilfe eines γ-Spektrometers von hinreichend gutem Auflösungsvermögen kann der Impuls des Positron-Elektron-Paares aus der DOPPLER-Breite der Vernichtungslinie bestimmt werden. Solche Experimente sind von DUMOND und Mitarbeitern [70] mit einem Kristallspektrometer, und von LIND und HEDGRAN [71] mit einem doppelfokussierenden β-Spektrometer gemacht worden. Eine ganz andere Methode ist von DEBENEDETTI vorgeschlagen worden, die sich auf die Tatsache gründet, daß die Abweichung von der vollständigen Kolinearität der beiden Vernichtungsquanten ein Maß für den Impuls des Positron-Elektron-Paares ist. DEBENEDETTI und seine Mitarbeiter [14] konnten mit Hilfe einer Koinzidenzapparatur die Winkelabweichungen der zwei Vernichtungsquanten von der Geradlinigkeit messen und somit den Impuls des Positron-Elektron-Paares in verschiedenen Materialien bestimmen. Nach verschiedenen Messungen ist der Impuls des Vernichtungspaares etwa $mc/137$, was $v/c \approx 4 \times 10^{-3}$ oder einer Energie von etwa 16 eV entspricht. Weiter kann geschlossen werden, daß hauptsächlich die äußeren Schalenelektronen in den Atomen (die freien Leitungselektronen in Metallen) verantwortlich für die Vernichtung der Positronen sind.

Wenn die Positronen durch die gewöhnlichen Prozesse (d.h. durch Ionisation, usw.) zu thermischen Energien gebremst sind, bleibt noch einige Zeit zur Diffusion durch das Gitter der Festkörper übrig, ehe sie als freie Partikel vernichtet werden. Ein solches Modell kann auf verschiedene Weisen geprüft werden.

Die Dreiquantenvernichtungen durch freie Stöße treten mit einer theoretischen Häufigkeit von 1/372 der Zweiquantenvernichtungen auf, wenn die Elektronenspins statistisch verteilt sind [*15*] (S. 143). Wenn Positronium gebildet wird, werden die Elektronenspins in bezug auf die Positronenspins orientiert. Dies bedeutet, daß der Dreiquantenprozeß infolge der Bildung und des Zerfalls von Orthopositronium häufiger wird. Einige Experimente sind ausgeführt worden, um das Verhältnis zwischen Dreiquantenvernichtungen und Zweiquantenvernichtungen in verschiedenen Materialien zu bestimmen ([*32*] bis [*34*], [*72*] bis [*74*]), und diese Untersuchungen haben alle den Wert von etwa 1/372 für Metalle, nichtleitende Flüssigkeiten und feste Körper gegeben. Zum Beispiel hat BASSON [*72*] den Wert 402 ± 50 für das reziproke Verhältnis gefunden. Nach diesen Beobachtungen sind die Elektronenspins statistisch verteilt, und die Positronenvernichtung geschieht somit hauptsächlich durch freie Stöße. Wenn Positronium gebildet wird, so tritt eine schnelle Ortho-Para-Umwandlung ein, so daß der Dreiquantenvernichtungsvorgang gelöscht wird.

18. Mittlere Lebensdauer. Wenn das Modell zutrifft, daß die Positronen in festen Körpern schnell gebremst und als freie Teilchen vernichtet werden, dann kann man erwarten, daß die langsamen Positronen, die aus einer Metalloberfläche kommen, mit Hilfe einer negativ geladenen Elektrode nachgewiesen werden können. Dieses Experiment ist von MADANSKY und RASETTI [*75*] gemacht worden, aber das Ergebnis war negativ. Der negative Befund zeigt, daß die Positronen entweder in irgendeiner Weise im Gitter gebunden sind, so daß sie nicht austreten können, oder daß sie von Elektronen gebunden, d.h. als Positronium herauskommen.

Weitere Anzeichen für die Bildung von Positronium in kondensierten Materialien haben die Messungen der mittleren Lebensdauern geliefert. DEBENEDETTI und RICHINGS [*19*] untersuchten mit einer Koinzidenzmethode, die Zeitunterschiede bis 10^{-10} sec zu erkennen gestattet, die mittlere Lebensdauer relativ zu der in Aluminium. Sie fanden, daß die mittlere Lebensdauer in allen untersuchten Metallen und anorganischen Verbindungen unabhängig vom Material unmeßbar wenig von derjenigen in Aluminium abweicht, aber bis um $2{,}5 \times 10^{-10}$ sec größer in verschiedenen Isolatoren wie Quarz, Plexiglas, Paraffin, Wasser, Teflon und Polystyrol ist. Später haben BELL und GRAHAM [*76*] absolute Messungen der Lebensdauer in kondensierten Materialien unternommen. Als mittlere Lebensdauer der Positronen finden sie in allen untersuchten Metallen etwa $1{,}5 \times 10^{-10}$ sec. Einige einfache Kristalle ergeben den gleichen Wert, aber amorphe Substanzen, Festkörper und Flüssigkeiten wie geschmolzener Quarz, Teflon und Polystyren zeigen ein kompliziertes Verhalten, eine schnelle Komponente (τ_1), deren mittlere Lebensdauer etwa $3{,}0 \times 10^{-10}$ sec beträgt, für etwa zwei Drittel aller Zerfälle und eine andere Komponente (τ_2) von $0{,}45 \times 10^{-9}$ sec bis $3{,}5 \times 10^{-9}$ sec, je nach Art der Substanz, für das restliche Drittel. Die Lebensdauer für die längere Komponente τ_2 ist temperaturabhängig und verkürzt sich bei Kühlung der Probe. FERGUSON und LEWIS [*77*] finden in Metallen eine mittlere Lebensdauer $(1{,}6 \pm 0{,}6) \times 10^{-10}$ sec und in Polystyrol bei Zimmertemperatur $(2{,}5 \pm 0{,}3) \times 10^{-9}$ sec, die bei 110° C um 10% größer ist. MINTON [*78*] hat einen kleinen Unterschied zwischen den Lebensdauern der Positronen in Pb und Al beobachtet, nämlich $(2{,}9 \pm 0{,}3) \times 10^{-10}$ sec bzw. $(3{,}5 \pm 0{,}3) \times 10^{-10}$ sec. In flüssigem He hat HEREFORD [*79*] etwa die gleiche Lebensdauer wie in Metallen gefunden. GRAHAM, PAUL und HENSHAW [*80*] haben in flüssigem He eine starke Komponente mit $\tau = (2{,}7 \pm 0{,}3) \times 10^{-9}$ sec gefunden. Diese mittlere Lebensdauer nimmt ab, wenn die Temperatur des Heliums vermindert wird. GERHOLM [*81*] hat die mittlere

Lebensdauer der Positronen in einigen Metallen mit einer Koinzidenzapparatur der Auflösungszeit 10^{-9} sec gemessen und einen etwas höheren Wert als BELL und GRAHAM gefunden, nämlich $(2,5 \pm 0,3) \times 10^{-10}$ sec. In Al hat er außerdem eine schwache andere Komponente mit der mittleren Lebensdauer $(10 \pm 4) \times 10^{-10}$ sec erhalten. Für Teflon haben LANDES, BERKO und ZUCHELLI [*82*] bei der Temperatur des flüssigen Heliums eine mittlere Lebensdauer $\tau_2 = (2,0 \pm 0,2) \times 10^{-9}$ sec gefunden.

Nach BELL und GRAHAM können die beobachteten zwei Lebensdauern in Isolatoren am besten so erklärt werden, daß die Positronen rasch verlangsamt werden, wonach sie Positronium bilden. Die τ_2-Komponente ist dem langlebigen Orthopositronium zuzuschreiben, aber der Zerfall ist um einen Faktor 50 oder mehr infolge der Ortho-Para-Umwandlung in Stößen mit den Atomen der Probe vergrößert worden. In Metallen ist infolge der Anwesenheit von Leitungselektronen sogar eine höhere Umwandlungsrate zu erwarten, und der Triplett-Zustand wird deshalb vollständig gelöscht. Dies erklärt die Abwesenheit der τ_2-Komponente in Metallen.

Die kleine und auffällig konstante, vom Metall unabhängige mittlere Lebensdauer der Positronen in allen Metallen ist schwierig mit dem Bild von Positronen, die in Stößen mit Elektronen als freie Teilchen vernichtet werden, zu erklären; denn die mittlere Lebensdauer ist nach Gl. (2.3) umgekehrt proportional der Elektronendichte, welche, obwohl nur die äußeren Schalenelektronen oder die Leitungselektronen in Metallen in Frage kommen, doch recht beträchtlich in den verschiedenen Substanzen variiert. Dagegen ist die Annahme, daß Positronium gebildet wird, plausibel, weil es in Metallen viele freie Elektronen gibt, welche die Positronen vernichten oder Positronium bilden. DIXON und TRAINOR [*83*] haben sogar der Bildung von 2 S-Positronium eine wichtige Rolle zugeschrieben. Die hohe Elektronendichte in dichten Materialien verursacht eine starke Störung des Positroniumatoms. Deshalb wird die Löschung des Triplett-Zustandes vollständig, wenn ungerade Elektronen anwesend sind, was z.B. in Metallen der Fall ist. Die effektive Elektronendichte ist wegen der COULOMB-Anziehung wahrscheinlich höher als die mittlere Elektronendichte im Metall. Dieser Effekt bewirkt nach WALLACE [*84*] eine Verkürzung der mittleren Lebensdauer und eine Ausgleichung der Unterschiede derselben in den verschiedenen Elementen. Nach Berechnungen von FERRELL [*85*] wird die mittlere Lebensdauer der Positronen in Na $2,3 \times 10^{-10}$ sec.

19. Einfluß der Temperatur. Wegen der schnellen Ortho-Para-Umwandlung ist die Zweiquantenvernichtung auch dann der überwiegende Prozeß, wenn Positronium gebildet wird. Nach BELL und GRAHAM kann man erwarten, daß das Verhältnis zwischen den Dreiquanten- und Zweiquantenvernichtungen in Teflon (bei 20°)

$$\frac{\sigma_{3\gamma}}{\sigma_{2\gamma}} = 0,8\,\%$$

wird, was etwa dreimal so viel als für statistisch verteilte Elektronenspins $\sigma_{3\gamma}/\sigma_{2\gamma} = 1/372$ ist. In der Tat haben DE BENEDETTI und SIEGEL [*33*], [*34*] etwa zweimal so viele Dreiquantenvernichtungen in Teflon als in Al unter identischen Bedingungen gefunden. Weitere Experimente von GRAHAM und STEWART u. a. [*74*], [*86*], [*87*] haben einen Temperatureffekt bei $\sigma_{3\gamma}/\sigma_{2\gamma}$ in Übereinstimmung mit der von BELL und GRAHAM beobachteten Temperaturabhängigkeit der τ_2-Komponente beobachtet.

In diesem Zusammenhang seien einige Beobachtungen ([*88*] bis [*92*]) über die Temperaturabhängigkeit der mittleren Lebensdauer in Blei erwähnt. DRES-

DEN [93] hat die Vermutung ausgesprochen, daß die mittlere Lebensdauer von Positronium in dem supraleitenden Zustand unterhalb von 7,2° K vergrößert wird. Nach MILLET [88] und nach TALLEY und STUMP [89], [91] scheint es auch Anzeichen dafür zu geben. MILLET beobachtete eine langlebige Komponente in supraleitendem Blei von $3,5\times10^{-9}$ sec, während STUMP und TALLEY eine *Vergrößerung* der mittleren Lebensdauer in Pb von $1,5\times10^{-10}$ sec bei Zimmertemperatur auf 5×10^{-10} sec bei 4,2° K fanden. SHAFROTH und MARCUS [90] fanden keine Differenz in den mittleren Lebensdauern für Blei im Normalzustand und supraleitendem Zustand. Auch GRAHAM *et al.* [80] beobachteten keine Differenzen in Blei und Vanadium. Nach neueren Messungen von GREEN und MADANSKY [92] ist jedoch die Veränderung in der Lebensdauer beim Übergang zum supraleitenden Zustand höchstens 2×10^{-10} sec, und es gibt höchstens 0,3 % einer Komponente mit einer so großen mittleren Lebensdauer wie 2×10^{-9} sec.

LANDES, BERKO und ZUCHELLI [94] haben die τ_2-Komponente beim Übergang vom festen zum flüssigen Zustand untersucht und sehr interessante Resultate erhalten. Sie beobachteten die mittlere Lebensdauer τ_2 in polykristallinem Naphtalin als Funktion der Temperatur (Fig. 13). Unterhalb des Schmelzpunktes werden etwa 9% der Positronen durch die τ_2-Komponente vernichtet, $\tau_2 = 1,14\times10^{-9}$ sec. τ_2 beginnt einige Grade unterhalb des Schmelzpunktes zu wachsen und erreicht den Wert $\tau_2 = 2.68\times10^{-9}$ sec am Schmelzpunkt und oberhalb desselben. Der Prozentsatz von Positronen, die mit τ_2 vernichtet werden, steigt sehr steil von 9 zu 29% an. Die kurze Lebensdauer $\tau_1 = (3-4)\times10^{-10}$ sec.

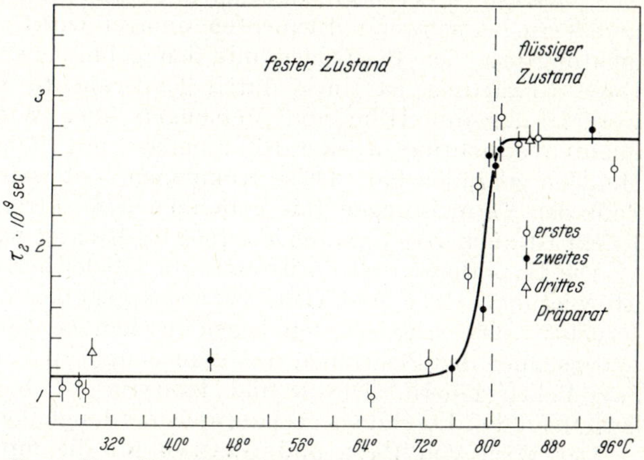

Fig. 13. Die mittlere Lebensdauer τ_2 in polykristallinem Naphthalin als Funktion der Temperatur. Der Schmelzpunkt ist 80,2° C.

20. Winkelkorrelation der Zweiquanten-Vernichtungsstrahlung. Kürzlich sind verfeinerte Messungen [95] bis [99] über die Abweichungen der zwei Vernichtungsquanten von der Kolinearität in dichten Materialien, z.B. in geschmolzenem Quarz, Teflon, Polystyrol, Paraffin, Lucit, Glas, usw. sowie in kristallinem Quarz, Aluminium, Magnesium, Kupfer, Graphit, usw. gemacht und daraus der Impuls des Positron-Elektronpaares in diesen Materialien bestimmt worden. Dabei ist ein schmales Impulsgebiet in der ersten Materialgruppe, die für eine langlebige Komponente bekannt ist, isoliert worden, das (in Quarz) etwa 20% aller Zerfälle umfaßt. Die Materialien, welche keine langlebige Komponente haben, also die Gruppe der Metalle, zeigen dagegen ein breites Impulsgebiet. Das schmale Gebiet entspricht einer thermischen Energie des Positron-Elektronpaares, während das breite einer höheren Energie entspricht [95], [96]. Magnetische Löschungsexperimente zeigen [98], daß die Materialien, die keine langlebige Komponente und kein schmales Impulsgebiet haben, auch keine Veränderung in der Winkelkorrelation geben, wenn ein starkes Magnetfeld angelegt wird. Andererseits verursachen magnetische Felder bis 16,3 kGauß einen Übergang von 3—4% aller Vernichtungsereignisse zu dem schmalen Gebiet in Materialien, die eine langlebige Komponente haben [98].

Die beiden Impulsgebiete sind in Zusammenhang mit den Komponenten τ_1 und τ_2 gesetzt worden, die in Lebensdauermessungen gefunden worden sind. Weil das schmale Gebiet einen Temperatureffekt hat, und weil die relative Intensität derselben kleiner ist, so ist es mit der Komponente τ_2 identifiziert [87], [88], also der Vernichtung von Orthopositronium zugeordnet worden. Dies bedeutet, daß das Positronium thermische Geschwindigkeiten haben muß, ehe es vernichtet werden kann. Die übrigen Vernichtungen (etwa 80%) sind freien Positronen zuzuschreiben und brauchen nicht notwendig thermische Geschwindigkeiten zu haben. In diesem Zusammenhang sei eine Beobachtung in supraleitendem Blei von STUMP [99] erwähnt, nach welcher die Winkelkorrelation innerhalb der Fehlergrenzen bei 300, 77 und 4° K gleich ist.

Es ist zu erwarten, daß die COULOMB-Abstoßung zwischen dem Positron und Kern bei schweren Elementen weniger wirkt, was eine Erhöhung der Vernichtungsrate der Positronen mit den gebundenen Elektronen zur Folge hat. Diese Erwartung ist auch durch Experimente von STEWART [95] bestätigt worden, der mit Hilfe von Messungen über Winkelkorrelationen von Zweiquantenvernichtungen eine Komponente mit höherem Impuls in schwereren Metallen gefunden hat. Diese Komponente ist wahrscheinlich einer gesteigerten Zahl der Vernichtungen mit gebundenen Elektronen zuzuschreiben. Derselbe Effekt ist auch von LANG *et. al.* [100] beobachtet worden.

Die Hypothese, daß Positronium in kondensierten Materialien gebildet wird, ist, wie auch BELL und GRAHAM hervorgehoben haben, nicht frei von Widersprüchen. Die schwierigsten liegen in dem beobachteten Werte der mittleren Lebensdauer der Positronen in Metallen und im Verhältnis $\sigma_{3\gamma}/\sigma_{2\gamma}$ im Falle von zwei Lebensdauern. DIXON und TRAINOR [83] haben auf die Schwierigkeiten betreffend den Löschungsmechanismus der langlebigen Komponente hingewiesen.

Der Wert von BELL und GRAHAM für die mittlere Lebensdauer der Positronen in Metallen, $(1{,}5 \pm 0{,}3) \times 10^{-10}$ sec, ist ganz nahe der theoretischen mittleren Lebensdauer von Parapositronium $1{,}25 \times 10^{-10}$ sec. Nach GARVIN [68] sollte man eine viermal so lange Lebensdauer erwarten, weil die Positronen im Falle schneller Umwandlung $^3/_4$ ihrer Lebensdauer in dem nur langsam vernichteten Triplettzustand verweilen.

Es ist von mehreren Seiten [57], [93] betont worden, daß das Positroniumatom ein wichtiges Hilfsmittel für das Verständnis der Physik des festen Zustandes werden dürfte, sobald der Mechanismus von Bildung und Zerfall des Positroniums erst klargelegt sein wird.

Literatur.

[1] RUARK, A. E.: Positronium. Phys. Rev. **68**, 278 (1945).
[2] WHEELER, J. A.: Polyelectrons. Ann. N. Y. Acad. Sci. **48**, 219—238 (1946).
[3] HYLLERAAS, E. A.: Electron affinity of positronium. Phys. Rev. **71**, 491—493 (1947).
[4] HYLLERAAS, E. A., and A. ORE: Binding energy of the positronium molecule. Phys. Rev. **71**, 493—496 (1947).
[5] ORE, A.: Structure of the quadrielectrons. Phys. Rev. **71**, 913—916 (1947).
[6] SIMONS, L.: On the binding energy of positronium chloride. Soc. Sci. Fenn., Comm. Phys.-Math. **14**, Nr. 2, 1—28 (1948); Nr. 9, 1—13 (1949); Nr. 12, 1—15 (1949). — Phys. Rev. **90**, 165—166 (1953).
[7] ORE, A.: Note on the stability of systems containing a light positive particle. Phys. Rev. **73**, 1313—1317 (1948).
[8] ORE, A.: The existence of WHEELER-compounds. Phys. Rev. **83**, 665 (1951). — Univ. Bergen Årb. **1952**, Nr. 5, 1—33.
[9] LANDAU, L. D.: The moment of a 2 photon-system. Dokl. Akad. Nauk, SSSR. **60**, 207—209 (1948).
[10] YANG, C. N.: Selection rules for the dematerialization of a particle into two photons. Phys. Rev. **77**, 242—245 (1950).

[11] DIRAC, F. A. M.: On the annihilation of electrons and protons. Proc. Cambridge Phil. Soc. **26**, 361—375 (1930).
[12] POMERANCHUK, I.: Selection rules in electron and positron annihilation. Dokl. Akad. Nauk, SSSR. **60**, 213—215 (1948).
[13] POMERANCHUK, I.: Life-time of positrons. J. exp. theor. Phys. SSSR. **19**, 183—184 (1949).
[14] DEBENEDETTI, S., C. E. COVAN, W. R. KONNEKER and H. PRIMAKOFF: On the angular distribution of two-photon annihilation radiation. Phys. Rev. **77**, 205—212 (1950).
[15] ORE, A., and J. L. POWELL: Three-photon annihilation of an electron-positron pair. Phys. Rev. **75**, 1696—1699, 1963 (1949).
[16] ORE, A.: Annihilation of positrons in gases. Univ. Bergen Årb. **1949**, Nr. 9, 1—15.
[17] DEUTSCH, M.: Annihilation of positrons. Progr. in Nucl. Phys. **3**, 131—158 (1953).
[18] DEUTSCH, M.: Evidence for the formation of positronium in gases. Phys. Rev. **82**, 455—456 (1951); **83**, 207—208 (1951). — Three-quantum decay of positronium. Phys. Rev. **83**, 866—867 (1951).
[19] DEBENEDETTI, S., and H. J. RICHINGS: The half-life of positrons in condensed materials. Phys. Rev. **85**, 377 (1952).
[20] ORE, A.: Ortho-parapositronium conversion. Univ. Bergen Årb. **1949**, Nr. 12, 1—13.
[21] RADCLIFFE, J. M.: Three-photon decay of positronium. Phil. Mag. **42**, 1334 (1951).
[22] LIFSCHITZ, E. M.: Three-photon annihilation of electrons and positrons. Dokl. Akad. Nauk, SSSR. **60**, 211—212 (1948).
[23] IVANENKO, D., and A. SOKOLOV: On the theory of the para- and orthostates of positrons and electrons. Dokl. Akad. Nauk, SSSR. **61**, 51—53 (1948).
[24] DRISKO, R. M.: Angular dependence of annihilation quanta from the magnetic substates of triplet positronium. Phys. Rev. **95**, 611 (1954). — Spin and polarization effects in the annihilation of triplet positronium. Phys. Rev. **102**, 1542—1544 (1956).
[25] MASSEY, H. S. W., and C. B. O. MOHR: Gaseous reactions involving positronium. Proc. Phys. Soc. Lond. A **67**, 695—704 (1954).
[26] MOHR, C. B. O.: Positronium formation in gases and its pressure dependence. Proc. Phys. Soc. Lond. A **68**, 342—344 (1955).
[27] DULIT, E. P., B. GITTELMAN and M. DEUTSCH: Formation of positronium in gases. Bull. Amer. Phys. Soc. Ser. II, **1**, 69 (1956).
[28] SHEARER, J. W., and M. DEUTSCH: The lifetime of positrons in matter. Phys. Rev. **76**, 462 (1949).
[29] HOFSTADTER, R., and J. A. MCINTYRE: The measurements of gamma-ray energies with single crystals of Na I (Tl). Phys. Rev. **80**, 631—637 (1950).
[30] JORDAN, W. H.: Detection of nuclear particles. Ann. Rev. Nucl. Sci. **1**, 207—244 (1952).
[31] POND, T. A.: The formation of triplet positronium in gases. Phys. Rev. **85**, 489 (1952).
[32] RICH, J. A.: Experimental evidence for the three-photon annihilation of an electron-positron pair. Phys. Rev. **81**, 140—141 (1951).
[33] DEBENEDETTI, S., and R. SIEGEL: The three-photon annihilation of positrons and electrons. Phys. Rev. **85**, 371—372 (1952).
[34] DEBENEDETTI, S., and R. T. SIEGEL: The three-photon annihilation of positrons and electrons. Phys. Rev. **94**, 955—959 (1954).
[35] SIEGEL, R., and S. DEBENEDETTI: Conservation of energy in three-quantum annihilation. Phys. Rev. **87**, 235 (1952).
[36] SIEGEL, R. T.: Thesis Carnegie Inst. Technol. 1952.
[37] LEWIS, G. M., and A. T. G. FERGUSON: On the annihilation spectrum in freon and oxygen. Phil. Mag. **44**, 1011—1018 (1953).
[38] LEIPUNER, L., R. SIEGEL and S. DEBENEDETTI: Polarization of the three-photon annihilation radiation. Phys. Rev. **91**, 198—199 (1953).
[39] DEUTSCH, M., and C. S. BROWN: ZEEMAN effect and hyperfine splitting of positronium. Phys. Rev. **85**, 1047—1048 (1952).
[40] DEUTSCH, M.: Mass. Inst. Technol., Lab. Nuclear Sci. and Eng. Progress report, S. 143, May 1953.
[41] MARDER, S., V. W. HUGHES, C. S. WU and W. BENNET: Effect of a static electric field on positronium formation in gases: Experimental. Phys. Rev. **98**, 1173 (1955); **103**, 1258—1265 (1956).
[42] TEUTSCH, W. B., and V. W. HUGHES: Effect of a static electric field on positronium formation in gases: Theoretical. Phys. Rev. **98**, 1174 (1955); **103**, 1266—1284 (1956).
[43] DEUTSCH, M.: Mass. Inst. Technol., Lab. Sci. and Eng. Progress report, S. 174, May 1952.
[44] WHEATLEY, J., and D. HALLIDAY: The quenching of ortho-positronium decay by a magnetic field. Phys. Rev. **88**, 424 (1952).

[45] Gittelman, B., E. P. Dulit and M. Deutsch: Quenching of ortho positronium in gases. Bull. Amer. Phys. Soc., Ser. II **1**, 69 (1956).
[46] Pirenne, J.: The proper field and the interaction of Dirac particles. I—III. Arch. Sci. phys. nat. **28**, 233—272 (1946); **29**, 121—150, 207—238 (1947).
[47] Berestetski, V. B., and L. D. Landau: On the exchange effects between electron and positron. J. exp. theor. Phys. SSSR. **19**, 673—679 (1949).
[48] Berestetski, V. B.: On the spectrum of system consisting of a positron and electron. J. exp. theor. Phys. SSSR. **19**, 1130—1135 (1949).
[49] Ferrell, R. A.: The positronium fine structure. Phys. Rev. **84**, 858—859 (1951).
[50] Ferrell, R. A.: The fine structure of positronium. Thesis Princeton Univ. Princeton, N. J. 316 S., 1951. (Nicht gedruckt.)
[51] Karplus, R., and Abraham Klein: Electrodynamic corrections to the fine structure of positronium. Phys. Rev. **86**, 257 (1952); **87**, 848—858 (1952).
[52] Fulton, T., and R. Karplus: Bound state in two-body systems. Phys. Rev. **93**, 1109—1116 (1954).
[53] Schwinger, J.: On the Green's functions of quantized fields, I—II. Proc. Nat. Acad. Sci. U.S.A. **37**, 452—455, 455—459 (1951).
[54] Fulton, T., and P. C. Martin: Two-body system in quantum electrodynamics. Energy levels of positronium. Phys. Rev. **95**, 811—822 (1954).
[55] Fulton, T., and P. C. Martin: Radiative corrections in positronium. Phys. Rev. **93**, 903—904 (1954).
[56] Fumi, F. G., and L. Wolfenstein: Allowed final states for annihilation into three photons. Phys. Rev. **90**, 498—499 (1953).
[57] DeBenedetti, S., and H. C. Corben: Positronium. Ann. Rev. Nucl. Sci. **4**, 191—218 (1954).
[58] Wheatley, J., and D. Halliday: Quenching of the three-quantum annihilation from positronium by a magnetic field. Phys. Rev. **87**, 235 (1952).
[59] Pond, T. A., and R. H. Dicke: Fine structure splitting in the ground state of positronium. Phys. Rev. **85**, 489—490 (1952).
[60] Deutsch, M., and E. Dulit: Short range interaction of electrons and fine structure of positronium. Phys. Rev. **84**, 601—602 (1951).
[61] Halpern, O.: Magnetic quenching of the positronium decay. Phys. Rev. **94**, 904—907 (1954); **88**, 164 (1952).
[62] Marder, S., V. W. Hughes and C. S. Wu: Effect of angular depence of annihilation radiation of orthopositronium in a magnetic field. Phys. Rev. **95**, 611 (1954).
[63] Hughes, V. W., S. Marder and C. S. Wu: Static magnetic field quenching of the orthopositronium decay: angular distribution effect. Phys. Rev. **98**, 1840—1848 (1955).
[64] Weinstein, R., M. Deutsch and S. Brown: Fine structure of positronium. Phys. Rev. **94**, 758 (1954); **98**, 223 (1955).
[65] Shearer, J. W., and M. Deutsch: Annihilation of swift positrons. Phys. Rev. **82**, 336 (1951).
[66] Kendall, H. W., and M. Deutsch: Annihilation of positrons in flight. Phys. Rev. **93**, 932 (1954); **101**, 20—26 (1956).
[67] Gerhart, J. B., B. C. Carlson and R. Sherr: Annihilation in flight. Phys. Rev. **94**, 917—927 (1954).
[68] Garvin, R. L.: Thermalization of positrons in metals. Phys. Rev. **91**, 1571—1572 (1953).
[69] Lee-Whiting, G. E.: Thermalization of positrons in metals. Phys. Rev. **97**, 1557 to 1558 (1955).
[70] DuMond, J. W. M., D. A. Lind and B. B. Watson: Precision measurement of the wave-length and spectral profile of the annihilation radiation from Cu^{64} with the two-meter focusing curved crystal spectrometer. Phys. Rev. **75**, 1226—1239 (1949).
[71] Lind, D., and A. Hedgran: Precision measurement of nuclear gamma-radiation by techniques of beta spectroscopy. Ark. Fys. **5**, 29—52 (1952).
[72] Basson, J. K.: Direct quantitative observation of the three-photon annihilation of a positron-negatron pair. Phys. Rev. **96**, 691—696 (1954).
[73] Stone, R. S.: An investigation of the three-photon annihilation of the positron. Phys. Rev. **87**, 235 (1952).
[74] Graham, R. L., and A. T. Stewart: Three-quantum annihilation of positrons in solids. Canad. J. Phys. **32**, 678—679 (1954).
[75] Madansky, L., and F. Rasetti: An attempt to detect thermal energy positrons. Phys. Rev. **79**, 397 (1950).
[76] Bell, R. E., and R. L. Graham: Time distribution of positron annihilation in liquids and solids. Phys. Rev. **87**, 236 (1952); **90**, 644—654 (1953).

[77] FERGUSON, A. T. G., and G. M. LEWIS: On the annihilation in solids. Phil. Mag. **44**. 1339—1347 (1953).
[78] MINTON, G. H.: Lifetime for annihilations of positrons in aluminum and lead. Phys. Rev. **94**, 758 (1954).
[79] HEREFORD, F. L.: Annihilation of positrons in liquid helium. Phys. Rev. **95**, 1097 (1954).
[80] GRAHAM, L., D. A. L. PAUL and D. G. HENSHAW: Annihilation lifetimes of positrons in liquid helium, superconducting lead, and superconducting vanadium. Bull. Amer. Phys. Soc., Ser. II **1**, 68 (1956).
[81] GERHOLM, T. R.: On the annihilation of positrons in condensed materials. Ark. Fys. **10**, Nr. 38, 523—552 (1956).
[82] LANDES, H. S., S. BERKO and A. J. ZUCHELLI: Recent experiments on positron lifetimes in solids and liquids. Bull. Amer. Phys. Soc., Ser. II **1**, 68—69 (1956).
[83] DIXON, W. R., and L. E. H. TRAINOR: Nature of positron annihilation in liquids and solids. Phys. Rev. **97**, 733—736 (1955).
[84] WALLACE, P. R.: Annihilation of positrons in condensed materials. Phys. Rev. **100**, 738—741 (1956).
[85] FERRELL, R. A.: COULOMB enhancement of positron annihilation in metals. Phys. Rev. **100**, 973 (1956).
[86] POND, T. A.: Annihilation of positrons in condensed materials. Phys. Rev. **91**, 455 (1953); **93**, 478—479 (1953); **94**, 758 (1954).
[87] WAGNER, R. T., and F. L. HEREFORD: Temperature effects in the annihilation of positrons. Phys. Rev. **99**, 593—594, 665 (1955).
[88] MILLET, W. E.: The decay of positrons in superconducting lead. Phys. Rev. **94**, 809 (1954).
[89] TALLEY, H., and R. STUMP: Lifetime of positrons in superconductors. Phys. Rev. **94**, 809 (1954).
[90] SHAFROTH, S. M., and J. A. MARCUS: Annihilation radiation from positrons stopping in superconducting lead. Phys. Rev. **99**, 664 (1955).
[91] STUMP, R., and H. E. TALLEY: Life time in superconducting lead and tin. Phys. Rev. **96**, 904—907 (1954).
[92] GREEN, B., and L. MADANSKY: Lifetime of positrons in superconducting lead. Phys. Rev. **102**, 1014—1015 (1956).
[93] DRESDEN, M.: Speculation on the behavior of positrons in superconductors. Phys. Rev. **93**, 1413—1414 (1954); **95**, 603 (1954).
[94] LANDES, H. S., S. BERKO and A. J. ZUCHELLI: Effect of melting on positron lifetime. Phys. Rev. **103**, 828—829 (1956).
[95] STEWART, A. T.: Angular correlation of photons from positron annihilation in solids. Phys. Rev. **99**, 594 (1955). Siehe auch frühere Untersuchungen von STEWART, A. T., u. R. E. GREEN,: Phys. Rev. **98**, 232, 486—491 (1955).
[96] PAGE, L. A., M. HEINBERG, O. J. WALLACE and T. W. TROUT: Angular correlation of two-photon annihilation in quartz. Phys. Rev. **98**, 206—208 (1955).
[97] PAGE, L. A., M. HEINBERG, O. J. WALLACE and T. W. TROUT: Angular correlation of two-quantum annihilation in condensed materials. Phys. Rev. **99**, 665 (1955).
[98] PAGE, L. A., and H. MILTON: Narrow components in the angular correlation of annihilation quanta from condensed materials. Phys. Rev. **102**, 1545—1553 (1956).
[99] STUMP, R.: Angular correlation of annihilation radiation in superconducting lead. Phys. Rev. **100**, 1256 (1956).
[100] LANG, G., S. DEBENEDETTI and R. SMOLUCHOWSKI: Measurement of electron momentum by positron annihilation. Phys. Rev. **99**, 596—598 (1955).

X-ray Production by Heavy Charged Particles.

By

E. MERZBACHER[1] and H. W. LEWIS.

With 27 Figures.

A. Inner shell ionization.

1. Introduction and early experiments. When a target is bombarded by protons or heavier ions, electrons are ejected from the atomic shells of the target atoms. If an impact removes an electron from an *inner shell*, the filling of the vacancy leads to the emission of x-rays characteristic of the element bombarded. The production of characteristic x-rays by *electrons* is a familiar phenomenon and gives rise to spiked peaks superimposed on the continuous x-ray spectrum. The present article is concerned primarily with the theory of *K- and L-shell ionization* in atoms and with experimental results for *protons and alpha particles* with energies up to about five million electron volts [*1*]. Related phenomena, such as the yield and energy spectrum of the ejected electrons, and bremsstrahlung produced by the deflection of the bombarding particle in the COULOMB field of the nucleus, are also discussed. The latter constitutes a continuous background of radiation which, owing to the greater mass of the particles, is much less intense than that produced by electrons of comparable velocity.

CHADWICK and others[2–7] first observed and identified the characteristic x-rays of several elements exposed to alpha particles from radioactive sources. Later, GERTHSEN[8] pointed out that these observations were clearly at variance with a simple model which pictured the ionization process as an elastic collision of the incident particle with an electron which is essentially regarded as free, except that atomic binding limits the minimum energy transfer to the value of the ionization energy of the particular atomic shell. Such a model is very useful in a qualitative description of those collisions which are primarily responsible for the energy loss of charged particles in their passage through matter[9]. For the present purpose the model could not serve even as a first approximation, as can be seen readily from the fact that the maximum energy which a heavy particle of mass M and velocity v can transfer to a free electron of mass m and velocity u is given by

$$\frac{2Mm}{(M+m)^2}(Mv - mu)(v+u).$$

[1] Supported in part by the U.S. Atomic Energy Commission and by the Research Council of the University of North Carolina.

[2] J. CHADWICK: Phil. Mag. **24**, 594 (1912).

[3] J. CHADWICK: Phil. Mag. **25**, 193 (1913).

[4] J. CHADWICK and A. S. RUSSELL: Proc. Roy. Soc. Lond. **88**, 217 (1913).

[5] J. CHADWICK and A. S. RUSSELL: Phil. Mag. **27**, 112 (1914).

[6] J. J. THOMSON: Phil. Mag. **28**, 620 (1914).

[7] F. P. SLATER: Phil. Mag. **42**, 904 (1921).

[8] C. GERTHSEN: Z. Physik **36**, 540 (1926).

[9] N. BOHR: Kgl. danske Vid. Selsk., mat-fys. Medd. **18**, No. 1 (1948) contains an excellent discussion of all those aspects of collision theory which are subject to a semi-classical description.

In particular, the upper limit for the energy transfer to an electron at rest is approximately $2mv^2$. If one requires that this energy transfer must exceed the binding energy of an atomic electron in order to produce ionization, it follows that the excitation of x-rays by protons would require 460 times the accelerating voltage necessary to excite the same x-rays in a cathode-ray tube. Even higher energies would be required for x-ray excitation by alpha particles. Actually, however, the process occurs for bombarding energies far below this limit and no threshold is evident.

Gerthsen noted that if the collision could be regarded as approximately free, the high velocity which inner shell electrons possess would reduce the minimum energy required to produce characteristic x-rays (approximately by a factor of four). Somewhat indirectly he thus recognized the importance of the atomic binding, which effectively increases the mass of the electron and allows larger energy transfers.

These considerations point to a natural restriction which applies to the entire discussion of this paper. We shall deal only with collisions in which the velocity of the massive projectile is smaller than the velocity of the orbital electron with which it collides, or comparable to it. This is equivalent to supposing that the binding energy I of this electron is not much less than the maximum energy T_m which an incident particle of energy E can transfer in a free collision to an electron at rest:

$$T_m = \frac{4Mm}{(M+m)^2} E \approx \frac{4m}{M} E \not\gg I. \qquad (1.1)$$

The quantity T_m will be a useful comparison parameter throughout this paper. It should be noted that inequality (1.1) affords only a natural delimitation of our subject and is not demanded by any theoretical restrictions (see Sect. 2).

A further condition will set a lower limit to the velocity v of the incident particle and to the atomic number Z of the target element:

$$\frac{z e^2}{\hbar v} \ll 1 \qquad (1.2)$$

where ze denotes the charge of the projectile. We thus exclude very slow collisions[1,2] [*1*] and collisions with the lightest atoms, for which conditions (1.1) and (1.2) are incompatible.

It is clear that under the near-adiabatic conditions of (1.1) the details of the atomic orbit, from which the electron is being ejected, are of decisive importance. Not only can binding not be neglected; *it alone makes the ionization possible.* An accurate description of the process can be given only in terms of the quantum mechanical theory of collisions[3] as developed by Bethe[4,5] and his pupils [*2*].

One expects that inner shell ionization, while always highly improbable, will become increasingly likely as the collision becomes less adiabatic and T_m approaches I. Hence, for a given incident energy, ionization of the L shell should be more intense than that of the K shell of the same element and so on. Also, the cross section for ionizing a given shell should increase rapidly with increasing bombarding energy and decreasing atomic number of the target. When T_m is of the same order of magnitude as I, the cross section reaches its maximum and then falls off roughly as $1/E$, as is well known from conventional collision theory. Fig. 1 shows a typical behavior in the energy region of interest here.

---

[1] D. R. Bates and H. S. W. Massey: Phil. Mag. **45**, 111 (1954).
[2] R. Kollath, in this volume.
[3] H. S. W. Massey: Theory of Atomic Collisions, vol. XXXVI of this Encyclopedia.
[4] H. A. Bethe: Ann. Phys., Lpz. **5**, 325 (1930).
[5] H. A. Bethe: Handbuch der Physik, Vol. 24/1, p. 273. Berlin 1933.

One important incentive for recent thorough investigations of x-ray production by ions has been the necessity to test by experiment certain theoretical procedures, notably the validity of the *Born approximation* (see Sect. 2), which find important application in the calculations of the energy loss of heavy particles in their passage through matter[1] [*3*]. Although collisions which satisfy condition (1.1) are relatively improbable, their contribution to the energy loss is nevertheless appreciable, since these collisions always must lead to considerable energy transfer[2].

There has been added interest in this subject in recent years owing to the emergence of a new and powerful method for the investigation of low-lying nuclear energy levels. In this, the so-called *Coulomb excitation* of the nucleus, one bombards atoms with protons or alpha particles of a few Mev energy and observes the gamma rays or conversion electrons which are emitted after the nucleus has been raised to one of its excited rotational states by the interaction with the electrostatic field of the projectile. Clearly, in such experiments the x-rays discussed in this review constitute an unwanted background which must be taken into account. However, occasionally, investigators have reported data on atomic x-ray production as a by-product of their researches on COULOMB excitation (see Sect. 5 and 7).

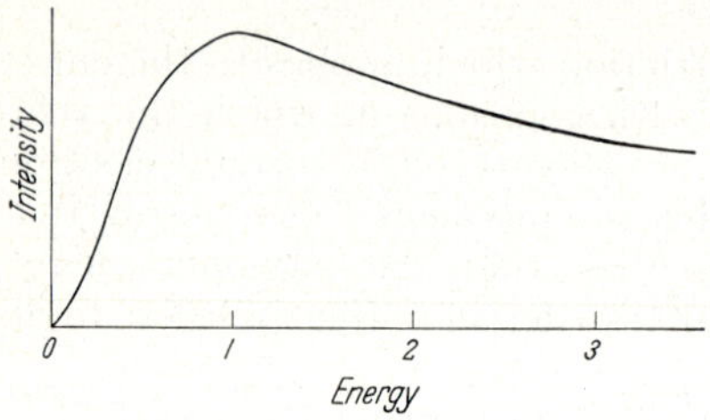

Fig. 1. Intensity of inner shell ionization as function of incident particle energy. The abscissa is in units of M/mI. M mass of projectile, m electron mass, I ionization potential [see Eq. (3.13)]. The units of intensity are arbitrary.

Finally, our subject is closely related to the internal ionization which will be caused occasionally in a radioactive atom by an alpha particle as it is being emitted. Again near-adiabatic conditions prevail. This effect has been observed recently in the decay of Po^{210}, but the theoretical understanding is as yet incomplete[3].

2. Theoretical discussion. Although it is an easy matter to formulate completely the problem of inelastic atomic collisions in the energy range of interest, accurate solutions can be obtained only with considerable effort[4]. Various approximations are commonly made, but it is often difficult to assess the region of their validity. In fact the error which these approximations entail can be estimated with adequate precision only by carrying out the exact calculations which the approximations are designed to avoid. With these words of caution in mind we shall examine the several assumptions on which the available calculations of the cross section for inner shell ionization by heavy particle impact are based.

Up to the present all calculations have been made with the *Born approximation* for inelastic collisions. In the first place, in the spirit of first order perturbation theory, the cross section for the process is taken to be proportional to the absolute value of the square of the *matrix element of the Coulomb potential* acting between the incident particle and the atomic electron:

$$\int \psi^*_{\text{final}}(\boldsymbol{R}, \boldsymbol{r}) \frac{z e^2}{|\boldsymbol{R}-\boldsymbol{r}|} \psi_{\text{initial}}(\boldsymbol{R}, \boldsymbol{r})\, d\boldsymbol{r}\, d\boldsymbol{R}.$$

[1] E. A. UEHLING: Passage of Fast Ions Through Matter, volume XXXI.

[2] E. A. UEHLING: Penetration of Heavy Charged Particles. Ann. Rev. Nucl. Sci. **4**, 315 (1954).

[3] For a recent review of this subject see M. RIOU, J. Phys. Radium **16**, 583 (1955). References to the literature will be found there.

[4] Cf. footnote 5, p. 167, and [*2*].

Use of the BORN approximation implies that one may neglect the distortion of the wave function of the projectile by the atomic electron which is being removed from its ground state orbit. The condition for the validity of this approximation is[1] that the inequality (1.2) be satisfied.

The choice of the *"initial"* and *"final"* states between which the matrix element is to be calculated requires some care. It is equivalent to an appropriate division of the complete Hamiltonian of the system particle-atom into an unperturbed part and perturbation terms.

If the charge of the incident particle is not much greater in absolute value than the electron charge and at the same time small compared with the charge of the atomic nucleus, the electron orbits will not be polarized much by the approaching particle, and we may use for the electron the atomic wave function of the unperturbed atom. The foundations for a quantitative discussion of this condition have been laid by MOTT[2] in an investigation which treats the incident heavy particle classically, and more recently the problem has been reformulated quantum mechanically[3] by the use of the *"perturbed stationary state method"*. MOTT's semi-classical approach relies on a distinction between close and distant collisions, but this distinction loses its physical significance for slow impacts. Due to mathematical difficulties the quantum mechanics of such inelastic collisions has remained rather unexplored. Qualitatively it is evident that the use of unperturbed atomic wave functions will be reasonable for high atomic numbers and low principal quantum numbers of the atomic shells from which the strongly bound electrons are ejected. It should be satisfied best for K-shell electrons from heavy atoms, and should be better for protons than for alpha particles.

Finally, there is the direct COULOMB repulsion between the particle and the screened atomic nucleus. This can, in principle, be taken into account by using COULOMB wave functions which describe the motion of the particle in the electrostatic field of the nucleus. So far no such calculations have been made, although they appear feasible with the advent of high-speed electronic computers and would be similar to the quantum mechanical treatments of nuclear COULOMB excitation[4,5]. In all available calculations plane waves have been substituted for the proper COULOMB wave functions. One may attempt to justify this procedure by remarking that a heavy particle can be assigned a classical orbit with considerable accuracy and that it has an appreciable chance of colliding inelastically with an orbital electron only if its impact parameter is comparable to the radius of the electron orbit in the atom. Scattering from the nucleus can be neglected if this length a_n is large compared with the distance of closest approach b of the particle to the nucleus. For an orbital electron with principal quantum number n this condition appears explicitly as:

$$\frac{b}{a_n} = z Z^2 \frac{\alpha^2}{n} \frac{m c^2}{E} \ll 1 \tag{2.1}$$

where α denotes the fine structure constant (1/137).

HENNEBERG [*4*] has tried to formulate quantitatively the conditions for the validity of the plane wave approximation in the case of K-shell ionization by using the quantum mechanical partial wave analysis. He concludes that nuclear

[1] E. J. WILLIAMS: Rev. Mod. Phys. **17**, 217 (1945).
[2] N. F. MOTT: Proc. Cambridge Phil. Soc. **27**, 553 (1931).
[3] Cf. [*2*], especially pp. 153—157, and pp. 272—273.
[4] K. ALDER and A. WINTHER: Kgl. danske Vid. Selsk., mat-fys. Medd. **29**, No. 18 and No. 19 (1955).
[5] L. C. BIEDENHARN, J. L. MCHALE and R. M. THALER: Phys. Rev. **100**, 376 (1955); **101**, 662 (1956).

scattering can be neglected and plane waves used for the projectile, if the relevant phase shifts are reasonably independent of the angular momentum and energy of the incident particle. HENNEBERG demonstrates that this is assured if conditions (1.2) and (2.1) are satisfied. Actually, condition (1.2) implies (2.1) for all practical purposes. Most experiments to be discussed deal with protons or alpha particles in the energy range between 100 kev and 5 Mev. The atomic number of the bombarded elements has always been *above ten.* Under these circumstances *both conditions* (1.1) *and* (1.2) *are indeed satisfied, and we shall presuppose their validity in the following sections.*

3. Theoretical discussion: First approximation. The differential cross section in the center-of-mass system is given in the BORN approximation by the formula[1]:

$$d\sigma_{n'n}(\Omega) = \frac{M^2}{4\pi^2\hbar^4}\frac{v'}{v}\left|\int \psi_{n'}^*(\boldsymbol{r})\frac{z e^2 \exp\left[\frac{i}{\hbar}(\boldsymbol{p}-\boldsymbol{p}')\cdot\boldsymbol{R}\right]}{|\boldsymbol{R}-\boldsymbol{r}|}\psi_n(\boldsymbol{r})\,d\boldsymbol{r}\,d\boldsymbol{R}\right|^2 d\Omega \qquad (3.1)$$

where M is the reduced mass of the particle incident on the atom, $\boldsymbol{R}$ its position vector pointing from the atom to the particle; v, $\boldsymbol{p}$ and v', $\boldsymbol{p}'$ are the velocities and momenta of the relative motion before and after the collision. $\boldsymbol{r}$ denotes the position of the atomic electron relative to the nucleus, and ψ_n and $\psi_{n'}$ are the initial and final wave functions of the electron. $d\Omega$ is the element of solid angle into which the incident particle is scattered.

This expression can be reduced in a well-known manner to a more manageable form by integrating over the coordinates of the particle and introducing instead of the scattering angle the vector change of momentum:

$$\hbar\boldsymbol{q} = \boldsymbol{p} - \boldsymbol{p}'. \qquad (3.2)$$

Thus one obtains:

$$d\sigma_{n'n}(q) = 8\pi z^2\left(\frac{e^2}{\hbar v}\right)^2\frac{dq}{q^3}\left|\int \psi_{n'}^*(\boldsymbol{r})\,e^{i\boldsymbol{q}\cdot\boldsymbol{r}}\psi_n(\boldsymbol{r})\,d\boldsymbol{r}\right|^2. \qquad (3.3)$$

All available calculations of inner shell ionization by ion impact have used this formula as a starting point. With one exception, the electron has always been represented by non-relativistic wave functions. It is clear that this is not justified for the case of the K shell of heavy atoms, since there the speed of the electrons is close to the velocity of light. A first attempt at employing DIRAC wave functions has been made recently[2].

HUUS, *et al.*[3] have given a simple estimate of the relevant *form factor*

$$F_{n'n}(q) = \int \psi_{n'}^*\,e^{i\boldsymbol{q}\cdot\boldsymbol{r}}\psi_n\,d\boldsymbol{r} \qquad (3.4)$$

for the ionization of the K shell. We shall outline their instructive procedure. Of all the transitions from the K shell those will be most probable which involve no change in angular momentum, i.e. lead to S-states in the continuum, thereby insuring maximum overlap of initial and final wave functions. Then the integration over the angular coordinates of the electron can be performed readily and yields:

$$F_{TK}(q) \approx \int_0^\infty R_{0T}^*(r)\frac{\sin q r}{q r}R_K(r)\,r^2\,dr \qquad (3.5)$$

[1] See for example, Eq. (49.1) in the reference of footnote 5, p. 167.

[2] D. JAMNIK and Č. ZUPANČIČ: Kgl. danske Vid. Selsk., mat-fys. Medd. **31**, No. 2 (1957).

[3] T. HUUS, J. H. BJERREGAARD and B. ELBEK: Kgl. danske Vid. Selsk., mat-fys. Medd. **30**, No. 17 (1956). See especially Appendix I.

where R_K denotes the radial wave function of the K electron, R_{0T} the radial part of the final electron wave function in the continuum with angular momentum zero and kinetic energy T. We shall use hydrogenic wave functions[1] and neglect all atomic screening effects in this section.

Conservation of energy limits the values of the variable q as follows, the approximations being valid if the energy loss $\varepsilon = I_K + T$ in the collision is small compared with the initial energy:

$$\hbar^2 q_{\min}^2 = 2M\left(\sqrt{E} - \sqrt{E-\varepsilon}\right)^2 \approx \frac{1}{2} M \frac{\varepsilon^2}{E}\left(1 + \frac{\varepsilon}{2E}\right) \tag{3.6}$$

and

$$\hbar^2 q_{\max}^2 = 2M\left(\sqrt{E} + \sqrt{E-\varepsilon}\right)^2 \approx 8ME. \tag{3.7}$$

Without appreciable error we may in most cases set $q_{\max} = \infty$[2].

Most contributions to the integral (3.5) come from distances comparable to the first BOHR radius a of the atom. This fact leads to a useful estimate of the form factor when

$$q a \gg 1. \tag{3.8}$$

According to (3.6) this condition will be satisfied for all collisions if

$$\frac{1}{2} M \frac{\varepsilon^2}{E} \frac{a^2}{\hbar^2} \gg 1$$

or equivalently

$$\varepsilon^2 \gg T_m I_K. \tag{3.9}$$

The latter condition is certainly satisfied if

$$I_K \gg T_m \tag{3.10}$$

[see Eq. (1.1)].

Hence we can estimate the form factor in the low energy limit by calculating the first non-vanishing term in the expansion in powers of $1/q$:

$$F_{TK} \approx -\frac{2}{q^4}\left[\frac{d}{dr}\left(R_{0T}^* R_K\right)\right]_{r=0}.$$

Using a continuum wave function which is normalized per unit energy interval we find

$$|F_{TK}|^2 \, dT \approx \frac{2^7}{(q a)^8} \frac{dT}{I_K}.$$

From here it follows that

$$d^2\sigma = 8\pi z^2 \left(\frac{e^2}{\hbar v}\right)^2 \frac{2^8 \, dq}{q^3 \, (q a)^8} \frac{dT}{I_K} \tag{3.11}$$

where the factor 2 has been introduced to take account of the two electrons in the K shell. Integrating this expression over q [for the limits see Eqs. (3.6) and (3.7)] we obtain

$$d\sigma = \frac{2^{10}\pi}{5} (z e^2)^2 \, T_m^4 \, I_K^3 \frac{dT}{(I_K + T)^{10}}. \tag{3.12}$$

---

[1] See, for instance, H. A. BETHE and E. E. SALPETER, Vol. XXXV of this Encyclopedia.

[2] In principle M is the reduced mass of the colliding system, and all energies refer to the center-of-mass system. However, the ratio M/E has the same value in the laboratory system if M is the mass of the projectile incident with a laboratory energy E on an atom at rest. Hence

$$\hbar^2 q_{\min}^2 \approx \frac{M \varepsilon^2}{2E}$$

can be evaluated in the laboratory system. All center-of-mass corrections to the motion of the electron will be neglected throughout this paper.

This, in first approximation, is the cross section for ejection from the K shell of an electron with kinetic energy between T and $T+dT$[1]. The total K shell ionization cross section is obtained by integration from $T=0$ to infinity. It is convenient to express the results in terms of the parameter

$$\eta_K = \frac{m\,E}{M Z^2\,\mathrm{Rydberg}} \approx \frac{T_m}{4\,I_K}. \tag{3.13}$$

One thus obtains the low energy approximation to the cross section:

$$\sigma_K \approx \frac{2^{10}\,\pi}{45}\,\frac{T_m^4}{I_K^6}\,(z\,e^2)^2 = \frac{2^{20}\,\pi\,z^2}{45}\,\frac{\eta_K^4}{Z^4}\,a_0^2, \tag{3.14}$$

where a_0 is the first BOHR radius of hydrogen.

This simple approximation exhibits the qualitative behavior of the cross section in the energy region where T_m is much less than I_K. There the collision is near-adiabatic and *the cross section increases as the fourth power of the incident energy and is inversely proportional to the twelfth power of* Z[2,3].

The cross section for ionization of the higher shells behaves in a similar way at low energies. For the L shell and higher shells the approximation is valid only for energies which are so low that the expansion, of which (3.14) is the leading term, has no practical usefulness. However, since (3.9) may hold for very energetic secondary electrons even when (3.10) fails, the differential cross section (3.12) is a useful first approximation for delta rays from the higher shells also[4].

4. Evaluation of the cross section. Screening. Summing the cross section of Eq. (3.3) over all the substates of an initially filled atomic shell (labelled s), and integrating over all directions of the ejected electron, we can write the differential cross section for an energy transfer between ε and $\varepsilon+d\varepsilon$ in the form:

$$d^2\sigma_{\varepsilon s} = 8\pi\,z^2\left(\frac{e^2}{\hbar\,v}\right)^2 \frac{2\,dq}{q^3}\,|F_{\varepsilon s}(q)|^2\,d\varepsilon. \tag{4.1}$$

The factor 2 takes into account explicitly the double occupation of each inner electron orbit[5].

The "form factor" F defined by Eq. (4.1) can be evaluated by using an approximate wave function for the atom which describes inner shell ionization as a one-electron transition[6]. The electron which undergoes excitation has stationary states of energy E' determined by the SCHRÖDINGER equation:

$$-\frac{\hbar^2}{2m}\nabla^2\psi - \frac{Z_s\,e^2}{r}\psi + V_s(r)\,\psi = E'\psi. \tag{4.2}$$

Z_s is an effective nuclear charge for the s-shell, Z_s being less than Z by an amount which summarily takes into account the effect of screening by the inner shells[7]. $V_s(r)$, describing the reduction in the binding of the electron due to the outer

[1] See Sect. 7 for further discussion of the differential cross section (3.12).

[2] D. R. BATES and G. GRIFFING: Proc. Phys. Soc. Lond., Ser. A **66**, 961 (1953).

[3] This result also appears as the first term in a series expansion of the cross section in HENNEBERG's work [*4*]. For further discussion see sect. 4.

[4] See Sect. 7 and the reference of footnote 3, p. 170.

[5] The procedure followed here is analogous to that customarily used in calculating the contributions of the inner electrons to the stopping power. See the reference of footnote 2, p. 168, and further references given there. See also M. C. WALSKE, Thesis, Cornell 1951.

[6] This method of treating the screening is well known from the theory of the photoelectric effect. Cf. p. 383 of the article by H. A. BETHE and E. E. SALPETER in Vol. XXXV of this Encyclopedia.

[7] J. C. SLATER: Phys. Rev. **36**, 57 (1930).

electrons, is nearly constant and equal to V_s in the neighborhood of the s-shell. For large r, $V_s(r)$ behaves as $(Z_s - 1)\,e^2/r$. Since the contributions of the wave functions to the form factor come mainly from the region around the s-shell, we may in first approximation use hydrogenic wave functions which are solutions of the wave equation

$$-\frac{\hbar^2}{2m}\nabla^2\psi - \frac{Z_s e^2}{r}\psi = (E' - V_s)\,\psi. \tag{4.3}$$

The actual ionization potential of the s-shell, I_s, is used to determine the numerical value of V_s by the relation:

$$V_s = \frac{Z_s^2}{s^2}\,\text{Rydberg} - I_s \tag{4.4}$$

where $s = 1, 2, 3 \ldots$ for the $K, L, M \ldots$ shells respectively.

In terms of the "*ideal ionization potential of the s-shell without outer screening*" we define a screening number ϑ_s between 0 and 1 by the relation

$$I_s = \vartheta_s \frac{Z_s^2}{s^2}\,\text{Rydberg}. \tag{4.5}$$

The continuum wave functions are most conveniently characterized by the wave number K of the hydrogenic wave functions such that

$$T - V_s = \frac{\hbar^2 K^2}{2m} \tag{4.6}$$

where $E' = T$ is the actual kinetic energy of the electron at infinity.

It has been emphasized by Jamnik and Zupančič[1] that the normalization factors for the final electron wave functions in the continuum might be significantly different from those belonging to the hydrogenic wave functions corresponding to an effective nuclear charge Z_s but with an effective energy $E' - V_s$. This would be expected since at large distances, which essentially determine the normalization, the electron "sees" only a charge of about one unit[2]. If V_s is small compared with the ionization potential I_s, i.e. ϑ_s close to unity, one can show by the use of the WKB approximation for the radial wave functions that the change in normalization can be neglected for electrons with kinetic energy $T \gg V_s$. Similar considerations have frequently been applied in studies of the screening effect in beta-decay[3,4]. However, it should be noted that the differential cross section (3.12) is a rapidly decreasing function of T, so that considerable contributions to the spectrum come from an energy region in which the normalization may be altered appreciably. This is particularly true for the lighter elements and the higher atomic shells where outer screening is relatively more important. Using the model of a charged spherical shell for the screening electrons, Jamnik and Zupančič have derived a (relativistic) expression for a corrected normalization constant. Evaluation of this factor is difficult because in the energy region of importance, near the ionization limit, it seems to oscillate as a function of energy. The general effect of the corrected normalization is a reduction in magnitude (by a factor of two for Pb K-shell ionization) but no change in the energy dependence of the cross section.

Adding (4.3) and (4.4) we obtain the energy transferred to the atom as

$$\varepsilon = T + I_s = \frac{\hbar^2}{2m}K^2 + \frac{Z_s^2}{s^2}\,\text{Rydberg}. \tag{4.7}$$

---

[1] Cf. also footnote 2, p. 170.

[2] This problem has also been discussed by H. S. W. Massey in an appendix to a paper by E. H. S. Burhop, Proc. Cambridge Phil. Soc. **36**, 43 (1940). While we essentially agree with the conclusions of the appendix, the proof seems to be much weaker than necessary. Burhop's paper deals with the *inner shell ionization* of atoms by *electron impact*.

[3] M. E. Rose: Phys. Rev. **49**, 727 (1936). This paper contains the first outline of the essential arguments.

[4] E. Huster: Z. Physik **136**, 303 (1953). A critical discussion of the major papers in the field.

It is now convenient to introduce the dimensionless quantities W, k, Q by the relations:

$$W Z_s^2 \,\text{Rydberg} = \varepsilon; \quad k = a_s K; \quad Q = a_s^2 q^2$$

where $a_s = a_0/Z_s$ (a_0: BOHR radius of hydrogen). Eq. (4.7) now appears as

$$W = k^2 + \frac{1}{s^2}. \tag{4.8}$$

If hydrogenic wave functions are employed, $|F_{\varepsilon s}(q)|^2 d\varepsilon$ must be a homogeneous function of K, q and $1/a$; hence, it can be expressed as a function of k and Q alone, or alternatively, as a function of W and Q. If this is done, the total cross section for ionization (and excitation) from the s-shell can be written as

$$\sigma_s = 8\pi z^2 \left(\frac{e^2}{\hbar v}\right)^2 \frac{a_0^2}{Z_s^2} \int\limits_{W_{\min}}^{W_{\max}} dW \int\limits_{Q_{\min}}^{\infty} \frac{dQ}{Q^2} |F_{Ws}(Q)|^2. \tag{4.9}$$

With the notation

$$\eta_s = \frac{1}{Z_s^2}\left(\frac{\hbar v}{e^2}\right)^2 = \frac{m E}{M Z_s^2 \,\text{Rydberg}} \tag{4.10}$$

this becomes

$$\sigma_s = \frac{8\pi z^2}{Z_s^4 \eta_s} f_s a_0^2 \tag{4.11}$$

where

$$f_s = \int\limits_{W_{\min}}^{W_{\max}} dW \int\limits_{Q_{\min}}^{\infty} \frac{dQ}{Q^2} |F_{Ws}(Q)|^2. \tag{4.12}$$

According to Eq. (3.6),

$$Q_{\min} = \frac{W^2}{4\eta_s}.$$

$W_{\max} = \infty$ for all practical purposes. The choice of $W_{\min}$ requires some discussion. The lowest energy transfer in the promotion of the electron to the continuum corresponds to $T = 0$, hence (as $V_s > 0$) a negative value of k^2. Since the values of the wave function are required only near the s-shell, and not outside the atom, extrapolation of the matrix element to negative values of k^2 (or imaginary non-integral principal quantum numbers) is legitimate, provided the normalization factor $1/(1 - e^{-2\pi/k})$ which appears in $|F_{Ws}(Q)|^2 dW$ is set equal to unity for negative k^2.

In addition, WALSKE (Thesis, Cornell, 1951) has demonstrated that the excitation to the discrete states of the atom can be taken into account by simply extending the integration over W down to the value of energy transferred when an s-shell electron is lifted to the first unoccupied atomic level. This, however, is a small correction which we shall neglect.

Hence the lower limit of the W integration can be written as

$$W_{\min} = \frac{\vartheta_s}{s^2}. \tag{4.13}$$

Explicit expressions for the form factor for the K and L shells were obtained by BETHE[1] and by WALSKE[2]. Using non-relativistic wave functions they found the results:

$$|F_{WK}(Q)|^2 dW = \frac{2^7}{1 - e^{-2\pi/k}} \frac{Q(Q + \frac{1}{3}k^2 + \frac{1}{3})}{[(Q - k^2 + 1)^2 + 4k^2]^3} \exp\left[-\frac{2}{k}\arctan\frac{2k}{Q - k^2 + 1}\right] dW \tag{4.14}$$

where

$$W = k^2 + 1.$$

[1] See, for example, Eq. (52.13) of BETHE's article in the second edition of this Encyclopedia. Cf. footnote 5, p. 167. It has been pointed out repeatedly that, due to a misprint, a factor q^2 was left out of the numerator of BETHE's expression.

[2] M. C. WALSKE: Phys. Rev. **101**, 940 (1956).

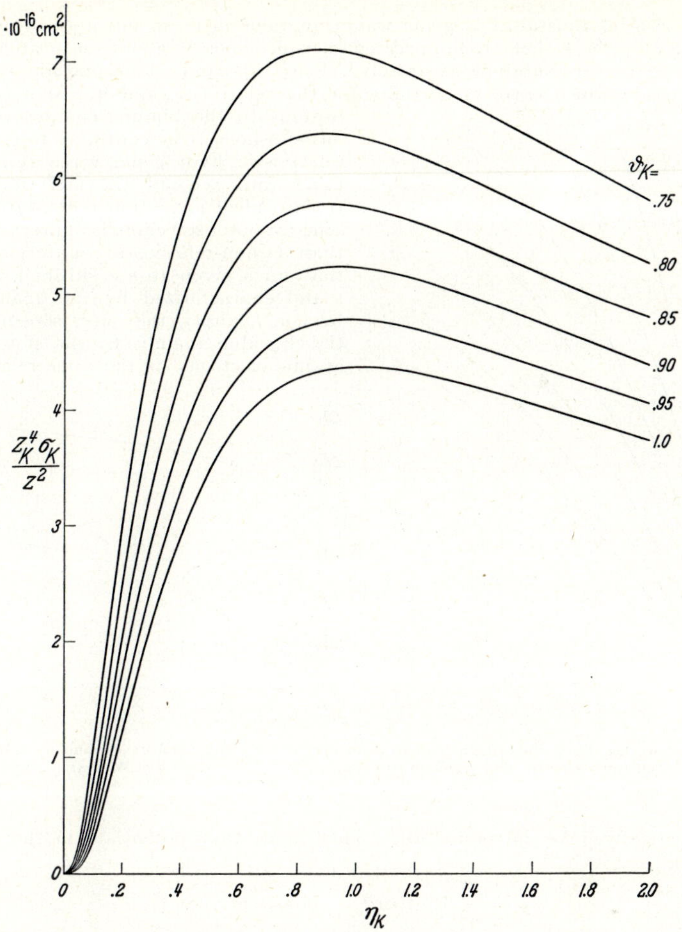

Fig. 2. Total cross sections for K-shell ionization as a function of incident energy. The abscissa represents the dimensionless quantity

$$\eta_K = \frac{m E}{M Z_K^2 \,\text{Rydberg}} \cdot$$

In this and all similar graphs the cross section has been multiplied by the fourth power of the effective atomic number of the target and divided by the square of the z of the incident particle. Each curve corresponds to a different value of the screening number ϑ_K defined in Eq. (4.5). See Fig. 4.

$$\left.\begin{aligned} &|F_{WL}(Q)|^2 dW \\ &= \frac{2^4}{1-e^{-2\pi/k}} \frac{Q[Q^3-(\frac{5}{3}k^2+\frac{11}{12})Q^2+(\frac{1}{3}k^4+\frac{3}{2}k^2+\frac{65}{48})Q+(\frac{1}{3}k^6+\frac{3}{4}k^4+\frac{23}{48}k^2+\frac{5}{64})]}{[(Q-k^2+\frac{1}{4})^2+k^2]^4} \times \\ &\qquad\qquad \times \exp\left(-\frac{2}{k}\arctan\frac{k}{Q-k^2+\frac{1}{4}}\right) dW \end{aligned}\right\} \quad (4.15)$$

where

$$W = k^2 + \tfrac{1}{4}.$$

The functions $f_K(\eta_K, \vartheta_K)$ and $f_L(\eta_L, \vartheta_L)$, as defined in (4.12), were evaluated numerically[1] for relevant values of η and ϑ. The results appear in Figs. 2 and 3. (See also Figs. 13 to 17 and 20 to 23 below.)

[1] M. C. Walske has kindly provided us with some numerical values for the K shell. The authors gratefully acknowledge the help of E. Bernstein, H. R. Brewer and T. M. Reeves, in the evaluation of these integrals. Cf. E. Merzbacher, H. R. Brewer and T. M. Reeves: Bull. Amer. Phys. Soc. **1**, 26 (1956).

The use of non-relativistic hydrogenic wave functions in these calculations implies that the three subshells of the L shell are lumped together into one. In a more accurate calculation one would have to treat the subshells separately[1]. Until this can be done, one adopts, following HÖNL[2], a procedure which corrects partially for the relativistic and fine structure contributions to the binding energies of the various subshells. One continues to employ non-relativistic hydrogenic wave functions but takes into account the fact that the relativistic ideal ionization potential in the absence of outer screening is appreciably greater than its non-relativistic counterpart. Assume that for a given atomic subshell, labelled by s and characterized by the quantum numbers n, l, and j, the outer screening potential V_s, due mainly to the slowly moving atomic electrons, is the same relativistically as non-relativistically. We introduce the "ideal ionization potentials in the absence of outer screening",

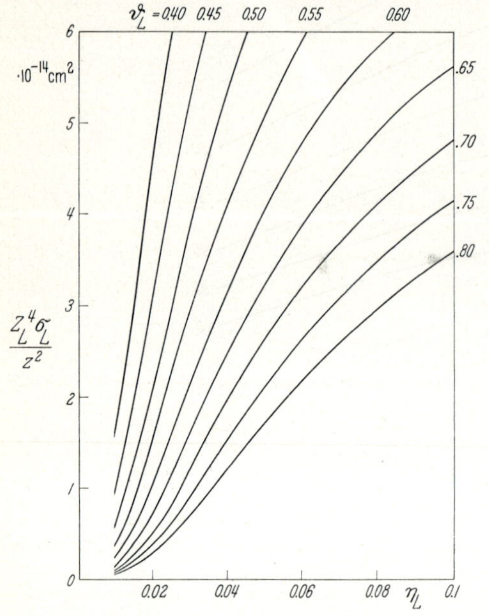

Fig. 3. Total cross section for L-shell ionization as a function of incident energy. Abscissa and ordinate are defined in complete analogy with Fig. 2.

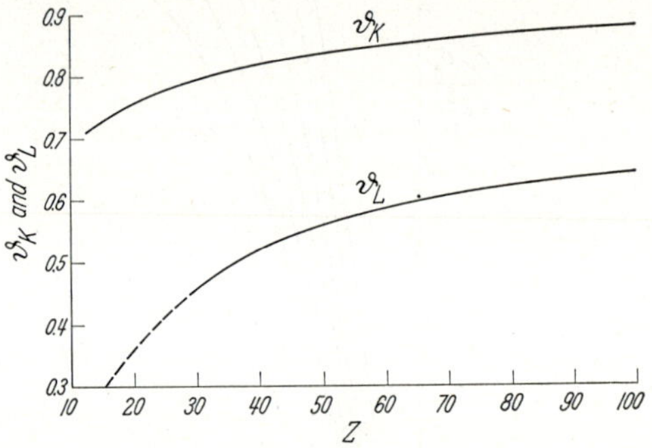

Fig. 4. Screening numbers ϑ_K and ϑ_L as functions of Z. (From WALSKE.)

$$I_{NR} = \frac{Z_s^2}{n^2} \text{ Rydberg} \quad \text{(non-relativistic)} \tag{4.16}$$

and

$$I_R \approx \frac{Z_s^2}{n^2}\left[1 + \frac{Z_s^2 \alpha^2}{n^2}\left(\frac{n}{j+\frac{1}{2}} - \frac{3}{4}\right)\right] \text{ Rydberg} \quad \text{(relativistic)} \tag{4.17}$$

and I'_s, the measured ionization potential, and define I_s, the corresponding quantity which would obtain if non-relativistic theory were valid, by the equation

$$V_s = I_{NR} - I_s = I_R - I'_s. \tag{4.18}$$

Then

$$\vartheta_s = \frac{n^2 I_s}{Z_s^2 \text{ Rydberg}} = \frac{I_s}{I_{NR}} = 1 - \frac{I_R - I'_s}{I_{NR}} \tag{4.19}$$

is a more realistic value for ϑ_s than the value obtained by identifying I_s with the actually observed ionization potential of the s-subshell. When (4.19) is applied to the three subshells of the L shell of a given element, the resulting values of ϑ_L lie within a remarkably close range. Fig. 4 shows suitable average values of ϑ_K and ϑ_L as computed by WALSKE[3]. One should observe that the relativistic corrections lead to a slight reduction in the values of ϑ to be chosen.

[1] E. H. S. BURHOP: Proc. Cambridge Phil. Soc. **36**, 43 (1940), contains non-relativistic formulas for the contributions from the L subshells to the cross section. The errors in several of the formulas have since been corrected by Professor BURHOP (private communication).

[2] H. HÖNL: Z. Physik **84**, 1 (1933).

[3] Cf. footnote 2, p. 174.

HENNEBERG [4] developed an analytic approximation for f_K which for small values of the parameter η is most conveniently expressed as a series expansion;

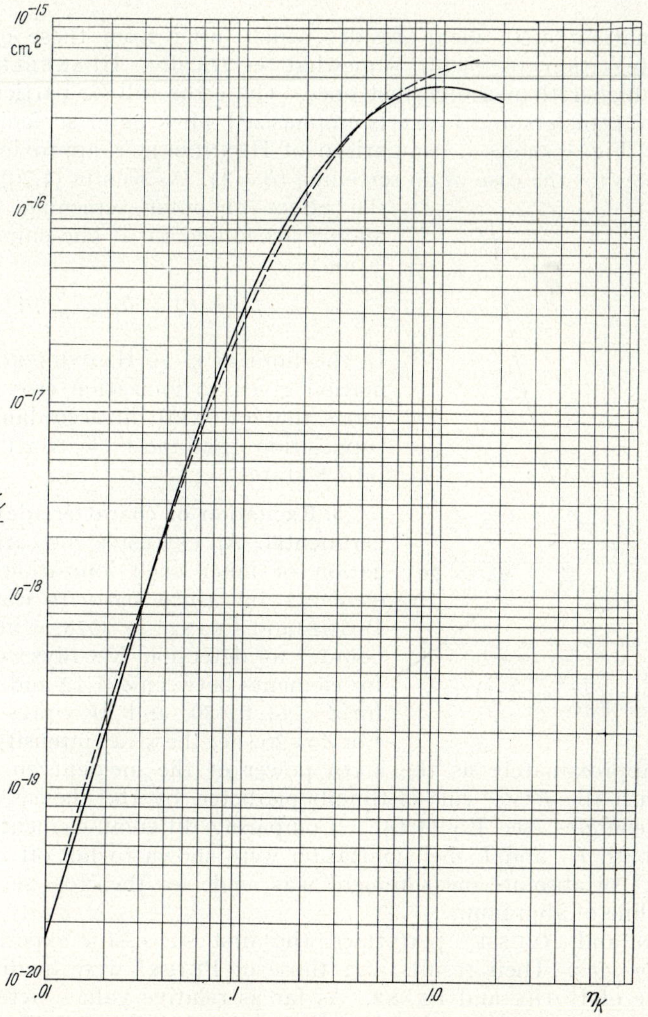

Fig. 5. Comparison of HENNEBERG's approximation (dashed curve) for the K-shell ionization cross section with no outer screening with the exact cross section (solid curve).

in our notation[1] this approximation is given as:

$$\left.\begin{aligned} f_K(\eta, \vartheta) &= \frac{\eta}{5\vartheta}\, e^{-x}\, x^4 (\alpha_0 + \alpha_1 x + \alpha_2 x^2 + \cdots), \\ \alpha_n &= \frac{5!}{(4+n)!}\left(\frac{1}{4} - \frac{1}{n+5}\right) \end{aligned}\right\} \tag{4.20}$$

[1] HENNEBERG's notation differs from that used in this article. Attention is drawn, in particular, to the difference in the definition of the parameter η. We follow M. S. LIVINGSTON and H. A. BETHE: Rev. Mod. Phys. **9**, 245 (1937), see Eq. (754.b). HENNEBERG's η is four times ours. Note, however, that η' defined in H. W. LEWIS, B. E. SIMMONS and E. MERZBACHER, Phys. Rev. **91**, 943 (1953) also contains a factor 4.

with the abbreviation

$$x = \frac{16\eta}{\vartheta^2 + 4\eta}. \tag{4.21}$$

The approximation (4.20) yields results which differ from those obtained by numerical integration of (4.14) somewhat erratically, HENNEBERG's values being mostly higher than the correct ones. The error will be particularly large for low energy transfers and hence is emphasized when outer screening is taken into account. Fig. 5 shows a comparison of HENNEBERG's approximation with the exact values for the case of no screening ($\vartheta = 1$). As seen in (4.20) and (4.21), the effect of outer screening is approximately accounted for if one employs the relation:

$$f_K(\eta, \vartheta) = \vartheta \, f_K\left(\frac{\eta}{\vartheta^2}, 1\right). \tag{4.22}$$

In the limit as $\eta \to 0$ HENNEBERG's approximation gives an ionization cross section 9/8 times that of (3.14), in accordance with the supposition that most electrons are ejected into S-states.

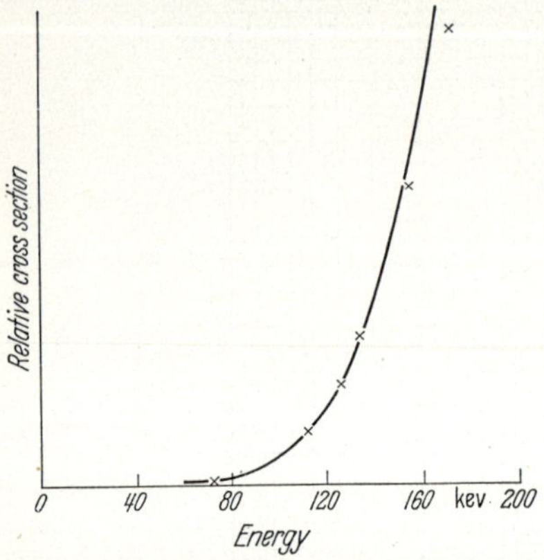

Fig. 6. Excitation function for the production of K-shell x-rays of Al by low energy protons. The theoretical curve is normalized to the experimental points at a proton energy of 132 kev. (From PETER.)

5. Excitation of characteristic x-rays: Experimental. An extensive and careful investigation of inner shell ionization in various elements by *alpha particles* was made by BOTHE and FRÄNZ[1] in 1928, using a GEIGER counter for detection. K x-rays were observed for elements between $Z = 12$ and 30, L x-rays for $Z = 34$ to 79, and M x-rays for $Z = 83$. For $Z = 26$ (Fe) the x-ray intensity was shown to increase approximately as the 4.5th power of the incident energy, in fair agreement with the E^4/Z^{12} rule-of-thumb predicted by the theory in the limit of very low energies [see Eq. (3.14)]. Comparing different elements, the cross sections for both K- and L-shell ionization were shown to fall off rapidly with increasing Z. An absolute measurement was made for the cross section for exciting the K line of aluminum.

GERTHSEN and REUSSE[2] performed the first successful experiments with low energy *protons*. Their results and those of PETER[3] were qualitatively the same as those of BOTHE and FRÄNZ. As far as relative values were concerned, they were in reasonable agreement with the theoretical predictions of Sect. 4 for the cross section for K shell ionization. Fig. 6 shows the results of the careful relative measurements by PETER. Protons of energies 60 to 170 kev were used to bombard an aluminum target. Theory and experiment were arbitrarily normalized at 132 kev.

LIVINGSTON, GENEVESE, and KONOPINSKI[4] used protons of energies up to 1.76 Mev to study the x-rays produced in targets from $Z = 12$ to 82. Fig. 7 shows the variation of x-ray intensity with atomic number of the target, as measured by an ionization chamber. Below $Z = 42$, only the K radiation was

[1] W. BOTHE and H. FRÄNZ: Z. Physik **52**, 466 (1929). See also W. BOTHE and H. FRÄNZ: Z. Physik **49**, 1 (1928).
[2] C. GERTHSEN and W. REUSSE: Phys. Z. **34**, 478 (1933).
[3] O. PETER: Ann. Phys., Lpz. **27**, 299 (1936).
[4] M. S. LIVINGSTON, F. GENEVESE and E. J. KONOPINSKI: Phys. Rev. **51**, 835 (1937).

hard enough to penetrate the air path and windows between the target and the detector. The intensity rises rapidly for decreasing Z below 42, but eventually as Z is decreased further, even the K radiation is attenuated, producing a maximum in the yield curve. For Z higher than 42 the intensity of the K x-rays is too low to be observed, but the L x-rays, which are much more intense, can be observed provided they have wavelengths short enough to penetrate the absorbers. The combined effects of decrease in production cross section and attenuation with increasing Z give rise to another maximum. LIVINGSTON, *et al.* also found their results to be qualitatively consistent with the E^4 and Z^{-12} law of Sect. 3.

The production of characteristic x-rays by high speed mercury ions was studied[1] in 1934, and by argon ions[2] in 1938. In 1941 CORK[3] bombarded 38 elements with deuterons of energies up to 10 Mev, confirming the expected qualitative features of the variations in cross sections. Photographic plates were used as detectors.

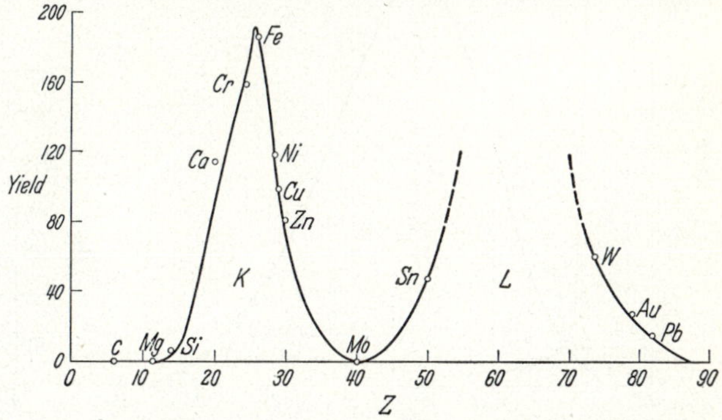

Fig. 7. Yields of characteristic x-rays from various elements in the experiment of LIVINGSTON, GENEVESE, and KONOPINSKI.

Recently, ŠIMÁNĚ and URBANEC[4,5] used a BRAGG spectrometer to measure the intensity of the K x-rays from the bombardment of the five neighboring elements between $Z=26$ and 30 (Fe, Co, Ni, Cu, Zn) with protons of energy 400 to 700 kev. Unfortunately, again no absolute cross sections could be obtained, but upon normalization at the upper end of the energy range the excitation functions for each element agreed fairly well with the theory. However, the analysis of these experiments is incomplete.

The development of the sodium iodide scintillation counter has made it possible to measure absolute x-ray intensities by counting individual photons of the K series or the L series from a target, the two series producing separate peaks in the differential pulse-height spectrum. K-shell x-rays produced in Mo, Ag, Ta, Au, and Pb by protons of 1.7 to 3.0 Mev energy have been studied by LEWIS, SIMMONS, and MERZBACHER[6]. These measurements have been extended recently[7] to include Ti, Fe, and U over a wider range of bombarding energies. Using similar techniques, but with certain experimental modifications dictated by the softness of L x-rays compared to K, BERNSTEIN and LEWIS[8] have studied the L-shell ionization produced by protons of 1.5 to 4.25 Mev energy, when stopped in Ta, Au, Pb, and U. Some typical pulse-height spectra for K and L x-rays are presented in Figs. 8 and 9. The thick target yields were reduced to the cross section per atom for x-ray production. With an experimental arrange-

[1] W. M. COATES: Phys. Rev. **46**, 542 (1934).
[2] M. TANAKA and I. NONAKA: Proc. Phys. Math. Soc. Japan **20**, 33 (1938).
[3] J. M. CORK: Phys. Rev. **59**, 957 (1941).
[4] Č. ŠIMÁNĚ: Czech. J. Phys. **3**, 175 (1953).
[5] J. URBANEC and Č. ŠIMÁNĚ: Czech. J. Phys. **5**, 40 (1955).
[6] H. W. LEWIS, B. E. SIMMONS and E. MERZBACHER: Phys. Rev. **91**, 943 (1953).
[7] P. R. BEVINGTON and E. M. BERNSTEIN: Bull. Amer. Phys. Soc. **1**, 198 (1956).
[8] E. M. BERNSTEIN and H. W. LEWIS: Phys. Rev. **95**, 83 (1954).

ment as shown in Fig. 10 one measures the relative frequency per proton stopped of x-rays emitted from the target within the narrow solid angle subtended by the scintillation crystal. With the thick target making an angle of 45° with both the proton beam and the observed x-ray, a photon traverses the same thickness of target material as the proton which produces it. If a proton with an energy $E(R)$ corresponding to a residual range R has a cross section $\sigma_x[E(R)]$ for the production of the characteristic x-rays, then protons of total range R_0 will produce an x-ray yield $Y_\mu(R_0)$ per unit solid angle in the direction of the detector:

$$Y_\mu(R_0) = \frac{n}{4\pi}\int\limits_0^{R_0} e^{-\mu(R_0-R)}\,\sigma_x[E(R)]\,dR \qquad (5.1)$$

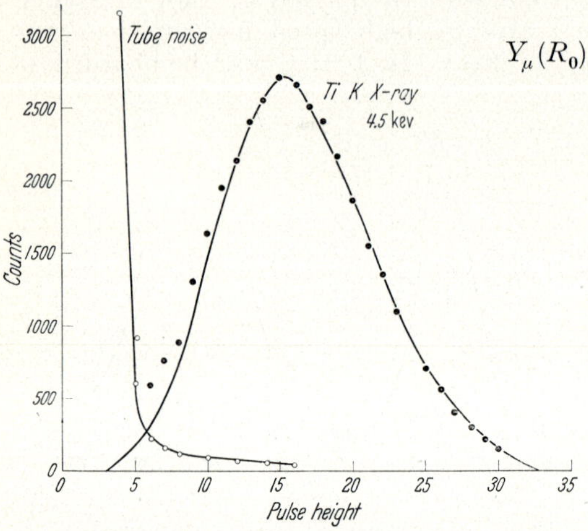

Fig. 8. Pulse height spectrum of K-shell x-rays of titanium.

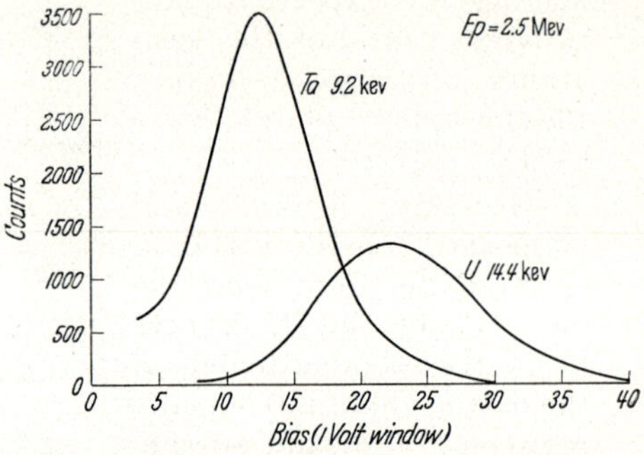

Fig. 9. Typical differential pulse-height spectra of the L-shell x-rays from Ta and U.

where n denotes the number of target atoms per cm³, and μ the average absorption coefficient of the target for its own characteristic x-radiation. Although the error is thereby increased considerably, it is desirable to calculate the cross section from Eq. (5.1) by differentiation. One thus obtains:

$$\sigma_x[E(R)] = \frac{4\pi}{n}\frac{dY_\mu(R)}{dR} + \frac{4\pi\mu}{n}Y_\mu(R) = \frac{4\pi}{n}\frac{dY_\mu}{dE}\frac{dE}{dR} + \frac{4\pi\mu}{n}Y_\mu(R). \qquad (5.2)$$

The slope of the excitation function was found to reasonable accuracy, and the stopping power was taken from standard sources [3]. In the reduction of the data the usual x-ray absorption corrections were applied. Self-absorption in the target was checked for the K shell measurements by comparison of thin-target results with reduced thick-target results on Ag and Au. The calculations of the L shell corrections were verified by experimental measurements of absorption coefficients of Ta and Au for their own radiation. Corrections for the thin windows were determined experimentally by inserting additional window material. The scintillator was assumed to be 100% efficient for the particular x-rays measured. This is very nearly true for the L shell x-rays and soft K x-rays. The escape of iodine K shell x-rays from the front face of the NaI crystal becomes appreciable for incident radiation above the iodine K binding energy[1], giving rise to pulses about 30 kev smaller than the incident photon energy. Assuming that these immature pulses are not counted, one should add a correction of about 8.5% to the K shell intensity from Ta and 5.0% to Pb. These corrections to the data have been made.

[1] K. LIDÉN and N. STARFELT: Ark. Fys. 7, 427 (1954).

Two further corrections must be taken into account if one wants to obtain an experimental quantity which can be compared with the theoretical results of Sect. 4, the cross section for ionization from a given inner shell:

a) There is an appreciable and strongly Z-dependent probability that an excited atom will return to its normal state by a radiationless (AUGER) transition with the ejection of an electron rather than the emission of a characteristic

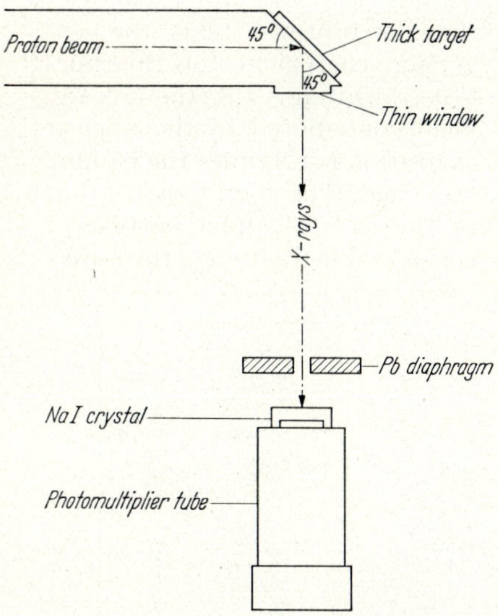

Fig. 10. Arrangement of target and detector for measuring yield of x-rays.

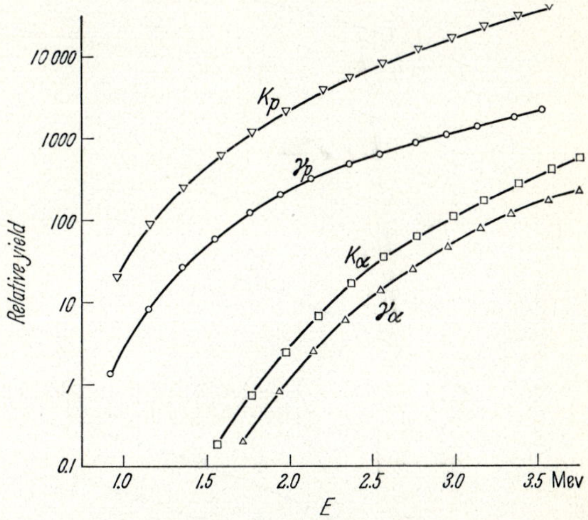

Fig. 11. Yields of K-shell x-rays and 137 kev gamma rays from tantalum under proton and alpha particle bombardment. (From TEMMER and HEYDENBURG.)

x-ray. The relative probabilities of AUGER transitions, or the related fluorescence yields, are still imperfectly known, except for the K shell[1].

b) X-rays are emitted whenever internal conversion occurs in nuclear transitions. COULOMB excitation of heavy nuclei by incident charged particles will result, therefore, in the emission of characteristic x-rays. The contribution to the total x-ray yield depends on the comparative cross sections for direct atomic excitation and COULOMB excitation of the nucleus, as well as on the conversion coefficients for the excited nuclear states. Because of the large cross section for direct L shell ionization, no correction for the effects of nuclear excitation is necessary for that shell, at least for incident protons. On the other hand, K shell conversion in the transition from the 137 kev energy level in the Ta^{181} nucleus leads to the emission of an appreciable number of x-rays compared to those from direct atomic excitation. The results given below for Ta have been corrected for nuclear effects, the correction to the cross section being about 10% for 2 Mev protons and becoming less for higher bombarding energies. It should be emphasized that for incident particles heavier than protons the x-ray yield may contain a much larger relative contribution from nuclear excitation.

As stated in Sect. 1, several workers have reported results on x-ray production in conjunction with their work on COULOMB excitation. HUUS and ZUPANČIČ[2] studied the K x-rays produced in Ta by protons of energy below 2 Mev. The

[1] For a recent review see K. SIEGBAHN: Beta- and Gamma-Ray Spectroscopy, pp. 624—635. Amsterdam 1955.

[2] T. HUUS and Č. ZUPANČIČ: Kgl. danske Vid. Sels., mat-fys. Medd. **28**, No. 1 (1953).

cross section for ionization, when corrected for COULOMB excitation, was a factor of two higher than theory predicts. Of the thick-target x-ray yield about 20% was due to nuclear conversion. A similar result follows from the work of TEMMER and HEYDENBURG[1], who measured excitation functions for K x-rays and 137 kev nuclear gamma rays from Ta under proton and alpha particle bombardment. The results are shown in Fig. 11. It is seen that the ratio of x-rays to gamma rays is less for alpha particles than for protons. Since the conversion coefficient for this nuclear transition is 1.8, the K x-ray yield contributed by the nuclear excitation is 1.8 times the gamma ray yield. The figure shows that in the case of alpha particles a considerable fraction of the x-rays

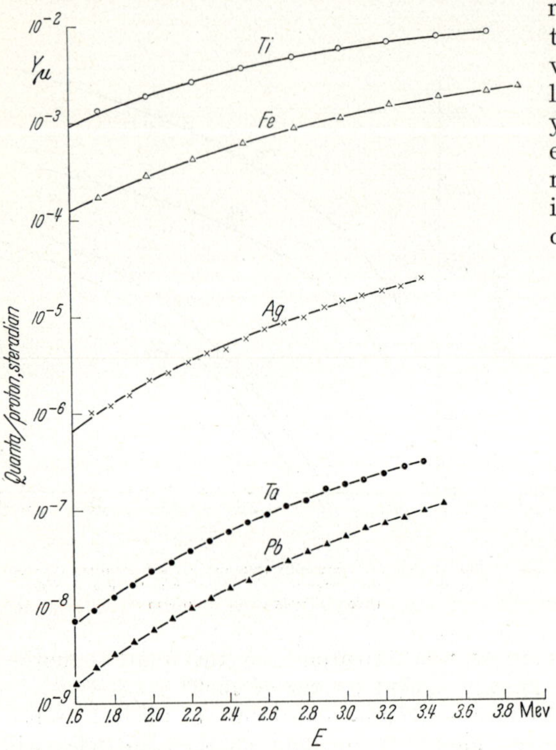

Fig. 12. Experimental thick target yields Y_μ of K-shell x-rays as a function of incident proton energy E for various elements.

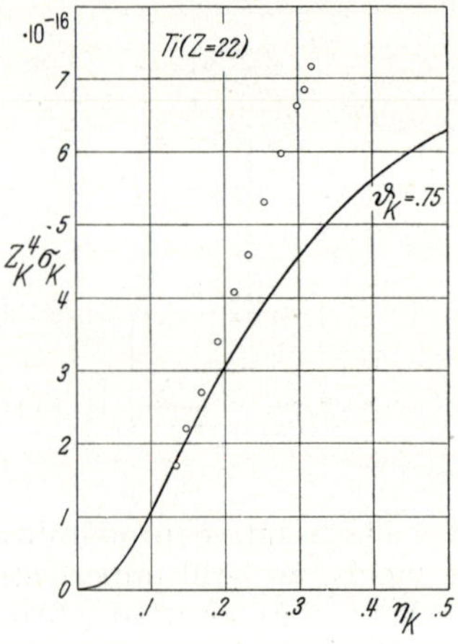

Fig. 13. Experimental K-shell ionization cross section for protons on titanium. The curve is calculated.

must be due to the nuclear rather than the atomic excitation. Interpretation of x-ray data thus demands a knowledge of the position of COULOMB excited nuclear levels and conversion coefficients. The advantage of using the heavier ions for the study of COULOMB excitation in cases where x-rays complicate the measurement of gamma rays has been pointed out by HILL[2].

6. Experimental cross sections and conclusions. To permit comparison of the *theoretical predictions* for K- and L-shell ionization cross sections with the *experimental values*, we present now the numerical results of the scintillation counter measurements discussed in Sect. 5[3]. These are the only extensive absolute measurements available to date. The number Y_μ of photons with characteristic

[1] G. M. TEMMER and N. P. HEYDENBURG: Phys. Rev. **93**, 351 (1954).

[2] D. L. HILL: Phys. Rev. **93**, 923 (1954).

[3] Unpublished work on K x-rays by E. M. BERNSTEIN, H. W. LEWIS, and W. R. WISSEMAN. See also P. R. BEVINGTON and E. M. BERNSTEIN: Bull. Amer. Phys. Soc. **1**, 198 (1956). Older, less reliable results were reported by H. W. LEWIS, B. E. SIMMONS and E. MERZBACHER: Phys. Rev. **91**, 943 (1953). For L-shell ionization see E. M. BERNSTEIN and H. W. LEWIS: Phys. Rev. **95**, 83 (1954).

K x-ray energies emerging from a thick target (see Fig. 10) per unit solid angle and per proton of incident energy E is shown in Fig. 12 for a number of different elements. When the values of Y_μ and of dY_μ/dE are substituted into (5.2), we

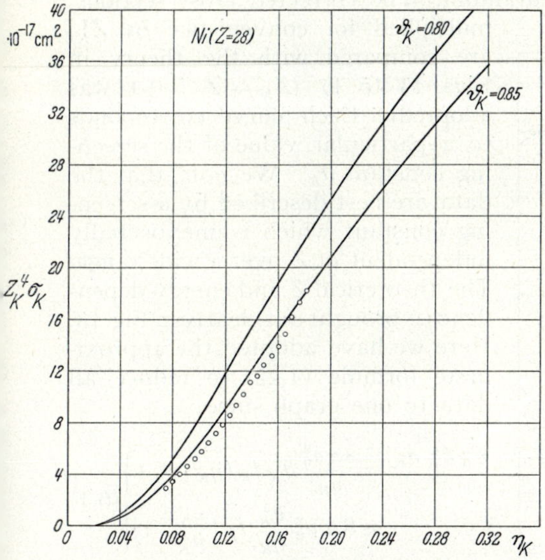

Fig. 14. Experimental K-shell ionization cross section for protons on nickel. The curves are calculated.

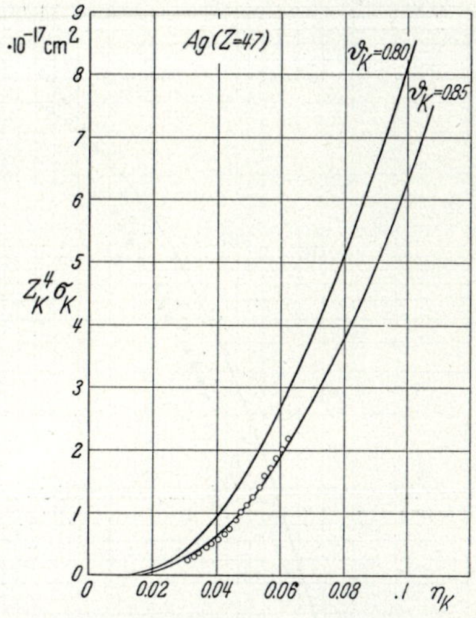

Fig. 15. Experimental K-shell ionization cross section for protons on silver. The curves are calculated.

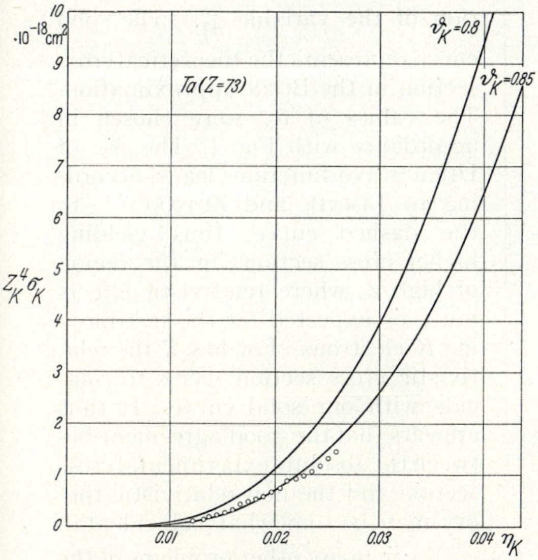

Fig. 16. Experimental K-shell ionization cross section for protons on tantalum. The curves are calculated.

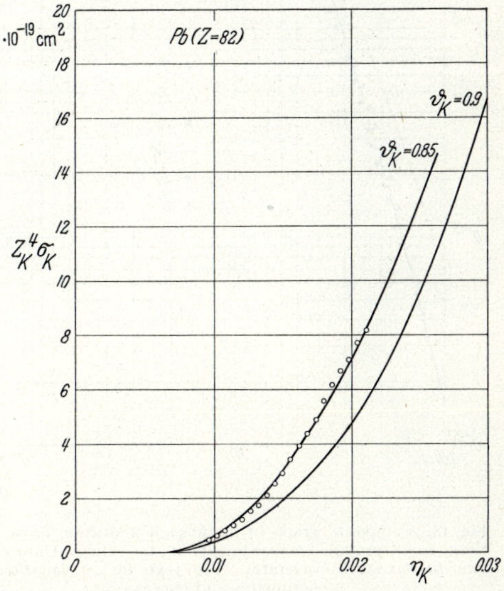

Fig. 17. Experimental K-shell ionization cross section for protons on lead. The curves are calculated.

obtain the cross section for the *production of K-shell x-rays by protons* of energy E. If we subtract the contribution, if any, due to Coulomb excitation, and correct for the Auger effect by dividing by the K fluorescence yield[1], we obtain

[1] The values of the K fluorescence yields used in the analysis were: Ti, 0.22; Fe, 0.34; Ni, 0.42; Ag, 0.77; Ta, 0.91; and Pb, 1.0. Cf. footnote 1, p. 181.

the cross section for direct K-shell ionization. For heavy elements one must consider the possibility that bremsstrahlung (see Sect. 8) may contribute appreciably to the x-ray yield. It was found that this is certainly important when one measures characteristic K x-rays from uranium. The corrected cross sections, multiplied for convenience by Z_K^4, are compared with the theory in Figs. 13 to 17 ($Z_K = Z - 0.3$ was adopted). Each curve corresponds to a particular value of the screening constant ϑ_K. We note that the data are best described by a screening constant which is unexpectedly independent of Z over a wide range. The theoretical Z and energy dependence is brought out clearly in Fig. 18. Here we have adopted the approximate formula (4.22) to reduce all data to one graph since

$$\left.\begin{aligned}\frac{\vartheta_K Z_K^4 \sigma_K}{z^2} &= \frac{8\pi a_0^2}{\eta_K}\,\vartheta_K\, f_K(\eta_K, \vartheta_K)\\ &\approx 8\pi a_0^2 \frac{\vartheta_K^2}{\eta_K}\, f_K\left(\frac{\eta_K}{\vartheta_K^2}, 1\right)\end{aligned}\right\}\quad(6.1)$$

so that $\frac{\vartheta_K Z_K^4 \sigma_K}{z^2}$ is a common function of the variable $\frac{\eta_K}{\vartheta_K^2}$. The solid curve represents the theoretical cross section in the BORN approximation. The values of ϑ_K were chosen in accordance with Fig. 4. The use of DIRAC wave functions leads, according to JAMNIK and ZUPANČIČ[1], to the dashed curve, thus yielding higher cross sections in the region of high Z, where relativistic effects must be expected for the fast moving K electrons. For low Z the relativistic cross section seems to coincide with our solid curve. It thus appears that the good agreement between the absolute experimental cross section and the non-relativistic theory may be somewhat coincidental.

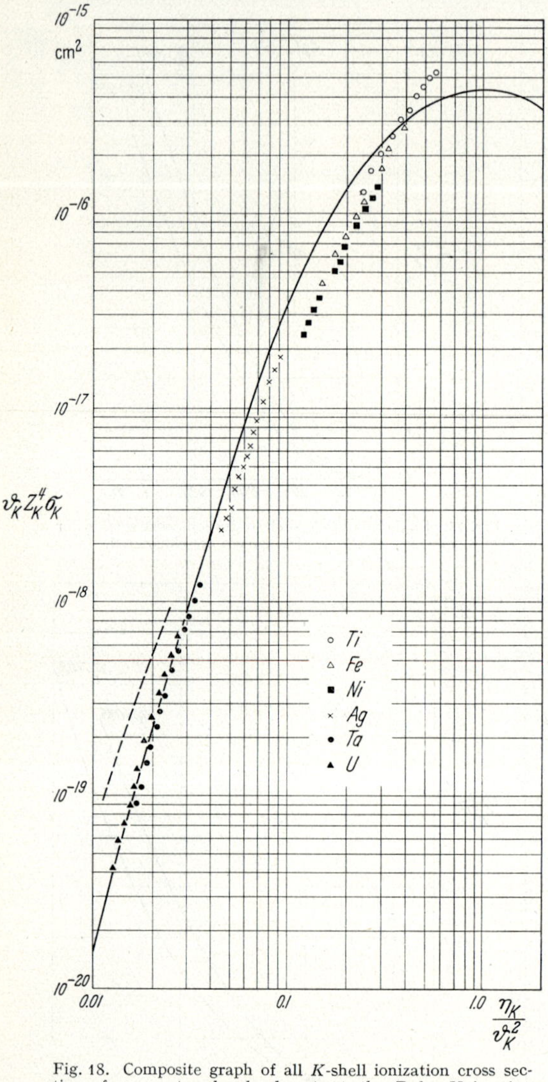

Fig. 18. Composite graph of all K-shell ionization cross sections from proton bombardment at the Duke University VAN DE GRAAFF accelerator. See text for explanation of coordinates and curves.

As in many other problems of the theory of atomic collisions [2] an improvement in the theoretical treatment over the BORN approximation might well lead to significant changes in the behavior of the cross sections. Of the various assumptions underlying the use of the BORN approximation (see Sect. 2) the one most likely to break down in the region of $\eta \sim 1$, i. e. for lighter elements, is neglect of the polarization of the electron orbits by the approaching projectile. Only

[1] Cf. footnote, 2 p. 170.

for high values of Z are the orbits sufficiently tightly bound to the nucleus to be reasonably undisturbed by the incident particle. Whether a more accurate

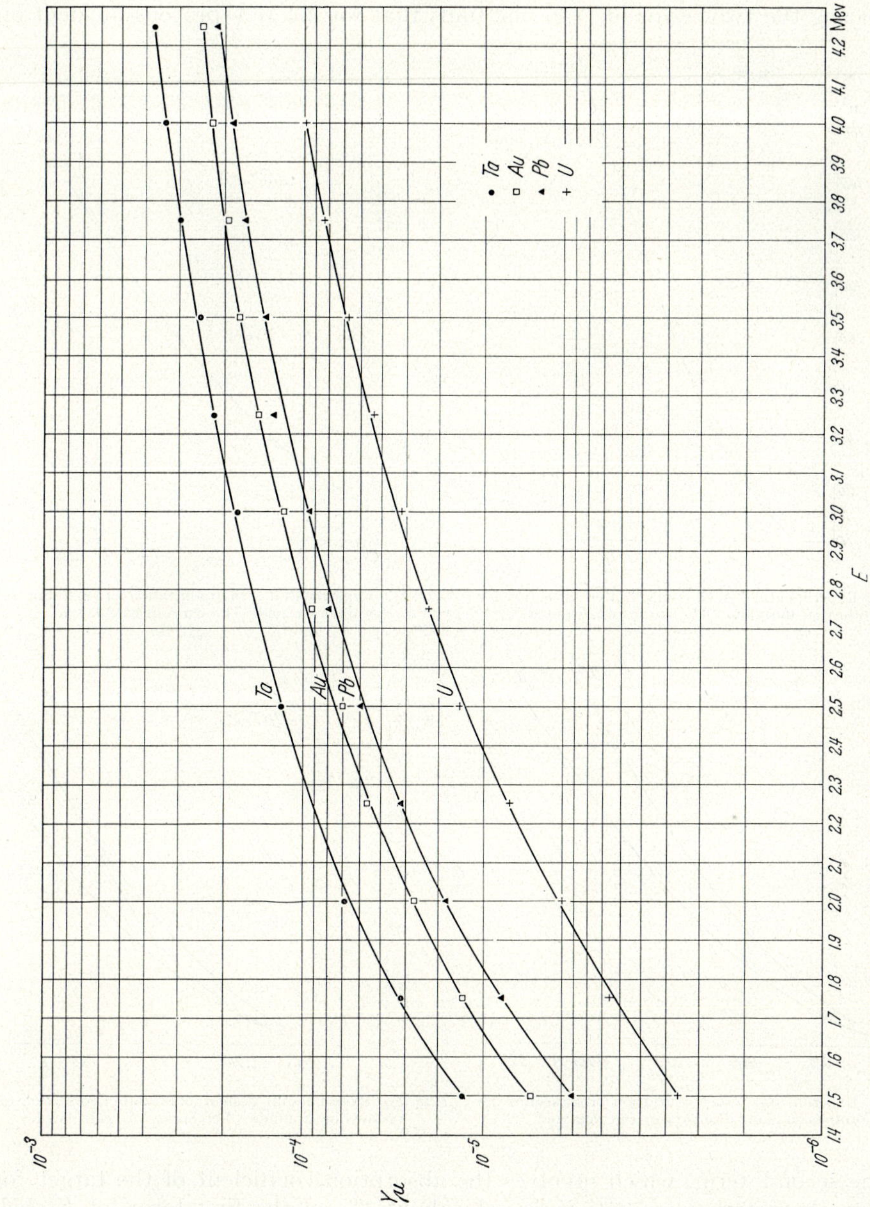

Fig. 19. Experimental thick target yields Y_μ of L-shell x-rays as a function of incident proton energy E for various elements.

treatment of the collision process will improve further the agreement between theory and experiment remains to be seen.

The results of *measurements on L shell x-rays* are given in Figs. 19 to 23 $(Z_L = Z - 4.15)$[1]. The yields are several orders of magnitude larger than for the K shell x-rays and hence no correction is necessary for the emission of L x-rays

[1] See the reference of footnote 7, p. 172.

due to K shell ionization. The corrections for the Auger effect[1] are much larger for the L shell and are less certain. Window and air corrections are of course larger for the L x-rays, as are also the target self-absorption corrections. In fact, comparing the two terms of (5.2) one finds that for 2.4 Mev protons incident on

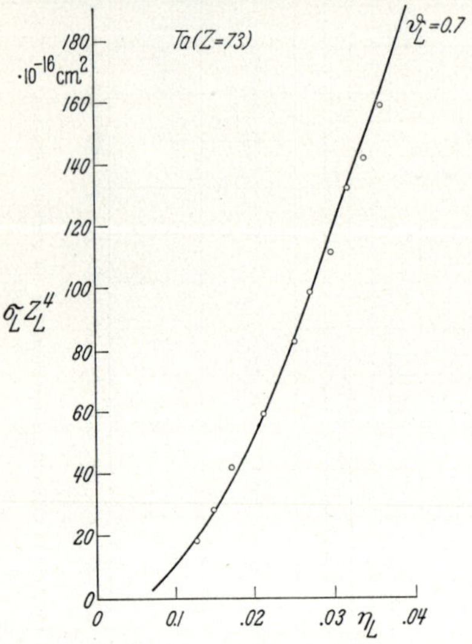

Fig. 20. Experimental L-shell ionization cross section for protons on tantalum. The curve is calculated.

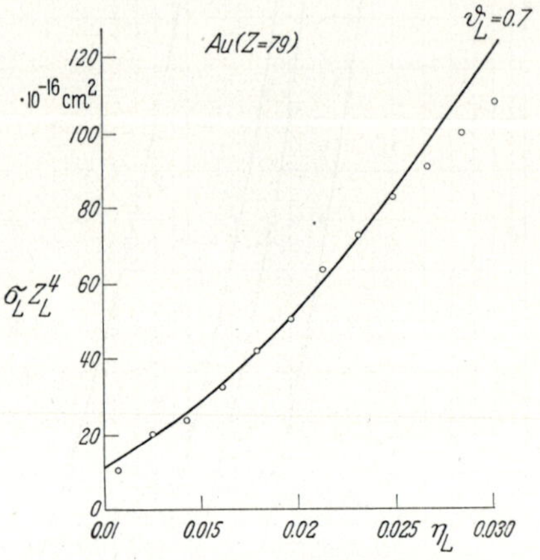

Fig. 21. Experimental L-shell ionization cross section for protons on gold. The curve is calculated.

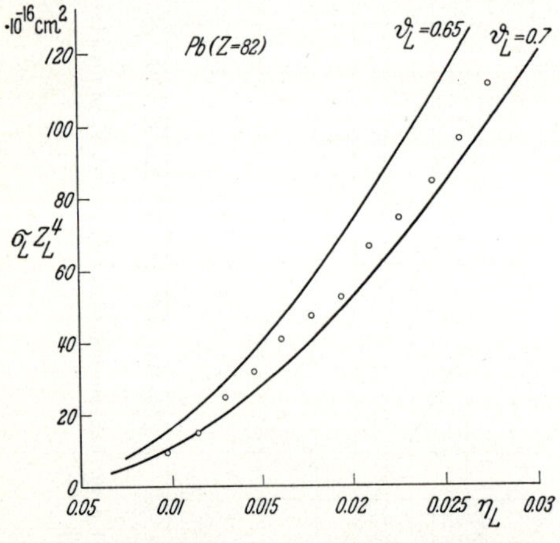

Fig. 22. Experimental L-shell ionization cross section for protons on lead. The curves are calculated.

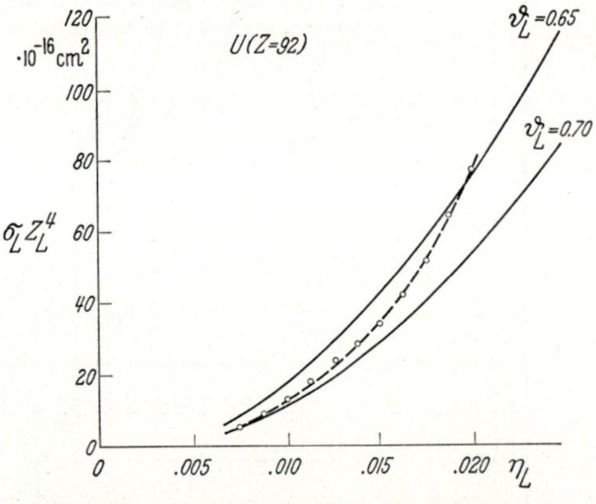

Fig. 23. Experimental L-shell ionization cross section for protons on uranium. The curves are calculated.

Ta the second term, which involves the absorption coefficient of the target for its own characteristic radiation, is only about 3% of the first term for K shell x-rays, while the second term is six times the first term for L shell x-rays. It should be mentioned that in the analysis of the data the angular distribution of the x-rays with respect to the proton beam was assumed to be isotropic.

[1] Since it was not possible to resolve the contributions from the three subshells, the following average values of L fluorescence yields were used in the analysis: Ta, 0.28; Au, 0.37; Pb, 0.40; and U, 0.45.

This assumption was substantiated by measurements of the L shell x-rays produced in a thin gold target.

It appears that the experimental points agree well with the theoretical predictions, provided that one selects empirical values of the screening constant ϑ_L which are higher than those suggested by Fig. 4. The excitation functions, where they depart from the theory, are steeper than predicted. The same trend is observed for the K shell x-rays from elements with low Z.

7. Emission of "stopping electrons". HUUS and BJERREGAARD[1] studied the internal conversion electrons resulting from COULOMB excitation of heavy elements, using a magnetic spectrometer which, at the source position, contained a target bombarded with protons. At low electron energies a very high background was present, produced by the direct ejection of atomic electrons by the incident protons. These "*stopping electrons*" or delta rays are the secondary electrons whose emission results in the ionization of the atom and in the energy loss of the incident heavy particle.

While in the experiments only the most energetic electrons are being observed (their energies being of the order of magnitude of the K shell ionization energy), it is instructive to consider briefly the spectrum of the electrons ejected in inner shell ionization. This energy spectrum is a rapidly decreasing function of the transferred energy, i.e. the sum of ionization energy and kinetic energy of the electron. Denoting the energy transfer (in units of Z_s^2 Rydbergs), as before, by W, one can write the differential cross section as

$$\frac{d\sigma_s}{dW} = \frac{8\pi z^2 a_0^2}{Z_s^4 \eta_s} I_s(\eta_s, W_s) \tag{7.1}$$

with

$$I_s(\eta_s, W_s) = \int_{Q_{\min}}^{\infty} \frac{dQ}{Q^2} |F_{W_s}(Q)|^2. \tag{7.2}$$

We recall that

$$Q_{\min} = \frac{W_s^2}{4\eta_s} \tag{7.3}$$

and that

$$\begin{aligned} W_s &= \text{Ionization energy} + \text{kinetic energy} \\ &= \frac{\vartheta_s}{s^2} + \frac{T}{Z_s^2\,\text{Rydberg}}. \end{aligned} \tag{7.4}$$

In Figs. 24 to 27 portions of the energy spectra for electrons ejected from the K and L shells are shown, as computed from (4.14) and (4.15) for several different values of η. If $Q_{\min}$ is large compared to W and unity, i.e. if

$$\frac{W}{\eta} \gg 1 \tag{7.5}$$

(but always W/η small compared with the ratio of projectile to electron mass), and if the energy transfer W is not much less than one, we obtain from (7.2), (4.14) and (4.15) the simple approximations:

$$I_K(\eta_K, W_K) \approx \frac{2^{17}}{5} \frac{\eta_K^5}{W_K^{10}} \tag{7.6}$$

and

$$I_L(\eta_L, W_L) \approx \frac{2^{14}}{5} \frac{\eta_L^5}{W_L^{10}}. \tag{7.7}$$

[1] T. HUUS and J. H. BJERREGAARD: Phys. Rev. **92**, 1579 (1953).

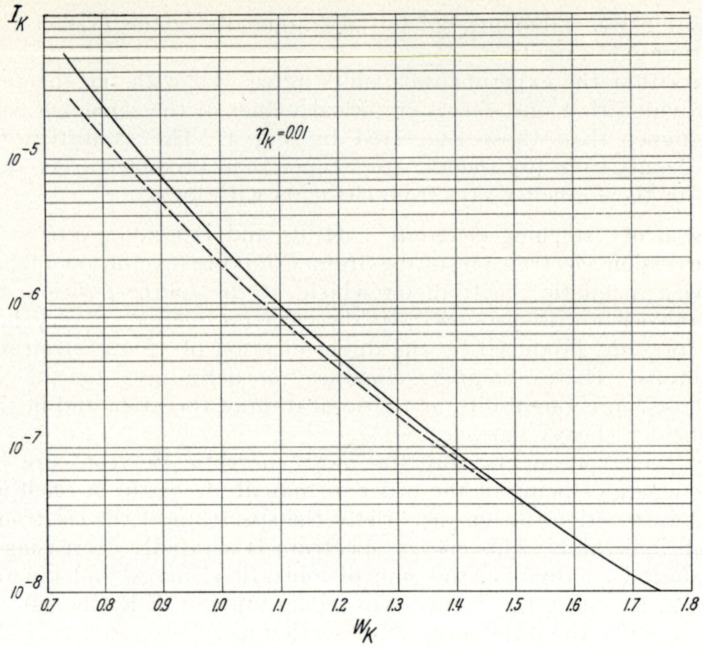

Fig. 24. Energy distribution of stopping electrons from the K-shell for $\eta = 0.01$. I_K is defined in (7.2). The lower curve is exact; the upper curve shows the approximate W^{-10} law of (7.6).

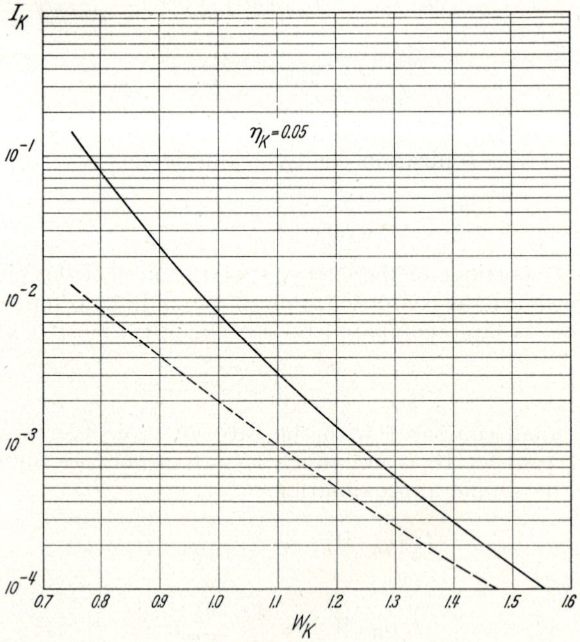

Fig. 25. Energy distribution of stopping electrons from the K-shell for $\eta = 0.05$. I_K is defined in (7.2). The lower curve is exact; the upper curve shows the approximate W^{-10} law of (7.6).

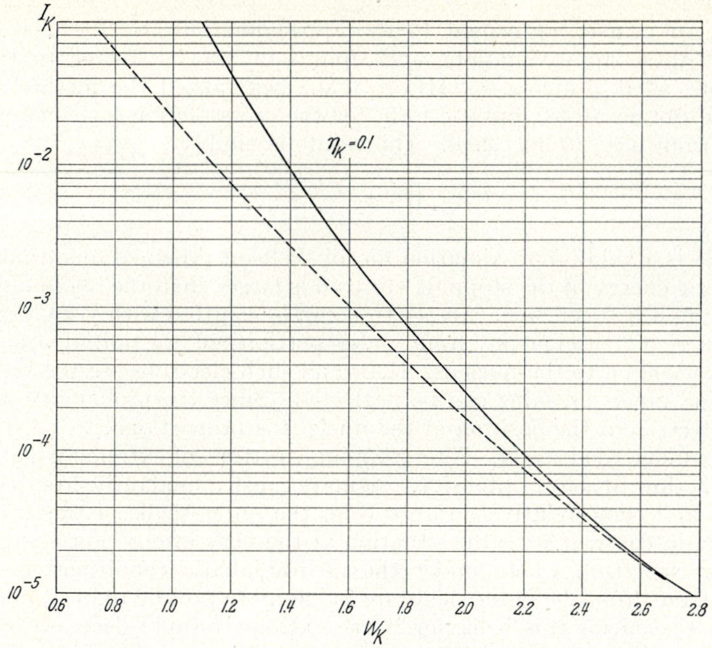

Fig. 26. Energy distribution of stopping electrons from the K-shell for $\eta = 0.1$. I_K is defined in (7.2). The lower curve is exact; the upper curve shows the approximate W^{-10} law of (7.6).

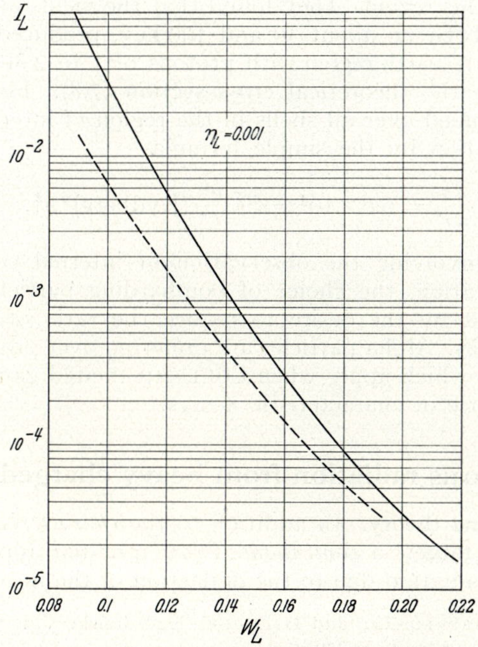

Fig. 27. Energy distribution of stopping electrons from the L shell for $\eta = 0.001$. I_L is defined in (7.2). The lower curve is exact; the upper curve shows the W^{-10} law of (7.7).

Eq. (7.5) is, of course, equivalent to the approximation (3.12). Figs. 24 to 27 also exhibit these approximations and show how they converge to the exact cross sections as W/η increases. HUUS, *et al.*[1] generalized the method outlined in Sect. 3 to obtain an asymptotic form for the cross section for ejection of fast delta rays from *any* atomic shell. The result is simply:

$$I_s(\eta_s, W_s) \approx \frac{2^{17}}{5s^3} \frac{\eta^5}{W^{10}}. \tag{7.8}$$

This formula is a valid approximation for all shells of principal quantum number s if the kinetic energy of the stopping electron is larger than the maximum energy transferable in a free collision. An electron can be emitted with very high kinetic energy only if it "originates" from those portions of the initial atomic orbit which are very close to the nucleus. Hence all such electrons see the full nuclear charge Z, and inner screening can be neglected. Since the probability of finding an s-shell electron at the position of the nucleus is proportional to s^{-3}, the result (7.8) can be understood easily. Thus stopping electrons of extremely high energy, while of very low absolute intensity, originate most abundantly from the innermost shells and come relatively rarely from the outer shells of the atom. This is, of course, in contrast with the situation at the very intense low energy end of the electron spectrum where under the near-adiabatic conditions specified in Sect. 1 electrons from the outer shells are much more prolific than from the inner shells. The reason for this behavior is the extremely rapid decrease of the differential cross section (7.1) with increasing energy transfer and the limitations which binding of the shells imposes on the lower limit of this energy transfer,

As a result of the behavior described above there is a region of kinetic energies for the stopping electrons in which all shells make comparable contributions to the electron yield. The measurements of ZUPANČIČ and HUUS[2], and of HUUS, *et al.*[1] were made in this region. They found that the yields of stopping electrons with kinetic energy between about 30 and 100 kev, produced by bombardment of elements in the rare earth region with protons of 1 to 2 Mev incident energy, were consistent with the theoretical cross section (7.8). Following HUUS, the latter can, when summed over all shells in the region of interest, be represented to a first approximation by the simple formula

$$\frac{d\sigma}{dT} = 6.6 \times 10^4 z^2 Z^{12} \frac{\eta^4}{T^9} (\text{Rydberg})^8 a_0^2. \tag{7.9}$$

In experiments involving the observation of internal conversion electrons from COULOMB excitation, the choice of bombarding particle and bombarding energy is determined by the desire to reduce the ratio of stopping electrons to conversion electrons. Alpha particles are preferred over protons in some cases[3] for the same reasons which apply when COULOMB-excited gamma rays are being studied in the presence of characteristic x-rays.

B. Continuous radiation from heavy charged particles.

8. Experiments and theory. In addition to the *characteristic x-rays* produced by heavy ions in a target, a *continuous x-ray spectrum* appears as a result of *bremsstrahlung*, i.e. radiation due to the deflection of the incident particle in the

[1] T. HUUS, J. H. BJERREGAARD and B. ELBEK: Kgl. danske Vid. Selsk., mat-fys. Medd. **30**, No. 17 (1956). See especially Appendix I.

[2] Č. ZUPANČIČ and T. HUUS: Phys. Rev. **94**, 205 (1954).

[3] J. H. BJERREGAARD and T. HUUS: Phys. Rev. **94**, 204 (1954).

Coulomb fields of the target nuclei. Owing to its extremely low intensity, bremsstrahlung from heavy charged particles was not observed until quite recently. Modern scintillation spectrometry has made its observation feasible, and in fact it is the bremsstrahlung background which now limits the measurement of weak nuclear gamma radiation as produced in Coulomb excitation. All recent observations of bremsstrahlung from protons and alpha particles in the energy range of 1 to 5 Mev have indeed been made in conjunction with Coulomb excitation experiments.

Thus, Zupančič and Huus obtained in 1954 a continuous x-ray spectrum with protons on various targets, ranging from Ag to Pb, which they identified, no doubt correctly, as proton bremsstrahlung. Taking into account the experimental conditions (thick target, strong absorption at the longer wavelengths, counter sensitivity), they found that the observed broad x-ray peak at about 100 kev photon energy was in agreement with calculated theoretical cross sections.

Stelson and McGowan[1] also made extensive measurements of proton bremsstrahlung on numerous elements. However, their purpose was merely to determine the background of continuous radiation to be subtracted from nuclear gamma ray spectra. Although these measurements are of high precision, they were not analyzed and compared with the theory.

The only absolute measurement which has so far been quoted in the literature seems to be that by Mark, McClelland, and Goodman[2] who observed x-rays in a 3 kev energy interval at 150 kev photon energy when tin, which does not give rise to any gamma rays in this region, was bombarded with 2 Mev protons. The differential cross section was found to be $(1.3 \pm 0.5) \times 10^{-31}$ cm²/steradian for x-rays emitted at 90° to the direction of incidence of the protons, and the radiation was found to be nearly isotropic.

Within the not inconsiderable experimental error, all measurements on continuous x-rays from stopping protons are consistent with the interpretation of this radiation on the basis of the quantum mechanical theory of electric dipole bremsstrahlung, as worked out with impressive thoroughness by Sommerfeld[3] and his pupils[4,5]. These results have been reviewed definitively by Sommerfeld[6], and a detailed discussion here could add nothing. Qualitatively, protons (or other heavy charged particles) produce bremsstrahlung in much the same way as electrons of the same velocity which are being scattered by atomic nuclei[7]. However, the cross section for protons is reduced by a mass factor $(m/M)^2$ compared with the electron case. Such a reduction can be understood easily in a classical picture, since a heavy particle has to have a much smaller impact parameter than a light particle of the same charge in order to be deflected by the same amount. For positively charged particles, the motion of the center of charge of the projectile-target system with respect to the center of mass determines the dipole moment effective in the radiation process. Thus, if projectile and target have the same charge-to-mass ratio, no dipole radiation can be emitted. For electron bremsstrahlung the motion of the target nucleus can be neglected and leads to no reduction in intensity. Finally, the inelasticity of the radiation process

[1] P. H. Stelson and F. K. McGowan: Phys. Rev. **99**, 112 (1955).

[2] Quoted by S. D. Drell and K. Huang: Phys. Rev. **99**, 686 (1955).

[3] A. Sommerfeld: Ann. Phys., Lpz. **11**, 257 (1931).

[4] O. Scherzer: Ann. Phys., Lpz. **13**, 137 (1932).

[5] G. Elwert: Ann. Phys., Lpz. **34**, 178 (1939).

[6] A. Sommerfeld: Atombau und Spektrallinien, vol. 2, 2nd ed. Braunschweig 1939. See pp. 495–567, and particularly p. 563.

[7] See the article by S. T. Stephenson on "The continuous x-ray spectrum" in Vol XXX of this Encyclopedia.

introduces an additional and important distinction between positive and negative projectiles. The former are further repelled, the latter further attracted by the nucleus after energy loss by radiation has slowed them down. This fact again inhibits bremsstrahlung from positive particles as compared with that from negative ones. The rigorous (non-relativistic) calculations of SOMMERFELD and his collaborators for dipole bremsstrahlung include all these effects.

Recently, again in the wake of theoretical investigations of COULOMB excitation, DRELL and HUANG[1], and THALER, GOLDSTEIN, MCHALE, and BIEDENHARN[2] have evaluated SOMMERFELD'S expressions for the differential cross section. DRELL and HUANG have given an expansion whose first term is the classical formula for bremsstrahlung, followed by quantum corrections in the successive terms. THALER, *et al.* have published numerical tables and graphical representations which make it easy to obtain the cross section for any desired positive projectile and quantum energy and all angles of photon emission. The previously mentioned experimental results of MARK, *et al.* agree with the theoretical values thus obtained.

Bibliography.

[1] MASSEY, H. S. W., and E. H. S. BURHOP: Electronic and Ionic Impact Phenomena. Oxford 1952. — This standard reference contains a thorough discussion of the experimental (Sect. VIII, 5.24) as well as the theoretical (Sect. VIII, 6.6) aspects of inner shell ionization by ion impact, as published up to about 1950. Compare also Sect. II.3 and III.3 for a review of the inner shell ionization by electrons.

[2] MOTT, N. F., and H. S. W. MASSEY: The Theory of Atomic Collisions, 2nd ed. Oxford 1949.

[3] BETHE, H. A., and J. ASHKIN in E. SEGRÈ: Experimental Nuclear Physics, Vol. I, p. 166. New York and London 1953.

[4] HENNEBERG, W.: Z. Physik **86**, 592 (1933). — This has been the fundamental theoretical paper in the field. It gives a partial justification for the use of the BORN approximation and contains an approximate analytical evaluation.

---

[1] S. D. DRELL and K. HUANG: Phys. Rev. **99**, 686 (1955).

[2] R. M. THALER, M. GOLDSTEIN, J. L. MCHALE and L. C. BIEDENHARN: Phys Rev.. **102**, 1567 (1956). See also R. M. THALER, J. L. MCHALE and L. C. BIEDENHARN: Bull. Amer. Phys. Soc. **1**, 89 (1956).

The Energy Loss of Charged Particles in Matter.

By

Ward Whaling.

With 7 Figures.

1. Introduction. This survey of the experimental data concerning the energy loss of charged particles in matter is intended primarily for the convenience of experimental physicists who use this information in the design and evaluation of their experiments. The survey does not attempt to cover the whole of this extensive subject but is limited to a consideration of nuclear particles, principally hydrogen and helium ions, of energy less than 10 Mev. These limitations were chosen to include the information most often required in "classical" nuclear physics experiments, and they also encompass a relatively homogeneous body of knowledge that may be conveniently separated from the stopping phenomena at very high energies, or from the energy loss of electrons. The upper energy bound was chosen to conform roughly to the range of interest in classical nuclear physics. There is very little experimental information for particles of velocity greater than that of 4 Mev protons, but in view of the frequent need for energy loss data in the 5 to 10 Mev range, the low energy data have been extrapolated to 10 Mev for several of the more common absorbing materials.

Historically, the range-energy relation has been the most useful quantitative parameter concerning the energy loss of charged particles in matter. At present, in the energy range below 10 Mev to which this discussion is limited, range measurements are no longer used for the most accurate energy determinations, having been replaced by magnetic and electrostatic deflection methods. In order to achieve the maximum accuracy with these new techniques, it now becomes necessary to correct the observed energy of the particles to take into account the energy lost in the source or in layers of material on the source. Hence another aspect of the stopping phenomena, the differential rate of energy loss, dE/dX, has assumed a greater interest than the range energy relation insofar as accurate measurement of charged-particle energy is concerned. Perhaps the most frequent use of the differential energy loss information occurs in the measurement of nuclear cross sections, where the number of target nuclei per unit area of the target must be determined. Magnetic or electrostatic charged particle spectrometers provide measurements of the energy lost by a charged particle in passing through the target, and the thickness of the target can be found from these energy loss measurements if the differential energy loss is known.

Because of this shift in emphasis in the experimental application of energy-loss phenomena, this paper will deal primarily with the differential energy loss. For those materials for which dE/dX has been measured over a wide range of energies, the range energy relation can be computed by a simple integration. Range-energy relations have been computed in this way for twenty stopping materials. Experimental range measurements are considered in this paper only to the extent that they are required to determine the constant of integration in the range computation.

2. Stopping cross sections. The experimental results are presented in a series of tables and graphs. The differential energy loss is expressed in the terms of the *stopping cross section* per atom (or molecule), denoted by ε, and defined by

$$\varepsilon = -\frac{1}{N}\frac{dE}{dX}$$

where N is the number of stopping atoms per cm^3 (or molecules per cm^3 in the case of compounds). A subscript p, d, t, Li^6, etc. accompanying the symbol ε denotes the moving ion, proton, deuteron, triton, Li^6 etc. The quantity ε has dimensions of energy × area and is expressed throughout in units of ev-cm^2 per atom (or per molecule); for the convenience of those who may wish to use the differential energy loss in terms of kev-cm^2/mg or kev/cm, a table of conversion factors may be found in Appendix A (p. 213).

In attempting to achieve a concise presentation of a large body of experimental information pertaining to a variety of different charged particles, use has been made of the fact that in the same stopping material ε for different particles is a function only of the charge and the velocity of the moving particle [cf. Eq. (2.1)]. Measurements for the energy loss of deuterons and tritons have been included in tables of proton energy loss at the equivalent proton energy, i.e., the energy of a proton with the same velocity as the deuteron or triton. Similarly, alpha-particle measurements have been included in the graphs of Figs. 1 to 5 at the equivalent proton energy, $(m_p/m_\alpha) E_\alpha$, with the value of ε_α divided by four to take into account the double charge on the alpha particle.

Table 1 lists all of the materials in which the energy loss of hydrogen ions or double charged helium ions ($E_\alpha \geq 2$ Mev) has been measured. The elements are listed first in Table 1, in order of increasing atomic number, followed by the compounds in the order of the first element in the chemical symbol. For those materials in which ε has been measured over only a limited range of ion energy, the experimental results are tabulated in Table 1 or in supplementary tables to which Table 1 serves as an index. If ε has been measured over a wide range of energy, or if there are several measurements overlapping in energy, the experimental results are presented graphically in Figs. 1 to 5.

Alpha particles of energy less than about 2 Mev may pick up electrons as they traverse the stopping material and consequently ε_α bears no simple relation to ε_p in this energy range in which the effective charge of the moving helium ion is less than $2e$. The experimental information about the energy loss of helium ions of $E_\alpha \leq 2$ Mev is collected in Table 2. Measurements for ions heavier than helium are summarized in Table 3; measurements for fission fragments have not been included.

For most of the stopping substances of interest in nuclear physics, the experimental results are presented only in graphical form in Fig. 1 to 5. All of the available data for these stopping materials has been plotted with a few exceptions that are noted in Table 1. The omitted values are those which deviate so far from the experimental average, denoted by the curve drawn through the points, that it would be difficult to designate clearly to which stopping material the measurement referred. When an author has presented his results in the form of a smooth curve drawn through his scattered experimental points, the values plotted in the figures are taken from the smooth curve. Although this procedure conceals the experimental spread in the original data, it would be very difficult to present in a legible plot all of the experimental points of each author. Furthermore, there is no alternative when the original results are presented only in the form of a table of values taken from a curve drawn by the author through his experimental points. The error bars on each experimental point indicate the accuracy claimed by the original author if known, otherwise estimated by the present author. In the caption to each figure a reference to the source of the plotted values may be found.

The curves drawn through the experimental points in Figs. 1 to 5 represent the present author's judgment as to the most likely value of the stopping cross section, based on the experimental values that are plotted. For ions of low velocity, $E_p \leqq 0.3$ Mev, there is no regularity in the energy dependence of the stopping cross section to guide the construction of the curves, and each curve is simply drawn by eye to fit the experimental points in a reasonably smooth manner[1].

For ions of velocity large compared to the velocity of the most energetic electrons in the stopping atom there is sufficient theoretical understanding of the stopping process to calculate the energy dependence of the stopping cross section, and for these energies the curve drawn between the experimental points has been guided in part by theoretical considerations. It has been shown [*27*] that the stopping cross section for a moving ion of mass m, charge ze, velocity v, and energy E, may by represented by

$$\varepsilon = \frac{4\pi z^2 e^4}{m_e v^2} B = \frac{2\pi z^2 e^4}{E} \frac{m}{m_e} B \tag{2.1}$$

where m_e is the electron mass, and B is called the stopping number. The quantity B contains the dependence of ε on the stopping substance, and B is also a function of the velocity of the incident particle. In computing proton stopping cross sections from measurements made with other particles, it is assumed that B depends only on the velocity of the moving ion, and is independent of m or z. The stopping number B has been calculated completely only for atomic hydrogen [*40*]. For materials with $Z > 1$ Hirschfelder and Magee [*21*] have derived a semi-empirical approximation for B with which they have determined the energy variation of the stopping cross section of C, O, A, and Xe. Their calculation requires a knowledge of the atomic electron oscillator strengths and screening constants of the stopping substance and hence is applicable only to the limited number of materials for which these parameters are available.

Bloch [*6*] has shown that for an ion of velocity v large compared to the velocity of the atomic electrons in the stopping material, B approaches the form

$$B = Z \ln(2 m_e v^2 / I_0 Z) \tag{2.2}$$

where I_0 is an empirical constant and Z is the atomic number of the stopping material. In the energy range in which Bloch's expression is valid, Eq. (2.1) may be written

$$\varepsilon = \frac{2\pi z^2 e^4}{E} \frac{m}{m_e} Z \left[\ln\left(\frac{E}{Z}\right) + \text{const}\right] \tag{2.3}$$

where the value of the constant term is $\ln(4 m_e / I_0 m)$. Lindhard and Scharff [*26*] have derived a similar expression by applying essentially dimensional arguments

[1] It may be seen from the figures that in the proton energy range below 0.1 Mev, there is a fairly consistent discrepancy between the values of Phillips [*34*] and the values of Reynolds et al. [*36*] for N, O, A, Kr, and CO_2. The reason for this discrepancy is not known. The curves in Figs. 1 to 5 generally follow the experimental points of Reynolds; the basis for this choice is the agreement between results of Reynolds and independent measurements by Weyl [*43*] of ε_p in argon and air. At the very lowest proton energies, the curve has been drawn to pass through Phillips' points, but in view of the disagreement at higher energies, one must consider the stopping cross section uncertain in this energy region. Further experiments in this energy region would be desirable.

to the Fermi-Thomas statistical model of the atom, and they have emphasized the utility of Eq. (2.3) for comparing stopping cross sections of different materials for ions of different energy and for extrapolating measured values of $\varepsilon(E)$ into unmeasured energy regions.

In the graphs of Figs. 1 to 5, Eq. (2.3) has been used to determine the shape of the curve drawn between the experimental points and to extrapolate the curves to 10 Mev. For each material the experimental values of $\frac{\varepsilon E}{Z} \frac{m_e}{2\pi z^2 e^2 m}$ were computed and plotted as a function of $\ln(E/Z)$. For $E_p \gtrsim Z(m_e^4/h^2) \approx Z/20$ Mev, it was found that the experimental values fall along a line of unit slope in accordance with Eq. (2.3). The constant term in Eq. (2.3) was then determined from the intercept of the straight line of unit slope which best fit the experimental values. The values of this constant were found to be only slightly dependent on Z for $Z > 3$, and, within the accuracy of the experimental observations, independent of E in the energy range $Z/20$ Mev $\lesssim E_p \lesssim 5$ Mev, the upper limit of the experimental data. For each material, the value of the constant in Eq. (2.3) was determined in this way, and ε was computed for proton energies between 10 Mev and a lower limit, usually 1 or 2 Mev, at which this computed curve was joined smoothly to a curve drawn through the experimental points at low energies. This procedure has been a valuable aid in joining widely separated experimental points, as in the H and He curves of Fig. 1, and our confidence in this energy dependence has led us to disregard certain experimental points in constructing the lithium curve in Fig. 1. However, it should be emphasized that the uncertainty in the extrapolated values increases as one moves further from the energy range in which experimental values are available.

Table 1. *Stopping cross sections for hydrogen ions and doubly charged helium ions ($E_\alpha \gtrsim 2$ Mev).*

Hydrogen. See plot of experimental values in Fig. 1. Values plotted are one-half of the molecular stopping cross section. Experimental values of CRENSHAW [*15*], $E_p = 35$ to 340 kev, are 10 to 30% below curve and have been omitted.

The curve drawn through the experimental values coincides with computed values of HIRSCHFELDER and MAGEE [*21*] above 1 Mev.

Helium. See plot of experimental values in Fig. 1. Experimental values of CRENSHAW [*15*], $E_p = 40$ to 175 kev, are 20 to 30% below curve and have been omitted.

For $E_p \gtrsim 1$ Mev, the curve drawn through the experimental values is given by

$$\varepsilon = (0.479/E_p)\left[\ln\left(\frac{E_p}{2}\right) + 4.68\right] \times 10^{-15} \text{ ev-cm}^2/\text{atom, with } E_p \text{ in Mev.}$$

Lithium. See plot of experimental values in Fig. 1. Experimental values of HAWORTH and KING [*19*], $E_p = 40$ to 200 kev, are 10 to 20% above the curve and have been omitted.

For $E_p \gtrsim 0.2$ Mev, the curve of Fig. 1 has the form

$$\varepsilon = (0.718/E_p)\left[\ln\left(\frac{E_p}{3}\right) + 4.69\right] 10^{-15} \text{ ev-cm}^2/\text{atom, } E_p \text{ in Mev.}$$

Beryllium. See plot of experimental values in Fig. 2. Experimental values of WARSHAW [*41*], $E_p = 30$ to 470 kev, are 15% below the curve and have been omitted.

For $E_p \gtrsim 2$ Mev the curve drawn through the experimental points is given by

$$\varepsilon = (0.960/E_p)\left[\ln\left(\frac{E_p}{4}\right) + 5.04\right] 10^{-15} \text{ ev-cm}^2/\text{atom, } E_p \text{ in Mev.}$$

Carbon. See plot of experimental values in Fig. 5. Experimental values are based on subtraction of the hydrogen contribution to molecular stopping cross section of various hydrocarbon gasses, or a similar treatment of other gaseous compounds containing carbon.

Table 1. (Continued.)

For $E_p \geqq 2$ Mev the curve is given by

$$\varepsilon = (1.44/E_p)\left[\ln\left(\frac{E_p}{6}\right) + 5.14\right] 10^{-15}\ \text{ev-cm}^2/\text{atom},\quad E_p \text{ in Mev.}$$

For $E_p \geqq 1$ Mev, values calculated by HIRSCHFELDER and MAGEE [*21*] are 4 to 9% above curve.

Nitrogen. See plot of experimental values in Fig. 3. Values plotted are one half of the molecular stopping cross section. Experimental values of CHILTON et al. [*11*] have been omitted in favor of more recent values from the same laboratory by MILANI et al. [*31*].

For $E_p \geqq 2$ Mev, the curve through the experimental values is given by

$$\varepsilon = (1.68/E_p)\left[\ln\left(\frac{E_p}{7}\right) + 5.08\right] 10^{-15}\ \text{ev-cm}^2/\text{atom},\quad E_p \text{ in Mev.}$$

Oxygen. See plot of experimental values in Fig. 2. Values plotted are one half of molecular stopping cross section. For $E_p \geqq 1.5$ Mev the curve drawn through experimental values is given by

$$\varepsilon = (1.92/E_p)\left[\ln\left(\frac{E_p}{8}\right) + 5.12\right] 10^{-15}\ \text{ev-cm}^2/\text{atom},\quad E_p \text{ in Mev.}$$

Calculated values of HIRSCHFELDER and MAGEE [*21*] are 4 to 10% below for $E_p = 1.5$ to 3 Mev.

Neon. See plot of experimental values in Fig. 4. For $E_p \geqq 4$ Mev the curve drawn through the experimental points is given by

$$\varepsilon = (2.40/E_p)\left[\ln\left(\frac{E_p}{10}\right) + 5.14\right] 10^{-15}\ \text{ev-cm}^2/\text{atom},\quad E_p \text{ in Mev.}$$

Aluminum. See plot of experimental values in Fig. 2. Values attributed to ALLISON and WARSHAW [*1*] are an average of several experiments made in the same laboratory by WILCOX [*44*], WARSHAW [*41*], and KAHN [*24*]. Experimental values of MADSEN [*28*], $E_p =$ 0.4 to 2.0 Mev, are 15% below the curve and have been omitted.

The experimental values are in poor agreement and do not fix the position of the curve. For $E_p \geqq 0.5$ Mev, the curve drawn in Fig. 2 is given by

$$\varepsilon = (3.12/E_p)\left[\ln\left(\frac{E_p}{13}\right) + 5.08\right] 10^{-15}\ \text{ev-cm}^2/\text{atom},\quad E_p \text{ in Mev.}$$

Silicon. See Table 2b for $E_\alpha = 2$ to 4 Mev.

Argon. See plot of experimental values in Fig. 4. For $E_p \geqq 1$ Mev the curve of Fig. 4 is given by

$$\varepsilon = (4.31/E_p)\left[\ln\left(\frac{E_p}{18}\right) + 5.22\right] 10^{-15}\ \text{ev-cm}^2/\text{atom},\quad E_p \text{ in Mev.}$$

Calculated values of HIRSCHFELDER and MAGEE [*21*] are 1 to 2 % above the curve for $E_p =$ 1 to 3 Mev.

Calcium. See Table 1b for $E_p = 0.2$ to 0.6 Mev.

Vanadium. See Table 1b for $E_p = 0.2$ to 0.6 Mev.

Chromium. See Table 1b for $E_p = 0.2$ to 0.6 Mev.

Manganese. See Table 1a for $E_p = 0.4$ to 1.0 Mev, and Table 1b for $E_p = 0.2$ to 0.6 Mev.

Iron. See Table 1c for $E_\alpha = 3$ to 8 Mev, and Table 1b for $E_p = 0.2$ to 0.6 Mev.

Cobalt. See Table 1b for $E_p = 0.2$ to 0.6 Mev.

Nickel. See plot of experimental values in Fig. 3. The values attributed to CHILTON are averages of experimental values listed in Ref. [*11*]. For $E_p \geqq 2$ Mev, the curve of Fig. 3 is given by

$$\varepsilon = (6.71/E_p)\left[\ln\left(\frac{E_p}{28}\right) + 5.08\right] 10^{-15}\ \text{ev-cm}^2/\text{atom},\quad E_p \text{ in Mev.}$$

Table 1. (Continued.)

Copper. See plot of experimental values in Fig. 2. Experimental values of CHILTON et al. [*11*] have been omitted in favor of the later values of GREEN et al. [*18*] from the same laboratory.

For $E_p \geqq 1$ Mev, the curve of Fig. 2 is given by

$$\varepsilon = (6.95/E_p)\left[\ln\left(\frac{E_p}{29}\right) + 5.21\right] 10^{-15}\ \text{ev-cm}^2/\text{atom},\quad E_p \text{ in Mev.}$$

Zinc. See Table 1c, for $E_\alpha = 3$ to 10 Mev, and Table 1b for $E_p = 0.2$ to 0.6 Mev.

Germanium. See Table 1a for $E_p = 0.4$ to 1.0 Mev, and Table 2b for $E_\alpha = 2$ to 4 Mev.

Selenium. See Table 1a for $E_p = 0.4$ to 1.0 Mev.

Krypton. See plot of experimental values in Fig. 4. The curve drawn through the points is given by

$$\varepsilon = (8.63/E_p)\left[\ln\left(\frac{E_p}{36}\right) + 5.21\right] 10^{-15}\ \text{ev-cm}^2/\text{atom for } E_p \geqq 1.5 \text{ Mev.}$$

Molybdenum. See Table 1c for $E_\alpha = 3$ to 10 Mev.

Palladium. See Table 1c for $E_\alpha = 3$ to 10 Mev.

Silver. See plot of experimenteal values in Fig. 2. Values of MADSEN [*28*], $E_p = 0.37$ to 2.0 Mev, are 10 to 15% below the curve and have been omitted. Values of WARSHAW [*41*], $E_p = 50$ to 350 kev, have been omitted; his values are too low to join the curve drawn in the figure.

For $E_p \geqq 6$ Mev, the curve of Fig. 2 is represented by

$$\varepsilon = (11.3/E_p)\left[\ln\left(\frac{E_p}{47}\right) + 5.28\right] 10^{-15}\ \text{ev-cm}^2/\text{atom},\quad E_p \text{ in Mev.}$$

Cadmium. See Table 1c for $E_\alpha = 3$ to 10 Mev.

Tin. See plot of experimental values in Fig. 3. For $E_p \geqq 2$ Mev, the curve of Fig. 3 is given by

$$\varepsilon = (12.0/E_p)\left[\ln\left(\frac{E_p}{50}\right) + 5.29\right] 10^{-15}\ \text{ev-cm}^2/\text{atom},\quad E_p \text{ in Mev.}$$

Antimony. See Table 1a for $E_p = 0.4$ to 1.0 Mev.

Xenon. See plot of experimental data in Fig. 4. The values of CHILTON [*11*] have been omitted in favor of the later values of MILANI [*31*] from the same laboratory.

For $E_p \geqq 3$ Mev, the curve through the experimental points is given by

$$\varepsilon = (12.9/E_p)\left[\ln\left(\frac{E_p}{54}\right) + 5.27\right] 10^{-15}\ \text{ev-cm}^2/\text{atom},\quad E_p \text{ in Mev.}$$

The values calculated by HIRSCHFELDER and MAGEE [*21*] differ from the curve of Fig. 4 by $<2\%$ for $E_p = 0.5$ to 3 Mev

Tantalum. See Table 1b for $E_p = 0.2$ to 0.6 Mev.

Platinum. See Table 1b for $E_\alpha = 3$ to 10 Mev.

Gold. See plot of experimental values in Fig. 2. A great many experimental values have been omitted: those of HUUS and MADSEN [*22*], KAHN [*24*], WARSHAW [*41*], WILCOX [*44*], and MADSEN [*28*], all of which fall 10 to 30% below the curve of Fig. 2.

Fcr $E_p \geqq 6$ Mev, the curve in Fig. 2 is given by

$$\varepsilon = (18.9/E_p)\left[\ln\left(\frac{E_p}{79}\right) + 5.22\right] 10^{-15}\ \text{ev-cm}^2/\text{atom},\quad E_p \text{ in Mev.}$$

Experimental results for gold are in poor agreement. Many values published before 1955 were in fair agreement, but the average of the early measurements lies 10 to 30% below the curve of Fig. 2. No reason is known for the discrepancy. The excellent agreement between values obtained by different experimental methods at Ohio State, Oak Ridge, and Cal Tech have led us to omit the lower values.

Table 1. (Continued.)

Lead. See plot of experimental values in Fig. 3. For $E_p \geqq 4$ Mev, the curve of Fig. 3 is given by

$$\varepsilon = (19.6/E_p)\left[\ln\left(\frac{E_p}{82}\right) + 5.28\right] 10^{-15}\ \text{ev-cm}^2/\text{atom},\ E_p \text{ in Mev.}$$

Bismuth. See Table 1a for $E_p = 0.4$ to 1.0 Mev.

H_2O. See plot of experimental values for H_2O vapor in Fig. 5. For $E_p \geqq 200$ kev, the curve of Fig. 5 was constructed by adding $2\varepsilon(\mathrm{H}) + \varepsilon(\mathrm{O})$.

Measurements for solid D_2O by WENZEL and WHALING [*42*], $E_p = 20$ to 540 kev, are 10 to 15% below the curve of Fig. 5 and have been omitted.

LiF. Values of BADER et al. [*3*], probable error $\pm 3\%$.

Proton energy (kev)	50	75	100	125	150	175	200	250
ε (10^{-15} ev-cm²/molecule)	23.0	25.7	26.4	26.0	24.2	22.4	21.0	19.2

Proton energy (kev)	300	350	400	450	500	550	600
ε (10^{-15} ev-cm²/molecule)	17.9	16.7	15.6	14.4	13.5	12.7	12.2

CH_4. See plot of experimental values in Fig. 5. Above 200 kev, the curve in Fig. 5 was constructed by adding $\varepsilon(\mathrm{C}) + 4\varepsilon(\mathrm{H})$.

C_2H_2. See Table 1d for $E_p = 50$ to 600 kev.

C_2H_4. See Table 1d for $E_p = 50$ to 600 kev.

C_6H_6. See Table 1d for $E_p = 30$ to 600 kev.

Average experimental values of MILANI et al. [*31*] for molecular stopping cross section of protons in C_6H_6 are listed below. Probable error, $\pm 5\%$.

E_p (kev)	405	494	713	920
ε (10^{-15} ev-cm²/molecule)	63.0	51.7	43.5	38.5

CO_2. See plot of experimental values in Fig. 5. For $E_p \geqq 0.3$ Mev, curve of Fig. 5 was constructed from $\varepsilon(\mathrm{C}) + 2\varepsilon(\mathrm{O})$.

CCl_4. Experimental values of PHILLIPS [*34*] are listed below. Probable error, $\pm 5\%$.

E_p (kev)	10.5	19.2	29	37.5	46	56	64	75
ε (10^{-15} ev-cm²/molecule)	77	103	115	126	121	134	136	136

NH_3. See Table 1d for $E_p = 30$ to 600 kev.

NO. See Table 1d for $E_p = 40$ to 600 kev.

N_2O. See Table 1d for $E_p = 40$ to 600 kev.

Air. See plot of experimental results in Fig. 5. Values plotted are $\frac{1}{N}\frac{dE}{dX}$ where N is twice the number of air molecules per cm³. Values of CRENSHAW [*15*], $E_p = 40$ to 150 kev, are 15% below curve of Fig. 5 and have been omitted.

The shape of the curve for $E_p \geqq 1$ Mev is given by

$$\varepsilon = \frac{4\pi e^4 Z^2}{m_0 v^2}\left(Z \ln \frac{2 m_0 v^2}{I} - C_k\right) = \frac{0.239}{E_p}\left(7.22 \ln \frac{E_p}{0.0384} - C_k\right) \times 10^{-15}\ \frac{\text{ev-cm}^2}{\frac{1}{2}\ \text{molecule}}$$

with E_p in Mev.

The values of Z and the C_k corrections are taken from BETHE and LIVINGSTON [*27*] and the constant I is evaluated so that the curve fits the experimental point at 4.4 Mev.

CaF₂. Experimental values of the molecular stopping cross section from Bader et al. [3] Probable error ±3%.

E (kev)	75	100	125	150	175	200	250	300
ε (10^{-15} ev-cm²/molecule)	66.8	69.4	69.0	66.0	61.4	57.2	50.2	46.2

E_p (kev)	350	400	450	500	550	600		
ε (10^{-15} ev-cm²/molecule)	43.6	41.6	39.6	38.0	36.7	35.6		

InSb. See Table 2b for $E_\alpha = 2$ to 4 Mev.

Table 1a. *Experimental values of Green, Cooper and Harries [18] for stopping cross section of protons in metals.* Probable error ±2.5% (for Se ±4%).

E_p Mev	Mn	Cu	Ge	Se	Ag	Sn	Sb	Au	Pb	Bi
	(10^{-15} ev-cm²/atom)									
0.40	19.9	18.9	21.3	22.0	26.9	28.0	29.5	31.4	34.4	36.1
0.45	18.8	18.2	20.2	21.0	25.4	26.6	27.9	30.1	32.7	34.4
0.50	17.9	17.4	19.2	20.2	24.4	25.2	26.7	28.8	31.0	32.7
0.55	17.0	16.7	18.4	19.4	22.9	24.0	25.2	27.5	29.6	31.3
0.60	16.1	16.0	17.7	18.7	21.7	22.8	24.1	26.2	28.2	29.9
0.65	15.4	15.5	17.1	18.1	20.8	21.9	22.8	25.5	27.2	28.5
0.70	14.8	15.0	16.6	17.6	19.9	21.1	21.8	24.5	25.8	27.4
0.75	14.2	14.5	16.0	17.0	19.2	20.3	21.0	23.9	25.1	26.1
0.80	13.8	14.0	15.7	16.5	18.5	19.7	20.4	23.3	24.1	25.4
0.85	13.4	13.5	15.2	16.0	18.1	19.1	19.8	22.6	23.4	24.3
0.90	13.1	13.2	14.8	15.7	17.6	18.5	19.4	21.9	23.0	24.0
0.95	12.8	12.9	14.3	15.3	17.2	17.9	18.8	21.3	22.4	23.3
1.00	12.4	12.6	14.0	15.1	16.8	17.5	18.4	21.0	22.0	23.0

Table 1b. *Experimental values of Bader et al. [3] for stopping cross section of protons in metals.* Probable error ±5%.

E_p Mev	Ca	V	Cr	Fe	Co	Zn
	(10^{-15} ev-cm²/atom)					
0.2	25.9	29.9	29.2	27.4	25.7	24.3
0.3	21.3	25.3	24.9	24.4	22.7	23.0
0.4	17.6	21.4	21.4	21.1	19.7	20.4
0.5	15.3	18.5	18.4	18.1	17.2	18.6
0.6	14.3	16.6	17.1	16.8	16.7	17.6

Table 1c. *Stopping cross section for alpha particles derived from measurements of Rosenblum [38].* Probable error ±8%.

E_α Mev	Li	Al	Fe	Ni	Cu	Zn	Mo	Pd	Ag	Cd	Sn	Pt	Au	Pb
	(10^{-15} ev-cm²/atom)													
3	12.1	32.7	53.4	54.0	56.3	57.1	68.7	72.5	74.1	76.3	78.6	95.3	97.1	102
4	10.6	29.1	47.0	47.4	49.5	50.3	60.4	63.8	65.2	67.2	69.2	83.7	85.5	89.4
5	9.61	26.3	42.4	42.9	44.7	45.4	54.5	57.6	58.9	60.6	62.5	75.5	77.1	80.7
6	8.79	24.0	38.8	39.2	40.9	41.6	49.9	52.6	53.9	55.4	57.2	69.2	70.6	73.8
7	8.17	22.4	36.1	36.4	38.0	38.7	46.4	48.9	50.1	51.5	53.1	64.3	65.6	68.6
8	7.63	20.9	33.7	34.0	35.4	36.1	43.3	45.7	46.7	48.1	49.6	60.1	61.2	64.1
9	7.19	19.7		32.0	33.4	34.0	40.8	43.1	44.1	45.3	46.7	56.6	57.7	60.4
10	6.82			30.5	31.8	32.3	38.8	40.9	41.9	43.1	44.3	53.8	54.8	57.4

Table 1d. *Molecular stopping cross section values of Reynolds et al. [36] for protons in various compounds.*

Probable error: $\pm 2.6\%$ for $E_p \leq 100$ kev; $\pm 2\%$ for $E_p \geq 150$ kev.

Proton energy (kev)	H_2O	CH_4	C_2H_2	C_2H_4	C_6H_6	CO_2	NH_3	NO	N_2O
	(10⁻¹⁵ ev-cm²/molecule)								
30		37.4	43.4		116.0		29.7		
40	25.0	39.7	47.4	54.4	126.0	44.2	32.0	32.6	47.0
50	26.1	40.9	49.5	57.4	133.0	46.8	33.6	34.5	48.6
60	26.9	41.3	49.8	58.7	135.7	48.4	34.6	35.7	49.9
70	27.5	41.2	49.2	58.8	135.5	49.6	34.7	36.4	50.5
80	27.6	40.8	48.0	58.0	134.4	50.2	34.4	36.6	50.9
90	27.5	40.0	46.7	56.7	133.5	50.5	33.9	36.6	51.0
100	27.3	38.9	45.0	55.5	131.7	50.5	33.5	36.4	50.7
150	24.7	33.6	38.5	48.8	116.5	47.1	30.1	33.2	47.0
200	22.0	28.6	32.9	41.4	102.0	42.5	25.6	29.7	42.0
250	19.7	24.8	29.0	36.1	89.2	38.1	22.3	26.7	37.6
300	17.9	22.0	25.9	32.0	79.8	34.6	19.9	24.1	34.0
350	16.2	19.8	23.5	28.8	72.2	31.6	17.9	22.0	31.0
400	15.0	18.1	21.4	26.2	66.3	29.2	16.4	20.3	28.6
450	13.9	16.65	19.7	24.1	61.4	27.0	15.1	18.9	26.6
500	13.0	15.5	18.4	22.4	57.3	25.2	14.0	17.6	25.0
550	12.2	14.5	17.2	20.9	53.9	23.7	13.1	16.6	23.5
600		13.6	16.2	19.6	51.0	22.4	12.3	15.7	22.2

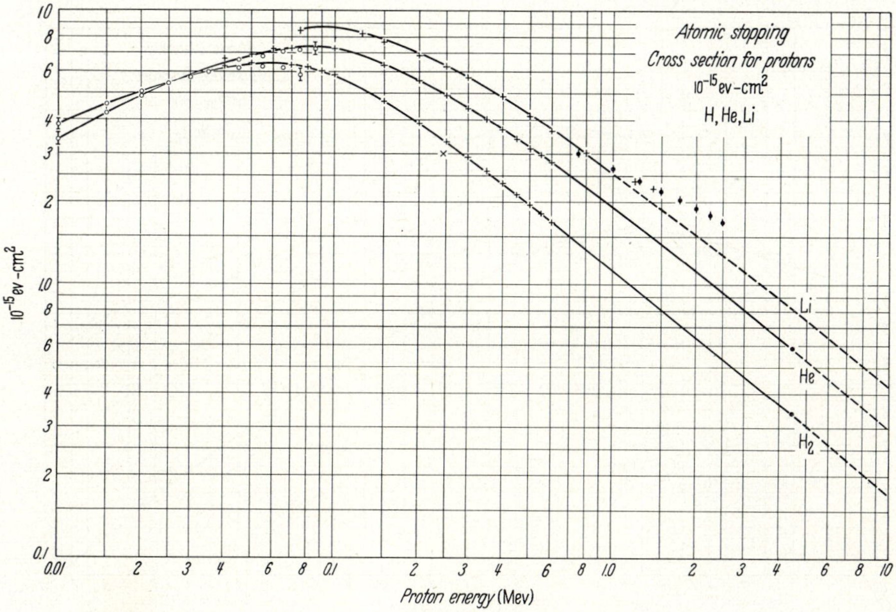

Fig. 1. Atomic stopping cross section for protons in H ($\frac{1}{2}$ H_2), He, and Li. Identification of experimental values: ϕ Phillips [34]; ● Brolley and Ribe [10]; + (H and He) Reynolds et al. [36]; + (Li) Bader et al. [3]; × Weyl [43]; ⧫ α-particle measurements of Rosenblum [38].

To use this graph for deuterons, multiply the energy scale values by two; for tritons, multiply the energy scale values by three; for α particles of energy $E_\alpha \geq 2$ Mev, multiply both scales by four; for He^3 of energy greater than 1.5 Mev, multiply energy scale by 3, vertical scale by 4.

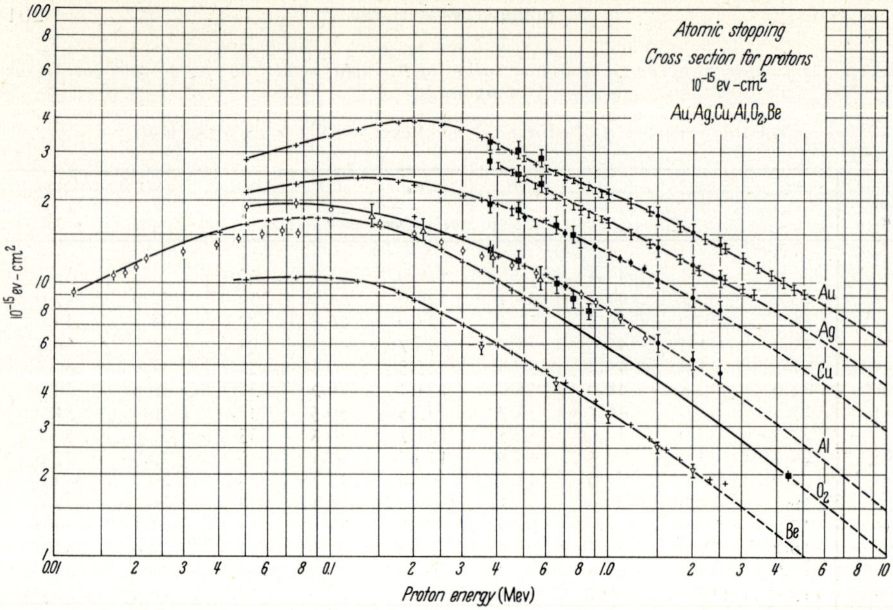

Fig. 2. Atomic stopping cross section of protons in Be, O ($\frac{1}{2}$ O$_2$), Al, Cu, Ag, Au. Identification of experimental values: ϕ PHILLIPS [34]; + (O) REYNOLDS et al. [36]; + (Be, Al, Cu, Au) BADER et al. [3]; ⧫ (Cu) KAHN [24]; ϕ (Al) value of ALLISON and WARSHAW [1], based on experiments of KAHN [24], WARSHAW [41], and WILCOX [44]; ∇ MADSEN [28]; △ PARKINSON et al. [32]; ⌶ STELSON and MCGOWAN [9]; I GREEN et al. [18]; ■ BROLLEY and RIBE [10]; ⧫ α particle measurements of ROSENBLUM [38]; ■ α measurements of GOBELI [17].

To use this graph for deuterons, multiply the energy scale values by two; for tritons, multiply the energy scale values by three; for α particles of energy $E_\alpha \geq 2$ Mev, multiply scales by four; for He^3 of energy greater than 1.5 Mev, multiply energy scale by 3, vertical scale by 4.

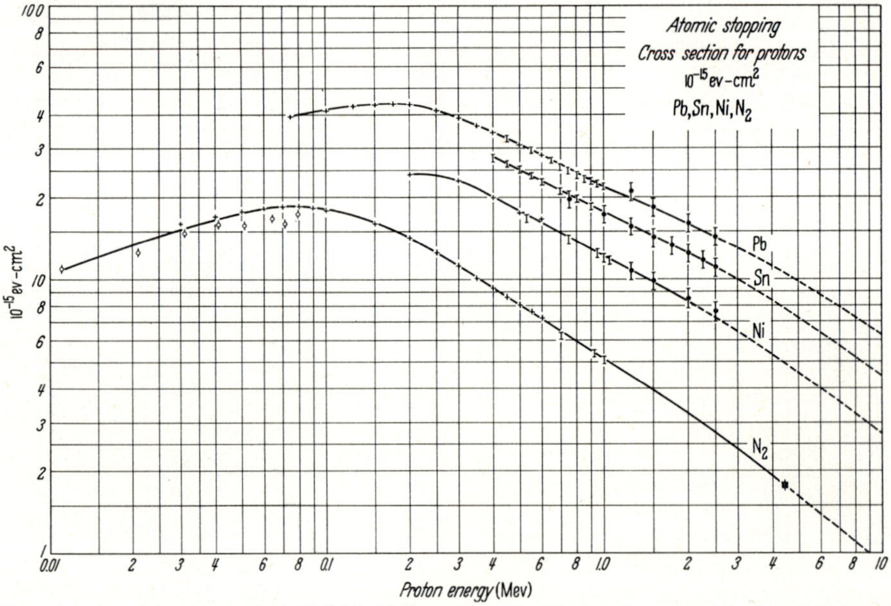

Fig. 3. Atomic stopping cross section of N ($\frac{1}{2}$ N$_2$), Ni, Sn, and Pb. Identification of experimental values: ϕ PHILLIPS [34]; + (N) REYNOLDS et al. [36]; + (Ni and Pb) BADER et al. [3]; I (Pb and Sn) GREEN et al. [18]; I (N) MILANI et al. [31]; I (Ni) CHILTON et al. [11]; ■ BROLLEY and RIBE [10]; ⧫ α particle measurements of ROSENBLUM [38].

To use this graph for deuterons, multiply the energy scale values by two; for tritons, multiply the energy scale values by three; for α particles of energy $E_\alpha \geq 2$ Mev, multiply both scales by four; for He^3 of energy greater than 1.5 Mev, multiply energy scale by 3, vertical scale by 4.

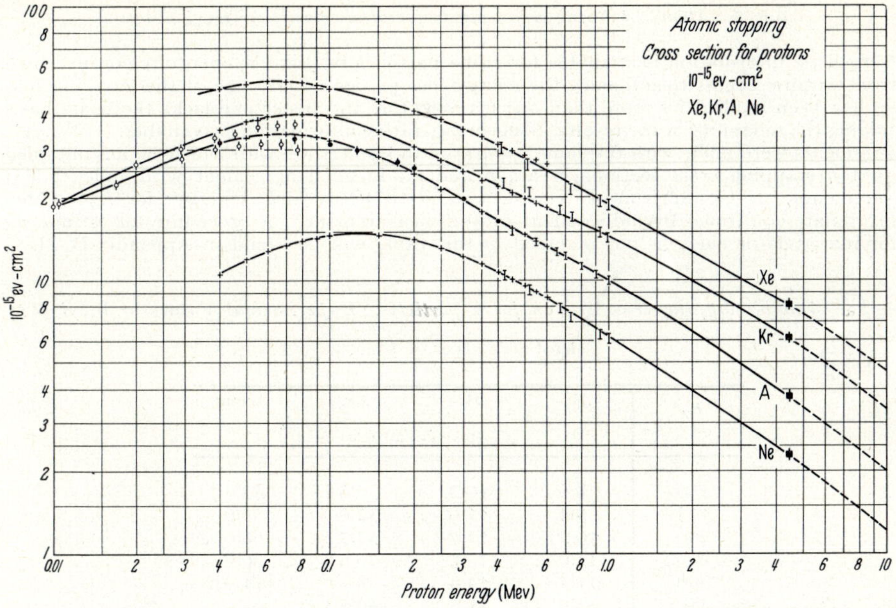

Fig. 4. Atomic stopping cross section of protons in Ne, A, Kr, and Xe. Identification of experimental values: ϕ PHILLIPS [34]; + REYNOLDS et al. [36]; I (Xe) MILANI et al. [31]; I (Ne, A, Kr) CHILTON et al. [11]; ■ BROLLEY and RIBE [10]; ♦ WEYL [43].

To use this graph for deuterons, multiply the energy scale values by two; for tritons, multiply the energy scale values by three; for α particles of energy $E_\alpha \geq 2$ Mev, multiply both scales by four; for He^3 of energy greater than 1.5 Mev, multiply energy scale by three, vertical scale by four.

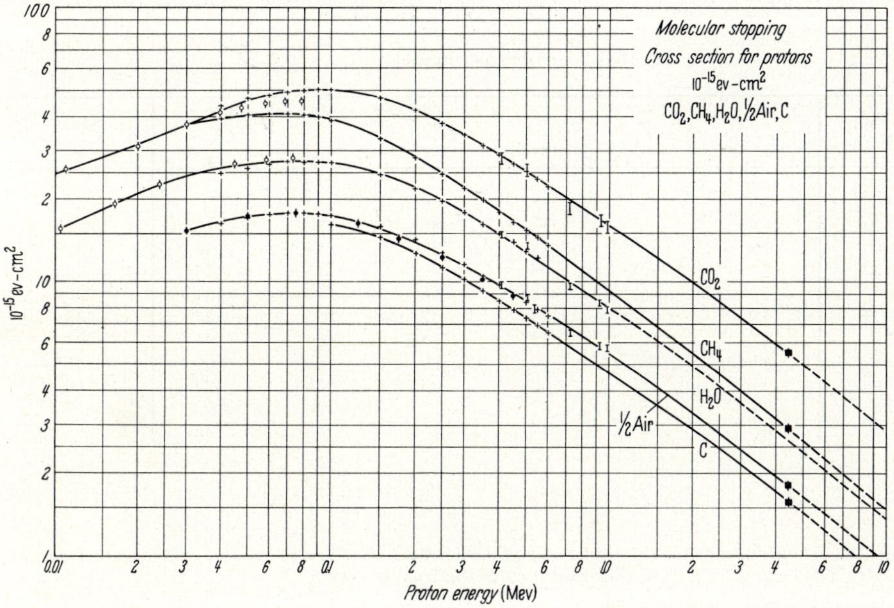

Fig. 5. Molecular stopping cross section of protons in H_2O vapor, CH_4, CO_2, and in air (per ½ molecule); atomic stopping cross section of C. Identification of experimental values: ϕ PHILLIPS [34]; + REYNOLDS et al. [35]; I MILANI et al. [31]; ♦ WEYL [43]; ■ BROLLEY and RIBE [10].

To use this graph for deuterons, multiply the energy scale values by two; for tritons, multiply the energy scale values by three; for α particles of energy $E_\alpha \geq 2$ Mev, multiply both scales by four; for He^3 of energy greater than 1.5 Mev, multiply energy scale by three, vertical scale by four.

Table 2. *Atomic stopping cross section for alpha particles* ($E_\alpha \leq 2$ Mev).

Very little information is available for alpha particles in this low energy region in which electron capture begins to influence the energy loss process. Only one of the stopping materials has been studied by more than one investigator, and hence one lacks the usual basis for judging the reliability of the results. Some comparative information is available: (1) WEYL's measurements were made with the same apparatus and procedure with which he has obtained the proton stopping cross sections in argon and air in good agreement with independent measurements; (2) GOBELI's measurements extend to 4 Mev alpha energy; for $E_\alpha > 2$ Mev his results are confirmed by independent proton measurements. A procedure for estimating E_α for materials or energies not included in this table will be found in Appendix B [*2*].

Table 2a. *Atomic stopping cross section for α particles. Experimental Values of Weyl* [*43*].

Probable error ±5%.

E_α (kev)	H_2	He	Air	Argon
	(10^{-15} ev-cm²/atom			
150	8.6	10.2	30.6	53.3
175	9.4	11.0	32.0	57.0
200	10.2	11.7	33.7	60.0
250	11.0	13.2	36.3	66.0
300	11.4	14.4	38.5	71.0
350	11.9	15.5	40.5	75.0
400	12.3	16.7	42.3	79.0

Table 2b. *Stopping cross section for α particles. Experimental values computed from the measurements of Gobeli* [*17*].

Probable error is estimated to be ±10%.

E_α (Mev)	Al	Si	Cu	Ge	Ag	Au	InSb (10^{-15} ev-cm²/mol)
	(10^{-15} ev-cm²/atom)						
0.6	56			79			
0.75	61			86			275
1.0	60	58	73	90	115	124	275
1.25	57	57	78	90	115	133	269
1.5	53	55	78	86	112	131	261
1.75	51	52	76	82	105	127	250
2.0	47	49	73	78	99	121	238
2.5	41	43	66	70	88	109	215
3.0	35	38.5	60	63	78	98	190
3.5	31	35	55	57.5	70	90	170
4.0	26.5	32	51	53	64	82	155

Table 2c. *Atomic stopping cross section of gold for α particles. Experimental values of Wilcox* [*44*] *as corrected by Allison and Washaw* [*1*].

Probable error ±15%.

E_α (Mev)	0.05	0.1	0.2	0.3	0.4	0.7	1.0	1.35
ε_α (10^{-15} ev-cm²/atom) . .	36	53	72	86	98	116	122	102

Table 3. *Stopping cross section of heavy ions. The fragmentary information concerning ions heavier than α particles is summarized below.*

Li^7 ions. Experimental values of ALLISON and LITTLEJOHN [*2*]. Uncertainties estimated from the range covered by results of independent runs, usually 3 to 6 in number.

E_{ion} kev	H_2	He	Air	Argon
	$(10^{-15}$ ev-cm²/atom)			
100	4.24 ± 0.2	4.56 ± 0.2	15.5 ± 0.4	23.4 ± 1.3
150	6.36 ± 0.2	5.66 ± 0.6	20.2 ± 1.0	40.1 ± 2.0
200	7.69 ± 0.2	8.25 ± 0.2	23.1 ± 0.3	41.2 ± 3.0
250	10.1 ± 0.3	9.92 ± 0.6	29.2 ± 1.0	53.8 ± 1.5
300	11.0 ± 0.3	11.2 ± 0.2	32.0 ± 1.3	57.6 ± 2.0
350	11.4 ± 0.3	13.1 ± 0.4	34.1 ± 0.5	66.2 ± 3.5
400	12.4 ± 0.2	13.4 ± 0.3	37.7 ± 0.3	70.4 ± 2.0
450	13.4 ± 0.2	15.3 ± 0.4	43.5 ± 1.2	73.7 ± 2.0

Values quoted by ALLISON and LITTLEJOHN from experimental work of WILCOX [*44*] at 0.944 Mev, and DEVONS and TOWLE [*16*] at 2.74 Mev.

E_{ion} Mev	Al	Cu	Au
	$(10^{-15}$ ev-cm²/atom)		
0.944			123
2.74	112	166	208

B^{11} and C^{13} ions. Stopping cross section in air, experimental values of LILLIE [*25*].

E_{ion} (Mev)	0.5	1	1.5	2	3	4	5	6
B^{11} (10^{-15} ev-cm²/½ molecule) .	88	106	116	125	134	139	141	143
C^{13} (10^{-15} ev-cm²/½ molecule) .	88	118	132	143	152	157	158	

N^{14} ions. Experimental values of WEYL [*43*]. Probable error ± 5%.

E_{ion} (kev)	H_2	He	A	Air
	$(10^{-15}$ ev-cm²/atom)			
150	12.7	16.7		
175	13.3	17.7		
200	13.8	18.7	90	52.6
250	15.2	20.5	102	59.0
300	17.0	22.2	114	64.5
350	17.7	23.7	125	70.0
400	18.5	25.0	135	74.5

In Nickel, REYNOLDS, SCOTT, and ZUCKER [*37*] report ε nearly constant over the ion energy range 8 to 29 Mev, $\approx 3.6 \times 10^{-13}$ ev-cm²/atom.

Ne^{20} ions. Experimental values of WEYL [*43*]. Probable error ± 5%.

E_{ion} (kev)	H_2	He	A	Air
	$(10^{-15}$ ev-cm²/atom)			
150		10.5		
175	6.9	11.8		
200	7.3	12.8	41	63
250	7.9	14.3	46	70
300	8.8	16.0	50.5	77
350	9.6	17.5	54.5	83
400	10.3	18.0	58	86

3. Ranges. The range of charged particles in matter has long been of interest to the experimental physicist as a means of measuring the energy of the charged particle. Prior to the development of magnetic and electrostatic charged particle spectrometers, the range of a particle was the common method of measuring its energy, and considerable effort was spent in determining the range-energy relationship with maximum precision. In the energy range below 10 Mev, range measurements are now used only for rough energy determinations, but the difference in range of particles of different energy is still frequently used to absorb unwanted groups of particles produced in a nuclear target. The stopping cross sections collected in this paper provide information about the ranges of hydrogen and helium ions in materials that have not been investigated previously, and furthermore a comparison of direct range measurements with the ranges computed from the stopping cross sections provides an independent test of the reliability of the stopping cross sections themselves.

The mean distance through which an ion of initial energy E moves through a material before it is stopped may be found from the stopping cross section $\varepsilon(E)$ by the relation

$$R(E) = \frac{1}{N} \int_0^E \frac{(-dE)}{\varepsilon(E)} \tag{3.1}$$

if $\varepsilon(E)$ is known throughout range of integration; N is the number of stopping atoms (or molecules) per cm³. The total path length defined by Eq. (3.1) will be somewhat longer than the usual concept of mean range, which is the projection of this pathlength along the direction of motion. This interpretation of the integral follows from the fact that the experimental procedure in measuring ε usually excludes particles that have been scattered through a small angle so that $N\Delta X$ in the denominator of ε represents the actual path length in the absorber, and ΔE in the numerator is usually the average energy loss. The difference between the pathlength and its projection is small; MATHER and SEGRÈ [*29*] have derived as a rough estimate $\Delta R/R = (Z m_e/3.5\, M_{\text{ion}})$, where Z is the atomic number of the absorber.

Since $\varepsilon(E)$ has been measured only for $E_{\text{ion}} \gg E_0$, a lower limit that varies from one material to another, the integral in Eq. (3.1) can be used to determine only the difference in mean range, $R(E) - R(E_0)$. Two different methods have been used to obtain ranges from the range differences. First, if the range R_1 has been measured experimentally for an ion of energy E_1, in the energy range for which $\varepsilon(E)$ is known, $R(E)$ may be computed for any energy greater than E_0 from

$$R(E) = R_1(E_1) + \frac{1}{N} \int_{E_1}^E \frac{-dE}{\varepsilon(E)}\,. \tag{3.2}$$

If experimental ranges are known for several different energies, the constant R_1 which is added to the integral may be adjusted to give the best fit to the several experimental values. This method has been used to compute the ranges of α particles; for most of the materials in which ε_a is known there are experimental measurements of the range of the α particles from natural radioactive sources. This method has also been used to adjust computed proton ranges in the few materials (H_2, N_2, O_2, A, CH_4, CO_2, air) in which proton ranges have been measured.

The experimental ranges $R_1(E_1)$ that are used in Eq. (3.2) must be mean ranges, and unfortunately most range measurements determine only the extrapolated ionization range or, less commonly, the extrapolated numbers-distance range. Although the difference between extrapolated ionization range and mean

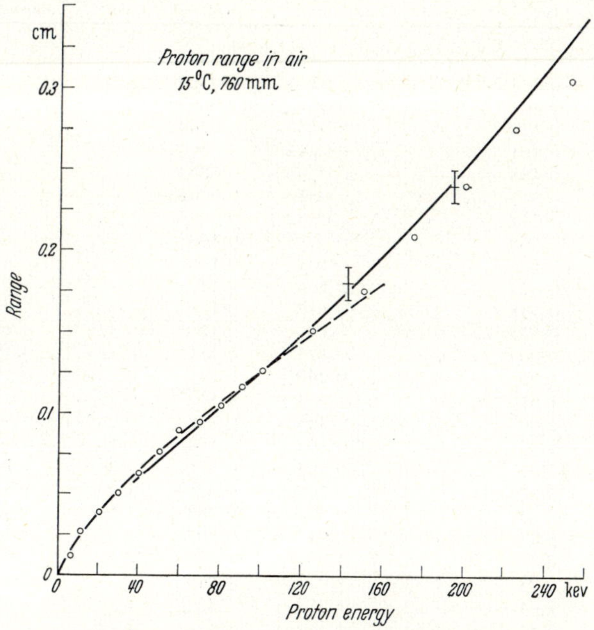

Fig. 6. Proton range in air, 15° C, 760 mm Hg. The circles are extra polated ionization ranges measured by COOK, JONES, and JORGENSEN [13]; the crosses are mean ranges measured in a cloud chamber by CLARKE and BARTHOLOMEW [12]. The solid curve is the proton range computed in this paper. The dashed curve is given by Eq. (3.1), with $\varepsilon = KE^{\frac{1}{4}}$ and K evaluated from the experimental value of ε at $E_p = 50$ kev.

range is small (e.g., less than 1% for 5 Mev α particles in air) and within the experimental accuracy of the stopping cross section data on which the ranges

Table 4. *Comparison of extrapolated ionization range of protons with values computed from* $\varepsilon(E) = KE^{\frac{1}{4}}$.
K evaluated from experimental ε_p at 50 kev. Proton energy = 100 kev. 15° C, 760 mm Hg.

Material	Experimental range cm	Computed range cm
H_2	0.366	0.343
O_2	0.138	0.134
N_2	0.124	0.126
A	0.134	0.133
CO_2	0.0921	0.0957
CH_4	0.112	0.109
Air	0.127	0.127

are based, we have attempted to observe the distinction between the various ranges in evaluating $R_1(E_1)$. The relation between mean range and extrapolated ionization range for α particles of a few million electron volts has been studied by HOLLOWAY and LIVINGSTON [20], and BOGAARDT and KOUDIJS [7] have used

Table 5. *Mean proton ranges. Gas*

E_p (Mev)	H_2 cm	He cm	Be mg/cm²	N_2 cm	O_2 cm	Ne cm	Al mg/cm²	A cm
0.040	0.174	0.346[2]		0.0459	0.0561			0.0535
0.045	0.190	0.375		0.0575	0.0623			0.0597
0.050	0.205	0.404		0.0632	0.0684			0.0656
0.055	0.220	0.433		0.0687	0.0744			0.0715
0.060	0.236	0.461		0.0742	0.0802			0.0772
0.065	0.251	0.488		0.0796	0.0861			0.0830
0.070	0.266	0.515		0.0849	0.0918			0.0888
0.075	0.282	0.541		0.0902	0.0976			0.0946
0.080	0.297	0.568		0.0955	0.103			0.100
0.085	0.313	0.594		0.101	0.109			0.106
0.090	0.329	0.621		0.106	0.115			0.112
0.095	0.346	0.648		0.112	0.120			0.118
0.100	0.362	0.674	0.16[3]	0.117	0.126	0.372[3]	0.26[3]	0.124
0.15	0.551	0.963	0.24	0.175	0.185	0.504	0.38	0.188
0.20	**0.780**[1]	1.29	0.32	**0.240**[1]	0.249	0.639	0.51	**0.263**[1]
0.25	1.05	1.67	0.42	0.314	**0.320**[1]	0.784	0.65	0.348
0.30	1.37	2.09	0.52	0.398	0.398	0.939	0.80	0.444
0.35	1.73	2.56	0.63	0.491	0.484	1.10	0.96	0.549
0.40	2.13	3.07	0.76	0.593	0.576	1.28	1.13	0.663
0.45	2.57	3.62	0.89	0.703	0.676	1.47	1.31	0.786
0.50	3.05	4.21	1.03	0.821	0.783	1.67	1.50	0.916
0.55	3.57	4.85	1.19	0.947	0.897	1.88	1.70	1.05
0.60	4.12	5.53	1.35	1.08	1.02	2.10	1.91	1.20
0.65	4.72	6.25	1.52	1.22	1.14	2.34	2.13	1.35
0.70	5.35	7.01	1.69	1.37	1.27	2.58	2.35	1.51
0.75	6.02	7.81	1.88	1.52	1.41	2.84	2.58	1.67
0.80	6.72	8.65	2.07	1.69	1.56	3.11	2.83	1.84
0.85	7.46	9.54	2.28	1.86	1.71	3.39	3.08	2.02
0.90	8.24	10.5	2.58	2.03	1.86	3.68	3.34	2.20
0.95	9.06	11.5	2.70	2.22	2.02	3.98	3.61	2.39
1.00	9.91	12.5	2.92	2.41	2.18	4.29	3.89	2.58
1.5	20.2	24.6	5.56	4.63	4.07	7.93	7.14	4.86
2.0	33.8	40.4	8.91	7.42	6.55	12.5	11.2	7.66
2.5	50.6	60.0	13.0	10.7	9.52	17.9	16.1	10.9
3.0	70.3	82.8	17.7	14.6	13.0	24.0	21.7	14.7
3.5	92.8	109	23.0	19.0	16.9	30.9	27.9	18.9
4.0	118	138	29.0	23.9	21.3	38.5	34.9	23.6
4.5	146	171	35.4	29.3	26.1	47.0	42.7	28.8
5.0	177	206	42.9	35.2	31.4	56.0	51.1	34.3
5.5	210	245	50.8	41.6	37.1	65.9	60.2	40.2
6.0	246	287	59.1	48.5	43.2	76.4	70.0	46.7
6.5	285	331	67.8	55.8	49.7	87.7	80.4	53.5
7.0	326	379	76.9	63.6	56.7	99.6	91.5	60.7
7.5	370	430	86.5	71.9	64.0	112	103	68.3
8.0	417	483	96.5	80.7	72.0	125	115	76.4
8.5	466	539	107	89.9	80.2	139	128	84.8
9.0	518	598	118	99.6	88.8	154	142	93.7
9.5	572	660	129	110	97.8	169	156	103
10.0	628	724	140	120	107	185	171	113

[1] Experimental range (extrapolated ionization) which determine integration constant R_1; COOK, JONES and JORGENSEN [*13*].

[2] From Fig. 1, $\varepsilon(\mathrm{H}) \approx \varepsilon(\mathrm{He})$ for $E_p < 50$ kev. Assuming $R_p(\mathrm{He}) \approx 2 R_p(\mathrm{H}_2)$, $R(\mathrm{He}) = 0.282$ cm for $E_p = 30$ kev; this value of $R_1(E_1)$ has been used in Eq. (2.2).

[3] R (100 kev) estimated from ε (50 kev).

[4] See Table 2 for experimental values used to evaluate R_1 for air.

ranges are evaluated at 15° C, 760 mm Hg.

Cu mg/cm²	Kr cm	Xe cm	Au mg/cm²	H_2O vapor cm	CH_4 cm	CO_2 cm	Air cm
					0.0424	0.0361	0.0600[4]
					0.0474	0.0406	0.0658
					0.0523	0.0449	0.0715
					0.0571	0.0491	0.0772
					0.0619	0.0532	0.0828
					0.0667	0.0572	0.0883
					0.0715	0.0612	0.0938
					0.0763	0.0651	0.0994
					0.0811	0.0691	0.105
					0.0859	0.0730	0.110
					0.0908	0.0769	0.116
					0.0957	0.0808	0.121
0.552[3]	0.119[3]	0.087[3]	1.32[3]	0.165[3]	0.101	0.0847	0.127
0.770	0.172	0.128	1.76	0.239	0.154	0.125	0.186
0.992	0.233	0.173	2.19	0.323	0.218	0.169	0.253
1.22	0.300	0.242	2.61	0.417	**0.292**[1]	**0.218**[1]	0.328
1.46	0.374	0.275	3.05	0.521	0.376	0.272	0.410
1.72	0.454	0.332	3.52	0.637	0.470	0.332	0.500
1.99	0.540	0.393	4.02	0.764	0.574	0.398	0.598
2.26	0.632	0.458	4.55	0.902	0.687	0.468	0.702
2.55	0.727	0.527	5.10	1.05	0.809	0.544	0.814
2.86	0.828	0.600	5.68	1.21	0.940	0.624	0.923
3.17	0.933	0.676	6.29	1.38	1.08	0.709	1.06
3.50	1.04	0.756	6.92	1.56	1.23	0.799	1.19
3.84	1.15	0.840	7.57	1.75	1.38	0.893	1.33
4.20	1.27	0.927	8.24	1.95	1.55	0.992	1.48
4.56	1.39	1.02	8.94	2.15	1.73	1.09	1.63
4.93	1.51	1.11	9.65	2.37	1.91	1.20	1.79
5.32	1.64	1.20	10.4	2.60	2.10	1.31	1.96
5.71	1.77	1.30	11.1	2.83	2.30	1.43	2.13
6.12	1.91	1.41	11.9	3.08	2.51	1.55	2.31
10.7	3.44	2.57	20.4	5.95	5.02	2.97	4.43
16.3	5.27	3.99	30.3	9.60	8.24	4.76	7.13
22.7	7.40	5.64	41.9	14.0	12.2	6.83	10.4
30.0	9.79	7.47	54.7	19.2	16.7	9.31	14.2
38.2	12.4	9.51	68.9	25.0	22.0	12.1	18.5
47.2	15.3	11.7	84.1	31.5	27.9	15.3	23.3
57.0	18.5	14.1	100	38.8	34.5	18.7	28.5
67.6	21.9	16.6	118	46.7	41.6	22.5	34.3
78.9	25.5	19.3	136	55.3	49.4	26.6	40.5
91.0	29.3	22.2	156	64.5	57.8	31.0	47.2
104	33.4	25.3	176	74.4	66.7	35.7	54.3
118	37.8	28.5	198	85.0	76.3	40.8	61.9
132	42.3	31.8	220	96.2	86.5	46.1	70.0
147	47.1	35.4	243	108	97.2	51.7	78.5
163	52.2	39.1	267	120	108	57.6	87.4
180	57.4	42.9	292	133	120	63.9	96.7
197	62.9	46.9	319	147	133	70.4	106
215	68.7	51.1	345	161	146	77.2	117

their results to compute mean ranges for α particles in H_2, He, N_2, O_2, Ne, A, Kr, Xe, CO_2, and air from the published extrapolated ranges. For H_2O vapor and CH_4, the mean range has been estimated in the following way. The original experimental results were reported in terms of the integral stopping power, the ratio of the range of the α particle in the gas to the range in air, both ranges being determined in the same way. This ratio, multiplied by the *mean* α particle range in air, has been taken to be the mean range in the gas. For protons the relation between mean and extrapolated range is not known. All of the extrapolated ionization ranges were measured with protons of energy less than 250 kev,

Table 6. *Comparison of experimental ranges of protons in air with computed range from Table 5; 15° C, 760 mm Hg.*

E_p Mev	R cm	R_{exp} cm	Reference
0.04	0.060	0.063	Cook, Jones and Jorgensen [13]. Extrapolated ion range
0.10	0.127	0.127	Cook, Jones and Jorgensen [13]. Extrapolated ion range
0.252	0.329	0.306	Cook, Jones and Jorgensen [13]. Extrapolated ion range
0.142	0.177	0.18 ± 0.01	Clarke and Bartholomew [12]. Cloud chamber
0.194	0.245	0.24 ± 0.01	Clarke and Bartholomew [12]. Cloud chamber
0.585	1.01	0.996 ± 0.01	Cornog, Franzen and Stephens [14]. Cloud chamber
0.911	2.00	2.00 ± 0.02	Boggild and Minnhagen [8]. Cloud chamber

Table 7. *Mean*

E_α Mev	H_2 cm	He cm	Li mg/cm²	N_2 cm	O_2 cm	Ne cm	Al mg/cm²	A cm	Ni mg/cm²
									Gases: 15° C,
3.0	7.00	8.64	2.00	1.60	1.45	2.97	3.81	1.70	5.80
3.5	8.80	10.8	2.48	2.01	1.81	3.67	4.50	2.14	6.69
4.0	10.8	13.0	3.01	2.47	2.21	4.41	5.18	2.61	7.61
4.5	13.0	16.0	3.61	3.00	2.63	5.24	5.88	3.12	8.70
5.0	15.5	19.0	4.25	3.55	3.09	6.15	6.63	3.69	9.80
5.5	18.2	22.1	4.91	4.12	3.60	7.09	7.48	4.30	11.0
6.0	21.0	25.5	5.62	4.72	4.10	8.07	8.41	4.90	12.2
6.5	24.4	29.0	6.40	5.35	4.68	9.13	9.40	5.57	13.5
7.0	27.7	32.8	7.22	6.03	5.30	10.2	10.3	6.23	14.8
7.5	31.2	36.9	8.10	6.75	5.90	11.3	11.3	6.97	16.2
8.0	35.0	41.3	9.02	7.42	6.60	12.6	12.5	7.70	17.6
8.5	38.8	45.7	10.0	8.30	7.35	13.8	13.6	8.46	19.2
9.0	43.0	50.5	11.0	9.10	8.04	15.1	14.9	9.33	20.6
9.5	47.5	55.5	12.0	9.90	8.80	16.4	16.1	10.1	22.2
10	52.0	60.6	13.1	10.8	9.70	17.8	17.4	11.0	24.0
11	61.0	71.0	15.4	12.7	11.4	20.7	20.0	12.7	27.4
12	71.9	83.0	17.9	14.7	13.2	23.9	22.9	14.6	31.0
13	82.0	96.4	20.5	16.7	15.1	27.1	26.0	16.7	35.0
14	94.0	110	23.2	18.9	17.2	30.7	29.4	18.9	39.0
15	105	125	26.2	21.3	19.3	34.3	32.9	21.2	43.2
16	118	139	29.5	23.8	21.5	38.3	36.4	23.6	47.9
17	131	156	33.0	26.5	23.7	42.5	40.1	26.2	52.5
18	146	172	36.5	29.2	26.4	46.9	44.1	28.7	57.2
19	163	190	40.1	32.2	28.8	51.3	48.2	31.8	62.1
20	179	209	44.0	35.2	31.5	56.0	52.5	34.4	67.9
25	268	310	65.7	52.3	46.9	82.0	76.8	50.1	97.0
30	374	433	90.5	72.2	64.2	113	105	68.2	131
35	492	570	119	94.8	84.2	147	137	89.8	169
40	630	720	150	120	108	186	173	114	212
									Experimental ranges R_1
5.298	17.21[1]	21.3[1]		3.87[1]	3.63[1]	6.74[1]		4.15[1]	
6.054	21.70[1]	26.26[1]		4.76[1]	4.48[1]	8.20[1]		5.02[1]	
7.680	32.55[1]	38.65[1]	8.5[3]	6.96[1]	6.54[1]	11.78[1]	11.8[3]	7.25[1]	15.8[3]
8.776	40.85[1]	48.5[1]		8.66[1]	8.09[1]	14.49[1]		8.97[1]	

[1] From summary of Bogaardt and Koudijs [7]. [2] L. F. Bates [4].

and at this low energy the interpretation of extrapolated range is complicated by the large amount of scattering which diffuses the incident proton beam laterally about its axis. A comparison of extrapolated ionization ranges with the most recent cloud chamber measurements of mean range fails to reveal any significant difference, as is shown in Fig. 6 for protons in air: the circles are the extrapolated ionization range values of Cook, Jones, and Jorgensen [*13*], the crosses are mean ranges measured in a cloud chamber by Clarke and Bartholomew [*12*]. These experiments fail to show a difference outside of experimental error, and we have therefore used the low energy extrapolated ionization ranges as mean ranges in evaluating $R_1(E_1)$.

In order to compute the proton ranges in those materials for which not even one experimental range value is available, we have made an estimate of the proton range at 100 kev. At this low energy the range is quite short and even a large percentage error will make an insignificant contribution to the range at higher energies. Cook, Jones, and Jorgensen [*13*] have measured the extrapolated

α particle ranges.

Cu mg/cm²	Kr cm	Ag mg/cm²	Xe cm	Au mg/cm²	Pb mg/cm²	H_2O cm	CH_4 cm	CO_2 cm	Air cm
760 mm Hg									
5.10	1.43	6.72	0.99	8.98	9.90	2.29	1.77	1.15	1.66
6.01	1.74	7.99	1.20	10.7	11.7	2.90	2.25	1.41	2.06
7.01	2.09	9.22	1.45	12.6	13.5	2.47	2.76	1.70	2.50
8.09	2.42	10.6	1.73	14.6	15.5	4.15	3.33	2.02	2.97
9.20	2.81	12.0	2.01	16.7	17.5	4.85	3.94	2.35	3.49
10.4	3.20	13.5	2.30	18.9	19.5	5.59	4.58	2.74	4.02
11.6	3.62	15.1	2.63	21.1	21.6	6.40	5.25	3.13	4.62
12.7	4.05	16.7	2.95	23.5	24.0	7.27	6.00	3.57	5.26
14.4	4.50	18.5	3.30	26.0	26.2	8.13	6.78	4.00	5.93
15.7	4.96	20.4	3.65	28.5	28.6	9.05	7.60	4.45	6.62
17.3	5.47	22.3	4.01	31.1	31.1	10.0	8.41	4.90	7.36
18.8	5.97	24.3	4.41	33.8	33.7	11.1	9.37	5.42	8.10
20.4	6.49	26.3	4.82	36.8	36.1	12.2	10.3	5.92	8.99
22.0	7.02	28.4	5.25	39.7	39.0	13.3	11.3	6.48	9.74
23.6	7.58	30.6	5.69	42.7	41.8	14.4	12.4	7.01	10.6
27.3	8.76	35.0	6.59	49.0	47.6	16.7	14.5	8.21	12.4
31.0	9.98	39.9	7.50	55.4	53.9	19.5	17.0	9.48	14.3
35.0	11.3	44.9	8.50	62.1	60.0	22.1	19.6	10.8	16.5
39.3	12.6	50.0	9.60	69.7	66.9	25.1	22.4	12.2	18.6
43.8	14.0	55.1	10.7	76.4	74.0	28.4	25.1	13.6	20.9
48.4	15.5	60.9	11.7	84.4	81.7	32.0	28.4	15.4	23.5
52.9	17.1	66.8	12.9	92.3	89.5	25.2	31.6	17.0	26.0
57.9	18.7	72.3	14.1	101	97.2	39.0	34.9	18.7	28.7
63.1	20.4	79.4	15.4	110	106	43.0	38.2	20.5	31.7
68.4	22.0	85.2	16.7	118	114	47.1	42.0	22.5	34.5
98.0	31.5	121	23.7	167	160	69.9	62.7	33.1	51.0
132	42.7	162	31.8	222	215	96.0	86.7	46.0	70.0
172	55.0	209	41.0	280	275	127	115	61.0	92.0
216	70.0	259	51.2	349	342	162	146	79.0	116
used to adjust integral									
	3.03[1]		2.17[1]				4.33[5]	2.58[1]	3.77[1]
									4.74[1]
16.3[3]	5.17[2]	21.1[3]	3.81[2]	29.4[3]	29.6[3]	9.43[4]	8.00[5]		6.91[1]
									8.57[1]

[3] S. Rosenblum [*38*]. [4] K. Philipp [*33*]. [5] W. H. Bragg [*9*].

ionization range in several gases for protons of energy between 5 and 250 kev. Their experimental results may be fitted within a few percent by Eq. (3.1) with a stopping cross section given by $\varepsilon = K E^{\frac{1}{2}}$, where K is a constant determined from the experimental value of the stopping cross section at E_0, the lowest energy measured. In Fig. 6 the experimental ranges in air, plotted as circles, are compared with the range computed in this way, the dashed line. For those materials in which proton ranges have not been measured but the stopping cross section is known down to 50 kev or less (Be, Al, Cu, Kr, Xe, Au and H_2O), the range of protons of 100 kev has been calculated on this assumption that the stopping cross section is of the form $K E^{\frac{1}{2}}$, K evaluated for each material at 50 kev. Ranges have been computed in the same way for those materials which have been studied by COOK et al., and the observed and calculated values are compared in Table 4. The agreement is satisfactory. However, if in the future proton ranges in these materials are measured, the range tables may be adjusted if necessary to fit experiment by adding a constant to each range.

The proton ranges are listed in Table 5 in those materials for which $\varepsilon(E)$ is known over a sufficiently wide range of energy to make the range integration worthwhile. The method used to obtain a range from the range difference is indicated for each material in the table. When the range has been adjusted to fit a single experimental value, $R_1(E_1)$, the value of R_1 is printed in bold face in the table. Note that the gas ranges are listed for a temperature of 15° C, and a pressure of 760 mm Hg. The range of deuterons and tritons may be obtained from Table 5 by the relation between the range of an ion of mass m and energy E and the range of a proton of energy $\frac{m_p}{m} E$:

$$R_m(E) = \left(\frac{m}{m_p}\right) R_p\left(\frac{m_p}{m} E\right).$$

The proton ranges in air have been adjusted to fit the experimental range measurements listed in Table 6. The adjusted range values, taken from a smooth curve through the values listed in Table 5, are also listed in Table 6 for comparison. The agreement is very good and gives confidence in the accuracy of the range values in Table 5 and in the values of ε_p in Fig. 5. Since ε_p in the other materials listed in Table 5 is known with the same accuracy as ε_p in air, it is believed that the other ranges listed in Table 5 are as accurate as the air ranges. The low energy ranges may be incorrect if the procedure for estimating $R(E_0)$ is incorrect or if the experimental $R_1(E_1)$ values are incorrect. These tables may be adjusted by an additive constant when better experimental range values become available.

The helium ranges have been adjusted by assuming that $R_p(\mathrm{He}) = 2R_p(\mathrm{H}_2)$ for protons of 30 kev, as is indicated by the equivalence of $\varepsilon_p(\mathrm{H})$ and $\varepsilon_p(\mathrm{He})$ for low energy protons in Fig. 1.

The ranges of α particles are listed in Table 7. Eq. (3.2) has been used to calculate these ranges, with $\varepsilon_\alpha(E)$ taken from Figs. 1 to 5 for $E \geqq 3$ Mev. The value of R_1 has been chosen fit the experimental α ranges listed at the foot of Table 7. The most accurate range-energy table for α particles in air ($E_\alpha = 0.27$ to 6.28 Mev) is that of JESSE and SADAUSKIS [*23*], based on a careful reanalysis of the experimental ranges. The α ranges in air in this paper agree with those of JESSE and SADAUSKIS within less than 1%. He^3 ranges may be found from the values listed in Table 7 by the relation: $R_{\mathrm{He}^3}(E) = r R_{\mathrm{He}^4}(E/r)$, where r is the mass ratio, $m_{\mathrm{He}^3}/m_{\mathrm{He}^4}$.

Appendix A. Conversion factors for energy loss measurments.

$$(10^{-15}\ \text{ev-cm}^2) = A\left(\frac{\text{kev-cm}^2}{\text{mg}}\right) = B\left(\frac{\text{Mev}}{\text{cm}}\right).$$

For gases, B is evaluated at 15° C, 760 mm Hg.

Example of the use of this table: In lithium, the stopping cross section for 1 Mev protons is 2.55×10^{-15} ev-cm², equivalent to $2.55\times A$ kev-cm²/mg $= 2.55\times 86.8$ kev-cm²/mg $= 121$ kev-cm²/mg; or $2.55\times B$ Mev/cm $= 2.55\times 46.3$ Mev/cm $= 118$ Mev/cm.

Stopping material	A	B	Remarks	Stopping material	A	B	Remarks
H_2	598	0.0509		Co	10.2	90.9	
He	150	0.02547		Ni	10.3	91.3	
Li	86.8	46.3		Cu	9.48	84.7	
Be	66.8	124		Zn	9.21	65.8	
B	55.7	130	Amorphous	Ge	8.30	44.5	
C	50.1	113	Graphite	Kr	7.19	0.02547	
N_2	43.0	0.0509		Mo	6.28	64.0	
O_2	38.8	0.0509		Pd	5.64	68.6	
F	31.7	0.02547		Ag	5.58	58.6	
Ne	29.8	0.02547				29.2	Cubic
Na	26.2	25.4		Sn	5.07	33.2	Rhombic
Mg	24.8	43.1				37.1	Tetragonal
Al	22.3	60.3		Sb	4.95	33.1	
Si	21.5	51.9		Xe	4.59	0.02547	
P	19.4	42.8	Red phosphorus	Ta	3.33	55.3	
S	18.8	38.9	Rhombic	W	3.27	63.2	
		36.8	Monoclinic	Pt	3.09	65.9	
Cl	17.0	0.02547		Au	3.05	59.0	
A	15.1	0.02547		Hg	2.99	40.5	
K	15.4	13.4		Pb	2.91	33.0	
Ca	15.0	23.3		Bi	2.88	28.2	
V	11.8	70.5		Air	20.79	0.0509	
Cr	11.6	82.2		H_2O	33.42	0.0764	Vapor
Mn	11.0	78.9		CO_2	13.68	0.0764	
Fe	10.8	84.8		CH_4	37.55	0.1283	

Appendix B. Approximate methods for estimating the stopping cross section.

1. For protons of energy greater than Z/20 Mev, or 0.5 Mev, whichever is larger. The stopping cross section curves in Figs. 1 to 5 are of the form of Eq. (2.3) which may be written

$$\varepsilon_p(E_p) = \frac{0.24}{E_p} Z\left[\ln\left(\frac{E_p}{Z}\right) + a\right] \times 10^{-15}\ \text{ev-cm}^2;\ E_p \text{ in Mev} \tag{B.1}$$

where Z is the atomic number of stopping material, and a is an adjustable parameter. For α particles the equivalent expression is:

$$\varepsilon_\alpha(E_\alpha) = \frac{0.96Z}{E_\alpha}\left[\ln\left(\frac{E_\alpha}{Z}\right) + a - 1.38\right] \times 10^{-15}\ \text{ev-cm}^2;\ E_\alpha \text{ in Mev}. \tag{B.2}$$

In constructing the curves of Figs. 1 to 5, the parameter a was adjusted foı each element to give the best fit with experiment. The values of a obtained in this way are plotted in Fig. 7, and it may be seen that a shows little variation with Z over most of the range of Z. Values of a taken from the curve of Fig. 7

may be used with Eqs. (B.1) or (B.2) to estimate the atomic stopping cross section in materials that have not been studied experimentally.

The expressions above do not fit the experimental data at low ion velocities. For protons of energy less than $Z/20$ Mev ($E_\alpha < Z/5$ Mev), this procedure is no longer valid, and it is of doubtful value for protons of energy less than 0.5 Mev ($E_\alpha < 2$ Mev) no matter what the value of Z. There is no satisfactory method of estimating the stopping cross section in this low velocity region. The irregular Z-independence of ε at low velocities is apparently related to the electronic shell structure [*3*], [*18*], but as yet there is insufficient information to make reliable interpolation possible.

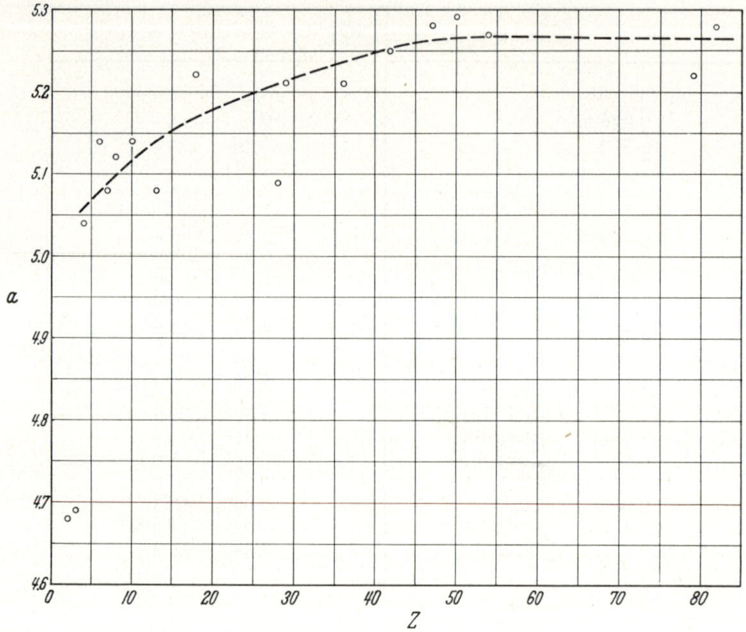

Fig. 7. Values of the parameter a in Eqs. (B.1) and (B.2) which were used in drawing the curves of Fig. 1 to 5.

2. *For α particles of energy less than 2 Mev.* As an aid in estimating the stopping cross section for low energy α particles in materials for which experimental values are not available, the values of the ratio $\varepsilon_\alpha/\varepsilon_p$, for protons and α particles of the same velocity, has been computed for all of the experimental values included in Tables 1 and 2. On the assumption that the ratio $\varepsilon_\alpha/\varepsilon_p$ is a function of the ion velocity alone, the experimental ratios for all stopping materials have been averaged together to obtain the average values listed in Table 2d. The ratios in Table 2d may be used to estimate ε_α in materials for which ε_p is known. Judging from the spread in the experimental ratios, it is reasonable to assess

Table 2d. *Average experimental values of $\varepsilon_\alpha/\varepsilon_p$ for ions of the same velocity, averaged over all stopping materials. Probable error $\pm 20\%$. In using these ratios to estimate $\varepsilon_\alpha(E_\alpha)$, note that ε_p is to be evaluated for $E_p = E_\alpha/3.97$.*

E_α Mev	$\varepsilon_\alpha/\varepsilon_p$	E_α Mev	$\varepsilon_\alpha/\varepsilon_p$	E_α Mev	$\varepsilon_\alpha/\varepsilon_p$	E_α Mev	$\varepsilon_\alpha/\varepsilon_p$	E_α Mev	$\varepsilon_\alpha/\varepsilon_p$
0.15	1.8	0.4	2.6	0.7	3.2	1.0	3.5	1.6	4.0
0.2	2.0	0.5	2.8	0.8	3.3	1.2	3.7	1.8	4.0
0.3	2.4	0.6	3.0	0.9	3.4	1.4	3.9	2.0	4.0

a probable error of $\pm 20\%$ to values of ε_α computed in this way. The accuracy of the experimental ratios is not sufficient to justify or disprove the assumption that the values of the ratio is independent of the stopping material.

3. The molecular stopping cross section of compounds. Within the accuracy of the stopping cross section measurements, the molecular stopping cross section of a compound $X_n Y_m$ may be computed from the atomic stopping cross section of the constituent atoms: $\varepsilon_{\text{mol}}(X_n Y_m) = n\,\varepsilon(X)_{\text{atom}} + m\,\varepsilon(Y)_{\text{atom}}$. Experimental tests of this additive relationship come largely from the measurements on gaseous compounds of H, N, and O. However, since the atomic stopping cross sections of these materials are not known, one must use the additive relationship to determine the atomic stopping cross section from measurements of the molecular stopping cross section for these gases. The experiments of REYNOLDS et al. [*36*] with eight gaseous compounds may be summarized as follows: for none of the compounds tested does the additive relationship hold for proton energies below 150 kev; all of the compounds except NO followed the additive rule within the experimental uncertainty of $\pm 2\%$ for proton energies above 150 kev. The molecular stopping cross section of NO was found to be 4% greater than the sum of the constituent atomic stopping cross sections. PLATZMAN [*35*] has suggested that deviations from the additive rule by as much as 5% may be expected in compounds of C, N, O, and F because the valence bonding in molecules containing these atoms vary most markedly.

References.

[*1*] ALLISON, S. K., and S. D. WARSHAW: Rev. Mod. Phys. **25**, 779 (1953). — A review of experimental information on stopping cross sections, mean ionization potentials, and electron capture and loss.

[*2*] ALLISON, S. K., and C. S. LITTLEJOHN: Phys. Rev. **104**, 959 (1956). — Electrostatic deflection measurement of the energy lost by Li^7 ions passing through a differentially pumped cell containing H_2, air, or A. Ions scattered through 10^{-3} radians are excluded. $E_{\text{ion}} = 150$ to 450 kev.

[*3*] BADER, M., R. E. PIXLEY, F. S. MOZER and W. WHALING: Phys. Rev. **103**, 32 (1956). — Electrostatic and magnetic measurement of energy loss of protons passing through evaporated layers of Be, Li, Cu, LiF, CaF_2, Au and Pb proton energy 50 to 600 kev. Foil thickness by weight or by chemical analysis. Ratio of stopping cross section of Al, Ca, V, Cr, Mn, Fe, Co, Ni, Cu, Zn, Ta, and Pb to ε (Au) determined from yield of elastically scattered protons in magnetic spectrometer; $E_p = 0.2$ to 0.6 Mev. Probable error $\pm 3\%$.

[*4*] BATES, L. F.: Proc. Roy. Soc. Lond., Ser. A **106**, 622 (1924). — A ZnS spinthariscope is used to measure the ratio of range in air to range in He, Ne, A, Kr, and Xe for alpha particles from ThB+C. Air range in Table 7 has been used to compute range in Kr and Xe from his values of range ratio.

[*5*] BETHE, H. A.: Rev. Mod. Phys. **22**, 213 (1950).

[*6*] BLOCH, F.: Z. Physik **81**, 363 (1933).

[*7*] BOGAARDT, M., and B. KOUDIJS: Physica, Haag **18**, 249 (1952). — A reexamination of early range measurements with the purpose of determining mean ionization potentials with maximum precision. The originally published range-energy measurements are corrected to conform to modern values of the energy of α-particles from natural sources, and extrapolated ranges are converted to mean ranges. Their mean range values have been used to adjust the alpha particle range integrals for H_2, He, N_2, O_2, Ne, A, Kr, CO_2, air. References to the original experiments may be found in their paper.

[*8*] BOGGILD, J. K., and L. MINNHAGEN: Phys. Rev. **75**, 782 (1949). — Range of triton from $Li^6(n, \alpha)H^3$ reaction is measured in cloud chamber. Triton energy has been altered to conform to a Q-value of 4.797 Mev for this nuclear reaction.

[*9*] BRAGG, W. H.: Studies in Radioactivity. London: Macmillan 1912.

[*10*] BROLLEY, J. E., and F. L. RIBE: Phys. Rev. **98**, 1112 (1955). — Scintillation spectrometer measurement of energy loss of protons and deuterons passing through a gas cell containing H_2, He, N_2, O_2, Ne, A, Kr, Xe, CH_4, CO_2, or air. ε (air) and $\varepsilon(H_2)$ and ε(Kr) are measured absolutely, others relative to air. $E_p = 4.4$ Mev, $E_d = 8.8$ Mev. Probable error $\pm 2\%$.

[11] CHILTON, A. B., J. N. COOPER and J. C. HARRIS: Phys. Rev. **93**, 413 (1954). — Magnetic deflection measurement of apparent shift in resonance energy of lithium and fluorine (p, γ) resonances when a weighed foil of Ni or Cu or gas cell containing N_2, Ne, A, Kr, Xe is interposed in incident proton beam. $E_p = 0.4$ to 1 Mev. Probable error 1.5 to 4%.

[12] CLARKE, R. L., and G. A. BARTHOLOMEW: Phys. Rev. **76**, 146 (1949). — Cloud chamber measurement of mean range of 0.142 and 0.194 Mev protons in $D_2 + D_2O$ mixture, converted to range in air. Published energy has been altered to conform to deuteron binding energy of 2.225 Mev.

[13] COOK, C. J., E. JONES and T. JORGENSEN: Phys. Rev. **91**, 1417 (1953). — Extrapolated ionization ranges in H_2, N_2, air, O_2, A, CO, CO_2, CH_4, and N_2O are measured for protons of energy 4 to 250 kev, and in H_2, air, and A for α particles of 20 to 250 kev.

[14] CORNOG, I. C., W. FRANZEN and W. E. STEPHENS: Phys. Rev. **74**, 1 (1948). — Mean range of protons from $N^{14}(np)C^{14}$ reaction is measured in cloud chamber filled with nitrogen and converted to range in air. Published proton energy has been increased to conform to Q-value of 0.624 Mev for this reaction.

[15] CRENSHAW, C. M.: Phys. Rev. **62**, 54 (1942). — Magnetic measurement of the energy loss of protons and deuterons in a differentially pumped gas cell containing H_2, D_2, He, H_2O, and air. $E_p = 60$ to 340 kev.

[16] DEVONS, S., and J. H. TOWLE: Proc. Phys. Soc. Lond. A **69**, 345 (1956). — Magnetic deflection measurement of energy loss of 2.74 Mev Li^7 ions passing through thin foils of Al, Cu, and Au.

[17] GOBELI, G. W.: Phys. Rev. **103**, 275 (1956), and private communication. — Scintillation spectrometer measurement of air equivalent of thin commercial foils of Ge, Si, InSb, Al, Cu, Ag, and Au for alpha particles from polonium, from which alpha particle ranges in these materials are found. GOBELI's original air equivalent measurements have been used to compute ε_α in these materials, using BETHE's [5] range-energy relation to convert observed range in air to alpha particle energy.

[18] GREEN, D. W., J. N. COOPER and J. HARRIS: Phys. Rev. **98**, 466 (1955). — Magnetic deflection measurement of the apparent shift in energy of lithium and fluorine (p, γ) resonances when layers of Mn, Cu, Ge, Se, Ag, Sn, Sb, Au, Pb, Bi are evaporated on surface of target. Thickness of layer determined by weight. $E_p = 0.4$ to 1 Mev. Probable error ± 2.5% (except Se, ± 4%).

[19] HAWORTH, L. J., and L. D. P. KING: Phys. Rev. **54**, 48 (1938). — By comparing yield of $Li^7(p\alpha)He^4$ reaction observed from thick and thin targets, ε_p for Li is computed for protons of energy 36 to 400 kev. The range of protons in Li is computed by integration of dx/dE. A layer of impurity on the surface of their Li target may introduce errors in their values.

[20] HOLLOWAY, M. G., and M. S. LIVINGSTON: Phys. Rev. **54**, 18 (1938).

[21] HIRSCHFELDER, J. O., and J. L. MAGEE: Phys. Rev. **73**, 207 (1948). — Compute the stopping cross section of protons in C and H for $E_p = 0.005$ to 15 Mev. and in O, A, and Xe for $E_p = 0.005$ to 3 Mev. The Bethe theory is used, the functional form of the stopping number for L and M shells is assumed to be same as for K shell. Ionization potential of outer shell is adjusted to fit experimental range or dE/dX measurements.

[22] HUUS, T., and C. B. MADSEN: Phys. Rev. **76**, 323 (1949). — Measure apparent shift in energy of fluorine and aluminum (p, γ) resonances when commercial foils of gold are interposed in proton beam. $E_p = 0.365$ and 1.00 Mev.

[23] JESSE, W. D., and J. SADAUSKIS: Phys. Rev. **78**, 1 (1950).

[24] KAHN, D.: Phys. Rev. **90**, 503 (1953). — Electrostatic measurement of proton energy loss in evaporated foils of Be, Al, Cu, Au, and mica. Foil thickness was determined by weight. $E_p = 500$ to 1300 kev. Probable error ± 5% (except for Be, ± 15%).

[25] LILLIE, A. B.: Phys. Rev. **87**, 716 (1952). — Range of C^{13} and B^{11} ions are measured in cloud chamber filled with mixture of O_2 and N_2 and converted to range in air. $E_{ion} = 0.3$ to 6 Mev. Range-energy curve is differentiated to yield dE/dx for both ions in air.

[26] LINDHARD, J., and M. SCHARFF: Kgl. danske Vidensk., mat.-fys. Medd. **27**, No. 15 (1953).

[27] LIVINGSTON, M. S., and H. A. BETHE: Rev. Mod. Phys. **9**, 245 (1937).

[28] MADSEN, C. B.: Kgl. danske Vidensk., mat.-fys. Medd. **27**, No 13 (1953). — Measures apparent shift in energy of several (p, γ) resonances in F, Al, Cl, when commercial or evaporated foils of Be, Al, Cu, Ag, Bi, and mica are interposed in proton beam. Foil thickness determined by weight. $E_p = 0.35$ to 2 Mev. Probable error estimated to be ± 5%.

[29] MATHER, R., and E. SEGRÈ: Phys. Rev. **84**, 191 (1951).

[30] MICHL, W.: Sitzgsber. Akad. Wiss. Wien **123**, 1965 (1914).

[31] MILANI, S., J. N. COOPER and J. C. HARRIS: Private communication from J. N. COOPER. — Magnetic deflection measurement of apparent shift in lithium and fluorine

(p, γ) resonance energies when a gas cell containing N_2, Xe, air, CO_2, H_2O, C_6H_6 is interposed in incident proton beam. $E_p = 0.4$ to 1 Mev. Probable error assumed to be $\pm 2.5\%$.

[32] PARKINSON, D. B., R. G. HERB, J. C. BELLAMY and C. M. HUDSON: Phys. Rev. **52**, 75 (1937). — Extrapolated ionization range of protons in air and Al. Proton energy 117 to 1950 kev.

[33] PHILIPP, K.: Z. Physik **17**, 23 (1923). — Extrapolated ionization measurement of range of RaC alpha particles in air and CO_2 and vapors of H_2O, C_2H_5OH, C_6H_6, and C_5H_5N. From his ratio of range in H_2O vapor to range in air, range in H_2O vapor has been determined, using air range from Table 7.

[34] PHILLIPS, J. A.: Phys. Rev. **90**, 532 (1953). — Electrostatic energy measurement of the energy loss of protons, deuterons, and tritons passing through a gas cell with SiO windows containing H_2, He, N_2, O_2, A, Kr, H_2O, CO_2, and CCl_4. Particles scattered through more than 1.25 degrees excluded. ε for protons, deuterons and tritons of same velocity are found to be equal within experimental error. Probable error $\pm 5\%$. $E_p =$ 10 to 80 kev.

[35] PLATZMAN, R. L.: In Symposium on Radiobiology, edit. by J. J. NICKSON. New York: John Wiley & Sons 1952.

[36] REYNOLDS, H. K., D. N. F. DUNBAR, W. A. WENZEL and W. WHALING: Phys. Rev. **92**, 742 (1953). — Magnetic deflection measurement of energy loss of protons and deuterons in gas cell with Al windows containing H_2, He, O_2, air, N_2, Ne, A, Kr, Xe, H_2O vapor, NH_3, NO, N_2O, CH_4, C_2H_2, C_2H_4, C_6H_6. Particles scattered through more than 1 degree are excluded. Probable error 2 to 4%. $E_p = 30$ to 600 kev.

[37] REYNOLDS, H. L., D. W. SCOTT and A. ZUCKER: Phys. Rev. **95**, 671 (1954). — The energy lost by 29 Mev N^{14} ions passing through Ni foils is measured for foils of different thickness. A range-energy relation is plotted.

[38] ROSENBLUM, S.: Ann. de Phys. **10**, 408 (1928). — Magnetic measurement of energy loss of 3 to 10 Mev α particles in foils of Li, Al, Fe, Ni, Cu, Zn, Mo, Pd, Ag, Cd, Sn, Pt, Au, Pb, mica. He presents results analytically:

$$X = K\left[\left(\frac{V(0) - V(X)}{V(0)}\right) - \left(\frac{V(0) - V(X)}{V(0)}\right)^2 + 0.355\left(\frac{V(0) - V(X)}{V(0)}\right)^3\right]$$

where $V(X)$ is the velocity of α particles after traversing a foil of thickness X, und K is a constant which he evaluates for each stopping material. The quantity dE/dX has been computed from

$$\frac{dE}{dX} = 2E_0\left[K\left(0.130 - 0.065\frac{V(0)}{V(X)} - 1.065\frac{V(X)}{V(0)}\right)\right]^{-1}.$$

ROSENBLUM also computes ranges of RaC α particles from his analytical expression for $V(X)$ and shows that they agree with experimental ranges within 5% or better.

[39] STELSON, P. H., and F. K. MCGOWAN: Private communication. — Comparison of yields of coulomb excitation in thin and thick targets to determine ε_p in Ag and Au. $E_p = 0.8$ to 5 Mev. Standard deviation 4%.

[40] WALSKE, M. C.: Phys. Rev. **88**, 1283 (1952).

[41] WARSHAW, S. D.: Phys. Rev. **76**, 1759 (1949). — Magnetic deflection measurement of energy loss of protons in evaporated foils of Be, Al, Cu, Ag, Au. Foil thickness measured interferometrically, except Be foil thickness measured by spectro-chemical determination of mass of known area of foil. $E_p = 50$ to 350 kev. Probable error of single measured values $\pm 4.5\%$

[42] WENZEL, W. A., and W. WHALING: Phys. Rev. **87**, 499 (1952). — The yield of charged particles from a nuclear reaction observed with magnetic spectrometer is proportional to reaction cross section divided by stopping cross section. Assuming that scattering cross section for $O^{16}(p,p)O^{16}$ is given by Rutherford formula, $\varepsilon(D_2O)$ is determined from observed yield of protons scattered from D_2O ice target. $E_p = 18$ to 541 kev, probable error $\pm 4\%$.

[43] WEYL, P. K.: Phys. Rev. **91**, 289 (1953). — Electrostatic deflection measurement of energy loss of H^1, H^2, He^4, N^{14}, and Ne^{20} ions traversing a differentially pumped cell containing H_2, He, air, and A. Ion energy 150 to 450 kev. Probable error varies with ion and with ion energy, approximately $\pm 5\%$.

[44] WILCOX, H. A.: Phys. Rev. **74**, 1743 (1948). — Electrostatic deflection measurement of energy loss of protons, deuterons, alpha particles and Li^6 ions passing through weighed commercial foils of gold and aluminum. $E_{\text{ion}} = 30$ to 1400 kev. Published values have been increased by 14% as recommended by ALLISON and WARSHAW [1].

Compton Effect.

By

ROBLEY D. EVANS.

With 42 Figures.

Introduction.

Information on the scattering of x-ray and γ-ray photons has profoundly influenced the development of our current concepts concerning the ultimate structure and behavior of matter. The essential duality of waves and particles emerged in an especially direct and clear way from A. H. COMPTON's interpretation in 1923 of the shift in wavelength which he and others observed when x-rays are scattered by atomic electrons. X-rays, whose wave properties had accounted for their diffraction by gratings and crystals, were shown to possess also the corpuscular properties of energy and momentum, and to be capable of utilizing their entire energy and momentum in a single collision with one particular electron. This dualism of wave and corpuscular properties was extended to electrons and other conventional particles by DE BROGLIE in 1924, and soon thereafter became a cornerstone in SCHRÖDINGER'S wave mechanics, in HEISENBERG'S uncertainty principle, and in much of the new physics which was soon built by BOHR, DIRAC, and many others. The validity of negative energy states of the electron was shown several years before the free positron was discovered, by the experimental confirmation of the Klein-Nishina cross sections which had been developed from DIRAC'S relativistic electron theory.

On the experimental side careful experimental tests of the Klein-Nishina cross sections for the Compton effect led CHAO and GRAY and TARRANT to discover the deviations which were later identified as the pair-production interaction between photons and nuclei.

There are many possible types[1] of interaction between electromagnetic radiation and atoms, electrons, and nuclei. Among all these, the three which usually predominate are the photoelectric, Compton, and pair-production interactions. The relative importance of these three varies with the energy $h\nu_0$ of the incident photon and with the atomic number Z of the struck atoms. The curves in Fig. 1 are the boundaries between three regions of $h\nu_0$ and Z within each of which one of the three principal modes of interaction is dominant. At values of $h\nu_0$ and Z given by the left-hand curve, the Compton and photoelectric cross sections per atom are equal. At the right-hand curve the Compton and pair-production cross sections per atom are equal. In the central domain, hence at medium photon energy, the Compton collision is the predominant mode of interaction between electromagnetic radiation and matter. Even at the largest known atomic numbers the Compton collisions predominate throughout the energy domain from 0.8 to 4 Mev. As the atomic number Z of the absorber is reduced the energy domain of Compton dominance broadens. For $Z \leq 24$ (chromium) Compton collisions are the predominant interaction between 0.1 and 10 Mev.

[1] See article by FANO and SPENCER in Vol. XXXI.

In experimental nuclear physics a number of special radiation detection problems have been solved by utilizing the now well-understood properties of the Compton interaction. In later sections a few examples will be discussed including γ-ray polarimeters (Sect. 12), two-crystal γ-ray spectrometers (Sect. 10), 180° Compton magnetic spectrometers (Sect. 10), and radiation dosimeters (Sect. 30).

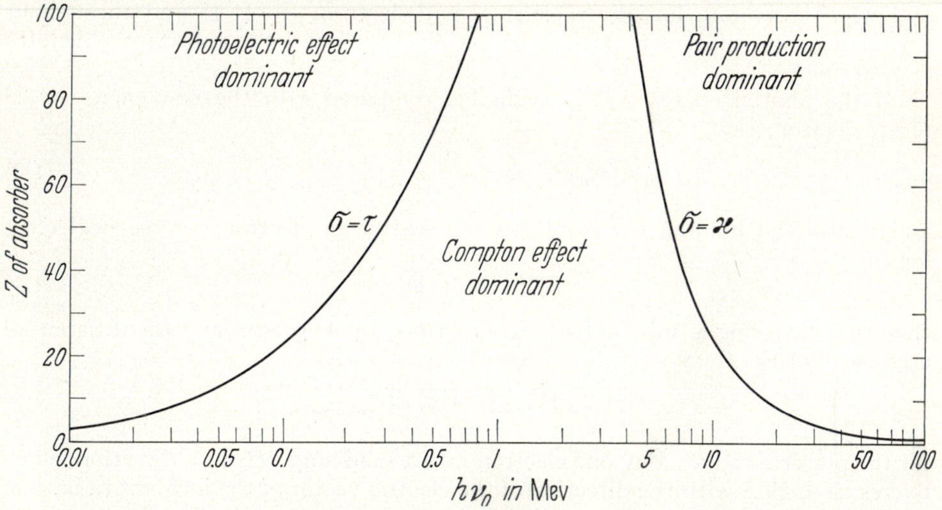

Fig. 1. Locus of equal atomic cross sections for Compton and photoelectric interactions ($\sigma=\tau$), and for Compton and pair-production interactions ($\sigma=\varkappa$). The incident photon energy is $h\nu_0$, and Z is the atomic number of the atoms in the absorber. Compton collisions have larger cross sections than any other mode of interaction in the entire domain of medium-energy photons marked "Compton effect dominant". (From EVANS [4].)

A. Discovery of the Compton shift and associated phenomena.

1. Thomson scattering. Unsuccessful efforts to reflect x-rays from the surface of a mirror[1] were among the earliest experiments undertaken on the interaction of x-rays with matter. It was found instead that the x-rays were diffusely scattered, more or less in all directions, by the mirror or, indeed, by a slab of paraffin or any other object on which the x-rays impinged. J. J. THOMSON interpreted this scattering as problably due to the interaction of the x-rays with the electrons which he had only recently shown to be present in all atoms. Treating the x-ray as a classical electromagnetic wave, Thomson derived an expression for the scattering which should be produced by each electron[2]. His theory remains fully valid as the limit which is approached in the case of very low energy photons interacting with unbound electrons. The Thomson scattering formulas therefore are a helpful guide or base line for interpreting and understanding the behavior of higher energy photons, as described by the Klein-Nishina formulas (Sects. 12 and 13).

In THOMSON's classical theory, each electron is regarded as free to respond to the force produced on it by the electric vector of an incident electromagnetic wave. Then *each* electron oscillates with a frequency which is the *same* as that of the incident radiation and in a direction which is parallel to the direction of the electric vector of the incident radiation. This oscillating charge radiates as an oscillating dipole and its radiation field is the scattered radiation.

---

[1] A. IMBERT and H. BERTIN-SANS: C. r. Acad. Sci. Paris **122**, 524 (1896).

[2] J. J. THOMSON: Conduction of electricity through gases, 2nd ed., p. 321. Cambridge: Cambridge University Press 1906.

The scattering produced by each electron can conveniently be expressed as a differential scattering cross section $d\,({}_e\sigma_s)$ which is defined in the usual way as

$$d\,({}_e\sigma_s) \equiv \frac{\text{reradiated power [erg/(sec}\cdot\text{electron)]}}{\text{incident intensity [erg/(cm}^2\cdot\text{sec)]}} \tag{1.1}$$

and which therefore has dimensions of cm²/electron. In (1.1) and throughout this article, the subscript e denotes "per electron" and the subscript s denotes "scattering".

If the photon energy $h\nu_0$ is negligible compared with the rest energy $m_0\,c^2$ of an electron, that is if

$$h\nu_0 \ll m_0\,c^2, \quad \text{hence} \quad \lambda = \frac{c}{\nu_0} \gg \frac{h}{m_0\,c} \tag{1.2}$$

and if also the binding energy B_e of the scattering electron can be neglected, hence

$$B_e \ll h\nu_0 \ll m_0\,c^2 \tag{1.3}$$

then the scattering is substantially as described by THOMSON and the differential cross section is [4]

$$d\,({}_e\sigma_{\text{Thom}}) = (r_0^2 \sin^2\xi)\,d\Omega\,\frac{\text{cm}^2}{\text{electron}} \tag{1.4}$$

for the power reradiated by one electron into a solid angle $d\Omega$ at a direction which makes an angle ξ with the direction of the electric vector of the incident radiation. In (1.4) and elsewhere the so-called "*classical electron radius*" r_0 has no basic physical significance, but always represents conveniently a particular combination of e = charge on an electron, m_0 = rest mass of an electron, and c = velocity of light in vacuum which recurs frequently in interaction theory and which has the dimensions of a length, namely

$$r_0 \equiv \frac{e^2}{m_0\,c^2} = 2.818 \times 10^{-13}\,\text{cm}. \tag{1.5}$$

If the incident radiation is plane-polarized, then the radiation scattered in any direction is also plane-polarized and the electric vectors of the incident and scattered radiations are strictly coplanar.

The Thomson differential cross section (1.4) can be understood physically in the following way. The scattered intensity or power is proportional to the square of the scattered amplitude. In turn the amplitude of the scattered radiation is proportional to the component of $\mathcal{E}_0$ in the scattering direction, hence to $\sin\xi$, to the acceleration of the scattering electron, hence to $(e/c)/m_0$, and to the dipole moment of the induced dipole radiator, hence to (e/c). The product of these factors, when squared, is (1.4).

The angular distribution of Thomson scattered, plane-polarized radiation is given in (1.4). The scattered intensity is maximum in a plane which is normal to the direction of the incident electric vector, and is zero in the direction of the incident electric vector.

The angle between the directions of propagation of the incident and the scattered radiations is called the *scattering angle* ϑ. The angular relationships are shown in Fig. 2, where:

OA = direction of scattered radiation,
OAB = scattering plane,
ϑ = scattering angle,

$\mathcal{E}_0$ = electric vector of incident radiation,
ξ = angle between $\mathcal{E}_0$ and OA,
η = angle between $\mathcal{E}_0$ and the scattering plane.

From Fig. 2 the angle ξ in (1.4) can be written

$$\cos\xi = \sin\vartheta\cos\eta \tag{1.6}$$

and the angular distribution of Thomson-scattered plane-polarized radiation becomes

$$\frac{d({}_e\sigma_{\text{Thom}})}{d\Omega} = r_0^2(1 - \sin^2\vartheta\cos^2\eta). \tag{1.7}$$

If the incident radiation is unpolarized then it can be decomposed into two orthogonally polarized components each having one-half of the incident intensity. One of these components can arbitrarily be taken as defining the direction $\eta = 0$. Then for the other component $\eta = \pi/2$. The angular distribution of Thomson-scattered *unpolarized* radiation becomes the sum of the two hypothetical components, or

$$\left.\begin{aligned}\frac{d({}_e\sigma_{\text{Thom}})}{d\Omega} &= \frac{r_0^2}{2}(1 - \sin^2\vartheta) + \frac{r_0^2}{2}(1)\\ &= \frac{r_0^2}{2}(1 + \cos^2\vartheta).\end{aligned}\right\} \tag{1.8}$$

Note the fore-and-aft symmetry and the non-zero minimum normal to the incident direction. This Thomson angular distribution is the low-energy limit in Compton scattering (Fig. 17) as described by the Klein-Nishina formula.

The total cross section for Thomson scattering is the same for polarized and for unpolarized radiation. Integrating (1.4) over all angles, with $d\Omega = 2\pi\sin\xi\,d\xi$, we obtain for the total cross section

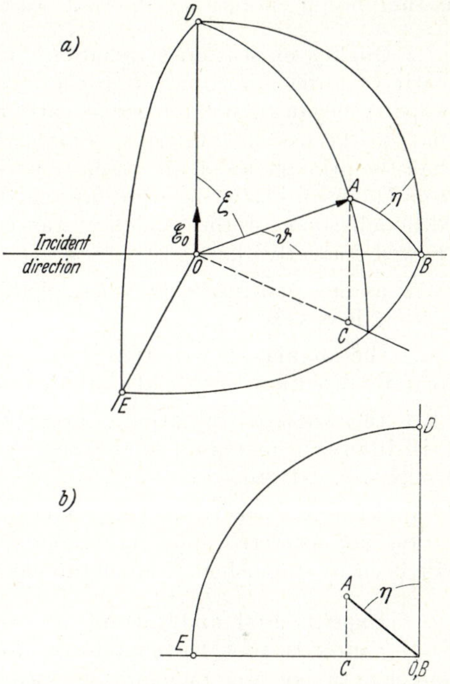

Fig. 2a and b. (a) Geometry of the scattering plane for Thomson and for Compton scattering by an electron at O. $\mathcal{E}_0$ is the electric vector of the incident radiation, OA the direction of the scattered radiation. (b) The projection of A and C on the ODE plane shows the angle η.

$${}_e\sigma_{\text{Thom}} = 2\int_0^{\pi/2}(r_0^2\sin^2\xi)(2\pi\sin\xi\,d\xi) = \frac{8\pi}{3}r_0^2 = 0.6652\times10^{-24}\ \text{cm}^2/\text{electron}. \tag{1.9}$$

Note that the *Thomson electronic cross section* $(8\pi/3)\,r_0^2$ is very close to $\frac{2}{3}$ barn per electron.

The Thomson model visualized an incident electromagnetic wave which interacts with every electron in the scatterer. It was fruitful in the interpretation of BARKLA's measurements of the number of electrons per atom, and in the interpretation of Bragg reflection of x-rays by crystals. It predicted that the scattered radiation would have the same frequency as the incident radiation, and this was shown to be false by the experiments of J. A. GRAY and many others ([*1*], p. 200) prior to 1914 when World War I interrupted the work. In 1922 A. H. COMPTON showed experimentally that the incident radiation must be regarded as corpuscular, and that each of these radiation quanta can spend all of its energy and momentum on a single individual electron in a given collision[1]. The wave model had to be retired in favor of the quantum model of radiation, and only a minute fraction of the many electrons in a scattering body can be held responsible for producing the majority of the scattering of the incident photons. The Dirac electron theory, as applied to the photon scattering problem in 1929 by KLEIN and NISHINA, gives collision cross sections (Sect. 15) which are in excellent agreement with experiments over a wide range of photon energies, and which contain all the Thomson cross sections as a limit which is approached as the photon energy is reduced toward zero.

2. Quality of scattered radiation. Experimental evidence showing that the scattered radiation differs from the incident radiation in some essential physical property began to accumulate as early as 1904 when A. S. EVE and others found that, in the case of radium C γ-rays, the scattered radiation is less penetrating than the primary incident γ-radiation. The accumulated experimental deviations from Thomson scattering were summarized and discussed in 1920 by J. A. GRAY[2]. Although some of the evidence was conflicting there were experiments which showed correctly that:

1. as the quantum energy $h\nu_0$ of the radiation increases, the scattering cross section decreases;

2. the angular distribution does not have fore-and-aft symmetry but favors forward directions, especially in the case of RaC γ-rays;

3. the scattered radiation is lower in energy than the incident radiation, and this difference increases as the angle of scattering increases, being greatest for backward scattering;

4. secondary electrons are produced when high energy photons such as RaC γ-rays are scattered (but the secondary electrons produced by x-rays had not yet been distinguished from photo-electrons).

3. Experimental and theoretical results by A. H. COMPTON. Experimentally, A. H. COMPTON took the major step forward in 1922 by measuring directly the wavelengths of the incident and scattered radiations with an x-ray crystal-spectrometer. The crucial new experiment[3] was the scattering through 90° of primary Mo K_α x-rays (17.4 kev; 0.711 Å) by graphite. The scattered radiation was clearly lower in energy than the primary, and by an amount which corresponds to an increase in wavelength of about 0.024 Å, or a decrease in energy of 570 electron-volt. This measurement seemed to rule out any acceptable interpretation on a wave model and directed attention toward the quantum character of radiation, which was in fact the only available alternative model.

A. H. COMPTON[1] and P. DEBYE[4] independently showed that if the momentum $h\nu_0/c$ of a photon could be concentrated into a collision with a single unbound electron then the momentum, and hence energy, transferred to the electron should result in a decrease in the energy of the photon and an increase in its wavelength by just $h/m_0c = 0.024$ Å for the case of 90° scattering. More generally, the increase in wavelength $\lambda' - \lambda_0$ due to scattering of a photon through an angle ϑ by an unbound electron (Sect. 7) should be independent of the incident

[1] A. H. COMPTON: Phys. Rev. **21**, 207 A (1923).
[2] J. A. GRAY: J. Franklin Inst. **190**, 633 (1920).
[3] A. H. COMPTON: Nat. Res. Council Bull. **20** (1922).
[4] P. DEBYE: Phys. Z. **24**, 161 (1923).

wavelength λ_0 and equal to

$$\lambda' - \lambda_0 = \frac{h}{m_0 c} (1 - \cos\vartheta). \qquad (3.1)$$

Compton pointed out that the *kinetic energy* transferred to the struck electron results in a true *absorption* of energy as distinguished from the mere deflection or scattering of photon energy. Therefore the total collision cross section σ has to be evaluated as the sum of an absorption cross section σ_a and a scattering cross section σ_s (Sects. 6, 15, 23, 24, 30).

A. H. COMPTON invoked also a variety of γ-ray evidence including his own measurements on the absorption coefficient in Pb of RaC γ-rays after being scattered at $\vartheta = 45°$, 90°, and 135° by paraffin, Al, and Fe, and on the angular distribution of the γ-rays scattered by Fe between 30° and 150°. These observations were in acceptable agreement with many details of the quantum model as proposed in 1923 by COMPTON [2].

In subsequent measurements COMPTON and others verified the wavelength-shift aspects of the photon scattering model by showing that:

1. the change in wavelength $\lambda' - \lambda_0$ follows the angular variation predicted by (3.1) for Mo K_α x-rays scattered at $\vartheta = 45°$, 90°, and 135° by graphite[1] (Fig. 3);

2. the wavelength shift of Ag K_α radiation scattered at 120° is[2] independent of the atomic number of the scatterer for 15 elements from $_3$Li to $_{29}$Cu (Fig. 4); and

3. the wavelength shift for 155° scattering from carbon is[3] the same for the K_α x-rays of Mo (17.4 kev), Ag (22.2 kev), and W (58.7 kev), and therefore independent of λ_0.

Figs. 3 and 4 clearly show also the "unmodified" line which is produced by coherent scattering from bound electrons, without a change in energy (Sect. 33).

A. H. COMPTON'S experiments fully supported his hypotheses that when an x-ray photon is scattered it can spend all of its

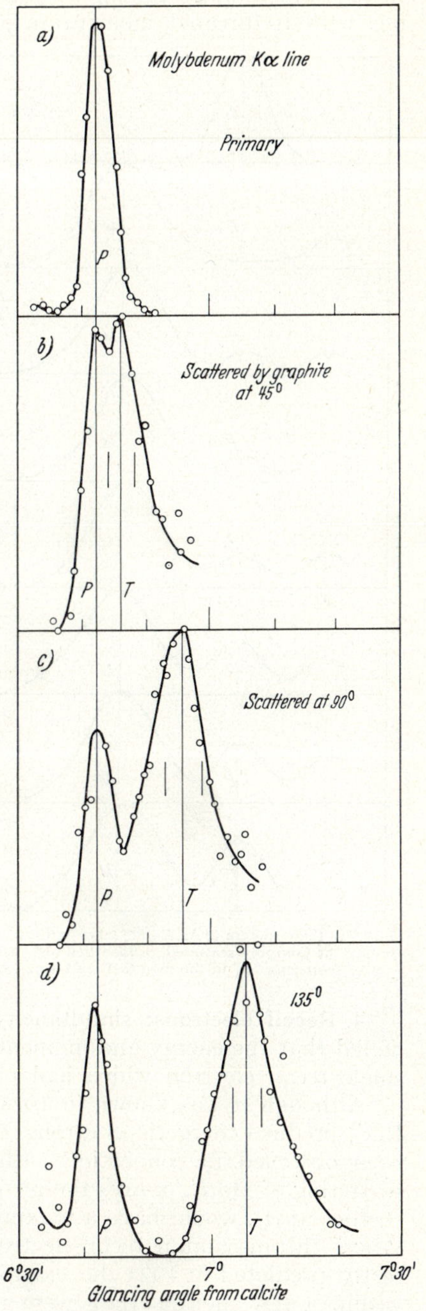

Fig. 3 a–d. The first quantitative demonstration of the dependence of the Compton shift on scattering angle, for the 17.4 kev x-rays of Mo K_α. The primary wavelength is marked P, and T shows the theoretical position of the scattered photons if (3.1) is valid. [From COMPTON: Phys. Rev. 22, 409 (1923).]

[1] A. H. COMPTON: Phys. Rev. **22**, 409 (1923).
[2] Y. H. WOO: Phys. Rev. **28**, 426 A (1926), and p. 205 of Ref. [2].
[3] J. W. M. DUMOND and H. A. KIRKPATRICK: Phys. Rev. **38**, 1094 (1931).

energy and momentum upon some particular electron, and that a photon carries with it directed momentum as well as energy.

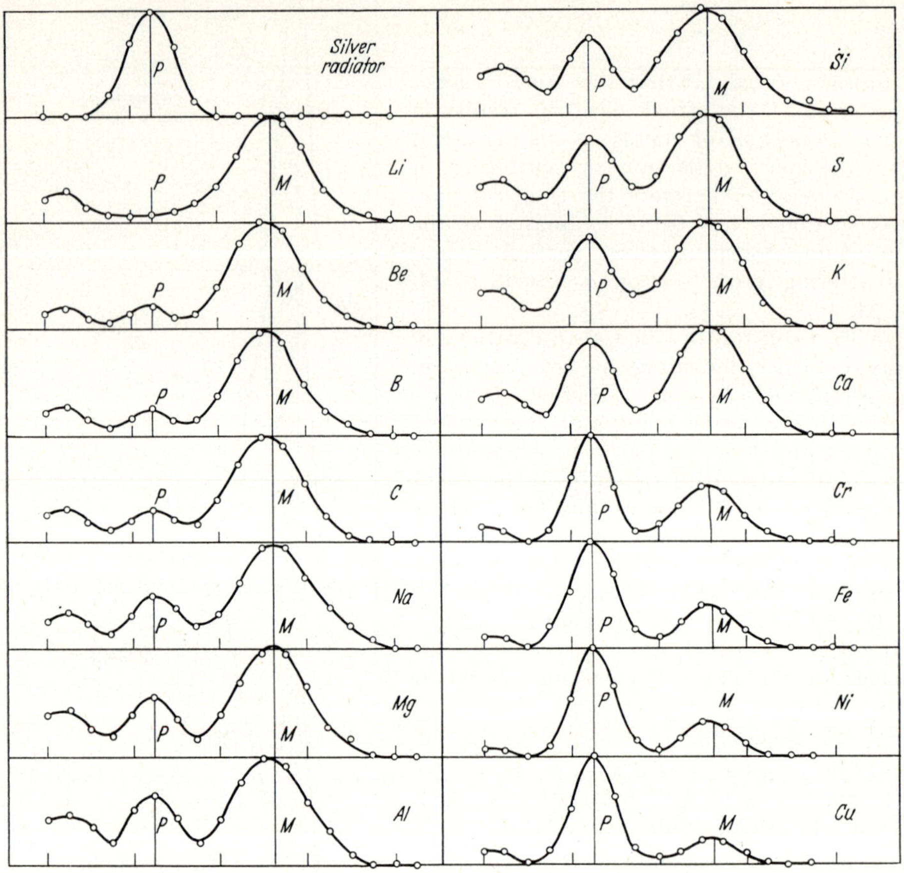

Fig. 4. In these spectra of Ag K_α (22.2 kev) after scattering at 120° from 15 elements the relative positions of the primary (*P*) and the Compton scattered, or modified (*M*), peaks are independent of atomic number. The ratio of the unmodified scattering (*P*) to the modified scattering (*M*) increases steadily with atomic number. (From Woo [*1*].)

4. Recoil electrons: simultaneity and conservation. The photon model predicted that the energy and momentum lost by the photon would be found in one single recoil electron which had produced the scattering.

Although it was known in 1923 that high energy γ-rays, such as those from RaC, produce energetic electrons, these secondary or "recoil" electrons had not been observed in connection with the scattering of ordinary x-rays. In the scattering of Mo K_α x-rays the recoil electrons, which account for the absorption coefficient σ_a, would have a maximum energy of only 1.1 kev, while for 100 kev x-rays the maximum recoil-electron energy is only 28 kev. Compton [*2*] correctly predicted in 1923 the existence of these low-energy recoil electrons and within a few months they were identified in cloud chamber observations by C. T. R. Wilson[1] and by W. Bothe[2]. The experimental work up to 1930 on recoil electrons has been reviewed in detail by Kirchner[3].

[1] C. T. R. Wilson: Proc. Roy. Soc. Lond., Ser. A **104**, 1 (1923).
[2] W. Bothe: Z. Physik **16**, 319 (1923).
[3] F. Kirchner: Handbuch der Experimentalphysik, Vol. 24. 1930.

The photon model of the Compton effect seemed to require abandonment of the concept that x-rays, and therefore other forms of light also, are emitted as spherical waves spreading out in all directions from an emitter. It seemed necessary instead to assume that the energy and momentum are carried in directed quanta, each traveling in a particular direction and each capable of delivering all of its energy and momentum to one electron. As an alternative, in 1924 BOHR, KRAMERS, and SLATER[1] worked out the details of a generalized classical wave model in which virtual oscillators scatter the spherical wave, and produce the required wavelength shift by a type of Doppler effect. This type of wave model could preserve the idea of spherically spreading waves, but it required that the principles of conservation of momentum and energy be relaxed so that they applied only to the statistical average of a large number of collisions, and not to single individual interactions between the radiation and the scattering electrons. In this wave model the incident radiation is scattered continuously, as it was in the Thomson wave model, but in addition a recoil electron is emitted occasionally by the scatterer. Momentum is then not conserved for any individual recoil electron. By not requiring conservation of momentum and energy except as a statistical average the Bohr-Kramers-Slater wave model could account for the principal features of the photoelectric effect as well as the wavelength shift in the Compton effect. A choice between the Compton-Debye photon-collision model and the Bohr-Kramers-Slater wave model could only be made by an appeal to experiment.

There are two sharp distinctions between the predictions of these theories. The photon model requires: (1) *simultaneity* between the instant of production of the recoil electron and the scattered radiation, and (2) *conservation* of both momentum and energy between the incident radiation and the resulting scattered radiation plus recoil electron. The wave model denies both simultaneity and conservation in individual encounters. Simultaneity and conservation have each been tested experimentally, with continually improved techniques, and with full verification of the photon model.

With respect to *simultaneity*, in 1924 BOTHE and GEIGER[2] introduced coincidence counting techniques and successfully oberved coincidences between recoil electrons detected in one Geiger point-counter and scattered photons detected in a second Geiger point-counter when ~ 70 kev x-rays were scattered in hydrogen gas. The solid angles were large (each nearly a hemisphere) and the time resolution was only 10^{-3} sec, but the scattered photons and recoil electrons appeared in pairs separated by a time interval of less than 10^{-3} sec, and this justly celebrated experiment clearly supported the photon model.

During the succeeding three decades BOTHE and GEIGER's basic simultaneity experiment has been repeated with successively improved apparatus by several investigators, and with successively reduced limits on the time interval within which the recoil electron and scattered photon appear to arise "simultaneously". Fig. 5 illustrates the typical arrangement, as used by HOFSTADTER and MCINTYRE[3]. Collimated γ-rays from Co^{60} (1.17, 1.33 Mev) strike a $\frac{1}{2}$ inch cube of stilbene, in which the production of a recoil electron produces a scintillation and hence a pulse in the output of a pair of photomultiplier tubes which view the stilbene. This pulse, after passing through a 0.16-microsecond delay line is

[1] N. BOHR, H. A. KRAMERS and J. C. SLATER: Phil. Mag. **47**, 785 (1924). — Z. Physik **24**, 69 (1924). — N. BOHR: Nature, Lond. **138**, 25 (1936).

[2] W. BOTHE and H. GEIGER: Z. Physik **26**, 44 (1924); **32**, 639 (1925). — Naturwiss. **13**, 440 (1925).

[3] R. HOFSTADTER and J. A. MCINTYRE: Phys. Rev. **78**, 24 (1950).

presented on a cathode ray oscilloscope trace which had been triggered by the detection of the accompanying scattered photon. The scattered photon is detected in a 0.5 in. × 0.5 in. × 1.0 in. stilbene "detector" crystal which is viewed by a second pair of photomultiplier tubes. Calibration of the oscilloscope sweep with a 10^7 cycle per second signal showed that in all cases each recoil electron and its associated scattered photon arose within an immeasurably short time interval which under these experimental conditions was less than 1.5×10^{-8} sec. In these experiments the scattered-photon detector subtended a plane angle of about 10° at the center of the scatterer, and was placed at mean scattering angles of $\vartheta = 30°$, 50°, 70°, and 90°. The ratio of true to accidental coincidences was about 500. This experiment also shows that the time delay between the arrival of a photon and the departure of its recoil electron and scattered photon is also less than 1.5×10^{-8} sec, because most of the pulses in the "detector" crystal are produced by Compton collisions rather than by photo-absorption in the $h\nu'$ "detector" crystal.

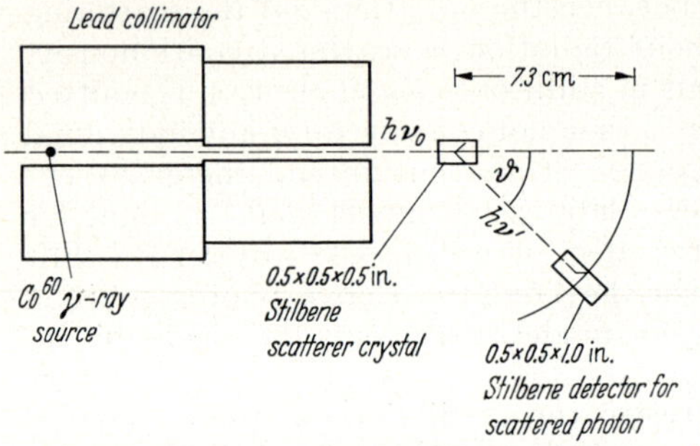

Fig. 5. Arrangement for measuring simultaneity of recoil electron and scattered photon. Each of the two stilbene crystals is viewed by its own pair of matched, parallel-connected, 1 P 21 photomultiplier tubes (not shown). [From Hofstadter and McIntyre.]

This important result has been confirmed in analogous experiments by Cross and Ramsey[1] ($\leq 1.5 \times 10^{-8}$ sec) and by Bell and Graham[2] ($\leq 5 \times 10^{-10}$ sec). That the simultaneity time limit does not exceed 10^{-11} sec has been reported by Bay, Henri, and McLernon[3] on a basis of their delayed coincidence measurements using Co^{60} γ-rays, small diphenyl acetylene crystals, large solid-angle geometry, and a "first moment" method of analyzing the delayed coincidence data. No presently contemplated experimental method can however approach the time interval of the order of $h/m_0 c^2 \simeq 10^{-21}$ sec which is roughly the quantum theoretical time uncertainty for "simultaneity" in Compton scattering.

With respect to *conservation*, the photon theory (Sect. 9) requires an exact correlation between the directions of the recoil electron and of the scattered photon, as shown later in Fig. 11. When the recoil electron is projected at an angle φ with the direction of the primary photon, conservation of momentum and energy alone require that the scattered photon can proceed only at the scattering angle ϑ given by

$$\cot \varphi = (1 + \alpha) \tan \frac{\vartheta}{2}, \tag{4.1}$$

where $\alpha \equiv h\nu_0/m_0 c^2$ is the energy $h\nu_0$ of the incident photon in units of $m_0 c^2 = 0.511$ Mev. If (4.1) is true then the scattered photon cannot be visualized as an ordinary spherical wave emitted from the individual scattering electron because such a spherical wave could be detected in any direction. Yet the scattered photons do display wave properties when diffracted or reflected in x-ray crystal spectrometers designed to measure the wavelength shift $\lambda' - \lambda_0$ at a particular angle ϑ. The puzzling paradox of the corpuscular and wave properties of radiation is clearly displayed.

[1] W. G. Cross and N. F. Ramsey: Phys. Rev. **80**, 929 (1950).
[2] R. E. Bell and R. L. Graham: Unpublished but reported by Cross and Ramsey (see Footnote 1).
[3] Z. Bay, V. P. Henri and F. McLernon: Phys. Rev. **97**, 1710 (1955).

The prototype experimental test of conservation (4.1), and hence of wave vs. corpuscular behavior, was suggested by W. F. G. SWANN and completed in 1925 by A. H. COMPTON and A. W. SIMON[1]. In their experiment a collimated beam of x-rays passed along the diameter of a cloud chamber whose air filling acted as the scatterer. The direction of ejection φ of each recoil electron was presumed to be the same as the initial direction of its electron cloud track, without correction for a possible electron-scattering deflection at the beginning of the cloud track. The direction of the scattered photon was determined by converting these photons to photoelectrons in thin lead diaphragms placed in the cloud chamber near the x-ray beam. Some 850 photographs provided 38 cases in which the directions φ and ϑ could be measured. In 18 of these the directions of the recoil electron and the scattered photon were correlated to the extent that the photon scattering angle ϑ was within 20° of the value predicted by (4.1). In the other 20 cases the distribution of ϑ was random, and these cases were ascribed to random coincidences with stray radiation. The source of x-rays was a Coolidge x-ray tube operated on an unrectified 140 kv peak alternating-current supply, with heavy filtration (6 mm brass + 2 mm Cu + 2 mm Al) of the beam so that the effective quantum energy was probably of the order of 100 kev or less. This experiment, with its rather wide limits of error, was accepted for over a decade as verifying (4.1).

A very substantial reinvestigation was precipitated in 1936 when SHANKLAND[2] reported that he could not detect the coincidences required by (4.1) when collimated γ-rays from a radon source were scattered by any of several light elements and the recoil electron and scattered photon were detected in Geiger-Müller counters.

The extent to which an experimental demonstration of the conservation laws in the Compton effect lies at the foundation of modern quantum theory is illustrated well by some of the preparations for abandonment of part or all of quantum electrodynamics which ensued[3]. This stimulated many experimentalists to repeat the conservation experiment. A variety of experimental arrangements were used. The over-all results were that (4.1) was verified within the accuracy of each particular experiment. Because of their basic importance to the validity of quantum electrodynamics, we will summarize a few typical experiments.

The basic Compton-Simon cloud-chamber experiment was greatly improved and repeated by CRANE, GAERTTNER, and TURIN[4] using γ-rays from a MsTh preparation (0.5 to 2.6 Mev), and a discrete scatterer of celluloid 0.8 mm thick. A magnetic field of 880 gauss provided for measurement of the energy of each recoil electron. Knowledge of the energy and direction of each recoil electron is equivalent to a measurement of the energy of the responsible primary photon and provides a unique prediction of the photon scattering angle ϑ, with no ambiguities due to the complicated primary spectrum of incident γ-rays. However, scattering of the recoil electron within the 0.8 mm celluloid scatterer, before the electron emerges into the cloud chamber, has the effect of altering φ and therefore of reducing greatly the precision of the prediction of ϑ. Out of 10000 photographs some 300 electron-photon combinations were found and the projections of the angles ϑ and φ parallel to the plane of the cloud chamber were measured.

[1] A. H. COMPTON and A. W. SIMON: Phys. Rev. **26**, 289 (1925).
[2] R. S. SHANKLAND: Phys. Rev. **49**, 8 (1936).
[3] P. A. M. DIRAC: Nature, Lond. **137**, 298 (1936). — E. J. WILLIAMS: Nature, Lond. **137**, 614 (1936). — R. PEIERLS: Nature, Lond. **137**, 904 (1936). — N. BOHR: Nature, Lond. **138**, 25 (1936).
[4] H. R. CRANE, E. R. GAERTTNER and J. J. TURIN: Phys. Rev. **50**, 302 (1936).

The angles ϑ and φ were of the opposite sign in 209 cases, and of the same sign in only 91 cases. Thus conservation of momentum in the plane of the cloud chamber was suggestive in about $\frac{2}{3}$ of the cases. In the remaining $\frac{1}{3}$, conservation would be impossible, unless φ was wrong due to the scattering experienced by the recoil electron within the scatterer, or unless the electron-photon combination was an accidental coincidence of two unrelated cloud-chamber tracks. The overall results do not lend themselves to the evaluation of a numerical statistic which would define the extent of the agreement between the data and theory. From the measurements of energy and direction on each emerging electron, a theoretical value of the photon scattering angle ϑ_{cal} was calculated. This was compared with the observed photon scattering angle ϑ_{obs}. The absolute value $|\vartheta_{\text{obs}} - \vartheta_{\text{cal}}|$ was less than 10° in 70 cases out of 300. Graphical compilations of the frequency of occurrence of various values of $|\vartheta_{\text{obs}} - \vartheta_{\text{cal}}|$, compared with values of $|\vartheta_{\text{obs}} + \vartheta_{\text{cal}}|$, show that ϑ_{obs} is correlated much better with ϑ_{cal} than it is with the negative of the expected angle, $-\vartheta_{\text{cal}}$. Thus the angles given by (4.1) are considerably favored over a random distribution of angles. The results confirm the Compton-Simon cloud chamber experiment, but also show that a cloud chamber is far from the ideal experimental apparatus for studying the conservation question.

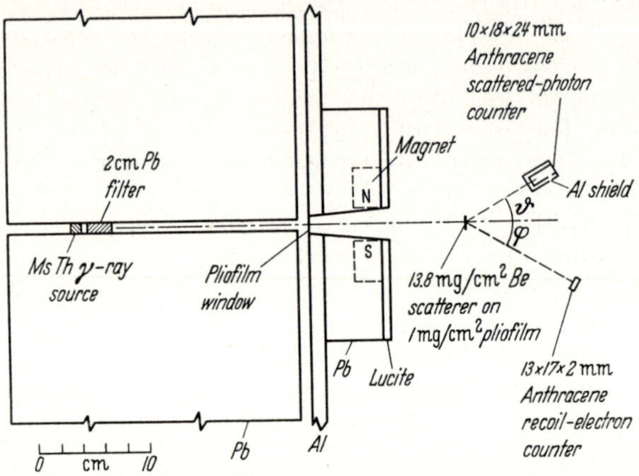

Fig. 6. Arrangement of coincidence apparatus for testing conservation (4.1) in Compton collisions. Photomultipliers and other auxiliaries not shown. [From CROSS and RAMSEY.]

Also in 1936 several investigators modified and repeated SHANKLAND'S experiment using Geiger-Müller counters in coincidence circuits for detecting the recoil electron and the scattered photon. The results[1-3] now all favored (4.1) and were considerably more compelling statistically than the cloud-chamber data. Nevertheless the precision was only moderate because of inhomogeneity in the γ-ray sources, unwanted deflections of the recoil electrons within the scatterer, and accidental coincidences due to the resolving time of the Geiger-Müller counters.

Anthracene scintillation counters operating at resolving times of about 3×10^{-7} sec were applied to the coincidence experiment by CROSS and RAMSEY[4] in 1950. Their apparatus is shown schematically in Fig. 6. The source was about 0.2 curie of MsTh, whose γ-rays were filtered through 2 cm of Pb in order to emphasize the 2.62 Mev γ-ray of ThC″. The scatterer was a beryllium foil 13.8 mg/cm² thick supported on 1 mg/cm² of Pliofilm. The scattered-photon counter was a 10×18 mm parallelopiped of anthracene 24 mm deep, shielded from electrons by 3.2 mm Al, set at a mean scattering angle of $\vartheta = 30°$ and a

[1] J. C. JACOBSEN: Nature, Lond. **138**, 25 (1936).
[2] W. BOTHE and H. MAIER-LEIBNITZ: Z. Physik **102**, 143 (1936). — Phys. Rev. **50**, 187 L (1936).
[3] R. S. SHANKLAND: Phys. Rev. **52**, 414 (1937).
[4] W. G. CROSS and N. F. RAMSEY: Phys. Rev. **80**, 929 (1950).

distance of about 8 cm from the Be scatterer. The recoil electron counter was a 13×17 mm plate of anthracene, 2 mm deep. Each counter was covered on the front and sides by thin Al foil, and was viewed from the rear by a 1 P 21 photomultiplier tube feeding into Jordan-Bell-type linear amplifiers.

Precautions were taken to reduce the background of unwanted scattered electrons and photons by installing a magnet in the exit mouth of the γ-ray collimator, and by enclosing the scattering foil and counters in an atmosphere of helium.

With the scattered-photon counter set at $\vartheta = 30°$, those recoil electrons which are produced by 2.62 Mev primary photons should appear at $\varphi = 31.3°$ if (4.1) is valid. Fig. 7 shows the variation in the total coincidence rate (including the background of 14.3 per hour) when the recoil-electron counter is set at various angles φ between 29 and 34°. The maximum of 83.0 ± 1.4 coincidences per hour occurs at the expected angle of $\varphi = 31.3°$ with a standard error which is certainly less than 1°. The total width of the angular distribution at half-maximum is about 14°, and is in good agreement with calculations of the broadening effects to be expected due to: (1) scattering of the recoil electrons before emerging from the Be foil, (2) γ-ray components of less than 2.62 Mev in the primary γ-ray beam, estimated as 32 photon-percent, and (3) the finite geometrical size of the γ-ray collimator and the counters.

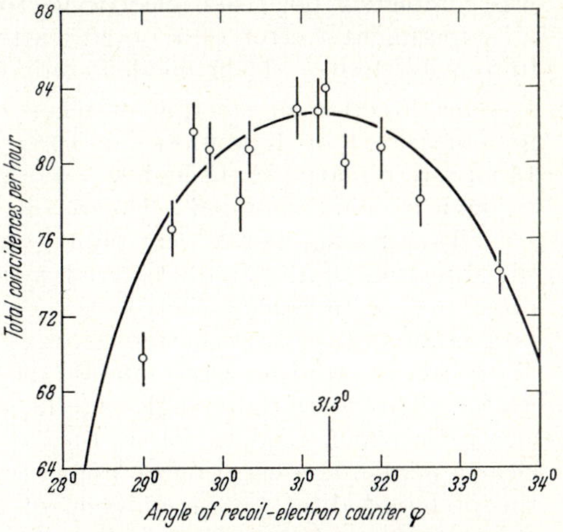

Fig. 7. Coincidence rate as a function of recoil-electron angle φ, for fixed scattered-photon angle $\vartheta = 30°$, 2.62 Mev photons (68%) plus softer γ-ray components, and a 14.8 mg/cm² Be on Pliofilm scatterer. The vertical scale includes the background of 14.3 accidental coincidences per hour. [From Cross and Ramsey.]

In Fig. 7 the *shape* of the solid curve is an entirely theoretical prediction of these broadening effects, and is seen to fit the observed width satisfactorily. Additionally, it should be emphasized that the *absolute* coincidence counting rate was within 10% of the calculated value predicted from separate measurements of the source strength (± 10%), counter efficiency (± 5%), and counter geometry, combined with the theoretical losses (38 ± 3%) due to multiple scattering of the recoil electrons within the Be scatterer. Considering the many compromises between resolution and intensity which always must be made in an experiment of this type, Cross and Ramsey's results are an exceptionally firm verification of (4.1) and hence of the conservation of momentum and energy in each individual Compton collision.

5. Polarization of scattered radiation. The electric vectors of incident plane polarized radiation and of the scattered radiation are strictly coplanar in the Thomson model, Eqs. (1.4), (1.7). This is an inevitable consequence of any model which visualizes the scattered radiation as emission from an electric dipole radiator, such as an electron set into forced oscillation by the electric vector of the incident radiation.

Barkla's[1] classic demonstrations in 1906 of the polarization of x-rays were confirmed by many workers. Primary x-rays are scattered through 90° and then

[1] C. G. Barkla: Proc. Roy. Soc. Lond., Ser. A **77**, 247 (1906).

strike a second scattering body. The "first-scattering plane" contains the primary beam and the first and second scattering bodies. The second-scattered radiation, which emerges from the second scattering body after experiencing another 90° scattering, has a maximum intensity parallel to the first-scattering plane, and a minimum intensity which approaches zero in a direction normal to the first-scattering plane.

Quantitatively, COMPTON and HAGENOW[1] examined the radiation scattered at $\vartheta = 90°$ from blocks of paper, C, Al, and S, by BARKLA's method of scattering this radiation again at 90°. They reported that the 90° first-scattered radiation was completely polarized (electric vector normal to the scattering plane) within an experimental error of 1 or 2%, after correction for multiple scattering and finite solid angles. Their incident radiation was 130 kv peak x-rays.

The direction of ejection of recoil electrons by plane polarized x-rays was first measured by KIRCHNER[2] in 1926. X-rays from a tube operated at 130 to 150 kv were scattered through $\vartheta = 90°$ by a paraffin block, and then were passed through a cloud chamber. The recoil-electron tracks which were produced in second-scattering events were photographed by a camera whose axis was along the direction of the first-scattered x-rays. Therefore the pictures showed the projection of the recoil-electron tracks onto a plane normal to the direction of propagation of the first-scattered x-rays. The most probable direction of ejection of the recoil-electron was found to be normal to the direction of the electric vector. This is at right angles to the preferred direction of emission of photoelectrons, which tend to follow the direction of the electric vector. The result clearly implies conservation of momentum in the second-scattering event because the preferred direction of emission of scattered photons is also normal to the electric vector of the radiation being scattered.

In 1928 KLEIN and NISHINA showed (Sect. 12) that DIRAC's relativistic electron theory predicts the appearance of some unpolarized scattered radiation, in addition to the polarized components, in the Compton scattering of high energy plane-polarized radiation. Relative to the polarized component this unpolarized component increases as the square of the energy of the incident photon. NISHINA[3] extended this theory to the explicit experimental arrangement of BARKLA's classic experiment, that is two successive scatterings through 90°. He predicted that the intensity of the second-scattered radiation should be proportional to

$$\sin^2 \xi + \frac{\alpha^2 (2 + 4\alpha + 3\alpha^2)}{2(1+\alpha)^2 (1+2\alpha)}, \tag{5.1}$$

where the first term represents the fully-polarized intensity as predicted classically, and the second term represents the incoherent additional intensity. ξ is the angle between the direction of observation of the second-scattered radiation and the normal to the first-scattering plane, and $\alpha = h\nu_0/m_0 c^2$ is the photon energy $h\nu_0$ in units of $m_0 c^2$.

An experimental reinvestigation confirmed the lack of complete plane-polarization of higher energy x-rays after 90° scattering. Using a medical x-ray tube at several peak voltages between 200 and 800 kv, ERIC RODGERS[4] in 1936 repeated the classic 90°-90° scattering experiment. The primary x-rays were scattered at $\vartheta = 90°$ from iron, then again at $\vartheta = 90°$ from a second iron scatterer.

[1] A. H. COMPTON and C. F. HAGENOW: J. Opt. Soc. Amer. **14**, 487 (1924).
[2] F. KIRCHNER: Phys. Z. **27**, 385, 799 (1926). — Ann. Physik **81**, 113 (1926).
[3] Y. NISHINA: Z. Physik **52**, 869 (1929).
[4] E. RODGERS: Phys. Rev. **50**, 875 (1936).

The intensity of these second-scattered radiations was measured, using a Geiger-Müller counter, in directions parallel to the primary beam ($\xi = 90°$), and perpendicular to the primary beam ($\xi = 0°$). The effective frequency of the primary beam was estimated by absorption measurements to correspond to about 60 to 40% of the peak voltage applied to the x-ray tube. The experimental results

Table 1. *Polarization of x-rays scattered twice at 90° by iron.* (After E. RODGERS.)

X-ray tube voltage peak kv	Estimated effective photon energy kev	Experimental $I_\perp/I_\parallel$ observed	Experimental P corrected	Theoretical $I_\perp/I_\parallel$	Theoretical P
200	124	0.120	0.90	0.038	0.93
400	210	0.153	0.85	0.086	0.84
500	240	0.184	0.80	0.110	0.81
600	250	0.194	0.79	0.111	0.80
700	290	0.226	0.74	0.145	0.75
800	320	0.261	0.70	0.156	0.73

are summarized in Table 1, where the intensity of the second-scattered radiation is $I_\parallel$ in a direction parallel to the primary beam ($\xi = 90°$), and $I_\perp$ normal to the primary beam ($\xi = 0°$), while the degree of polarization P is defined as

$$P = \frac{I_\parallel - I_\perp}{I_\parallel + I_\perp}. \tag{5.2}$$

The experimental values of P shown in Table 1 are based on the observed $I_\perp/I_\parallel$ and (5.2), but contain a constant correction of $+0.11$ which was RODGERS' estimate of the effects of multiple scattering and of the finite solid angles in his apparatus. This particular type of correction puts the experimental values of P into good agreement with the theoretical values of P given by (5.1) and (5.2). With respect to only the uncorrected observed and theoretical values of $I_\perp/I_\parallel$ the agreement is only qualitative, but the trend of the data is in the expected direction, and a decreasing degree of polarization is observed as the energy increases.

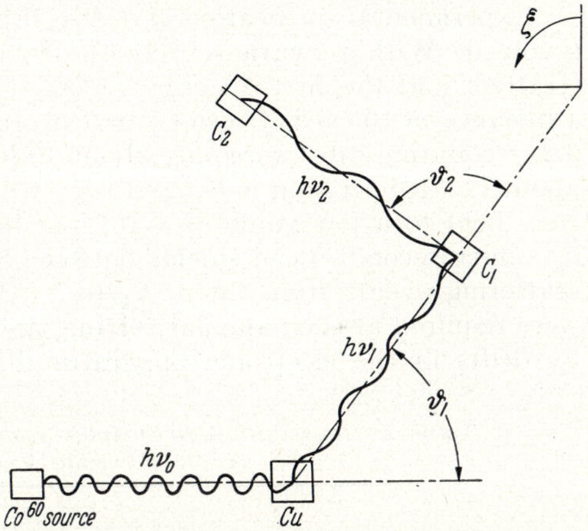

Fig. 8. Arrangement for two successive Compton scatterings.

It is reassuring to see a repetition of this important direct experiment using modern scintillation counter detection methods, a monoenergetic γ-ray source, and scattering angles other than 90°. Fig. 8 illustrates the geometry used by HOOVER, FAUST and DOHNE[1]. Collimated unpolarized γ-rays from a 5-curie source of Co^{60} ($h\nu_0 = 1.17$ and 1.33 Mev) strike a copper scatterer, Cu. The photons which are singly scattered at ϑ_1, and in the plane of the page, have an energy $h\nu_1$, and strike a NaI(Tl) scintillator C_1. In C_1, some of these undergo a second successive Compton scattering, in the direction ϑ_2 with respect to the direction of propagation of $h\nu_1$, and at an azimuthal angle ξ with respect to

[1] J. I. HOOVER, W. R. FAUST and C. F. DOHNE: Phys. Rev. **85**, 58 (1952).

the normal to the plane of $h\nu_0$ and $h\nu_1$. These second-scattered photons, $h\nu_2$, should have their maximum intensity in the plane of $h\nu_0$ and $h\nu_1$, that is at $\xi = 90°$. The second-scattering event is detected in C_1 by the scintillation from the Compton recoil electron produced in C_1. The direction (ϑ_2, ξ) of scattering of $h\nu_2$ is observed by detection of $h\nu_2$ in a second NaI(Tl) scintillator C_2, operated in a coincidence circuit with C_1.

In this arrangement, Wightman[1] has shown that the Klein-Nishina cross sections (Sect. 12) for unpolarized incident radiation $h\nu_0$, scattered twice by single unoriented electrons separated by a distance R, lead to

$$\frac{dn}{n_1} = \frac{r_0^4}{4}\left(\frac{1}{4\pi R^2}\right)\left(\frac{\nu_2}{\nu_0}\right)^2 [\gamma_1\gamma_2 - \gamma_1 \sin^2\vartheta_2 - \gamma_2 \sin^2\vartheta_1 + 2\sin^2\vartheta_1 \sin^2\vartheta_2 \sin^2\xi]\, d\Omega_2 \qquad (5.3)$$

where dn is the number of photons $h\nu_2$ going into the solid angle $d\Omega_2$ at (ϑ_2, ξ), n_1 is the number of photons per cm² incident on the first-scattering electron, and

$$\gamma_1 \equiv \frac{\nu_1}{\nu_0} + \frac{\nu_0}{\nu_1} \quad \text{and} \quad \gamma_2 \equiv \frac{\nu_2}{\nu_1} + \frac{\nu_1}{\nu_2}$$

in which

$$\frac{\nu_1}{\nu_0} = \frac{1}{1 + (h\nu_0/m_0 c^2)(1 - \cos\vartheta_1)},$$

$$\frac{\nu_2}{\nu_1} = \frac{1}{1 + (h\nu_1/m_0 c^2)(1 - \cos\vartheta_2)}.$$

Experimental verification of (5.3) is difficult because of the very low intensities involved. With a 5-curie source of Co^{60}, a distance of $R = 10$ cm between the Cu scatterer and the first 2.5 cm × 2.5 cm × 0.2 to 0.4 cm NaI(Tl) detector C_1, and a distance of 10 cm between C_1 and the similar NaI(Tl) detector at C_2, the coincidence counting rates were only about 30 per hour. The singles counting rates were about 32×10^4 per hour in C_1, and 1.5×10^4 per hour in C_2. Accidental coincidences were held to a low value of ~0.5 per hour by a coincidence resolving time of 0.15 microsecond. Lead shields between Cu and C_2 minimized unwanted second-scattering events from Cu to C_2 to C_1. Long runs, of the order of 100 hours, were required at each angular setting, and the final accuracy was limited mainly by drifts in the electronic apparatus during these long observations. Table 2

Table 2. *Polarization of Compton scattered photons, in terms of* $C_{\xi=90°}/C_\xi$. (From Hoover, Faust, and Dohne.)

ξ	Experimental	Theoretical (5.3)	Ratio of deviation to statistical probable error
		$\vartheta_1 = 83°$	
0°	1.78 ± 0.11	1.76	+0.2
20°	1.34 ± 0.07	1.56	−3.1
40°	1.09 ± 0.05	1.22	−2.8
60°	1.04 ± 0.03	1.08	−1.3
90°	1.00	1.00	—
		$\vartheta_1 = 50°$	
0°	1.49 ± 0.04	1.45	+1.1
20°	1.53 ± 0.05	1.37	+3.6
40°	1.27 ± 0.04	1.22	+1.3
60°	1.10 ± 0.04	1.08	+0.4
90°	1.00	1.00	—

[1] A. Wightman: Phys. Rev. **74**, 1813 (1948).

summarizes the experimental results and the theoretical predictions, in terms of the ratio of second-scattered counting rates $C_{\xi=90^\circ}/C_\xi$, where $C_{\xi=90^\circ}$ is the counting rate when Cu, C_1, and C_2 are coplanar ($\xi=90^\circ$), and C_ξ is the counting rate when C_2 is at an angle ξ from the normal to the plane of Fig. 8. The angle ϑ_2 was not varied, but was set at $\vartheta_2=90^\circ$, and the presumed symmetry of scattering about $\xi=0$ was not explicitly tested. Two values of the first-scattering angle $\vartheta_1=50^\circ$ and $\vartheta_1=83^\circ$ were tested.

Within the experimental accuracy of about 5%, these results are in good agreement with WIGHTMAN's formula and support the Klein-Nishina polarization cross sections for the case of $(h\nu_0)_{\text{av}}\approx 1.25$ Mev unpolarized incident radiation.

Indirectly, coincidence measurements[1] of the angular correlation of photons produced by Compton scattering of the oppositely directed, and cross plane-polarized 0.511 Mev annihilation quanta from a Cu^{64} positron source also suggest that the polarization aspects (Sects. 12, 14, 34) of the Klein-Nishina formulation are probably correct. Modern γ-ray polarimeters (Fig. 16) are based upon the assumed correctness of these polarization relationships.

Classical model of the depolarization in Compton scattering. It is useful to see how an unpolarized component of scattered radiation can occur even from classical electrodynamics. A. H. COMPTON showed[2] that an unpolarized component, proportional to $(h\nu_0)^2$, would arise from the interaction of the magnetic vector $\boldsymbol{H}$ of an incident electromagnetic wave with the magnetic dipole moment μ of the struck electron. The $\boldsymbol{H}$ vector of the incident wave should exert a torque on a spinning electron, and induce a precession about $\boldsymbol{H}$. The radiation due to this induced precession can be shown to have an intensity proportional to

$$\frac{\nu_0^2}{c^4}\,\frac{(\text{electron magnetic dipole moment})^4}{(\text{electron spin angular momentum})^2}\,. \tag{5.4}$$

Introducing the Bohr magneton $e h/4\pi m_0 c$ as proportional to the magnetic dipole moment, and $h/2\pi$ as proportional to the spin angular momentum, gives, for the dimensions of (5.4)

$$\frac{\nu_0^2}{c^4}\,\frac{e^4 h^4/m_0^4 c^4}{h^2}=\left(\frac{e^2}{m_0 c^2}\right)^2\left(\frac{h\nu_0}{m_0 c^2}\right)^2=r_0^2\,\alpha^2\,. \tag{5.5}$$

Thus the magnetically scattered radiation should be proportional to the square of the classical electron radius, as is the classical Thomson scattering, and to the square of the incident photon energy in units of the electron rest energy $m_0 c^2$.

COMPTON also derived expressions from classical electrodynamics for the angular distribution and the total cross section of the magnetically scattered radiation. These do not agree in detail with the corresponding angular distribution and cross section which emerge from the presumably correct relativistic quantum electrodynamics, although the orders of magnitude are the same. The classical calculations are therefore of interest mainly because they provide a classical model of the origin of the unpolarized term in the Klein-Nishina formulas.

The Dirac relativistic electron theory contains terms whose classical counterparts are electron spin and magnetic dipole moment. The classical interpretation of the extra term, (12.4) and (13.5), in the Klein-Nishina treatment of Compton scattering is that it corresponds to scattering due to the electron's spin and magnetic dipole moment, interacting with the $\boldsymbol{H}$ vector of the incident electromagnetic wave. That the spin and magnetic dipole moment do not appear explicitly in the Klein-Nishina cross sections is acceptable in view of (5.5).

---

[1] C. S. WU and I. SHAKNOV: Phys. Rev. **77**, 136L (1950).

[2] A. H. COMPTON: Phys. Rev. **50**, 878 (1936).

6. Cross section according to classical electrodynamics. The model for the classical Thomson cross section (1.4), (1.8), and (1.9) contemplates only a pure scattering phenomenon. It does not provide for the true absorption of energy which alone provides the kinetic energy of the recoil electrons. In order clearly to describe a Compton collision it is convenient to employ three types of cross section, as was first pointed out by COMPTON[1] in 1923.

The differential scattering cross section per electron $d({}_e\sigma_s)$ describes, as in (1.1), only the probability of conversion of incident energy to scattered energy. If the scattering angle is ϑ, the conservation laws require (Sect. 7) that the energy $h\nu'$ of the scattered radiation is

$$\frac{h\nu'}{h\nu_0} = \frac{1}{1+\alpha(1-\cos\vartheta)}, \tag{6.1}$$

where $\alpha = h\nu_0/m_0 c^2$ is the incident energy $h\nu_0$ in units of the electron rest energy $m_0 c^2$. Then for every photon $h\nu'$ scattered at angle ϑ there is one photon $h\nu_0$ removed from an initially collimated incident beam, and there is one recoil-electron produced. Conservation requires that $(h\nu_0 - h\nu')$ is the kinetic energy of this recoil electron.

The over-all process is one of losing $h\nu_0$ while receiving $h\nu'$ and $(h\nu_0 - h\nu')$ in two different packages. This loss of $h\nu_0$ is described by a differential *collision* cross section $d({}_e\sigma)$, which is the sum of a *scattering* cross section $d({}_e\sigma_s)$ and an *absorption* cross section $d({}_e\sigma_a)$. Then in general

$$d({}_e\sigma) = d({}_e\sigma_s) + d({}_e\sigma_a) \tag{6.2}$$

and from conservation of energy

$$d({}_e\sigma_s) = \frac{\nu'}{\nu_0}\, d({}_e\sigma), \tag{6.3}$$

$$d({}_e\sigma_a) = \frac{\nu_0 - \nu'}{\nu_0}\, d({}_e\sigma) = \frac{\nu_0 - \nu'}{\nu'}\, d({}_e\sigma_s). \tag{6.4}$$

Physically, the ionization produced in Compton collisions by a beam of photons depends only upon ${}_e\sigma_a$; the attenuation of a narrowly collimated beam depends only upon ${}_e\sigma$; and the attenuation of a broad beam depends upon both ${}_e\sigma_a$ and an incomplete portion of ${}_e\sigma_s$ ([*4*], pp. 728–742). Theories of the Compton cross sections usually proceed by evaluating the scattering cross section, on a basis of some particular model. Then the absorption and collision cross sections can be written from (6.3) and (6.4).

Using relativistic classical electrodynamics, COMPTON in 1923 visualized the recoiling electron as a moving radiator and developed expressions for the intensity of radiation which would be expected on this model at any scattering angle ϑ His result for unpolarized incident radiation was

$$d({}_e\sigma_s) = \frac{r_0^2}{2}\,\frac{1+\cos^2\vartheta + 2\alpha(1+\alpha)(1-\cos\vartheta)^2}{[1+\alpha(1-\cos\vartheta)]^5}\, d\Omega. \tag{6.5}$$

Physically, the denominator in (6.5) represents the classical estimate of the reduction of scattering, by a factor $(\nu'/\nu_0)^5$, due to the recession of the scattering and radiating electron away from the direction in which the radiation is scattered. In each of the two limiting cases $\vartheta\to 0$, and $\alpha\to 0$, (6.5) reduces correctly to the Thomson cross section (1.8). For γ-ray energies in the domain of $h\nu_0 \simeq 0.5$ Mev, hence $\alpha \simeq 1$, (6.5) predicted a marked reduction in scattering, especially at large

[1] A. H. COMPTON: Phys. Rev. **21**, 483 (1923).

angles, and was in reasonable agreement with the experimental values then available. Later, the wave mechanical theories showed that $(\nu'/\nu_0)^3$ rather than $(\nu'/\nu_0)^5$ is the correct factor, (6.9) and (13.4).

For the total scattering cross section ${}_e\sigma_s$, (6.5) leads to

$$ {}_e\sigma_s = \int_0^\pi d({}_e\sigma_s) = \left(\frac{8\pi}{3} r_0^2\right) \frac{1+\alpha}{(1+2\alpha)^2} \tag{6.6} $$

and for the collision cross section ${}_e\sigma$

$$ {}_e\sigma = \int_0^\pi \frac{\nu_0}{\nu'} d({}_e\sigma_s) = \left(\frac{8\pi}{3} r_0^2\right) \frac{1}{1+2\alpha}, \tag{6.7} $$

hence for the absorption cross section ${}_e\sigma_a$

$$ {}_e\sigma_a = {}_e\sigma - {}_e\sigma_s = \left(\frac{8\pi}{3} r_0^2\right) \frac{\alpha}{(1+2\alpha)^2}, \tag{6.8} $$

where $(8\pi/3)\, r_0^2 = {}_e\sigma_{\text{Thom}}$ is the classical Thomson cross section of (1.9).

From 1923 to 1926 at least six alternative and different sets of expressions were developed by various authors using classical electrodynamics[1]. The most marked differences were found in the power to which the "Doppler correction" (ν'/ν_0) should be raised in (6.5). It became evident that a correct model and solution for the scattered intensity is beyond the capabilities of classical electrodynamics.

The new quantum mechanics was being born in 1926, and gave rise to three different approaches to the problem. These all were gratifyingly unanimous in giving the same new result, and one which had not emerged from any of the classical models. BREIT[2] applied a modification of BOHR's correspondence principle, DIRAC[3] applied the new quantum mechanics of HEISENBERG, and GORDON[4] applied SCHRÖDINGER's new wave-mechanical methods. The result was the first accomplishment of the new mechanics in producing a physical result which had not been previously known, namely:

$$ d({}_e\sigma_s) = \left(\frac{\nu'}{\nu_0}\right)^3 d({}_e\sigma_{\text{Thom}}) \tag{6.9} $$

where $d({}_e\sigma_{\text{Thom}})$ is the Thomson classical cross-section of (1.4) or of (1.8). At moderate energies of say $\alpha \leq 1$, (6.9) is only slightly different from COMPTON's (6.5). Experimental tests were in reasonable agreement with either. Definitive experimental results did not appear until after KLEIN and NISHINA's theoretical work in 1928 had confirmed (6.9) and had added one more term, in α^2. The Klein-Nishina formulation (Sects. 5 and 13), based on DIRAC's relativistic electron theory, agrees with all experimental tests completed thus far, up to $\alpha \simeq 600$.

COMPTON's classical theoretical approach was of permanent value in providing the basis (and the standard nomenclature) for distinguishing between collision, scattering, and absorption cross sections, each of which is a different function of the photon energy α. It is really not surprising that correct expressions for these cross sections could not be derived from classical electrodynamics because actually the Compton effect does not exist on classical theory.

---

[1] A. H. COMPTON: X-rays and electrons, pp. 296—305. New York: Van Nostrand 1926.
[2] G. BREIT: Phys. Rev. **27**, 362 (1926).
[3] P. A. M. DIRAC: Proc. Roy. Soc. Lond., Ser. A **111**, 405 (1926).
[4] W. GORDON: Z. Physik **40**, 117 (1926).

B. Conservation laws. Energy and angle relationships.

7. Conservation of energy and momentum. We shall consider the case in which the struck electron is initially at rest. If desired, the general case can be obtained from this special case by a Lorentz transformation. The struck electron also is considered to be unbound. In practice, this simply restricts the theory to those cases for which the atomic binding energy of the struck electron is small compared with the energy $h\nu_0$ of the incident photon. Almost all practical cases fall within this region. In those cases where the photon energy is comparable with the binding energy of the atomic electrons, the photoelectric cross section usually greatly exceeds the Compton collision cross section so that the Compton collisions become of minor importance. The explicit effects of electron binding and of electron velocity are discussed separately in Sects. 31, 32, and 33.

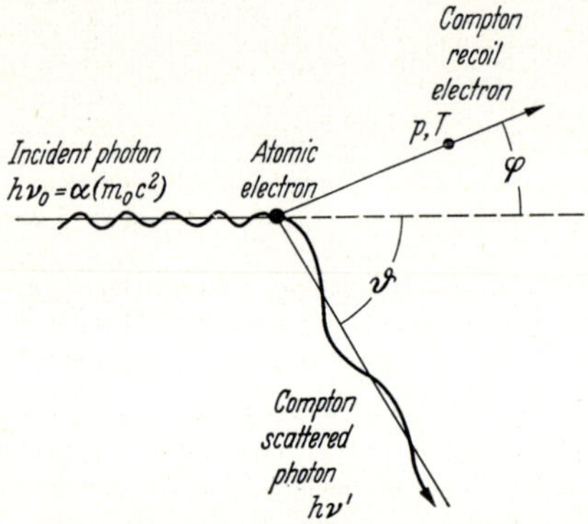

Fig. 9. Trajectories and nomenclature in the scattering plane for the incident photon $h\nu_0$, the scattered photon $h\nu'$, and the scattering electron which acquires momentum p and kinetic energy T.

The incident photon has an energy $h\nu_0$ and momentum $h\nu_0/c$. It spends these on a single individual electron in a given collision. After the collision the initial momentum $h\nu_0/c$ is conserved, but is shared by the scattered photon and the recoil electron. Except for the trivial case of zero scattering angle, the direction of the scattered photon is not parallel to the direction of the incident photon. The scattered photon therefore must have a smaller momentum, and consequently a smaller energy also, than the incident photon. The remaining momentum and energy are imparted to the recoil electron.

If Fig. 9, and throughout all of our discussions, we represent the energy $h\nu_0$ of the incident photon, or its wavelength λ_0, by the dimensionless parameter

$$\alpha \equiv \frac{h\nu_0}{m_0 c^2} = \frac{(h/m_0 c)}{\lambda_0}, \tag{7.1}$$

where $m_0 c^2 = 0.5110$ Mev is the rest energy of an electron, and $h/m_0 c = 2.4262 \times 10^{-10}$ cm is the Compton wavelength. The scattered photon is emitted at an angle ϑ with an energy $h\nu'$, and the electron recoils at an angle φ with a momentum p and kinetic energy T.

The paths of the incident and scattered photon define the *scattering plane*. The momentum normal to this plane is zero. Therefore the path of the recoiling electron must also lie in the scattering plane. The three paths, therefore, must be coplanar, as shown in Fig. 9. Polarization has, of course, no influence on these momentum relationships. The momentum of any photon is $h\nu/c$. Conservation of momentum in the direction of $h\nu_0$ is expressed by

$$\frac{h\nu_0}{c} = \frac{h\nu'}{c} \cos\vartheta + p\cos\varphi \tag{7.2}$$

while conservation of momentum normal to the direction of $h\nu_0$, and in the scattering plane, gives

$$0 = \frac{h\nu'}{c} \sin\vartheta - p\sin\varphi. \tag{7.3}$$

The third independent relationship between these variables is the statement of conservation of energy.

$$h\nu_0 = h\nu' + T. \tag{7.4}$$

Using the relativistic relationship which connects p, T, and m_0

$$pc = \sqrt{T(T + 2m_0c^2)} \tag{7.5}$$

and some algebra, one can eliminate *any two* parameters from the three conservation Eqs. (7.2), (7.3), and (7.4). It should be noted that these equations represent only the fundamental conservation laws as applied to a two-body collision. They must, therefore, be obeyed *regardless of the model of the details of the interaction* at the scene of the collision. A number of useful relationships follow directly from algebraic combinations of the three basic conservation equations.

The principal conservation results and their numerical consequences are examined in Sects. 8, 9, and 10.

8. The Compton shift. Energy of scattered photons. Algebraic elimination of the recoil-electron parameters φ and p between (7.2), (7.3), and (7.4) leads directly to the usual expression for the *Compton shift in wavelength*

$$\lambda' - \lambda_0 = \frac{c}{\nu'} - \frac{c}{\nu_0} = \frac{h}{m_0 c}(1 - \cos\vartheta). \tag{8.1}$$

The length

$$\frac{h}{m_0 c} = \lambda_c = 2.426 \times 10^{-10}\ \text{cm} \tag{8.2}$$

is called the *Compton wavelength for an electron* λ_c. It is equal to the wavelength of a photon whose energy is just equal to the rest energy of the electron $m_0c^2 = 0.5110$ Mev.

In the domain of nuclear γ-ray energies, the Compton shift can be visualized more readily when the incident and scattered photons are described by their energies, rather than by their wavelengths. Rewriting (8.1), we have for the *Compton shift in energy*

$$\frac{1}{h\nu'} - \frac{1}{h\nu_0} = \frac{1}{m_0c^2}(1 - \cos\vartheta). \tag{8.3}$$

It is of great practical importance to note that the Compton *shift in wavelength*, $(\lambda' - \lambda_0)$, in any particular direction, is independent of the energy of the incident photon. In sharp contrast, the associated Compton *shift in energy*, $(h\nu_0 - h\nu')$, increases very strongly as $h\nu_0$ increases. This is a simple but often unrecognized consequence of the reciprocal relationship between frequency and wavelength, which for small shifts gives

$$d\nu = d\left(\frac{c}{\lambda}\right) = -\frac{c}{\lambda^2}\,d\lambda = -\frac{1}{c}\,\nu^2\,d\lambda \tag{8.4}$$

and hence an energy shift which is proportional to $(h\nu_0)^2$. Thus low-energy photons are scattered with only a moderate energy change, but high-energy photons suffer a very severe degradation in energy. For example, at $\vartheta = 90°$, the wavelength shift is 0.02426 Å regardless of $h\nu_0$; but if $h\nu_0 = 10$ kev then $h\nu' = 9.8$ kev (a 2% change in energy), while if $h\nu_0 = 10$ Mev, then $h\nu' = 0.49$ Mev (a 20-fold change in energy).

The Compton shift is also derivable easily from wave mechanical principles[1]. When the collision is viewed in zero-momentum coordinates, the initial momentum

[1] E. Schrödinger: Ann. Physik **82**, 257 (1927). See also [*1*], pp. 231—233.

of the electron is equal and opposite to that of the incident photon. After the collision the momenta are also equal and opposite in the zero-momentum frame of reference. Because of conservation of kinetic energy in the elastic collision, the energies and also the absolute values of the momenta are unchanged by the collision. Therefore the wavelengths of the scattered electon and the incident

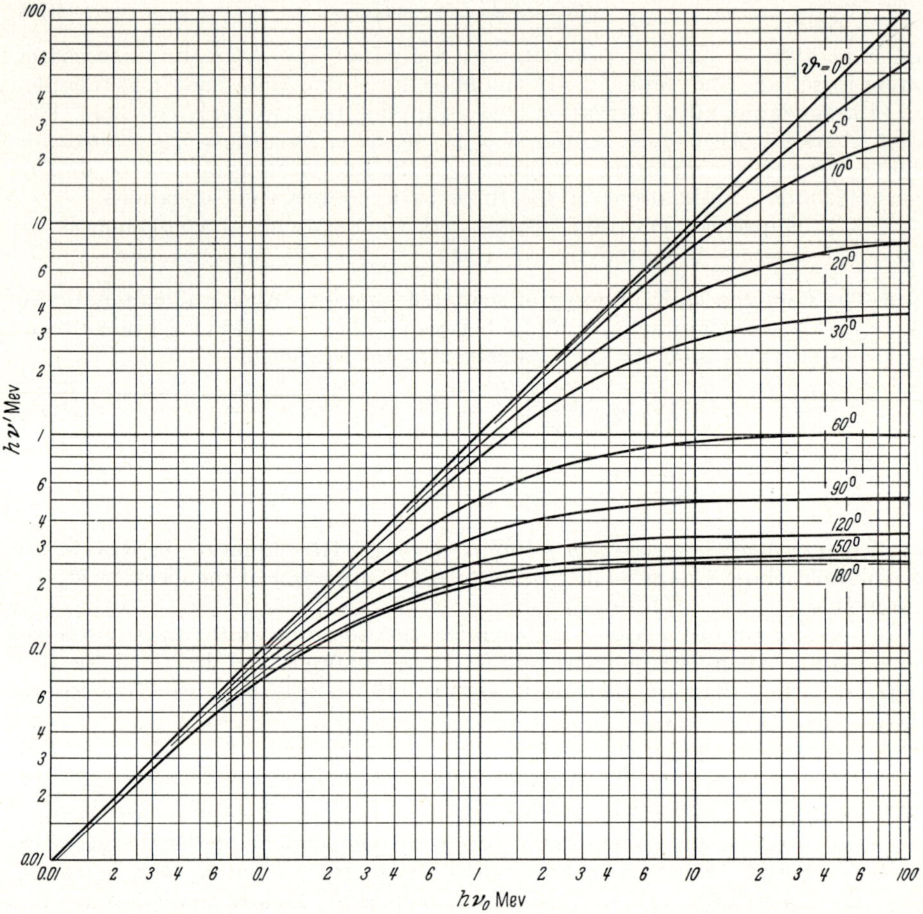

Fig. 10. Dependence of the energy $h\nu'$ of the scattered photon, from (8.5), on $h\nu_0$ and the photon-scattering angle ϑ.

electon are the same. Superposition of these waves forms a standing wave. The spatial periodicity of charge density in this wave acts as a diffraction grating and thereby deflects the incident radiation through its scattering angle. The transformation from zero-momentum coordinates back to laboratory coordinates introduces a Doppler shift which just equals the Compton shift given by (8.1) from the simple photon model.

From the conservation equations, the *energy of the scattered photon* is

$$h\nu' = \frac{m_0 c^2}{1 - \cos\vartheta + (1/\alpha)}, \tag{8.5}$$

$$\frac{\nu'}{\nu_0} = \frac{1}{1 + \alpha(1 - \cos\vartheta)}. \tag{8.6}$$

Note that for very large incident photon energy, $\alpha \gg 1$, the energy $h\nu'$ of any scattered photon approaches a maximum value which is determined only by the angle of scattering. Thus

$$\text{at } \vartheta = 180^\circ \quad (h\nu')_{\alpha\gg 1} \to \frac{m_0 c^2}{2} = 0.255 \text{ Mev}, \tag{8.7}$$

$$\text{at } \vartheta = 90^\circ \quad (h\nu')_{\alpha\gg 1} \to m_0 c^2 = 0.511 \text{ Mev}, \tag{8.8}$$

$$\text{at } \vartheta = 60^\circ \quad (h\nu')_{\alpha\gg 1} \to 2 m_0 c^2 = 1.022 \text{ Mev}. \tag{8.9}$$

Also, there is a minimum $h\nu'$, which is determined by $h\nu_0$, and is

$$(h\nu')_{\min} = m_0 c^2 \frac{\alpha}{2\alpha + 1} = h\nu_0 \frac{1}{2\alpha + 1}. \tag{8.10}$$

This is the $\vartheta = 180^\circ$ line in Fig. 10, and is the companion of $T_{\max}$ in (10.4).

Fig. 10 shows the relationship (8.5) between $h\nu_0$ and $h\nu'$ for ten values of the photon scattering angle ϑ, and for 10 kev $\leq h\nu_0 \leq$ 100 Mev. In the low energy domain the curves for various ϑ lie close together, emphasizing the small shifts in energy which characterize the domain of $h\nu_0 \leq 0.2$ Mev ($\alpha \leq 0.4$). At incident energies of the order of 1 Mev and above, the energy shift becomes very large. Here $h\nu'$ is determined more by the scattering angle ϑ than by the incident photon energy $h\nu_0$. In scintillation spectrometry of nuclear γ-rays it is commonplace to see a "*backscatter peak*" at an energy just below 0.25 Mev, which is due to 180° Compton backscattered photons (Fig. 13).

The very small degradation in energy of low energy photons has some paradoxical consequences. For example, in the radiological protection of physicians doing fluoroscopic examinations of patients, it has been demonstrated that the 90° scattered radiation is actually more penetrating than the direct 50 to 140 kilovolt-peak x-ray beam which produces it[1]. This is a consequence of the filtration of the heterogeneous primary x-rays and scattered x-rays by the body, which increases the average photon energy and easily overrides the small diminution in photon energy which Compton scattering produces in the 100 kev domain.

9. Interdependence of angles for the scattered photon and recoil electron. Algebraic elimination of $h\nu'$ and p between the conservation Eqs. (7.2), (7.3), and (7.4) leads to the angular relationships

$$\cot\varphi = (1+\alpha)\frac{1-\cos\vartheta}{\sin\vartheta} = (1+\alpha)\tan\frac{\vartheta}{2} \tag{9.1}$$

between the photon scattering angle ϑ and the angle of projection φ of the recoil electron. The relationship (9.1) is identical with (4.1) and has been the subject of many experimental tests as described in Sect. 4, especially Fig. 7.

Fig. 11 and Table 3 show the relationship (9.1) between φ and ϑ for ten values of the photon scattering angle ϑ, and for 10 kev $\leq h\nu_0 \leq$ 100 Mev. The effects of the momentum $h\nu_0/c$ of the incident photon are particularly evident. For very high energy photons the electron recoils in a significantly forward direction (small φ) even for small photon-scattering angles ϑ. Conversely, the low energy photons must be scattered backward ($\vartheta \geq 90^\circ$) if the recoil-electron is to be projected forward at $\varphi \leq 45^\circ$. Of course the maximum recoil-electron angle is $\varphi = 90^\circ$ which occurs only for small $h\nu_0$ and small ϑ. The approximate equality of the angles φ and ϑ for the case of $h\nu_0 = 2.62$ Mev (ThC'' γ-rays), as selected for the experimental tests (Figs. 6 and 7) should be noted.

[1] F. T. Hunter, O. E. Merrill, J. G. Trump and L. L. Robbins: New England J. Med. **241**, 79 (1949).

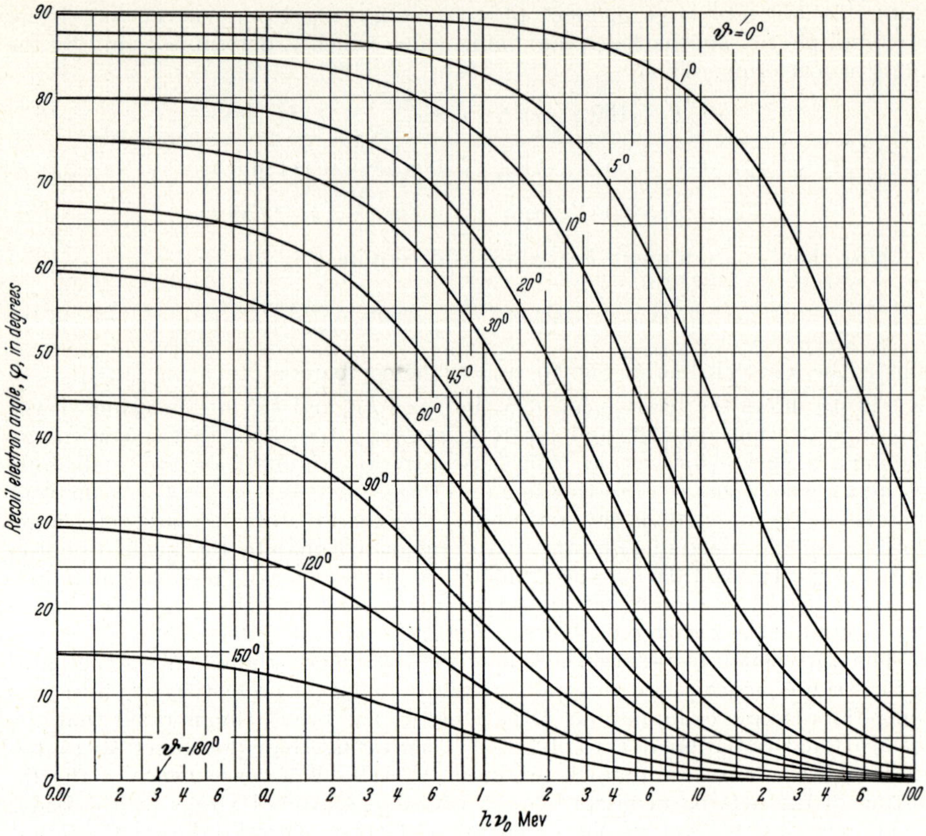

Fig. 11. Dependence of the recoil-electron angle φ on $h\nu_0$ and the photon-scattering angle ϑ, from (9.1).

Table 3. *Numerical values of the recoil-electron angle φ in degrees, for particular values of $h\nu_0$ and of the photon-scattering angle ϑ, as calculated from (9.1).*

$h\nu_0$ Mev	ϑ										
	1°	5°	10°	20°	30°	45°	60°	90°	120°	150°	180°
0.01	89.49	87.45	84.90	79.81	74.72	67.10	59.52	44.44	29.52	14.72	0
0.04	89.46	87.30	84.61	79.23	73.88	65.93	58.10	42.84	28.17	13.96	0
0.1	89.40	87.01	84.03	78.09	72.24	63.65	55.38	39.91	25.77	12.63	0
0.2	89.30	86.52	83.06	76.22	69.55	60.04	51.22	35.71	22.54	10.90	0
0.4	89.11	85.55	81.13	72.55	64.47	53.56	44.17	29.29	17.94	8.547	0
1	88.52	82.64	75.50	62.46	51.61	39.23	30.36	18.68	11.05	5.178	0
2	87.54	77.89	66.74	49.09	37.22	26.17	19.42	11.50	6.701	3.121	0
4	85.59	68.92	52.32	32.72	22.92	15.30	11.10	6.463	3.742	1.739	0
10	79.82	48.07	29.06	15.41	10.28	6.694	4.813	2.783	1.608	0.7463	0
20	70.70	29.71	15.89	8.042	5.312	3.442	2.471	1.427	0.8241	0.3825	0
40	55.32	16.11	8.204	4.092	2.695	1.744	1.252	0.7227	0.4173	0.1936	0
100	30.22	6.642	3.326	1.652	1.087	0.7032	0.5045	0.2913	0.1682	0.07804	0

These numerical calculations were done on the I.B.M. computer at the Massachusetts Institute of Technology under the direction of Mr. W. B. Thurston.

10. Energy of the Compton recoil electrons. Algebraic elimination of $h\nu'$ and ϑ or of $h\nu'$ and φ from the conservation Eqs. (7.2), (7.3), and (7.4) gives the following group of equivalent expressions for the *energy T of the recoil electrons*

$$T = h\nu_0 - h\nu', \tag{10.1}$$

$$T = h\nu_0 \frac{2\alpha\cos^2\varphi}{(1+\alpha)^2 - \alpha^2\cos^2\varphi}, \tag{10.2}$$

$$T = h\nu_0 \frac{\alpha(1-\cos\vartheta)}{1+\alpha(1-\cos\vartheta)}. \tag{10.3}$$

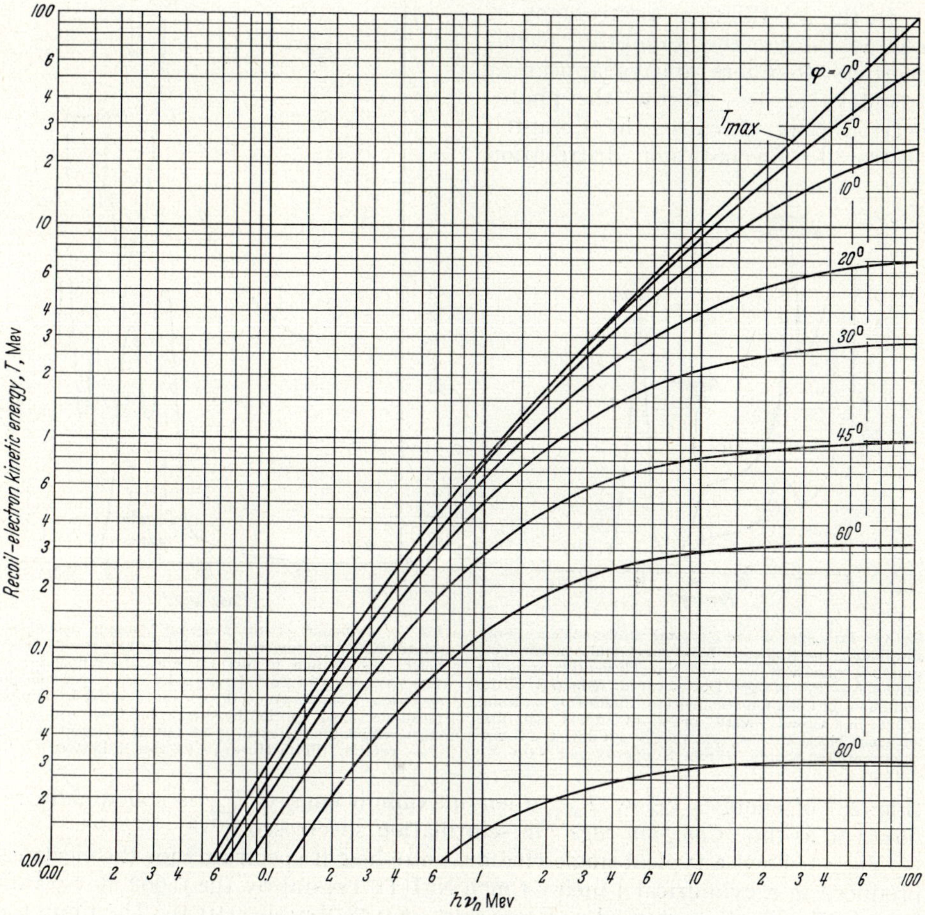

Fig. 12. Kinetic energy T of the recoil electron, projected at the angle φ.

Fig. 12 shows the relationship (10.2) between the recoil-electron angle φ and the kinetic energy T of the recoil electrons produced by primary photons whose energy range is 10 kev $\leq h\nu_0 \leq$ 100 Mev.

The maximum possible kinetic energy of a recoil electron occurs when $\varphi = 0$ and hence $\vartheta = 180°$. The *maximum kinetic energy of recoil electrons* is

$$T_{\max} = \frac{h\nu_0}{1 + (1/2\alpha)} \tag{10.4}$$

and its explicit solution for $h\nu_0$ in terms of $T_{\max}$ is

$$h\nu_0 = \frac{1}{2} T_{\max}\left(1 + \sqrt{1 + \frac{2m_0c^2}{T_{\max}}}\right). \tag{10.5}$$

The physical significance of (10.4) is seen most easily from its series expansion

$$T_{\max} = h\nu_0 - \frac{m_0 c^2}{2}\left[1 - \left(\frac{1}{2\alpha}\right) + \left(\frac{1}{2\alpha}\right)^2 - \cdots\right]. \tag{10.6}$$

Thus the maximum energy of the recoil electrons is always slightly less than $h\nu_0$, and this difference approaches $m_0 c^2/2 = 0.255$ Mev for large α. This relationship is of course the counterpart of (8.7).

In the scintillation spectroscopy of nuclear γ-rays the Compton recoil-electrons therefore always appear at 0.25 Mev, or less, below the photo-electron peak. Because the Compton electrons have a continuous distribution (Fig. 28) of energies below $T_{\max}$, their maximum energy $T_{\max}$ is colloquially referred to as the "*Compton edge*" in scintillation spectroscopy[1, 2].

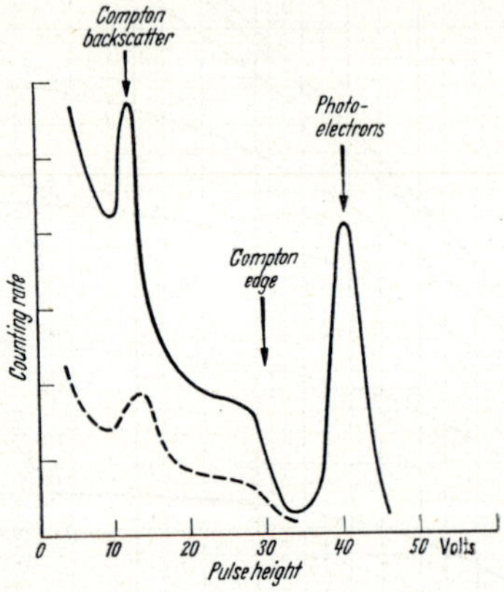

Fig. 13. Principle of the 2-crystal anticoincidence γ-ray scintillation spectrometer. Solid curve: pulse-height spectrum in a cylindrical 1 in. $\times$ 1 in. NaI (Tl) scintillator by the 0.662 Mev γ-rays of Cs^{137}. Dotted curve: reduction of the continuum of Compton recoil-electron pulses by anticoincidence in a second "guard" or "anti-Compton" scintillator which blocks the response whenever it detects a Compton scattered-photon. (From ROULSTON and NAQVI.)

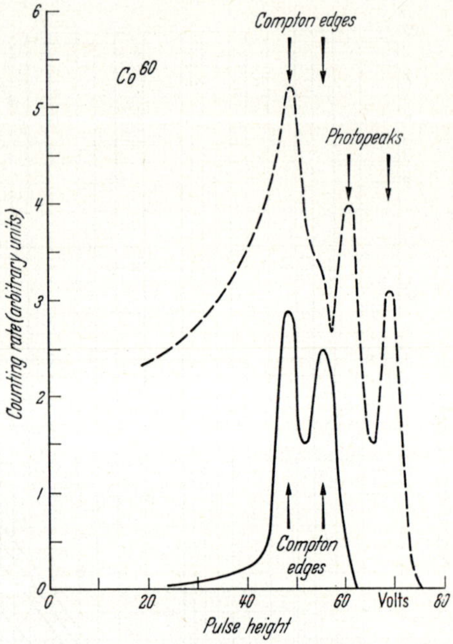

Fig. 14. Principle of the 2-crystal Compton-coincidence scintillation spectrometer. Upper dotted curve: pulse-height distribution in NaI (Tl) from the 1.17 Mev and 1.33 Mev γ-rays of Co^{60}. Lower solid curve: pulse-height spectrum of maximum-energy forward-scattered Compton recoil electrons, selected by their coincidence with back-scattered photons detected at $\vartheta \simeq 150°$ in a second NaI (Tl) crystal. (From HOFSTADTER and MCINTYRE.)

Fig. 13 shows a typical single-channel pulse-height spectrum[3] for the electrons produced in a cylindrical 1 inch $\times$ 1 inch NaI(Tl) crystal by the 0.662 Mev γ-rays from Cs^{137}. The Compton edge $T_{\max}$ occurs at 0.48 Mev, by (10.4). The Compton backscatter-peak is an unwanted "ghost line" which is produced by photons scattering into the scintillator from surrounding materials; it occurs at about 0.18 Mev, by (8.5).

α) *Anticoincidence scintillation spectrometers.* In the study of complicated γ-ray spectra it is advantageous to remove or suppress the Compton-electron pulses, so that the photoelectron peaks of lower-energy γ-rays may be seen clearly. The Compton-electron pulses can be suppressed by surrounding the NaI(Tl) crystal with a second scintillator in which the Compton scattered-photons produce pulses by their own Compton or photoelectric interactions in the second

[1] R. HOFSTADTER and J. A. MCINTYRE: Nucleonics 7, No. 3, 32 (1950).
[2] B. CRASEMANN and H. EASTERDAY: Nucleonics 14, No. 6, 63 (1956).
[3] K. I. ROULSTON and S. I. H. NAQVI: Rev. Sci. Instrum. 27, 830 (1956).

scintillator. These scattered-photon pulses are coincident in time with an associated Compton recoil-electron pulse in the NaI(Tl) crystal. Therefore an anti-coincidence circuit can be used so that the only pulses which are recorded for the NaI(Tl) crystal are those for which no scattered photon was detected in the second "guard" or "anti-Compton" scintillator[1,2,3]. When this is done the Compton continuum is greatly reduced in the main NaI(Tl) crystal, as shown by the dotted curve in Fig. 13.

β) Compton-coincidence scintillation spectrometers. The coincidences between Compton recoil electrons and their scattered photons can also be utilized in the opposite way, so as to suppress the photoelectron peak and the Compton back-scatter peak, and to preserve only the pulses near and at the Compton edge.

The angular relationships between ϑ and φ (Fig. 11) show that in the γ-ray energy domain above about 0.2 Mev the photons which are backscattered at $\vartheta \geqq 130°$ are associated with recoil electrons which are projected forward at $\varphi \leqq 10°$ and which therefore have energies which are very close (Fig. 12) to the maximum value T_{max}. Fig. 14 shows how this fundamental relationship was first utilized by HOFSTADTER and MCINTYRE[4] in the 2-crystal *Compton-coincidence scintillation spectrometer.* The dotted curve shows the electron pulse-height distribution produced in a NaI(Tl) crystal by the 1.17-Mev and 1.33-Mev γ-rays of Co^{60}. When a second NaI (Tl) crystal is placed to detect the Compton scattered photons at a mean angle of $\vartheta \simeq 150°$, and only the coincidences are recorded, the residual pulse-height spectrum in the first crystal becomes that shown by the solid line in Fig. 14. Here the recoil-electron pulse-height spectrum is confined to those Compton recoil-electrons whose energies are within a few percent of their maximum value T_{max}. The Compton-coincidence scintillation spectrometer has become a useful standard instrument in nuclear spectroscopy[5,6].

γ) Compton magnetic spectrometer. Any experimental method which selectively measures the kinetic energy of the Compton recoil electrons which are projected through a small angle φ will, by Fig. 12, give a spectrum which is essentially made up of maximum-energy electrons. If a converter of low atomic number is used there will be very few competing photoelectrons (Fig. 1). The Compton recoil-electrons with say $\varphi \leqq 10°$ can be selected and measured in a cloud chamber equipped with a magnetic field[7], but electron-scattering then reduces the resolution and accuracy. A better procedure is magnetic focusing in vacuum of the Compton recoil electrons which are produced in a thin converter of polystyrene or beryllium, as in the 180° *Compton magnetic spectrometer* of GROSHEV and coworkers[8].

The conservation laws as reflected in Fig. 12 determine the energy T of a recoil-electron at a particular angle φ, for given $h\nu_0$. But the relative abundance of such electrons depends on the differential cross section, and will be discussed in Sects. 17 and 26.

[1] R. E. CONNALLY: Rev. Sci. Instrum. **24**, 458 (1953).
[2] R. D. ALBERT: Rev. Sci. Instrum. **24**, 1096 (1953).
[3] See footnote 3, p. 242.
[4] R. HOFSTADTER and J. A. MCINTYRE: Phys. Rev. **78**, 619L (1950). — Nucleonics **7**, No. 3, 32 (1950).
[5] P. R. HOWLAND, N. E. SCOFIELD and R. A. TAYLOR: Nucleonics **14**, No. 6, 50 (1956).
[6] T. H. BRAID: Phys. Rev. **102**, 1109 (1956).
[7] J. R. RICHARDSON and F. N. D. KURIE: Phys. Rev. **50**, 999 (1936).
[8] L. V. GROSHEV, B. P. ADYASEVICH and A. M. DEMODOV: Geneva Conference Reports U.S.S.R. 8/P/651. 1955.

C. Klein-Nishina cross sections for polarized radiation.

11. Relativistic quantum-mechanical model. We have noted in Sects. 5 and 6 that an accurate description of the Compton interaction cannot be deduced from classical electrodynamics alone, although many of the major features can be seen qualitatively in the classical models. Shortly after Dirac developed his relativistic theory of the electron, Klein and Nishina[1] applied Dirac's theory to this problem. They obtained general expressions in closed form for the Compton differential scattering and collision cross sections for initially unbound and stationary electrons. These so-called "Klein-Nishina formulas" have had many brilliant successes and have predicted correctly the results of so many experiments that they are widely accepted as totally correct. Their predictions are therefore generally adopted even with respect to details which have not been explicitly verified by direct experiments, such as some of the polarization predictions.

The success of the Klein-Nishina formulas was in fact the first verification of the utility of Dirac's concept of negative-energy states for the electron, and antedated the experimental discovery of positrons by several years. In Dirac's theory, the momentum p of a free electron does not determine its state completely. For each value of the momentum p, there correspond *two* energy states, one of positive total energy and one of negative total energy. These two states may be regarded as the two roots of (7.5)

$$T + m_0 c^2 = \pm \sqrt{(p\,c)^2 + (m_0 c^2)^2}\,. \tag{11.1}$$

The positive root is the energy state of ordinary experience. All negative energy states are regarded as normally filled by a universal sea of electrons, and these states become experimentally observable only when a vacancy occurs in one of them; then this hole is seen as a positron in the laboratory.

The normally unobserved negative energy states are capable of playing a role in the interaction between a quantized electromagnetic field and a free electron. In the quantum electrodynamics, these interactions involve an initial state, an intermediate state, and a final state. Momentum and energy are conserved between the initial and final states, but in the intermediate state the theory requires only momentum conservation and not energy conservation. It is in these intermediate states that negative energies are invoked for the electron. Then a free electron of momentum p can have either of *two energy values*. In addition, each of these states may have either of *two spin directions*. Thus for each intermediate momentum, four states exist altogether.

In the quantum electrodynamics the classical mechanisms of interaction between an electromagnetic field and an electron enter into the theory in another way. The mathematical process of quantizing an electromagnetic field is equivalent to breaking it up into particles, the photons. During an intermediate state, electrons can absorb photons and can emit photons. A photon can be absorbed by a negative-energy electron, producing in the intermediate state a positron-negatron electron pair, that is a hole and a negatron, having arbitrary energies, provided only that the momentum of the pair is the same as that of the absorbed photon. Another negatron (corresponding in a Compton collision to the struck electron) can, during the intermediate state, emit a photon and undergo a transition into the hole; that is, it can combine with the positron

---

[1] O. Klein and Y. Nishina: Z. Physik **52**, 853 (1929). — For details on the theoretical derivation of the Klein-Nishina formulas, cf. the article by J. Källén on quantum electrodynamics in Vol. V, Part 1 of this Encyclopedia.

and emit a single photon, which is analogous to an annihilation radiation. This process can restore energy conservation and thus make possible the transition to a final state in which the negatron remaining from the intermediate positron-negatron pair is identified as the Compton recoil electron, while the photon emitted by the positron annihilation is identified as the Compton scattered photon.

Then the over-all scattering of electromagnetic radiation by electrons becomes the sum of two types of process, each involving different intermediate states. The amplitudes of $h\nu'$ from these two processes add to form the final scattered radiation. These two processes can be visualized as:

1. The incident photon $h\nu_0$ is absorbed by the electron. In the intermediate state the electron has momentum $h\nu_0/c$, and no photon is present. In the transition to the final state, the photon $h\nu'$ is emitted by the electron.

2. The incident photon $h\nu_0$ produces a positron-negatron pair. In the intermediate state there are three electrons; the original electron is stationary, and the positron-negatron pair have total momentum $h\nu_0/c$. No photon is present. In the transition to the final state the original electron annihilates the positron, $h\nu'$ is emitted, and the pair-negatron proceeds as the Compton recoil-electron.

These models, and others which visualize the intermediate states in a physically different but mathematically equivalent manner, have been employed by several workers[1-5] whose results have confirmed and supplemented the original treatment by KLEIN and NISHINA, especially with regard to polarization phenomena.

12. Collision differential cross section for plane polarized radiation. This representation of the scattering mechanism leads to the following Eq. (12.1) for the differential *collision* cross section in the case of plane-polarized incident radiation interacting with stationary and unbound electrons whose magnetic moments are randomly oriented:

$$d\,({}_e\sigma) = \frac{r_0^2}{4}\,d\Omega\left(\frac{\nu'}{\nu_0}\right)^2\left(\frac{\nu_0}{\nu'} + \frac{\nu'}{\nu_0} - 2 + 4\cos^2\Theta\right)\frac{\text{cm}^2}{\text{electron}}\,. \tag{12.1}$$

Here Θ is the angle between the electric vectors of the incident radiation $\mathcal{E}_0$ and of the scattered radiation $\mathcal{E}'$; r_0 is the classical electron radius (1.5); and $d\Omega$ is the element of solid angle through which the scattered photon emerges after the collision. The energy of the scattered photon is $h\nu'$; therefore the scattering angle ϑ is implicitly specified through (8.6).

Physically, $d\,({}_e\sigma)$ is the absolute value of the probability that a photon of energy $h\nu_0$, while passing through a material whose thickness is such that it contains one electron (with random spin orientation) per square centimeter, will suffer a particular collision from which the scattered photon emerges with energy $h\nu'$, within solid angle $d\Omega$, and is so polarized that its electric vector makes an angle Θ with the electric vector $\mathcal{E}_0$ of the incident photon. All the other types of cross section for unmagnetized materials, and the corresponding attenuation coefficients for the Compton effect, can be derived from this one fundamental equation.

---

[1] W. HEITLER: The Quantum Theory of Radiation, p. 149, 189. Oxford: Univ. Press 1936 and later editions.

[2] I. TAMM: Z. Physik **62**, 545 (1930).

[3] W. FRANZ: Ann. Physik **33**, 689 (1938).

[4] F. W. LIPPS and H. A. TOLHOEK: Physica, Haag **20**, 85, 395 (1954).

[5] S. S. SCHWEBER, H. A. BETHE and F. DE HOFFMANN: Mesons and Fields, Vol. I. Evanston Ill.: Row, Peterson & Co. 1955.

The polarization of the scattered photon is important only where it is to be scattered again, as in the theory of Compton second-scattering, in the high-energy version of Barkla's experiment (Sect. 5). In nearly every practical case of single scattering, the polarization of the *scattered* photon will not be experimentally important. Thus our first step is to sum (12.1) over all possible directions of polarization of the scattered photon. The angles and directions involved are defined in Fig. 15 which shows the polarization details in the plane $ODAC$ taken from Fig. 2.

Since $\mathcal{E}'_{\parallel} = \mathcal{E}' \cos\beta$, and $\mathcal{E}'_{\perp} = \mathcal{E}' \sin\beta$, we have $(\mathcal{E}'_{\perp})^2 + (\mathcal{E}'_{\parallel})^2 = (\mathcal{E}')^2$. The total scattered intensity in the direction ξ is proportional to $(\mathcal{E}')^2$ and hence to the sum of the orthogonal components $(\mathcal{E}'_{\perp})^2$ and $(\mathcal{E}'_{\parallel})^2$. For $\mathcal{E}'_{\perp}$ we have, in effect, $\cos\beta = 0$, and hence $\cos\Theta = 0$, because it can be seen from Fig. 15 that $\cos\Theta = \cos\beta \sin\xi$. In the case of $\mathcal{E}'_{\parallel}$ we have, effectively, $\cos\beta = 1$, and $\cos\Theta = \sin\xi$. Then, regardless of the direction of scattering ξ, the parallel component $\mathcal{E}'_{\parallel}$ tends to be the more intense of the two components of $\mathcal{E}'$. This is to be expected because, in the classical case, for low-energy photons where $\nu' \simeq \nu_0$, the perpendicular component is zero. However, in the other extreme, that of high-energy photons scattered in the backward direction ($\vartheta \sim 180°$, $\nu' \ll \nu_0$), (12.1) shows that the two components become nearly equal. For this reason, the backscattered photons are spoken of as "nearly unpolarized" even when the incident radiation is completely polarized.

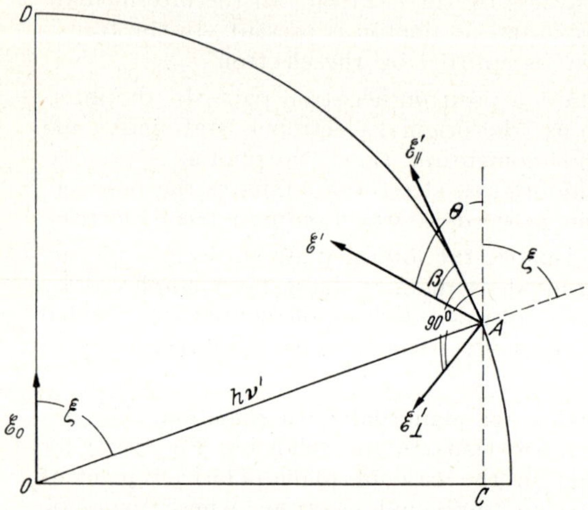

Fig. 15. Polarization of the scattered photon. The plane of the page is $ODAC$, whose orientation with respect to the scattering plane and the angles ϑ and η was shown in Fig. 2. Here $\mathcal{E}'$ is the electric vector of the scattered photon. $\mathcal{E}'$ projects out of the plane of the page at an angle β, so that its component perpendicular to the plane of the page is $\mathcal{E}'_{\perp} = \mathcal{E}' \sin\beta$, and its component in the plane of the page is $\mathcal{E}'_{\parallel} = \mathcal{E}' \cos\beta$. The polarization angle Θ is the angle between $\mathcal{E}'$ and the incident electric vector $\mathcal{E}_0$, so that $\cos\Theta = \cos\beta \sin\xi$.

The *collision* differential cross section for an interaction in which an incident plane-polarized photon is scattered at a particular ϑ and ξ (as defined in Fig. 2), when summed over all directions of polarization of the scattered photon, is given by

$$\left.\begin{aligned} d({}_e\sigma) &= d({}_e\sigma)_{\parallel} + d({}_e\sigma)_{\perp} \\ &= \frac{r_0^2}{4}\, d\Omega \left(\frac{\nu'}{\nu_0}\right)^2 \left(\frac{\nu_0}{\nu'} + \frac{\nu'}{\nu_0} - 2 + 4\sin^2\xi\right) + \frac{r_0^2}{4}\, d\Omega \left(\frac{\nu'}{\nu_0}\right)^2 \left(\frac{\nu_0}{\nu'} + \frac{\nu'}{\nu_0} - 2\right), \end{aligned}\right\} \tag{12.2}$$

$$= \frac{r_0^2}{2}\, d\Omega \left(\frac{\nu'}{\nu_0}\right)^2 \left(\frac{\nu_0}{\nu'} + \frac{\nu'}{\nu_0} - 2\cos^2\xi\right). \tag{12.3}$$

The scattering angle ϑ is contained implicitly in ν'/ν_0, through (8.6), and ξ is the angle between the incident electric vector and the direction of propagation of the scattered photon. Substitution of ν'/ν_0 from (8.6) into (12.3) leads to a useful explicit form for the differential collision cross section

$$d({}_e\sigma) = r_0^2\, d\Omega \left[\frac{1}{1+\alpha(1-\cos\vartheta)}\right]^2 \left\{\sin^2\xi + \frac{\alpha^2(1-\cos\vartheta)^2}{2\,[1+\alpha(1-\cos\vartheta)]}\right\} \frac{\text{cm}^2}{\text{electron}}. \tag{12.4}$$

(12.3) and (12.4) are seen to include the Thomson cross section (1.4) as a limiting case when $\alpha \ll 1$, or when $\vartheta \simeq 0$, hence $\nu' \simeq \nu_0$.

γ-ray polarimeters. Using the angular relationship $\cos \xi = \sin \vartheta \cos \eta$ from (1.6), (12.3) can be written as

$$d({}_e\sigma) = \frac{r_0^2}{2} d\Omega \left(\frac{\nu'}{\nu_0}\right)^2 \left(\frac{\nu_0}{\nu'} + \frac{\nu'}{\nu_0} - 2\sin^2\vartheta \cos^2\eta\right). \tag{12.5}$$

Therefore, for any scattering angle ϑ the scattering probability has its maximum value when $\eta = 90°$ (Fig. 2), that is when the scattering plane is perpendicular to the direction of the incident electric vector. Thus the scattered photon and the scattered electron tend to be ejected *at right angles to the electric vector $\mathcal{E}_0$ of the incident radiation.* However, for high energy radiation the scattering probability in the direction of $\mathcal{E}_0$ is not zero, as it is in the classical theory.

Although it has never been subjected to a comprehensive experimental test (Sect. 5), it is generally agreed that (12.5) is correct because the scattering and attenuation coefficients for unpolarized radiation, which are derived from it, have been verified experimentally (Sects. 19 and 29). With this good justification, (12.5) forms the operating basis for several types of practical γ-ray polarimeters[1,2]. In one of these, shown schematically in Fig. 16, the scattered photons are observed at a fixed value of the scattering angle ϑ as a function of the angle η. A minimum in the coincidence counting rate locates the angle $\eta = 0$, for which $\mathcal{E}_0$ is parallel to the scattering plane, while a maximum counting rate is observed at $\eta = 90°$. The asymmetry ratio between the maximum and minimum values of the scattering intensities depends, by (12.5), on both $h\nu_0$ and ϑ and falls to unity for $\vartheta = 0$ or 180°. In general, the greatest asymmetry is found for scattering angles ϑ which are slightly less than 90°. For example, the optimum scattering angle ϑ is about $\vartheta = 82°$ for 0.51-Mev photons, and about $\vartheta = 78°$ for 1.0-Mev photons. The maximum asymmetry ratio for 0.51-Mev photons in ideal geometry is 5, and this ratio decreases as the photon energy increases.

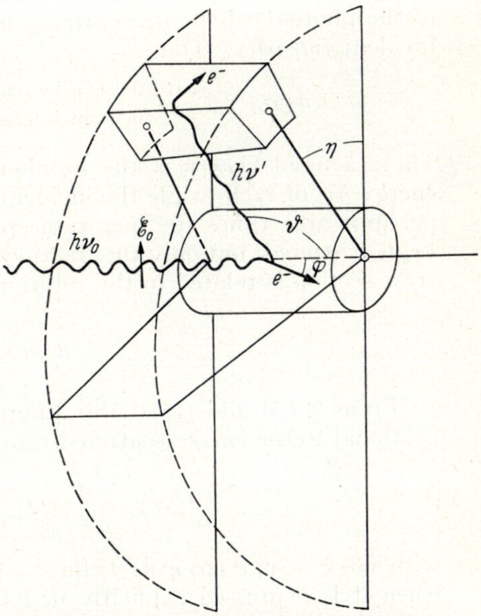

Fig. 16. Schematic illustration of a basic element for a γ-ray polarimeter. Two scintillation counters are used in a coincidence circuit. A coincidence is registered when the incident photon $h\nu_0$ produces a Compton recoil electron in one counter, while the photon scattered at ϑ, η is detected in a second counter, in which it produces a Compton electron or a photoelectron. At fixed scattering angle ϑ, the coincidences are minimum in the direction ($\eta = 0$) of the incident electric vector $\mathcal{E}_0$ and maximum in a direction ($\eta = 90°$) normal to $\mathcal{E}_0$. (From METZGER and DEUTSCH.)

13. Scattering differential cross section for plane polarized radiation. Scattering cross sections are to be distinguished clearly from collision cross sections. Collision cross sections such as (12.1) and (12.4) describe the probability that an incident photon will be scattered in a particular direction. Therefore collision cross sections refer to the *number* of collisions of any particular type, and they describe

[1] J. W. MOTZ: Phys. Rev. **104**, 557 (1956).
[2] F. METZGER and M. DEUTSCH: Phys. Rev. **78**, 551 (1950).

the *number* of photons which are scattered in a particular direction, as a fraction of the *number* of incident photons. Dimensionally the collision differential cross section is

$$d\,({}_e\sigma) = \frac{\text{number scattered [number/(sec}\cdot\text{electron)]}}{\text{number incident [number/(cm}^2\cdot\text{sec)]}} = \frac{\text{cm}^2}{\text{electron}}\,. \tag{13.1}$$

In sharp contrast, Compton scattering cross sections refer to the amount of *energy* scattered in a particular direction, and they describe the energy content of the photons which are scattered in a particular direction, as a fraction of the incident *intensity*. Thus

$$d\,({}_e\sigma_s) = \frac{\text{scattered energy per sec [erg/(sec}\cdot\text{electron)]}}{\text{incident intensity [erg/(cm}^2\cdot\text{sec)]}} = \frac{\text{cm}^2}{\text{electron}}\,. \tag{13.2}$$

The scattered *energy* is the number of scattered photons times the quantum energy $h\nu'$ of each, while the incident *intensity* is the number of incident photons per unit area times the quantum energy $h\nu_0$ of each. Thus, not all the energy $h\nu_0$ is scattered, but only the fraction $h\nu'/h\nu_0$. Therefore the *scattering* differential cross section is related to the collision cross section, by

$$d\,({}_e\sigma_s) = \frac{\nu'}{\nu_0}\,d\,({}_e\sigma)\,. \tag{13.3}$$

From (12.3) and (13.3) the differential *scattering* cross section, which is proportional to the *energy* scattered into $d\Omega$ at (ϑ, η), is

$$d\,({}_e\sigma_s) = \frac{r_0^2}{2}\,d\Omega\left(\frac{\nu'}{\nu_0}\right)^3\left(\frac{\nu_0}{\nu'} + \frac{\nu'}{\nu_0} - 2\cos^2\xi\right) \tag{13.4}$$

with $\cos\xi = \sin\vartheta\cos\eta$ as before. (13.4) takes on its more conventional form when it is expressed explicitly in terms of α, ϑ, and ξ. Substituting ν'/ν_0 from (8.6), the differential cross section for the energy scattered from linearly polarized incident radiation, by stationary and unbound electrons whose initial spin orientations are random, becomes

$$d\,({}_e\sigma_s) = r_0^2\,d\Omega\left[\frac{1}{1+\alpha(1-\cos\vartheta)}\right]^3\left\{\sin^2\xi + \frac{\alpha^2(1-\cos\vartheta)^2}{2\,[1+\alpha(1-\cos\vartheta)]}\right\}\frac{\text{cm}^2}{\text{electron}} \tag{13.5}$$

as was first shown by Klein and Nishina.

Physical interpretations of the Klein-Nishina formulation. It is helpful to note the classical physical significance of the individual terms. The term in the square brackets corresponds to the diminution of scattering due to the motion of the electron during the "collision" [compare (6.5) and (6.9)]. In the curly braces, the $\sin^2\xi$ term represents the fully polarized classical component of the scattered energy, as found in Thomson scattering (1.4). The second term in the curly braces can be called the Klein-Nishina correction term. It is the only term which was not found in the earlier Dirac-Gordon result (6.9). This term is independent of ξ and hence represents scattered radiation which in the average is *unpolarized* with respect to the primary radiation. This unpolarized component is zero in the forward direction ($\vartheta = 0$) and maximum in the backward direction ($\vartheta = 180°$). It depends strongly on the energy of the incident photons, increasing as α^2. Thus, for high energy photons, the backscattered radiation consists predominantly of this unpolarized component. An unpolarized term proportional to α^2 is expected classically, as was shown in (5.4), because of interaction between the magnetic vector of the incident radiation and the magnetic dipole moment of the struck electron. The Dirac electron theory contains implicitly the spin and magnetic moment of the electron, so the Klein-Nishina term in α^2 can, if desired, be interpreted as a magnetic interaction in which the incident photon induces a magnetic transition or "spin-flip" of the electron. This α^2 term agrees with experimental results on γ-ray attenuation, and therefore with the magnitude of the spin and magnetic dipole moment of the electron as deduced from optical fine structure and other experiments. Alternatively, this term can be interpreted as testifying to the utility or even the "reality" of negative-energy states for electrons during quantum electrodynamic transitions, as outlined near the end of Sect. 11.

14. Collision differential cross section for arbitrarily polarized radiation and aligned electrons. A truly complete description of the Compton interaction should include the energies of the incident and scattered photon, as in the Klein-Nishina results, and also the polarization vectors of the incident photon, the initial electron, the scattered photon, and the recoil electron. Instruments for the detection of electron polarization, and of linear and circular polarization of γ-radiation are feasible, and can become important tools for the study of the radiations from oriented nuclei.

The polarization characteristics of the various multipole orders of γ-radiation from oriented nuclei have been summarized by STEENBERG[1], and by TOLHOEK and COX[2,3]. Most nuclear γ-rays are mixtures of linearly and circularly polarized radiation. In order to study these experimentally, we need the Compton cross sections for linearly and circularly polarized photons scattered by magnetically oriented electrons. In some cases the polarization state of the recoil electron is of interest, because polarized electrons[3] can be obtained from the Compton scattering of circularly polarized photons.

The Klein-Nishina formulas have therefore been extended to include a wider variety of polarization phenomena, particularly with respect to the electrons. FANO[4] developed the relationships for all polarizations except that of the final electron. FRANZ[5] first obtained complete results including both photon and electron polarizations. These have been confirmed and put in convenient and explicit forms by LIPPS and TOLHOEK[6]. The complete formulas are very complicated. Simplifications usually appear when the results are averaged over polarizations.

The particular case which is presently the most useful experimentally is that in which the initial electron spin is magnetically aligned so that it lies in the scattering plane. If ψ is the angle between the direction of propagation of the incident photon $h\nu_0$ and the direction of the electron spin, then the collision differential cross section for scattering into the solid angle $d\Omega$ at scattering angle ϑ becomes[7]

$$\left.\begin{aligned} d({}_e\sigma_M) = \frac{r_0^2}{2}\,d\Omega\left(\frac{\nu'}{\nu_0}\right)^2\Big\{\Big[\frac{\nu_0}{\nu'}+\frac{\nu'}{\nu_0}-\sin^2\vartheta\Big]+P_l\sin^2\vartheta-{}\\ -P_C\Big[\Big(\frac{\nu_0}{\nu'}-\frac{\nu'}{\nu_0}\Big)\cos\vartheta\cos\psi+\Big(1-\frac{\nu'}{\nu_0}\Big)\sin\vartheta\sin\psi\Big]\Big\}.\end{aligned}\right\} \tag{14.1}$$

---

[1] N. R. STEENBERG: Proc. Phys. Soc. Lond. A **66**, 391 (1953).
[2] H. A. TOLHOEK and J. A. M. COX: Physica, Haag **19**, 101 (1953).
[3] H. A. TOLHOEK: Rev. Mod. Phys. **28**, 277 (1956).
[4] U. FANO: J. Opt. Soc. Amer. **39**, 859 (1949).
[5] W. FRANZ: Ann. Physik **33**, 689 (1938).
[6] F. W. LIPPS and H. A. TOLHOEK: Physica, Haag **20**, 395 (1954).
[7] J. C. WHEATLEY, W. J. HUISKAMP, A. N. DIDDENS, M. J. STEENLAND and H. A. TOLHOEK: Physica, Haag **21**, 841 (1955).

The term in the first square bracket is the ordinary Klein-Nishina expression (15.1) for unpolarized photons. P_l is the degree of linear polarization, and lies between $+1$ [when the incident electric vector is normal to the scattering plane, hence $\eta=90°$ in Fig. 2 and in (12.5)], and -1 [when the incident radiation is linearly polarized with $\mathcal{E}_0$ parallel to the scattering plane, hence $\eta=0$ in Fig. 2 and in (12.5)]. The first two terms in the curly brace are therefore equivalent to (12.5). The second square bracket gives the effect of circular polarization. Here $P_C=+1$ in the case of left-circularly polarized incident radiation, that is when the electric vector of a photon approaching the observer rotates counter-clockwise and has angular momentum $+\hbar$ in the direction of propagation. Conversely $P_C=-1$ for right-circularly polarized incident radiation.

For backscattering of 1 to 3 Mev incident photons, the part of (14.1) which is sensitive to circular polarization can be comparable with the usual polarization-independent part. The circular polarization of the γ-rays from oriented Co^{60} nuclei has been measured by Wheatley *et al.*[1] using (14.1). In Sect. 36 we discuss the total attenuation of γ-rays in magnetized iron, where the integrated effects of circular polarization have been demonstrated experimentally.

D. Klein-Nishina cross sections for unpolarized radiation.

X-ray and γ-ray sources of polarized photons are relatively rare. The common sources involve emitting nuclei which are randomly oriented. Thus the Compton interaction of unpolarized photons with unoriented electrons is the common case of daily experience. In Parts D, E, and F we develop the Klein-Nishina cross-sections and related quantities for the case of unpolarized photons and electrons. The expression "Klein-Nishina cross section" always implies that the struck electron is initially unbound and stationary. The corrections for electron binding are discussed in Part G, Sects. 31 to 33.

15. Collision differential cross section. Beginning with (12.1) for unpolarized electrons we have already obtained (12.5) by averaging over all polarizations of the scattered photon. For the common case of unpolarized incident radiation we now average (12.5) over the polarizations of the incident photons. It is convenient to resolve all the incident radiation into two orthogonal linearly polarized components, each carrying one-half of the incident intensity. We choose the orientation of these two components so that one lies perpendicular to the scattering plane ($\eta=90°$), while the other lies parallel to it ($\eta=0°$). Then the differential *collision* cross section for incident unpolarized radiation is the sum of two components obtained from (12.5) and is

$$\left.\begin{aligned} d({}_e\sigma) &= \frac{1}{2}\left[d({}_e\sigma)_{\eta=90°}\right] + \frac{1}{2}\left[d({}_e\sigma)_{\eta=0°}\right] \\ &= \frac{r_0^2}{2}\, d\Omega \left(\frac{\nu'}{\nu_0}\right)^2 \left(\frac{\nu_0}{\nu'} + \frac{\nu'}{\nu_0} - \sin^2\vartheta\right) \frac{\mathrm{cm}^2}{\mathrm{electron}}, \end{aligned}\right\} \tag{15.1}$$

where the scattered photon $h\nu'$ goes into the solid angle $d\Omega = 2\pi \sin\vartheta\, d\vartheta$. Substituting (8.6) for ν'/ν_0 gives the collision differential cross section for unpolarized radiations as an explicit function of the scattering angle ϑ and the incident photon energy $h\nu_0 = \alpha m_0 c^2$. This is

$$\left.\begin{aligned} d({}_e\sigma) = r_0^2\, d\Omega &\left[\frac{1}{1+\alpha(1-\cos\vartheta)}\right]^2 \left(\frac{1+\cos^2\vartheta}{2}\right) \times \\ &\times \left\{1 + \frac{\alpha^2(1-\cos\vartheta)^2}{(1+\cos^2\vartheta)\,[1+\alpha(1-\cos\vartheta)]}\right\} \frac{\mathrm{cm}^2}{\mathrm{electron}}. \end{aligned}\right\} \tag{15.2}$$

[1] J. C. Wheatley, W. J. Huiskamp, A. N. Diddens, M. J. Steenland and H. A. Tolhoek: Physica, Haag **21**, 841 (1955).

Fig. 17 is a polar plot of (15.2). Note the tremendous decrease in the fraction of backward-scattered photons, as α increases. In the forward direction the collision differential cross section approaches its classical (1.8) value $d({}_e\sigma)/d\Omega = r_0^2 = 79.41 \times 10^{-27}$ cm²/(electron × steradian).

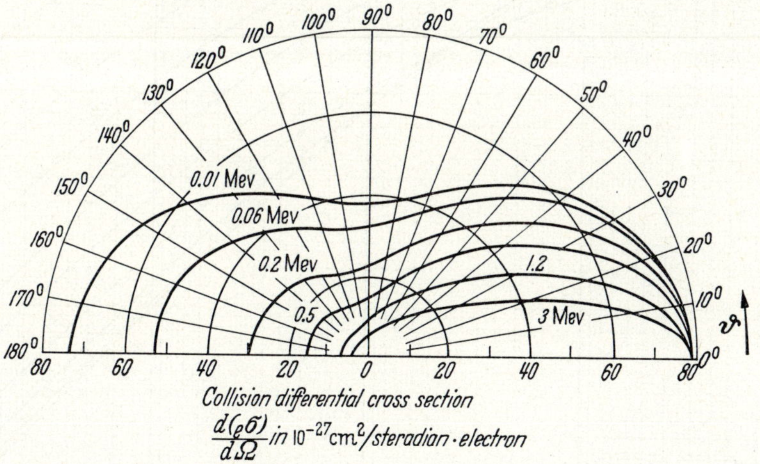

Fig. 17. Differential cross section for the *number* of photons scattered into unit solid angle, $d({}_e\sigma)/d\Omega$, in cm²/steradian × electron, at a mean scattering angle ϑ, by (15.2), at photon energies as marked on the curves.

Numerical values for $d({}_e\sigma)/d\Omega$ for 0.01 Mev $\leq h\nu_0 \leq$ 100 Mev and various values of ϑ are given in Table 4 and Fig. 18. NELMS [7] has published detailed graphs of $d({}_e\sigma)/d\Omega$ over the energy range 0.01 Mev $\leq h\nu_0 \leq$ 500 Mev. At very small angles, coherent scattering by bound electrons may be appreciable; see Sect. 33.

Table 4. *Collision differential cross section $d({}_e\sigma)/d\Omega$ in 10^{-27} cm²/steradian, per electron, from (15.2).*

$h\nu_0$ Mev	ϑ										
	1°	5°	10°	20°	30°	45°	60°	90°	120°	150°	180°
0.01	79.4	79.1	78.1	74.6	69.1	59.0	48.6	38.3	46.4	64.7	73.6
0.04	79.4	79.0	78.0	74.0	68.0	57.5	45.5	34.4	40.4	53.5	60.2
0.1	79.4	79.0	77.7	73.0	66.0	53.7	41.0	29.3	31.3	39.2	43.2
0.2	79.4	78.8	77.3	71.3	62.8	48.2	35.0	22.9	23.0	27.2	29.3
0.4	79.4	78.6	76.4	68.2	57.2	41.0	28.5	16.8	15.7	17.2	17.9
1	79.3	77.9	73.7	60.2	45.0	27.7	17.7	10.4	8.80	8.45	8.35
2	79.3	76.8	69.7	50.1	33.0	18.3	11.5	6.80	5.30	4.73	4.54
4	79.2	74.6	62.8	37.3	21.7	11.5	7.15	4.09	2.98	2.50	2.39
10	78.9	68.6	48.4	21.2	11.0	5.6	3.48	1.86	1.28	1.05	0.98
20	78.4	60.4	34.2	12.5	6.3	2.93	1.86	0.97	0.66	0.535	0.498
40	77.6	48.6	22.0	7.00	3.40	1.56	0.97	0.492	0.336	0.270	0.254
100	75.0	30.5	10.5	3.08	1.45	0.64	0.40	0.204	0.135	0.108	0.102

Experimental verification. Experimental studies of the *number* of photons scattered at various angles have been relatively rare, and are not to be confused with measurements of the scattered *intensity*, which is only a measure of the differential scattering cross section (Sect. 19).

The differential collision cross section for the γ-rays of Co^{60} (1.17 and 1.33 Mev) has been measured in the angular range $15° \leq \vartheta \leq 90°$ by HOFSTADTER and

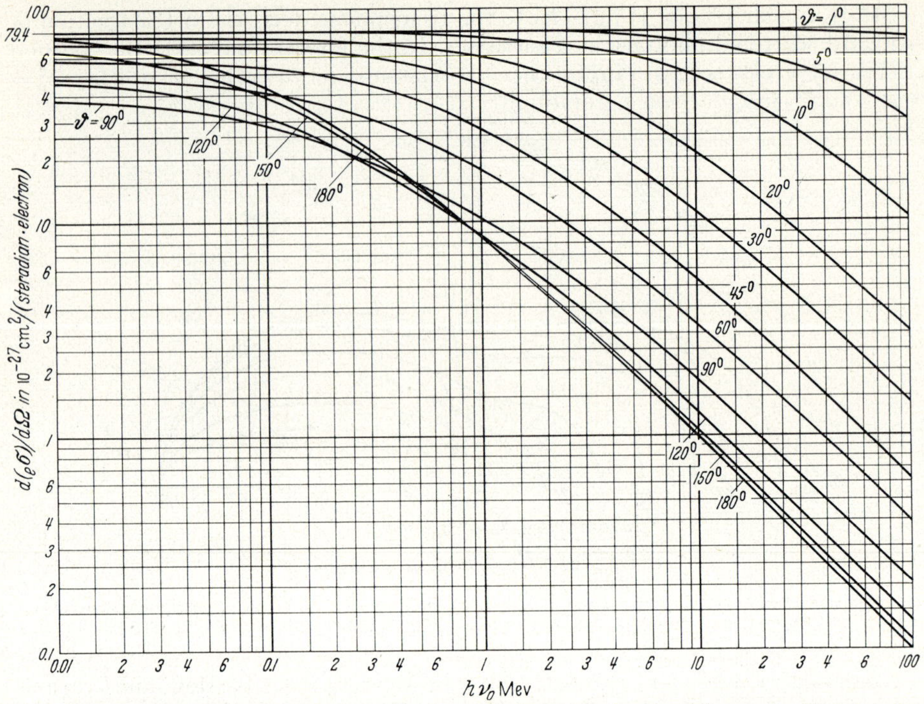

Fig. 18. Collision differential cross section $d({}_e\sigma)/d\Omega$ for the *number* of photons scattered per unit solid angle in the direction ϑ.

MCINTYRE[1]. The apparatus and experimental arrangement is the same as that shown in Fig. 5, except that the distance between the stilbene scatterer crystal and the stilbene detector crystal is increased to 11.6 cm. Then the detector subtends a plane angle of approximately 6° at the center of the scatterer. Coincidence counting rates were observed at 9 values of the mean scattering angle from $\vartheta = 15°$ to $\vartheta = 90°$. Corrections for the variation of the efficiency of the stilbene detector crystal with variations of ϑ and hence $h\nu'$ were made, in addition to substantial corrections of 9 to 30% for geometrical and absorption effects. The absolute strength of the Co^{60} source had an uncertainty of ±15%, so the corrected

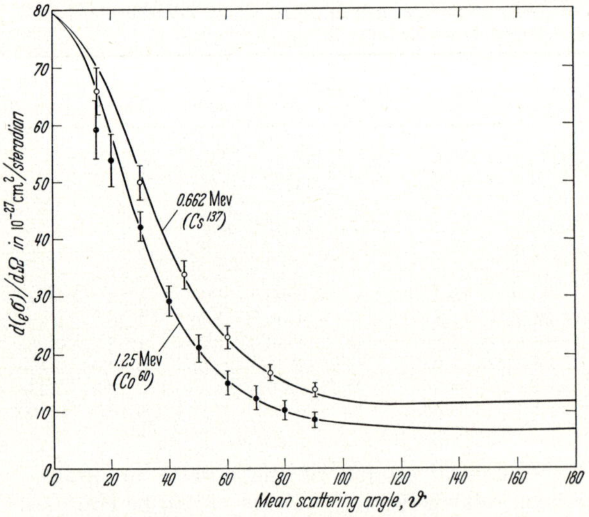

Fig. 19. Experimental tests of the number of scattered photons per unit solid angle normalized at about 45°. The smooth curves are the Klein-Nishina collision differential cross sections for $h\nu_0 = 0.662$ Mev and 1.25 Mev.

[1] R. HOFSTADTER and J. A. MCINTYRE: Phys. Rev. **76**, 1269L (1949).

counting rates were normalized to the Klein-Nishina value at an intermediate scattering angle of about 50°. The results are shown in Fig. 19, and can be taken as verifying (15.2) at $(h\nu_0)_{av} \simeq 1.25$ Mev and $15° \leq \vartheta \leq 90°$ within an experimental uncertainty of approximately ±15%. Fig. 19 also shows the experimental results for the γ-rays of Cs^{137} (0.662 Mev), scattered by Al and detected in a single-channel scintillation counter at scattering angles of $15° \leq \vartheta \leq 90°$, as reported by BERNSTEIN and MANN[1]. Again the uncertainties in the absolute cross sections are approximately ±15%, and the experimental values have been adjusted to match the absolute Klein-Nishina cross section in the domain of 45°. Both experiments clearly rule out the Dirac-Gordon differential cross section [(6.9) times (ν_0/ν')] which is only about one-half as large as the Klein-Nishina cross section at the largest scattering angle studied ($\vartheta = 90°$).

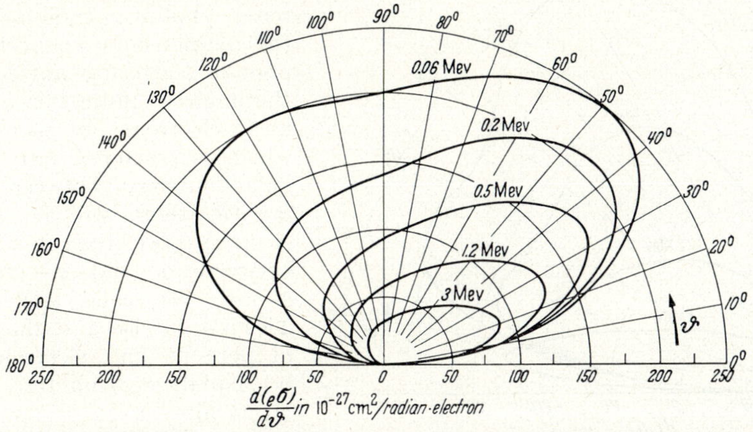

Fig. 20. Collision differential cross section as number-vs.-angle distribution of scattered photons, $d({}_e\sigma)/d\vartheta$, from (16.2). Numerically, $d({}_e\sigma)/d\vartheta$ is the probability per incident photon and per electron/cm² of scattering material that the scattered photon will be directed into the angular interval which lies between two cones whose half angles are ϑ and $\vartheta + d\vartheta$ radians.

16. Angular distribution of scattered photons. When we consider the scattering per unit of scattering angle ϑ instead of per unit solid angle as in (15.2), the results are remarkably different. This is because the total solid angle available per unit angle is

$$\frac{d\Omega}{d\vartheta} = 2\pi \sin\vartheta \qquad (16.1)$$

and approaches zero in the forward and backward directions. As ϑ increases from zero, the element of solid angle between two cones whose half angles are ϑ and $\vartheta + d\vartheta$ increases, while the scattering per unit solid angle decreases. The product of these two functions, which is the scattering per unit angle $d({}_e\sigma)/d\vartheta$ passes through a forward maximum which turns out to be quite sharp for large α. For small α there is a second maximum in the neighborhood of $\vartheta = 120°$; this second maximum disappears at the higher photon energies.

Fig. 20 is a polar plot of the *numbers-vs.-angle* distribution of scattered photons, for several values of α, as given by

$$\frac{d({}_e\sigma)}{d\vartheta} = \frac{d({}_e\sigma)}{d\Omega}\, 2\pi \sin\vartheta \,\frac{\text{cm}^2}{\text{electron}\cdot\text{radian}}, \qquad (16.2)$$

where $d({}_e\sigma)/d\Omega$ is given by (15.2) and Fig. 18. Numerical values of $d({}_e\sigma)/d\vartheta$ have been tabulated by JOHNS *et al.*[2] over the energy range 0.010 Mev $\leq h\nu_0 \leq$ 30 Mev.

[1] A. BERNSTEIN and A. K. MANN: Amer. J. Phys. **24**, 445 (1956).

[2] H. E. JOHNS, D. V. CORMACK, S. A. DENESUK and G. F. WHITMORE: Canad. J. Phys. **30**, 556 (1952).

The angular distribution of scattered photon *energy* is even more sharply peaked, because of the variation of $h\nu'$ with ϑ. These cross sections are discussed in Sect. 19.

17. Angular distribution of Compton recoil electrons. The ionization which actuates many radiation detectors is primarily due to the recoil-electrons resulting from Compton interactions in the detector or its walls. The initial directional distribution of these electrons is sometimes of considerable experimental importance in the determination of the response characteristics of the detector.

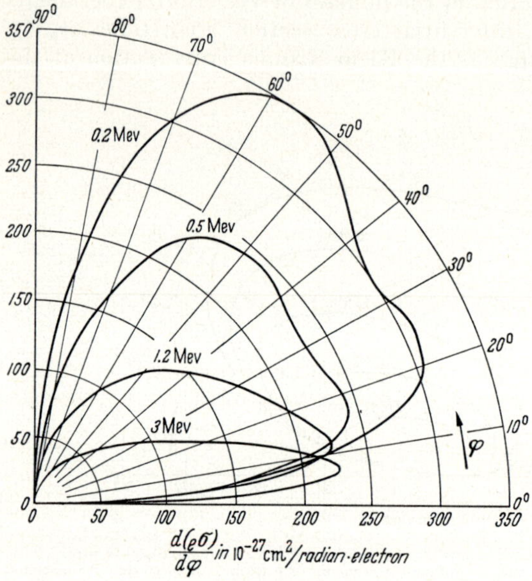

Fig. 21. Collision differential cross section as number-*vs.*-angle distribution of recoil electrons, $d(_e\sigma)/d\varphi$, projected into the angular interval between φ and $\varphi+d\varphi$ radians, for the primary photon energies shown on the curves.

The directional distribution of the Compton recoil electrons can be obtained from the directional distribution of the scattered photons, combined with the relationships connecting the photon scattering angle ϑ with the angle of projection φ of the recoil electron. For each photon which is scattered into the angular interval between ϑ and $\vartheta+d\vartheta$, there will be a recoil electron projected at an angle between φ and $\varphi+d\varphi$, that is into the solid angle $d\Omega'=2\pi\sin\varphi\,d\varphi$. Because the number of photons and electrons must be equal, we obtain the relationship

$$\left.\begin{aligned}&\frac{d(_e\sigma)}{d\Omega}\,2\pi\sin\vartheta\,d\vartheta\\&\quad=\frac{d(_e\sigma)}{d\Omega'}\,2\pi\sin\varphi\,d\varphi.\end{aligned}\right\}\tag{17.1}$$

Then the directional distribution of recoil electrons is

$$\frac{d(_e\sigma)}{d\Omega'}=\frac{d(_e\sigma)}{d\Omega}\,\frac{\sin\vartheta\,d\vartheta}{\sin\varphi\,d\varphi},\tag{17.2}$$

where $d(_e\sigma)/d\Omega$ is given by (15.2). Using the relationship between ϑ and φ, (9.1), it can be shown that

$$\frac{d\Omega}{d\Omega'}=\frac{\sin\vartheta\,d\vartheta}{\sin\varphi\,d\varphi}=-\frac{4(1+\alpha)^2\cot\varphi\,\mathrm{cosec}^3\varphi}{[(1+\alpha)^2+\cot^2\varphi]^2}=-\frac{1}{1+\alpha}\,\frac{(1+\cos\vartheta)\sin\vartheta}{\sin^3\varphi}\tag{17.3}$$

Finally, the *number-vs.-angle* distribution of recoil electrons can be written in terms of (17.2) and (17.3) as

$$\frac{d(_e\sigma)}{d\varphi}=\frac{d(_e\sigma)}{d\Omega'}\,2\pi\sin\varphi=\frac{d(_e\sigma)}{d\Omega}\left[\frac{2\pi(1+\cos\vartheta)\sin\vartheta}{(1+\alpha)\sin^2\varphi}\right]\frac{\mathrm{cm}^2}{\mathrm{electron}\cdot\mathrm{radian}}.\tag{17.4}$$

The number-*vs.*-solid-angle distribution $d(_e\sigma)/d\Omega'$ is sharply peaked in the direction of $\varphi=0$. But the number-*vs.*-angle distribution $d(_e\sigma)/d\varphi$ is zero in the forward direction and exhibits its maxima at values of φ which depend upon the photon energy $h\nu_0$. For low energy photons there are two maxima, in the neighborhood of 20 and 60°. At higher photon energies, the wide-angle maximum disappears and the small-angle maximum occurs at smaller angles as $h\nu_0$ increases.

Fig. 21 shows the number of recoil electrons per unit angular interval (radians), at recoil angle φ, for several values of $h\nu_0$. Tables of the number-*vs.*-angle distribution $d({}_e\sigma)/d\varphi$ for recoil electrons have been published by JOHNS *et al.*[1] for 0.010 Mev $\leq h\nu_0 \leq$ 30 Mev. Graphs of the directional distribution of recoil electrons per unit solid angle, $d({}_e\sigma)/d\Omega'$, have been published by NELMS [7].

18. Collision cross section integral between arbitrary angular limits. Practical scattering problems in broad-beam geometry require integrals of the collision cross section over finite angular intervals. We give here the integrals for the *collision* cross sections; these relate to the *number* of photons (and electrons) scattered in finite angular intervals. Analogous integrals for the scattered *energy* will be found in Sect. 20.

The integral of the differential collision cross section (15.1) over $0 \leq \vartheta \leq \Theta$, with $d\Omega = 2\pi \sin\vartheta\, d\vartheta$, is[2]

$$\left.\begin{aligned} {}_e\sigma(\leq \Theta) &= \int_0^\Theta \frac{d({}_e\sigma)}{d\Omega}\, 2\pi \sin\vartheta\, d\vartheta \\ &= \pi r_0^2 \left[\frac{\log x}{\alpha} + \frac{1}{2\alpha} - \frac{1}{2\alpha x^2} + \frac{2}{\alpha^2} - \frac{2(1+\alpha)\log x}{\alpha^3} + \frac{x}{\alpha^3} - \frac{1+2\alpha}{\alpha^3 x}\right] \frac{\text{cm}^2}{\text{electron}} \end{aligned}\right\} \quad (18.1)$$

where $x \equiv 1 + \alpha(1 - \cos\Theta)$, $\alpha = h\nu_0/m_0 c^2$, and $r_0 = e^2/m_0 c^2$. The equivalent explicit form of the collision cross section for the number of photons scattered between $\vartheta = 0$ and $\vartheta = \Theta$ is

$$\left.\begin{aligned} {}_e\sigma(\leq \Theta) = \pi r_0^2 \Big\{ & \frac{1}{2\alpha^2[1+\alpha(1-\cos\Theta)]^2} [4 + 10\alpha + 8\alpha^2 + \alpha^3 - \\ & - (4 + 16\alpha + 16\alpha^2 + 2\alpha^3)\cos^3\Theta + \\ & + (6\alpha + 10\alpha^2 + \alpha^3)\cos^2\Theta - 2\alpha^2\cos\Theta] + \\ & + \left(\frac{\alpha^2 - 2\alpha - 2}{\alpha^3}\right) \log[1 + \alpha(1-\cos\Theta)]\Big\} \frac{\text{cm}^2}{\text{electron}}. \end{aligned}\right\} \quad (18.2)$$

For small Θ or α, expansion of (18.2) leads to the following power series which are usually more accurate than the exact expression (18.2) for numerical evaluation. Let $b \equiv (1 - \cos\Theta)$, then

$$\left.\begin{aligned} {}_e\sigma(\leq \Theta) = \pi r_0^2 \Big[& b\left(2 - b + \tfrac{1}{3} b^2\right) + \alpha b^2\left(-2 + \tfrac{4}{3} b - \tfrac{1}{2} b^2\right) + \\ & + \alpha^2 b^3\left(\tfrac{7}{3} - \tfrac{3}{2} b + \tfrac{3}{5} b^2\right) + \alpha^3 b^4\left(-\tfrac{11}{4} + \tfrac{8}{5} b - \tfrac{2}{3} b^2\right) + \\ & + \alpha^4 b^5\left(\tfrac{16}{5} - \tfrac{5}{3} b + \tfrac{5}{7} b^2\right) + \alpha^5 b^6\left(-\tfrac{11}{3} + \tfrac{12}{7} b - \tfrac{3}{4} b^2\right) + \\ & + \alpha^6 b^7\left(\tfrac{29}{7} - \tfrac{7}{4} b + \tfrac{7}{9} b^2\right) + \cdots\Big] \frac{\text{cm}^2}{\text{electron}}, \end{aligned}\right\} \quad (18.3)$$

$${}_e\sigma(\leq \Theta) = \pi r_0^2 \left[\Theta^2 + \Theta^4\left(-\frac{1}{3} - \frac{\alpha}{2}\right) + \Theta^6\left(\frac{1}{12} + \frac{1}{4}\alpha + \frac{7}{24}\alpha^2\right) - \cdots\right] \frac{\text{cm}^2}{\text{electron}} \quad (18.4)$$

where Θ is in radians. Note that as $\Theta \to 0$, (18.4) reduces to the classical value $\pi r_0 \Theta^2$ in the forward direction. The cross sections (18.1) to (18.4) are plotted

---

[1] H. E. JOHNS, D. V. CORMACK, S. A. DENESUK and G. F. WHITMORE: Canad. J. Phys. **30**, 556 (1952).

[2] In all cases, log means the natural logarithm, base e.

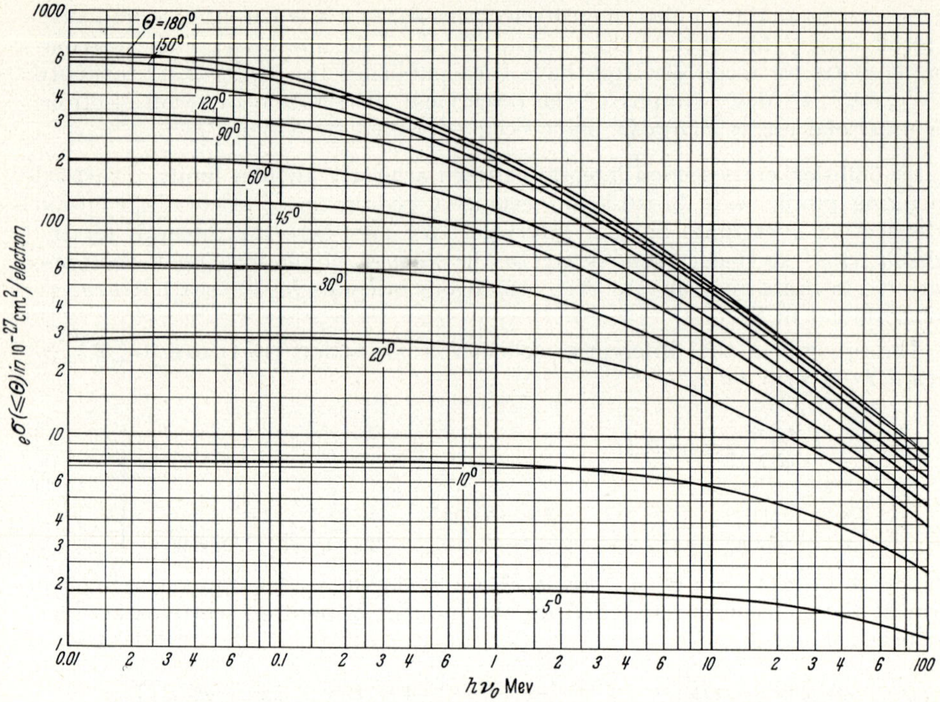

Fig. 22. Integrated collision cross section for the number of photons scattered into the angular interval $0 \leqq \vartheta \leqq \Theta$, as given by (18.1) to (18.4).

in Fig. 22 for $\Theta \geqq 5°$. For more accurate work, and to facilitate interpolation, numerical values are given in Table 5 for several values of Θ and $h\nu_0$.

The collision cross section between any two angular limits also can be determined from Fig. 22. For example, the number of photons scattered into the angular interval between $\vartheta = 10°$ and $\vartheta = 60°$ corresponds to the difference of the cross

Table 5. *Integrated collision cross section* ${}_e\sigma(\leq \Theta)$ *for the number of photons scattered into the angular interval* $0 \leq \vartheta \leq \Theta$, *as given by* (18.1) to (18.4), *in units of millibarns* (10^{-27} *cm*^{2})/*electron, if* $r_0 = 2.818 \times 10^{-13}$ cm *and* $m_0 c^2 = 0.5110$ Mev.

$h\nu_0$ Mev	ϑ										
	1°	5°	10°	20°	30°	45°	60°	90°	120°	150°	180°
0.01	0.0760	1.894	7.528	29.19	62.41	126.1	195.7	327.0	458.8	579.5	640.5
0.04	0.0760	1.894	7.521	29.08	61.93	124.1	190.7	311.8	424.8	531.1	578.7
0.1	0.0760	1.893	7.508	28.88	61.02	120.4	181.7	286.6	377.6	458.0	492.8
0.2	0.0760	1.891	7.485	28.56	59.55	114.6	168.6	255.2	325.1	382.7	406.5
0.4	0.0760	1.888	7.442	27.91	56.85	105.0	148.7	214.3	264.2	302.0	316.7
1	0.0760	1.880	7.315	26.20	50.28	85.23	113.6	154.6	184.3	204.1	211.2
2	0.0760	1.866	7.106	23.85	42.60	66.79	85.45	112.5	131.0	142.5	146.4
4	0.0759	1.839	6.739	20.38	33.39	48.73	60.33	76.90	87.66	93.91	95.98
10	0.0758	1.764	5.865	14.66	21.59	29.26	34.92	42.69	47.47	50.13	50.99
20	0.0755	1.654	4.878	10.47	14.47	18.76	21.84	25.97	28.46	29.82	30.25
40	0.0751	1.476	3.739	7.030	9.241	11.54	13.16	15.29	16.56	17.25	17.46
100	0.0738	1.135	2.347	3.863	4.819	5.782	6.449	7.321	7.834	8.111	8.199

The numerical values for small Θ or small α are from (18.3). The other values were calculated from (18.2) on the I.B.M. computer at the Massachusetts Institute of Technology under the direction of Mr. W. B. THURSTON.

sections for $\Theta = 60°$ and $\Theta = 10°$. Similarly the collision cross section for forward scattering ($\vartheta < 90°$) is ${}_e\sigma(\leq 90°)$ while that for backward scattering ($\vartheta > 90°$) is $[{}_e\sigma(\leq 180°)] - [{}_e\sigma(\leq 90°)]$. Explicitly

$$ {}_e\sigma(\Theta_1 \leq \vartheta \leq \Theta_2) = {}_e\sigma(\leq \Theta_2) - {}_e\sigma(\leq \Theta_1). \tag{18.5} $$

The number of *recoil electrons* scattered between any two angular limits φ_1 and φ_2 can also be read from Fig. 22 by using first the relationship between φ and ϑ as given in Fig. 11. The number of photons scattered between ϑ_1 and ϑ_2 is of course the same as the number of recoil electrons scattered between φ_1 and φ_2 if ϑ_i and φ_i are related as in (9.1) and Fig. 11.

The *fraction of scattered photons* which retain more than any arbitrary energy $h\nu'$ is pertinent to reactor design, and can be determined from Fig. 22 with the aid of Fig. 10. For example, we may wish to know what fraction of the 6.13 Mev γ-rays from N^{16} retain sufficient energy after Compton scattering in water to produce neutrons by photodisintegration of deuterium. Then $h\nu' \geq 2.22$ Mev, and (8.6) or Fig. 10 shows that $\vartheta \leq 31.5°$. The *fraction* of the scattered photons which are scattered through less than 31.5° is ${}_e\sigma(\leq 31.5°)$ divided by the total collision cross section ${}_e\sigma(\leq 180°)$. This fraction can be read from Fig. 22, and for $h\nu_0 = 6.13$ Mev, is $29/72 = 0.40$, or 40%.

The *collision bipartition angles for photons* $\Theta_{n/2}$ are the angles within which one-half of the scattered photons are deflected. These can be determined also from Fig. 22, and are summarized in Sect. 21 together with other types of bipartition angle.

19. Scattering differential cross section. The differential *scattering* cross section for unpolarized radiation describes the *energy* content of the scattered photons. Recall from (13.3) that $d({}_e\sigma_s) = (\nu'/\nu_0)\, d({}_e\sigma)$. Then we obtain at once from (15.1) and (15.2) the differential scattering cross section

$$ d({}_e\sigma_s) = \frac{r_0^2}{2}\, d\Omega \left(\frac{\nu'}{\nu_0}\right)^3 \left(\frac{\nu_0}{\nu'} + \frac{\nu'}{\nu_0} - \sin^2\vartheta\right) \tag{19.1} $$

or

$$ \left.\begin{aligned} d({}_e\sigma_s) &= r_0^2\, d\Omega \left[\frac{1}{1+\alpha(1-\cos\vartheta)}\right]^3 \left(\frac{1+\cos^2\vartheta}{2}\right) \times \\ &\times \left\{1 + \frac{\alpha^2 (1-\cos\vartheta)^2}{(1+\cos^2\vartheta)\,[1+\alpha(1-\cos\vartheta)]}\right\} \frac{\text{cm}^2}{\text{electron}}. \end{aligned}\right\} \tag{19.2} $$

Fig. 23 is a plot of (19.2) for several values of the photon scattering angle ϑ, and for 0.01 Mev $\leq h\nu_0 \leq$ 100 Mev. For more accurate work, and to simplify interpolation, numerical values of $d({}_e\sigma_s)/d\Omega$ are given in Table 6.

(19.2) differs from the earlier Dirac-Gordon formulation (6.9) only in the α^2 term in the curly brace, which characterizes the Klein-Nishina cross sections and which we noted, in Sect. 13, is related to negative energy states of the electron and to the spin and magnetic dipole moment of the electron. Chao[1] first clearly verified this term in 1930 in his painstaking measurements of the intensity and hardness of the radiation scattered by Al at $\vartheta = 22.5$, 35, 55, 90, and 135°, using the $h\nu_0 = 2.62$ Mev γ-rays from ThC″ as the incident radiation.

The distribution of scattered photon energy in any angular interval, that is between two cones of half angles ϑ and $\vartheta + d\vartheta$, is given by

$$ \frac{d({}_e\sigma_s)}{d\vartheta} = \frac{d({}_e\sigma_s)}{d\Omega}\, 2\pi \sin\vartheta \, \frac{\text{cm}^2}{\text{electron}\cdot\text{radian}}. \tag{19.3} $$

This angular distribution is zero in the forward and backward directions, and is shown in the polar plot of Fig. 24. For small photon energies $h\nu_0$ there are two

[1] C. Y. Chao: Phys. Rev. **36**, 1519 (1930).

maxima, in the vicinity of 40 and 130°. At higher energies the wide angle maximum disappears, and the small angle maximum occurs at smaller ϑ as $h\nu_0$ increases.

For very small scattering angles, the coherent scattering by bound electrons may be appreciable; see Sect. 33.

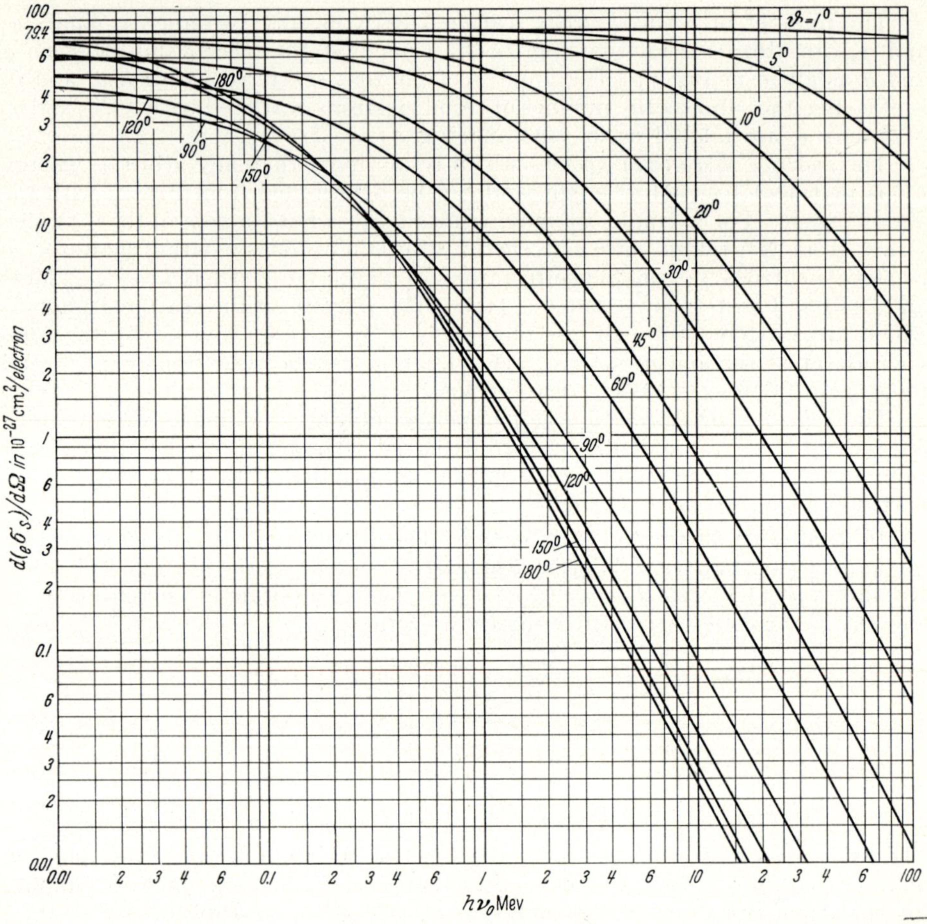

Fig. 23. Scattering differential cross section $d({}_e\sigma_s)/d\Omega$ for the *energy* of photons scattered per unit solid angle in the direction ϑ.

20. Scattering cross section integral between arbitrary angular limits. The photon *energy* scattered between any two angular limits is obtained from the integrals of (19.1) over $0 \leq \vartheta \leq \Theta$, with $d\Omega = 2\pi \sin\vartheta\, d\vartheta$. This gives

$$\left.\begin{aligned} {}_e\sigma_s(\leq\Theta) &= \int_0^{\Theta} \frac{d({}_e\sigma_s)}{d\Omega}\, 2\pi \sin\vartheta\, d\vartheta \\ &= \pi r_0^2 \left\{ \frac{\log[1+\alpha(1-\cos\Theta)]}{\alpha^3} - \left[\frac{1}{6\alpha^2[1+\alpha(1-\cos\Theta)]^3}\right] \times \right. \\ &\quad \times [6 + 15\alpha + 3\alpha^2 - 12\alpha^3 - 8\alpha^4 - (6 + 30\alpha + 27\alpha^2 - 18\alpha^3 - 24\alpha^4)\cos\Theta + \\ &\quad \left. + (15\alpha + 33\alpha^2 - 24\alpha^4)\cos^2\Theta - (9\alpha^2 + 6\alpha^3 - 8\alpha^4)\cos^3\Theta] \right\} \frac{\mathrm{cm}^2}{\mathrm{electron}}. \end{aligned}\right\} \quad (20.1)$$

Table 6. *The differential scattering cross section* $d({}_e\sigma_s)/d\Omega$ *for the energy of photons scattered into unit solid angle at scattering* ϑ, *as given by* (19.2), *in units of millibarns* (10^{-27} cm^2)/*electron · steradian, if* $r_0 = 2.818 \times 10^{-13}$ cm *and* $m_0 c^2 = 0.5110$ Mev.

$h\nu_0$ Mev	ϑ 1°	5°	10°	20°	30°	45°
0.01	79.40	79.09	78.14	74.50	68.94	58.55
0.04	79.40	79.04	77.94	73.72	67.35	55.66
0.1	79.39	78.93	77.52	72.19	64.32	50.49
0.2	79.38	78.76	76.84	69.73	59.70	43.35
0.4	79.37	78.41	75.49	65.18	51.81	32.98
1	79.33	77.37	71.66	53.85	35.63	17.43
2	79.26	75.69	65.88	40.54	21.64	8.482
4	79.12	72.47	56.19	25.32	10.56	3.444
10	78.69	63.94	37.06	9.663	3.049	0.8304
20	78.00	52.66	21.46	3.705	1.004	0.2470
40	76.63	37.43	9.899	1.226	0.2966	0.06803
100	72.73	17.27	2.656	0.2415	0.05318	0.01158

$h\nu_0$ Mev	ϑ 60°	90°	120°	150°	180°
0.01	48.21	37.48	45.54	62.44	70.82
0.04	44.28	31.85	35.92	46.65	51.88
0.1	37.77	23.97	24.15	28.83	31.10
0.2	29.78	16.36	14.57	15.77	16.42
0.4	20.05	9.416	7.279	6.974	6.949
1	8.890	3.525	2.241	1.821	1.712
2	3.909	1.3778	0.7671	0.5669	0.5160
4	1.461	0.4583	0.2318	0.1611	0.1436
10	0.3206	0.08950	0.04208	0.02804	0.02466
20	0.09064	0.02405	0.01100	0.007221	0.006319
40	0.02420	0.006239	0.002814	0.001833	0.001600
100	0.004033	0.0001021	0.0004565	0.0002959	0.0002579

These numerical calculations were done on the I.B.M. computer at the Massachusetts Institute of Technology under the direction of Mr. W. B, THURSTON.

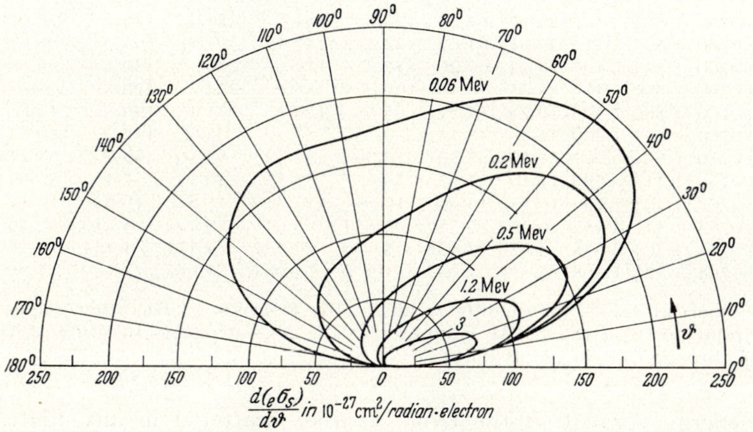

Fig. 24. Scattering differential cross section for the *energy* of photons scattered between two cones of half angles ϑ and $\vartheta + d\vartheta$, at the primary photon energies marked on the curves.

For small Θ or α, the following power series expansions of (20.1) are convenient. Let $b \equiv (1 - \cos\Theta)$, then

$$\left.\begin{aligned} {}_e\sigma_s(\leqq\Theta) = \pi r_0^2 \Big[& b\left(2 - b + \tfrac{1}{3} b^2\right) + \alpha b^2\left(-3 + 2b - \tfrac{3}{4} b^2\right) + \\ & + \alpha^2 b^3\left(\tfrac{13}{3} - 3b + \tfrac{6}{5} b^2\right) + \alpha^3 b^4\left(-6 + 4b - \tfrac{5}{3} b^2\right) + \\ & + \alpha^4 b^5\left(8 - 5b + \tfrac{15}{7} b^2\right) + \alpha^5 b^6\left(-\tfrac{31}{3} + 6b - \tfrac{21}{8} b^2\right) + \\ & + \alpha^6 b^7\left(13 - 7b + \tfrac{28}{9} b^2\right) + \cdots\Big] \frac{\text{cm}^2}{\text{electron}}, \end{aligned}\right\} \quad (20.2)$$

$${}_e\sigma_s(\leqq\Theta) = \pi r_0^2\left[\Theta^2 + \Theta^4\left(-\frac{1}{3} - \frac{3}{4}\alpha\right) + \Theta^6\left(\frac{1}{12} + \frac{3}{8}\alpha + \frac{13}{24}\alpha^2\right) - \cdots\right]\frac{\text{cm}^2}{\text{electron}} \quad (20.3)$$

where Θ is in radians. In the forward direction, as $\Theta \to 0$, (20.3) reduces to the classical value.

The expressions (20.1) to (20.3) describe the *energy* of the photons scattered between $\vartheta = 0$ and $\vartheta = \Theta$. They are to be distinguished sharply from the expressions (18.1) to (18.4) which relate only to the *number* of photons scattered in these same angular intervals.

Between any two angular limits Θ_1 and Θ_2, the scattered energy is of course given by

$${}_e\sigma_s(\Theta_1 \leqq \vartheta \leqq \Theta_2) = {}_e\sigma_s(\leqq\Theta_2) - {}_e\sigma_s(\leqq\Theta_1). \quad (20.4)$$

Table 7 and Fig. 25 give the numerical values of ${}_e\sigma_s(\leqq\Theta)$ for several angles, and are to be used in a manner analogous to the number-*vs.*-angle cross sections of Table 5 and Fig. 22.

Table 7. *Integrated scattering cross section* ${}_e\sigma_s(\leqq\Theta)$ *for the energy carried by the photons scattered into the angular interval* $0 \leqq \vartheta \leqq \Theta$, *as given by* (20.1) *to* (20.3), *in units of millibarns* (10^{-27} cm²)/*electron, if* $r_0 = 2.818 \times 10^{-13}$ cm *and* $m_0c^2 = 0.5110$ Mev.

$h\nu_0$ Mev	Θ										
	1°	5°	10°	20°	30°	45°	60°	90°	120°	150°	180°
0.01	0.0760	1.894	7.527	29.17	62.33	125.8	194.8	324.3	448.5	574.0	628.5
0.04	0.0760	1.893	7.517	29.01	61.62	122.8	187.4	301.8	404.7	498.6	540.1
0.1	0.0760	1.892	7.497	28.72	60.26	117.2	174.0	266.0	339.1	399.6	424.8
0.2	0.0760	1.890	7.464	28.23	58.10	109.0	155.8	223.3	270.3	305.0	318.6
0.4	0.0760	1.886	7.399	27.29	54.21	95.63	129.1	171.1	196.5	212.8	218.6
1	0.0760	1.873	7.209	24.83	45.15	70.13	86.30	103.5	112.2	116.8	118.3
2	0.0759	1.853	6.907	21.59	35.32	48.86	56.32	63.50	66.70	68.21	68.67
4	0.0759	1.813	6.382	17.10	24.67	30.68	33.58	36.13	37.15	37.60	37.73
10	0.0757	1.703	5.190	10.55	13.06	14.64	15.31	15.84	16.03	16.11	16.14
20	0.0753	1.547	3.952	6.467	7.357	7.853	8.048	8.195	8.246	8.266	8.272
40	0.0746	1.304	2.678	3.659	3.938	4.080	4.132	4.171	4.184	4.189	4.191
100	0.0728	1.022	1.368	1.594	1.647	1.672	1.681	1.687	1.689	1.690	1.690

The numerical values for small Θ or small α are from (20.2). The other values were calculated from (20.1) on the I.B.M. computer at the Massachusetts Institute of Technology under the direction of Mr. W. B. THURSTON.

The energy content of the *recoil electrons* scattered in any finite angular interval, $90° \geqq \varphi \geqq \Phi$, can be evaluated as the difference between the collision cross section (18.2) and the scattering cross section (20.1) with the aid of the conservation laws. The collision cross section describes the number of primary photons, each of energy $h\nu_0$, removed from an incident beam. The energy corresponding to these photons must appear as the sum of the energy content of the scattered photons plus the energy of their companion recoil electrons. Then from (6.2)

$$\int_{\varphi=90^\circ}^{\varphi=\Phi} d({}_e\sigma_a) = \int_{\vartheta=0}^{\vartheta=\Theta} d({}_e\sigma) - \int_{\vartheta=0}^{\vartheta=\Theta} d({}_e\sigma_s) \tag{20.5}$$

or

$${}_e\sigma_a(\geqq\Phi) = {}_e\sigma(\leqq\Theta) - {}_e\sigma_s(\leqq\Theta) \tag{20.6}$$

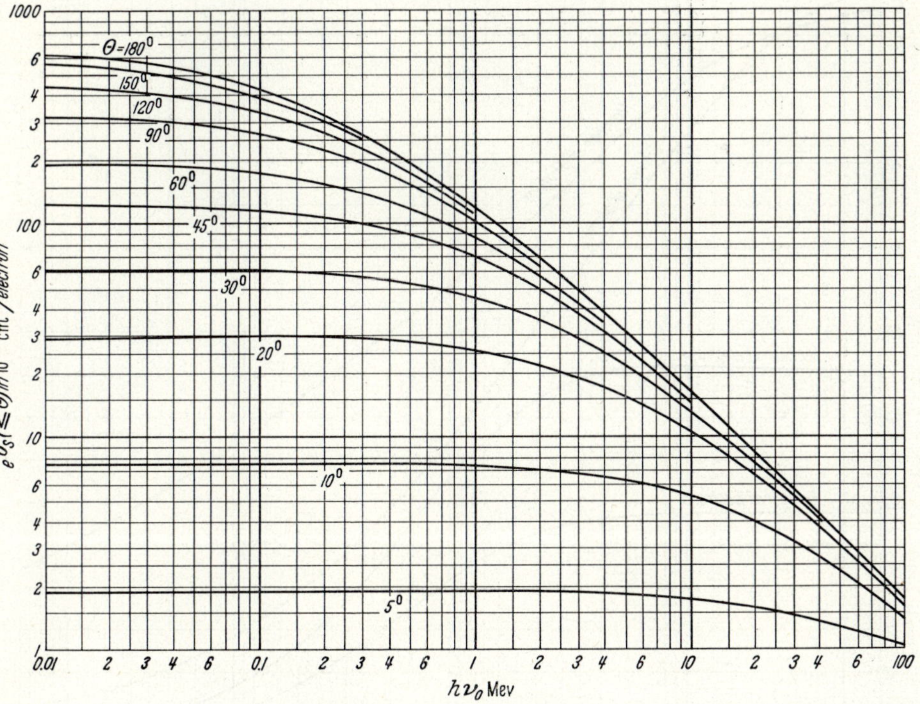

Fig. 25. Integrated scattering cross section for the energy content of the photons scattered into the angular interval $0 \leqq \vartheta \leqq \Theta$ as given by (20.1) to (20.3).

where Φ and Θ are particular values of φ and ϑ which are related by (9.1). Here ${}_e\sigma_a(\geqq\Phi)$ gives the kinetic energy of all the recoil electrons which are scattered in the angular interval $\varphi = 90^\circ$ to $\varphi = \Phi$ while their companion photons are being scattered in the angular interval $\vartheta = 0^\circ$ to $\vartheta = \Theta$.

21. Bipartition angles. In some practical problems, such as ion-chamber theory, it is useful to replace the complicated angular distributions of scattered photons and recoil electrons by some simple numerical approximation. A median scattering angle is a useful quantity in such approximations. Then one can, for example, replace the actual continuous angular distribution of scattered photons by an assumed bundle of scattered photons all scattered at the same angle and all having the same energy. The energy chosen for this approximation is usually the average energy of the distribution. These average energies are tabulated for scattered photons and recoil electrons in Sect. 25. Here we determine the median scattering angles, which are called the *bipartition angles*.

For the *number* of scattered photons the bipartition angle is the half-angle of a cone which would contain just one-half of the scattered photons. For this cone the collision cross section (18.2) should equal one-half the value it has when all possible angles of scattering are included. Then if $\Theta_{n/2}$ is the bipartition angle for the number of scattered photons

$$ {}_e\sigma(\leq \Theta_{n/2}) = \tfrac{1}{2}\, {}_e\sigma(\leq 180^\circ)\,. \tag{21.1} $$

Numerical solutions for various values of $h\nu_0$ can be obtained from (18.2) or Fig. 22, and are plotted as "number of photons" in Fig. 26.

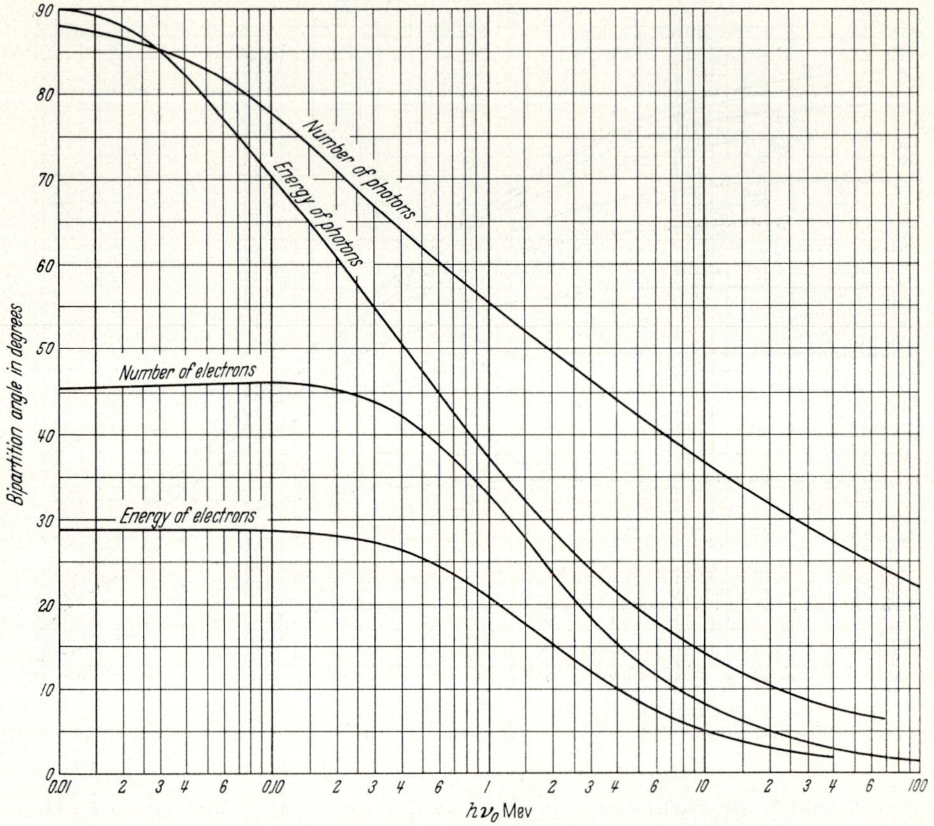

Fig. 26. Bipartition, or median, angles for Compton scattered photons and recoil electrons. (From Childers and Graves[1].)

The bipartition angle for the *number* of recoil electrons, $\Phi_{n/2}$, is the electron angle φ which corresponds to the median photon-scattering angle $\vartheta = \Theta_{n/2}$, as given by (9.1) or Fig. 11. These angles are plotted as "number of electrons" in Fig. 26.

The bipartition angle for the *energy* content of scattered photons $\Theta_{T/2}$ is the half-angle of the cone within which is found one-half of the scattered photon energy. This involves the integrated scattering cross sections ${}_e\sigma_s(\leq \Theta)$ given by (20.1), and is defined by

$$ {}_e\sigma_s(\leq \Theta_{T/2}) = \tfrac{1}{2}\, {}_e\sigma_s(\leq 180^\circ)\,. \tag{21.2} $$

Numerical solutions of (21.2) obtained from (20.1) or Fig. 25 are shown in the curve marked "energy of photons" in Fig. 26.

[1] H. M. Childers and J. D. Graves: Phys. Rev. 99, 343 (1955), and personal communication June 1956.

Finally, the bipartition angle for the *energy* content of the recoil electrons, $\Phi_{T/2}$, is the half-angle of the cone which contains one-half of the energy of all the recoil electrons. This is the recoil electron angle φ which corresponds to the photon-scattering angle $\vartheta = \Theta_{T/2}$, as given by (9.1) or Fig. 11. These bipartition angles are shown in the curve marked "energy of electrons" in Fig. 26.

From Fig. 26 we note for example that, for $h\nu_0 = 1.2$ Mev, half the number of scattered photons are within $\vartheta = \Theta_{n/2} = 54°$, half the number of recoil electrons are within $\varphi = \Phi_{n/2} = 31°$, half the scattered photon energy is within $\vartheta = \Theta_{T/2} = 35°$, and half the recoil electron energy is within $\varphi = \Phi_{T/2} = 19°$ of the forward direction.

22. Average collision cross section. The integral of the probabilities of all possible collisions between the incident photon and one free electron is often called the *total* collision cross section. Because it represents the probability, per electron, that some scattering event will occur, it is physically clearer to speak of this integral as the *average collision cross section*, ${}_e\sigma$. The average collision cross section is, of course, the same for polarized or unpolarized incident radiation.

To obtain the expression for ${}_e\sigma$, we integrate (15.1) over all permissible values of ϑ. This is, of course, the same as setting $\Theta = 180°$ in (18.1) or (18.2). The result is

$$\left.\begin{aligned} {}_e\sigma = \int_0^\pi d({}_e\sigma) = 2\pi r_0^2 \Big\{ \frac{1+\alpha}{\alpha^2} \left[\frac{2(1+\alpha)}{1+2\alpha} - \frac{\log(1+2\alpha)}{\alpha} \right] + \\ + \frac{\log(1+2\alpha)}{2\alpha} - \frac{1+3\alpha}{(1+2\alpha)^2} \Big\} \frac{\text{cm}^2}{\text{electron}}. \end{aligned}\right\} \tag{22.1}$$

The last two terms in the curly brace are the characteristic Klein-Nishina terms, arising from electron moments or negative energy states, and not contained in the Dirac-Gordon formulation.

For small values of α, (22.1) becomes

$$\left.\begin{aligned} {}_e\sigma = \frac{8}{3}\pi r_0^2 \Big(1 - 2\alpha + \frac{26}{5}\alpha^2 - \frac{133}{10}\alpha^3 + \\ + \frac{1144}{35}\alpha^4 - \frac{544}{7}\alpha^5 + \frac{3784}{21}\alpha^6 - \cdots \Big) \frac{\text{cm}^2}{\text{electron}} \end{aligned}\right\} \tag{22.2}$$

while for $\alpha \gg 1$, a useful approximation is [5]

$$ {}_e\sigma \cong \pi r_0^2 \frac{1 + 2\log 2\alpha}{2\alpha} \frac{\text{cm}^2}{\text{electron}} \qquad (22.3)^1 $$

which shows that for sufficiently large energy ($h\nu_0 > 20$ Mev) the number of scattered photons is approximately proportional to $1/h\nu_0$, or to the wavelength of the photon.

The average (or total) collision cross section ${}_e\sigma$ is the probability of removal of the photon from a collimated beam while passing through an absorber containing one electron/cm^2.

Numerical values of ${}_e\sigma$ are given as the $\Theta = 180°$ curve in Fig. 22, and are tabulated in Sect. 25, Table 8.

23. Average scattering cross section. Experimental interest often centers on the average properties of the scattered radiation, rather than on the detailed distribution of $h\nu'$ and ϑ.

---

[1] In all cases, log means the natural logarithm base e.

The total scattered energy, in photons of various energies $h\nu'$, is described by the differential scattering cross section $d\,({}_e\sigma_s)$ after integration over all possible directions. From (13.2), (13.3), (19.1), and (20.1) this integration corresponds physically to weighting each element of the differential collision cross section by the fraction of the incident intensity which is scattered ν'/ν_0, then integrating over all possible collisions. The resulting *average scattering cross section* ${}_e\sigma_s$, when multiplied by the incident energy expressed as (number of photons) $\times$ (energy $h\nu_0$ per photon) gives the total energy content of the photons scattered on the average by each electron/cm² of scattering material. The integral of (19.1) over all possible values of ϑ is the same as (20.1) with $\Theta = 180°$, and is

$$ {}_e\sigma_s = \int_0^\pi d\,({}_e\sigma_s) = \pi r_0^2 \left[\frac{\log(1+2\alpha)}{\alpha^3} + \frac{2(1+\alpha)(2\alpha^2-2\alpha-1)}{\alpha^2(1+2\alpha)^2} + \frac{8\alpha^2}{3(1+2\alpha)^3}\right] \frac{\mathrm{cm}^2}{\mathrm{electron}}. \tag{23.1} $$

For small values of the incident photon energy α, (23.1) is represented by

$$ {}_e\sigma_s = \frac{8}{3}\pi r_0^2 \left(1 - 3\alpha + \frac{94}{10}\alpha^2 - 28\alpha^3 + \frac{552}{7}\alpha^4 - 212\alpha^5 + \frac{1648}{3}\alpha^6 - \cdots\right) \frac{\mathrm{cm}^2}{\mathrm{electron}}. \tag{23.2} $$

Numerical values of ${}_e\sigma_s$ are given as the $\Theta = 180°$ curve in Fig. 25, and are tabulated in Sect. 25, Table 8.

The *average energy per scattered photon*, $(h\nu')_{\mathrm{av}}$, is the average scattered energy in all collisions divided by the number of collisions, or

$$ (h\nu')_{\mathrm{av}} = h\nu_0 \frac{{}_e\sigma_s}{{}_e\sigma}. \tag{23.3} $$

Numerical values of $(h\nu')_{\mathrm{av}}$ for various $h\nu_0$ are given in Sect. 25, Table 8.

24. Average absorption cross section. Each scattered photon $h\nu'$ has associated with it a recoil electron whose energy is

$$ T = h\nu_0 - h\nu'. \tag{24.1} $$

The total energy removed from a collimated incident beam by Compton collisions is measured by ${}_e\sigma$ (22.1), while the average scattered energy is given by ${}_e\sigma_s$ (23.1). Because of conservation of energy, the energy absorbed by the recoil electrons must be the total energy involved in collisions minus the energy scattered as photons, so we can write for the *average absorption cross section*, ${}_e\sigma_a$,

$$ {}_e\sigma_a = {}_e\sigma - {}_e\sigma_s. \tag{24.2} $$

An explicit expression for ${}_e\sigma_a$ follows from (22.1) and (23.1) and is

$$ \left.\begin{aligned} {}_e\sigma_a = {}_e\sigma - {}_e\sigma_s = 2\pi r_0^2 \Big[& \frac{2(1+\alpha)^2}{\alpha^2(1+2\alpha)} - \frac{1+3\alpha}{(1+2\alpha)^2} - \frac{(1+\alpha)(2\alpha^2-2\alpha-1)}{\alpha^2(1+2\alpha)^2} - \\ & - \frac{4\alpha^2}{3(1+2\alpha)^3} - \left(\frac{1+\alpha}{\alpha^3} - \frac{1}{2\alpha} + \frac{1}{2\alpha^3}\right)\log(1+2\alpha)\Big] \frac{\mathrm{cm}^2}{\mathrm{electron}}. \end{aligned}\right\} \tag{24.3} $$

For small α, Lea [6] has given an approximation which can be extended to read

$$ {}_e\sigma_a = \frac{8}{3}\pi r_0^2 \left(\alpha - \frac{42}{10}\alpha^2 + \frac{147}{10}\alpha^3 - \frac{1616}{35}\alpha^4 + \frac{940}{7}\alpha^5 - \frac{7752}{21}\alpha^6 + \cdots\right) \frac{\mathrm{cm}^2}{\mathrm{electron}}. \tag{24.4} $$

Numerical values of the absorption cross section are given in Table 8 and Fig. 27. Note that ${}_e\sigma_a$ starts from zero for very-low-energy photons and passes through a maximum of 0.10 barn/electron at $h\nu_0 = 0.511$ Mev, that is $\alpha = 1$, then falls off monotonically for $\alpha > 1$.

25. Average energy per Compton recoil electron. The *average* kinetic energy $(T)_{av}$ of all recoil electrons from Compton interactions will be

$$(T)_{av} = h\nu_0 - (h\nu')_{av}. \tag{25.1}$$

Hence

$$\frac{(T)_{av}}{h\nu_0} = 1 - \frac{(h\nu')_{av}}{h\nu_0} = 1 - \frac{{}_e\sigma_s}{{}_e\sigma} = \frac{{}_e\sigma_a}{{}_e\sigma}. \tag{25.2}$$

We see that ${}_e\sigma_a$ physically represents a true *absorption* of energy from the incident photon and *not* just a deflection. This absorbed energy appears in the

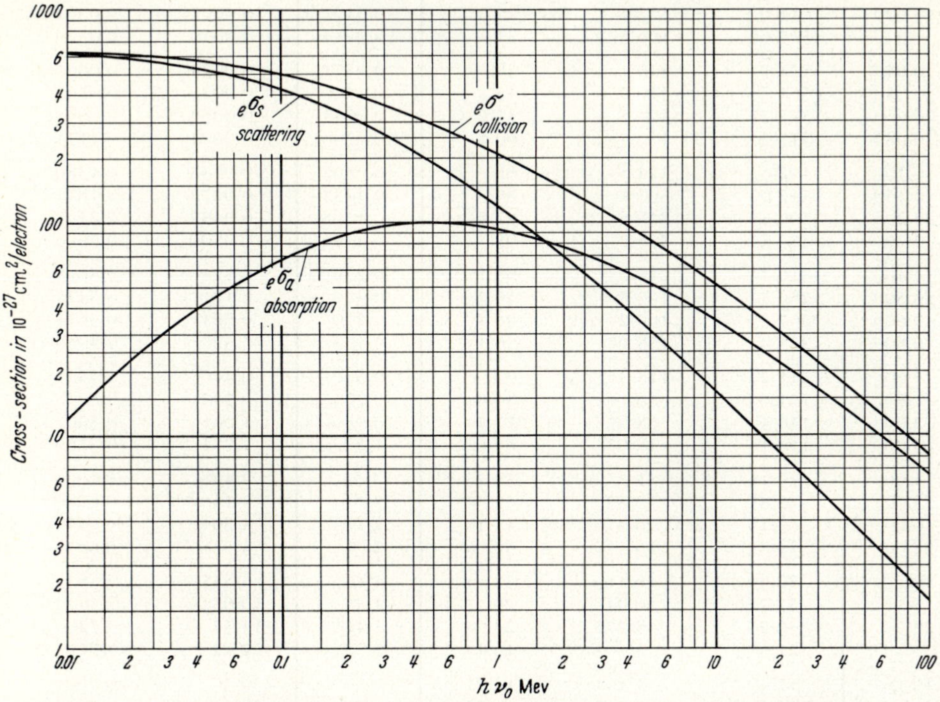

Fig. 27. Klein-Nishina cross sections for collision, scattering, and absorption, from Table 8.

absorbing body as the kinetic energy of the recoil Compton electrons. These recoil electrons then lose their energy in ionizing and radiative collisions.

We reiterate the sharp physical distinction between:

${}_e\sigma$, representing the probability of any kind of collision

${}_e\sigma_s$, representing *scattering*, or mere deflection of electromagnetic radiation

${}_e\sigma_a$, representing true *absorption* of energy from the electromagnetic radiation.

The fraction ${}_e\sigma_a/{}_e\sigma$ of the incident photon energy which is absorbed in the average of all collisions starts at zero for very-low-energy photons and increases monotonically with $h\nu_0$, passing through the value $\frac{1}{2}$ at $h\nu_0 \cong 1.6$ Mev.

Fig. 27 brings together the average cross sections per electron for collision ${}_e\sigma$ (22.1), for scattering ${}_e\sigma_s$ (23.1), and for absorption ${}_e\sigma_a$ (24.3). Table 8 gives the numerical values, so that accurate values can be obtained by interpolation for any $h\nu_0$. Table 8 also gives the fraction ${}_e\sigma_a/{}_e\sigma$ of the incident photon energy absorbed by recoil electrons, the average recoil electron energy $(T)_{av} = h\nu_0({}_e\sigma_a/{}_e\sigma)$, and the average scattered photon energy $(h\nu')_{av} = h\nu_0({}_e\sigma_s/{}_e\sigma)$.

Table 8. *Klein-Nishina cross sections in* 10^{-27} *cm*^{2} *(millibarn) per free electron, and related quantities calculated from the following equations:* ${}_e\sigma$ (22.1); ${}_e\sigma_s$ (23.1); ${}_e\sigma_a$(24.3); $(T)_{av}/h\nu_0$ (25.2); $(h\nu')_{av}$ (23.3); $(T)_{av}$ (25.1). *Using* $r_0 = 2.818 \times 10^{-13}$ cm *and* $m_0c^2 = 0.5110$ Mev.

Photon energy $h\nu_0$	Cross sections in 10^{-27} cm²/electron			Scattered photon average energy $(h\nu')_{av}$	Recoil electron	
	collision	scattering	absorption		average energy $(T)_{av}$	fraction of incident photon energy
Mev	${}_e\sigma$	${}_e\sigma_s$	${}_e\sigma_a$	Mev	Mev	$(T)_{av}/h\nu_0$
0.010	640.5	628.5	12.0	0.0098	0.0002	0.0187
0.015	629.0	611.6	17.4	0.0146	0.0004	0.0277
0.020	618.0	595.7	22.3	0.0193	0.0007	0.0361
0.030	597.6	566.5	31.1	0.0284	0.0016	0.0520
0.040	578.7	540.1	38.6	0.0373	0.0027	0.0667
0.050	561.5	516.2	45.3	0.0460	0.0040	0.0807
0.060	545.7	494.5	51.2	0.0544	0.0056	0.0938
0.080	517.3	456.7	60.6	0.0706	0.0094	0.1171
0.100	492.8	424.8	68.0	0.0862	0.0138	0.1380
0.150	443.6	363.1	80.5	0.1228	0.0272	0.1815
0.200	406.5	318.6	87.9	0.1568	0.0432	0.2162
0.300	353.5	258.2	95.3	0.2191	0.0809	0.2696
0.400	316.7	218.6	98.1	0.276	0.124	0.3098
0.500	289.7	190.5	99.2	0.329	0.171	0.3424
0.600	267.5	169.2	98.3	0.379	0.221	0.3675
0.800	235.0	138.9	96.1	0.473	0.327	0.4089
1.00	211.2	118.3	92.9	0.560	0.440	0.4399
1.50	171.6	86.70	84.9	0.758	0.742	0.4948
2.00	146.4	68.67	77.7	0.939	1.061	0.5307
3.00	115.1	48.65	66.4	1.269	1.731	0.5769
4.00	95.98	37.73	58.25	1.57	2.428	0.6069
5.00	82.87	30.83	52.04	1.86	3.140	0.6280
6.00	73.23	26.07	47.16	2.14	3.864	0.6440
8.00	59.89	19.93	39.96	2.66	5.338	0.6672
10	50.99	16.14	34.85	3.16	6.835	0.6835
15	37.71	10.94	26.77	4.35	10.65	0.7099
20	30.25	8.272	21.98	5.47	14.53	0.7266
30	22.00	5.563	16.44	7.58	22.42	0.7473
40	17.46	4.191	13.27	9.6	30.4	0.7600
50	14.58	3.362	11.22	11.5	38.5	0.7695
60	12.54	2.807	9.733	13.4	46.6	0.7762
80	9.882	2.110	7.772	17.1	62.9	0.7865
100	8.199	1.690	6.509	20.6	79.4	0.7939

These numerical calculations for ${}_e\sigma$ and ${}_e\sigma_s$ were done on the I.B.M. computer at the Massachusetts Institute of Technology under the direction of Mr. W. B. THURSTON.

26. Energy distribution of Compton recoil electrons and scattered photons. In γ-ray scintillation spectroscopy (Figs. 13 and 14), in dosimetry, and in a large number of other experimental situations the energy spectrum of the Compton recoil electrons is important. This number-*vs.*-energy distribution can be represented in many ways, among which the one which is probably most amenable to numerical evaluation is

$$\frac{d({}_e\sigma)}{dT} = \frac{d({}_e\sigma)}{d\Omega}\,\frac{d\Omega}{d\vartheta}\,\frac{d\vartheta}{dT} \quad \frac{\text{cm}^2}{\text{kev}\cdot\text{electron}} \tag{26.1}$$

in which $d({}_e\sigma)/d\Omega$ is the differential collision cross section (15.2); $d\Omega/d\vartheta = 2\pi\sin\vartheta$; and $d\vartheta/dT$ is evaluated by differentiation of (10.3) and is the reciprocal of

$$\frac{dT}{d\vartheta} = h\nu_0 \frac{\alpha\sin\vartheta}{[1+\alpha(1-\cos\vartheta)]^2}\,. \tag{26.2}$$

Then

$$\frac{d({}_e\sigma)}{dT} = \frac{d({}_e\sigma)}{d\Omega} \frac{2\pi}{\alpha^2 m_0 c^2} [1 + \alpha(1 - \cos\vartheta)]^2 \tag{26.3}$$

or, using (8.6)

$$\frac{d({}_e\sigma)}{dT} = \frac{d({}_e\sigma)}{d\Omega} \frac{2\pi m_0 c^2}{(h\nu')^2} = \frac{d({}_e\sigma)}{d\Omega} \frac{2\pi m_0 c^2}{(h\nu_0 - T)^2}. \tag{26.4}$$

In each of these expressions the differential *collision* cross section $d({}_e\sigma)/d\Omega$ does physically relate to the *number* of scattering events of a given type, but it relates to photons at angle ϑ instead of to recoil electrons. The conversion to recoil electron probabilities is performed by the other factors. In (26.3) the energy T of the recoil electron is defined only implicitly through α and ϑ. Substitution of (15.2) for $d({}_e\sigma)/d\Omega$ into (26.3) gives the number-*vs.*-energy spectrum $d({}_e\sigma)/dT$ of the recoil electrons in a relatively simple form

$$\frac{d({}_e\sigma)}{dT} = \frac{\pi r_0^2}{\alpha^2 m_0 c^2} \left[1 + \cos^2\vartheta + \frac{\alpha^2(1-\cos\vartheta)^2}{1+\alpha(1-\cos\vartheta)}\right] \frac{\text{cm}^2}{\text{kev} \cdot \text{electron}} \tag{26.5}$$

in which the kinetic energy T of the recoil electron is determined by α and ϑ in accord with (10.3), and has the maximum value given by (10.4) which is

$$T_{\max} = h\nu_0 \frac{2\alpha}{1+2\alpha}. \tag{26.6}$$

Eliminating ϑ, gives the explicit but more cumbersome general expression, in terms only of T and $h\nu_0$,

$$\frac{d({}_e\sigma)}{dT} = \frac{\pi r_0^2}{\alpha^2 m_0 c^2} \left\{2 + \left(\frac{T}{h\nu_0 - T}\right)^2 \left[\frac{1}{\alpha^2} + \frac{h\nu_0 - T}{h\nu_0} - \frac{2}{\alpha} \frac{(h\nu_0 - T)}{T}\right]\right\}. \tag{26.7}$$

Numerical evaluation of $d({}_e\sigma)/dT$ for $h\nu_0 = 0.5$, 1.0, 1.5, 2.0, 2.5, 3.0, and 3.5 Mev gives the electron spectra shown in Fig. 28. These spectra are presented on arithmetic scales in Fig. 28 in order to emphasize their physical similarities and differences. The ordinates represent the probability that one incident photon, while passing through an absorber containing one electron per cm², will produce a recoil electron whose kinetic energy is between T and $T + dT$, where dT is an energy bandwidth of 1 kev, and T is Mev on the horizontal scale.

In each energy spectrum there is a pronounced number-maximum which occurs just at the maximum electron energy $T_{\max}$. This happy circumstance makes this peak useful experimentally as the *Compton edge* in γ-ray spectroscopy (Figs. 13 and 14). There is a smaller number-maximum at $T = 0$, and an intermediate minimum at $T \leq \frac{1}{2} T_{\max}$ in all the spectra. This intermediate minimum is pronounced for small α. For large α the minimum shifts toward smaller values of T, and also becomes unimportant in magnitude.

The area under each curve is of course just the average collision cross section ${}_e\sigma$, as given by (22.1). Between $h\nu_0 = 0.5$ Mev and 3.5 Mev ${}_e\sigma$ decreases (Fig. 27) by a factor of only 3. Yet the peak values of the electron energy spectra decrease (Fig. 28) by a factor of 1.68/0.154 or nearly 11-fold. Physically this is due to the wider range of electron energies produced by higher energy photons. Thus the recoil electrons per kev energy interval would decrease about as $1/\alpha$ even in the absence of a decrease in the total collision cross section ${}_e\sigma$ with increasing α.

Energy distribution of scattered photons. The energy spectrum of scattered photons is complementary to the energy spectrum of recoil electrons. The electrons in the energy interval between T and $T + dT$ have companion photons which are in the scattered-photon energy interval between $h\nu'$ and $h\nu' - d(h\nu')$, where $h\nu' = h\nu_0 - T$, and $d(h\nu') = dT$. Therefore the energy spectrum of scattered photons $d({}_e\sigma)/d(h\nu')$ is given by (26.7) after making the substitutions $T = h\nu_0 - h\nu'$, and $dT = d(h\nu')$. This leads to

$$\frac{d({}_e\sigma)}{d(h\nu')} = \frac{\pi r_0^2}{\alpha^2 m_0 c^2}\left\{2 + \left(\frac{h\nu_0 - h\nu'}{h\nu'}\right)^2\left[\frac{1}{\alpha^2} + \frac{h\nu'}{h\nu_0} - \frac{2}{\alpha}\left(\frac{h\nu'}{h\nu_0 - h\nu'}\right)\right]\right\}. \tag{26.8}$$

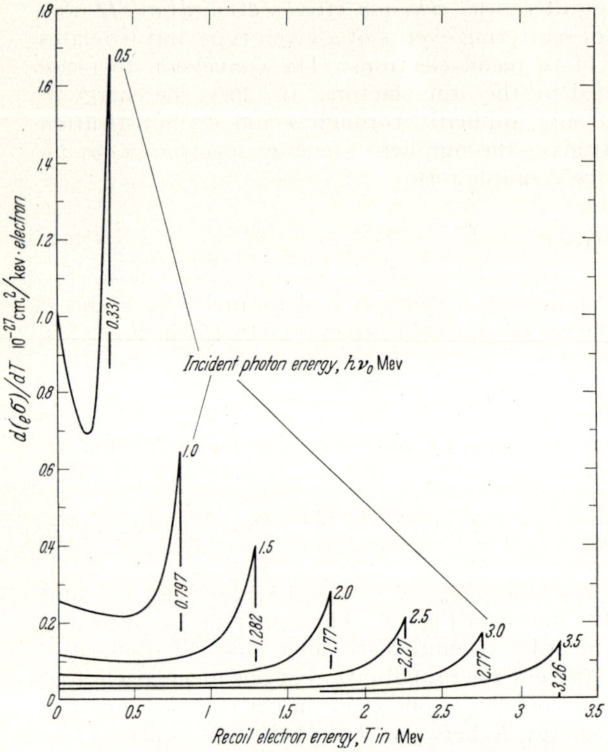

Fig. 28. Number-vs.-energy distribution of Compton recoil electrons, for 7 values of the incident photon energy $h\nu_0$, in 10^{-27} cm^2 (millibarn)/kev, per free electron. The energy spectrum of scattered photons is obtained by transforming the energy scale from T to $h\nu_0 - T$ for each curve.

The photon spectrum takes on a more symmetrical form when both photon energies are expressed in units of $m_0 c^2$, as $\alpha' = h\nu'/m_0 c^2$ and $\alpha = h\nu_0/m_0 c^2$. Then (26.8) becomes

$$\left.\begin{aligned}\frac{d({}_e\sigma)}{d(\alpha')} &= \frac{\pi r_0^2}{\alpha^2}\left[\frac{\alpha}{\alpha'} + \right.\\ &+ \frac{\alpha'}{\alpha} - 2\left(\frac{1}{\alpha'} - \frac{1}{\alpha}\right) + \\ &\left. + \left(\frac{1}{\alpha'} - \frac{1}{\alpha}\right)^2\right].\end{aligned}\right\} \tag{26.9}$$

The vertical scale of Fig. 28 also gives the energy spectrum of scattered photons by a simple linear transformation of the horizontal scale from T to $h\nu_0 - T$. Note that $T = 0$ corresponds to $h\nu_0$, and T_{max} corresponds to $h\nu_0 - (h\nu')_{min}$, where $(h\nu')_{min}$ is (8.10). In the energy spectrum of scattered photons, the number maximum occurs for the very low energy photons near $(h\nu')_{min}$.

An excellent tabulation of $d({}_e\sigma)/dT$ for 33 values of $h\nu_0$ from 0.010 Mev to 30 Mev has been published by Johns and collaborators[1]. The summations which are particularly pertinent to dosimetry and to radiobiological investigations have been evaluated by Johns and Laughlin[2].

27. Radiative corrections, and the double Compton effect. In the collision between a photon and a free electron the quantum electrodynamics predicts the existence of higher order processes, in addition to the ordinary or "single" Compton process. These higher order processes are typical quantum effects and cannot be estimated from classical theory.

Experimentally, the most significant of these processes is the "double Compton effect", in which the collision products are one recoil electron and two scattered

[1] H. E. Johns, D. V. Cormack, S. A. Denesuk and G. F. Whitmore: Canad. J. Phys. **30**, 556 (1952).

[2] H. E. Johns and J. S. Laughlin: Chap. 2 of "Radiation Dosimetry", ed. G. J. Hine and G. L. Brownell. New York: Academic Press, Inc. 1956.

photons. Momentum and energy are conserved, as usual, so that $h\nu_0 = T + h\nu_1 + h\nu_2$. The second photon from the double Compton effect can be visualized for most purposes as an "inner" bremsstrahlung, emitted by the sudden acceleration of the recoil electron, in what would otherwise be single Compton scattering. The theoretical cross section for the double Compton effect contains e^6, and, in case $h\nu_1 \simeq h\nu_2$, is of the order of $e^2/\hbar c = \frac{1}{137}$ smaller than the cross section for the single Compton process, as was first pointed out by HEITLER and NORDHEIM[1]. However if $h\nu_1 \gg h\nu_2$, the cross section for the double Compton effect can represent an appreciable fraction of the single Compton effect cross section.

The relationship between the double Compton effect and the radiative corrections to the cross section for the single Compton effect, to terms in e^6 or third order, have been developed especially by ELIEZER[2], SCHAFROTH[3], and by BROWN and FEYNMAN[4]. These radiative corrections describe processes in which the electron emits and then reabsorbs a virtual quantum during the collision. The analytical expressions for the resulting reduction in the single Compton effect cross section are very complicated, and they show the characteristic logarithmic divergence of the "infrared catastrophe" as the energy of the virtual quantum is reduced toward zero. However this low-energy divergence is cancelled by an equal, but oppositely directed, divergence in the cross section for the double Compton effect as the energy of one of the emitted quanta is reduced toward zero.

An exact theory of the double Compton effect has been developed by MANDL and SKYRME[5] using the relativistic quantum mechanical methods developed by FEYNMAN. The general differential cross sections are functions of four independent variables describing the energy and directions of the emitted quanta, and their physical content is difficult to display. MANDL and SKYRME have calculated the particular cross sections for several experimentally realizable special cases. The cross section for the emission of both photons exactly in the forward direction ($\vartheta_1 = \vartheta_2 = 0$) is identically zero. At other angles, when one of the photons is of low energy, there is a marked preference for small-angle scattering of the high-energy companion photon. The cross sections and energy spectra for the case of emission of $h\nu_1$ and $h\nu_2$ in a plane normal to the direction of the incident photon, and at an azimuthal polar angle of 90° between the two photons, were calculated as a special case and have been verified experimentally within presently attainable accuracy.

CAVANAGH[6] has scattered Co^{60} γ-rays (1.17 and 1.33 Mev) in an anthracene crystal, which detects the recoil electron, and has observed triple coincidences between this crystal and two NaI(Tl) crystals set at right angles to the incident γ-ray beam and to each other.

Scatterers of Be, Al, Cu, and Ag were used by CAVANAGH in a second series of experiments. The double Compton effect photons were detected by double coincidence between two NaI(Tl) crystals in the same triorthogonal geometry. By varying the thickness of these scatterers the additional coincidences produced by one ordinary single scattered photon in one counter, and in the other counter an "outer" bremsstrahlung photon from radiative collisions by the recoil electron in the scatterer, could be extrapolated out. But for zero (extrapolated) thickness of each scattering material a true coincidence rate remained, and was the same

[1] W. HEITLER and L. NORDHEIM: Physica, Haag **1**, 1059 (1934).
[2] C. J. ELIEZER: Proc. Roy. Soc. Lond., Ser. A **187**, 210 (1946).
[3] M. R. SCHAFROTH: Helv. phys. Acta **22**, 501 (1949); **23**, 542 (1950).
[4] L. M. BROWN and R. P. FEYNMAN: Phys. Rev. **85**, 231 (1952).
[5] F. MANDL and T. H. R. SKYRME: Proc. Roy. Soc. Lond., Ser. A **215**, 497 (1952).
[6] P. E. CAVANAGH: Phys. Rev. **87**, 1131 L (1952).

for all scattering materials. These coincidences are therefore identified as the emission of two photons in the double Compton process. In these experiments, the total cross section for the double Compton effect, integrated over a photon energy domain of 80 to 530 kev was estimated to be 3×10^{-3} of the single Compton effect cross section. This is about twice the predicted effect, but the experimental uncertainties are complicated, and general agreement with the theory is indicated.

Using Co^{60} γ-rays in the same triorthogonal geometry, a thin Be scatterer, and two NaI(Tl) crystals in double coincidence, BRACCI, COCEVA, COLLI, and LONATI[1] have measured the spectral distribution of the two photons from the double Compton effect. At $\vartheta = 90°$, $h\nu' \simeq 360$ kev for the single Compton process. The sum of the two photon energies $h\nu_1$ and $h\nu_2$ was found to be about 360 kev with a very pronounced tendency for one photon to have an energy of less than 90 kev, that is less than one-quarter of the available energy. This preference for highly asymmetric division of the scattered energy is in accord with the theory of MANDL and SKYRME. The double Compton differential cross section at 90° was estimated to be about 4×10^{-30} cm²/(electron × steradian), or about 4×10^{-4} times the differential cross section for the ordinary single Compton effect for $h\nu_0 \cong 1.2$ Mev.

With a 20-curie Co^{60} source, and a thin carbon scatterer of 0.5 gm/cm², THEUS and BEACH[2] have studied the coincidence rates due to $h\nu_1$ and $h\nu_2$ in two NaI(Tl) detector crystals, set at identical scattering angles $\vartheta_1 = \vartheta_2 = 60°$, as a function of the polar azimuthal angle between the directions of the two scattered photons $h\nu_1$ and $h\nu_2$. Under these geometrical conditions, and with the further restriction that one photon be soft ($h\nu_1 \geq 0.46$ Mev; $h\nu_2 \leq 0.08$ Mev), the differential cross section is found to increase monotonically as the polar azimuthal angle between $h\nu_1$ and $h\nu_2$ is increased from 0 to 180°. This behavior is also in agreement with the theory by MANDL and SKYRME of the double Compton effect for these particular conditions. The experiments require long periods of observation and electronic equipment of exceptional stability, because the coincidence rates are small (≤ 32 per hour, with a 20-curie Co^{60} source).

The double Compton effect plays no role in the narrow-beam attenuation of photons (Sect. 29), which is described accurately by the Klein-Nishina cross sections for the ordinary Compton effect. This is because the cross sections for the double Compton effect exactly cancel the radiative reduction in the Klein-Nishina cross sections when one photon is soft, $h\nu_2 < m_0 c^2$. When both photons are hard, the second photon in the double Compton effect can be thought of as an inner bremsstrahlung from a recoil electron which has already removed a primary photon from the collimated beam, by means of an ordinary single Compton effect collision.

E. Compton attenuation coefficients.

28. Compton linear attenuation coefficients. In a thin absorbing foil, having N atoms/cm³, each with Z electrons/atom, and of thickness dx, there are NZ electrons/cm³ and $NZ\,dx$ electrons/cm². Let a collimated beam of n photons, each of energy $h\nu_0$, pass normally through the foil. The number dn of the primary photons which experience *collisions*, and are thereby removed from the collimated beam by such a foil is

$$-\frac{dn}{n} = (NZ\,dx)\,{}_e\sigma \tag{28.1}$$

[1] A. BRACCI, C. COCEVA, L. COLLI and R. D. LONATI: Nuovo Cim. **1**, 752 (1955).

[2] R. B. THEUS and L. A. BEACH: U.S. Naval Research Laboratory, Washington, D. C., Quarterly progress report on nuclear science and technology for April-June 1955, pp. 29–33.

where ${}_e\sigma$ is the average collision cross section per free electron, (22.1) and Fig. 27. The effective number of free electrons per atom is taken as Z because it is assumed here that $h\nu_0$ greatly exceeds the atomic binding energy of any electron. When this energy condition is not fulfilled corrections for electron binding (Sect. 32) must be made.

In calculating the fractional transmission of primary photons through real absorbers it is sometimes convenient to use linear attenuation coefficients. We define the Compton total *linear attenuation coefficient* σ as

$$\sigma = NZ\,{}_e\sigma \text{ cm}^{-1}. \tag{28.2}$$

The number N of atoms per cm³ is given in terms of AVOGADRO's number $\boldsymbol{N}$, the density ϱ, and atomic weight A, as

$$N\left(\frac{\text{atoms}}{\text{cm}^3}\right) = \boldsymbol{N}\left(\frac{\text{atoms}}{\text{mole}}\right)\frac{\varrho\,(\text{g/cm}^3)}{A\,(\text{g/mole})}. \tag{28.3}$$

Therefore

$$\sigma = NZ\,{}_e\sigma = \boldsymbol{N}\varrho\frac{Z}{A}\,{}_e\sigma \text{ cm}^{-1} \tag{28.4}$$

and σ is seen to be proportional to density, and nearly independent of Z and A of the material because $Z/A \cong 0.45 \pm 0.05$ for all elements except hydrogen, for which $Z/A \cong 1$.

Compton linear attenuation coefficients may be calculated quickly for any element or mixture of elements from the number of electrons per cm³, NZ, and the values of ${}_e\sigma$ tabulated in Table 8 or plotted in Fig. 27. Three common reference values are:

for Al:	$\varrho = 2.70$ g/cm³,	$NZ = 0.786 \times 10^{24}$ electrons/cm³;
for Cu:	$\varrho = 8.92$ g/cm³,	$NZ = 2.45 \times 10^{24}$ electrons/cm³;
for Pb:	$\varrho = 11.35$ g/cm³,	$NZ = 2.71 \times 10^{24}$ electrons/cm³.

From (28.1) we have $dn/n = -\sigma\,dx$. Then the fractional transmission n/n_0 of unmodified *primary* photons through an absorber of thickness x is

$$\frac{n}{n_0} = e^{-\sigma x} \tag{28.5}$$

if the only significant interactions are Compton collisions (Fig. 1).

29. Compton mass-attenuation coefficients. In place of the linear attenuation coefficient it is often simpler to use the *mass attenuation coefficient*, σ/ϱ. From (28.4) the Compton mass attenuation coefficient

$$\frac{\sigma}{\varrho} = {}_e\sigma\frac{NZ}{\varrho} = {}_e\sigma\,\boldsymbol{N}\frac{Z}{A}\quad\frac{\text{cm}^2}{\text{g}} \tag{29.1}$$

is seen to be nearly independent of the chemical nature and physical state of the attenuating material. The thickness of the absorber must now be measured in units of (ϱx) g/cm², and (28.5) becomes

$$\frac{n}{n_0} = e^{-(\sigma/\varrho)\,(\varrho x)}. \tag{29.2}$$

The greatest advantage in using units of grams per square centimeter to measure absorber thicknesses is that equal amounts of various materials measured in these units give roughly the same Compton attenuation. The mass attenuation coefficient σ/ϱ is independent of the bulk density, and is nearly independent of the chemical nature of the absorber because of the approximate constancy of Z/A for all elements.

α) Compton scattering and absorption coefficients. The Compton collision or attenuation coefficients are always the sum of Compton scattering and Compton absorption coefficients. Thus from (24.2)

$$_e\sigma = {}_e\sigma_s + {}_e\sigma_a \qquad \frac{\text{cm}^2}{\text{electron}}\,. \tag{29.3}$$

Multiplying through by NZ electrons/cm³ gives the linear-scattering σ_s and linear-absorption σ_a coefficients.

$$\sigma = \sigma_s + \sigma_a \qquad \text{cm}^{-1}. \tag{29.4}$$

Similarly, the mass-scattering σ_s/ϱ and mass-absorption σ_a/ϱ coefficients are

$$\frac{\sigma}{\varrho} = \frac{\sigma_s}{\varrho} + \frac{\sigma_a}{\varrho} \qquad \frac{\text{cm}^2}{\text{g}}\,. \tag{29.5}$$

The physical distinctions between these three Compton coefficients are important in all practical applications. From (28.1) and (28.2), the attenuation of a collimated beam of n photons, each photon having energy $h\nu_0$, can be measured either as the number of photons dn which are removed from the collimated beam, or as the energy $d(nh\nu_0)$ removed from the beam. Thus

$$\frac{dn}{n} = \frac{d(nh\nu_0)}{(nh\nu_0)} = -\sigma\,dx\,. \tag{29.6}$$

The *energy* $d(nh\nu_0)$ removed from the collimated beam is made up of two physically distinct components. The amount which is actually *absorbed* as kinetic energy of recoil electrons is

$$nh\nu_0\sigma_a\,dx \qquad \text{Mev}\,. \tag{29.7}$$

while the supplementary amount which is deflected as degraded scattered radiation is

$$nh\nu_0\sigma_s\,dx \qquad \text{Mev}\,. \tag{29.8}$$

The scattered energy (29.8) is important in broad beam geometry, such as in considerations of the transmission of x-rays and γ-rays through thick barriers. The absorbed energy (29.7) is particularly important in problems of dosimetry (Sect. 30). The attenuation in narrow beam geometry involves the sum of the scattering and absorption losses, as they combine to form the total, or collision cross section.

For narrow beam attenuation experiments in the domain of $h\nu_0 \simeq 1$ Mev, the Compton effect is the dominant mode of photon interaction (Fig. 1). But for high Z materials and low energy photons the photoelectric effect becomes important, while for high energy photons the pair production interactions may take over the major role in attenuation. Thus experiments designed to test the Compton attenuation cross sections over a broad range of $h\nu_0$ and Z may require large corrections for photoelectric and pair production collisions. The total mass-attenuation coefficient μ_0/ϱ for collimated primary photons is

$$\frac{\mu_0}{\varrho} = \frac{\sigma}{\varrho} + \frac{\tau}{\varrho} + \frac{\varkappa}{\varrho} \qquad \frac{\text{cm}^2}{\text{g}} \tag{29.9}$$

where σ/ϱ is given by (29.5), τ/ϱ is the photoelectric mass-attenuation coefficient, and $\varkappa/\varrho$ is the pair-production mass-attenuation coefficient.

Figs. 29 to 34 show the Compton mass-absorption σ_a/ϱ and mass-scattering σ_s/ϱ coefficients, as well as τ/ϱ, $\varkappa/\varrho$, and μ_0/ϱ for 0.01 Mev $\leq h\nu_0 \leq$ 100 Mev in air, water, Al, Cu, NaI, and Pb. The Compton coefficients correspond to (29.5), (23.1), and (24.3) and presume that all the atomic electrons are essentially free. The deviations due to electron binding are discussed in Sect. 32, and the coherent or Rayleigh scattering which is also plotted in the figures is considered in Sect. 33.

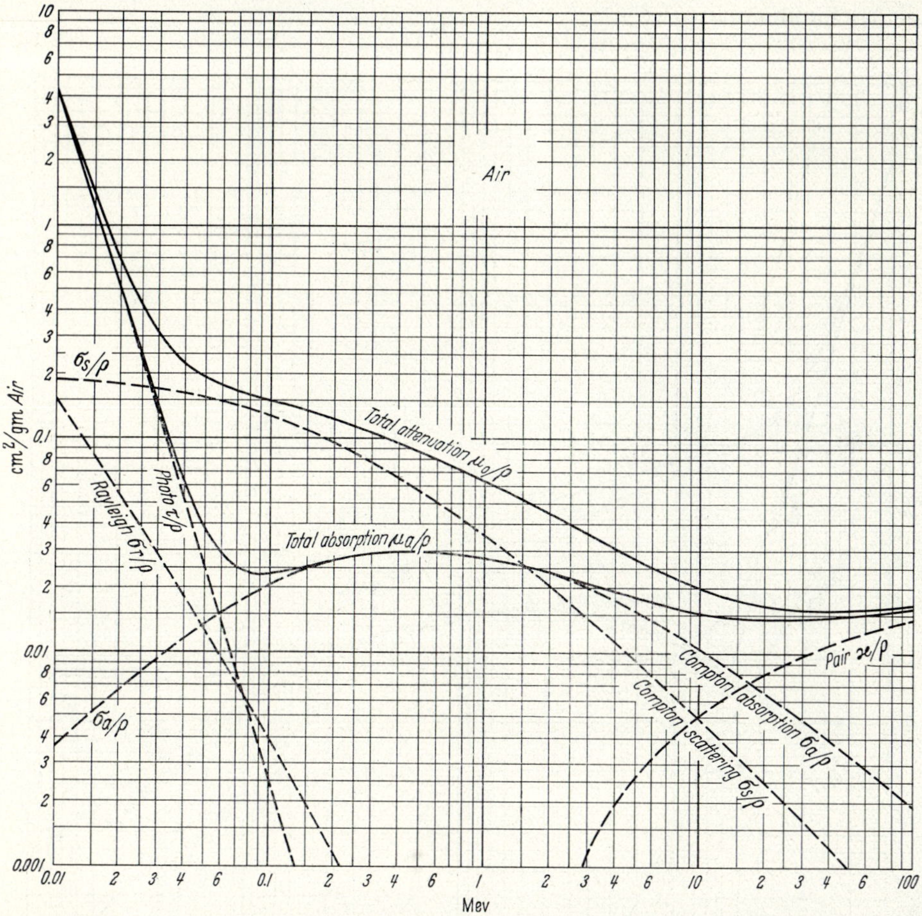

Fig. 29. Mass attenuation coefficients for photons in air. The curve marked "total absorption" is $(\mu_a/\varrho) = (\sigma_a/\varrho) + (\tau/\varrho) + (\varkappa/\varrho)$, where σ_a, τ, and $\varkappa$ are the corresponding linear coefficients for Compton absorption, photoelectric interaction, and pair production, as used in (30.5) and (30.10). When the Compton scattering coefficient σ_s is added to μ_a, we obtain the curve marked "total attenuation", which is $(\mu_0/\varrho) = (\mu_a/\varrho) + (\sigma_s/\varrho)$, or also (29.9). The coherent Rayleigh scattering and the deficit of incoherent Compton collisions are represented by (σ_r/ϱ), see (33.4) and (33.5). The values of τ, $\varkappa$, and σ_r are computed from the tables of atomic cross sections prepared by G. R. White [8]. In computing these curves, the composition of "air" was taken as 78.04 volume percent nitrogen, 21.02 volume percent oxygen, and 0.94 volume percent argon. At 0° C and 760 mm Hg pressure, the density of air is $\varrho = 0.001293$ g/cm³.

A convenient relationship for σ/ϱ for any element, in terms of a known value for some reference element at the same $h\nu_0$, follows from (29.1) and is

$$\left(\frac{\sigma}{\varrho}\right)_1 = \left(\frac{\sigma}{\varrho}\right)_2 \left(\frac{A}{Z}\right)_2 \left(\frac{Z}{A}\right)_1 = \left(\frac{\sigma}{\varrho}\right)_2 \left(\frac{A_2}{A_1}\right) \left(\frac{Z_1}{Z_2}\right) \tag{29.10}$$

where the subscripts 2 relate to the reference element and the subscripts 1 refer to the element whose σ/ϱ is to be determined. Analogous, but approximate, relationships for the photoelectric mass-absorption coefficients τ/ϱ, and the pair-production mass-absorption coefficient $\varkappa/\varrho$, depend on the approximate variation of the corresponding atomic coefficients with Z. For the photoelectric effect

$$\left(\frac{\tau}{\varrho}\right)_1 \simeq \left(\frac{\tau}{\varrho}\right)_2 \left(\frac{A_2}{A_1}\right) \left(\frac{Z_1}{Z_2}\right)^n \tag{29.11}$$

where n varies from 4.0 to 4.6 as $h\nu_0$ increases from 0.1 Mev to 3 Mev ([4], p. 700). For pair production

$$\left(\frac{\varkappa}{\varrho}\right)_1 \simeq \left(\frac{\varkappa}{\varrho}\right)_2 \left(\frac{A_2}{A_1}\right) \left(\frac{Z_1}{Z_2}\right)^2. \tag{29.12}$$

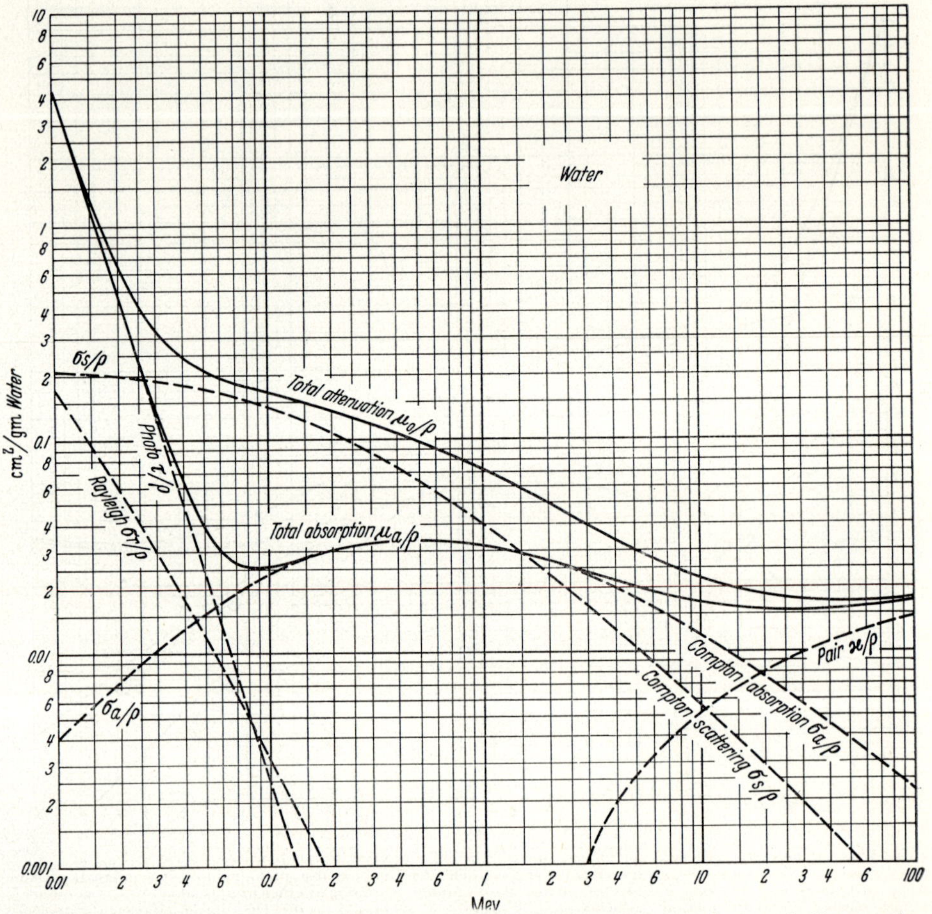

Fig. 30. Mass attenuation coefficients for photons in water. The individual curves have the same significance and were computed in the same way as in Fig. 29.

β) Mixtures of materials. The primary attenuation of γ-rays in chemical compounds or other mixtures of elements is assumed to depend only upon the sum of the cross sections presented by all the atoms in the mixture. Because chemical bonds are only of the order of a few electron volts, these have no significant effects on the Compton, photo, or pair interactions. Then, with the help of (29.1) and its analogues, it can be shown that an absorber whose bulk density is ϱ, and which is made up of a mixture of elements whose mass attenuation coefficients are (μ_1/ϱ_1), (μ_2/ϱ_2), ..., will have an over-all narrow-beam mass-attenuation coefficient for the primary photons which is given by

$$\frac{\mu}{\varrho} = \frac{\mu_1}{\varrho_1} w_1 + \frac{\mu_2}{\varrho_2} w_2 + \cdots \tag{29.13}$$

where $w_1, w_2, \ldots$ are the *fractions by weight* of the elements which make up the absorber. (29.13) is valid when all the (μ/ϱ)'s represent the total mass-attenuation coefficients [Compton + photo + pair, as in (29.9)], and also when all the (μ/ϱ)'s represent any selected one or more partial effects.

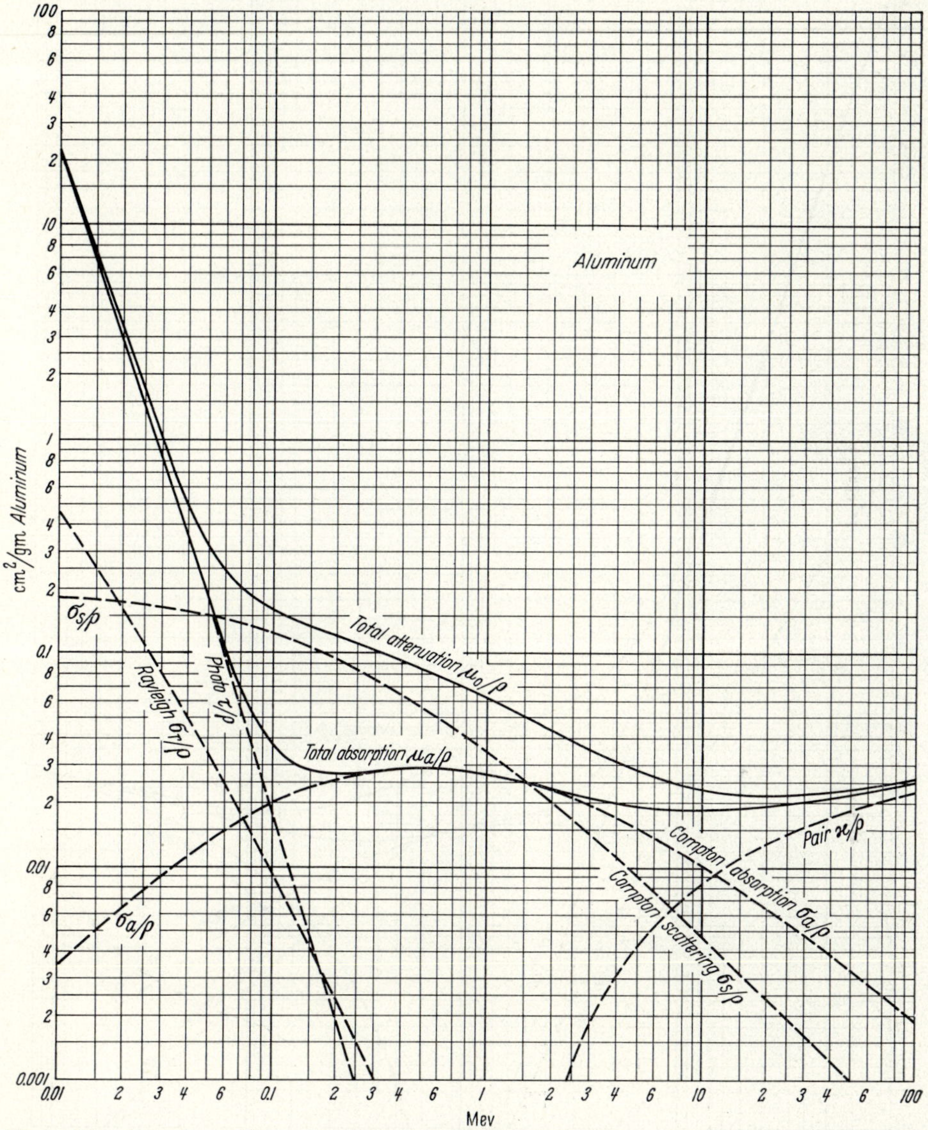

Fig. 31. Mass attenuation coefficients for photons in aluminum. The individual curves have the same significance and were computed in the same way as in Fig. 29. The corresponding linear coefficients for aluminum may be obtained by multiplying all curves by $\varrho = 2.70$ g/cm³ Al.

γ) *Experimental verification of the Klein-Nishina average collision cross section for Compton collisions.* In the past 27 years a number of narrow-beam attenuation experiments have been carried out as experimental tests of the Klein-Nishina mass-attenuation coefficient. These have now covered a wide range of incident energies $h\nu_0$ and of atomic numbers Z. In almost all cases, the theoretical and experimental values agree within the uncertainties of measurement. In the energy range 0.3 Mev $\leq h\nu_0 \leq$ 2.6 Mev the experimental corrections

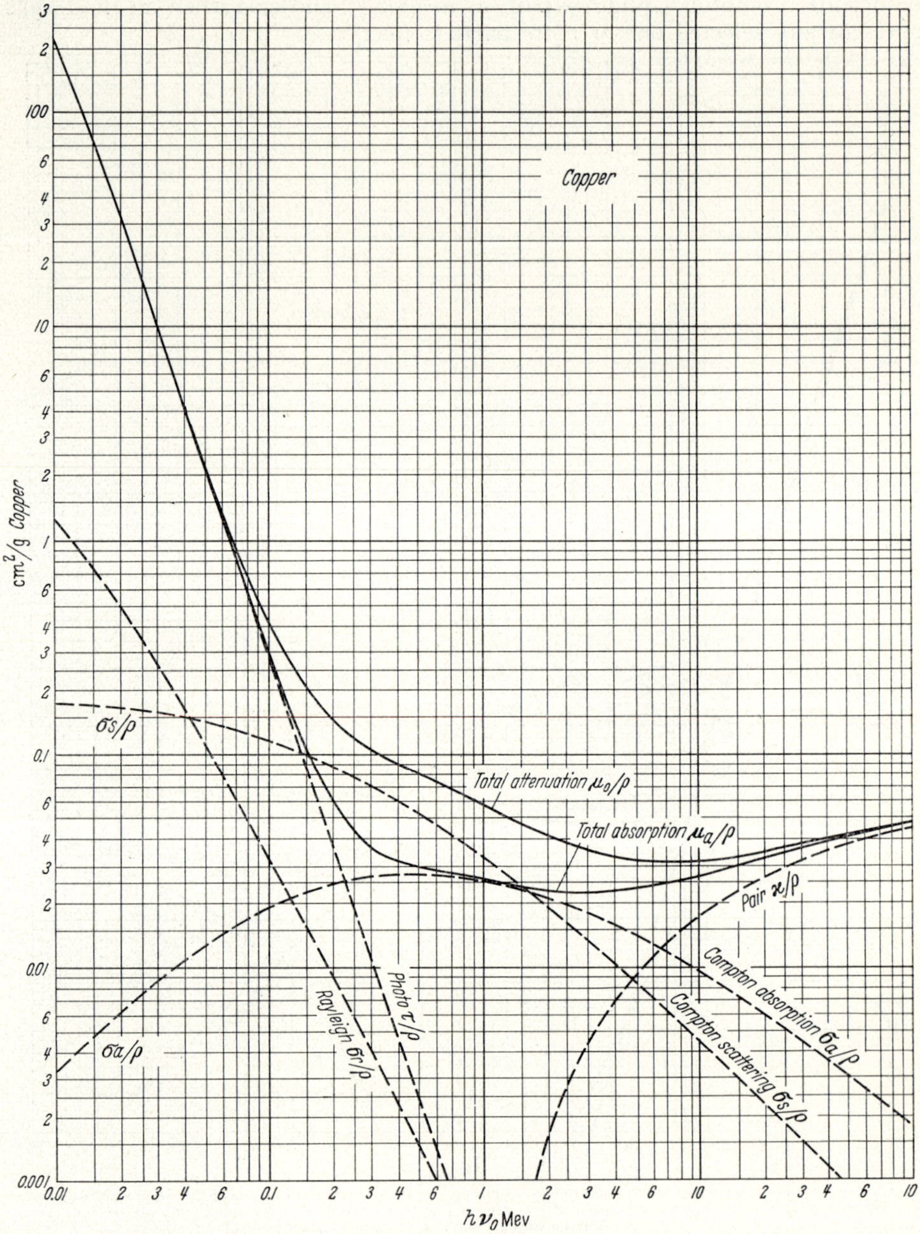

Fig. 32. Mass attenuation coefficients for photons in copper. The individual curves have the same significance and were computed in the same way as in Fig. 29. The corresponding linear coefficients for copper may be obtained by multiplying all curves by $\varrho = 8.92$ g/cm³ Cu.

for attenuation by photoelectric and pair-production are known reasonably well, and here the Klein-Nishina values of σ/ϱ have been verified experimentally within 0.2 to 1%.

The experimental work through 1951 involved the work of some thirty investigators, using ionization chamber or Geiger-Müller counter detection, and

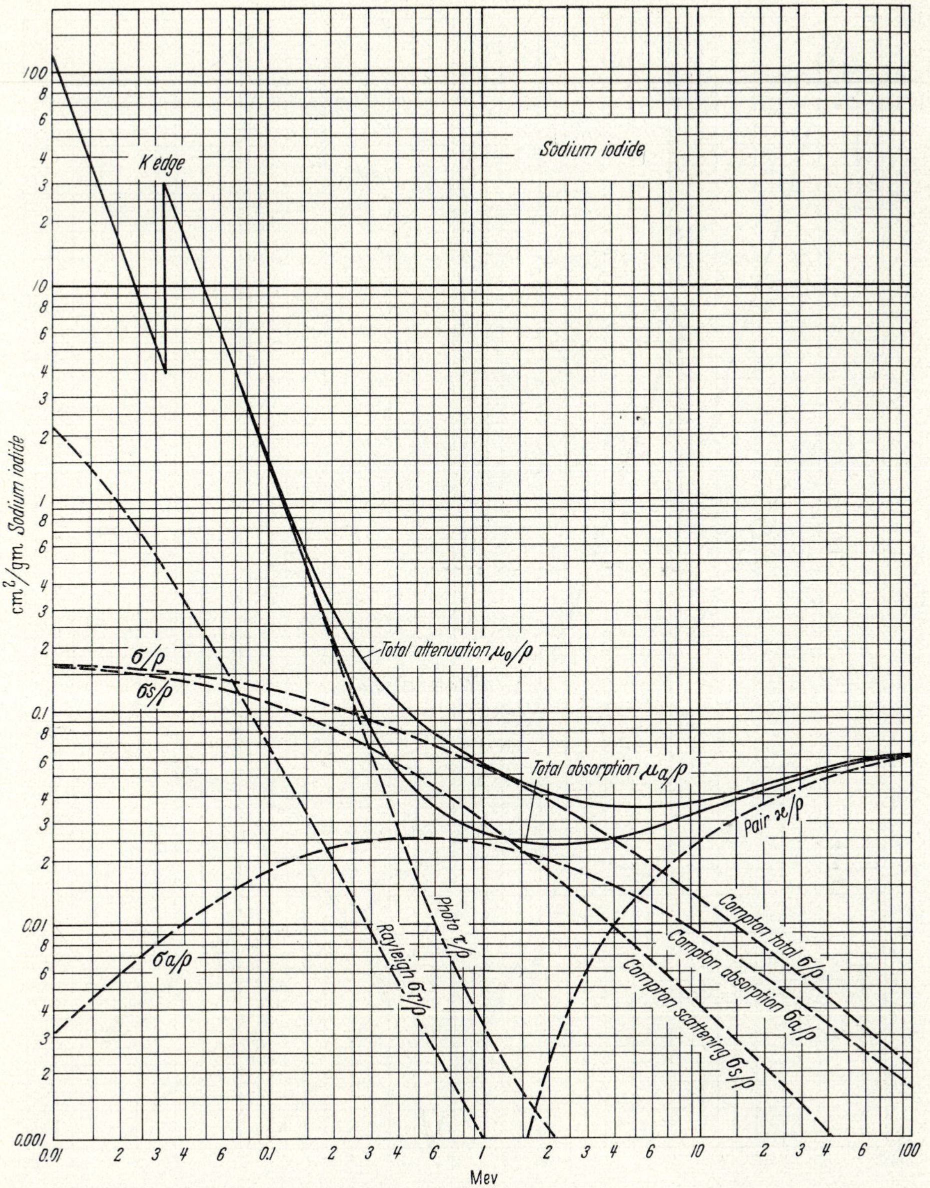

Fig. 33. Mass attenuation coefficients for sodium iodide. The individual curves have the same significance and were computed in the same way as in Fig. 29. Additionally, the "Compton total" attenuation coefficient $(\sigma/\varrho) = (\sigma_a/\varrho) + (\sigma_s/\varrho)$ is shown explicitly, because of its usefulness in computing the behavior of NaI (Tl) scintillators. Linear attenuation coefficients for NaI may be obtained using $\varrho = 3.67$ g/cm³ NaI.

has been reviewed by DAVISSON and EVANS[1]. An important improvement in experimental accuracy was introduced in 1952 when COLGATE[2] and others emplo-

[1] C. M. DAVISSON and R. D. EVANS: Phys. Rev. **81**, 404 (1951). — Rev. Mod. Phys. **24**, 79 (1952).

[2] S. A. COLGATE: Phys. Rev. **87**, 592 (1952).

yed energy-selective scintillation counters as detectors in the narrow-beam attenuation measurements. We shall review here a few examples of the experi-

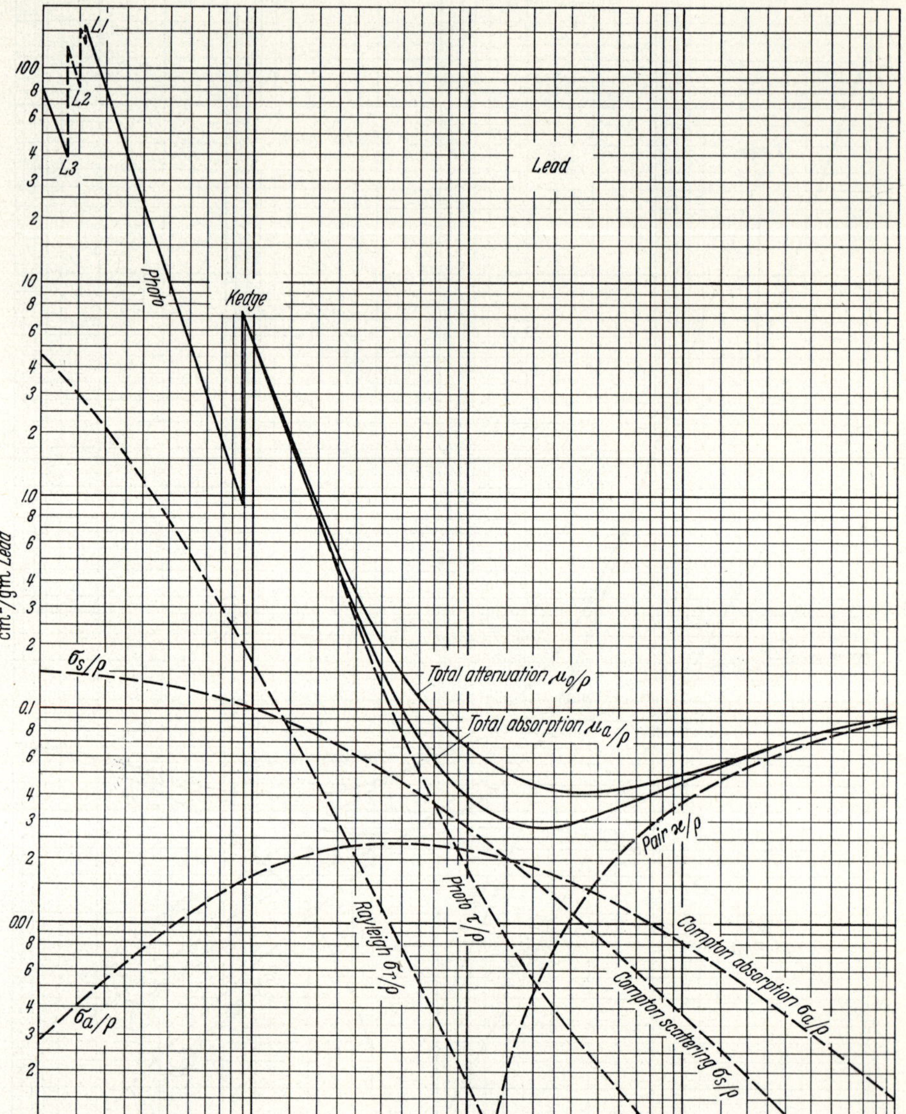

Fig. 34. Mass attenuation coefficients for photons in lead. The individual curves have the same significance and were computed in the same way as in Fig. 29. The corresponding linear coefficients for lead may be obtained using $\varrho = 11.35$ g/cm³ Pb.

mental work, in order to point out the progress which has been made and the uncertainties which remain.

The careful experiments which first clearly supported the Klein-Nishina correction term in α^2 [recall (13.5) and (15.2)] were the measurements of σ/ϱ and hence ${}_e\sigma$ for the $h\nu_0 = 2.62$ Mev γ-ray from ThC″, by TARRANT[1] and by CHAO[2,3] in 1930, using ionization chamber detection systems. When precautions were taken to minimize multiple scattering, and when photoelectric attenuation and the then-unidentified pair-production attenuation were minimized by using low-Z attenuators, TARRANT found ${}_e\sigma = 0.125$ barn/electron, and CHAO independently and simultaneously found ${}_e\sigma = 0.130$ barn/electron, for heavily filtered ThC″ γ-rays. The theoretical values of ${}_e\sigma$ for $h\nu_0 = 2.62$ Mev from existing theories were: Compton (6.7) 0.058 barn per electron; Dirac (6.9) 0.071 barn/electron; Klein-Nishina (22.1) 0.124 barn per electron. Thus the choice in favor of the Klein-Nishina formulation was clearcut in 1930.

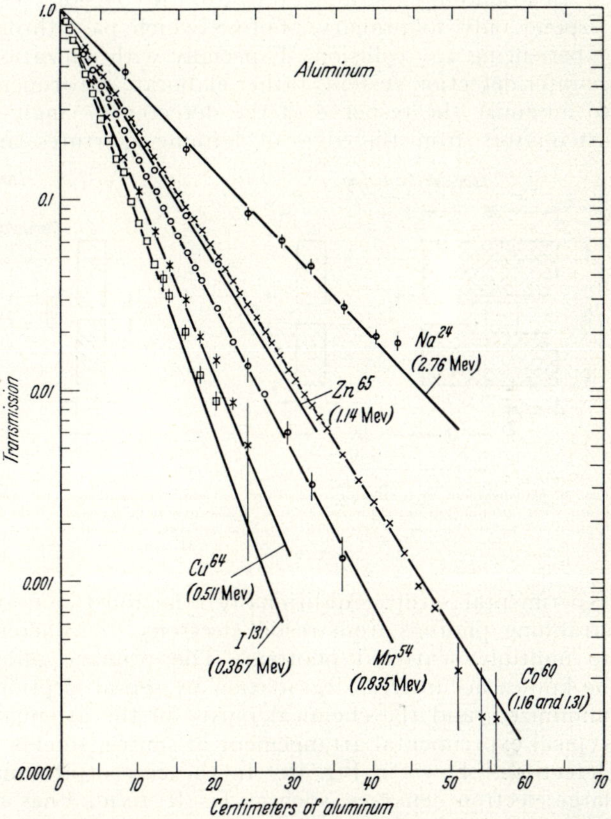

Fig. 35. Transmission of γ-rays from various radionuclides through Al, in the geometry of Fig. 36. Solid curves show the theoretical transmission $(\sigma + \tau + \varkappa)$ for the γ-ray energy shown opposite each curve. The γ-rays from I^{131} contain a weak 0.65 Mev component, which accounts exactly for the departure observed from the 0.367 Mev curve. [From DAVISSON and EVANS: Phys. Rev. **81**, 404 (1951).]

Very careful attenuation measurements in the energy region 0.245 Mev $\leq h\nu_0 \leq 0.621$ Mev were reported by READ and LAURITSEN[3] in 1934. Using an x-ray tube excited at voltages up to 1.0 Mev, Read and Lauritsen selected essentially monoenergetic ($\pm 20\%$) photons by reflection from a rock salt crystal. These were passed through a series of collimating apertures extending over a distance of nearly 2 meters, and then successively through a monitoring ionization chamber, a defining aperture, attenuators of Al or C, a second defining aperture, and a second ionization chamber. At six values of $h\nu_0$, from 0.245 to 0.621 Mev, the observed values of ${}_e\sigma$ for Al or C ranged from 0.373 to 0.264 barn/electron, and agreed within ± 0.5 to 1.1% with the Klein-Nishina values of ${}_e\sigma$ for each value of $h\nu_0$.

Selected artificially radioactive nuclides were employed as monoenergetic sources of γ-rays in narrow-beam attenuation experiments, with Geiger-Müller counter detecting systems, by several experimentalists between 1944 and 1952. Measurements covering the widest range of $h\nu_0$ and Z, and with the most effective minimization of multiple scattering and other secondary effects, were completed

[1] G. T. P. TARRANT: Proc. Roy. Soc. Lond., Ser. A **128**, 345 (1930).
[2] C. Y. CHAO: Proc. Nat. Acad. Sci. U.S.A. **16**, 431 (1930).
[3] J. READ and C. C. LAURITSEN: Phys. Rev. **45**, 433 (1934).

by DAVISSON and EVANS[1], and by WYARD[2]. Taken together, these experiments cover 11 values of Z, from hydrogen to uranium, and 9 values of $h\nu_0$ from 0.279 Mev (Hg^{203}) to 2.76 Mev (Na^{24}). Especially for the light elements $Z \leqq 13$ (Al), the agreement with Klein-Nishina values of σ/ϱ and ${}_e\sigma$ is within 0.2 to 4% and averages less than 1% with no systematic trend in either direction. An illustrative experimental result is shown in Fig. 35.

In a rigorous experimental test of the collision cross section the detector should respond only to primary photons which pass through the attenuator without experiencing any collision. Especially with ionization chamber or Geiger-Müller counter detection systems rather elaborate experimental precautions are required to minimize the response of the detector to singly-scattered photons from the attenuators, from the edges of defining apertures, and from the environs of the

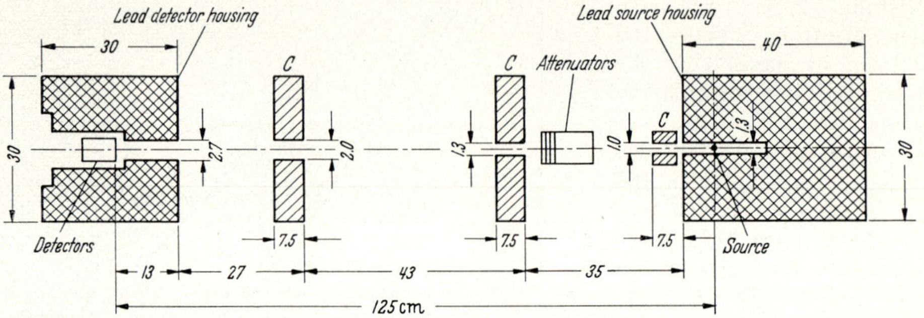

Fig. 36. Arrangement of collimators (C), source, attenuators, and detector, for minimizing secondary effects in narrow beam γ-ray attenuation experiments down to transmission factors of ~ 0.0002. Additional collimation of the primary beam is needed in the case of very dense attenuators, such as Ta (16.5 g/cm³). [From DAVISSON and EVANS: Phys. Rev. **81**, 404 (1951).]

experimental setup. Additionally, one must minimize the response to bremsstrahlung photons from recoil electrons, to coherent Rayleigh scattering, and to multiply scattered photons. The primary photon energy spectrum must be known accurately, degradation by self-absorption within the source must be minimized, and the chemical purity of the attenuators must be controlled. A typical experimental arrangement of source, shields, apertures, attenuators, and detector is shown in Fig. 36. In the case of attenuators which have unusually large electron densities, such as Ta, RUDNICK[3] has shown that very narrow collimation of the incident as well as the transmitted beam of photons is essential in order effectively to minimize the number of multiply scattered photons which reach the detector.

Some of the collimation requirements can be relaxed when energy-sensitive scintillation counters are used as the detection device. Then the detector bias can be regulated to discriminate against softer scattered photons and to accept essentially only full-energy primary photons. Corrections may still be needed for coherent Rayleigh scattering, especially in heavy elements. With these precautions clearly in view COLGATE[4] used a NaI(Tl) scintillator to measure the attenuation in 9 materials, from H (in polyethylene) to U, of the $h\nu_0 = 0.441$ Mev (Au^{198}), 0.662 Mev (Cs^{137}), 1.33 (Co^{60}), and 2.62 Mev (ThC″) γ-rays from radionuclides, and of $h\nu_0 = 4.47$ Mev [$N^{15}(p, \gamma)$], 6.13 Mev [$F(p, \gamma)$], and 17.6 Mev

[1] C. M. DAVISSON and R. D. EVANS: Phys. Rev. **81**, 404 (1951).
[2] S. J. WYARD: Phys. Rev. **87**, 165L (1952). — Proc. Phys. Soc. Lond. A **66**, 382 (1953).
[3] N. RUDNICK: Massachusetts Institute of Technology Lab. Nuclear Sci. and Eng. Progress Report, May 1952, p. 180.
[4] S. A. COLGATE: Phys. Rev. **87**, 592 (1952).

[Li(p, γ)] γ-rays from nuclear reactions. In the lightest elements (H, Be, C), where photo-, pair-, and Rayleigh attenuation were negligible, COLGATE found general agreement with the Klein-Nishina σ/ϱ and ${}_e\sigma$, within 0.2 to 1%.

HOWLAND and KREGER[1] have also found good agreement with theoretical values in their careful measurements of the attenuation in Cu, Ta, NaI, and W of the $h\nu_0 = 0.279$ Mev (Hg^{203}), 0.411 Mev (Au^{198}), 0.662 Mev (Cs^{137}), and 1.11 Mev (Zn^{65}) γ-rays from radionuclides, using energy-sensitive scintillation counter detection.

In the very high energy domain, pair-production attenuation strongly predominates over Compton attenuation. Subtraction of the estimated pair effects from the measured attenuation coefficients leaves a small residue, with a large uncertainty, due to Compton collisions. For $h\nu_0 \simeq 88$ Mev the pair effect is 3-times the Compton effect in Be, and 50-times the Compton effect in U. LAWSON[2] used the x-rays from a betatron operating at 100 Mev to study the attenuation in Be, Al, Cu, Sn, Pb, and U. The mean value of $h\nu_0$ was evaluated as 88 Mev. The experiments were conducted primarily as a study of pair-production, but they did also indicate that the Klein-Nishina values of σ/ϱ (0.0024 cm²/g in Be to 0.0021 cm²/g in U) are correct within an estimated experimental uncertainty of $\pm 15\%$ at $h\nu_0 \simeq 88$ Mev.

X-rays from a betatron operating at 300 Mev have been studied by EMIGH[3]. Here the photon interactions with Al, Ag, Au, and Th foils in a cloud chamber traversed by a magnetic field were analyzed as pair and Compton interactions. The number of Compton recoil electrons observed with kinetic energies between 50 and 200 Mev was in agreement with the Klein-Nishina cross section within the statistical uncertainty (4% for the Al foil, 10% for the Ag foil).

We conclude from these experiments that the Klein-Nishina average collision cross section (22.1) is in good agreement with observations up to $\alpha \simeq 500$. Third-order effects (Sect. 27) have not been isolated in any of these attenuation experiments.

The possible breakdown of the Klein-Nishina formula in the domain of $h\nu_0 \sim 10^6$ Mev, where the wavelength of the incident radiation in zero-momentum coordinates is comparable with the classical electron radius e^2/m_0c^2, has been discussed by N. BOHR and by BREIT[4]. An experimental test at such great energies would require a difficult discrimination between Compton collisions and a host of other high-energy phenomena including meson production, photodisintegration of nuclei, and an overwhelmingly large pair production cross section.

F. Compton absorption coefficients.

30. Energy absorption by Compton recoil electrons. The effects which photons produce in matter are actually almost exclusively due to secondary electrons. A photon produces *primary* ionization only when it removes an electron from an atom by a photoelectric collision or by a Compton collision, but from each primary ionizing collision the swift recoil electron which is produced may have nearly as much kinetic energy as the primary photon. This secondary electron dissipates its energy mainly by producing ionization and excitation of the atoms and molecules in the absorber. For electrons of the order of 1 Mev, an average of about 1% of the electron's kinetic energy is lost as bremsstrahlung. If, on

[1] P. R. HOWLAND and W. E. KREGER: Phys. Rev. **95**, 407 (1954).
[2] J. L. LAWSON: Phys. Rev. **75**, 433 (1949).
[3] C. R. EMIGH: Phys. Rev. **86**, 1028 (1952).
[4] G. BREIT: Rev. Mod. Phys. **5**, 91 (1933).

the average, the electron loses about 33 ev per ion pair produced, then a 1 Mev electron produces the order of 30000 ion pairs before being stopped in the absorber. The one primary ionization is thus completely negligible in comparison with the very large amount of secondary ionization. For practical purposes, we can regard all the effects of photons as due to the electrons which they produce in absorbers.

α) Energy absorption in a medium. By "energy absorption" we mean the photon energy which is converted into kinetic energy of secondary electrons, that is the Compton recoil electrons, the photoelectrons, and the pair electrons. This kinetic energy eventually is dissipated in the medium, where it produces chemical changes and heat which can be measured with a calorimeter. The energy carried away as Compton scattered photons or other secondary photons is not absorbed energy.

Suppose that a collimated beam containing n_1 photons/(cm² sec), each having energy $h\nu_0$ Mev, is incident on an absorber in which the linear attenuation coefficients are σ, τ, and $\varkappa$ cm⁻¹. The incident *γ-ray intensity* I of this beam is

$$I = n_1 h\nu_0 \quad \frac{\text{Mev}}{\text{cm}^2\,\text{sec}}\,. \tag{30.1}$$

In passing a distance dx into the absorber, the average number of primary photons suffering collisions will be

$$dn_1 = n_1(\sigma+\tau+\varkappa)\,dx = n_1\mu_0\,dx \quad \frac{\text{photons}}{\text{cm}^2\,\text{sec}}\,. \tag{30.2}$$

The total energy thus removed in a thickness dx from the collimated beam is $h\nu_0\,dn_1$ Mev/(cm² sec), but a significant portion of this energy will be in the form of secondary photons.

In the Compton collisions, the average kinetic energy (25.2) of the Compton recoil electrons is $h\nu_0(\sigma_a/\sigma)$, and the Compton linear *absorption* coefficient σ_a of (29.4) is of the order of $\frac{1}{2}\sigma$ for 1- to 2-Mev photons. In the photoelectric collisions, the average energy of the photoelectrons is $(h\nu_0 - B_e)$, where B_e is the average binding energy of the atomic electrons which are ejected as photoelectrons. In the pair-production collisions the total kinetic energy of the positron-negatron pair is $(h\nu_0 - 2m_0c^2)$. Combining these considerations, we find that the true energy absorption in a thickness dx is

$$dI = n_1\left[\sigma h\nu_0\frac{\sigma_a}{\sigma} + \tau(h\nu_0 - B_e) + \varkappa(h\nu_0 - 2m_0c^2)\right]dx \quad \frac{\text{Mev}}{\text{cm}^2\,\text{sec}}\,. \tag{30.3}$$

Usually, B_e and $2m_0c^2$ can be neglected, especially in light elements. Then the common, but approximate, expression for energy absorption becomes

$$dI = I(\sigma_a+\tau+\varkappa)\,dx = I\mu_a\,dx \quad \frac{\text{Mev}}{\text{cm}^2\,\text{sec}} \tag{30.4}$$

where the *linear absorption* coefficient is

$$\mu_a = \sigma_a + \tau + \varkappa \qquad \text{cm}^{-1}. \tag{30.5}$$

Note that μ_a is smaller than the total linear *attenuation* coefficient μ_0, because μ_0 includes a scattering coefficient μ_s which represents the energy content of all the secondary photons (Compton σ_s, x-rays, and annihilation radiation). Then, rigorously,

$$\mu_0 = \mu_a + \mu_s \qquad \text{cm}^{-1} \tag{30.6}$$

but in the usual approximation which neglects the x-rays (B_e) and the annihilation radiation ($2m_0c^2$)

$$\mu_a = \sigma_a + \tau + \varkappa \quad \text{cm}^{-1}, \tag{30.7}$$

$$\mu_s = \sigma_s \quad \text{cm}^{-1}. \tag{30.8}$$

A simple and very general result, which follows at once from (30.4) is that the rate of *energy absorption per unit volume* is simply the incident intensity times μ_a

$$\frac{dI}{dx} = I\mu_a \frac{\text{Mev}}{\text{cm}^3\,\text{sec}}. \tag{30.9}$$

This is valid for any size and shape of volume element, throughout which I is essentially constant.

β) Dose rate. The rate of energy absorption per gram, which is called the *dose rate* R, is

$$R = \frac{dI}{\varrho\, dx} = I\left(\frac{\mu_a}{\varrho}\right) = I\left(\frac{\sigma_a}{\varrho} + \frac{\tau}{\varrho} + \frac{\varkappa}{\varrho}\right)\frac{\text{Mev}}{\text{g sec}} \tag{30.10}$$

where ϱ g/cm³ is the density of the absorber. Notice that only the *mass-absorption* coefficients (σ_a/ϱ), (τ/ϱ), and ($\varkappa/\varrho$) enter the formulation of dose rate. For a given intensity I, energy $h\nu_0$, and material, the *dose rate is independent of the density of the material.*

Numerical values of the mass-absorption coefficients are found in Figs. 29 to 34. Fig. 29 gives the total mass-absorption coefficient for the important case of air, which forms the basis of most dosimetry measurements. Note that the energy absorption, and the dose rate, in air is due almost entirely to Compton absorption σ_a/ϱ in the domain of $h\nu_0 = 0.1$ to 10 Mev.

The physical importance of σ_a/ϱ is emphasized because the only significant effects on an absorbing body by Compton interactions are produced by the Compton recoil electrons. This means that *only* the absorption coefficient σ_a/ϱ is effective in producing detectable effects of the interaction of radiation by the Compton process. These effects include ionization in an ionization chamber, counts in a proportional or other counter, developable images in photographic emulsions, radiation-induced polymerization or other chemical effects, or biological effects in a living organism.

The average energy absorbed per gram in an absorber as a result of Compton interactions is simply $I\sigma_a/\varrho$ Mev/(g sec), where I Mev/(cm² sec) is the incident intensity. In absolute value, ${}_e\sigma_a$, σ_a, or σ_a/ϱ for any absorber passes through a maximum when $\alpha = 1$, i.e., for $h\nu_0 = 0.51$ Mev.

γ) Experimental verification of σ_a. The energy absorption in air due to a γ-ray beam of photon energy $h\nu_0$ Mev and intensity $I = n_1 h\nu_0$ Mev/(cm² sec) can be calculated, for comparison with experimental values. By definition, one curie of Co^{60} undergoes 3.70×10^{10} disintegrations per second, and Co^{60} emits in each disintegration 1 photon having $h\nu_0 = 1.17$ Mev and 1 photon having $h\nu_0 = 1.33$ Mev. Internal conversion reduces the number of photons emitted by less than 0.02%, which can be neglected here. Then at a distance of 1 meter from 1 curie of unshielded Co^{60}, the γ-ray intensity is

$$I = \frac{3.70 \times 10^{10}}{4\pi (100)^2} (1.17 + 1.33) \text{ Mev/(cm}^2\text{ sec)}. \tag{30.11}$$

The mass-absorption coefficients in air at these photon energies are due substantially entirely to Compton collisions (Fig. 29), and $(\mu_a/\varrho) = (\sigma_a/\varrho) = 0.0270$ cm²/g for 1.17 Mev, and 0.0263 cm²/g for 1.33 Mev. Therefore the total rate of energy absorption from the primary photons, or the dose rate (30.10) is

$$\left.\begin{aligned} R = \sum I \frac{\mu_a}{\varrho} &= \frac{3.70\times 10^{10}}{4\pi(100)^2}(1.17\times 0.0270 + 1.33\times 0.0263) \\ &= 1.96\times 10^4 \text{ Mev/(sec}\times\text{g air)}. \end{aligned}\right\} \qquad (30.12)$$

This energy loss produces ionization which can be measured in suitable cavity ionization chambers. The average energy required to form one ion pair in air has been measured by many experimentalists, for electrons of various energies, with results generally in the domain of 32.5 to 35.0 ev/ion pair. For the recoil electrons from Co^{60} γ-rays, direct experimental comparison of the calorimetric heating and the ionization in air gives (33.0 ± 0.3) ev/ion pair in air[1]. Then (30.12) becomes

$$R = \frac{1.96\times 10^4 \text{ Mev/(sec}\times\text{g air)}}{33.0\times 10^{-6}\text{ Mev/ion pair}} = 5.94\times 10^8 \frac{\text{ion pairs}}{\text{sec}\times\text{g air}} \qquad (30.13)$$

at a distance of 1 meter from 1 curie of unshielded Co^{60}.

Measurements of the absolute ionization in air are difficult. Using radium as a reference standard, and a Victoreen r-chamber as detector, CHILDERS and GRAVES[2] have reported a value of 1.32 roentgens per hour, per curie of Co^{60} at 1 meter. Their Co^{60} source was 55.68 millicuries, with an absolute error "not greater than 2%". One roentgen corresponds to 1 statcoulomb per cm³ of air at 0° C and 760 mm Hg, or 1.61×10^{12} ion pairs/g air. CHILDERS and GRAVES' value therefore corresponds to 5.90×10^8 ion pairs/(sec × g air) at a distance of 1 meter from 1 curie of unshielded Co^{60}. This agrees with (30.12) and (30.13) well within the 2% uncertainty in the absolute activity of the Co^{60} source and the radium reference values.

The ionization produced by the complicated γ-ray spectrum from radium and its daughter products is also in agreement with calculated energy loss values, within the present 2% uncertainty in the absolute ionization measurements[2-7].

In experiments of this type it is now clear that σ_a is known more accurately than are most of the other parameters involved in the measurements. In the future the accurate Klein-Nishina values of σ_a may lead to improved experimental measurements of the average energy required to form one ion pair in air.

G. Compton scattering by bound electrons.

A conventional assumption which underlies all the conservation relationships of Sects. 7 to 10, and the Klein-Nishina cross sections, is that the struck electron is initially unbound and stationary. This simplification is tenable only when the atomic binding energy of the struck electron is much less than the kinetic energy which this electron is to acquire as a Compton recoil electron. It is generally valid for valence electrons. But the K electrons have a binding energy of 1.56 kev in Al, and 88.0 kev in Pb. When an incident 0.51-Mev photon ($\alpha = 1$) is scattered through $\vartheta = 20°$, a free electron would acquire a kinetic energy of only $T = 29$ kev

[1] J. P. BERNIER, L. D. SKARSGARD, D. V. CORMACK and H. E. JOHNS: Radiation Res. **5**, 613 (1956).
[2] H. M. CHILDERS and J. D. GRAVES: Radiation Res. **4**, 493 (1956).
[3] R. D. EVANS: Nucleonics **1**, No. 2, 32 (1947).
[4] A. GHOSH, J. KASTNER and G. N. WHYTE: Nucleonics **11**, No. 6, 70 (1953).
[5] G. N. WHYTE: Nucleonics **12**, No. 2, 18 (1954).
[6] L.V. SPENCER and F. H. ATTIX: Radiation Res. **3**, 239 (1955).
[7] P. R. J. BURCH: Radiation Res. **3**, 361 (1955); **6**, 79 (1957).

as a Compton recoil electron. Clearly there will be many practical situations in which the finite binding energy of some of the atomic electrons will produce measurable deviations from the relationships for free electrons.

31. Width of the Compton shifted line. Fig. 4 indicated qualitatively that the Compton scattered radiation has a marked breadth or spread in wavelength for a constant scattering angle. The detailed shape of this energy distribution at fixed scattering angle has been measured carefully with x-ray spectrometers of higher resolving power[1-3], mainly with Mo K_β x-rays (19.6 kev) scattered from C, Be, He, and H_2. The breadth of the scattered distribution can be shown quantitatively to be due to the momentum of the K and L electrons in the atoms of the scatterer[2-4].

In solids, the observed breadth[3] is about twice the theoretical breadth calculated for independent atoms. In He and H_2 gas the observed width[5,6] of the Compton scattered radiation at $\vartheta \sim 180°$ is in good agreement with theoretical predictions based on a variation-function calculation of the electron-momentum distribution in helium and molecular hydrogen[7,8]. If this electron momentum distribution is correct, it should lead also to a correct description of the energy distribution of scattered electrons when He and H_2 are used as scatterers of incident monoenergetic electrons. That this is indeed the case has been shown experimentally by HUGHES and coworkers[9,10] for incident 1 to 5 kev electrons scattered in H_2 and He gas.

Thus the Doppler broadening of the energy of the scattered photons shows again that *individual* electrons in the atom are responsible for the Compton scattering, and the breadth agrees rather well with theoretical estimates of the distribution of electron momenta within the atom.

For any particular initial electron velocity, distributed randomly in direction, the shape of the modified line should be substantially rectangular[11], with its center near the energy given by (8.1) for an electron at rest. For the combined effect of all the electrons in an atom the shape of the Compton shifted line varies periodically with atomic number. Atoms with one valence electron tend to give relatively sharp narrow lines, whereas atoms with completed electron shells, such as the noble gases, give broader distributions of the scattered photon energy[3].

An order-of-magnitude calculation is useful for estimating the Doppler breadth. In this approximation the binding energy B of the atomic electron can be used to represent the electron's momentum, which non-relativistically can be approximated as $\sqrt{2m_0 B}$. Consider first the kinetic energy T, and the momentum $p = \sqrt{2m_0 T}$ transferred to a recoil electron which was initially at rest, and unbound. Then from (10.3)

$$p^2 = 2m_0 T = 2m_0 h\nu_0 \frac{\alpha(1-\cos\vartheta)}{1+\alpha(1-\cos\vartheta)} \tag{31.1}$$

---

[1] J. W. M. DUMOND and H. A. KIRKPATRICK: Phys. Rev. **37**, 136 (1931); **38**, 1094 (1931).
[2] J. W. M. DUMOND: Rev. Mod. Phys. **5**, 1 (1933).
[3] P. KIRKPATRICK, P. A. ROSS and H. O. RITLAND: Phys. Rev. **50**, 928 (1936).
[4] G. E. M. JAUNCEY: Phys. Rev. **25**, 314, 723 (1925). — G. WENTZEL: Z. Physik **43**, 1 (1927). — F. BLOCH: Phys. Rev. **46**, 674 (1934).
[5] J. W. M. DUMOND and H. A. KIRKPATRICK: Phys. Rev. **52**, 419 (1937).
[6] H. A. KIRKPATRICK and J. W. M. DUMOND: Phys. Rev. **54**, 802 (1938).
[7] B. HICKS: Phys. Rev. **52**, 436 (1937).
[8] F. SCHNAIDT: Ann. Physik **21**, 89 (1934).
[9] A. L. HUGHES and M. M. MANN jr.: Phys. Rev. **53**, 50 (1938).
[10] A. L. HUGHES and M. A. STARR: Phys. Rev. **54**, 189 (1938).
[11] G. E. M. JAUNCEY: Phys. Rev. **46**, 667 (1934).

and if we restrict our attention to collisions in which the energy transfer is small, hence $\nu' \simeq \nu_0$ and

$$\alpha(1-\cos\vartheta) \ll 1 \tag{31.2}$$

then (31.1) becomes

$$p=\sqrt{2m_0 T} \simeq \frac{h\nu_0}{c}\sqrt{2(1-\cos\vartheta)} = \frac{h\nu_0}{c}\, 2\sin\frac{\vartheta}{2} \tag{31.3}$$

for the momentum p transferred when an incident photon $h\nu_0$ is scattered through the angle ϑ by an electron which was initially stationary and free. Now if the struck atomic electron has initially a randomly directed momentum $\sqrt{2m_0 B}$ then the momentum q with which this electron recoils out of the atom after the collision may be expected to be in the domain of

$$q = p \pm \sqrt{2m_0 B} = \sqrt{2m_0 T} \pm \sqrt{2m_0 B}.$$

Then the corresponding kinetic energy of the ejected recoil electron will be in the domain

$$\frac{q^2}{2m_0} = \frac{1}{2m_0}\left(\sqrt{2m_0 T} \pm \sqrt{2m_0 B}\right)^2 \cong T \pm 2\sqrt{TB} = T\left(1 \pm 2\sqrt{\frac{B}{T}}\right), \quad \text{if } T \gg B. \tag{31.4}$$

From conservation of energy the spread, or approximate half-width at half-intensity, of the energy of the Compton photons scattered at ϑ will also be of the order of $2\sqrt{TB}$. The *fractional* half-widths vary roughly as $\pm 2\sqrt{B/T}$, therefore the photon and electron distributions become narrower as T increases, and as B decreases. The limiting case, $B/T=0$, corresponds to the usual Compton effect conservation-law relationships, Sects. 7 to 10, and the Klein-Nishina cross sections.

The condition (31.2) requires only that the kinetic energy T of the recoil electron be small, and is met at all photon scattering angles ϑ for very low energy photons $h\nu_0 \ll 0.51$ Mev, and for small angle scattering of higher energy photons. As a numerical illustration, consider the scattering of $h\nu_0 = 0.51$ Mev photons by Al, for which the binding energy of the K electrons is $B_K = 1.56$ kev, and of the L electrons is $B_K \simeq 0.087$ kev. The photons scattered at $\vartheta = 20°$ by free and stationary electrons would have a sharp energy, given by (8.6), of 482 kev, and the Compton recoil electrons would appear uniquely at $\varphi = 70.6°$ and with a kinetic energy of $T = 29$ kev. However, for the corresponding Compton collisions with K and L electrons in Al the energy distribution of photons scattered at $\vartheta = 20°$ and of recoil electrons scattered at $\varphi = 70.6°$ would have a width of approximately $\pm 2\sqrt{TB_K} = \pm 2\sqrt{29 \times 1.56} = \pm 14$ kev for K-electron and of about $\pm 2\sqrt{TB_L} = \pm 3$ kev for L-electron scattering.

Fig. 37 gives the K, L, and M edge binding energies for all elements. Situations can be identified readily from Fig. 37 in which the breadth of the energy distribution may be significant, and in which the collision cross sections may need significant revision, as discussed in Sects. 32 and 33.

Defect of the Compton shift for bound electrons. When the effects of the Coulomb forces which bind the electron to its atomic nucleus are considered, there is a small but experimentally well-established defect $\delta\lambda$ in the magnitude of the most probable Compton shift, so that for bound electrons, (8.1) is to be replaced by

$$\lambda'' - \lambda = \frac{c}{\nu''} - \frac{c}{\nu_0} = \frac{h}{m_0 c}(1-\cos\vartheta) - \lambda^2 D \tag{31.5}$$

where λ'' and ν'' are the most probable shifted wavelength and frequency. Theoretically, the defect $\delta\lambda = \lambda^2 D$ is proportional to the square of the incident wavelength, hence to $(h\nu_0)^{-2}$, and to a defect factor D which is proportional to the binding energy B of the struck electron, and is given by

$$D = b\,\frac{B}{hc} \tag{31.6}$$

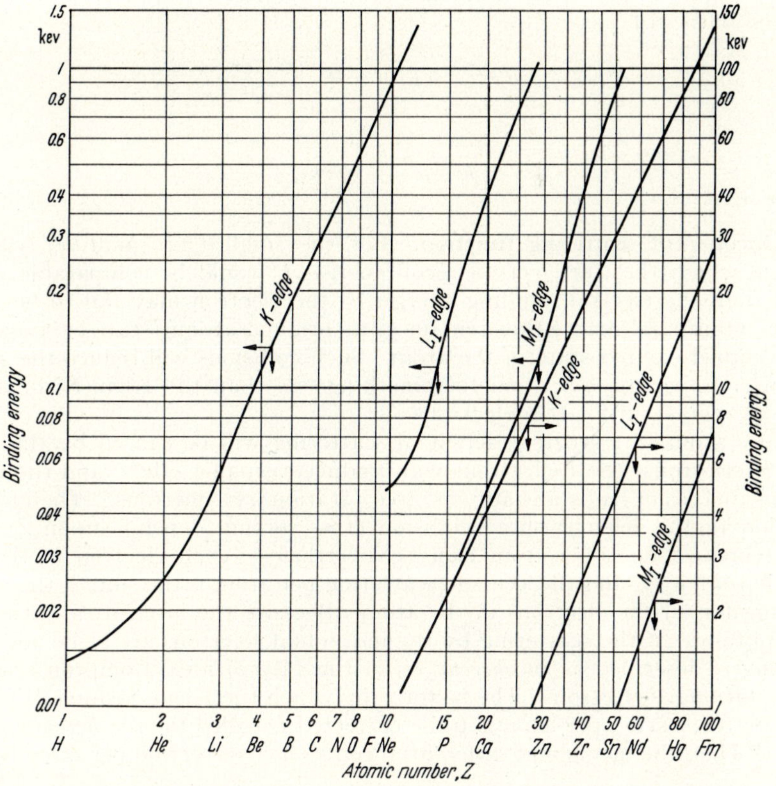

Fig. 37. Binding energy of the s-electrons in the K, L, and M shells of the elements.

in which b is a numerical constant of the order of unity[1-4]. For Mo K x-rays (19.6 kev) scattered by H_2[5], He[6], Be[7], and C[7] the measured defect, $\delta\lambda$, is of the order of 1 to 2% of the expected shift $\lambda' - \lambda$ given by (8.1). The expected dependence of $\delta\lambda$ on λ^2 has been found experimentally by Ross and Kirkpatrick[7] using K_β x-rays of Mo (19.6 kev), Ag (25.0 kev), and Sn (28.5 kev), on Be and C scatterers.

Physically, the defect $\delta\lambda$ in the Compton shift originates in the Coulomb binding between the struck electron and its atomic nucleus. The recoiling electron tends to drag the nucleus along with it[2]. The nucleus, and hence the entire atom,

[1] F. Bloch: Phys. Rev. **46**, 674 (1934).
[2] P. A. Ross and P. Kirkpatrick: Phys. Rev. **45**, 223 L (1934).
[3] G. Wentzel: Z. Physik **43**, 1, 779 (1927).
[4] G. Burkhardt: Ann. Physik **26**, 567 (1936).
[5] H. A. Kirkpatrick and J. W. M. DuMond: Phys. Rev. **54**, 802 (1938).
[6] J. W. M. DuMond and H. A. Kirkpatrick: Phys. Rev. **52**, 419 (1937).
[7] P. A. Ross and P. Kirkpatrick: Phys. Rev. **46**, 668 (1934).

acquires some of the recoil momentum. The effective electron mass is slightly increased, or loaded, and the effective value of $h/m_0 c$ is decreased slightly by this nuclear drag. Hence the wavelength shift and the energy shift, for a given $h\nu_0$ and ϑ, are both reduced slightly. Also the direction φ of the recoil electron is slightly altered.

The magnitude of the defect in the most probable energy shift and in the kinetic energy of the recoil electron can be estimated from (31.5) and (31.6), combined with (8.1), as

$$\delta(h\nu') \equiv h\nu'' - h\nu' = b\,B\,\frac{(h\nu'')\,(h\nu')}{(h\nu_0)^2} \tag{31.7}$$

or

$$\frac{\delta(h\nu')}{h\nu'} \simeq b\left(\frac{\nu'}{\nu_0}\right)\frac{B}{h\nu_0} \tag{31.8}$$

where ν'/ν_0 is (8.6).

32. Incoherent scattering function. For the small-ϑ or small-$h\nu_0$ scattering events in which the free-electron recoil energy T would be comparable with or smaller than the electron binding energy B, the electron may fail to be ejected from the atom, and may either remain in its original atomic state or move up to an unoccupied excited state in the atom. Such collisions will reduce the average collision cross section per atom to something less than the Klein-Nishina value of ${}_e\sigma Z$ cm^2 per atom for free electrons.

In any atom, the greatest deficit of scattering will be caused by the tightly bound K electrons; the L electrons will produce a smaller effect, and the valence electrons may act substantially as free, stationary electrons. Therefore the correction to the Klein-Nishina collision cross section depends upon Z, and is to be expressed on a per-atom basis. Nevertheless, each electron in the atom acts independently, and the average scattering per atom is the sum of the average scattering for all the electrons in the atom. Because the intensities, rather than the amplitudes, of the scattering by the individual electrons are to be added, the scattering is described as *incoherent*, as in the case of ideal Compton scattering by free stationary electrons. The factor S by which the Klein-Nishina differential collision cross section per *atom* is to be corrected is called the *incoherent scattering function*. Then the incoherent differential collision cross section per atom becomes

$$\frac{d({}_a\sigma_{\text{incoh}})}{d\Omega} = \frac{d({}_e\sigma)}{d\Omega}\,Z S \tag{32.1}$$

where $d({}_e\sigma)/d\Omega$ represents the usual Klein-Nishina differential collision cross section (15.2).

The model on which S is calculated visualizes that the incident photon imparts a recoil momentum p, given by (31.3), to any one of the atomic electrons. As a consequence of its binding in the atom, this electron may be unable to escape from the atom or, in extreme cases, even to undergo a transition to an excited state.

If the electron makes no transition then the atom as a whole absorbs the momentum p, as though it were a rigid body. The atomic mass is so large that the momentum p corresponds to a negligible energy absorption. Then the photon is scattered with essentially no change in energy. Such a situation would take the collision entirely out of the incoherent scattering classification, and put it into the coherent scattering considered in Sect. 33.

The struck electron can absorb energy from the incident photon if, after receiving the momentum p, it can make a transition to an excited level, or to the continuum as a free recoil electron. Then the scattered photon will have experienced a corresponding energy loss, and will be a part of the incoherent scattering. If p is comparable with the average momentum of the initially bound electron, then there will be an energy spread of the scattered photons and the recoil electrons as discussed in Sect. 31, and the Compton relationships between ϑ, φ, $h\nu'$, and T for free-electron collisions will be correspondingly relaxed.

In the limiting case of high energy photons acting on the loosely bound electrons in low-Z elements, each atomic electron behaves as though free and stationary, and the incoherent scattering function S approaches its maximum value of unity. In the opposite case of small-angle scattering of low-energy photons by high-Z elements, only a small proportion of the atomic electrons may be able to accept energy transfers from the incident photons; then S tends toward small values approaching a lower limit of zero.

Evaluation[1,2] of the incoherent scattering function S involves a summation over the squares of the electronic structure factors for all the electrons in the atom. Nonrelativistic approximations are used throughout. The calculation can be carried out exactly only for the case of hydrogen, whose atomic wave function is simple and known. Approximations are required for all other atoms, and these have been carried through by the Hartree method for a few special cases. A less laborious and less accurate calculation of S is based on the Thomas-Fermi distribution, and has been carried through by BEWILOGUA[3] from equations derived by HEISENBERG[4].

The Thomas-Fermi model of the atom gives an electron density which is too high near the nucleus, and too low at the outer edge of the atom. Hence it will lead to an incoherent scattering function which is erroneously small in the case ot large momentum transfers to inner electrons, and which is erroneously large in the case of small momentum transfers to outer electrons. With these flaws in mind, the Thomas-Fermi model forms a useful guide for the estimation of the incoherent scattering function for all values of Z and $h\nu_0$. It is convenient to express the momentum transfer p in terms of a dimensionless variable v defined[1] by

$$v = p \frac{a_H}{3\hbar Z^{\frac{2}{3}}} \tag{32.2}$$

where $a_H = \hbar^2/m_0 e^2 = 0.529 \times 10^{-8}$ cm is the Bohr radius in hydrogen. Recalling (31.3) for p, (32.2) can be written

$$v = \frac{2}{3} \frac{137}{Z^{\frac{2}{3}}} \frac{h\nu_0}{m_0 c^2} \sin\frac{\vartheta}{2}. \tag{32.3}$$

Then the incoherent scattering function S can be calculated as a function of v alone.

Fig. 38 shows S, the probability that an atomic electron will actually undergo some transition, either to an excited state in the atom or to the continuum, as a result of receiving a momentum transfer p. The results of several theories are given in Fig. 38. The agreement among various methods of estimating the incoherent scattering function is poor, as can easily be seen by comparison of the curves. From a practical standpoint this is not very serious in the case of

[1] G. R. WHITE: Survey of data on the incoherent scattering function. Nat. Bur. of Stds. Report 2763. 1953.

[2] C. M. DAVISSON: Chap. 2 of "Beta- and Gamma-Ray Spectroscopy", ed. K. SIEGBAHN. New York: Interscience Publ.; Amsterdam: North Holland Publishing Co. 1955.

[3] L. BEWILOGUA: Phys. Z. **32**, 740 (1931).

[4] W. HEISENBERG: Phys. Z. **32**, 737 (1931).

photon interactions with bound electrons because the deficit in incoherent Compton scattering is greatly overridden by the coherent scattering which is described in Sect. 33.

Fig. 39 is an instructive numerical illustration of the order of magnitude of the correction to the Klein-Nishina differential collision cross section, for the special case of $h\nu_0 = 0.30$ Mev in Pb ($Z = 82$). Fig. 39 was prepared by NELMS [7] by calculating v from (32.3) for several photon scattering angles ϑ, and then using the Thomas-Fermi approximation for S, from Fig. 38, as the correction factor in (32.1). The major effect of electron binding is seen to occur for small scattering angles. The average collision cross section, ${}_a\sigma_{\text{incoh}}$, is obtained by multiplying

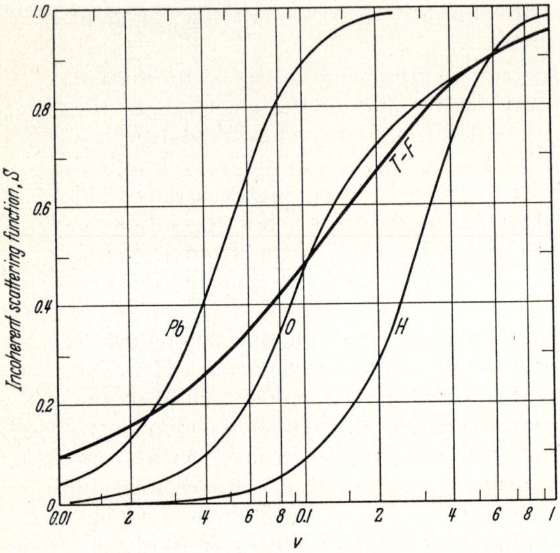

Fig. 38.

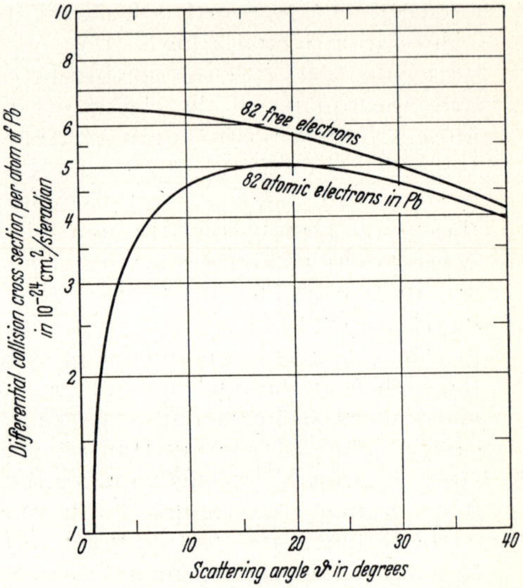

Fig. 39.

Fig. 38. Incoherent scattering function S as function of momentum transfer in units of v, (32.3). T-F = Thomas-Fermi approximation; Pb = Wentzel approximation for lead; O = Hartree method for oxygen; H = exact calculation for hydrogen wave function. (From G. R. WHITE: Survey of data on the incoherent scattering function. Nat. Bur. of Stds. Report 2763. 1953.)

Fig. 39. Approximate effect of electron binding on the differential collision cross section per atom of Pb, for $h\nu_0 = 0.30$ Mev. (From NELMS [7].)

the atomic differential cross section by $d\Omega = 2\pi \sin\vartheta\, d\vartheta$ and integrating numerically. Because $\sin\vartheta$ is small when ϑ is small, the deficit of incoherent scattering due to electron binding does not have as profound an effect on the average collision cross section as it does on the differential cross section for small angle scattering. The quantitative effects of the incoherent scattering function are discussed in conjunction with coherent scattering in (33.3) and (33.4).

33. Coherent scattering. The cooperative, or coherent, small-angle scattering by all the bound electrons in an atom more than compensates for the reduction in incoherent scattering discussed in Sect. 32.

For sufficiently-small-angle scattering, or low energy photons, the Klein-Nishina differential cross section reduces to the classical Thomson cross section (1.8). Then there is no appreciable change in photon energy, or wavelength, on scattering, and the energy transferred to the scattering electron is too small to produce excitation or ionization. The atom as a whole absorbs the momentum recoil. Under these conditions the wavelength of the radiation scattered by each of the electrons in an atom is the same. There is a fixed phase relationship between the scattered radiations. Constructive interference exists between the scattering from individual electrons. Hence the scattered amplitudes are to be added vectorially, and then squared in order to obtain the scattered intensity. This process is called *coherent* scattering because it depends upon the cooperative action of all the electrons in one atom. It is not a part of the Compton effect. Compton collisions involve only *incoherent* scattering, in which each electron acts entirely independently, and there is no fixed phase nor wavelength relationship between the radiations scattered by different electrons in the same atom.

Coherent scattering involves no appreciable change in wavelength because the entire atom participates in the scattering. The atom's very great mass allows it to take up the momentum required to deflect a photon without extracting an appreciable amount of energy from the photon. Hence the coherently scattered radiation has what is conventionally called "the same" wavelength and energy as the primary.

Fig. 4 contains an early and typical illustration of the coherent, or unmodified, scattering from a number of elements. Note that the ratio of coherent (unmodified) to incoherent (modified) scattering in Fig. 4 increases as Z increases. There are two separate reasons for this. The coherent scattering increases as the number of cooperating electrons per atom increases. The incoherent scattering decreases as the binding energy of the inner electrons of the high-Z scatterers increases. In Fig. 4, the primary radiation is the K_α x-rays of Ag, which have $h\nu_0 = 22$ kev. The Compton scattered photons at $\vartheta = 120°$ therefore have $h\nu' = 20.7$ kev, and the Compton recoil electrons would be ejected at $\varphi = 28.5°$ and with a kinetic energy of $T = 1.3$ kev if the electron was initially unbound. Now for the 10 elements from Mg through Cu in Fig. 4 the binding energy of the K electrons is equal to or greater than 1.3 kev ($B_K = 1.30$ kev for Mg; $B_K = 8.98$ kev for Cu), and the binding energy of the L_{I} electrons increases from $B_L = 0.063$ kev for Mg to $B_L = 1.10$ kev for Cu. Therefore many of the inner atomic electrons are inaccessible for Compton scattering in these elements, and the incoherent scattering function (32.1) is significantly less than unity, and decreases as Z increases. Thus the Compton (modified) scattering decreases as Z increases. The increase of the coherent (unmodified) scattering with Z can now be considered briefly, as a separate, and non-Compton, phenomenon which is often called *Rayleigh scattering*.

The wavelength of 22 kev electromagnetic radiation is 0.56×10^{-8} cm, which is comparable with the radii of atoms. We should therefore expect very strong constructive interference in the classically (Thomson) scattered radiation from the individual electrons in the atom. The *atomic structure factor* F is the sum of the electronic structure factors, and represents the ratio of the *amplitude* of the coherent scattering by an entire atom to the amplitude of the scattering by a single free electron. F is a function of the photon energy $h\nu_0$, the atomic number Z, and the angle of scattering ϑ. The atomic structure factor $F(h\nu_0, Z, \vartheta)$ has been calculated for all Z using the Thomas-Fermi approximation for the distribution of charge within the atom, and for a number of special values of Z using Hartree electron distributions. The earlier derivations have been discussed and representative values of F have been tabulated by COMPTON and ALLISON [*1*]. The more exact methods of relativistic quantum electrodynamics have been applied to some aspects of the problem by LEVINGER[1] and others.

[1] J. S. LEVINGER: Phys. Rev. **87**, 656 (1952).

The differential coherent scattering cross section per atom can be represented approximately as

$$\frac{d(_a\sigma_{\text{coh}})}{d\Omega} = \frac{r_0^2}{2}(1+\cos^2\vartheta)\,[F(h\nu_0, Z, \vartheta)]^2 \tag{33.1}$$

where $\frac{1}{2}r_0^2(1+\cos^2\vartheta)$ is the Thomson differential cross section per electron (1.8). For very small angles $\vartheta\to 0$, F has its maximum value and is approximately equal to Z. The average cross section per atom is obtained by multiplying (33.1) by $d\Omega = 2\pi\sin\vartheta\, d\vartheta$, and integrating numerically. It is found that most of the coherent scattering takes place at small angles especially for high energy incident radiation. Non-relativistic calculations by FRANZ and by MOON show that more than $\frac{3}{4}$ of the coherent scattering is confined to angles between $\vartheta = 0$ and a characteristic angle $\vartheta = \vartheta_c$, where[1]

$$\vartheta_c = 2\arcsin\left[0.026 Z^{\frac{1}{3}}(m_0 c^2/h\nu_0)\right]. \tag{33.2}$$

For Pb ($Z=82$), and $h\nu_0 = 0.10$ Mev, $\vartheta_c = 70°$, while for $h\nu_0 = 1$ Mev, $\vartheta_c = 6.5°$. Detailed calculations of the coherent scattering of 0.16 Mev photons by the K electrons of Hg have been completed by BRENNER, BROWN and WOODWARD[2] and a program of additional calculations is in progress.

The numerical integrations necessary to estimate the average coherent-plus-incoherent collision cross section per atom, $_a\sigma_t$, have been carried out by WHITE [*8*] for 0.01 Mev $\leq h\nu_0 \leq$ 100 Mev in 19 elements from H to U. Explicitly, this is the integral of the sum of (32.1) and (33.1)

$$_a\sigma_t = \int_0^\pi \left[Z\frac{d(_e\sigma)}{d\Omega} S + \frac{d(_a\sigma_{\text{coh}})}{d\Omega}\right] 2\pi\sin\vartheta\, d\vartheta \quad \text{cm}^2/\text{atom} \tag{33.3}$$

where $d(_e\sigma)/d\Omega$ is the Klein-Nishina differential collision cross section. In these calculations WHITE used the atomic structure factors, F, of JAMES and BRINDLEY[3] as tabulated by COMPTON and ALLISON ([*1*], p. 781), supplemented by values from the Thomas-Fermi model for $Z > 26$, and the incoherent scattering functions, S, of BEWILOGUA (Sect. 32) which are also based on the Thomas-Fermi distribution of electrons.

For all large Z and small $h\nu_0$ the coherent scattering considerably exceeds the deficit of Compton scattering due to electron binding, and therefore $_a\sigma_t$ exceeds the Klein-Nishina value $_e\sigma Z$ for Compton collisions with free electrons. These net corrections for the joint effects of coherent scattering and electron binding are uncertain because of the inaccuracies in the Thomas-Fermi model, but they serve as a very useful guide.

Fig. 40 gives illustrative values resulting from WHITE's evaluation of (33.3). The curve for atomic hydrogen is the Klein-Nishina cross section $_e\sigma$ for one free electron, because in atomic hydrogen the electron binding energy of about 14 ev is negligible, and coherence effects are absent because there is only one electron per atom. The total collision cross section per average atomic electron, $_e\sigma_t = {_a\sigma_t}/Z$, is seen to exceed the Klein-Nishina collision cross section per free electron, $_e\sigma$, by a large factor at large Z and small $h\nu_0$. For example at $h\nu_0 = 0.010$ Mev, the ratio $_a\sigma_t/{_e\sigma Z}$ is 30 for Pb, 16 for Sn, 8 for Cu, 3.5 for Al, and 1.5 for C.

The extent to which coherent scattering is effective in narrow-beam attenuation experiments, such as those discussed in Sect. 29, varies with the solid angle of

[1] P. B. MOON: Proc. Phys. Soc. Lond. Ser. A **63**, 1189 (1950).

[2] S. BRENNER, G. E. BROWN and J. B. WOODWARD: Proc. Roy. Soc. Lond., Ser. A **227**, 59 (1954).

[3] R. W. JAMES and G. W. BRINDLEY: Phil. Mag. **12**, 81, 729 (1931).

the collimating system. The relatively small correction (1 to 2%) can be demonstrated[1] by making attenuation measurements at several values of the solid angle, and then extrapolating out the coherent scattering, which varies much more rapidly with angle near $\vartheta = 0$ than does the Compton scattering.

Coherent scattering and electron binding effects become most important at high Z and low $h\nu_0$. But in this domain the photoelectric cross section overwhelms the Compton cross section. For example, in Pb at 10 kev, the photoelectric cross section is 17-times larger than the total coherent (Rayleigh) and incoherent (Compton) cross section, and is 530-times larger than the Klein-Nishina cross section. Here one can neglect the effects of coherent scattering, and the effects of electron binding on the Compton effect, without introducing a total error of more than 6% in the very-narrow-beam total attenuation coefficient. These general considerations sometimes can be misleading, and every practical situation should be examined individually. This is because the calculated coherent and incoherent *corrections to the Klein-Nishina mass-attenuation coefficients*, σ_r/ϱ, when plotted against Z and $h\nu_0$, turn out to be roughly proportional to $(Z/h\nu_0)^{1.5}$, whereas the photoelectric mass-attenuation coefficient, τ/ϱ, is roughly proportional to $(Z/h\nu_0)^3$, and the Klein-Nishina mass-attenuation coefficient, $\sigma/\varrho = \sigma_s/\varrho + \sigma_a/\varrho$, is nearly independent of $Z/h\nu_0$ between 0.01 and 1 Mev. Therefore in light elements and at moderate $h\nu_0$, τ/ϱ does not overwhelm σ_r/ϱ. They are about equal in Al at 0.150 Mev, but here σ_r/ϱ is only about 3% of the Klein-Nishina σ/ϱ.

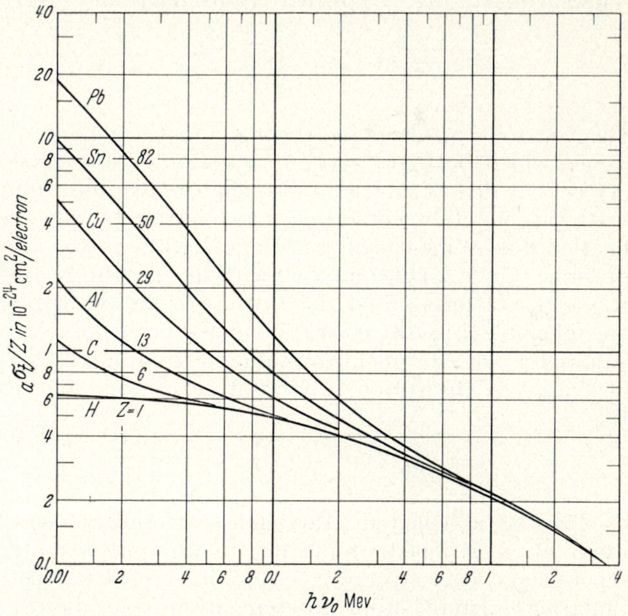

Fig. 40. The total coherent plus incoherent collision cross section per average electron from (33.3). The Klein-Nishina collision cross section is that shown for hydrogen, for which $_a\sigma_t/Z = {}_e\sigma$ of (22.1). (From tables by WHITE [8].)

Direct measurements of the coherent Rayleigh scattering of 0.41 Mev photons in Pb, Cu, and Al, at a number of small angles between $\vartheta = 3°$ and $\vartheta = 24°$, and in Pb at $\vartheta = 60°$, 90°, 120°, and 150°, have been reported by STORRUSTE[2], and are in agreement with the differential Rayleigh scattering cross sections calculated for these experimental conditions by MOON[3]. The differential Rayleigh scattering is peaked sharply about $\vartheta = 0$, and falls for $h\nu_0 = 0.41$ Mev, to a value equal to the Klein-Nishina differential collision cross section at $\vartheta = 12°$ in Pb, and at $\vartheta = 4.5°$ in Cu. At large angles the ratio of Rayleigh to Klein-Nishina scattering, for $h\nu_0 = 0.41$ Mev, was 0.018 at $\vartheta = 60°$, 0.011 at $\vartheta = 90°$, 0.009 at $\vartheta = 120°$, and 0.007 at $\vartheta = 150°$.

[1] S. A. COLGATE: Phys. Rev. **87**, 592 (1952).
[2] A. STORRUSTE: Proc. Phys. Soc. Lond. A **63**, 1197 (1950).
[3] P. B. MOON: Proc. Phys. Soc. Lond. A **63**, 1189 (1950).

Mann[1] has measured the coherent elastic scattering of 0.411, 0.662, and 1.33 Mev γ-rays by Sn and Pb at six angles between $\vartheta = 15°$ and 90°. The results are in general agreement with calculations available for these conditions, but the theoretical values are not sufficiently accurate to permit a complete interpretation of the experiments in terms of Rayleigh scattering, Thomson scattering by the nucleus, and Delbrück scattering in the electric field of the nucleus.

In the curves of mass-attenuation coefficients, Figs. 29 to 34, the curves marked "Rayleigh σ_r/ϱ" actually represent the *net* correction to the Klein-Nishina collision coefficient for the combined effects of electron binding and of coherent scattering. Explicitly, from (33.3) and (29.1), σ_r/ϱ in the figures is

$$\frac{\sigma_r}{\varrho} = \left(\frac{{}_a\sigma_t}{Z} - {}_e\sigma\right) \boldsymbol{N} \frac{Z}{A}. \tag{33.4}$$

The coherent Rayleigh scattering and the deficit of incoherent Compton collisions which both enter (33.3) actually were not calculated separately. Hence (33.4) is really an index of Rayleigh scattering diminished by the incoherent-scattering-function correction for electron binding. Although this oversimplification does some violence to the calculations, the effects of electron binding are presumed to be small compared with the oppositely directed effects of the coherent Rayleigh scattering, and the entire calculation involves the uncertainties which are inherent (Fig. 38) in the Thomas-Fermi nonrelativistic model. White's [8] values for ${}_a\sigma_t$ are quickly obtainable from Figs. 29 to 34 in terms of the sum of Compton absorption, Compton scattering, and Rayleigh scattering curves, thus

$${}_a\sigma_t \frac{\boldsymbol{N}}{A} = \left(\frac{\sigma_a}{\varrho} + \frac{\sigma_s}{\varrho} + \frac{\sigma_r}{\varrho}\right). \tag{33.5}$$

The elastic, coherent, Rayleigh scattering relates only to the scattering from randomly positioned atoms in an amorphous material. In materials with a repetitive spatial structure, especially crystals, constructive interference of the radiation scattered from different atoms must be considered in terms of crystal structure factors, and may result in intense scattering in particular directions, as in the Bragg reflection from crystal planes.

H. Compton scattering by magnetically oriented electrons.

The differential collision cross section derived by Klein and Nishina, (12.1), applies to plane-polarized radiation incident on free electrons whose spin directions are randomly oriented. In magnetized iron an average of about two electrons per atom, at saturation magnetization, have their spins aligned parallel to the direction of magnetization. This fact permits the study of the interaction of polarized and unpolarized photons with electrons whose spins and magnetic moments are oriented preferentially in some chosen direction.

34. Differential collision cross section for magnetically oriented electrons. W. Franz first developed the appropriate extensions of the Klein-Nishina differential cross sections for the scattering of all types of polarized radiation by oriented electrons, as discussed earlier in Sect. 14. For the particular case of electrons whose spins are oriented *parallel* to the direction of incident *circularly* polarized radiation, the differential collision cross section of (14.1) becomes,

[1] A. K. Mann: Phys. Rev. **101**, 4 (1956).

with $\psi = 0$ and $P_c = \pm 1$,

$$d({}_e\sigma_M) = \frac{r_0^2}{2} d\Omega \left(\frac{\nu'}{\nu_0}\right)^2 \left[\left(\frac{\nu_0}{\nu'} + \frac{\nu'}{\nu_0} - \sin^2\vartheta\right) \mp \left(\frac{\nu_0}{\nu'} - \frac{\nu'}{\nu_0}\right) \cos\vartheta\right] \equiv d({}_e\sigma) \pm d({}_e\sigma_1) \quad (34.1)$$

where the upper signs refer to left circularly polarized radiation and the lower signs to the opposite sense of polarization. The second term $d({}_e\sigma_1)$ is the correction term due to orientation of the electron spin. For either sense of circular polarization this magnetic term passes through zero for $\vartheta = 90°$ and for $\vartheta = 0°$ (where $\nu' = \nu_0$), and has opposite signs for backward ($\vartheta > 90°$) and for forward ($\vartheta < 90°$) scattering because of its $\cos\vartheta$ dependence.

As an illustrative value, for $h\nu_0 = 1.02$ Mev and $\vartheta = 60°$, where $\nu'/\nu_0 = \frac{1}{2}$, the magnetic term $d({}_e\sigma_1)$ is $\frac{3}{7}$ as large as the ordinary cross section $d({}_e\sigma)$. Then the scattering at 60° from a fully oriented electron is $\frac{4}{7}$ times the ordinary scattering if the incident radiation is left circularly polarized, and is $\frac{10}{7}$ times the ordinary scattering if the radiation is right circularly polarized. Fig. 41 gives a graphical presentation of the ratio of the magnetic term $d({}_e\sigma_1)$ to the ordinary term $d({}_e\sigma)$ for various $h\nu_0$ and ϑ. Note that the relative effect is greatest for backward scattering, $\vartheta \simeq 180°$, because there the ordinary term $d({}_e\sigma)$ has its smallest value. The orientation effect can substantially annul or double the scattering at $\simeq 180°$ depending on whether the incident photon is right or left circularly polarized. See Fig. 17 for $d({}_e\sigma)$ at the same values of $h\nu_0$ as are illustrated in Fig. 41.

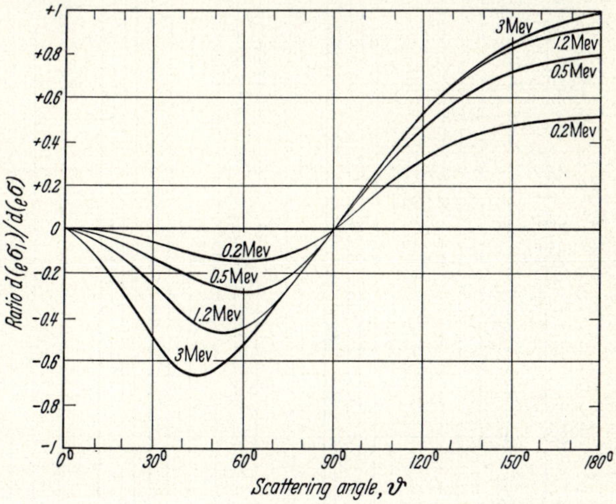

Fig. 41. Ratio of the supplementary term $d({}_e\sigma_1)$ for an oriented scattering electron in (34.1) to the differential collision cross section $d({}_e\sigma)$ for an unoriented electron, for the case of left circularly polarized photons incident on a fully oriented electron whose spin axis is polarized in the direction of propagation of the incident photon.

35. Average collision cross section for magnetically oriented electrons. We obtain the average collision cross section ${}_e\sigma_M$ for a fully oriented electron by integration of (34.1) over all ϑ, with $d\Omega = 2\pi \sin\vartheta\, d\vartheta$. The result is

$${}_e\sigma_M = {}_e\sigma \pm {}_e\sigma_1. \quad (35.1)$$

Here the plus sign again refers to left circularly polarized radiation incident parallel to the electron's initial spin; ${}_e\sigma$ is the ordinary Compton average collision cross section for randomly oriented electrons (22.1), and

$${}_e\sigma_1 = 2\pi r_0^2 \left[\frac{1}{\alpha} + \frac{\alpha}{(1+2\alpha)^2} - \frac{1+\alpha}{2\alpha^2} \log(1+2\alpha)\right] \frac{\text{cm}^2}{\text{electron}} \quad (35.2)$$

where $\alpha = h\nu_0/m_0c^2$. For small α, (35.2) becomes

$${}_e\sigma_1 = 2\pi r_0^2 \left[\frac{\alpha}{(1+2\alpha)^2} - \frac{1}{3}\alpha + \frac{2}{3}\alpha^2 - \frac{6}{5}\alpha^3 + \cdots\right]. \quad (35.3)$$

Fig. 42 shows the ratio ${}_e\sigma_1/{}_e\sigma$ of the supplementary cross section ${}_e\sigma_1$ due to the orientation of the electron spin in the direction of incidence of left circularly polarized radiation, compared with the ordinary average collision cross section ${}_e\sigma$ of (22.1). Note that ${}_e\sigma_1$ changes sign at a photon energy of about 0.64 Mev, and reaches its largest absolute values in the vicinity of 0.1 Mev and 3 Mev. For right circular polarization the sign of ${}_e\sigma_1$ is opposite to that shown.

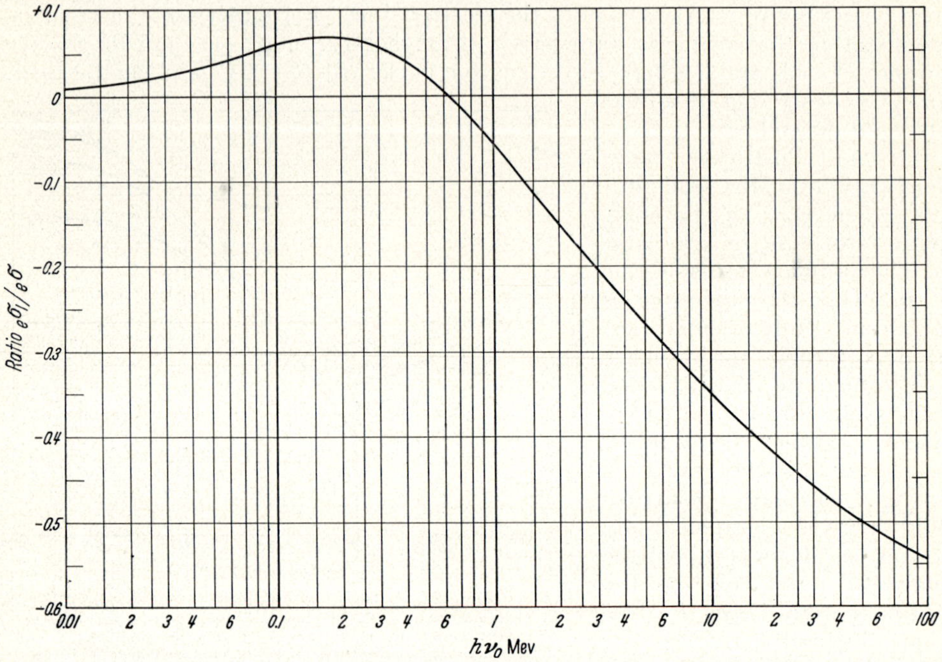

Fig. 42. Ratio of the supplementary cross section ${}_e\sigma_1$ to the ordinary cross section ${}_e\sigma$, for left circularly polarized radiation which is incident in the initial spin direction of an oriented electron. See (22.1) and Fig. 27 for ${}_e\sigma$.

36. Attenuation of unpolarized radiation by magnetically oriented electrons. We may regard a beam of unpolarized photons as an equal mixture of left and right circularly polarized radiation. In narrow beam geometry, the linear attenuation coefficient ${}_e\sigma$ due to the ordinary Compton cross section is

$$\sigma = (NZ)\,{}_e\sigma \quad \text{cm}^{-1} \tag{36.1}$$

when the attenuator contains N atoms per cm³, each atom with Z essentially unbound electrons. If an average of z electrons per atom are fully oriented parallel to the direction of incidence of the radiation then the supplementary linear attenuation coefficient is

$$\sigma_1 = (N\,z)\,{}_e\sigma_1 \quad \text{cm}^{-1} \tag{36.2}$$

for the left circularly polarized component and

$$\sigma_1 = -\,(N\,z)\,{}_e\sigma_1 \quad \text{cm}^{-1} \tag{36.3}$$

for the right circularly polarized component. The total linear attenuation coefficient for randomly oriented electrons is $\mu = (\sigma + \tau + \varkappa)$ cm^{-1} where τ and $\varkappa$ are the photoelectric and pair production linear attenuation coefficients.

In passing through a thickness x of attenuator, the positive and negative values of σ_1 cancel in the first order but not in the second order. Thus the over-all transmission n/n_0 of the two assumed components of the incident radiation is

$$\left.\begin{aligned} \frac{n}{n_0} &= \frac{1}{2}\,\mathrm{e}^{-(\mu+\sigma_1)\,x} + \frac{1}{2}\,\mathrm{e}^{-(\mu-\sigma_1)\,x} = (\operatorname{Cos}\sigma_1\,x)\,\mathrm{e}^{-\mu x} \\ &= \left[1 + \frac{(\sigma_1 x)^2}{2} + \frac{(\sigma_1 x)^4}{24} + \cdots\right]\mathrm{e}^{-\mu x}, \end{aligned}\right\} \tag{36.4}$$

where $\mathrm{e}^{-\mu x}$ is the transmission through the same material when demagnetized.

In a series of painstaking measurements on the transmission of unpolarized 2.62 Mev photons through about 30 cm of iron (roughly 8 times the mean free path $1/\sigma$), GUNST and PAGE[1] found about 0.5% greater transmission when the iron was magnetized to saturation than when the iron was demagnetized. Taking $z = 2.06$ fully oriented electrons per average atom of iron, GUNST and PAGE'S measurements lead to ${}_e\sigma_1 = (0.089 \pm 0.007)\,\pi r_0^2$ which is in good agreement with the theoretical cross section from (35.2) which is $0.093\,\pi r_0^2$ at 2.62 Mev. In the notation of (36.4) the ratio R_{LR} of the transmission of left to right circularly polarized components through magnetized material is

$$R_{LR} = \frac{\mathrm{e}^{-(\mu+\sigma_1)\,x}}{\mathrm{e}^{-(\mu-\sigma_1)\,x}} = \mathrm{e}^{-2\sigma_1 x} \tag{36.5}$$

whereas the ratio R_{UL} of the transmission of unpolarized to left circularly polarized components through magnetized material is

$$R_{UL} = \frac{\frac{1}{2}\,(\mathrm{e}^{-\sigma_1 x} + \mathrm{e}^{+\sigma_1 x})\,\mathrm{e}^{-\mu x}}{\mathrm{e}^{-(\mu+\sigma_1 x)}} = \frac{1}{2}\,(1 + \mathrm{e}^{+2\sigma_1 x})\,. \tag{36.6}$$

Thus it may be possible to develop techniques which can distinguish between γ-rays which are left circularly polarized, right circularly polarized, or unpolarized, and which therefore are analogous to the use of a quarter-wave plate in the optical region.

General references.

[1] COMPTON, A. H., and S. K. ALLISON: "X-rays in Theory and Experiment", 2nd edit., 828 pp. New York: Van Nostrand 1935. — The standard reference work covering all aspects of the production of x-rays and their interaction with matter, as known up to 1935.

[2] COMPTON, A. H.: Quantum Theory of the Scattering of X-rays by Light Elements. Phys. Rev. **21**, 483 (1923). — The basic "discovery paper" presenting what later came to be called the Compton effect.

[3] DAVISSON, C. M., and R. D. EVANS: Gamma-ray Absorption Coefficients. Rev. Mod. Phys. **24**, 79 (1952). — Comprehensive review of the theory of Compton-, photoelectric, and pair production interactions, and of experimental measurements of x-ray and γ-ray attenuation coefficients, through 1951. X-rays of low energy (below the K edge) are not included. Graphs and tables for σ, τ, $\varkappa$, and μ_0 per atom for 24 elements, from $h\nu_0 =$ 0.1 Mev to 6 Mev or higher.

[4] EVANS, R. D.: The Atomic Nucleus, 972 pp. New York: McGraw-Hill 1955. — Textbook and reference book on nuclear physics. Chap. 23, 24, 25 deal with interaction of photons with matter; theory, experiment, applications, and graphs.

[1] S. B. GUNST and L. A. PAGE: Phys. Rev. **92**, 970 (1953).

[5] HEITLER, W.: The Quantum Theory of Radiation, 3rd edit., 430 pp. Oxford: University Press 1954. — Standard treatise on theory of interaction of photons with matter. No detailed experimental treatment.

[6] LEA, D. E.: Actions of Radiations on Living Cells, 402 pp. New York: Cambridge University Press, and The Macmillan Co. 1947. — Contains detailed tables on interaction of x-rays and γ-rays with low Z materials, especially adapted to problems of energy absorption in biological materials.

[7] NELMS, A. T.: Graphs of the Compton Energy-Angle Relationship and the Klein-Nishina Formula from 10 kev to 500 Mev. U.S. National Bureau of Standards Circular 542, available from U.S. Government Printing Office, Washington, D.C., 1953, 89 pp. — Contains a succinct 7 page review of the Compton laws, the Klein-Nishina cross sections for unpolarized photons, and the incoherent scattering function, with 81 clear and accurate graphs dealing with the Compton conservation law relationships, and with the Klein-Nishina differential and integral cross sections per free electron.

[8] WHITE, G. R.: X ray Attenuation Coefficients from 10 kev to 100 Mev. U.S. National Bureau of Standards Report 1003, Washington, D.C. 1952, 93 pp. — Review of theory of Compton-, photoelectric, and pair production cross sections, and of coherent and incoherent scattering. Some experimental comparisons. Tables of theoretical atomic cross sections for coherent-plus-incoherent scattering, photoelectric effect, and pair production, for 19 elements and several mixtures. These tables have been reproduced, with corrected values for C, N_2, and O_2 at small $h\nu_0$, on pp. 857—874 of Beta- and Gamma-Ray Spectroscopy, Kai Siegbahn, ed. New York: Interscience Publ.; Amsterdam: North Holland Publishing Co. 1955. Also republished with further revisions as U. S. National Bureau of Standards Circular 583, Washington D. C. 1957, 54 pp.

Sachverzeichnis.

(Deutsch-Englisch.)

Bei gleicher Schreibweise in beiden Sprachen sind die Stichwörter nur einmal aufgeführt.

Subject Index.

(English-German.)

Where English and German spelling of a word is identical the German version is omitted.